이 책에 쏟아진 찬사

에드 용은 정말 대단한 작가다. 그의 글은 자연 세계의 비밀을 밝히는 과학의 힘을 증언한다. 나는 전작 《내 속엔 미생물이 너무도 많아》에서 미생물 이야기를 읽다가 지구에 서식하는 모든 생명체에 대한 매혹에 빠졌다. 그리고 신작 《이토록 굉장한 세계》에선 오감의 이야기를 읽다가 내 몸의 모든 세포를 사랑하게 되었다. 지금도 키보드에 닿는 내 손끝 피부의 떨림이 느껴진다. 그는 100개의 눈으로 생명을 보여준다. 생명을 알고 싶다면 에드 용을 읽어라. 자신을 사랑하고 싶은 사람도 마찬가지다.

이정모 | 펭귄 각종과학관장, 전 국립과천과학관장

박쥐가 된다는 것은 어떤 느낌일까? 깜깜한 동굴 속에서 초음파로 세계를 탐지하는 그들의 감각을 시각 중심의 사피엔스가 이해하기란 쉽지 않다. 어떤 철학자들은 그 느낌을 절대로 알 수 없다고 했다. 하지만 퓰리처상 수상자인 저자는 동물들이 어떻게 우리와는 다른 방식으로 자신만의 세계를 감지하는지를 생생하게 그려냄으로써 그 불가능에 도전했다. 냄새와 맛, 통증과 열, 색깔, 촉각, 진동, 심지어 자기장과 전기장마저도 활용하는 동물들의 다양한 감각들에 깜짝 놀라게 될 것이다. 우리의 평범한 주변 환경을 다채로운 '감각의 정원'으로 변신시키는 마법의 책이다. 따개비의 감각기관에 대해 깊은 인상을 받았던 다윈 선생님이 만일 살아 계신다면, 밤잠을 설치며 읽을 책이 아닐까?

장대익 | 석좌교수, 가천대학교 창업대학, 《다윈의 식탁》 저자

동물의 지각 능력에 대한 소용돌이 같은 여행. 이 멋진 책은 당신의 상상력에 도전하고, 당신을 살아 있는 세계에 대한 경이로움으로 가득 차게 한다.

프란스 드 발 | 영장류학자, 《차이에 관한 생각》 저자

웅장하다. 다른 동물들이 우리 세계를 어떻게 경험하는지에 대한 믿을 수 없을 정도로 몰입감 넘치는 놀라운 이야기.

페터 볼레벤 | 《나무 수업》 저자

앨리스의 이상한 나라에 발을 들여놓는 것처럼 완전히 놀랍다. 계시, 호기심, 과학, 아름다운 산문, 경이로움이 완벽하게 어우러져 있다.

안드레아 울프 | 《자연의 발명》 저자

에드 용, 이 사람은 어떤 이상한 감각의 힘을 가지고 있어서 광활한 동물 과학의 세계를 돌아다니며 가장 매혹적인 발견을 찾아내는 걸까? 모든 페이지마다 우리가 알고 있다고 생각했던 세상이 믿을 수 없는 수백 개의 다른 세상으로 펼쳐지는 것을 보며, 우리는 입을 다물지 못하게 된다. 이 책을 읽으면서 느꼈던 지구의 놀라운 감각적 다양성과 에드 용의 재능에 대한 경외감을 어떻게 말로 표현해야 할지 모르겠다.

메리 로치 | 과학 저널리스트, 《인체재활용》 저자

나는 이 책이 좋다. 이 책을 읽는 동안 경험한 감각의 세계는 정말 즐거웠다. 이상한 나라에서 펼쳐지는 에드 용의 모험을 정말로 즐겼다!

가이아 빈스 | 《인류세의 모험》 저자

다른 동물들이 살고 있는 우리 주변의 놀라운 평행우주에 대한 심층 탐구.

에드 용은 우리가 다른 동물을 제대로 볼 수 있게 함으로써 우리의 세계를 확장한다.

알렉산드라 호로비츠 | 인지과학자, 《개의 마음을 읽는 법》 저자

에드 용이 없으면 큰일 날 뻔했다. 이 책은 엄청난 '산소 폭발'처럼 느껴지며, 우리 모두가 필요로 하는 바로 그 순간에 생명과 색상과 질감과 놀라움으로 우리 주변의 모든 것에 생기를 불어넣었다.

레베카 스클루트 | 《헨리에타 랙스의 불멸의 삶》 저자

다른 종의 감각 세계에 대한 놀랍고도 계몽적인 발견이 담긴 마법의 샘. 찬란하고 경이롭고 마음을 사로잡는 책이다.

제니퍼 애커먼 | 《새들의 천재성》 저자

과학과 시의 경계에 있는 책. 나도 몰랐던 '내 안의 무엇'을 여는 방식으로, 에드 용은 우리를 마법 같은 동물의 세계로 안내한다. 내가 지구를 이런 방식으로 바라본 것은 이번이 처음이자 마지막일 것이다.

클린트 스미스 | 시인, 《지나쳐버린 말How the Word Is Passed》 저자

다른 유기체의 지각적 삶perceptual life에 대한 강력하고 몰입감 있는 심층 탐구, 그리고 비인간 세계의 복잡성·정교함·즐거움에 대한 더 많은 공감과 이해를 위한 설득력 있는 사례! 이 책은 출간 즉시 고전의 반열에 올랐다.

제프 밴더미어 | 《서던 리치》 저자, 네뷸러상 수상 작가

경이로움의 쓰나미. 지구상의 생명체들 사이에서 일어나는 대부분의 일이, 우리가 아는 범위를 넘어선다는 매혹적인 일깨움.

데이비드 쾀멘 | 《진화를 묻다》 저자

이 책은 개미의 '엄격한 페로몬 행동 프로그램'에서 코끼리의 '끊임없는 아음속亞音速 대화'에 이르기까지 생물권의 감각중추에 대한 광범위한 탐구다. 에드 용은 내가 제일 좋아하는 현대 과학 작가다.

윌리엄 깁슨 | 《뉴로맨서》 저자

이 책은 존재하는 줄도 몰랐던 아름다움의 형태를 목격하게 만든다.

전미도서비평가협회

인간이 아닌 존재의 지각에 대한 스릴 넘치는 여행. 자연의 진정한 경이로움은 외딴 황야나 다른 숭고한 풍경에만 국한되지 않는다. 자이언 국립공원의 협곡만큼이나 뒤뜰 정원의 흙에도 웅장함이 도사리고 있다.

〈뉴욕타임스〉

놀라울 정도로 정교한 생명체들의 감각 세계로 떠나는 눈부신 여행. 에드 용은 우리의 생각을 확장하게 하고, 경이로움을 불러일으키고, 지구에 사는 동료 거주자들의 능력 앞에서 겸손함을 느끼게 한다.

〈월스트리트저널〉

올해 최고의 논픽션 중 하나. 에드 용의 글에는 실험실과 현장의 생생한 장면, 다양한 분야의 연구자들의 인터뷰가 다층적으로 담겨 있다.

〈오프라데일리〉

우리가 알고 있는 것의 한계, 심지어 세계가 무엇인지에 대해 근본적으로 다시 생각하게 만드는 책. 이 책을 내려놓고 나면, 꽤나 멋진 세상이라는 걸 느낄 수 있을 것이다.

〈선데이타임스〉

내가 좋아하는 책은 세상이 어떻게 돌아가는지 명료하고 유머러스하게 설명하는 책이다. 에드 용보다 이 일을 잘하는 사람은 없다. 《이토록 굉장한 세계》는 동물들이 살고 있는 매우 다른 감각 세계를 묘사함으로써 동물에 대한 경이로움을 되찾게 한다.

〈시카고트리뷴〉

에드 용은 놀라운 대담가로서, 유익한 정보부터 엄청나게 재미있는 이야기까지 자신이 직접 취재한 많은 일화를 통해 《이토록 굉장한 세계》의 신비를 풀어나간다. 그의 글은 우리가 세상과 세상을 이해하는 데 사용하는 도구의 기쁨을 느끼게 한다. 에드 용이 얼마나 훌륭한지 아무리 강조해도 지나치지 않다.

〈리터러리허브〉

이 책은 당신을 동물적 감각의 매혹적인 영역으로 안내한다. 만약 당신의 영혼에 휴식과 기쁨이 필요하다면, 이 책은 충분히 여행할 만한 가치가 있는 책이다.

〈마더존스〉

책을 내려놓고 나니 우리가 바라보는 세상이 넓어졌다.

〈타임〉

이토록
굉장한 세계

에드 용 ED YONG
양병찬 옮김

이토록
굉장한 세계

AN IMMENSE WORLD

경이로운 동물의 감각,
우리 주위의 숨겨진 세계를 드러내다

어크로스

하늘을 나는 새가 아니고서야
어찌 알겠는가?
광대무변한 세계의 즐거움이
당신의 오감에 가로막혀 있다는 것을.

— 윌리엄 블레이크, 《천국과 지옥의 결혼》

일러두기

- 본문 하단의 각주와 괄호 안에 있는 설명은 지은이의 것이며, 옮긴이 주는 괄호 안에 넣고 '-옮긴이'를 덧붙여 구분했다.
- 본문에서 언급한 단행본 중 국내에서 번역 출간된 경우 국역본의 제목을 따랐으며, 원서 제목은 병기하지 않았다.
- 온도는 섭씨, 그 밖의 길이나 무게는 미터법으로 변환하여 표기했다.

차례

지구를 이해하는 새로운 방식

방에 있는 코끼리를 상상해보라. 이 코끼리는 우화에 나오는 체중 측정 대상이 아니라, 실제 몸무게가 알려진 포유동물이다. 방이 그것을 수용할 만큼 충분히 넓다고 상상하라. 이를테면 학교 체육관이라고 하자. 이제 생쥐가 허둥지둥 들어온다고 상상하라. 그 옆에서 유럽울새가 깡충깡충 뛴다. 대들보에는 올빼미가 앉아 있다. 천장에는 박쥐가 거꾸로 매달려 있다. 방울뱀이 바닥을 미끄러지듯 움직인다. 거미가 한구석에 거미줄을 쳐놓고 있다. 모기가 허공을 가르며 윙윙거린다. 화분에 심은 해바라기 위에 뒤영벌이 앉아 있다. 마지막으로, 점점 더 복잡해지는 가상의 공간 한가운데에 인간을 추가하라. 그녀를 리베카라고 부르자. 그녀는 시력이 좋고 호기심이 많으며 (다행히도) 동물을 좋아한다. 그녀가 어쩌다 이런 난장판에 빠졌는지 걱정하지 마라. 이 모든 동물들이 체육관에서 무슨 짓을 하는지도 신경 쓰지 마라. 그 대신 리베카와 이 상상 속의 나머지 동물들이 서로를 어떻게 인식할지 생각해보라.

코끼리는 잠망경처럼 코를 들어올리고, 방울뱀은 혀를 날름거리고, 모기는 더듬이로 허공을 가르고 있다. 세 동물은 모두 주변 공간의 냄새를 맡으며 떠다니는 향기를 받아들인다. 코끼리는 이렇다 할 냄새를 맡지 않는다. 방울뱀은 생쥐의 궤적을 감지하고, 몸을 칭칭 감은 채 매복한다. 모기는 리베카의 숨결에 포함된 매혹적인 이산화탄소 냄새와 그녀의 피부 향내를 맡는다. 녀석은 그녀의 팔에 내려앉아 식사할 준비를 하지만, 침으로 찌르기도 전에 그녀의 손찌검을 피해 날아간다. 손바닥의 찰싹 소리는 생쥐를 불안하게 만든다. 생쥐는 경각심을 갖고 찍찍 소리를 내는데, 이 소리는 박쥐에게는 들리지만 음높이가 너무 높아 코끼리에게는 들리지 않는다. 한편 코끼리는 생쥐나 박쥐의 귀가 듣기에는 너무 낮지만 방울뱀의 '진동에 민감한 배'에서는 느껴지는 깊고 우렁찬 소리를 낸다. 생쥐의 초음파 찍찍 소리와 코끼리의 초저주파 울음소리를 모두 인지하지 못하는 리베카는, 그 대신 자신의 귀에 더 잘 맞는 주파수로 노래하는 울새의 소리를 듣는다. 그러나 그녀의 청각은 너무 둔해서, 새가 곡조 내에서 표현하는 모든 복잡성을 분간할 수 없다.

울새의 가슴은 리베카에게는 빨갛게 보이지만, 파란색과 노란색 색조로 국한된 코끼리의 눈에는 보이지 않는다. 뒤영벌도 빨간색을 볼 수 없지만, 무지개의 반대편 끝 너머에 있는 자외선 색조에는 민감하다. 벌이 앉아 있는 해바라기의 한가운데에는 새와 벌 모두의 관심을 끄는 자외선 과녁이 있다. 해바라기 꽃이 노란색 일색이라고 생각하는 리베카에게는 그 과녁이 보이지 않는다. 그녀의 눈은 방 안에서 가장 날카로워, 코끼리나 벌과 달리 거미줄 위에 앉아 있는 작은 거미를 볼 수 있다. 그러나 방의 불이 꺼지자마자 그녀의 시야에서 많은 것들이 사라진다.

어둠에 휩싸인 리베카는 자신의 앞을 가로막는 장애물이 느껴지길 바라며 팔을 쭉 뻗고 천천히 앞으로 걸어간다. 생쥐도 그녀와 똑같이 행동하지만, 손(앞발) 대신 얼굴의 수염을 1초에 여러 번씩 앞뒤로 휘저으며 주변을 지도화mapping한다. 리베카의 발 사이를 스쳐 지나가는 생쥐의 발자국 소리는 너무 희미해서 그녀에게 들리지 않지만, 머리 위의 올빼미에게는 쉽게 들린다. 올빼미의 얼굴에 있는 (뻣뻣한 깃털이 빼곡히 박힌) 안면판은 소리를 민감한 귀로 전달하는 역할을 하는데, 한쪽 귀의 높이가 다른 쪽 귀보다 약간 높다. 이러한 비대칭 덕분에, 올빼미는 생쥐의 움직임을 수직면과 수평면 모두에서 정확히 포착할 수 있다. 방울뱀의 사정거리 안에서 생쥐가 멈칫거리는 순간, 올빼미가 먼저 생쥐를 급습한다. 뱀은 주둥이에 있는 두 개의 구멍을 사용해 따뜻한 물체에서 나오는 적외선을 감지할 수 있다. 뱀은 열을 효과적으로 감지하므로, 생쥐의 몸은 마치 타오르는 햇불처럼 느껴진다. 이윽고 뱀이 공격한다…. 그리고 급강하하는 올빼미와 충돌한다.

이 모든 소동이 일어나는 동안, 참가자들을 거의 듣지도 보지도 못하는 거미는 전혀 낌새를 채지 못한다. 거미의 세계는 거의 전적으로 거미줄—거미가 스스로 만든 덫으로, 확장된 감각으로 작용한다—을 통해 전달되는 진동에 의해 정의된다. 길 잃은 모기가 거미줄에 걸려들자, 거미는 몸부림치는 먹이의 숨길 수 없는 진동을 감지하고 살육을 위해 움직인다. 그러나 공격하는 동안 자신의 몸에 부딪히는 고주파 음을 인식하지 못하고, 그것을 발사한 생물—박쥐—에게 튕겨 보낸다. 박쥐의 음파 탐지기는 매우 예리해서, 어둠 속에서도 거미를 찾을 뿐만 아니라 거미줄에서 거미를 콕 집어낼 수 있을 만큼 정확하게 찾아낸다.

박쥐가 먹이를 먹는 동안, 유럽울새는 대부분의 다른 동물이 느낄 수 없는 친숙한 끌림을 느낀다. 날이 점점 추워지고 있어, 바야흐로 따뜻한 남쪽 지방으로 이주해야 할 때다. 밀폐된 체육관 안에서도 울새는 지구의 자기장을 느낄 수 있고, 내부 나침반의 안내에 따라 정남향을 바라보며 창을 통해 탈출한다. 울새가 떠난 체육관에는 코끼리 한 마리, 박

이토록 굉장한 세계

쥐 한 마리, 뒤영벌 한 마리, 방울뱀 한 마리, 약간 당황한 올빼미 한 마리, 억세게 운 좋은 생쥐 한 마리, 그리고 리베카라는 여성 한 명이 남는다. 이 일곱 생물은 동일한 물리적 공간을 공유하지만, 야성적이고 놀랍도록 다른 방식으로 경험한다.* 지구에 있는 수십억 종의 상이한 동물과 그 종 내의 수많은 개체들에 대해서도 사정은 마찬가지다. 지구는 광경과 질감, 소리와 진동, 냄새와 맛, 전기장과 자기장으로 가득 차 있다. 그러나 모든 동물은 현실의 충만함의 극히 일부만을 향유할 수 있다. 각각은 자신만의 독특한 감각 거품sensory bubble으로 둘러싸여 있으며, 광대무변한 세계의 미미한 조각에 불과하다.

각자의 환경세계

감각 거품을 의미하는 멋진 단어인 환경세계Umwelt가 있다. 이것은 1909년 발트해 연안 독일의 동물학자 야콥 폰 윅스퀼Jakob von Uexküll이 정의하고 대중화한 개념이다.¹ 환경세계는 '환경'을 뜻하는 독일어 단어에서 유래했지만, 윅스퀼은 그것을 단순히 동물의 주변 환경을 지칭하는 데 사용하지 않았다. 그 대신, 환경세계는 특히 동물이 감지하고 경험할 수 있는 환경의 일부인 지각적 세계perceptual world를 의미한다. 방금 언급한 '상상의 방'의 거주자들처럼, 수많은 생물이 동일한 물리적 공간에 존재하면서도 완전히 다른 환경세계를 가질 수 있다. 포유류의 피를 탐하는 진드기는 동물의 체온, 털의 감촉, 피부에서 방출되는 부티르산

---

* 한 종의 감각이 얼마나 다양한지 이해하려면 인간을 보라. 어떤 사람들(적록색맹)에게는 빨간색과 녹색이 동일하게 보인다. 다른 사람들에게는 사람의 체취가 바닐라 향처럼 느껴진다. 또 다른 사람들에게는 고수(실란트로)에서 비누 맛이 난다.

냄새에 관심을 갖는다. 이 세 가지가 진드기의 환경세계를 구성한다. 진드기의 입장에서 볼 때 푸른 나무, 붉은 장미, 파란 하늘, 하얀 구름 등은 멋진 세계의 일부가 아니다. 그렇다고 해서 진드기가 그것들을 고의로 무시하는 것은 아니다. 단지 그것들을 감지할 수 없고, 그것들이 존재한다는 사실을 알지 못할 뿐이다.

윅스퀼은 동물의 몸을 집에 비유했다.[2] 그는 이렇게 적었다. "집마다 정원으로 열리는 창문이 여러 개 있다.[3] 빛의 창문, 소리의 창문, 냄새의 창문, 맛의 창문, 수많은 촉감의 창문이 있다. 이 창문들을 어떻게 만드느냐에 따라 집에서 바라보는 정원이 달라진다. 정원은 결코 '더 큰 세계의 한 부분'으로 나타나지 않는다. 그보다는 차라리, 정원은 집에 속한 유일한 세계—환경세계—다. 우리 눈에 보이는 정원은 집의 거주자들에게 나타나는 정원과 근본적으로 다르다."

당시에 이것은 급진적인 개념이었고, 일부 집단에서는 지금도 여전히 그럴 수 있다. 동시대의 많은 사람들과 달리 윅스퀼은 동물을 단순한 '기계'가 아니라 지각 있는 '존재'로 간주하고, 동물의 내면세계는 존재할 뿐만 아니라 숙고할 가치가 있다고 여겼다. 윅스퀼은 인간의 내면세계를 다른 종의 내면세계보다 높이 평가하지 않았다. 오히려 그는 환경세계 개념을 '통합하고 평준화하는 힘'으로 취급했다. 인간의 집은 진드기의 집보다 크고, '더 넓은' 정원이 내려다보이는 창문이 '더 많을' 수 있지만, 우리는 여전히 집 안에 갇혀 창밖을 내다보고 있다. 우리의 환경세계는 여전히 제한적이며, 단지 그렇게 '느껴지지' 않을 뿐이다. 우리에게 그것은 모든 것을 포괄하는 것처럼 느껴진다. 그것이 우리가 아는 전부이며, 그래서 우리는 그것을 알아야 할 모든 것으로 쉽게 오인한다. 이것은 환상이며, 우리뿐만 아니라 모든 동물이 공유하는 것이다.

이토록 굉장한 세계

우리는 (상어와 오리너구리가 감지하는) 희미한 전기장을 감지할 수 없다. 우리는 (유럽울새와 바다거북이 감지하는) 자기장을 감지할 수 없다. 우리는 (바다표범이 추적하는) 헤엄치는 물고기의 보이지 않는 흔적을 추적할 수 없다. 우리는 (어슬렁거리는 거미가 느끼는) 윙윙거리는 파리가 만드는 기류를 느낄 수 없다. 우리의 귀는 설치류와 벌새의 초음속 외침이나 코끼리와 고래의 초저주파 울부짖음을 들을 수 없다. 우리의 눈은 방울뱀이 탐지하는 적외선이나 새와 벌이 감지할 수 있는 자외선을 볼 수 없다.

우리와 똑같은 감각을 공유할 때조차도, 동물들의 환경세계는 매우 다를 수 있다. 우리에게 완전한 침묵처럼 여겨지는 것에서 소리를 듣고, 완전한 어둠처럼 보이는 것에서 색깔을 보고, 완전한 고요처럼 느껴지는 것에서 진동을 감지할 수 있는 동물이 있다. 생식기에 눈이 있거나, 무릎에 귀가 있거나, 팔다리에 코가 있거나, 피부 전체에 혀가 있는 동물이 있다. 불가사리는 팔 끝으로 보고, 성게는 전신으로 본다. 별코두더지는 코로 주위를 느끼는 반면, 매너티manatee는 입술을 사용한다. 사실 우리도 감각이 둔한 편은 아니다. 우리의 청각은 준수하고, 귀가 전혀 없는 수백만 종의 곤충보다 확실히 낫다. 우리의 눈은 드물게 날카로우며, 동물 자신이 볼 수 없는 동물의 몸 패턴을 식별할 수 있다. 각각의 종은 어떤 면에서는 구속되고 다른 면에서는 해방된다. 그렇기 때문에 이 책은 유치하게 감각의 날카로움에 따라 동물의 순위를 매기고, 우리를 능가하는 능력을 가진 동물만 가치 있게 여기는 명부名簿가 아니다. 이 책은 '우월성'에 관한 책이 아니라 '다양성'에 관한 책이다.

또한 이 책은 동물을 어엿한 생명체로 다룬 책이기도 하다. 일부 과학자들은 우리 자신을 더 잘 이해하기 위해 전기어, 박쥐, 올빼미 같은 예외적인 생물을 '모델생물model organism'─우리 자신의 감각계가 작동하는 방식을 탐구하기 위한 생물─로 사용하여 다른 동물의 감각을 연구한다. 다른 과학자들은 동물의 감각을 역설계reverse-engineering함으로써 새로운 기술을 창조한다. 바닷가재의 눈은 우주 망원경에 영감을 주었고, 기생파리의 귀는 보청기에 영향을 미쳤고, 군용 음파 탐지기는 돌고래의 음파 탐지기에 대한 연구를 통해 연마되었다. 둘(모델생물, 역설계) 다 합리적인 동기이지만, 나는 둘 중 어느 것에도 관심이 없다. 동물은 단순히 인간을 위한 대역代役이나 브레인스토밍 세션을 위한 도구가 아니다. 그들은 그 자체로서 가치가 있다. 나는 그들의 삶을 더 잘 이해하기 위해 그들의 감각을 탐구할 것이다. "그들은 우리가 잃어버렸거나 결코 얻지 못한 감각의 확장성을 가지고 태어나 세련되고 완전하게 움직이며,[4] 우리가 결코 들을 수 없는 소리를 들으며 살아간다"라고 미국의 박물학자 헨리 베스턴Henry Beston은 썼다. "그들은 우리의 형제도 아니고 부하도 아니다. 그들은 생명과 시간의 그물에 우리와 함께 걸려든 이국인들이며, 지구의 영광과 고난에 사로잡힌 동료 포로들이다."

생물학이 물리학을 길들이는 법

몇 가지 용어가 우리의 여행에 이정표 역할을 할 것이다. 동물들은 세상을 감지하기 위해 자극─빛, 소리, 화학물질 같은 양量─을 감지해 전기 신호로 변환하고, 전기 신호는 뉴런을 따라 뇌로 전달된다.[5] 자극을 탐지하는 역할을 하는 세포를 수용체라고 한다. 광수용체photoreceptor는 빛을 탐지하고, 화학수용체chemoreceptor는 분자를 탐지하고, 기계수용체mechanoreceptor는 압력이나 움직임을 탐지한다. 이러한 수용체 세포들은 종종 눈, 코, 귀와 같은 감각기관에 집중되어 있다. 그리고 감각기관과

(감각기관의 신호를 전달하는) 뉴런과 (신호를 처리하는) 뇌 영역을 통틀어 감각 계라고 부른다. 예컨대 시각계에는 눈, 그 안의 광수용체, 시신경, 뇌의 시각피질이 포함된다. 이러한 구조들이 힘을 합쳐 대부분의 사람들에게 시각을 제공한다.

앞의 단락은 고등학교 교과서에서 가져온 내용일 수 있다. 그러나 잠시 시간을 내어 그것이 설명하는 기적을 생각해보자. 빛은 전자기 방사일 뿐이다. 소리는 압력의 파동일 뿐이다. 냄새는 소분자small molecule일 뿐이다. 우리가 그것들을 전기 신호로 변환하거나 그 신호로부터 일출의 장관, 누군가의 음성, 또는 빵 굽는 냄새를 이끌어내는 것은 고사하고, 우리가 그것들 중 하나라도 탐지할 수 있는지조차 분명하지 않다. 감각은 세상의 혼돈을 우리가 반응하고 행동할 수 있는 지각과 경험으로 변환한다. 그것은 생물학으로 하여금 물리학을 길들일 수 있게 해준다. 그것은 자극을 정보로 바꾼다. 그것은 무작위성에서 관련성을 끄집어내고, 잡다함에서 의미를 엮어낸다. 그것은 동물을 주변 환경과 연결한다. 그리고 그것은 표현, 표시, 제스처, 호출, 전류를 통해 동물들을 서로 연결한다.

감각은 동물의 삶을 구속함으로써 '탐지할 수 있는 물체'와 '할 수 있는 일'을 제한한다. 그러나 그것은 또한 '종의 미래'와 '그에 앞선 진화적 가능성'을 정의한다. 예를 들어 약 4억 년 전 일부 물고기들은 물을 떠나 육상생활에 적응하기 시작했다. 우리의 조상인 이 개척자들은 물속에서보다 공기 중에서 훨씬 더 먼 거리를 볼 수 있었다. 신경과학자 맬컴 매키버Malcolm MacIver는 이러한 변화가 계획 및 전략적 사고와 같은 고도의 정신 능력의 진화에 박차를 가했다고 생각한다.[6] 바로 눈앞에 있는 모든 것에 단순히 반응하는 대신, 그들은 선제적으로 행동할 수 있었을 것이다. 그들은 더 멀리 봄으로써 앞날을 생각할 수 있었을 것이다. 그들의 환경세계가 확장됨에 따라 그들의 마음도 확장된 것이다.

그러나 환경세계가 무한정 확장될 수는 없다. 감각에는 항상 대가가 따르기 때문이다. 육상동물은 필요할 때 발화firing할 수 있도록 감각계의 뉴런을 '영원한 대기 모드'로 유지해야 한다.[7] 이것은 피곤한 작업으로, 마치 활을 당긴 채 고정함으로써 결정적인 순간이 왔을 때 화살을 쏠 수 있도록 하는 것과 같다. 눈꺼풀이 닫혀 있을 때도, 당신의 시각계는 엄청난 예비비를 지출한다. 그렇기 때문에 모든 것을 잘 감지할 수 있는 동물은 없다.

사실 그러기를 바라는 동물도 없을 것이다. 그랬다가는 자극의 홍수에 압도될 텐데, 그중 대부분은 무의미한 자극일 테니 말이다. 소유자의 필요에 따라 진화하는 감각은 무한한 자극을 분류해 무의미한 것들을 걸러내고 먹이, 피난처, 위협, 동맹자 또는 짝에 대한 신호를 포착한다. 마치 분별력 있는 개인 비서처럼, 그것은 가장 중요한 정보만 챙겨서 뇌에 전달한다.[*] 윅스퀼은 진드기에 대한 글에서 이렇게 말했다. "진드기 주변의 풍부한 세계는 단지 세 가지 자극에 국한된 빈곤한 구조로 변형되었다.[9] 그러나 이러한 환경적 빈곤은 행동의 확실성을 위해 필요하며, 확실성은 풍부함보다 더 중요하다." 모든 것을 감지할 수 있는 동물은 없으며, 그럴 필요도 없다. 이게 바로 환경세계가 존재하는 이유다. 다른 생물의 환경세계를 고려하는 행위가 너무나 인간적이고 의미심장한 이유이기도 하다. 우리의 감각은 우리에게 필요한 것을 걸러낸다. 우리는 '필터를 통과한 것'에 대해 배우기로 마음먹어야 한다.

---

[*] 1987년에 독일의 과학자 뤼디거 베너Rüdiger Wehner는 이것을 '정합 필터matched filter'라고 표현했다.[8] 즉, 탐지할 필요성이 가장 높은 감각 자극에 맞춰져 있는 동물 감각계의 한 측면이다.

박쥐의 기분을 상상한다는 것

동물의 감각은 수천 년 동안 사람들을 매료시켰지만 여전히 미스터리가 수두룩하다. 우리와 가장 다른 환경세계를 보유한 동물들 중 상당수는 접근할 수 없거나 침투할 수 없는 서식지—탁한 강, 어두운 동굴, 외해, 심해저대, 지하 영역—에 살고 있다. 그들의 자연스러운 행동은, 해석은 고사하고 관찰하기도 어렵다. 온갖 기이함에도 불구하고, 많은 과학자들의 연구는 '사육할 수 있는 생물'에 한정된다. 하지만 실험실에서 동물을 연구하는 것도 여간 까다롭지 않다. 특히 그들의 감각이 우리와 크게 다를 때, 그들이 감각을 사용하는 방법을 밝혀내는 실험은 설계하기가 어렵다.

놀랄 만큼 새로운 세부사항—때로는 완전히 새로운 감각—이 꾸준히 발견되고 있다. 거대한 고래들은 아래턱 끝에 배구공만 한 크기의 센서를 가지고 있는데, 이는 2012년에야 발견되었으며 그 기능이 아직 불분명하다.[10] 이 책에 소개된 사례 중 일부는 수십 년 또는 수백 년 전에 보고되었으며, 내가 책을 쓰는 동안에 보고된 것도 있다. 그리고 아직 설명할 수 없는 것들이 너무 많다. "원자물리학자인 아버지는 언젠가 내게 많은 질문을 퍼부었어요"라고 감각생물학자인 손케 욘센Sonke Johnsen은 나에게 말한다. "내가 몇 가지 질문에 대답을 못 했더니, 아버지는 이렇게 말했어요. '너희들은 정말 아무것도 모르는구나.'" 그 대화에서 영감을 받아, 욘센은 2017년에 〈감각생물학의 열린 질문들: 우리는 정말로 아무것도 모른다, 그렇지 아니한가?〉라는 제목의 논문을 발표했다.[11]

'얼마나 많은 감각이 존재할까?'라는 외견상 간단한 질문을 생각해보자. 약 2370년 전, 아리스토텔레스는 인간을 비롯한 모든 동물이 다섯 가지 감각—시각, 청각, 후각, 미각, 촉각—을 보유하고 있다고 썼다. 이 분류는 오늘날에도 통용된다. 그러나 철학자 피오나 맥퍼슨Fiona Macpherson에 따르면 그것을 의심할 만한 이유가 있다.[12] 우선 아리스토텔레스는 인간에게서 몇 가지를 놓쳤다. 그것은 고유감각proprioception과 평형감각equilibrioception인데, 고유감각은 '자신의 신체에 대한 인식'으로 촉각과 별개이며, 평형감각은 균형감각으로 촉각과 시각 모두와 연결되어 있다.

다른 동물들은 분류하기가 훨씬 더 어려운 감각을 가지고 있다. 첫째로, 많은 척추동물(등뼈가 있는 동물)은 냄새를 탐지하기 위한 두 번째 감각계를 가지고 있는데, 이것은 서골비기관이라는 구조에 의해 지배된다. 이것은 그들의 주요 후각의 일부일까, 아니면 별개의 것일까? 둘째로, 방울뱀은 먹이의 체온을 탐지할 수 있지만, 그들의 열 센서는 뇌의 시각중추에 연결되어 있다. 그렇다면 방울뱀의 열 감각은 단순히 시각의 일부일까, 아니면 별개의 것일까? 셋째로, 오리너구리의 부리에는 '전기장을 탐지하는 센서'와 '압력에 민감한 센서'가 장착되어 있다. 오리너구리의 뇌는 이러한 정보의 흐름들을 다르게 취급할까, 아니면 전기촉각이라는 단일 감각으로 간주할까?

맥퍼슨이 《감각들 The Senses》에서 말한 바와 같이, 이러한 사례들이 우리에게 말해주는 것은 "감각을 한정된 개수의 개별적 종류로 명확히 나누는 것은 불가능하다"[13]라는 것이다. 동물의 감각을 아리스토텔레스의 틀에 끼워 맞추는 대신, 우리는 있는 그대로를 연구해야 한다.* 나는 이 책을 빛이나 소리와 같은 특정 자극을 중심으로 서술하는 장들로 구성했지만, 그것은 대부분 편의를 위한 것이다. 각 장은 동물이 해당 자극을 가지고 수행하는 다양한 과제에 이르는 관문이다. 나는 감각의 개수를 헤아리는 데 관심을 두지 않을 것이며, 소위 '육감sixth sense'에 대해 터무니없는 이야기를 늘어놓지도 않을 것이다. 그 대신 나는 동물들이 감각을 사용하는 방법을 생각해보고, 그들의 환경세계 안으로 들어가려고 한다.

그건 녹록하지 않을 것이다. 미국의 철학자 토머스 네이글Thomas Nagel은 1974년 자신의 고전적 에세이 〈박쥐가 된다는 건 어떤 기분일까?〉에서 다른 동물들도 본질적으로 주관적이고 설명하기 어려운 의식적 경험을 가지고 있다고 주장했다. 예컨대 박쥐는 음파 탐지기를 통해 세상을 인식하는데, 이는 대다수의 인간에게 결여된 감각이기 때문에 "우리가 경험하거나 상상할 수 있는 어떤 것과도 주관적으로 같다고 가정할 이유가 없다"[14]라고 했다. 팔에 갈퀴가 있거나 입안에 곤충이 들어 있는 장면을 상상할 수는 있지만, 당신은 여전히 '박쥐로서의 나'에 대한 정신적 캐리커처를 창조하고 있을 것이다. "나는 박쥐의 기분이 어떤지 알고 싶다"라고 네이글은 말했다. "하지만 이것을 상상하려고 아무리 노력해도, 인간인 나에게 주어진 마음의 자원은 박쥐의 기분을 상상하는 데 불충분하다."

다른 동물에 대해 생각할 때 우리는 우리 자신의 감각, 특히 시각에 의해 편향된다. 우리의 종種과 문화는 시각에 의해 추동되기 때문에, 태어날 때부터 눈이 안 보이는 사람들조차 시각적 단어와 은유를 사용해

• 당신이 최대한 환원적이라면, "실제로 두 가지 감각, 즉 화학적 감각과 기계적 감각만 있다"라고 합리적으로 주장할 수 있다. 화학적 감각에는 후각, 미각, 시각이 포함된다. 기계적 감각에는 촉각, 청각, 전기감각이 포함된다. 자기감각magnetic sense은 두 가지 범주 중 하나 또는 둘 다에 속할 수 있다. 이 틀은 지금 당장은 전혀 납득할 수 없을지 모르지만, 이 책을 읽어 나가면서 점점 더 명확해질 것이다. 나는 이 틀에 특별히 집착하지 않지만, 이것은 감각에 대한 몇 가지 사고방식 중 하나이며, 독자 여러분 중 병합파lumper 분류학자들의 관심을 끌 수 있는 방법이다.

세상을 서술할 것이다.* 만약 사람들의 요점을 파악하거나 그들의 견해를 공유한다면, 당신은 그들에게 동의하는 것이나 마찬가지다. 그 결과 당신은 사각지대에 있는 것들에 대해 무지하고, '희망찬 미래는 밝고 빛나며, 디스토피아는 어둡고 그늘지다'는 편견에 사로잡히게 된다. 심지어 전기장을 탐지하는 능력처럼 인간에게 없는 감각을 설명할 때도, 과학자들은 이미지와 그림자를 들먹인다. 우리에게 언어는 축복인 동시에 저주다. 그것은 다른 동물의 환경세계를 서술하기 위한 도구를 우리에게 제공해주지만, 그럴 때마다 우리 자신의 감각 세계가 그 서술에 슬그머니 반영된다.

동물행동학자들은 종종 의인화anthropomorphism—인간의 감정이나 정신적 능력을 다른 동물에게 부적절하게 귀속시키는 경향—의 위험성에 대해 논의한다. 그러나 아마도 가장 일반적임에도 가장 인지도가 낮은 의인화의 징후는 다른 환경세계를 망각하는 경향, 즉 동물의 삶을 그들이 아니라 우리의 감각으로 재단하는 경향일 것이다. 이러한 편견은 그에 상응하는 결과를 낳는다. 우리는 동물의 감각을 압도하거나 혼란스럽게 하는 자극—갓 부화한 거북이를 바다에서 멀어지게 하는 해안의 불빛, 고래들의 울음소리를 잠식하는 수중 소음, 박쥐의 음파 탐지기를 교란하는 유리창—으로 세상을 가득 채움으로써 동물에게 해를 끼친다. 우리는 우리와 가장 가까운 동물의 요구를 잘못 해석함으로써 냄새 지향적인 개의 환경 탐색을 가로막고, 인간의 시각적 세계를 그들에게 강요한다. 그리고 동물의 능력을 과소평가함으로써, 자연의 진정한

---

* 이 책을 집필하는 동안 '다른 감각을 설명할 때 시각적 은유를 피하는 것이 극히 어렵다'는 생각이 시종일관 나의 뇌리를 떠나지 않았음을 인정한다. 시각적인 용어에 의지해야 할 때마다, 나는 그것을 회피하거나 최소한 신중하고 명백한 태도를 견지하려고 노력했다.

광대함과 경이로움을 이해할 기회를 놓치는 자충수를 두고 있다. 윌리엄 블레이크가 쓴 것처럼, "광대무변한 세계의 즐거움이 당신의 오감에 가로막혀 있다."

이 책을 통해, 여러분은 오랫동안 불가능하거나 터무니없다고 여겨졌던 동물의 능력을 접하게 될 것이다. 박쥐의 음파 탐지기를 공동으로 발견한 동물학자 도널드 그리핀Donald Griffin은 언젠가 생물학자들이 소위 '단순성 필터simplicity filter'에 지나치게 휘둘린다고 말했다.[15] 즉 그들은 자신이 연구하는 감각이 자신이 수집한 어떤 데이터보다도 복잡하고 세련될 수 있음을 고려하는 것조차 꺼리는 것 같다. 그리핀의 한탄은 오컴의 면도날—가장 단순한 설명이 대체로 최선이라는 원칙—과 모순된다. 그러나 오컴의 원칙은 당신이 필요한 정보를 모두 갖고 있을 때만 진실이다. 그리핀의 요점은, 가장 단순한 설명이 최선이 아닐 수도 있다는 것이다. 다른 동물에 대한 과학자의 설명은 '그가 수집한 데이터'에 의해 좌우되는데, 그 데이터는 '그가 던진 질문'의 영향을 받고, 그 질문은 '그의 상상력'에 의해 조종되고, 그 상상력은 '그의 감각'에 의해 제한된다. 인간 환경세계의 경계는 종종 다른 환경세계를 불투명하게 만든다.

그리핀의 말은 동물의 행동에 대한 난해하거나 초자연적인 설명을 허용하는 백지위임장이 아니다. 나는 그녀의 말과 네이글의 에세이를 '항상 겸손하라'는 조언으로 간주한다. 그들은 다른 동물들이 정교하다는 것을 상기시키며, 우리가 자랑스러워하는 모든 지능에도 불구하고 우리가 다른 생물을 이해하거나 '우리 자신의 감각을 통해 그들의 감각을 바라보는 경향'에 저항하는 것이 매우 어렵다는 것을 일깨워준다. 우리는 동물 환경의 물리학을 연구하고, 동물이 무엇에 반응하거나 무시하는지 살펴보고, 감각기관을 뇌에 연결하는 뉴런망을 추적할 수 있다. 그러나 궁극적인 이해—박쥐, 코끼리 또는 거미가 되는 것이 어떤 기분인지 알아내는 것—를 달성하려면, 심리학자 알렉산드라 호로비츠Alexandra Horowitz가 말하는 "정보에 입각한 상상적 도약"이 항상 필요하다.[16]

많은 감각생물학자들은 예술에 대한 배경지식을 가지고 있는데, 이를 통해 우리의 뇌가 자동적으로 창조하는 지각적 세계를 극복할 수 있을지도 모른다. 예를 들어 손케 욘센은 동물의 시각을 연구하기 훨씬 전에 그림, 조각, 현대무용을 공부했다. 그에 따르면, 예술가는 우리 주변의 세계를 표상하기에 앞서서 자신의 환경세계의 한계에 도전해 "뛰어넘어야" 한다. 그런 능력은 그가 "다른 지각적 세계를 가진 동물에 대해 생각하는" 데 도움이 된다. 또한 그는 많은 감각생물학자들이 지각적으로 다양하다고 지적한다. 예컨대 세라 질린스키Sarah Zylinski는 갑오징어와 다른 두족류의 시각을 연구한다. 그녀는 얼굴 인식 불능증이 있어서, 어머니를 포함해 낯익은 얼굴조차 알아보지 못한다. 아리카와 겐타로蟻川謙太郎는 나비의 색각color vision, 色覺을 연구하는데, 적록색맹이다. 수잰 아마도르 케인Suzanne Amador Kane은 공작새의 시각 및 진동 신호를 연구한다. 그녀는 양쪽 눈의 색각에 약간의 차이가 있어서, 한쪽 시야가 약간 붉은 색조를 띠게 된다. 욘센은 일부 사람들이 '장애'라고 부를 수 있는 이러한 차이가, 실제로 사람들로 하여금 자신의 환경세계에서 벗어나 다른 생물의 것을 포용하게 하는 경향이 있다고 생각한다. 비정형적인 방식으로 세상을 경험하는 사람들은, 아마도 전형성의 한계에 대해 직관적인 느낌을 가지고 있을 것이다.

우리 모두는 그렇게 할 수 있다. 나는 동물들로 가득 찬 가상의 방을 상상해달라고 요청하면서 이 책을 시작했고, 앞으로 13개 장에 걸쳐 그와 비슷한 상상력을 발휘해달라고 당신에게 부탁할 것이다. 네이글이 예측한 대로 그 작업은 어려울 것이다. 그러나 노력에는 가치와 영광이 수반된다. 자연의 환경세계를 넘어서는 이 여행에서, 우리의 직관은 가장 큰 부채가 될 것이고 우리의 상상력은 가장 큰 자산이 될 것이다.

진 정 한 항 해

1998년 6월의 어느 늦은 아침 마이크 라이언Mike Ryan은 자신의 제자인 렉스 코크로프트Rex Cocroft와 함께 동물을 찾기 위해 파나마의 열대우림에서 하이킹을 했다. 평소 같으면 라이언은 개구리를 찾았을 것이다. 그러나 코크로프트는 뿔매미treehopper라고 불리는 수액을 빨아 먹는 곤충을 좋아했고, 스승에게 보여줄 멋진 레퍼토리가 있었다. 연구기지에서 출발한 두 사람은 도로를 벗어나 강을 따라 걸었다. 코크로프트는 올바른 종류의 관목을 발견한 후 몇 장의 잎을 뒤집어, 칼로코노포라 핑귀스Calloconophora pinguis라는 종에 속하는 작은 뿔매미 가족을 재빨리 발견했다. 코크로프트는 새끼들에게 둘러싸인 어미를 발견했는데, 새끼들의 까만 등은 '앞쪽을 가리키는 돔'—엘비스 프레슬리의 헤어스타일을 생각하면 된다—으로 덮여 있었다.

뿔매미는 자기들이 머물고 있는 식물을 통해 진동을 전달함으로써 의사소통을 한다. 이러한 진동은 들리지 않지만 쉽게 소리로 변환될 수 있다. 코크로프트는 식물에 간단한 마이크를 고정하고, 라이언에게 헤드폰을 건네며 들어보라고 말했다. 그런 다음 그는 잎을 흔들었다. 그러자 새끼 뿔매미들은 복부 근육을 수축시켜 진동을 일으키면서 즉시 도망쳤다. "나는 어쩐지 허둥대는 소리가 날 거라고 생각했어요." 라이언은 이렇게 회상한다. "그 대신 내가 들은 것은 마치 소 울음소리 같았어요." 소리는 깊고 울림이 있었으며, 곤충에게서 기대할 수 있는 그 어떤 것과도 달랐다. 마음을 진정시킨 새끼들이 어미에게로 돌아왔을 때, 진동하는 음매 소리의 불협화음은 조화로운 합창으로 바뀌었다.

라이언은 여전히 뿔매미 가족을 바라보며 헤드폰을 벗었다. 사방에서 새들이 노래하고, 원숭이들이 울부짖고, 곤충들이 지저귀는 소리가 들렸다. 뿔매미들이 조용해진 가운데, 라이언은 헤드폰을 다시 썼다. "나는 완전히 다른 세계로 이동했어요"라고 그는 나에게 말한다. 다시 한번 그의 환경세계에서 정글의 소음이 사라지고, '음매-' 하고 우는 뿔매미 가족이 돌아온 것이었다. "그것은 내 생애에서 가장 멋진 경험이었어요"라고 그는 말한다. "그것은 감각 여행이었어요. 나는 동일한 장소에 있었지만 정말로 멋진 두 환경 사이를 오가고 있었어요. 그것은 윅스퀼의 아이디어를 극명하게 보여주는 것이었어요."

환경세계 개념은 모든 생물이 '감각의 집' 안에 갇혀 있다는 것을 의미하기 때문에, 언뜻 들으면 제한적이라는 느낌이 들 수 있다. 그러나 나에게는 그 아이디어가 놀라울 정도로 광범위하다. 그것은 우리에게 "삼라만상의 본모습은 겉보기와 다르며, 우리가 경험하는 것은 모든 것의 필터링된 버전일 뿐"이라고 말해준다. 그것은 우리에게 "어둠 속에 빛이 있고, 침묵 속에 소음이 있고, 무無 속에 풍요가 있음"을 일깨워준다. 익숙함 속의 낯섦, 일상 속의 비범함, 평범함 속의 장엄함을 암시한다. 식물에 마이크를 고정하는 것이 용감무쌍한 탐험 행위가 될 수 있음을 보여준다. 환경세계들 사이에서 왔다 갔다 하거나, 적어도 그렇게 시도하는 것은 외계 행성에 발을 내딛는 것과 같다. 윅스퀼은 자신의 책을 "여행기"라고 부르기까지 했다.

우리가 다른 동물에게 관심을 기울일 때 우리 자신의 세계는 확장되고 깊어진다. 뿔매미들의 소리를 들으면, 식물이 조용한 진동 노래로 쿵쾅거린다는 것을 알게 된다. 산책하는 반려견을 보면, 그들의 삶과 역사가 담긴 향기의 실타래가 도시의 이곳저곳에서 교차한다는 것을 알 수 있다. 수영하는 바다표범을 보면, 물이 도로와 오솔길로 가득 차 있음을 이해하게 된다. "동물의 렌즈를 통해 동물의 행동을 바라보면, 갑자기 (자칫 놓칠 수 있었던) 중요한 정보를 모두 사용할 수 있게 돼요"라고 바다표범과 바다사자를 연구하는 감각생물학자인 콜린 라이히무스Colleen Reichmuth는 나에게 말한다. "그런 지식을 습득하는 과정은 마법의 돋보기로 세상을 들여다보는 것과 같아요."

맬컴 매키버의 주장에 따르면, 동물들이 육지로 이주했을 때 더 넓어진 시야로 인해 계획과 고급 인지능력의 진화가 촉진되었다고 한다. 요컨대 그들의 환경세계가 확장됨에 따라 마음도 확장되었다는 것이다. 이와 마찬가지로, 다른 환경세계를 탐구하는 행위는 우리로 하여금 더 멀리 보고 더 깊이 생각할 수 있게 해준다. 나는 햄릿이 허레이쇼에게 애원하는 대목을 떠올린다. "하늘과 땅에는 당신의 철학에서 꿈꿨던 것보다 더 많은 것들이 있다." 이 인용문은 종종 '초자연적인 것을 포용하라'는 호소로 받아들여진다. 나는 오히려 그것을 '자연을 더 잘 이해하라'는 외침으로 간주한다. 다른 동물에게는 자연스러운 감각이 우리에게 초자연적인 것처럼 보이는 이유는, 우리가 너무 제한적이어서 고통스러울 정도로 자신의 한계를 인식하지 못하기 때문이다. 철학자들은 오랫동안 어항에 담긴 금붕어를 불쌍히 여기며, 금붕어가 어항 너머에 무엇이 있는지 알지 못한다고 말해왔다. 그러나 그건 하나만 알고 둘은 모르는 소리다. 우리의 감각도 우리 주변에 어항을 만드는데, 그 어항은 일반적으로 통과를 허용하지 않는다.

하지만 나는 이 어항을 관통해, 어항 너머에 있는 감각 영역을 방문하는 감각 여행을 떠나려 한다. SF 작가들은 평행우주와 대체현실을 떠올리는 것을 좋아하는데, 어항 너머에는 이것들과 비슷하지만 약간 다른 세계들이 존재한다. 즉 어항 너머의 감각 세계는 상상 속에 존재하는 게 아니라 실제로 존재한다!

나의 감각 여행은 다음과 같은 순서로 진행될 것이다. 나는 가장 오래되고 보편적인 감각들—냄새와 맛 같은 화학적 감각—에서 출발하되, 한 번에 하나씩 방문할 것이다. 거기에서 나는 예상치 못한 경로를 통해 시각 영역을 방문할 텐데, 이 영역은 대부분의 사람들의 환경세계를 지배하지만 여전히 놀라움으로 가득 차 있다. 나는 통증과 열이라는 더욱 가혹한 영역으로 향하기 전에 잠시 멈춰, 유쾌한 색깔의 세계를 음미할 것이다. 나는 압력과 움직임에 반응하는 다양한 기계적 감각(촉각, 진동, 청각, 그리고 청각이 가장 인상적으로 사용되는 반향정위echolocation, 反響定位)을 원활하게 항해할 것이다. 그런 다음 풍부한 상상력을 갖춘 경험 많은 감각 여행자로서, 나는 동물이 (우리 인간은 탐지할 수 없는) 전기장과 자기장을 탐지하는 데 사용하는 이상한 감각을 통과하기 위해 가장 어려운 상상적 도약을 감행할 것이다. 마지막으로, 여행을 끝낸 나는 '동물이 감각에서 정보를 통합하는 방법', '인간이 정보를 오염시키고 왜곡하는 방법', '자연에 대한 우리의 책임의 현주소'를 살펴볼 것이다.

작가 마르셀 프루스트가 언젠가 말했듯이, "진정한 항해는 하나밖에 없으니 (…) 낯선 땅들을 방문하는 것이 아니라 여러 개의 다른 눈을 소유함으로써 (…) 각각의 눈이 바라보는 100개의 우주를 관찰하는 것이다."[17] 이제 항해를 시작하기로 하자.

이토록 굉장한 세계

1장

·

냄새와 맛
Smells and Tastes

**예외 없이 모두가
느낄 수 있는**

"그는 전에 여기 와본 적이 없는 것 같아요." 알렉산드라 호로비츠가 나에게 말한다. "그러니 냄새가 많이 날 수밖에요."

여기서 '그'는 그녀가 기르는 까만색 래브라도 잡종견인 피네간을 가리키며, 핀이라고도 불린다. 그리고 '여기'는 뉴욕시에 있는 창문 없는 작은 방을 말하는데, 그녀는 이 방에서 개를 대상으로 심리학 실험을 수행한다. 마지막으로 '냄새가 많이 난다'는 것은, 방이 익숙하지 않은 냄새로 가득 차서 호기심 많은 핀의 코를 자극해 흥미를 불러일으킨다는 것을 의미한다.

사실이 그렇다. 주위를 둘러보니, 핀은 이리저리 돌아다니며 냄새를 맡느라 여념이 없다. 녀석은 콧구멍을 앞세워 바닥에 깔린 폼 매트, 책상 위의 키보드와 마우스, 구석에 드리워진 커튼, 내 의자 아래 공간에 코를 들이대고 연신 킁킁거린다. 머리와 눈을 미묘하게 움직여 새로운 장면을 탐색하는 인간에 비해, 개의 코 탐색은 너무 종잡을 수 없어 무작위적이고 목적이 없는 것으로 보이기 쉽다. 호로비츠는 다르게 생각한다. 그녀의 지적에 따르면, 핀은 사람들이 만지고 상호작용하는 물건에 관심을 보인다고 한다. 그리고 흔적을 추적함으로써 다른 개가 있었던 곳을 확인한다. 녀석은 통풍구, 문틈, 그리고 움직이는 공기에 실려 온 새로운 방향제—냄새 나는 분자—의 원천을 조사한다.• 지금은 같은 물체의 다른 부분들을 킁킁거리고 있는데, 잠시 후 거리를 달리하며 냄새를 맡을 것이다. "마치 반 고흐의 작품에 다가가, 붓놀림을 유심히 살펴보는 것 같아요"라고 호로비츠는 말한다. "개들은 항상 '후각 탐색 모드'를 유지해요."

호로비츠는 개의 후각—냄새에 대한 감각—에 대한 전문가다.[1] 내가 여기에 온 것은, '개의 코와 킁킁거림에 관한 모든 것'에 대해 그녀와 이야기하기 위해서다. 그럼에도 불구하고 나는 비주얼에 너무 약해서, 핀이 킁킁거림을 끝내고 나에게 다가오자마자 진한 초콜릿처럼 매혹적이고 갈색빛이 도는 녀석의 눈망울에 끌린다.•• 그 바로 앞에 있는 것들—두 개의 '아포스트로피 모양의 콧구멍'이 옆으로 휘어져 있는, 두드러지고 촉촉한 코—에 다시 초점을 맞추려면 혼신의 노력이 필요하다. 코는 개와 세상 사이의 소통을 매개하는 주요 인터페이스인데, 작동 방식은 아래와 같다.

작동 방식도 확인할 겸 필요한 용어 몇 가지도 알아둘 겸, 심호흡을 하라. 우리가 숨을 들이쉬면, 냄새 맡기와 호흡을 모두 허용하는 단일 기류氣流가 형성된다. 그러나 개가 코를 킁킁거리면 코 안의 구조들이 기류를 둘로 나눈다.[3] 대부분의 공기는 폐로 내려가지만, 냄새만을 위한

• 엄밀히 말해서 '방향제odorant'는 분자 자체이고 '냄새'는 해당 분자가 생성하는 느낌sensation을 의미한다. 예컨대 방향제인 초산이소아밀isoamyl acetate은 바나나 냄새가 난다.

•• 내가 핀의 눈망울에 끌린 것은 결코 우연이 아니다. 개는 '내면의 눈썹'을 들어올릴 수 있는 안면근육—안쪽눈구석올림근levator anguli oculi medialis(LAOM)—을 가지고 있어서, 마치 혼이 담긴 듯 애틋한 표정을 지을 수 있다. 이 근육은 늑대에게는 존재하지 않는다. 그것은 수 세기에 걸친 가축화의 결과물로, 그 과정에서 개의 얼굴은 얼떨결에 우리와 조금 더 비슷하게 보이도록 재형성되었다. 덕분에 그들의 표정은 더 쉽게 읽히고, 양육 반응을 더욱 능숙하게 촉발한다.[2]

이토록 굉장한 세계

작은 지류支流는 주둥이 뒤쪽으로 직행한다. 그곳에서 공기는 후각상피라고 불리는 끈적끈적한 시트로 도배된 '얇은 골벽bony wall'의 미로로 들어간다. 이것은 냄새가 처음으로 탐지되는 곳인데, 후각상피는 기다란 뉴런으로 가득 차 있다. 각 뉴런의 한쪽 끝은 들어오는 기류에 노출되어, 방향제수용체라고 불리는 특별한 모양의 단백질을 사용해 지나가는 방향제를 낚아챈다. 다른 쪽 끝은 후각망울olfactory bulb이라고 불리는 뇌의 한 부분에 직접 연결되어 있다. 방향제수용체가 목표물을 성공적으로 포착하면, 뉴런에 의해 뇌에 통보되어 개가 냄새를 감지하게 된다. 이제 숨을 내쉬어도 좋다.

인간도 기본적으로 동일한 호흡기관을 가지고 있지만, 개는 모든 구성요소를 더 많이—더욱 광범위한 후각상피, 그 상피에 존재하는 수십 배 많은 뉴런, 거의 두 배 많은 종류의 후각수용체, 상대적으로 더 큰 후각망울—보유하고 있다.[*] 그리고 그들의 하드웨어는 별도의 구획에 포장되어 있는 반면, 우리의 하드웨어는 코를 통해 공기의 주요 흐름에 노출된다. 이 차이가 매우 중요하다. 그것은 우리가 숨을 내쉴 때마다 코에서 방향제가 제거되어, 명멸하는 불빛처럼 불안정한 냄새를 경험한다는 것을 의미하기 때문이다. 이와 대조적으로, 개는 일단 코에 들어간 방향제가 코 안에 머무르는 경향이 있고, 코를 킁킁거릴 때마다 보충되기 때문에 더욱 안정적인 냄새를 경험한다.

---

[*] 나는 이러한 차이의 규모와 관련하여 구체적인 수치를 제시하는 것을 의도적으로 피했다. 추정치를 찾는 것은 쉽지만, 1차 출처를 찾는 것은 매우 어렵다. 〈포 더미스For Dummies〉 시리즈 도서에 팩토이드factoid(흥밋거리 정보)를 제공한 과학 논문을 비롯한 문헌을 몇 시간 동안 검색한 후, 나는 실존적 공허감existential void에 빠져 지식의 본질에 의문을 제기했다. 그럼에도 불구하고 인간과 개의 후각계 사이에는 실질적인 차이가 있다. 다만 문제가 되는 것은 '차이가 정확히 얼마나 실질적인가'라고 할 수 있다.

콧구멍의 모양이 이 효과를 더해준다.[5] 만약 개가 땅바닥에 코를 대고 킁킁거린다면, 당신은 녀석이 숨을 내쉴 때마다 지표면의 방향제들이 코에서 멀리 날아가 버릴 거라고 상상할 것이다. 그러나 그런 일은 일어나지 않는다. 다음에 개의 코를 들여다볼 기회가 있다면, '전면을 향한 콧구멍'이 점점 더 가늘어져 '측면을 향한 슬릿'으로 마무리되는 것을 확인하기 바란다. 이는 개가 킁킁거리면서 숨을 내쉴 때 슬릿을 통해 빠져나온 공기가 와류渦流를 만듦으로써 코에 신선한 방향제를 불어넣는다는 것을 의미한다. 심지어 숨을 내쉴 때도 개는 여전히 공기를 빨아들이고 있다. 한 실험에서, 영국산 포인터(이상하게도 '사탄 선생님'이라는 이름을 가지고 있었다)는 실험 기간 동안 서른 번의 숨을 내쉬었음에도 불구하고 40초 동안 끊이지 않는 내향성 기류를 생성한 것으로 나타났다.[6]

이런 하드웨어를 감안한다면, 개의 코가 엄청나게 예민하다는 것은 전혀 놀랄 일이 아니다. 하지만 얼마나 민감할까? 과학자들은 개가 더 이상 특정 화학물질의 냄새를 맡을 수 없는 문턱값threshold을 찾으려고 노력해왔지만,[7] 답은 도처에 있으며 실험에 따라 1만 배 차이가 나기도 한다.[*] 이러한 모호한 통계에 초점을 맞추기보다는, 개가 실제로 무엇을 할 수 있는지 살펴보는 것이 더 유익하다. 과거의 실험에서, 개들은 다음과 같은 능력을 발휘했다.[9] 첫째로, 그들은 일란성 쌍둥이를 냄새로 구별할 수 있었다. 둘째로, 그들은 현미경 슬라이드에 붙인 다음 옥상에서 일주일 동안 비바람에 노출시킨 단일 지문을 탐지할 수 있었다.[10] 셋째로, 그들은 단지 다섯 발자국의 냄새를 맡으면 사람이 어느 방향에서

---

[*] 한 연구에서 두 마리의 개가 불과 1~2ppt(part per trillion)의 초산아밀—바나나를 생각하라—을 탐지할 수 있었는데, 이는 인간보다 1만~10만 배 뛰어난 것이다.[8] 그러나 그들은 26년 전 동일한 화학물질을 사용하여 다른 방법으로 실험한 여섯 마리의 비글보다 30배에서 2만 배 더 뛰어나다.

걸어왔는지 알아낼 수 있었다.[11] 그 밖에도 그들은 폭탄, 마약, 지뢰, 실종자, 시신, 밀반입된 현금, 송로버섯, 침입 잡초, 농업 질병, 저혈당, 빈대, 송유관 누출, 종양 등을 탐지하도록 훈련받았다.

탐지견 미갈루는 고고학 유적지에서 묻힌 뼈를 찾을 수 있다. 페퍼는 해변에 남아 있는 기름 오염을 발견한다. 론 선장은 알을 모으고 보호할 수 있도록 거북의 둥지를 탐지한다. 베어는 숨겨진 전자제품을 정확히 찾아낼 수 있고, 엘비스는 새끼를 밴 북극곰을 전담한다. 너무 정력적이라는 이유로 마약탐지학교에서 낙제한 트레인은 이제 코를 사용해 재규어와 퓨마의 똥을 추적한다. 터커는 보트의 뱃머리에 매달려 범고래의 똥 냄새를 맡아왔다. 현재 터커는 은퇴했고, 에바가 그의 임무를 넘겨받았다. 만약 어떤 것에서 냄새가 나면, 개는 그것을 탐지하도록 훈련받을 수 있다. 우리는 우리 후각의 결점을 보완하기 위해, 그들의 환경세계를 우리의 필요에 맞게 전용轉用한다. 이러한 탐지의 위업은 경탄할 만한 가치가 있지만, 응접실 마술(좌중의 이목을 끌기 위한 간단한 속임수 마술 – 옮긴이)이기도 하다. 우리는 '후각이 개의 내면적 삶에 어떤 의미가 있는지' 그리고 '그들의 후각 세계가 시각 세계와 어떻게 다른지'를 진정으로 평가하지 않고, 개가 뛰어난 후각을 가지고 있음을 추상적으로 인식하는 우를 범하기 쉽다.

항상 직진하는 빛과 달리, 냄새는 확산되고 스며들고 넘치고 소용돌이친다. "핀이 새로운 공간에 코를 대고 킁킁거리는 것을 관찰할 때마다, 나는 나의 시각이 제공하는 명확한 경계를 무시하려고 노력해요. 대신 뚜렷한 경계가 없는 '희미하게 빛나는 환경'을 상상하곤 해요"라고 호로비츠는 말한다. "초점 영역이 존재하지만, 뭐랄까 모든 영역이 서로 스며든다고 할 수 있죠." 냄새는 어둠을 통과하고, 모퉁이를 돌고, 그 밖의 악조건(시야를 방해하는 조건)에서도 이동한다. 호로비츠는 내 의자 등받이에 걸려 있는 가방 안을 들여다볼 수 없지만, 핀은 냄새를 맡음으로써 그 안에 있는 샌드위치에서 표류하는 분자를 포착할 수 있다. 냄새는 빛과 달리 오랫동안 한자리에 머물며 역사를 드러낼 수 있다.* 호로비츠의 방에 있던 과거 거주자들은 유령 같은 시각적 흔적을 남기지 않았지만, 방 안에는 핀이 탐지할 수 있는 화학적 각인이 남아 있다. 냄새는 원천보다 먼저 도착함으로써 앞으로 일어날 일을 예고할 수도 있다. 먼 곳의 비에서 발산되는 냄새는 사람들에게 폭풍우의 진행에 대한 단서를 제공할 수 있다. 집에 도착한 주인이 방출하는 방향제는 반려견으로 하여금 문으로 달려가게 할 수 있다. 이러한 능력들은 때때로 초감각적이라고 묘사되지만, 따지고 보면 지극히 감각적인 것이다. 사물이 눈에 나타나기 전에 코에 드러나는 경우가 많기 때문이다. 핀이 코를 킁킁거릴 때, 녀석은 현재를 평가할 뿐만 아니라 과거를 읽고 미래를 점치고 있는 것이다. 여기에 더해 녀석은 전기傳記를 읽고 있다. 동물들은 화학물질 자루를 누출시켜, 엄청난 방향제 구름으로 공기를 가득 채운다.** 어떤 종은 의도적으로 냄새를 방출함으로써 메시지를 보내는 반면, 우리 모두는 무심코 그렇게 함으로써 자신의 존재, 위치, 정체성, 건강, 최근의 식단을 올바른 코를 가진 생물들에게 털어놓는다.***

"나는 코에 대해 전혀 생각해본 적이 없었어요." 호로비츠는 말한다.

---

* 한 가지 예외를 생각할 수 있다. 일부 해양벌레는 발광성 화학물질로 가득 찬 빛나는 '폭탄'들을 방출한다. 지속적인 빛은 도망치는 벌레에 대한 포식자의 주의를 분산시킨다.
** 표범의 오줌에서는 팝콘 냄새가 난다. 노란 개미는 레몬 냄새를 풍긴다. 131종의 냄새를 열심히 분석하여 이그노벨상을 수상한 과학자들에 따르면, 스트레스를 받은 개구리는 종에 따라 땅콩버터, 카레 또는 캐슈너트의 냄새를 맡을 수 있다.[12] 뿔바다쇠오리crested auklet—머리에 술이 달린 코믹하게 생긴 바닷새—는 귤 냄새가 나는 거대한 군체 속에서 희희낙락하고 있다.

　　　　　　　　　　　　　　　　　　이토록 굉장한 세계

"생각지도 못했어요."**** 개를 처음 연구하기 시작했을 때, 그녀는 '불공정에 대한 개들의 태도' 같은 깃들에 초점을 맞추었다. 이것은 심리학자들이 흥미로워하는 주제였다. 그러나 윅스퀼을 읽고 환경세계 개념에 대해 생각한 후, 그녀는 개들이 흥미로워하는 주제인 냄새로 관심을 돌렸다.

예컨대 그녀의 지적에 따르면, 많은 견주들이 자신의 반려견에게 코를 킁킁거리는 즐거움을 허용하지 않는다. 반려견에게 단순한 산책—다른 목표를 염두에 두지 않은 산책—은 후각 탐험의 오디세이다. 그러나 그것을 이해하지 못한 주인이 산책을 '운동 수단'이나 '목적지로 가는 경로'로만 여긴다면, 반려견의 모든 킁킁거림 행위는 성가신 일로 전락한다. 개가 보이지 않는 흔적을 조사하기 위해 잠시 멈추면, 주인은 서두르라고 재촉한다. 개가 똥, 사체 또는 주인이 불쾌하게 느끼는 것 때문에 킁킁거리면, 주인은 끈을 잡아당긴다. 개가 다른 개의 가랑이에 코를 들이대면 무례하다고 여긴다. 나쁜 개! 어쨌든 적어도 서양 문화권에서 인간은 서로의 냄새를 맡지 않는다.***** "당신이 누군가를 안아줄 수는 있지만, 실제로 냄새를 맡는다면 매우 이상할 거예요." 호로비

••• 한 가지 가능한 예외는 아프리카산 독사인 퍼프애더puff adder다.[13] 퍼프애더는 한 번에 몇 주 동안 매복을 하며, 주변 환경과 시각적으로 혼합되어 스스로를 보호한다. 그러나 어찌된 영문인지 화학적으로도 혼합된 것 같다. 2015년 아샤디 케이 밀러Ashadee Kay Miller가 발견한 바에 따르면, 예리한 코를 가진 동물들(개, 몽구스, 미어캣 등)은 퍼프애더 위로 지나갈 때도 그를 탐지하지 못한다. 개는 벗겨진 허물의 냄새를 탐지할 수 있으면서도 살아 있는 뱀을 코로 탐지할 수 없는데, 그 이유는 아무도 모른다.

•••• 다른 과학자들도 사정은 마찬가지다. 지난 10년 동안 발표된 '개의 행동에 관한 연구'를 모두 분석한 결과, 호로비츠는 겨우 4퍼센트가 냄새에 초점을 맞추었다는 사실을 발견했다.[14] 실험이 수행된 냄새 환경—공기의 흐름, 온도, 습도, 이전에 사람이나 먹이가 존재했는지 여부 포함—을 기술한 연구는 17퍼센트에 불과했다. 행동 연구자가 이 정도라면, 시각 연구자가 실험실에 불이 켜져 있었는지 여부를 언급하지 않은 것이나 진배없다고 할 수 있다.

••••• 2021년 오스카상 시상식에서 한 기자가 한국 배우 윤여정에게 브래드 피트의 냄새를 물었다. 윤여정은 이렇게 대답했다. "나는 그의 냄새를 맡지 않았어요! 난 개가 아니에요!"

츠는 말한다. "나는 당신의 머리카락에서 좋은 냄새가 난다고 생각할 수 있지만, 우리가 친하게 지내지 않는 한 당신에게 그렇다고 말할 수는 없어요." 사람들은 개에게 자신의 가치와 환경세계를 지속적으로 강요하고, 코를 킁킁대는 대신 쳐다보게 하고, 그들의 후각 세계를 흐리게 하고, 개다움의 필수적인 부분을 억압한다. 그게 얼마나 잘못된 일인지 알게 된 것은, 호로비츠가 핀을 노즈워크nosework라는 수업에 데려갔을 때였다.

이상하게도 '스포츠'라고 불리는 이 수업에서, 개들은 점점 더 어려워지는 상황에서 숨겨진 냄새를 찾아내는 훈련을 받을 뿐이다. 그건 당연한 일이지만, 핀의 학급에 있는 많은 동물들에게는 그렇지 않았다. 어떤 개들은 행위 주체성이 없는 것 같았다. 그들은 주인에 의해 이 상자에서 저 상자로 옮겨지는 가운데, 무엇을 해야 할지 전혀 확신하지 못했다. 어떤 개들은 다른 개들 앞에서 동요하며 마구 짖어댔다. 그러나 여름 내내 코를 킁킁거리고 난 후, 이러한 행동상의 기이함은 줄어들었다. 과묵하던 개들은 의욕을 되찾았다. 신경질적 반응을 보이던 개들은 관대해졌고, 모든 것이 더 여유로워 보였다.

이에 매료된 호로비츠와 그녀의 동료 샬럿 듀란턴Charlotte Duranton은 스무 마리의 개를 대상으로 자체적인 실험을 진행했다. 듀란턴은 각 동물 앞에 그릇을 놓되, 세 가지 위치—그릇에 항상 먹이가 들어 있는 곳, 그릇이 항상 비어 있는 곳, 결과가 모호한 곳—중 한 곳에 두었다.[15] 그러자 개들은 먹이가 가득 찬 그릇에 접근하고 빈 그릇을 무시하는 법을 재빨리 배웠다. 애매모호한 위치의 그릇은 어떻게 되었을까? 인지심리학자들은 그런 그릇에 접근하려는 의향을 긍정적 판단 편향positive judgment bias이라고 부르며, 일반인들은 낙관주의라고 부른다. 호로비츠의 실험에서, 개들은 단지 2주간의 노즈워크 수업을 받은 후 낙관성이 증가하는 것으로 나타났다. 후각이 예민해짐에 따라 삶의 태도도 밝아진 것이다(이와 대조적으로, 후각이나 자율성을 포함하지 않는 주인 주도의 복종 활동인 힐워크heelwork 수업을 받은 개들은 2주 후에 삶의 태도가 변하지 않았다).

호로비츠에게 이 실험 결과의 시사점은 분명하다. 개를 개가 되게 하라. 그들의 환경세계가 다르다는 것을 인정하고 그 차이를 받아들여라. 그녀는 핀을 데리고 냄새 전용 산책을 나감으로써 이를 실행에 옮긴다. 이 산책에서, 핀은 후각망울이 만족할 때까지 킁킁거리도록 허용된다. 핀이 멈추면 그녀도 멈춘다. 녀석의 코가 산책의 속도를 결정한다. 걸음은 더디지만 그녀는 목적지를 염두에 두지 않는다. 우리는 그녀의 사무실에서 서쪽으로 몇 블록 떨어진 맨해튼의 리버사이드 공원을 향해 함께 걸어간다. 때는 더운 여름날이고, 공기는 쓰레기, 오줌, 배기가스 냄새로 가득 차 있다. 내가 맡을 수 있는 냄새는 이게 전부이지만, 핀은 더 많은 것을 탐지한다. 포장도로의 균열을 따라가며 코를 벌름거린다. 교통 표지판을 조사한다. 핀이 소화전 냄새를 맡기 위해 잠시 멈추자, 호로비츠가 말한다. "이곳은 컬럼비아대학교의 다른 모든 개들이 방문하는 곳이에요." 때때로 그녀는 핀이 신선한 오줌 냄새를 맡고, 고개를 들어 주위를 둘러보고(또는 냄새를 맡고), 방금 자리를 뜬 개를 찾는 모습을 본다. 냄새는 그 자체가 대상이 아니라 기준점이며, 산책은 A 지점과 B 지점 사이를 쭐레쭐레 걸어가는 게 아니라 맨해튼에 겹겹이 쌓인 보이지 않는 이야기들을 더듬어보는 것이다.

공원에 들어서자 화초, 깎인 잔디, 뿌리 덮개, 바비큐 냄새가 진동한다. 다른 개가 지나가자, 핀은 시가 피우는 사람처럼 볼을 부풀리며 방향제 샘플을 흡입하기 위해 몸을 돌린다. 대형 푸들 두 마리가 접근하지만, 그들이 가까이 다가오기 전에 주인이 끈을 잡아당기고, 울타리 안으로 들어가지 못하게 하려고 몸으로 막는다. 호로비츠는 안타까워한다. 하지만 호주산 셰퍼드 암컷이 도착해 핀의 주변을 맴돌자, 그녀의 표정이 금세 밝아진다. 우리가 주인과 잡담을 나누는 동안, 둘이 열성적으로 서로의 생식기 냄새를 맡기 때문이다. 우리는 대명사를 통해 다른 개의 성별을 알아내지만, 핀은 냄새를 통해 그 문제를 해결한다. 우리는 주인에게 셰퍼드의 나이를 묻지만 핀은 추측할 수 있다. 우리는 셰퍼드의 건강이나 짝짓기 준비 상태를 묻지 않지만, 핀은 굳이 물어볼 필요가 없다. "한때 녀석이 냄새를 맡을 때마다 나도 코를 킁킁댄 적이 있었지만, 지금은 빈도가 줄어들었어요. 녀석이 탐지한 냄새를 내가 탐지할 수 없다는 것을 잘 알기 때문이죠"라고 호로비츠가 말한다. 그러나 개선의 여지가 있다. 인간의 코는 해부학적으로 덜 복잡하고 땅에서 멀리 떨어져 있다는 단점이 있지만, 사용 빈도가 낮은 것도 단점으로 작용한다. 코를 더 많이 킁킁거리고 냄새에 더 세심한 주의를 기울임으로써, 냄새를 더 잘 맡는 사람(그리고 사회적으로는 더 어색한 사람)이 될 수 있다고 호로비츠는 말한다. "우리는 완벽하게 좋은 코를 가지고 있어요. 유일한 문제점은, 개만큼 코를 잘 쓰지 않는다는 거예요."

인간의 후각이 형편없다고?

호로비츠가 자신의 책《개의 마음을 읽는 법》을 쓰면서 알게 된 것처럼, 인간의 후각을 연구하는 신경과학자에게 개를 언급하면 재미있는 일이 일어난다. 그들은 약간 텃세를, 아니 음… 약간 콧방귀를 뀐다. 어떤 과학자들은 많은 포유동물들의 뛰어난 후각—시궁쥐(지뢰를 탐지할 수

이토록 굉장한 세계

있다), 돼지(독일산 셰퍼드보다 후각상피가 두 배나 클 수 있다), 코끼리(나중에 보게 될 것이다)—을 예로 들며, 개가 특별한 후각의 모범사례로 취급되는 것을 달가워하지 않는다.[16] 다른 과학자들은 '개의 특정한 냄새 탐지 능력'을 테스트한 연구들 간의 엄청난 불일치를 지적한다. 즉 이 연구의 저자들은 개가 인간보다 10억 배, 또는 100만 배, 또는 단지 1만 배만 더 민감하다고 다양하게 주장해왔다는 것이다. 어떤 경우에는 인간이 개를 능가한다.[17] 열다섯 가지 방향제 중에서, 인간은 베타-이오논(삼나무)과 초산아밀(바나나 냄새)을 비롯해 다섯 가지에서 개를 압도한다는 연구 결과가 나와 있으니 말이다. 사람은 또한 냄새를 구별하는 데 탁월하다. 사람이 구별할 수 없는 한 쌍의 색깔을 찾는 것은 쉽지만, 구별할 수 없는 냄새 쌍을 찾는 것은 매우 어렵다. 신경과학자인 존 맥간John McGann은 내게 이렇게 말한다. "쥐가 구별할 수 없는 냄새를 사람들에게 맡아보라고 했더니, 다들 척척 구별하더군요."

그러나 교과서에는 여전히 우리의 후각이 형편없다고 적혀 있다. 맥간은 이 악의적 신화의 기원을 찾아 19세기까지 거슬러 올라갔다.[18] 1879년, 신경과학자 폴 브로카Paul Broca는 우리의 후각망울이 다른 포유류보다 작고 연약한 편이라고 지적했다. 그는 이렇게 추론했다. '냄새는 기본적이고 동물적인 감각이므로, 우리는 더 높은 사고력과 자유의지를 갖기 위해 후각을 상실할 필요가 있었을 것이다.' 그런 다음, 그는 인간을 다른 영장류 및 고래와 함께 '후각이 빈약한 동물군'으로 분류했다. 브로카는 동물의 후각을 실제로 측정한 게 아니라 '뇌의 각종 수치를 바탕으로 한 개략적 추론'에 의존했음에도 불구하고, 이런 꼬리표는 지금까지도 그대로 붙어 있다. 생쥐와 비교할 때, 인간은 뇌의 다른 부위에 비해 후각망울이 작지만 물리적으로 더 크고 뉴런의 개수는 거의

비슷하다. 이런 수치들이 동물의 후각에 대해 무엇을 말해주는지는 명확하지 않다.•

이처럼 서양 문화권에서는 오랫동안 냄새를 과소평가해왔는데, 교과서의 관점도 서양 문화에 기반하고 있다. 플라톤과 아리스토텔레스의 주장에 따르면, 후각은 너무 모호하고 잘못 형성되어 있기 때문에 감정적 인상 이외의 어떤 것도 생성할 수 없다고 한다. 다윈은 후각을 "지극히 약소한 서비스"[20]로 간주했다. 칸트는 "후각은 그 자체로 기술될 수 없으며, 다른 감각과의 유사성을 통한 비교가 가능할 뿐이다"[21]라고 말했다. 영어는 딱 세 개의 '냄새 전용 단어'—stinky(악취 나는), fragrant(향기로운), musty(곰팡내 나는)—로 칸트의 견해를 확인해준다.[22] 다른 단어들은 모두 동의어—aromatic(향기로운), foul(악취 나는)—, 매우 느슨한 은유—decadent(퇴폐적인), unctuous(느끼한)—, 다른 감각에서 빌려온 것—sweet(달콤한), spicy(매운)—, 또는 출처의 이름—rose(장미향), lemon(레몬향)—이다. 그에 반해, 아리스토텔레스의 다섯 가지 감각 중에서 후각을 제외한 네 가지 감각은 방대하고 구체적인 어휘를 가지고 있다. 다이앤 애커먼Diane Ackerman이 쓴 것처럼, 냄새는 "단어가 없는 감각이다."[23]

냄새 전용 어휘가 풍부한 것으로 알려진 수렵채집 부족인 세마크베리족, 마니크족과 마찬가지로, 말레이시아의 자하이족 사람들은 이의를 제기할 것이다.[24] 자하이족은 냄새를 표현하기 위해 한 다스의 단어를 사용한다. 그중 하나는 휘발유, 박쥐의 배설물, 노래기의 냄새를 기술한다. 다른 하나는 새우 페이스트, 고무나무 수액, 호랑이 고기, 썩은

• 심지어 후각망울은 냄새를 맡는 데 필요하지 않을 수도 있다. 2019년, 탈리 와이스Tali Weiss는 이 구조가 완전히 결여되어 있음에도 냄새를 잘 맡는 여성을 여러 명 확인했다.[19] 그녀들이 냄새를 맡는 방법은 아무도 모른다.

고기의 냄새를 나타낸다. 또 다른 하나는 비누, 두리안 과일의 톡 쏘는 냄새, 빈투롱*의 팝콘 같은 냄새를 가리킨다. "자하이족 사람들은 냄새에 대해 이렇게 쉽게 이야기해요"라고 심리학자 아시파 마지드Asifa Majid는 말한다. 그가 발견한 바에 따르면, 그들은 영어 사용자가 색깔에 이름을 붙이는 것만큼이나 쉽게 냄새에 이름을 붙인다. 토마토가 빨갛듯이, 빈투롱은 '을피트ltpit'한 것이다. 또한 냄새는 그들의 문화에서 기본적인 부분이다. 마지드는 언젠가 자하이족 친구들로부터, '연구원과 너무 가까이 앉아 있게 하는 바람에 냄새가 뒤섞인다'라는 비난을 들었다고 한다. 한번은 그녀가 야생 생강의 냄새에 이름을 붙이려고 했다. 그러자 아이들은 그녀가 실패했을 뿐만 아니라, 줄기와 꽃이 각각 독특한 냄새를 가진 게 분명함에도 불구하고 식물 전체를 하나의 대상으로 취급했다며 놀렸다고 한다. "연구 대상이 영국인과 미국인이 아닌 자하이족이었다면, '인간의 후각은 형편없다'라는 신화는 훨씬 더 일찍 깨졌을 거예요"라고 마지드는 나에게 말한다.

서양인도 기회가 주어지면 놀라운 후각적 위업을 이룰 수 있다. 2006년에 신경과학자 제스 포터Jess Porter는 눈가리개를 한 학생들을 버클리의 한 공원으로 데리고 가서, 자신이 잔디에 조금씩 뿌린 10미터 길이의 초콜릿 기름 자국을 따라가 보라고 했다.[25] 그랬더니 학생들은 네발로 엎드린 채 개처럼 코를 쿵쿵거리며 돌아다녔는데, 그야말로 가관이었다. 그러나 그들은 성공했고 연습을 통해 더 나아졌다.

내가 알렉산드라 호로비츠를 방문했을 때, 그녀는 나에게 똑같은 시

• 빈투롱은 길이 2미터의 까만색 털북숭이 동물로, 고양이와 족제비와 곰을 섞은 것처럼 보인다. 그래서 곰고양이bearcat로도 알려져 있으며, 나의 첫 번째 책인《내 속엔 미생물이 너무도 많아》에 카메오로 등장한다.

험에 도전해보라며 초콜릿 냄새 나는 끈을 마룻바닥에 깔았다. 나는 눈을 감고 콧구멍을 벌린 채 무릎을 꿇고 엎드려, 코를 이리저리 벌름거렸다. 나는 잠시 후 초콜릿 냄새를 따라 기어가기 시작했다. 그러다 냄새를 놓치면 개처럼 머리를 좌우로 흔들었다. 그러나 개와의 유사점은 거기까지다. 개는 1초에 여섯 번씩 코를 킁킁거림으로써, 공기의 컨베이어벨트를 후각수용체까지 안정적으로 돌릴 수 있다. 나는 몇 번의 연속적인 킁킁거림 후에 과호흡을 시작하고, 숨을 내쉬기 위해 잠시 멈췄을 때 냄새의 흔적을 놓친다. 끈을 따라잡는 데 성공하지만, 핀이 0.5초 만에 해치우는 작업을 수행하는 데 1분씩이나 걸린다. 설사 규칙적으로 연습하더라도 이 차이를 극복할 수는 없다. 왜냐하면 하드웨어가 없기 때문이다. "그리고 결정적인 것은," 호로비츠는 끈을 치우면서 덧붙였다. "냄새의 원천이 사라진 후에도 개는 여전히 흔적을 따라갈 수 있다는 거예요." 우리 둘 다 냄새를 맡으려고 몸을 굽혀보았다. "냄새가 전혀 나지 않네요"라고 그녀는 말했다. 우리 인간은 자신의 후각을 과소평가하는 게 분명하지만, 우리가 개와 똑같은 후각 세계에 살고 있지 않다는 것도 분명하다. 그리고 그들의 세계는 너무 복잡하므로, 우리가 그것을 조금이라도 이해할 수 있다는 것만으로도 감지덕지해야 한다.

세상의 냄새를 맡는 각자의 방식

많은 생물이 빛을 감지할 수 있다. 일부 생물은 소리에 반응할 수 있다. 선택된 극소수 생물만이 전기장과 자기장을 탐지할 수 있다. 그러나 모든 생물이—아마도 예외 없이—화학물질을 탐지할 수 있다. 심지어 단 하나의 세포로 구성된 세균도 외부 세계의 분자 단서를 포착함으로써 먹이를 찾아내고 위험을 회피할 수 있다. 또한 세균은 스스로 화학적 신호를 방출함으로써 서로 소통할 수 있으며, 개체 수가 충분히 많을 때만 감염을 시작하고 그 밖의 조율된 행동을 할 수 있다(이를 정족수 인식 quorum sensing이라고 한다 - 옮긴이). 그에 더해 세균의 신호는 파지phage(세균을 죽이는 바이러스)에 의해 탐지되고 이용될 수 있다(이 바이러스는 화학적 감각을 가지고 있지만, 너무나 단순한 실체여서 과학자들은 그들이 살아 있는지 여부에 대해서조차 의견이 분분하다).[26] 따라서 화학물질은 가장 오래되고 보편적인 감각 정보의 원천이라고 할 수 있다.[27] 환경세계가 존재하는 한 그것은 환경세계의 일부였다. 또한 그것은 환경세계에서 가장 이해하기 어려운 부분 중 하나이기도 하다.

외람된 말이지만, 시각과 청각을 연구하는 과학자들은 비교적 쉽다. 빛과 소리는 밝기와 파장, 또는 크기와 주파수 같은 명확하고 측정 가능한 특성으로 정의할 수 있기 때문이다. 예컨대 당신이 480나노미터의 파장을 가진 빛을 내 눈에 비춘다면 나는 파란색을 볼 것이다. 당신이 261헤르츠의 주파수를 가진 음을 부르면 나는 가온 다middle C를 들을 것이다. 그러나 냄새의 영역에는 이러한 예측 가능성이 존재하지 않는다. 방향제로 간주될 수 있는 분자들 사이의 차이는 너무 크고 심지어 무한할 수도 있다.[28] 그것들을 분류하기 위해, 과학자들은 사람들에게 물어봐야만 측정할 수 있는 강렬함이나 쾌적함 같은 주관적인 개념을 사용한다. 더 나쁜 것은, 화학구조만 보고 분자에서 어떤 냄새가 나는지—또는 전혀 냄새가 나지 않는지—를 예측할 수 있는 좋은 방법이 없다는 것이다.* 하지만 많은 동물들은 화학이나 신경과학에 대한 어떠한 훈련도 받지 않았음에도 천성적으로 후각의 복잡성과 씨름한다. 그들의 코는 무한한 공간의 왕王이다.[31] 그것은 어떻게 작동할까?

린다 벅Linda Buck과 리처드 액셀Richard Axel이 1991년에 중추적인 발견을 하고 나서 그 기초가 더욱 분명해졌다. 노벨상을 받게 될 연구에서, 두 사람은 방향제수용체—냄새 나는 분자를 처음에 인식하는 단백질—를 만들어내는 유전자군을 발견했다.**[32] 우리는 이 장의 앞부분에서 개에 대해 이야기하면서 그 수용체를 만났지만, 그것은 동물계 전반에 걸쳐 후각의 기저를 이룬다. 방향제수용체는 아마도 특정 플러그를 수용하는 콘센트처럼 표적 분자를 인식할 것이다.*** 이런 일이 발생하면, 이 수용체를 품고 있는 뉴런이 뇌의 후각중추에 신호를 보냄으로써 동물로 하여금 냄새를 감지하게 한다. 그러나 이 과정의 세부사항은 여전히 모호하다.

엄청난 범위의 방향제를 설명할 수 있는 수용체는 충분하지 않다. 그렇다면 냄새의 인식은 발화하는 후각뉴런의 조합에 달려 있음이 틀림없다. 만약 한 그룹의 뉴런이 발화하면 당신은 장미 향을 즐길 것이다.

---

* 실제로 벤즈알데하이드benzaldehyde에 코를 대지 않는 한 아몬드 냄새가 난다는 것을 짐작할 수 없다. 종이에 그려진 다이메틸설파이드dimethyl sulfide를 보고 바다의 향기를 담고 있다는 것을 예상할 수는 없다. 심지어 비슷한 분자들도 엄청나게 다른 냄새를 낼 수 있다. 일곱 개의 탄소 원자로 구성된 골격을 가진 헵탄올heptanol은 채소와 잎사귀 냄새가 난다. 그 사슬에 탄소 원자 하나를 추가하면 옥탄올octanol이 탄생하는데, 감귤과 더 비슷한 냄새가 난다. 카본carvone은 정확히 동일한 개수의 원자를 포함하지만 서로 거울상mirror image인 두 가지 형태—하나는 캐러웨이 씨앗 냄새, 다른 하나는 스피어민트 냄새가 난다—로 존재한다. 혼합물은 더욱 헷갈린다. 어떤 냄새 쌍은 혼합되어도 여전히 독특한 냄새가 나는 반면, 다른 냄새 쌍은 혼합되면 제3의 냄새를 생성한다.[29] 한편 수백 가지 화학물질이 들어 있는 향수의 냄새도 개별 방향제들만큼이나 복잡하며, 사람들은 일반적으로 세 가지 이상의 성분을 섞어서 이름을 짓느라 애를 먹는다. 후각을 연구하는 신경생물학자 노암 소벨Noam Sobel은 이 복잡성과 씨름하는 데 누구보다도 가까이 다가갔다.[30] 내가 이 책을 쓰는 동안, 그가 이끄는 연구팀은 방향제 분자의 스물한 가지 특징을 분석해 하나의 숫자로 나타내는 측정법을 개발했다. 이 수치가 비슷할수록 두 분자의 냄새는 더 비슷하다. 이것은 '구조에서 냄새를 예측하는 방법'과 완전히 동일해지는 않지만, 다른 냄새와의 유사성으로부터 냄새를 예측하는 차선책이다.
** 용어가 혼란스럽다. 감각생물학에서 수용체라는 단어는 일반적으로 광수용체 또는 화학수용체와 같은 감각세포를 기술하는 데 사용된다. 이 경우 방향제수용체는 그런 세포의 표면에 있는 단백질을 의미한다. 독자들이여, 나를 탓하지 마시라. 내가 규칙을 만든 게 아니니까.
*** '냄새가 상이한 분자들의 진동으로 코딩된다'는 널리 알려진 이론 중 하나는 완전히 틀린 것으로 밝혀졌다.[33]

다른 그룹의 뉴런이 활성화되면 당신은 토사물 냄새에 움찔할 것이다. 그러한 코드는 반드시 존재하겠지만 그 본질은 여전히 대체로 신비롭다. 방향제수용체는 극적인 방식으로 개인마다 다를 수 있다. 예를 들어 OR7D4 유전자는 악취(땀에 젖은 양말 냄새와 체취)의 이면에 있는 화학물질인 안드로스테논androstenone에 반응하는 수용체를 만든다.[34] 대부분의 사람들에게 그것은 역겨움을 유발한다. 그러나 약간 다른 버전의 OR7D4를 물려받은 운 좋은 소수에게 안드로스테논은 바닐라 냄새가 난다. 그것은 수백 가지 수용체 중 하나일 뿐인데, 모든 수용체는 다양한 형태로 존재하며 각 개인에게 '미묘하게 개인화된 환경세계'를 부여한다. 모든 사람들은 약간씩 다른 방식으로 세상의 냄새를 맡을 것이다. 다른 사람의 후각적 환경세계를 평가하는 것도 그렇게 어려울진대, 다른 종種의 후각적 환경세계를 이해하는 게 얼마나 힘들지 상상해보라.

우리는 한 동물의 후각을 다른 동물의 후각과 비교함으로써 우열을 가리려는 모든 시도를 배격해야 한다. 나는 코끼리의 후각이 블러드하운드보다 다섯 배 민감하다는 구절을 수도 없이 읽었지만, 그건 전혀 무의미한 진술이다. 코끼리는 블러드하운드보다 다섯 배나 많은 화학물질을 감지할까? 5분의 1 농도에서 특정 화학물질을 감지할까, 아니면 다섯 배 먼 거리에서 감지할까? 냄새를 다섯 배나 오랫동안 기억할까? 냄새는 다양하고 종종 정량화할 수 없기 때문에, 그러한 비교에는 항상 결함이 있기 마련이다. 우리는 "동물의 후각이 얼마나 우수한가?"라는 질문을 중단해야 한다. 그보다 나은 질문은 "특정 동물에게 냄새가 얼마나 중요할까?"와 "해당 동물이 후각을 어디에 사용할까?"일 것이다.

예를 들어 수컷 나방은 암컷이 분비하는 성적인 화학물질에 맞춰져 있다.[35] 그들은 깃털 같은 더듬이를 사용해 수 킬로미터 떨어진 곳에서도 이러한 방향제를 포착하고, 천천히 그 원천을 향해 날아간다. 냄새는 그들에게 매우 중요하기 때문에, 과학자들이 암컷 스핑크스나방sphinx moth의 더듬이를 수컷에게 이식했을 때 뜻밖의 현상이 일어났다.[36] 수컷이 암컷처럼 행동하여, 짝 대신 산란 장소를 찾는 데 몰두했던 것이다. 나방이 멸종하지 않고 계속 존재한다는 사실이 증명하듯, 그들의 후각은 분명히 놀랍다. 그러나 그들은 이 놀라운 감각을 몇 가지 특정한 작업에만 쏟아붓는다. 나방은 "냄새에 의해 유도되는 드론"으로 묘사되어 왔는데, 이는 과장이 아니다.[37] 많은 수컷은 성충이 되었을 때 구기口器조차 가지고 있지 않다. 먹이를 더 이상 필요로 하지 않는 그들의 삶은 날기, 암컷 찾기, 그리고… 짝짓기에 바쳐진다. 그들의 행동은 쉽게 속아 넘어갈 정도로 단순하다. 볼라스거미bolas spider는 암컷 나방의 냄새를 흉내 내어 수컷 나방을 치명적인 매복처로 유인할 수 있는 반면, 농부는 나방을 함정으로 유인할 수 있다.[38] 그러나 다른 곤충들은 냄새를 더욱 정교한 방식으로 처리한다.

개미의 세계와 페로몬

뉴욕시의 한 연구실에서, 레오노라 올리보스 시스네로스Leonora Olivos Cisneros는 커다란 타파웨어 용기를 꺼낸 후 뚜껑을 들어올려 '꿈틀거리는 검붉은 점'들의 바다를 드러낸다. 그들은 개미다. 정확히 말하자면 그들은 무성생식 침입자clonal raider들로, 대부분의 개미보다 땅딸막하며, 특이하게 여왕개미도 수개미도 없는 모호한 종이다. 모든 개체는 암개미이며, 누구나 자신을 복제함으로써 번식할 수 있다. 그중 약 1만 마리가 용기 주변을 서성거리고 있는데, 대부분은 자신의 몸에 임시변통의 둥지

이토록 굉장한 세계

를 만들어 어린 애벌레를 돌보고 있고, 나머지는 먹이를 찾아 떠돌아다닌다. 올리보스 시스네로스는 그들을 다른 개미들에게 먹이로 제공하는데, 그중에는 에스카몰레스escamoles—그녀가 멕시코에서 가져온 훨씬 더 큰 종의 유충—가 포함되어 있다. 무성생식 침입자는 크기가 너무 작아서 어느 하나에 집중하기 어렵다. 현미경으로 들여다보면 훨씬 더 쉽게 볼 수 있는데, 이는 그들이 확대되었을 뿐만 아니라 올리보스 시스네로스가 그들의 몸에 색칠을 했기 때문이다.

그녀는 숙련된 솜씨로 곤충침(곤충 표본을 만들 때 고정하기 위해 사용하는 침針 - 옮긴이)을 이용해 노란색, 주황색, 자홍색, 파란색, 초록색 반점을 개미의 등에 찍어, 자동화된 카메라 시스템으로 추적할 수 있는 독특한 색상 코드를 각 개체에게 부여한다. 또한 색상은 개미를 눈으로 관찰하기 쉽게 해준다. 때때로 나는 그들 중 하나가 곤봉 같은 더듬이의 끝으로 다른 개미를 두드리는 장면을 목격한다. 흥미롭게도 '더듬이질'로 알려진 이 행동은, 개로 치면 킁킁거림에 해당한다. 그것은 개미들이 서로의 몸에 있는 화학물질을 검사하고, 침입자와 동료를 식별하는 수단이다. 이 개미들은 일반적으로 지하에 살며 완전히 눈이 멀었다. "여기서 시각적으로 진행되는 일은 하나도 없어요." 연구실을 이끄는 대니얼 크로나워Daniel Kronauer가 나에게 말한다. "모든 의사소통이 화학적으로 이루어져요."

그들이 사용하는 화학물질은 자주 오해되는 중요한 용어인 페로몬이다.[39] 페로몬은 같은 종의 구성원들 사이에서 메시지를 전달하는 화학적 신호다. 그러므로 암컷 나방이 수컷을 유인하는 데 사용하는 봄비콜bombykol은 페로몬이지만, 모기를 내 몸으로 끌어들이는 이산화탄소는 페로몬이 아니다. 또한 페로몬은 표준화된 메시지이므로, 주어진 종의 개체마다 그 용법과 의미가 다를 수는 없다. 예컨대 모든 암컷 누에나방 silk moth은 봄비콜을 사용하며 모든 수컷은 그것에 끌린다. 이와 대조적으로, 한 사람을 다른 사람과 구별하게 해주는 냄새(체취)는 페로몬이 아니다. 독신자들이 서로의 옷 냄새를 맡는 '페로몬 파티'나 최음제로 판매되는 '페로몬 스프레이'가 실제로 존재함에도 불구하고, 인간 페로몬이 존재하는지 여부는 여전히 불분명하다.[40] 수십 년간의 연구에도 불구하고 지금까지 확인된 것은 아무것도 없다.*

개미 페로몬의 경우에는 이야기가 다르다.[42] 개미는 많은 페로몬을 보유하고 있으며, 그 특성에 따라 각각 다른 용도로 사용한다. 공기 중으로 쉽게 떠오르는 경량급輕量級 화학물질은 먹잇감을 재빨리 제압할 수 있는 병정개미들을 부르거나 빠르게 확산되는 경보를 울리는 데 사용된다. 만약 당신이 개미의 머리를 부순다면, 몇 초 안에 근처의 동료들이 에어로졸화된 페로몬을 감지해 전투에 돌입할 것이다. 공기 중으로 천천히 떠오르는 중량급中量級 화학물질은 흔적을 표시하는 데 사용된다. 일개미들은 먹이를 발견했을 때 이것을 분비함으로써 다른 동료들을 핫스팟으로 안내한다. 더 많은 일개미들이 도착함에 따라 흔적은 더욱 뚜렷해진다. 먹이가 바닥나면 흔적은 희미해진다. 가위개미leafcutter ants는 흔적 페로몬trail pheromone에 매우 민감해서,[43] 1밀리그램이면 지구를 세 바퀴 도는 길을 내기에 충분하다. 마지막으로, 거의 에어로졸화되

---

* 인간 페로몬이 존재할 가능성은 있지만,[41] 그것을 찾는 것은 여간 따분한 일이 아니다. 동물의 경우, 연구자들은 전형적으로 페로몬에 대한 반응을 나타내는 정형화된 행동이나 생리반응—입술이 떨리거나, 더듬이가 흔들리거나, 테스토스테론이 증가한다—을 찾는다. 인간은 짜증스러울 정도로 다양하고 복잡한 존재이기 때문에, 우리의 행동 중에서 그런 기준에 부합하는 것은 거의 없다. 일부 연구자들은 한때 '정체불명의 페로몬 때문에 여성들이 월경 주기를 동기화synchronization한다'고 의심했지만, 그런 동시성은 그 자체가 신화다. 어떤 연구자들은 '젖가슴에서 아기에게 젖을 빨게 하는 페로몬이 분비될 수 있다'고 생각한다. 그러나 다시 말하지만, 지금껏 어떤 화학물질도 분리되지 않았다.

지 않는 중량급重量級 화학물질은 개미의 몸 표면에서 발견된다. 표피 탄화수소cuticular hydrocarbon로 알려진 이것은 신분증 역할을 한다.[44] 개미들은 그것을 사용해 종(다른 종의 개미), 소속(다른 둥지의 개미), 신분(여왕개미)을 식별한다. 또한 여왕개미는 이 물질을 사용해 일개미들의 번식을 막거나, 제멋대로인 백성을 처벌하도록 표시한다.[45]

페로몬은 개미에게 엄청난 영향력을 행사하므로, 개미들로 하여금 다른 적절한 감각 신호를 무시하고 엽기적이고 해로운 방식으로 행동하도록 강요할 수 있다. 붉은개미는 청띠신선나비blue butterfly의 애벌레를 돌보는데,[46] 이들은 개미의 애벌레와 전혀 닮지 않았지만 그들과 똑같은 냄새가 난다. 군대개미는 페로몬 흔적을 따라가는 데 전념하기 때문에,[47] 그 경로가 실수로 무한히 반복될 경우 수백 마리의 개미들이 탈진해 죽을 때까지 끝없는 '데스 스파이럴death spiral'을 돌게 된다.* 많은 개미들은 죽은 개체를 식별하기 위해 페로몬을 사용한다.[49] 생물학자인 에드워드 윌슨E. O. Wilson이 살아 있는 개미의 몸에 올레산oleic acid을 발랐을 때, 그들의 자매들은 그들을 시체로 취급하고 개미집의 쓰레기 더미로 옮겼다. 개미가 살아 있거나 발을 까딱까딱한다는 것은 중요하지 않았다. 중요한 것은 '시체 냄새가 난다'는 것이었다.

"개미의 세계는 소란스럽고, 페로몬이 앞뒤로 오가는 시끄러운 세계다."[50]라고 윌슨은 말했다. "물론 우리는 그것을 보지 못한다. 우리는 이 작고 불그스름한 생명체들이 허둥지둥 지상을 돌아다니는 것 외에 아무것도 볼 수 없지만, 엄청난 양의 활동, 조정, 의사소통이 진행되고 있

---

* 2020년 9월, 나는 군대개미의 데스 스파이럴이 '코로나19에 대한 미국의 반응'의 완벽한 메타포라고 지적했다.[48] "개미들은 바로 앞에 있는 것보다 더 큰 그림을 감지할 수 없다. 그들은 자신들을 안전한 곳으로 인도할 조정력이 없다. 그들은 자신들의 본능이라는 벽에 갇혀 있다."

다." 그것은 모두 페로몬을 기반으로 한다. 이 '냄새 나는 물질'은 개미들로 하여금 개체성의 한계를 초월해 초개체로 행동하게 함으로써, 단순한 개체들의 멋모르는 행동으로부터 복잡하고 초월적인 행동을 만들어낸다. 페로몬 때문에 군대개미는 '막을 수 없는 포식자'로 행동하고, 아르헨티나개미는 수 킬로미터에 걸쳐 초군집supercolony을 형성하고, 가위개미는 균류를 재배함으로써 자신만의 농경을 영위한다. 개미의 문명은 지구상에서 가장 인상적인 것 중 하나이며,[51] 개미 연구자 파트리치아 데토레Patrizia d'Ettorre가 쓴 것처럼 "그들의 천재성은 확실히 더듬이에 있다."

무성생식 침입자 개미에 대한 크로나워의 연구는 그 천재성이 어떻게 진화했는지 보여준다. 개미는 본질적으로 1억 4000만 년 전에서 1억 6800만 년 전에 진화한 '고도로 전문화된 벌wasp 집단'으로,[52] 고독한 존재에서 극도로 사회적인 존재로 빠르게 전향했다. 그 과정에서 방향제수용체 유전자—냄새 나는 화학물질을 감지할 수 있게 해주는 유전자—의 레퍼토리가 증가했다.[53] 즉 초파리는 60개, 꿀벌은 140개의 방향제수용체 유전자를 가지고 있지만, 대부분의 개미는 300~400개의 유전자를 가지고 있으며, 무성생식 침입자는 무려 500개의 유전자를 가지고 있다.* 그 이유가 뭘까? 세 가지 단서가 있다.[54] 첫째, 무성생식 침입자의 방향제수용체 중 3분의 1은 더듬이의 아래쪽—더듬이질을 하는 동안 서로 두드리는 부분—에서만 생성된다. 둘째, 이 수용체는 개미가 신분증처럼 착용하는 중량급 페로몬을 특이적으로 탐지한다. 셋째, 180개에 달하는 이 수용체는 모두 하나의 유전자에서 비롯되었으며, 이

---

* 주의 사항: 동물의 유전자 개수로 감각 능력을 평가하는 것은 위험하다. 개는 인간보다 두 배 많은 방향제수용체 유전자를 가지고 있지만, 그렇다고 해서 후각이 두 배 뛰어난 것은 아니다.

유전자는 조상 개미가 단독생활에서 군집생활로 전환한 시기에 반복적으로 복제되었다. 이러한 단서들을 종합해, 크로나워는 모든 추가적인 후각 하드웨어가 '둥지 동료를 더 잘 인식하는 데 도움이 되었을 것'이라고 추론한다. 요컨대 그들은 '한 페로몬의 존재 여부'만 찾는 게 아니라 '수십 개 페로몬의 상대적 비율'을 평가한다. 그것은 까다로운 계산이지만, 개미가 하는 다른 모든 일들을 뒷받침하는 계산이다. 후각 능력을 확장함으로써, 그들은 정교한 사회를 규제하는 수단을 얻은 것이다.

개미가 냄새에 얼마나 많이 의존하는지는, 후각과 단절되었을 때 특히 분명해진다. 크로나워가 자신의 무성생식 침입자들에게서 오르코*orco*라고 불리는 유전자—방향제수용체가 표적 분자를 탐지하는 데 필요한 유전자—를 제거했을 때,[55] 변이 개미는 전혀 개미답지 않은 방식으로 행동했다. "변이 개미들에게는 처음부터 뭔가 문제가 있었어요"라고 올리보스 시스네로스가 나에게 말한다. "그들을 구별하는 것은 땅 짚고 헤엄치기였어요." 그들은 페로몬 흔적을 따라가지 않았다. 그들은 강렬한 냄새를 풍김으로써 보통 개미를 쫓아내는 장벽—이를테면 네임펜으로 그린 선—을 무시했다. 그들은 일반적으로 돌봐야 할 의무가 있는 애벌레를 무시했다. 그들은 자신들의 둥지를 완전히 무시하고, 한 번에 며칠씩 혼자 싸돌아다녔다. 우연히 둥지 안에서 발견됐다면, 그들의 존재는 파괴적이었다. 때때로 그들은 아무런 자극을 받지 않았는데도 경보 페로몬을 방출해, 둥지 동료들을 불필요한 공황 상태에 빠뜨리기도 했다. "그들은 그곳에 다른 개미가 있다는 사실을 몰라요." 크로나워가 말한다. "그들은 다른 개미를 아예 감지하지 못해요." 아무리 실험용 변이 동물이라도, 그들을 불쌍히 여기지 않는 것은 인간의 도리가 아니다. 후각이 없는 개미는 군집이 없는 개미이고, 군집이 없는 개미는 거의 개미가 아니기 때문이다.*

개미는 아마도 페로몬의 힘을 보여주는 가장 극적인 사례일 것이다. 그러나 페로몬은 개미의 전유물이 아니다. 암컷 바닷가재는 성 페로몬으로 유혹하기 위해 수컷의 얼굴에 오줌을 눈다.[57] 수컷 생쥐는 오줌에서 페로몬을 생성하여,[58] 암컷으로 하여금 냄새의 특정 성분에 끌리게 만든다. 이 물질은《오만과 편견》의 남자 주인공의 이름을 따서 다신darcin이라고 한다. 초기의 거미난초spider-orchid는 벌들의 성 페르몬을 모방함으로써 수컷 벌을 속여 꽃가루를 옮기게 한다.[59] "우리는 항상, 특히 자연 속에서 거대한 페로몬 구름 속에 살고 있다."[60] E. O. 윌슨은 언젠가 이렇게 말했다. "그것은 수백만분의 1그램 단위로 뿜어져 나와 1킬로미터를 이동할 수 있다." 이러한 맞춤형 메시지는 가장 작은 동물에서부터 가장 큰 동물에 이르기까지 동물의 왕국 전체를 움직이게 한다.

냄새에 지배되는 삶

2005년, 루시 베이츠Lucy Bates는 코끼리를 연구하기 위해 케냐의 암보셀리 국립공원에 도착했다. 첫날 경험 많은 현장 조수들은 그녀에게, 1970년대부터 과학자들에 의해 관찰되어온 코끼리들이 '새로운 얼굴이 연구팀에 합류했다'는 사실을 알아차릴 것이 거의 확실하다고 말했다. 베이츠는 회의적이었다. 코끼리들이 어떻게 알겠나? 왜 신경을 쓰겠나? 그러나 연구팀이 코끼리 무리를 발견하고 차량의 엔진을 끄자마

---

* 이에 대한 전례가 있다. 1874년 스위스의 과학자 오귀스트 포렐Auguste Forel은 개미의 더듬이가 주요 후각기관임을 증명했다.[56] 그가 더듬이를 제거하자, 개미는 둥지를 짓지도 애벌레를 돌보지도 다른 군집의 침입자를 공격하지도 않았다.

자 코끼리들은 그들을 향해 돌아섰다. "그들 중 하나가 다가와 내 차창에 코를 들이밀고 킁킁거렸어요." 베이츠는 내게 말한다. "그들은 새로운 누군가가 차 안에 있다는 걸 알았던 거예요."

그 후 몇 년 동안 베이츠는 코끼리와 시간을 보내는 사람이라면 누구나 알고 있는 사실을 깨달았다. '코끼리의 삶은 냄새에 의해 지배된다.' 코끼리의 기록적인 '2000개 후각수용체 유전자 목록'이나 '후각망울의 크기'에 대해서는 알 필요가 없다.[61] 코만 잘 보면 된다. 다른 어떤 동물도 그렇게 잘 움직이고 눈에 띄는 코를 가지고 있지 않기 때문에, 냄새 맡는 행위를 그렇게 쉽게 관찰할 수 있는 동물도 없다. 걷고 있든 먹이를 먹고 있든, 경계하고 있든 긴장을 풀고 있든, 코끼리는 코를 끊임없이 움직이고 흔들고 감고 비틀고 스캔하고 감지한다. 때때로 그들은 1.8미터짜리 '잠망경 같은 코' 전체를 이용해 물체를 검사하는, 극적인 장면을 연출한다. 때때로 그들의 코는 미묘하게 움직인다. "먹이를 먹는 코끼리에게 다가가면, 코끼리는 당신이 오는 소리를 들을 거예요. 그런 다음 고개를 돌리지 않고, 코 끝부분만 당신 쪽으로 휙 움직일 거예요"라고 베이츠는 말한다.

아프리카코끼리African elephant는 코를 이용해, 뚜껑 달린 상자 속에 들어 있거나 심지어 어수선한 식물 뷔페에 숨겨져 있는 최애 식물을 감지할 수 있다.[62] 그들은 낯선 냄새를 배울 수 있다.[63] 인간은 무취라고 여기는 TNT를 탐지하는 법을 잠시 배운 후, 세 마리의 아프리카코끼리는 고도로 훈련된 탐지견보다 능숙하게 물질을 식별할 수 있었다. 아프리카코끼리인 치슈루와 무시나는 사람의 냄새를 맡은 다음, 상이한 사람들의 냄새가 뒤섞인 아홉 개의 항아리에서 일치하는 냄새를 식별할 수 있었다.[64] 아시아코끼리Asian elephant도 만만치 않다.[65] 한 연구에서, 그들은 '두 개의 덮인 양동이 중 어느 쪽에 더 많은 음식이 담겨 있는지'를 냄새만으로도 정확하게 식별할 수 있었다. 그것은 인간이 흉내 낼 수 없는 위업이었고, (알렉산드라 호로비츠의 실험 중 하나에서) 개조차도 개고생한 과제였다.* "우리도 눈으로 보면 구별할 수 있지만, 냄새만 맡아야 한다면 방법이 없어요"라고 베이츠는 말한다. "그들이 얻을 수 있는 정보의 수준은 우리가 이해할 수 있는 수준을 훨씬 뛰어넘어요."

코끼리는 위험을 냄새 맡을 수도 있다. 베이츠가 암보셀리에 도착한 지 얼마 후, 그녀의 동료 중 한 명이 (연구팀이 수십 년 동안 이용해온) 지프에 두 명의 마사이족 남성을 태워주었다. 다음 날 연구팀이 차를 몰고 나갔을 때, 코끼리들은 낯익은 차량 주변에서 의외로 몸을 사렸다. 젊은 마사이족 남자들은 때때로 코끼리를 창으로 찔러대는데, 베이츠는 그 동물들이 지프에 남아 있는 냄새—마사이족이 키우는 소, 그들이 먹는 유제품, 그들이 몸에 바르는 황토 냄새의 조합—에 당황했을 거라고 추론했다. 이 아이디어를 검증하기 위해 그녀는 코끼리들 주변에 다양한 옷 뭉치를 숨겼다. 그러자 코끼리들은 세탁된 옷이나 캄바—코끼리에게 아무런 위협을 가하지 않은 사람—가 입는 옷에 접근해 신기해했지만 전혀 경계하지 않았다.[66] 그러나 마사이족이 입는 옷의 냄새를 맡을 때마다 코끼리들의 반응은 확연했다. "첫 번째 코끼리의 코가 올라가자 무리 전체가 최대한 빨리 도망쳤고, 거의 항상 무성한 풀밭으로 들어갔어요"라고 베이츠는 말한다. "모든 그룹이, 매번 믿을 수 없을 만큼 바짝 긴장했어요."

먹이와 적들을 논외로 하고, '다른 코끼리'만큼 코끼리가 신경 쓰는

---

* 호로비츠는 개들이 동기를 부여받지 않아서 그랬을 수 있다고 생각한다.

냄새의 원천은 거의 없다. 그들은 정기적으로 코를 이용해 서로를 검사하고, 분비샘과 생식기와 입을 조사한다. 아프리카코끼리들은 오랜 이별 후 재회할 때 격렬한 안부 의례를 치른다.[67] 인간 관찰자는 펄럭이는 귀를 볼 수 있고 목구멍에서 나는 우르릉 소리를 들을 수 있지만, 장담하건대 코끼리 자신에게 그 경험은 후각적인 대혼란일 것이다. 그들은 한바탕 똥오줌을 누는 한편, 눈 뒤의 분비샘에서 향기로운 액체를 쏟아냄으로써 주변의 공기를 향기로 가득 채운다.

한때 "코끼리 분비물, 배설물 및 날숨의 여왕"으로 추앙받았던 생화학자 베츠 라스무센Bets Rasmussen보다 코끼리 냄새를 더 많이 연구한 사람은 거의 없다.*[68] 그녀는 코끼리가 생산한 거라면 뭐든 냄새 맡았는데, 아마 맛도 보았을 것이다. 그녀는 그 분비물들이 페로몬으로 가득 차 있고, 따라서 의미가 가득하다는 것을 깨달았다. 1996년, 15년간의 연구 끝에 그녀는 Z-7-도데센-1-일 아세테이트라는 화학물질을 분리했다.[69] 이 화학물질은 암컷이 오줌으로 배출하는 것인데, 그 목적은 수컷에게 짝짓기 할 준비가 되었음을 알리는 것이다. 단 하나의 화합물이 그렇게 복잡한 동물의 성생활에 그토록 큰 영향을 미칠 수 있다는 것은 놀라운 일이었다. 더욱 놀라운 것은, 암컷 나방도 동일한 물질로 수컷을 유혹한다는 것이었다. 다행스럽게도 수컷 나방은 암컷 코끼리에게 끌리지 않는다. 왜냐하면 그 유인물질은 그들의 수색 목록에 있는 여러 가지 화합물 중 하나일 뿐이기 때문이다. 더욱 운 좋게도 수컷 코끼리는 암컷 나방과 교미하려고 하지 않는다. 왜냐하면 암컷 나방이 페로몬을

---

* 코끼리가 암컷 주도의 모계사회를 이룬다는 점을 감안할 때, 여성들이 코끼리의 감각에 대한 연구를 주도해온 것은 적절해 보인다. 베츠 라스무센은 후각, 케이티 페인Katy Payne, 조이스 풀Joyce Poole, 신시아 모스Cynthia Moss는 청각, 케이틀린 오코넬Caitlin O'Connell은 지반진동 감각을 연구한 것으로 유명하다. 우리는 나중 장에서 나머지 사람들을 만날 것이다.

소량만 생산하기 때문이다.

그러나 마치 '냄새 나는 횃불'처럼 반짝이는 코끼리들도 있다. 라스무센이 마침내 발견한 바에 따르면, 코끼리는 냄새를 통해 '다양한 발정 주기에 있는 암컷의 상태'와 '지나치게 공격적인 성적 상태—이를 발정 광포 상태musth라고 한다—에 있는 수컷'을 알아낼 수 있다.[70] 그들은 또한 개체를 식별할 수 있다. 고향으로 향하는 먼 길을 걸을 때, 그들은 오솔길에 배설물과 오줌을 남긴다.[71] 그것은 낭비가 아니라, 주변 코끼리들의 코를 통해 읽힐 개인적인 이야기다.

2007년 루시 베이츠는 이 아이디어를 검증하기 위한 영리한 방법을 고안해냈다.[72] 그녀는 코끼리 가족의 뒤를 따라가, 한 마리가 오줌을 눌 때까지 기다렸다. 일단 무리가 떠나자, 그녀는 차를 몰고 와서 오줌이 묻은 흙을 흙손으로 퍼서 아이스크림 통에 담았다. 그런 다음 동일한 코끼리 무리나 다른 무리를 찾아 사바나의 이곳저곳을 돌아다녔다. 그들을 발견했을 때, 그녀는 그들 앞의 오솔길에 아이스크림 통 속의 흙을 뿌리고 멀찍한 관측지로 쏜살같이 달려가 기다렸다. "그다지 즐거운 실험은 아니었어요"라고 그녀는 말한다. "그들이 가는 방향을 예측해 흙을 뿌렸는데, 종종 방향이 바뀌곤 했거든요. 그건 영혼을 파괴하는 짓이었어요." 그녀의 예측이 옳았을 때, 코끼리는 흙이 뿌려진 곳으로 다가가 항상 오줌을 검사했다. 만약 다른 가문 구성원의 것이라면, 그들은 재빨리 그것을 무시했다. 만약 방계가족 구성원의 것이라면, 그들은 더 많은 관심을 보였다. 특히 뒤따라오는 가족 구성원의 것이라면, 그들은 무척 궁금해했다. 그들은 똥오줌의 주인을 정확히 알고 있었는데, 그 개체가 순간이동을 할 수도 없는 노릇이기 때문에 혼란스러워하며 옮겨진 흙을 면밀히 탐색했다. 코끼리는 대가족 단위로 이동하며, 주변에 누가 있는지뿐만 아니라 그 개체들이 어디에 있는지도 알고 있는 것 같다. 냄새는 그 인식을 강화한다. "그들이 이동하는 동안 맡은 온갖 다양한 냄새로부터 수집해야 하는 정보의 양은 (…) 그야말로 엄청날 거예요"라고 베이츠는 말한다.

냄새에 담긴 정보의 정확한 성격은 파악하기 어렵다. 냄새는 쉽게 포착되지 않기 때문에, 동물의 과시행동이나 울음소리에 관심 있는 과학자들이 사진을 찍거나 녹음하는 것과 달리, 동물의 후각에 관심 있는 과학자들은 오줌이 흥건한 흙을 퍼 담는 작업을 해야 한다. 게다가 냄새는 쉽게 재현되지 않는다. 가령 스피커나 화면을 통해 냄새를 재생할 수 없기 때문에, 연구자들은 코끼리 떼 앞에서 오줌에 젖은 흙을 뿌리는 등의 일을 해야 한다. 그나마 그런 연구자들은 후각에 대해 조금이라도 생각하는 사람이라고 할 수 있다. 많은 경우 코끼리 연구자들은 지금껏 암묵적으로 시각적인(그리고 거울 같은 물체를 포함하는) 실험을 통해 코끼리의 뇌를 테스트해왔다. 그 결과 코끼리의 1차 감각을 무시함으로써, 그들은 코끼리의 마음에 대해 얼마나 많은 것을 놓쳤을까?

가장 좋아하는 길을 걷다가 다른 코끼리 냄새가 나는 퇴적물과 마주칠 때, 그들은 정체성 외에 무슨 정보를 얻을까? 그들은 선행자들의 감정 상태를 알아낼까? 선행자들의 스트레스를 감지하거나 질병을 진단할 수 있을까? 그들이 처한 더욱 광범위한 환경은 어떨까? 전후戰後의 앙골라로 돌아온 코끼리들은 여전히 땅에 흩어져 있는 수백만 개의 지뢰를 회피하는 것처럼 보이는데,[73] 그들이 TNT 탐지 훈련을 얼마나 빨리 받을 수 있는지를 고려하면 놀랄 일이 아니다. 그들은 가뭄이 들 때 우물을 파는 것으로 알려져 있는데,[74] 암보셀리에서도 일한 적이 있는 조지 위트마이어George Wittemyer는 그들이 지하수 냄새를 이용해 그렇게 한다고 확신한다. 그는 또한 코끼리들이 멀리 떨어진 토양에 빗방울이 튀면서 나는 흙냄새를 탐지함으로써 다가오는 비를 예측할 수 있다고 생각한다. "나는 그 냄새를 맡으면 기분이 상쾌해져요." 그가 나에게 말한다. "나는 흥에 겨워 활력이 넘치게 되는데, 코끼리들도 아마 그럴 거예요."

라스무센은 한때 코끼리가 "풍경, 지형, 오솔길, 광물과 소금, 물웅덩이, 비나 홍수의 냄새, 계절을 나타내는 나무 냄새에 대한 화학적 기억"을 긴 이동의 안내자로 삼을 거라고 추측했다.[75] 이러한 주장은 지금껏 검증되지 않았지만 설득력이 있다. 요컨대 개, 인간, 개미는 모두 냄새의 흔적을 추적할 수 있다. 연어는 모천의 독특한 냄새에 집중함으로써 자신이 태어난 하천으로 돌아갈 수 있다.[•][76] 채찍거미whip spider는 앞다리 끝에 있는 '매우 길고 실처럼 생긴 냄새 센서'를 사용해 열대우림의 혼란 속에서 피난처로 돌아간다.[77] 북극곰은 발에 있는 분비샘이 매 걸음마다 냄새를 남기기 때문에, 수천 킬로미터의 불분명한 얼음을 가로질러 길을 찾을 수 있다.[78] 이러한 사례들은 매우 일반적이어서,[79] 일부 과학자들은 동물의 후각의 주요 목적이 '화학물질 탐지'가 아니라 '세상에서 길 찾기'라고 생각한다. 올바른 코를 사용하면 풍경을 후각풍경odorscapes으로 지도화할 수 있고, 향기로운 랜드마크는 먹이와 피난처로 가는 길을 보여줄 수 있다. 아이러니하게도 그러한 위업의 가장 좋은 증거는 최근까지 냄새를 맡을 수 없다고 간주되었던 동물들에서 나온다.

• 아서 해슬러Arthur Hasler는 1950년대에 자신의 후각에 대한 깨달음을 얻은 후 이 능력을 확인했다. 폭포 근처에서 하이킹을 하는 동안, 익숙한 냄새가 오랫동안 잠재해 있던 어린 시절의 기억을 되살렸다. 그래서 그는 회유하는 연어도 자신과 비슷한 것을 경험하는지 궁금해하게 되었다.

코로 그리는 지도

열렬한 박물학자이자 화가인 존 제임스 오듀본John James Audubon은 북아메리카의 새들을 그리고, 그 그림들을 모아 중요한 조류학 책을 편찬한 것으로 잘 알려져 있다.[80] 그러나 그는 독수리와 관련된 몇 가지 최악의 실험을 통해, 수 세기 동안 지속된 '새에 대한 거짓말'의 씨를 뿌린 책임도 있다. 아리스토텔레스 이후 학자들은 독수리가 예리한 후각을 가지고 있다고 믿어왔다. 그러나 오듀본의 생각은 달랐다. 그가 썩어가는 돼지 사체를 야외에 방치했을 때, 독수리는 먹으러 오지 않았다. 그와 대조적으로, 짚으로 채워진 사슴 가죽을 내놓자 칠면조독수리turkey vulture 한 마리가 득달같이 달려들어 쪼아 먹었다. 1826년, 그는 독수리가 후각이 아니라 시각을 이용해 먹이를 찾는다고 주장했다.[81] 그의 지지자들은 똑같이 의심스러운 증거로 그의 주장을 뒷받침했다. 한 사람은 독수리가 '양 그림'을 공격하며, 생포된 독수리는 눈이 멀게 된 후에 먹기를 거부한다고 언급했다. 또 다른 사람은 칠면조―칠면조독수리가 아니라 진짜 칠면조였다―가 황산과 시안화칼륨(강한 냄새가 나는, 치명적인 맹독성 혼합물)으로 오염된 먹이를 여전히 먹는다는 것을 보여주었다. 이 괴상한 연구들은 사람들의 심금을 울렸다. 그리하여 독수리는 '신선한 시체'를 선호하므로, 오듀본이 사용한 '지나치게 악취 나는 고기'를 무시했다는 사실은 외면되었다. 오듀본이 (냄새에 덜 의존하는) 검은대머리수리black vulture를 칠면조독수리와 혼동했다거나, 당시의 유화 물감이 썩어가는 살에서도 발견되는 특정 화학물질을 방출했다는 사실은 망각되었다. 불구가 된 동물이 배고픔을 느끼지 않을 수 있는 많은 이유는 무시되었다. 그 결과 칠면조독수리―그리고 의심스러운 연장선상에서 모든 새들—가 냄새를 맡지 못한다는 생각은 교과서적인 지식이 되었다. 그에 대한 반증은 수십 년 동안 무시되었고, 조류의 후각에 대한 연구는 등한시되었다.*

벳시 뱅Betsy Bang은 조류의 후각 연구를 되살렸다.[83] 아마추어 조류학자이자 의학 일러스트레이터인 그녀는 새의 비도nasal passage를 해부해 자신이 관찰한 것을 스케치했다. 그리고 관찰된 내용—개의 주둥이 안에 숨어 있는 것과 비슷하게, 가느다란 나선형 뼈(비갑개turbinate)로 가득 찬 커다란 구멍—은 그녀에게 '새가 냄새를 맡는 게 틀림없다'는 확신을 심어줬다. 그렇지 않고서야, 새가 그런 하드웨어를 가지고 있을 리 만무했다. 교과서가 잘못된 정보를 퍼뜨리는 것을 우려한 뱅은 1960년대 내내 100여 종의 뇌를 세심하게 살피고 후각망울을 측정했다.[84] 그녀는 칠면조독수리, 뉴질랜드의 키위새, 그리고 섬새류—알바트로스, 슴새petrel, 섬새shearwater, 풀마갈매기fulmar를 포함하는 바닷새 그룹—가 특히 커다란 후각망울을 가지고 있다는 사실을 발견했다. 섬새류의 원어인 '튜브노즈tubenose'는 원래 염분을 배출하는 통로로 여겨졌던 부리의 명백한 콧구멍에서 유래했는데, 뱅의 연구에서 콧구멍의 또 다른 목적이 제시되었다. 그것은 공기를 코로 끌어들여, 새가 바다 위를 나는 동안 먹이의 냄새를 맡을 수 있게 해주는 것이었다. "새들에게는 후각이 가장 중

---

* 조류학자인 케네스 스테이저Kenneth Stager는 오듀본 연구의 '훨씬 더 향상된 버전'을 수행하여, 칠면조독수리가 숨겨진 시체의 냄새를 맡는다는 사실을 증명했다.[82] 그는 또한 한 석유회사가 에틸메르캅탄—방귀 냄새와 썩는 냄새의 주범인 가스—을 첨가한 후 하늘에서 맴도는 독수리를 수색함으로써 파이프라인의 누출을 추적하기 시작했다는 소식을 들었다. 이에 흥미를 느낀 스테이저는 자신만의 메르캅탄 배출기를 만들어 캘리포니아의 여러 지역에 설치했다. 그랬더니 그가 메르캅탄 배출기를 설치할 때마다 독수리가 도착했다. 오듀본은 틀린 것으로 판명되었다. 칠면조독수리는 냄새를 맡을 수 있을 뿐만 아니라, 수천 미터 상공에서도 희미한 방향제를 탐지할 수 있을 만큼 우수한 후각을 보유하고 있었다.

　　　　　　　　　　　　　　　이토록 굉장한 세계

요하다"[85]라고 뱅은 썼다.* ("설사 그게 오듀본에게 정면으로 도전하는 것을 의미하더라도, 그녀는 결코 주장을 굽히지 않았다"라고 나중에 그녀의 아들 액설이 말했다).

캘리포니아의 다른 곳에서, 버니스 웬젤Bernice Wenzel도 같은 결론에 도달했다.[87] 생리학 교수(이자 1950년대에 그러한 지위에 오른 미국에서 몇 안 되는 여성 중 한 명)인 웬젤은 귀환하는 비둘기가 냄새를 맡으면 심장이 더 빨리 뛰고 후각망울의 뉴런이 흥분하여 윙윙거린다는 사실을 증명했다. 다른 새들—칠면조독수리, 메추라기, 펭귄, 까마귀, 오리—에게도 그 테스트를 반복한 결과 모두 비슷하게 반응했다.[88] 이로써 '새는 냄새를 맡을 수 있다'라는 뱅의 추론이 증명되었다. 그 후 세상을 떠난 뱅과 웬젤은 모두 '당대의 매버릭'으로 묘사되어왔다.[89] 그도 그럴 것이, 잘못된 교리에 당당히 맞섬으로써 다른 사람들에게 '존재하지 않는 것으로 간주되던 감각의 세계'를 탐험하도록 길을 열었기 때문이다. 그리고 그들이 제시한 모범과 멘토링 덕분에 많은 과학자들이 그들의 발자취를 따랐는데, 그중 상당수는 여성이었다.

웬젤이 은퇴 전 행한 마지막 강연에서 자신의 바닷새 연구를 언급할 때, 청중석에 개브리엘 네빗Gabrielle Nevitt이 앉아 있었다. 웬젤에게 큰 감명을 받은 네빗은 섬새류가 어떻게 냄새를 이용하는지 알아내기 위해 인생을 건 탐구를 시작했다. "나는 1991년부터 가능한 한 모든 남극 항해에 참가해, 쇄빙선의 갑판에서 새를 죽이지 않고 테스트하는 방법을 알아내려고 노력했어요"라고 그녀는 나에게 말한다. 그녀는 탐폰을 생

---

* 새는 벨로키랍토르Velociraptor 같은 유명한 공룡을 포함하는 소형 육식공룡 그룹에서 진화했다. 고생물학자 달라 젤레니츠키Darla Zelenitsky는 이 동물들의 두개골을 스캔하여, 크기에 비해 큰 후각망울을 가지고 있었음을 보여주었다.[86] 티라노사우루스Tyrannosaurus 같은 대형 사촌들도 마찬가지였다. 이 공룡들은 후각을 사용해 사냥했을 가능성이 높으며, 새는 고대 환경세계의 현대적 계승자라고 할 수 있다.

선기름에 담갔다가 연에 매달아 날리는가 하면, 배꼬리에서 톡 쏘는 기름 덩어리를 방출하기도 했다. 그럴 때마다 어디에선가 홀연히 섬새류가 나타났다. 네빗은 새들이 톡 쏘는 기름에 함유된 특정 화학물질에 끌린 것 같다고 생각했지만 그게 무엇인지, 새들이 어떻게 '특징 없는 물' 위에서 그것을 발견했는지는 알지 못했다. 그녀는 나중에 남극 항해에서, 그리고 예상치 못한 상황에서 그 해답을 알게 되었다.

항해 도중 맹렬한 폭풍이 네빗의 배를 뒤흔들었고 그녀는 방 건너편으로 내동댕이쳐져 도구상자에 쾅 부딪혔다. 배가 정박해 새로운 승무원이 승선한 후에도, 그녀는 신장이 파열되어 침상에 누워 있었다. 아직 회복 중이던 네빗은 새로운 수석 과학자—디메틸설파이드(DMS)라는 가스를 연구하러 온 팀 베이츠Tim Bates라는 대기화학자—와 이야기를 나누었다. 바다의 플랑크톤은 크릴—새우를 닮은 동물성 플랑크톤—에게 잡아먹힐 때 DMS를 방출하고, 크릴은 고래, 물고기, 바닷새의 먹이가 된다. DMS는 물에 쉽게 용해되지 않으며 결국 공기 중으로 방출된다. 만약 대기 중의 농도가 충분히 상승하면, DMS는 구름의 씨앗(응결핵)이 된다. 만약 DMS가 선원의 코에 들어가면, 네빗이 "굴과 매우 흡사하다" 또는 "해초 같다"라고 묘사한 냄새를 유발한다. 그게 바로 바다의 향기다.

특히 DMS는 풍요로운 바다의 향기로, 거대한 '식물성 플랑크톤 떼'가 똑같이 거대한 '크릴 떼'를 먹여 살리고 있다는 증거다. 베이츠와 대화하는 동안, 네빗은 자신이 상상했던 화학물질이 바로 DMS라는 것을 깨달았다. 그것은 물이 먹잇감으로 넘쳐나고 있음을 바닷새들에게 알리는 후각적인 '저녁 식사 종'이었던 것이다. 베이츠는 남극대륙 전역의 DMS 수준을 보여주는 지도를 네빗에게 제공함으로써 이러한 인상을 확고히 했다. 다양한 수준의 화학물질에서, 네빗은 '냄새 나는 산'과 '냄새 없는 계곡'으로 이루어진 바닷속 풍경을 보았다.[90] 그녀는 바다가 (자신이 한때 상상했던 것처럼) '별 특징 없는 물'이 아니라는 것을 깨달았다. 오히려 그것은 눈에는 보이지 않지만 코에는 분명한 비밀 지형을 가지고 있었다. 그녀는 바닷새처럼 바다를 인식하기 시작했다.

병석에서 일어났을 때, 네빗은 DMS 가설을 확인하기 위한 일련의 연구를 수행했다.[91] 그녀는 섬새류가 화학물질의 '번들거리는 부분'에 모여들 거라고 예상했다. 그녀의 계산에 따르면, 그 새들은 (현실적으로 바람에 떠밀려갈지도 모르는) 낮고 미약한 농도의 DMS를 감지할 수 있었다.[92] 그녀는 일부 섬새류가 심지어 날기도 전에 DMS에 끌린다는 사실을 증명했다.•[93] 많은 종들이 깊은 굴속에 둥지를 틀고, 자몽만 한 크기의 털실 뭉치를 닮은 새끼들이 어둠의 세계로 부화한다. 그들의 초기 환경세계는 빛은 없지만 냄새로 가득 차 있으며, 그 냄새는 굴 입구에서 밀려들어오거나 부모의 부리와 깃털을 타고 들어온다. 이 갓 부화한 새들은 바다에 대한 지식이 전무한데도 DMS로 향할 줄 안다. 밝은 세계로 나와 '폐소공포증을 느끼게 하는 육아실'을 '광대한 하늘'과 맞바꾼 후에도, 냄새는 그들의 북극성으로 남아 있다. 그들은 수천 킬로미터를 날아다니며, 해수면 아래에 있는 크릴의 존재를 드러낼 수 있는 향기의 분산된 기둥을 찾는다.••

그러나 냄새는 '저녁 식사 종' 이상의 것이다. 바다에서, 그것은 이정표이기도 하다. 해저에 잠긴 산이나 경사면과 같은 지질학적 특징은 물속의 영양소 수준에 영향을 미치며, 이는 플랑크톤, 크릴, DMS의 농도

• 섬새류는 DMS를 추적하는 유일한 동물이 아니다. 펭귄, 산호초 주변의 물고기, 바다거북은 모두 화학물질을 탐지할 수 있으며 모두 DMS에 끌린다.

에 차례로 영향을 미친다. 바닷새들이 추적하는 냄새풍경smellscape은 실제 풍경과 밀접하게 연결되어 있으므로, 놀라울 정도로 예측 가능하다.[95] 바닷새는 시간이 경과함에 따라 '먹이가 가장 풍부한 곳'과 '둥지의 위치'를 알아내기 위해 코를 사용해 특징의 지도map of feature를 작성한다는 것이 네빗의 생각이다.

네빗의 아이디어를 검증하기는 어렵지만, 안나 가글리아도Anna Gagliardo는 설득력 있는 증거를 발견했다. 그녀는 몇 마리의 코리슴새Cory's shearwater를 둥지에서 800킬로미터 떨어진 위치로 옮긴 후 코 세척제를 사용해 일시적으로 후각을 차단했다.[96] 새장에서 풀려났을 때, 이 새들은 몇 주 또는 몇 달 동안 집으로 돌아가려고 애썼다. 웬만한 섬새들이 단 며칠 만에 해내는 일을 말이다. 냄새가 없어지자 그들은 길을 잃었다. 냄새가 없으면 바다의 랜드마크가 사라지기 때문이었다. 작가 애덤 니컬슨Adam Nicolson은 《바닷새의 외침Seabird's Cry》에서 이렇게 말했다. "바다는 우리에게 무미건조하고 미분화未分化된 세계일지 모르지만, 새들에게는 구별과 다양성이 넘쳐나는 세계다.[97] 갈라지고 주름진 풍경에는 빽빽한 곳과 성긴 곳이 있고, 구불구불한 후각의 대평원에는 원하는 곳과 바람직한 곳, 얼룩덜룩하고 신뢰할 수 없는 곳, 작은 생명체들이 점점이 박힌 곳, 쾌락과 위험이 뒤섞인 곳, 대리석 무늬와 얼룩무늬가 공존한다.

•• 이러한 향기 기둥을 추적하는 것은 직선형 시선을 따라가는 것보다 어렵다. 이 경우 새에게 최선의 선택은, 바람을 가로질러 날아감으로써 길 잃은 냄새 분자에 부딪힐 가능성을 최대화한 다음, 지그재그 경로를 따라 바람을 거슬러 올라가는 것이다. 그것은 수컷 나방이 '암컷이 분비한 페로몬'을 찾는 방법이며, 알바트로스가 '먹이가 내뿜는 냄새'를 찾는 방법이기도 하다. 앙리 위메스키슈Henri Weimerskirch는 방황하는 알바트로스—세계 최대의 날개폭을 가진 새—에게 GPS 로거(경로 기록계)를 장착하여 그들의 행방을 추적하고, 위턱 온도 기록장치를 장착함으로써 먹이를 찾는 데 걸린 시간을 기록하도록 했다.[94] 개브리엘 네빗은 그 데이터를 분석함으로써, 새들이 지그재그로 냄새를 추적하는 비행을 통해 최소한 절반의 먹이를 포획한다는 것을 보여주었다.

이토록 굉장한 세계

그 풍부함은 종종 숨겨져 있고 늘 움직일 수 있지만, 생명과 가능성을 잉태한 장소로 가득 차 있다."

스테레오 후각

섬새류, 개, 코끼리, 개미는 제각기 다른 기관으로 냄새를 맡지만, 한 쌍의 콧구멍이나 더듬이를 사용해 '스테레오 후각'을 구현한다는 공통점이 있다. 그들은 양쪽에 도달한 방향제를 비교함으로써 냄새의 원천을 추적한다.[98] 심지어 인간도 그렇게 할 수 있다. 알렉산드라 호로비츠가 나에게 권한 끈 추적 과제의 경우, 한쪽 콧구멍이 막히면 훨씬 더 어렵다. 방향성은 쌍을 이루는 탐지기에 더 쉽게 전달되는데, 이는 자연계에서 가장 드물지만 가장 효과적인 후각기관 중 하나—뱀의 두 갈래 혀—의 독특한 모양을 설명해준다.

뱀의 혀는 립스틱 레드, 일렉트릭 블루, 잉크 블랙이라는 세 가지 색조로 제공된다. 쭉 뻗어 펼치면, 그 주인의 머리보다 길고 넓을 수 있다. 커트 슈웬크Kurt Schwenk는 수십 년 동안 그것에 매료되어 왔는데, 종종 해당 분야에서 자신이 혼자임을 알게 된다. 박사 과정 2년 차에 그는 한 동료 학생에게 자신이 하고 있는 연구에 대해 이야기하며, 같은 생각을 가진 영혼과 과학 탐구의 즐거움을 공유하기를 열망했다. 그러나 웬걸, 그 학생(지금은 유명한 생태학자가 되어 있다)은 웃음을 터뜨렸다. "그 정도면 내 기분이 상했겠지만, 그는 나보다 더 골 때리는 사람이었어요. 벌새의 콧구멍에 사는 진드기를 연구하는 사람이었거든요." 슈웬크는 여전히 약간 화를 내며 나에게 말한다. "뱀의 두 갈래 혀가 벌새의 콧구멍 진드기보다 더 웃기다니! 어떤 이유에서인지 사람들은 '혀'를 우습게 여기는 경향이 있어요."

어쩌면 섹스나 섭식 같은 육체적 쾌락과 관련된 장기를 연구하는 데는 뭔가 꼴사나운 구석이 있는지도 모른다. 어쩌면 농담이나 반항으로 튀어나온 것들을 진지하게 조사하는 것이 이상할지도 모른다. 아니면 두 갈래 혀가 악의와 이중성의 상징이 됐는지도 모른다. 어떤 경우든 진지한 학자들은 '뱀이 혀를 사용하는 방식'이나 '혀가 갈라진 이유'에 대해 엽기적인 가설들을 내놓았다.[99] 어떤 사람들은 그것을 독침, 파리 잡는 집게, 손과 비슷한 촉각기관, 심지어 콧구멍 청소 도구라고 기술했다. 아리스토텔레스는 두 갈래 혀가 먹이로부터 얻는 즐거움을 두 배로 늘린다고 제안했지만, 뱀의 혀는 미뢰가 없으며 자체적으로 감각 정보를 전달하지 않는다. 그 대신 과학자들이 1920년대에 마침내 발견한 것처럼 뱀의 혀는 화학물질 수집기다. 혀를 앞으로 쭉 내밀었을 때, 그 끄트머리는 땅에 놓여 있거나 공기 중에 떠다니는 냄새 분자를 낚아챈다. 그리고 혀를 오므렸을 때, 화학물질은 타액에 휩쓸려 뇌의 후각중추와 연결되는 한 쌍의 방—서골비기관—으로 들어간다.* 뱀은 혀의 도움으로 세상의 냄새를 맡으며, 뱀이 혀를 날름거리는 것은 개가 코를 킁킁거리는 것과 같다. 사실 부화한 뱀이 알에서 나오자마자 가장 먼저 하는 일은 혀를 내두르는 것이다. "그것은 당신에게 감각의 우선성에 대해 말해주는 거예요"라고 슈웬크는 말한다.

수컷 가터뱀garter snake은 혀를 사용해 암컷이 남긴 페로몬의 흔적을 탐

---

* 연구자들은 너무나 오랫동안, 뱀의 혀가 입천장에 있는 두 개의 구멍을 통해 혀의 끝을 통과시킴으로써 야콥슨 기관이라고도 알려진 뱀의 서골비기관에 화학물질을 전달한다고 주장해왔다. 이것은 신화다. 엑스레이 영상은 그것이 아무 일도 하지 않는다는 것을 보여준다. 뱀의 혀는 단순히 입천장에 자리 잡고 있을 뿐이다. 그러나 슈웬크의 끊임없는 짜증에도 불구하고 잘못된 개념은 여전히 남아 있으며 교과서에도 널려 있다.

지함으로써, 미끄러지듯 나아가는 암컷을 추적할 수 있다.[100] 암컷이 스쳐간 물체들의 표면에 축적된 페로몬의 양을 비교함으로써,[101] 수컷 가터뱀은 암컷의 진행 방향을 알아낼 수 있다. 일단 암컷을 발견하면, 아마도 혀를 한두 번만 날름거리는 것으로 암컷의 크기와 건강 상태를 측정할 수 있을 것이다. 가터뱀은 이 모든 일을 어둠 속에서 해낼 수 있다. 만약 암컷의 향기가 스며든 종이 타월이 있다면, 수컷을 속여 격렬한 짝짓기를 시도하게 만들 수 있다. 그러나 이상의 모든 위업은 노櫓 모양의 인간 같은 혀로도 쉽게 달성될 수 있다. 그렇다면 뱀은 왜 끝이 갈라진 혀를 가지고 있을까? 슈웬크는, 두 갈래 혀가 '공간의 두 지점에서 화학적 흔적을 비교'으로써 뱀으로 하여금 스테레오로 냄새를 맡을 수 있게 해준다고 추론했다.[102] 만약 두 개의 혀끝 모두에서 흔적 페로몬이 탐지됐다면, 뱀은 진로를 계속 유지한다. 오른쪽에서는 탐지됐지만 왼쪽에서는 탐지되지 않았다면, 뱀은 오른쪽으로 방향을 틀게 된다. 두 쪽 모두에서 탐지되지 않았다면, 흔적을 되찾을 때까지 머리를 좌우로 흔든다. 이처럼 뱀은 두 갈래 혀를 사용해 경로의 가장자리를 정확하게 정의할 수 있다.

나무방울뱀timber rattlesnake이 숲에서 바닥을 미끄러지듯 나아갈 때, 그의 혀는 세상을 지도와 메뉴로 바꿈으로써 종횡으로 달리는 설치류의 흔적을 찾아내고 다양한 종의 냄새를 식별한다. 뒤엉킨 흔적 사이에서 가장 좋아하는 먹이를 골라낼 수 있고,• 신선한 흔적이 많은 곳을 찾아낼 수도 있다. 그런 곳이 발견된다면, 근처에 똬리를 튼 채 매복한다. 그

• 뒤의 장에서 만나게 될 룰론 클라크Rulon Clark는 실험실에서 태어난 미숙한 방울뱀조차도 얼룩다람쥐chimpmunk나 흰발생쥐white-footed mouse 같은 '선호하는 먹잇감'의 냄새를 '익숙하지 않은 실험용 시궁쥐'의 냄새와 구별할 수 있음을 보여주었다.[103] 그는 또한—다소 불길하게도—붉은줄보아rosy boa가 새끼를 낳은 암컷 생쥐의 냄새에 특히 끌린다는 것을 발견했다.

러다 설치류가 지나가면, 뱀은 사람이 눈을 한 번 깜박이는 것보다 네 배 빠르게 폭발한다. 그는 설치류를 송곳니로 찌르고 독을 주입한다. 뱀 독은 작용하는 데 시간이 좀 걸리며, 설치류는 날카로운 이빨을 가지고 있기 때문에 뱀은 먹이를 풀어주어 도망가게 함으로써 부상을 회피한다. 몇 분 후, 뱀은 방금 습격한 희생자를 추격하기 위해 혀를 날름거리기 시작한다. 독은 추격에 도움이 된다. 방울뱀의 독에는 치명적인 독소 외에 디스인테그린disintegrin이라는 화합물이 포함되어 있다.[104] 이 화합물은 독성은 없지만 설치류의 조직과 반응해 방향제를 방출한다. 뱀은 이 냄새를 이용해 '중독된 설치류'와 '건강한 설치류'를 구별하고, 다른 종류의 방울뱀에 물린 설치류와 자신의 독에 중독된 설치류를 구별할 수 있다.[105] 그들은 깨무는 순간 희생자의 냄새를 즉시 알아내기 때문에, 자신이 공격한 특정 개체를 추격할 수도 있다. "주변에서 여러 마리의 쥐 냄새가 나는 것으로 추정되지만, 그들은 어느 흔적을 따라가야 하는지 알고 있어요"라고 슈웽크는 말한다.

뱀은 또한 산들바람에 실려 온 냄새의 흔적을 포착할 수 있다. 슈웽크의 제자 중 한 명인 척 스미스Chuck Smith는 구리머리살모사copperhead에게 무선 송신기를 달아 움직임을 추적함으로써 이를 증명했다.[106] 그는 두 번에 걸쳐 암컷 뱀을 야생에 풀어주고, 암컷 뱀이 정확히 같은 장소에 머무르는 동안 유심히 관찰했다. 암컷 뱀은 냄새의 흔적을 남길 수 없었지만, 여전히 수백 미터 떨어진 곳에서 아무렇게나 돌아다니는 수컷들을 유인하는 데 성공했다. 수컷들은 갑자기 암컷을 향해 일직선으로 곧장 기어왔다.

슈웽크는 그 비밀이 혀를 날름거리는 방식에 있다고 추측했다. 뱀의 조상뻘인 도마뱀도 혀로 냄새를 맡으며, 때때로 두 갈래 혀를 가지고 있다. 하지만 도마뱀은 혀를 내밀 때 일반적으로 한 번만 날름거린다. 혀 끝이 확장되어 지면을 긁은 다음 수축한다. 뱀의 혀는 예외 없이 반복적으로 빠르게 날름거리며, 종종 땅에 닿지 않는다. 혀는 마치 경첩 위에서 움직이는 것처럼 가운데가 휘어지며, 혀끝으로 넓은 원호를 1초에 10~20번씩 긋는다. 슈웬크의 또 다른 제자인 빌 라이어슨Bill Ryerson은 뱀에게 옥수수 녹말 구름 속으로 혀를 날름거리게 함으로써 이러한 움직임을 분석했다.[107] 그는 레이저 광선으로 구름을 비추며, 소용돌이치는 입자들을 고속 카메라로 촬영했다. "동영상을 시청할 때 나의 뇌가 거의 폭발할 뻔했어요"라고 슈웬크는 말한다.

매번 혀를 날름거릴 때마다, 혀의 양끝은 마지막 부분에서 벌어지고 중간 지점에서 달라붙는 것으로 밝혀졌다. 이 동작은 두 개의 도넛 모양의 '공기 고리'를 만들고, 고리 속의 공기는 연속적으로 움직이며 뱀의 좌우에서 방향제를 끌어들인다. 그건 마치 양쪽에서 일시적으로 커다란 부채를 휘저음으로써, 분산된 냄새 분자를 빨아들여 혀끝에 집중시키는 것과 같다. 그리고 냄새가 좌우에서 들어오기 때문에, 설사 두 갈래 혀가 공중에서 날름거리더라도 여전히 방향감각을 제공한다.

이러한 방식의 냄새 맡기는 두 가지 면에서 이례적이다. 첫째, 그것은 전통적 미각기관인 혀를 동원한다. 그러나 뱀은 미각을 거의 사용하지 않는데, 그 이유는 잠시 후에 설명할 것이다. 둘째, 그것은 (대부분의 다른 동물에게 존재하지 않거나 2차적으로 중요한 기관인) 서골비기관을 동원한다. 많은 척추동물은 냄새를 탐지하는 두 가지 별개의 시스템—주요 시스템과 보조 시스템—을 가지고 있다. 주요 시스템은 이 장의 시작 부분에서 개의 머리를 언급하며 기술한 모든 구조, 수용체, 뉴런을 포함한다. 보조 시스템은 서골비기관으로, 자체적인 냄새 감지 세포와 감각

뉴런을 보유하고 있으며 뇌와 연결되어 있다. 그것은 일반적으로 입천장 바로 위의 비강nasal cavity 내부에서 발견된다. 하지만 당신의 비강을 더 들여다보려고 애쓸 필요는 없다. 어떤 이유에선지 인간은 진화 과정에서 유인원, 고래, 새, 악어, 일부 박쥐와 마찬가지로 서골비기관을 상실했다.[108]

그러나 대부분의 다른 포유류, 파충류 및 양서류는 서골비기관을 보유하고 있다. 한 코끼리가 코로 다른 코끼리를 만진 다음 페로몬이 코팅된 코끝을 입안에 넣으면, 그 분자들은 서골비기관으로 향한다. 말이나 고양이가 윗입술을 뒤로 젖혀 이빨을 드러낸다면, 콧구멍이 차단되어 흡입한 방향제가 서골비기관으로 전달된다. 그리고 뱀이 혀를 오므린 후 혀끝을 입의 천장과 바닥 사이에 넣고 쥐어짠다면, 수집된 분자는 서골비기관으로 분출된다. 그런데 뱀의 경우에는 주객이 전도되었다. 즉 서골비기관이 없으면 가터뱀은 흔적 따라가기와 먹기를 멈추고,[109] 방울뱀은 공격의 절반이 실패하고 먹잇감을 포착하지 못한다. 이 뱀들은 여전히 콧구멍을 통해 방향제를 흡입할 수 있지만, 전통적 후각계는 그 정보를 제대로 활용하지 못하는 것 같다. 그것은 수동적인 기관으로 강등되어, 주변에 혀를 날름거릴 만한 흥밋거리가 있는지 여부를 뇌에 알려줄 뿐이다.

뱀의 후각이 특이한 것은, 서골비기관이 매우 중요하기 때문임은 물론, 그것이 실제로 하는 일을 우리가 이해하고 있기 때문이다. 다른 동물들의 경우, 비록 확신에 찬 주장을 이끌어내는 것처럼 보이지만 서골비기관의 역할은 여전히 미스터리로 남아 있다.*[110] 현재로서는 몇몇 종들이 냄새를 맡을 요량으로 두 가지 분리된 후각계를 보유하고 있는 이유를 제대로 아는 사람은 아무도 없다. 또한 대부분의 동물들이 또 하나

이토록 굉장한 세계

의 독특한 화학적 감각을 보유한 이유도 완전히 명확하지는 않다. 나는 지금 '맛'에 대해 이야기하고 있다.

냄새와 맛의 차이

매년 4월 플로리다에서 화학수용학회Association for Chemoreception Sciences 연례회의가 개최되면, '냄새'를 연구하는 과학자들과 '맛'을 연구하는 과학자들이 전통적으로 열리는 소프트볼 게임에서 열띤 대결을 펼친다. "일반적으로 냄새 팀이 이겨요." 냄새를 연구하는 레슬리 보스홀Leslie Vosshall이 내게 말한다. "왜냐하면 선수층이 훨씬 두껍기 때문이에요. 아마 네다섯 배는 될걸요?" 냄새와 마찬가지로, 맛—또는 화려한 과학 용어로 미각gustation—은 환경에서 화학물질을 탐지하는 수단이다. 그러나 두 감각 사이에는 그 이상의 차이점이 있다. 바닐라유 옆에 코를 갖다 대면 기분 좋은 냄새를 맡을 수 있지만, 똑같은 기름을 혀에 떨어뜨리면 역겨움 때문에 움찔할 것이다.

냄새와 맛의 차이는 놀라울 정도로 복잡하다. 당신은 '동물은 코로 냄새를 맡고 혀로 맛을 본다'고 합리적으로 말할 수 있지만, 뱀은 혀를 사용해 냄새를 수집하고 다른 동물들(곧 만날 예정이다)은 특이한 신체부위로 맛을 본다. 또한 당신은 '후각은 공기 중에 떠도는 분자의 냄새를 맡는 것이지만, 미각은 액체나 고체 형태로 남아 있는 분자의 맛을 보는

• 서골비기관은 종종 '전문화된 페로몬 감지기'로 신화화되지만, 다른 방향제에도 반응하고 주요 후각계도 페로몬을 감지하기 때문에 사실이 아니다. 주요 후각계의 기도를 통해 떠다니기에는 너무 무거운 분자를 탐지할 수 있다는 설이 있지만, 이 아이디어는 충분한 검증을 거치지 않았다. 서골비기관은 냄새에 대한 본능적 반응을 제어할 수 있는 반면, 주요 시스템은 경험을 통해 학습되는 반응을 제어한다는 설도 있다. 이 아이디어도 철저한 검증을 받지 않았다.

것이다'라고 주장할 수 있다(많은 과학자들이 그렇게 한다). '냄새는 멀리서 작용하고 맛은 접촉을 통해 작용한다'는 게 더 나은 차이점이지만, 몇 가지 문제가 있다. 첫째, 냄새를 인식하는 수용체는 항상 얇은 액체 층으로 덮여 있으므로, 방향제 분자가 먼저 용해되어야 탐지될 수 있다. 그래서 냄새는—맛과 마찬가지로—항상 액체 단계를 포함하며, 냄새가 멀리서 전달된 경우에도 항상 긴밀한 접촉을 포함한다. 둘째, 앞에서 살펴보았듯이 개미와 다른 곤충은 더듬이를 사용해 (공중으로 날아가기에는 너무 무거운) 페로몬을 콕 집어냄으로써, 접촉을 통해 냄새를 맡을 수 있다. 셋째, 물고기는 모든 방향제가 물에 녹아 있더라도 냄새를 맡을 수 있다. 끊임없이 액체에 잠겨 있는 이 같은 생물의 경우, 맛과 냄새의 구분이 너무 혼란스러울 수 있다. 그래서 한 신경과학자는 나에게 솔직한 심정을 토로했다. "나는 그것(맛과 냄새의 구분)에 대해 생각하는 것을 회피해요."

그러나 메기를 연구하는 생리학자인 존 카프리오John Caprio의 생각은 다르다. 그는 냄새와 맛의 차이만큼 명확한 건 없다고 말한다. 맛은 반사적이고 선천적인 반면, 냄새는 그렇지 않기 때문이다.* 우리는 태어날 때부터 쓴 물질을 거부하는데, 그러한 반응을 무시하고 맥주, 커피, 다크초콜릿을 즐기는 법을 배울 수 있음에도 불구하고 '본능적으로 기각하는 것이 있다'는 사실에는 변함이 없다. 이와 대조적으로 "냄새는 경험과 관련되기 전에는 의미를 지니지 않아요"라고 카프리오는 말한다. 인간의 유아는 철이 들 때까지 땀이나 대변 냄새를 역겨워하지 않는다.

---

* 두 감각은 상이한 뉴런을 사용하며, 해당 뉴런들은 제각기 뇌의 다른 부분에 연결된다. 척추동물에서 미각계는 대체로 기본적인 필수 기능을 제어하는 후뇌hindbrain에 연결되어 있다. 후각계는 학습 같은 고급 능력을 제어하는 전뇌forebrain와 연결되어 있다.

성인들은 후각적인 호불호가 너무 다양해서,[111] 미국 육군이 군중을 통제할 목적으로 악취탄을 개발하려고 했을 때 '모든 문화권에서 보편적으로 역겨워하는 냄새'를 찾을 수 없었다고 한다. 전통적으로 생래적 반응을 촉발하는 것으로 여겨지는 동물성 페로몬조차도 경험을 통해 빚어낼 수 있는 효과가 놀라울 정도로 유연하다.

그렇다면 맛은 비교적 단순한 감각이라고 할 수 있다. 앞에서 언급한 바와 같이, 냄새는 이루 형언할 수 없을 정도로 광범위한 특성을 지닌 분자들의 사실상 무한한 선택을 포함한다. 신경계는 조합된 코드를 통해 그 특성을 나타내는데, 그 코드가 워낙 교묘해서 과학자들은 손도 대지 못하다가 이제야 겨우 해킹을 시도하고 있다. 그와 대조적으로, 맛은 인간의 경우 다섯 가지 기본 특성—짠맛, 단맛, 쓴맛, 신맛, 우마미旨み(감칠맛)—으로 요약되며, 다른 동물의 경우에는 소수의 수용체를 통해 탐지되는 몇 가지 맛이 추가될 수 있다. 냄새는 복잡한 용도—먼바다 건너기, 먹이 찾기, 무리 또는 군집 조정하기—로 사용될 수 있지만,[112] 맛은 거의 항상 먹이에 대한 이진법적 결정—그렇다/아니다, 좋다/나쁘다, 삼킨다/뱉는다—을 내리는 데 사용된다.

미각이 가장 단순한 감각 중 하나일진대, 우리가 맛을 감식안, 미묘함, 미세한 식별과 관련짓는 것은 아이러니하다. 수백 가지의 잠재적인 독성 화합물을 경고하는 '쓴맛 감별 능력'조차도 독성 물질을 구별하도록 만들어진 것은 아니다. 쓴맛이 한 가지뿐인 것은, 당신이 구체적으로 '어떤 쓴 물질'을 맛보고 있는지 알 필요가 없기 때문이다. 당신이 알아야 할 것은, 맛보기를 멈추는 것뿐이다. 대부분의 경우, 맛보기는 섭취 직전의 최종 점검에 해당한다. 이걸 먹어야 하나? 뱀이 맛에 거의 신경을 쓰지 않는 것은 바로 이 때문이다. 혀를 날름거리면서, 그들은 입을 대기 훨씬 전에 냄새를 통해 '먹을 가치가 있는 물체인지' 여부를 결정한다.* 뱀이 먹잇감을 삼켰다가 뱉어냈다는 이야기는 거의 들어본 적이 없다(냄새가 풍미flavor를 더 지배할 때, 우리는 맛을 풍미와 잘못 동일시하는 경향이 있다. 그래서 감기에 걸리면 음식이 싱겁게 느껴지는 것이다. 맛은 똑같지만, 냄새를 맡을 수 없기 때문에 풍미가 흐려질 뿐이다).

파충류, 조류, 포유류는 혀로 맛을 본다. 그러나 다른 동물들은 그렇게 제한적이지 않다. 크기가 매우 작은 동물들은 먹이를 '입에 넣는 것'이 아니라 '그 위에서 걸을 수 있다'. 따라서 대부분의 곤충은 발과 다리로 맛을 느낄 수 있다. 벌들은 꽃 위에 앉아 있기만 해도 꿀의 달콤함을 탐지할 수 있다.[114] 파리는 당신이 먹으려는 사과에 내려앉아 맛을 볼 수 있다.[115] 기생벌parasitic wasp은 침針의 끝에 달린 맛 센서를 사용해,[116] 다른 곤충의 몸에 조심스럽게 알을 이식할 수 있다. 한 종種은 '다른 벌이 이미 기생한 숙주'와 '현재 비어 있는 숙주'를 맛으로 구별할 수도 있다.**

"만약 모기가 사람의 팔에 내려앉는다면, 그건 '감각의 기쁨'일 거예요"라고 레슬리 보스홀은 말한다. "인간의 피부는 맛이 있기 때문에, 발의 수용체를 통해 올바른 장소에 도착했다는 확신을 강화할 수 있거든요." 그러나 그 팔이 쓴맛 나는 모기 기피제 DEET로 덮여 있다면,[117] 모기가 침을 꽂기도 전에 발의 수용체가 이륙을 강요한다. 보스홀이 보유한 동영상에서, 모기는 장갑 낀 손에 내려앉아 '노출되었지만 DEET로

---

* 그 이유에 대해, 슈웬크는 뱀이 드물게 먹지만 대량으로 먹기 때문이라고 생각한다. 그들은 종종 자기보다 훨씬 더 큰 먹이를 삼킨 다음, 먹은 것을 소화하기 위해 내장을 리모델링한다. 비단뱀이 돼지나 사슴을 삼키면, 불과 며칠 만에 내장과 간이 두 배로 커지고 심장이 40퍼센트나 부풀어 오른다.[113] 그들에게는 매 끼니마다 많은 에너지가 소모되므로, 그 비용을 지불할 가치가 있는지를 최대한 빨리 알아낼 필요가 있다.

** 기생벌의 침은 스위스 군용 칼과 같다. 거기에는 맛 센서 외에도 냄새 센서, 촉감 센서, 금속 조각이 장착되어 있을 수 있다. 그것은 드릴, 코, 혀, 손일 수도 있다.

이토록 굉장한 세계

덮인 피부'를 향해 기어간다. 모기는 피부에 발을 디뎠다가 즉시 물러난다. 빙글빙글 돌다가 다시 시도하지만 역시 물러난다. "가슴 아프네요." 그녀는 모기에 대한 야릇한 동정심을 드러내며 내게 말한다. "정말 몽환적이기도 해요. 우리는 손가락으로 맛을 본다는 게 어떤 느낌인지 전혀 몰라요." 곤충들은 다른 신체부위로도 맛을 볼 수 있는데, 이는 전형적으로 제한된 감각을 사용할 수 있는 범위를 확장한다. 어떤 곤충은 산란관ovipositor에 달린 미각수용체를 사용해 알 낳기 좋은 장소를 찾을 수 있다. 어떤 곤충은 날개에 미각수용체를 가지고 있는데,[118] 이것은 비행할 때 먹이의 흔적을 알릴 수 있다. 파리들은 날개를 통해 세균의 존재를 맛보고 스스로 몸단장을 시작한다.[119] 심지어 목이 잘린 파리도 이런 행동을 한다.

자연계에서 가장 광범위한 미각의 소유자는 단연코 메기다.[120] 이 물고기는 한마디로 헤엄치는 혀다. 수염의 끝에서부터 꼬리까지, '비늘 없는 몸' 전체에 미뢰가 퍼져 있기 때문이다.[121] 수천 개의 '미뢰'를 건드리지 않고 메기의 '몸'을 만지는 것은 거의 불가능하다. 만약 당신이 메기를 핥는다면, 메기도 당신의 맛을 보게 될 것이다.● "만약 내가 메기라면 초콜릿 통에 뛰어들고 싶을 거예요." 존 카프리오가 내게 말한다. "엉덩이로도 초콜릿을 맛볼 수 있으니 대박이에요." 전신을 미뢰로 뒤덮음으로써, 메기는 맛을 전방위적 감각으로 바꾸어놓았다. 비록 아직까지도 먹이를 평가하는 데 전념하지만 말이다. 그들은 육식어류이며, 피부의 아무 곳에나 고기 조각을 올려놓으면(또는 주변의 물에 육즙을 첨가하면)

● 어떤 메기는 독가시venomous spine를 가지고 있고(나중에 알게 될 것이다) 다른 메기는 전기를 생성할 수 있으므로, 동물복지 문제는 제쳐두고라도 사고실험의 일부가 아니라면 메기를 핥지 않는 것이 좋다.

몸을 돌려 적당한 곳을 덥석 물 것이다. 그들은 아미노산—단백질과 살의 빌딩블록—에 매우 민감하다.[122] 그러나 당분을 잘 탐지하지 못하므로, 카프리오에게 미안한 이야기지만 그의 초콜릿 판타지는 전혀 감동을 주지 못할 것이다.

당분 등의 고전적인 맛을 이토록 감지하지 못하는 현상은 놀랍게도 일반적이며, 동물의 식단에 따라 다르다. 고양이, 점박이하이에나, 그리고 고기만 먹는 다른 많은 포유동물들은 단맛을 감지하는 능력이 부족하다.[124] 피만 먹는 흡혈박쥐도 단맛과 우마미에 대한 미각을 잃었다.[125] 판다는 대나무만 먹기 때문에 우마미를 감지할 필요가 없지만, 입안에 무수히 많이 존재할 수 있는 독소를 경고하기 위해 '쓴맛 감지 유전자군'을 확장했다.** 다른 초식동물들도 코알라와 마찬가지로 쓴맛 탐지기를 더 많이 얻었지만, 바다사자와 돌고래를 포함해 먹이를 통째로 삼키는 포유류는 대부분의 쓴맛 탐지기를 잃었다.[126] 반복적이고 예측 가능하게, 동물의 미각적 환경세계gustatory Umwelt는 가장 자주 접하는 먹이를 이해하기 위해 확장 및 축소되었다. 그리고 그러한 변화들이 때때로 그들의 운명을 바꾸어놓았다.

고양이 등의 현대 육식동물과 마찬가지로, 작은 육식공룡은 아마도

• 아미노산은 서로의 거울상인 L과 D라고 불리는 두 가지 형태로 나타난다. 자연은 주로 L형에 의존하며, D형은 동물계에서 믿을 수 없을 정도로 희귀하다. 그래서 1990년대 중반에 바다에 사는 하드헤드메기hardhead catfish를 테스트했을 때, 카프리오는 미뢰의 거의 절반이 D-아미노산에 반응한다는 것을 알고 충격에 빠졌다.[123] "나는 그게 실수일 거라고 생각했어요." 그가 말한다. "환경 속에서, 메기에게 중요한 D-아미노산은 어디에 있을까요?" 그는 결국 여러 가지 해양벌레와 조개들이 L-아미노산을 뒤집어 거울상인 D-아미노산으로 만들 수 있다는 사실을 알게 되었다. 과학자들은 1970년대에야 해양동물이 D-아미노산을 만든다는 것을 발견했다. "메기는 수억 년 전에 그것을 알고 있었던 거예요"라고 카프리오는 말한다.

•• 하지만 미각은 '미세한 구별'보다 '조잡한 탐지'에 더 가깝다는 점을 기억하라. 개와 비교할 때 판다는 더 많은 것을 쓴맛으로 인식할 수 있지만, 동일하고 일관된 방식으로 그러한 맛을 경험할 가능성이 있다.

당분을 맛보는 능력을 상실했을 것이다. 그들은 제한된 미각을 후손인 새들에게 물려주었고, 상당수의 새들은 여전히 단맛에 대한 감각이 없다. 명금류—울새, 어치, 홍관조, 박새, 참새, 핀치, 찌르레기가 포함된, 매우 성공적인 보컬 그룹—는 예외다. 진화생물학자인 모드 볼드윈 Maude Baldwin은 2014년, 최초의 명금류 중 일부가 '우마미를 감지하던 기존의 미각수용체'를 '당분도 감지하는 미각수용체'로 전환함으로써 단맛을 되찾았다고 발표했다.[127] 이러한 변화는 호주—식물이 너무 많은 당분을 생산해 꽃이 꿀로 넘치고, 유칼립투스 나무가 껍질에서 시럽 같은 물질을 내뿜는 땅—에서 발생했다. 당분을 좋아하게 된 새들은 이 풍부한 에너지원 덕분에 호주에서 번성했고, 다른 대륙으로의 마라톤 이주를 견뎌냈으며, 어디에 도착하든 꿀이 풍부한 꽃을 찾아냄으로써 오늘날 세계 조류 종의 절반을 포함하는 거대한 왕조로 다양화한 것으로 보인다. 이 이야기는 증명되지 않았지만, 그럼에도 불구하고 묘한 매력이 있다. 만약 무작위적인 호주 새 한 마리가 수천만 년 전에 환경세계를 확장하지 않았다면, 오늘날 우리는 새 소리의 아름다운 선율을 들으며 잠에서 깨어나지 못할 것이다.•

탐지되는 자극에 따라 감각을 몇 가지 그룹으로 나눌 수 있다. 그런 관점에서 본다면, 냄새(그리고 그 서골비적 변이체)와 맛은 '분자의 존재'를 탐지하므로 화학적 감각이라고 할 수 있다. 내가 감각 여행의 첫 번째

• 볼드윈은 또한 벌새들이 우마미수용체의 용도를 당분수용체로 변경했다고 보고했다.[128] 그들은 명금류와 동일한 유전자를 변경했지만, 독립적으로 그리고 거의 완전히 다른 방식으로 변경했다. 그녀에 따르면, 몇몇 종의 경우 변경된 수용체가 여전히 우마미를 감지할 수 있다고 한다. 이는 "달콤한 것과 짭짤한 것을 구별하지 못할 수도 있음"을 의미한다. 생각만 해도 끔찍하다. 양조간장과 사과 주스의 차이를 구분할 수 없다고 상상해보라.

목적지로 그것들을 선택한 부분적 이유는, 아주 오래됐고 보편적이며 다른 감각들과 거리가 먼 것처럼 보이기 때문이다. 그러나 그것들이 유별나다고는 할 수 없다. 더 자세히 살펴보면, 예기치 못한 방식으로 적어도 하나의 다른 감각과 공통점을 공유하기 때문이다.

이 장의 시작 부분에서, 나는 개를 비롯한 여러 동물들이 방향제수용체라는 단백질을 사용해 냄새를 탐지한다고 설명했다. 그런데 이 단백질은 G-단백질연결수용체(GPCRs)라고 불리는 훨씬 더 큰 단백질 그룹의 일부다. 복잡한 이름은 무시해도 된다. 이름은 중요하지 않으니까. 중요한 것은 그것들이 화학적 센서라는 사실이다. 그것들은 세포의 표면에 버티고 앉아 떠다니는 특정 분자를 움켜잡는다. 그것들의 행동을 통해 세포는 주변의 물질을 탐지하고 반응할 수 있다. 이 과정은 일시적이어서, GPCRs는 임무 수행을 완료한 후 움켜잡은 분자를 방출하거나 파괴한다. 그러나 그들 중 한 그룹—옵신opsin—은 이러한 추세에 저항한다. 옵신의 특별한 점은 두 가지인데, 하나는 '표적 분자를 계속 움켜잡고 있다'는 것이고 다른 하나는 '그 분자가 빛을 흡수한다'는 것이다. 나는 지금 시각의 전체적인 기초, 즉 '모든 동물들이 세상을 바라보는 메커니즘'을 말하고 있다.[129] 동물은 감광단백질light-sensitive protein을 이용해 세상을 바라보는데, 감광단백질은 사실상 변형된 화학적 센서라고 할 수 있다.

어떤 면에서, 우리는 빛의 냄새를 맡음으로써 세상을 본다.

2장

·

빛
Light

**각각의 눈이 바라보는
수백 개의 우주**

나는 깡충거미jumping spider 한 마리를 응시하고 있는데, 거미는 나에게서 멀어지면서도 내게 시선을 떼지 않는 신공을 발휘하고 있다. 구체적으로 네 쌍의 눈이 포탑砲塔 모양의 머리를 둘러싸고 있는데, 그중 두 쌍은 앞을 향하고 다른 두 쌍은 옆과 뒤를 향하고 있다. 깡충거미의 시야는 광각시야에 가까우며, 유일한 맹점은 바로 뒤에 있다. 내가 5시 방향으로 손가락을 흔들자, 거미는 진동하는 손가락을 보고 돌아선다. 내가 손가락을 움직이자 따라온다. "수시로 돌아서서 당신을 쳐다볼 수 있는 거미는 깡충거미밖에 없어요." 내가 현재 방문하고 있는 매사추세츠주 애머스트 소재 연구실의 엘리자베스 제이콥Elizabeth Jakob이 말한다. "많은 거미들은 거미줄에 꼼짝 않고 앉아 무슨 일이 일어나기만 기다리면서 시간을 보내죠. 그러나 얘네들은 활동적이에요."

인간은 매우 시각적인 종이므로, 시력을 가진 사람들은 본능적으로 '활동적인 눈'을 '활동적인 지성'과 동일시한다. 깡충거미의 날렵하고 기민한 움직임에서, 우리는 '또 하나의 호기심 많은 존재'가 세상을 탐색하는 모습을 본다. 깡충거미의 경우, 이것을 부당한 의인화로 몰아세울 수는 없다. 양귀비 씨만 한 크기의 뇌에도 불구하고 그들은 정말 놀

랍도록 똑똑하기 때문이다.＊

포르티아속Portia에 속하는 깡충거미는 먹이를 스토킹할 때 전략적 경로를 계획하거나 정교한 사냥 전술을 유연하게 전환하는 것으로 유명하다.[1] 제이콥이 연구하는 제왕깡충거미bold jumping spider(*Phidippus audax*)는 덜 독창적이지만, 그녀는 여전히 자극적인 물체들—사육사가 동물원의 포유동물에게 제공할 수 있는 환경적 풍부함이랄까—과 함께 그들을 사육한다. 어떤 거미들은 테라리아(2011년 5월, 리로직Re-Logic 사에서 발매한 2D 샌드박스 게임 – 옮긴이)의 밝은 색 막대기를 가지고 있다. 한 마리는 빨간색 레고 블록을 가지고 있는데, 우리는 '우리가 딴 데를 보는 동안 거미가 무엇을 만들 수 있는지'에 대해 농담을 주고받는다.

제왕깡충거미는 내 새끼손톱만 한 크기로, (무릎의) 흰색 솜털과 (송곳니를 고정하는 부속지appendage의) 선명한 청록색 얼룩을 제외하면 대부분 검은색이다. 그들은 의외로 귀엽다. 땅딸막한 몸, 짧은 팔다리, 큰 머리, 넓은 눈은 마치 어린아이 같아, 아기와 강아지를 사랑스럽게 여기는 깊은 심리적 편견을 자극한다. 그러나 그런 신체 비율은 공감을 불러일으키기 위해 진화한 게 아니다. 짧은 팔다리는 큰 도약을 가능케 한다. 매복한 채 앉아 있는 다른 거미들과 달리,[2] 깡충거미는 먹잇감에게 몰래 접근해 벼락같이 덤벼든다. 그리고 주로 진동과 촉각을 통해 세상을 감지하는 다른 거미들과 달리, 깡충거미는 시각에 의존한다. 여덟 개의 눈이

＊　나는 제이콥에게, 깡충거미의 '평균 이상 지능'(거미의 세계에 한정됨) 중 감각에 할애된 부분이 어느 정도냐고 묻는다. 거미줄을 통해 전달되는 진동을 감지하며 소일하는 거미의 경우, 해석할 정보가 별로 많지 않을 거라고 그녀는 말한다. "그러나 정말로 시각적인 거미의 경우, 처리해야 하는 정보의 복잡성이 훨씬 더 높을 거예요"라고 그녀는 말한다. "그들이 그것을 해석할 수 있는 능력이 있다는 것은 가치 있는 일이라고 생각할 수밖에 없어요. 그리고 그것은 더 높은 인지능력이 진화할 수 있는 좋은 기회인 것 같아요. 하지만 난 잘 모르겠어요. 시각적인 것에 대한 인간의 편견을 반드시 고려해야 해요."

큰 머리의 절반을 차지하는 것은 바로 이 때문이다. 그들은 우리와 가장 비슷한 환경세계를 가진 거미다. 나는 그러한 유사성에서 친밀감을 찾는다. 나는 거미를 바라보고, 거미는 나를 돌아본다. 극명하게 다른 두 종이 인간의 지배적인 감각—시각—으로 연결되어 있는 것이다.

깡충거미의 시각을 처음 연구한 사람은, 지금은 고인이 된 영국의 신경생물학자 마이크 랜드Mike Land다(그의 동료들 중 하나는, 나에게 그를 소개하며 "눈의 신"이라고 불렀다).[3] 랜드는 1968년에 거미를 위한 검안경을 개발해,[4] 거미가 이미지를 바라보는 동안 그 망막을 관찰하는 길을 열었다. 제이콥과 그녀의 동료들은 랜드의 디자인을 세련되게 다듬었다. 내가 연구실을 방문한 동안 그들은 깡충거미를 검안경 속에 배치했다. 검안경의 초점은 거미의 중앙 눈central eyes에 맞춰졌는데, 이 눈들은 정면을 향하며 네 쌍의 눈 중에서 가장 크다. 또한 이 눈들은 가장 날카로워, 길이가 몇 밀리미터에 불과하지만 비둘기, 코끼리, 소형견의 눈처럼 선명하게 볼 수 있다. 각각의 눈은 '기다란 관管' 모양으로, 앞쪽에는 수정체가 있고 뒤쪽에는 망막이 있다.* 수정체는 제자리에 고정되어 있지만, 거미는 머릿속의 나머지 관을 회전시킴으로써 주위를 둘러볼 수 있다 (손전등의 머리를 잡고 몸통을 움직여 광선을 조준한다고 상상해보라).** 검안경 속의 암컷 거미가 정확히 그런 일을 하고 있다. 거미의 몸은 잠잠하고 눈

---

* 각 중앙 눈은 실제로 두 개의 수정체를 가지고 있는데, 하나는 상단에 있고 다른 하나는 하단에 있다. 상단의 수정체는 빛을 모아 초점을 맞추고 하단의 수정체는 빛을 퍼뜨린다. 이러한 배치는 망막에 닿기 전의 이미지를 확대하는데, 이 작은 동물이 소형견만큼 선명한 시야를 확보할 수 있는 것은 바로 이 때문이다. 갈릴레오가 1609년에 사용하기 시작한 망원경도 이와 동일한 방식으로 작동하며, 양쪽 끝에 렌즈가 있는 튜브를 이용해 멀리 있는 물체를 관찰할 수 있다. 그 자신은 몰랐지만, 갈릴레오는 깡충거미가 수백만 년 전에 진화시켜 맑은 날 밤 달을 보는 데 사용하던 구조를 무의식적으로 표절하고 있었던 것이다.
** 아기 깡충거미의 몸은 투명하므로, 조명이 받쳐주면 관 모양의 눈이 머릿속에서 움직이는 것을 볼 수 있다.

도 잠잠해 보인다. 그러나 우리는 모니터를 통해 거미의 망막이 움직이는 것을 볼 수 있다. "암컷 거미는 정말로 주위를 둘러보고 있어요"라고 제이콥은 말한다.

아무도 완전히 이해하지 못하는 이유로, 그 거미의 중앙 눈의 망막은 부메랑 모양이다. 제이콥의 화면에서, 처음에는 망막이 둘로 분리된 것처럼 보인다(〉 〈). 그러나 그녀가 거미에게 까만 정사각형을 보여주자, 두 개의 망막이 정사각형 위에서 합체해 십자형(〉〈)을 형성한다. 정사각형이 움직이면 합체된 망막도 따라온다. 하지만 잠시 후 거미는 흥미를 잃고 망막은 다시 분리된다. 제이콥이 정사각형을 귀뚜라미의 실루엣으로 대체하자 망막이 다시 합체한다. 이번에는 이미지 위에서 춤을 추며, (우리의 눈이 하나의 장면을 포착할 때 그러는 것처럼) 귀뚜라미의 더듬이, 몸, 다리 사이를 순식간에 왔다 갔다 한다. 또한 합체한 망막은 회전하며 시계 방향과 반시계 방향으로 비틀린다. 이건 아마도 거미가 보고 있는 물체를 식별하는 데 도움이 되는 특정한 각도를 찾고 있기 때문인 듯하다. 마이크 랜드는 언젠가 "다른 지각 있는 생물, 특히 지금껏 우리와 동떨어진 진화 과정을 거친 생물의 움직이는 눈을 들여다보는 것은 짜릿하지만 매우 기이한 경험이다"[5]라고 말한 적이 있다. 나는 그의 말에 전적으로 동의한다. 인간과 깡충거미는 적어도 7억 3000만 년에 갈라졌으므로, 다른 생물의 행동을 그렇게 해석하는 것은 여간 어렵지 않다. 하지만 제이콥의 모니터에서, 나는 거미가 주의를 기울이고 흥미를 잃는 모습을 지켜볼 수 있다. 나는 '거미가 관찰하는 모습'을 관찰할 수 있다. 거미의 시선을 보면서, 나는 거미의 마음을 엿보는 데 최대한 근접할 수 있다. 그리고 많은 유사점에도 불구하고, 나는 거미의 시각이 인간과 얼마나 다른지 알 수 있다.

이토록 굉장한 세계

우선, 거미는 우리보다 많은 네 쌍의 눈을 가지고 있다. 한 쌍의 중앙 눈은 예리할 뿐만 아니라 자유로이 움직이지만, 시야가 매우 좁다는 단점이 있다. 만약 거미가 중앙 눈만 가지고 있다면, 거미의 시야는 어두운 방을 휩쓸고 다니는 두 개의 손전등과 같을 것이다. 중앙 눈의 양쪽에 있는 보조 눈은 훨씬 더 넓은 시야로 이 단점을 보완한다. 그리고 그 자체는 움직이지 않지만 움직임에 매우 민감하다. 만약 파리가 거미 앞에서 윙윙거리면, 보조 눈이 그것을 발견하고 중앙 눈에게 어디를 봐야 하는지 알려준다. 그리고 여기에 정말로 아리송한 부분이 있다.[6] 만약 보조 눈이 가려지면 거미는 움직이는 물체를 추적할 수 없다.

나는 이것을 상상하는 게 거의 불가능하다고 생각한다. 이 대목을 집필하는 동안, 내 시야의 가장 선명한 부분—중심 시야—은 화면에 나타나는 글자들에 집중되어 있다. 다른 한편으로, 내 주변 시야에는 말썽을 일으킬 요량으로 거실을 배회하는 타이포—나의 반려견 코기corgi—의 검은 모양이 보인다. 이 두 가지 작업—선명한 시야 확보와 움직임 탐지—은 분리할 수 없는 것처럼 느껴진다. 그러나 깡충거미는 그 둘을 철저히 분리해, 각각 별도의 눈 세트에 할당했다. 중앙 눈은 패턴과 모양을 인식하고 컬러로 보고, 보조 눈은 움직임을 추적해 주의를 돌린다. 각기 다른 임무를 수행하는 다른 눈, 그리고 각각의 세트는 거미의 뇌와 고유한 연결고리를 가지고 있다.* 깡충거미는 '우리가 시각적 현실을 다른 시각적인 생물들과 공유하지만, 그들과 완전히 다른 방식으로 경험한다'는 것을 상기시킨다. "우리는 다른 행성에서 온 외계인을 찾을 필요가 없어요"라고 제이콥이 말한다. "바로 옆에 세상을 전혀 다르게 해

---

* 다른 두 쌍의 눈들은 어떨까? 한 쌍은 후방의 움직임을 탐지하는 것 같고, 다른 한 쌍은 매우 축소되어 있어 목적이 불분명하다.

석하는 동물들이 있으니 말이에요."

인간에게는 두 개의 눈이 있다. 그것들은 우리의 머리 위쪽에 있고, 크기가 동일하며, 전방을 향한다. 이러한 특성 중 어느 것도 표준이 아니며, 동물계의 나머지를 대충 훑어보면 '눈을 소유한 생물'만큼 다양한 눈이 존재한다는 것을 알 수 있다. 눈은 여덟 개 또는 수백 개일 수 있다. 대왕오징어의 눈은 축구공만큼 크고, 총채벌fairy wasp의 눈은 아메바의 핵만큼 작다.[7] 오징어, 깡충거미, 인간은 모두 독립적으로 진화한 카메라 같은 눈을 가지고 있으며 단일 렌즈가 단일 망막에 빛을 집중시킨다.[8] 곤충과 갑각류는 겹눈을 가지고 있으며, 이는 수많은 별도의 집광 단위(또는 낱눈)로 구성되어 있다. 동물의 눈은 이중 초점 또는 비대칭일 수 있다.[9] 그것은 단백질이나 암석으로 된 렌즈를 가질 수 있다.[10] 그것은 입, 팔, 갑옷에 위치할 수 있다. 그것은 우리의 눈이 수행할 수 있는 모든 작업을 수행하거나 그중 몇 가지만 수행할 수 있다.

이런 각양각색의 눈들은 이루 헤아릴 수 없을 만큼 다양한 시각적 환경세계를 수반한다. 동물은 멀리서 선명한 디테일을 볼 수도 있고, 빛과 그림자로 이루어진 흐릿한 얼룩만 볼 수도 있다. 그들은 우리가 '어둠'이라고 부르는 것을 완벽하게 잘 볼 수도 있고, 우리가 '밝음'이라고 부르는 것을 보자마자 눈이 멀 수도 있다. 그들은 우리가 슬로모션이나 패스트모션으로 간주하는 것을 볼 수도 있다. 그들은 한 번에 두 방향을 볼 수도 있고 한 번에 모든 방향을 볼 수도 있다. 그들의 시각은 하루 동안 다소 민감하거나 둔감해질 수 있다. 그들의 환경세계는 나이가 들면서 바뀔 수도 있다. 제이콥의 동료인 네이트 모어하우스Nate Morehouse는 '깡충거미가 평생 동안 사용할 빛 탐지 세포를 가지고 태어나며, 이 세포는 나이가 들어감에 따라 더 커지고 예민해진다'라고 보고했다.[11] "깡충거미에게, 나이가 든다는 것은 마치 일출 장면을 보는 것과 같아요"라고 모어하우스는 말한다. "사물이 점점 더 밝아질 거예요."

'진정한 눈'을 향한 네 단계

손케 욘센은 "시각은 빛과 불가분의 관계에 있으므로, 아마도 '빛이 무엇인지'에서부터 시작해야 할 것 같다"[12]라는 말로 자신의 책《생명의 광학 *The Optics of Life*》을 시작한다. 그리고 나서 감탄스러울 정도로 솔직하게 "나도 모르겠다"라고 토로한다. 우리는 거의 항상 빛에 둘러싸여 있지만, 빛의 진정한 본질은 직관적이지 않다. 물리학자들은 빛이 전자기파와 에너지 입자—광자로 알려져 있다—라는 두 가지 형태로 존재한다고 주장한다. 이 이중적 본성의 세부사항은 우리의 관심사가 아니다. 중요한 것은, 어떤 형태도 생물이 분명히 탐지할 수 있는 대상이 아니라는 것이다. 하지만 생물학적 관점에서 볼 때, 빛에 대한 가장 놀라운 점은 우리가 그것을 용케 감지할 수 있다는 것이다.

깡충거미, 인간, 또는 다른 동물의 눈 안쪽에는 광수용체라고 불리는 빛 탐지 세포가 존재한다. 이 세포는 종마다 극적으로 다를 수 있지만 보편적인 특징을 공유한다. 그것은 옵신이라 불리는 단백질을 포함한다. 모든 시각적 동물은 옵신을 이용해 세상을 보는데,[13] 옵신은 발색단 chromophore—일반적으로 비타민 A에서 파생된다—이라는 파트너 분자를 꼭 껴안음으로써 작용한다. 발색단은 단일 광자에서 에너지를 흡수할 수 있는데, 그럴 때 즉시 다른 모양으로 바뀌고 뒤틀림으로써 옵신에게도 모양을 바꾸도록 강요한다. 옵신의 변형은 화학적 연쇄반응을 촉발하고, 이 연쇄반응은 뉴런을 따라 이동하는 전기 신호로 귀결된다. 지금까지 전문 용어를 사용해 빛이 감지되는 방식을 설명했는데, 빛을 '운전자'로, 발색단을 '자동차 열쇠'로, 옵신을 '점화 스위치'로, 시각을 '자동차 엔진'으로 생각하면 이해하기 쉬울 것이다. 열쇠와 스위치가 서로 맞물려 있고, 운전자가 열쇠를 돌리면 엔진이 작동한다.

동물계에는 수천 가지의 상이한 옵신이 존재하지만, 알고 보면 모두 일가친척이다.* 그것들의 단일성은 역설을 초래한다. 모든 시각이 동일한 단백질에 의존하고 그 단백질이 빛을 탐지한다면, 눈은 왜 그렇게 다양할까? 해답은 빛의 고유한 속성에 있다. 지구상의 빛은 대부분 태양에서 오기 때문에, 빛의 존재는 온도, 시간, 또는 물의 깊이를 암시할 수 있다. 그것은 물체에 반사되어 적, 동료, 피난처를 드러낸다. 그것은 직선으로 이동하고 단단한 장애물에 의해 차단되며, 그림자와 실루엣 같은 숨길 수 없는 특징을 생성한다. 그것은 거의 즉각적으로 지구 규모의 거리를 이동하며 광범위한 정보의 소스를 제공한다. 빛이 이처럼 여러 모로 유익하다 보니 동물들은 이루 헤아릴 수 없는 이유 때문에 그것을 감지하게 되었고, 그 과정에서 시각이 다양화된 것은 당연한 귀결이었다.[15]

생물학자 단-에릭 닐손Dan-Eric Nilsson에 따르면, 눈은 네 단계를 거쳐 진화하면서 복잡성이 점점 더 증가한다고 한다.[16] 첫 번째 단계는 광수용체 세포인데, 광수용체의 역할은 빛의 존재를 탐지하는 데 국한된다.

---

* 2012년, 진화생물학자인 메건 포터Megan Porter는 상이한 종들이 보유한 거의 900가지 옵신들을 비교해, 그것들이 하나의 조상을 공유한다는 사실을 확인했다.[14] 원초적 옵신은 가장 초창기의 동물 중 하나에서 생겨났는데, 빛을 포착하는 데 매우 효율적이었기 때문에 진화는 그보다 나은 대안을 제시하지 못했다. 그 후 옵신의 공통조상은 다양화를 통해 무성한 계통수phylogenetic tree로 자라나, 오늘날 모든 시각의 밑바탕이 되었다. 포터는 옵신의 계통수를 커다란 원으로 그렸는데, 하나의 점에서 방사상으로 뻗어나가는 가지들로 구성되어 있는 것이 거대한 눈을 연상케 한다.

이토록 굉장한 세계

해파리의 친척인 히드라는 어둠 속에서 독침을 발사하기 위해 광수용체를 사용한다.[17] 그들이 어둠을 선호하는 이유는, 먹잇감이 활발히 활동하는 밤이 됐거나 지나가는 표적의 그림자를 감지했을 때 독침을 사용할 수 있기 때문인 것 같다. 올리브바다뱀olive sea snake은 꼬리 끝에 광수용체를 가지고 있는데,[18] 그 용도는 동굴 속에 숨었을 때 꼬리가 빠져나가 포식자에게 정체가 드러나는 것을 방지하는 것이다. 문어,* 오징어, 기타 두족류는 피부 전체에 광수용체를 가지고 있는데, 이는 경이로운 변색變色 능력을 제어하는 데 도움이 된다.[19]

두 번째 단계에서, 광수용체는 그늘―즉 특정 각도에서 들어오는 빛을 차단하는 어두운 색소 또는 다른 장벽―을 얻는다. 그늘진 광수용체는 빛의 존재를 감지할 뿐만 아니라 방향도 추측할 수 있다. 이 구조는 여전히 너무 단순해서 많은 과학자들에게 진정한 눈으로 여겨지지 않지만, 그럼에도 불구하고 소유자에게는 유용하다. 또한 그것은 어디에나 나타날 수 있다. 일본산 호랑나비는 생식기에 광수용체를 가지고 있다.[20] 수컷은 이 세포를 사용해 자신의 페니스를 암컷의 질 위로 인도하고, 암컷은 이 세포를 이용해 산란관을 식물의 표면 위에 위치시킨다.

닐슨의 세 번째 단계에서, 그늘진 광수용체는 그룹으로 뭉친다. 그것들의 소유자는 이제 다양한 방향에서 온 빛에 대한 정보들을 엮어, 주변 세계의 이미지를 생성할 수 있다. 이 시점에서, 많은 과학자들은 "빛 탐지'가 '실제 시각'이 되고, '단순한 광수용체'가 '진정한 눈'이 되며, 동물

---

* 나는 여기서 문어octopus의 복수형을 octopuses라고 적었다. 거드름을 피우며 잘못된 지적질을 일삼는 사람이 어디에나 한 명씩은 있기 마련이므로, 분명히 해두고 넘어가기로 하자. octopus라는 단어는 라틴어가 아닌 그리스어에서 파생되었으므로 올바른 복수형은 octopi가 아니다. 엄밀히 말하면 octopus의 공식적인 복수형은 octopodes(ock-toe-poe-dees로 발음된다)이지만, octopuses도 그런 대로 봐줄 만하다.

이 진정으로 볼 수 있다"라고 말할 수 있다.˙ 처음에는 시각이 흐릿하고 거칠어, 피난처를 찾거나 어렴풋한 모양을 발견하는 것 같은 단순한 일에만 적합하다. 그러나 렌즈와 같은 초점 조정 요소가 추가됨에 따라 시야가 더욱 선명해지고, 환경세계는 풍부한 시각적 디테일로 채워진다.

고해상도 시각은 닐손의 네 번째 단계다. 처음 나타났을 때, 그것은 동물들 사이의 상호작용을 강화했을 것이다. 갈등과 구애는 촉각이나 미각이 허용하는 것보다 먼 거리에서, 그리고 후각보다 훨씬 빠른 속도로 진행될 수 있었다. 포식자는 이제 멀리서도 먹이를 발견할 수 있었고, 그 반대의 경우도 마찬가지였다. 그리하여 맹렬한 추격전이 벌어졌다. 동물은 더 커지고 더 빨라지고 이동성이 향상되었다. 방어용 갑옷, 가시, 조개껍데기가 진화했다. 고해상도 시각의 등장은, 약 5억 4100만 년 전 동물의 왕국이 극적으로 다양화되어 오늘날 존재하는 주요 그룹을 탄생시킨 이유를 설명할 수 있다. 이러한 진화적 혁신의 물결을 캄브리아기 폭발이라고 하며, 네 번째 단계의 눈은 이를 촉발한 불꽃 중 하나였을 수 있다.[21]

닐손이 제안한 4단계 모델은 찰스 다윈의 우려를 해소했는데, 다윈은 현대적 눈이 복잡하게 진화한 과정을 확신할 수 없었다. "솔직히 고백하건대, 도저히 흉내 낼 수 없는 장치들을 완비한 눈이 자연선택에 의해 형성됐을 수 있다고 (…) 가정하는 것만큼 터무니없는 짓은 이 세상에 없을 것이다."[22] 그는 《종의 기원》에 이렇게 썼다. "그러나 이성은 내게 그렇게 말해준다. '완전하고 복잡한 눈'에서부터 '매우 불완전하고 단순한 눈'까지 수많은 단계가 점진적으로 존재하고, 각 단계가 소유자에게

˙ 이 구분은 보편적으로 합의되지 않았으며, 어떤 연구자들은 2단계 시각—광수용체+차광색소— 도 눈으로 간주돼야 한다고 주장할 것이다.

유용하다고 치자. (…) 만약 그렇다면, 완전하고 복잡한 눈이 자연선택에 의해 형성되었다는 믿음을 가로막는 장벽은 인간의 상상력을 초월할망정 현실로 간주될 수는 없다." 다윈이 상상한 점진성은 실제로 존재한다. 동물들은 단순한 광수용체에서 예리한 눈에 이르기까지 생각할 수 있는 모든 중간체를 가지고 있다. 그리고 다른 동물 그룹의 경우, 옵신이라는 동일한 빌딩블록을 사용해 다양한 눈을 반복적·독립적으로 진화시켰다. 해파리만 해도 두 번째 단계는 최소한 아홉 번, 세 번째 단계는 적어도 두 번 진화했다.[23] 눈은 진화론에 큰 타격을 주기는커녕 가장 훌륭한 본보기 중 하나임이 입증되었다.*

하지만 복잡한 눈을 '완전하다', 단순한 눈을 '불완전하다'고 말한 다윈은 틀렸다. 네 번째 단계의 눈은 진화가 지향하던 플라톤적 이상이 아니다. 그것보다 앞선 '더 단순한 눈'은 우리 주변에 여전히 버젓이 존재하며, 소유자의 욕구를 잘 충족한다. "눈은 '허접함'에서 '완전함'으로 진화하지 않았다." 닐손은 강조한다. "그것은 '몇 가지 간단한 작업을 완벽하게 수행하는 것'에서 '많은 복잡한 작업을 훌륭하게 수행하는 것'으로 진화했다." 이 책의 서론에서 소개된 불가사리는 다섯 개의 팔 끝에 눈이 있다.[25] 이 눈들은 색깔, 디테일, 신속한 움직임을 볼 수 없지만, 굳이 그럴 필요가 없다. 불가사리가 안전한 산호초로 천천히 복귀할 수 있도록 큰 물체만 탐지하면 되기 때문이다. 불가사리에게는 독수리의 날카

---

* 1994년, 닐손과 수산네 펠거Susanne Pelger는 '단순한 3단계 눈'에서 '예리한 4단계 눈'으로의 진화 과정을 시뮬레이션했다.[24] 시뮬레이션은 작고 평평한 광수용체 조각으로 시작되었다. 세대가 거듭될수록 광수용체 조각은 서서히 두꺼워지다가 휘어져 컵 모양으로 변화한다. 그것은 조잡한 렌즈를 얻은 후 점차 개선된다. 눈의 성능이 매 세대마다 0.005퍼센트씩만 향상되고 각 세대가 1년 동안 지속된다고 비관적으로 가정하면, '흐릿한 3단계 눈'이 우리 것과 같은 수준의 눈이 되는 데 걸리는 시간은 36만 4000년으로 추정된다. 진화에 있어서 그 정도의 시간은 눈 깜짝할 사이에 불과하다.

로운 눈이나 깡충거미의 눈이 필요하지 않다. 그들은 자신에게 필요한 것을 볼 뿐이다.[•] 다른 동물의 환경세계를 이해하기 위한 첫 번째 단계는, 그 동물이 감각을 어디에 쓰는지 이해하는 것이다.

예컨대 영장류는 아마도 나뭇가지에 앉아 있는 곤충을 잡기 위해 크고 예리한 눈을 진화시켰을 것이다. 우리 인간은 그 예리한 시각을 물려받았는데, 시력을 가진 사람들은 그 힘을 빌려 다재다능한 손가락을 인도하고, 의미가 부여된 기호를 읽고, 미묘한 표정에 숨겨진 단서를 평가한다. 우리의 눈은 우리의 필요에 부합한다. 그것은 또한 우리에게 대부분의 다른 동물들이 공유하지 않는 독특한 환경세계를 제공한다.

민감도와 해상도의 상관관계

2012년, 동물의 시각을 연구하는 과학자 어맨다 멜린Amanda Melin이 동물의 패턴을 연구하는 과학자 팀 카로Tim Caro를 만났을 때 그들의 화제는 자연스럽게 얼룩말로 바뀌었다.

카로는 얼룩말이 왜 그렇게 눈에 띄는 흑백 줄무늬를 가지고 있는지 궁금해하는 생물학자들의 긴 행렬에 가장 늦게 합류했다.[28] 그는 멜린에게, 가장 초기의 두드러진 가설 중 하나는 '줄무늬가 위장 역할을 한

[•] 또한 진보된 눈이 항상 진보된 생물에 존재하고, 단순한 눈이 항상 단순한 생물에 존재한다는 통념은 사실이 아니다. 어떤 미생물은 완전한 단세포 생물인데, 놀라울 정도로 복잡한 눈의 역할을 수행하기도 한다. 민물에 사는 세균인 시네코시스티스*Synechocystis*를 생각해보자.[26] 구형 세포spherical cell의 한쪽 면에 충돌한 빛은 반대쪽 면에 상像을 맺는다. 세균은 그 빛이 어디에서 오는지 감지하고 그 방향으로 이동할 수 있다. 그것은 사실상 살아 있는 수정체이며 경계 전체가 망막인 셈이다. 단세포 조류의 군집인 와노위이드warnowiid도 살아 있는 눈처럼 보이며,[27] 각 세포에는 수정체, 홍채, 각막, 망막과 유사한 구성요소가 있다. '그들이 무엇을 보는지'와 '그들이 과연 보는지의 여부'를 놓고 갑론을박이 벌어지고 있다.

다'는 것이라고 말했다. 즉 줄무늬는 얼룩말의 윤곽을 망가뜨리거나, 수직 나무줄기 사이에 섞이도록 돕거나, 달릴 때 혼란스러운 흐릿함을 유발함으로써 사자와 하이에나 같은 포식자의 눈을 어지럽힌다는 것이었다. 멜린은 직관에 어긋난다는 의심을 품었다. "나는 고개를 갸우뚱했어요." 그녀는 회상한다. "나는 '대부분의 육식동물이 밤에 사냥을 하며, 시력이 인간보다 훨씬 더 나쁠 것 같아요. 그런데 어떻게 줄무늬를 보겠어요?'라고 말했어요. 그러자 팀은 '뭐라고요?'라고 반문했어요."

인간은 디테일을 파악하는 데 있어서 거의 모든 다른 동물을 능가한다. 멜린은 인간의 매우 예리한 시각이 얼룩말의 줄무늬를 상당히 잘 식별할 수 있을 거라고 생각했다. 그녀와 카로의 계산에서,[29] 시력이 뛰어난 사람들은 밝은 날 180미터 떨어진 곳에서 흑백 띠를 식별할 수 있다는 결과가 나왔다. 사자는 80미터, 하이에나는 45미터 떨어진 곳에서 그렇게 할 수 있다. 그리고 그들이 사냥할 가능성이 더 높은 새벽과 해질녘에, 이러한 수치는 대략 절반으로 줄어든다. 멜린이 옳았다. 줄무늬는 위장 역할을 할 수 없을 것이다. 포식자들은 가까운 거리에서만 줄무늬를 식별할 수 있으며, 그 지점에서 그들은 얼룩말의 줄무늬보다는 소리와 냄새에 의존할 게 거의 확실하기 때문이다. 대부분의 거리에서 줄무늬는 합쳐져서 균일한 회색으로 보인다. 사냥하는 사자에게 얼룩말은 대부분 당나귀처럼 보일 것이다.*

---

* 그렇다면 얼룩말은 왜 줄무늬가 있는 것일까? 카로는 확실한 답을 가지고 있다. 흡혈파리를 막기 위해서.[30] 아프리카의 말파리와 체체파리는 말에게 여러 가지 치명적인 질병을 옮기는데, 얼룩말은 털이 짧기 때문에 특히 취약하다. 그러나 줄무늬는 어떤 이유에선지 물어뜯는 해충들을 헷갈리게 한다. '진짜 얼룩말'은 물론 '무늬만 얼룩말인 일반 말'을 촬영함으로써, 카로는 줄무늬 있는 동물들에게 접근한 파리들이 제대로 내려앉지 못하고 더듬거리기만 한다는 사실을 확인했다. 왜 이런 일이 일어나는지는 아직 분명하지 않다.

동물의 시력은 '1도당 주기cycle per degree(cpd)'로 측정된다.[31] 행복한 우연의 일치로, 이 개념은 얼룩말의 줄무늬로 생각할 수 있다. 팔을 쭉 뻗어 엄지손가락을 치켜들어보라. 당신의 손톱은 당신을 둘러싸고 있는 360도 중 약 1도의 시각적 공간을 나타낸다. 당신은 그 손톱에 60~70쌍의 얇은 흑백 줄무늬를 그릴 수 있고, 여전히 그것들을 구별할 수 있다. 따라서 인간의 시력은 1도당 60~70주기, 즉 60~70cpd다. 현재 최고 기록은 호주의 쐐기꼬리수리wedge-tailed eagle가 보유한 138cpd다.[•][32] 쐐기꼬리수리의 광수용체는 동물계에서 가장 좁은 축에 속하므로, 독수리의 망막 안에 빽빽하게 채워질 수 있다. 이 날씬한 세포들 덕분에, 그들은 우리보다 두 배 이상 많은 픽셀을 가진 화면을 통해 세상을 효과적으로 본다. 그들은 1.6킬로미터 떨어진 곳에서도 쥐를 발견할 수 있다.

그러나 독수리를 비롯한 맹금류는 우리보다 더 날카로운 시각을 가진 유일한 동물이다. 감각생물학자인 엘리너 케이브스Eleanor Caves는 지금껏 수백 종의 시력 측정치를 비교해왔는데, 그중에서 인간을 능가하는 종은 거의 없다.[34] 맹금류를 제외하고, 다른 영장류는 우리의 시력에 근접한다. 문어(46cpd),[35] 기린(27cpd), 말(25cpd), 치타(23cpd)의 시력은 그런대로 괜찮은 편이다. 사자의 시력은 13cpd에 불과하며, 법적으로 시각장애인으로 간주되는 문턱값인 10cpd 바로 위에 있다. 모든 새(그리고 벌새와 올빼미 같은 놀라운 동물), 대부분의 물고기, 모든 곤충을 포함해 대부분의 동물들이 이 문턱값에 미달한다. 꿀벌의 시력은 1cpd에 불과하다. 당신이 뻗은 엄지손톱은 벌의 시각 세계에서 대략 1픽셀에 해당하며, 그 픽셀 안의 모든 세부사항은 뭉개져 균일한 얼룩으로 전락한다. 곤충

[•] 1970년대에 자주 인용된 연구에 따르면 미국산 황조롱이의 시력은 160cpd이지만, 같은 새에 대한 다른 연구에서는 훨씬 낮으며 인간과 동등한 수준인 것으로 밝혀졌다.[33]

이토록 굉장한 세계

의 약 98퍼센트는 훨씬 더 거친 시각을 가지고 있다. "인간은 이상해요." 케이브스가 나에게 말한다. "우리는 모든 감각 양식에서 최고봉과 거리가 멀지만, 시각적인 예리함에서 타의 추종을 불허하는 편이에요." 그리고 역설적으로, 우리의 날카로운 시각은 다른 환경세계에 대한 우리의 평가를 흐리게 한다. 왜 그럴까? "우리는 우리가 어떤 것을 볼 수 있다면 그들도 볼 수 있고, 어떤 것이 우리의 시선을 사로잡으면 그들의 관심도 끈다고 생각하는 경향이 있어요"라고 케이브스는 말한다. "그건 옳지 않아요."

케이브스도 이러한 지각 편향perceptual bias의 희생양이었다. 그녀는 청소부 새우cleaner shrimp를 연구하는데, 그들은 기특하게도 물고기의 기생충과 죽은 피부를 제거해준다. "산호초 주변에 사는 형형색색의 물고기를 청소하고 있고 그들 자체도 컬러풀하기 때문에, 나는 그들이 합당한 시각을 가지고 있을 거라고 생각했어요"라고 케이브스는 말한다. 그러나 그렇지 않다. 고객 물고기는 청소부 새우의 몸에 새겨진 선명한 푸른색 반점과 흔들리는 밝은 흰색 더듬이를 볼 수 있지만, 새우는 자기 자신을 볼 수 없다. 아주 가까운 거리에 있더라도, 청소부 새우의 아름다운 패턴은 그 자신의 환경세계의 일부가 아니다. "아마도 자신의 더듬이조차 볼 수 없을 거예요"라고 케이브스는 말한다.

나비의 경우에도 사정은 마찬가지다. 많은 나비들은 날개에 복잡한 패턴을 가지고 있어, 포식자에게 '나는 유독하니 함부로 건드리지 말라'고 경고할 수 있다. 어떤 과학자들은 나비가 이러한 패턴을 이용해 서로를 인식할 수 있다고 제안했지만, 나비의 시각은 별로 예리하지 않기 때문에 그럴 가능성이 낮아 보인다. 대륙검은지빠귀Eurasian blackbird는 지도나비map butterfly의 주황색 날개에서 주근깨 같은 검은 점을 볼 수 있지만,

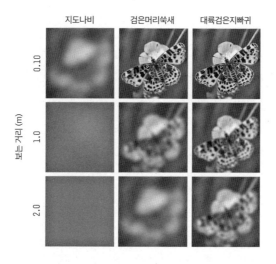

지도나비　　검은머리쑥새　　대륙검은지빠귀

0.10

1.0

2.0

봄눈 거리 (m)

다양한 거리에서 다양한 종의 눈으로 바라본 지도나비

다른 나비는 아마도 흐릿한 주황색만 볼 수 있을 것이다. 우리는 지금껏 늘 잘못된 눈—우리의 눈—으로 나비, 청소부 새우, 얼룩말을 바라보았다.

　동물들은 정교한 문양으로 장식되는 경우가 많은데, 그럼에도 불구하고 날카로운 눈이 더 흔하지 않은 이유가 뭘까? 어떤 경우에는 눈이 진화사에 얽매여 있기 때문이다. 예컨대 겹눈의 구조는 저해상도의 저주를 받았고, 이런 종류의 눈으로 출발한 곤충과 갑각류는 현재 빼도 박도 못하게 되었다.

　파리매robber fly의 시력은 3.7cpd이지만,[36] 그건 엄밀히 말해서 '하등동물'의 한계가 아니라 '겹눈'의 한계다. 파리의 눈이 사람의 눈만큼 날카로워지려면 겹눈의 너비가 1미터는 되어야 한다[37](겹눈의 설계는 인간의 눈에 비해 유리한 점도 있고 불리한 점도 있다. 겹눈처럼 렌즈가 많으면, 뇌에 큰 부담을 주지 않고서도 다량의 시각 처리 작업을 수행할 수 있다. 그러므로 이미지를 처리할 때 중추

　　　　　　　　　　　　　　　　　　　　　이토록 굉장한 세계

신경계에 걸리는 부하를 줄일 수 있다는 장점이 있다. 겹눈의 중요한 약점은, 물리법칙 때문에 비교적 저해상도에 머물 수밖에 없다는 것이다. 각각의 렌즈들은 하나의 화소처럼 행동하므로, 이미지의 최대 해상도는 렌즈의 수에 의해 결정된다. 렌즈의 수를 늘리는 방법은 두 가지인데, 첫 번째는 각각의 눈에 좀 더 많은 렌즈를 끼워 넣는 것이고, 두 번째는 눈의 크기를 키우는 것이다. 그러나 두 가지 방법에는 모두 문제점이 있으며, 인간의 눈과 같은 해상도를 가지려면, 겹눈의 직경이 수 미터는 되어야 한다 - 옮긴이[출처: 브라이언 콕스, 《경이로운 생명》, 지오웹, 2018]).

더욱이 예리한 눈에는 큰 결점이 있다. 쐐기꼬리수리에서 살펴본 바와 같이, 동물들은 더 작고 빽빽이 채워진 광수용체를 가짐으로써 더욱 날카로운 시각을 얻을 수 있다. 그러나 각각의 수용체는 이제 더 작은 영역에 빛을 모으므로 덜 민감할 수밖에 없다. 이러한 특성들—민감도와 해상도—은 서로 상충관계에 있으며, 두 가지 면에서 모두 탁월한 눈은 없다. 독수리는 대낮에 멀리 떨어진 토끼를 발견할 수 있을지 모르지만, 해가 지면 그 예리함은 곤두박질친다(야행성 독수리는 존재하지 않는다). 반대로 사자와 하이에나는 멀리서 얼룩말의 줄무늬를 식별할 수 없지만 그들의 시각은 야간에 얼룩말을 사냥할 수 있을 만큼 민감하다. 그들을 비롯해 많은 동물들은 시각의 예리함보다 민감성을 우선시했다. 언제나 그렇듯, 눈은 소유자의 필요에 맞게 진화한다. 어떤 동물은 굳이 선명한 이미지를 볼 필요가 없다. 심지어 어떤 동물들은 아예 이미지를 볼 필요가 없다.

'장면 없는 영화'를 보는 가리비

대니얼 스파이저Daniel Speiser는 자신이 가리비의 입장을 헤아리기 위해 노력하며 경력을 쌓을 거라고는 추호도 생각하지 않았다. "2004년 대학원에 입학했을 때, 가리비에 대한 나의 생각은 대부분의 사람들과 다르지 않았어요." 그는 나에게 말한다. "그것은 접시 위의 살덩어리에 불과했어요." 그러나 팬에 살짝 그을린 채 식욕을 돋우는 살덩어리는, 가리비가 껍데기를 닫을 때 사용하는 근육(폐각근閉殼筋)일 뿐이다. 완전히 살아 있는 가리비가 당신의 눈앞에 있다면, 당신은 전혀 다른 동물의 면모를 보게 될 것이다. 그리고 그 동물도 당신을 바라볼 것이다. 부채 모양의 반쪽 껍데기 각각에는, 안쪽 가장자리를 따라 여러 개의 눈—어떤 종들은 수십 개, 다른 종들은 최대 200개—이 배열되어 있기 때문이다.[38] 해만가리비bay scallop의 눈은 네온색 블루베리처럼 보인다. 스파이저는 그것들을 보는 순간 엇갈리는—"재미있고 끔찍하고 매력적인"—감정에 휩싸였다.

홍합이나 굴과 같은 대부분의 다른 이매패류에는 눈이 없는데, 유독 가리비에만 눈이 있다는 것은 충분히 이상한 일이다. 마이크 랜드가 1960년대에 보여준 것처럼, 그들의 눈이 복잡하다는 것은 훨씬 더 이상한 일이다.[39] 각 눈은 움직이는 촉수의 끝에 있고, 작은 눈동자를 하나씩 가지고 있다. "모든 눈이 동시에 열리고 닫히는 것을 보면 흥분되고 소름 끼쳐요"라고 스파이저는 말한다. 빛은 동공을 통과해 눈 뒤쪽에 도달하고, 거기서 곡면거울에 반사된다. 거울은 정사각형 결정들의 정확한 바둑판식 배열로, 가리비의 '망막들'에 집합적으로 빛을 집중시킨다. 여기서 망막이 복수형이라는 데 주목하라. 각 눈에 두 개씩 있는데, 그것들은 두 동물의 망막이 서로 다른 것만큼이나 다르다.* 두 망막 사이에는 수천 개의 광수용체가 있어서, 작은 물체를 탐지하기에 충분한 공간 해상도를 제공한다. "광학적 원리가 정말 훌륭해요"라고 스파이저는 말

이토록 굉장한 세계

한다.**

하지만 무슨 연유일까? 만약 위협을 받으면, 가리비는 마치 '패닉에 빠진 캐스터네츠'처럼 껍데기를 열었다 닫았다 하며 헤엄쳐 도망갈 수 있다. 그러나 이런 드문 위기일발의 순간을 넘기고 나면, 대부분의 시간을 해저에 앉아 '물속의 먹을 수 있는 입자들'을 여과섭식을 하며 보낸다. 손케 욘센의 표현을 빌리면, 그들은 "영화로운 조개"다. 그런 그들이 수십 또는 수백 개의 눈은 고사하고 왜 그렇게 복잡한 눈이 필요할까? 가리비는 시각을 어디에 사용할까? 이러한 궁금증을 해결하기 위해, 스파이저는 '가리비 TV'라는 실험을 수행했다. 그는 조개껍데기를 작은 좌석에 묶은 채 모니터 앞에 놓고, 컴퓨터로 생성된 '떠다니는 작은 입자'의 동영상을 보여주었다.[41] 그게 작동할 거라고 진지하게 생각한 사람이 아무도 없을 정도로 터무니없는 설정이었다. 그러나 웬걸. 입자가 충분히 크고 천천히 움직이면, 가리비는 마치 먹이를 먹을 준비가 된 것처럼 껍데기를 여는 게 아닌가! "그것은 내가 본 것 중에서 가장 미친 짓이었어요"라고 욘센은 나에게 말한다.

그 당시만 해도 스파이저는 가리비가 잠재적인 먹이를 찾기 위해 눈을 사용하는 게 틀림없다고 생각했다. 이제 그는 다른 일이 일어나고 있

---

* 동물의 광수용체에는 섬모형ciliary과 막대형rhabdomeric으로 알려진 두 가지 주요 그룹이 존재한다. 둘 다 옵신을 사용하지만 매우 다른 방식으로 작동한다. 과학자들은 섬모형 수용체가 척추동물에서만 발견되고 막대형 수용체는 무척추동물에서만 발견된다고 생각해왔다. 그러나 그것은 사실이 아니다. 두 종류의 수용체가 두 그룹 모두에서 발견된다. 그리고 둘 다 가리비에서 발견되는데, 하나의 망막은 섬모형 수용체로 가득 차 있고 다른 하나는 막대형 수용체로 가득 차 있다.[40] 왜 그럴까? 하나의 망막은 움직이는 물체를 감지하는 데 사용되고, 다른 하나는 서식지를 선택하는 데 사용되는 것으로 보이지만 명확하지 않다.

** 훌륭하다는 것이 완벽하다는 뜻은 아니다. 빛이 눈에 들어올 때, 거울에 반사되어 초점이 맞기 전에 먼저 망막을 통과해야 하기 때문이다. 따라서 망막은 그 빛을 흡수할 때 두 개의 상像—하나는 첫 번째로 맺힌 '초점이 안 맞은 상', 다른 하나는 두 번째로 맺힌 '초점이 맞은 상'—을 얻는다. 이것은 또렷한 상과 희미한 상이 겹쳐 보인다는 것을 의미한다.

다고 생각한다. 가리비의 눈 사이에는 물속의 분자 냄새를 맡는 데 사용하는 촉수가 있는데, "후각은 '불가사리 같은 포식자'를 인식하기 위해 사용되고, 시각은 '단순히 조사할 가치가 있는 것들'을 탐지하기 위해 사용된다"라는 게 그의 생각이다. 가리비가 TV에 대한 반응으로 껍데기를 열었을 때, 그들은 먹이를 먹으려던 게 아니라 탐색을 시도하고 있었다는 것이다. "내가 생각하기에, 우리는 호기심을 해결하려고 노력하는 가리비를 본 것 같아요"라고 스파이저는 말한다.

스파이저는 가리비의 시각이 우리와 매우 다른 방식으로 작동할지 모른다고 생각한다. 우리의 뇌는 두 눈에서 입력된 '중복된 정보'를 결합해 하나의 장면을 완성한다. 가리비는 100개의 눈에 걸쳐 동일한 작업을 수행할 수 있지만, 뇌가 얼마나 조잡한지를 고려할 때 그럴 가능성은 희박해 보인다. 그 대신 각 눈은 단지 '움직이는 것이 탐지됐는지' 여부를 뇌에 알려줄 뿐이다. 가리비의 뇌를, 100개의 동작 감지 카메라에 연결된 100개의 모니터 뱅크를 지켜보는 경비원으로 생각해보자. 카메라가 뭔가를 탐지하면 경비원이 탐지견을 보내 조사한다. 이 시스템의 문제점은 다음과 같다. 카메라는 최첨단일 수 있지만, 포착된 영상은 경비원에게 전송되지 않는다는 것이다. 경비원이 모니터에서 보는 영상들은 하나같이, 뭔가를 발견한 카메라에 켜진 경고등일 뿐이다. 스파이저가 제시한 엽기적인 설정이 옳다면, 가리비의 개별적인 눈들이 양호한 공간 해상도를 가지고 있더라도 동물 자체는 공간시각을 보유하지 않을 수 있다. 몸의 특정 영역에 있는 눈이 뭔가를 탐지했을 때, 그 사실을 알고 있지만 해당 물체에 대한 시각적 이미지는 존재하지 않는다. 그들의 뇌는 우리와 똑같은 영화를 보는 게 아니라 '장면 없는 영화'를 본다.

이토록 굉장한 세계

이러한 종류의 시각은 우리의 시각과는 거리가 멀며, 아마도 촉각에 더 가까운 것 같다. 우리는 피부의 모든 부분으로 느낄 수 있음에도 불구하고, 세계에 대한 촉각 장면tactile scene을 만들어내지는 않는다. 실제로 우리는 뭔가가 우리를 찌를 때까지(또는 그 반대 경우에도) 그러한 감각을 대체로 무시한다. 그리고 예상치 못한 것을 느낄 때, 우리의 가장 흔한 반응은 돌아서서 그것을 살펴보는 것이다. 아마도 가리비에게는 후각(시각이 아님)이 세밀한 탐색 감각이고, 시각(촉각이 아님)은 조잡한 전신 탐지 감각인 것 같다.*

하지만 그게 사실이라면, 각각의 눈이 왜 그렇게 높은 해상도를 가지고 있을까? 거울과 이중 망막 같은 정교한 구성요소가 존재하는 이유가 뭘까? 몇 개의 눈만 있어도 가리비 껍데기의 주위를 다 덮을 수 있는데, 왜 그렇게 많은 눈이 있는 걸까? 시각 정보를 처리하기에 버거운 뇌를 가진 동물이 왜 그렇게 훌륭한 눈을 진화시켰을까?** 아무도 모른다. "나는 때때로 정신이 맑아져, 가리비의 입장을 헤아린 듯한 느낌이 들곤 해요." 스파이저는 나에게 말한다. "하지만 많은 경우 다시 길을 잃은 듯한 느낌이 들어요."***

어떤 동물은 눈이 아예 없는데도 가리비처럼 분산된 시각을 가질 수 있다. 예컨대 거미불가사리brittle star의 일종인 오피오마스틱스 벤드티이

---

* 눈이 실제로 변형된 화학감각 촉수modified chemosensory tentacle라는 점을 감안할 때, 이 아이디어는 특히 설득력이 높다. 그것은 원래 냄새와 촉감을 위해 사용됐던 것인데, 임시방편으로 시각계로 전용되었다는 것이다.
** 1964년, 아직 대학원생이던 마이크 랜드는 가리비의 눈을 들여다보고, 자신의 상이 거꾸로 맺힌 것을 보았다.[42] 그래서 그는 각각의 눈에 초점을 맞추는 거울이 있다는 것을 알게 되었다. 그는 나중에 거울이 층상 결정layered crystal으로 이루어져 있음을 보이고, 그 결정이 구아닌—DNA의 구성요소 중 하나—으로 구성되어 있다고 (정확하게) 제안했다. 구아닌 결정은 자연적으로 정사각형을 형성하지 않으므로, 가리비는 어떻게든 그 성장을 제어해야 한다.[43] 가리비가 이것을 어떻게 관리하는지, 또는 어떻게 모든 결정체가 정확히 동일한 두께—740억분의 1미터—를 유지하는지는 알 수 없다.

*Ophiomastix wendtii*는 '깡마른 가시투성이 불가사리'나 '하키용 퍽에서 꿈틀거리는 다섯 마리의 지네'처럼 보인다. 뚜렷한 눈은 없지만, 그들은 뭔가를 보는 게 분명하다. 빛에서 멀어지고, 그늘진 틈새로 기어 다니고, 심지어 일몰 후에는 색깔이 변하니 말이다. 2018년, 로런 섬너-루니Lauren Sumner-Rooney는 거미불가사리가 구불구불한 팔 전체에 걸쳐 수천 개의 광수용체를 가지고 있음을 증명했다.[47] 이상한 것은, 마치 몸 전체가 하나의 겹눈 역할을 하는 것 같다는 것이다.**** 더욱 이상한 것은, 낮에만 그렇다는 것이다.[49]

해가 떠 있는 동안에는 피부의 색소낭이 팽창해, 거미불가사리는 혈전처럼 검붉은색을 띤다. 밤이 되면 색소낭이 수축해, 옅은 회색 바탕에 줄무늬가 나타난다. 색소낭이 팽창하면, 특정 각도에서 들어오는 빛이 차단되어 광수용체에 도달할 수 없다. 이것은 각 수용체에 방향성(닐슨의 두 번째 단계)을 부여하고, 몸 전체에 공간적 시각(닐슨의 세 번째 단계)을 제공한다. 그러나 밤에 색소낭이 수축하면 광수용체가 완전히 노출된다. 그렇게 되면 들어오는 빛의 방향을 알 수 없어, 공간적 시각이 더 이상 작동하지 않는다. "그럴 때 거미불가사리는 빛에 노출되었다는 것을

*** 가리비 외에도 혼란스러울 정도로 분산된 시각을 가진 동물들이 존재한다. 군부chiton는 〈스타트렉〉에 나오는 클링온족의 '돌출된 이마'처럼 생긴 연체동물이다.[44] 그들의 몸은 장갑판으로 덮여 있고, 그 판에는 수백 개의 작은 눈들이 점점이 박혀 있다. 안점꽃갯지렁이fan worm는 울퉁불퉁한 튜브에서 튀어나온 컬러풀한 깃털 먼지떨이처럼 생겼는데,[45] 그 깃털은 눈으로 가득 찬 촉수다. 대왕조개giant clam는 음, 아주 큰 조개인데, 1미터가 넘는 너비를 가진 외투막에 수백 개의 눈이 있다.[46] 단-에릭 닐슨은 이 모든 눈을 도난 경보기에 비유한다. 그것들은 주변의 움직임과 '잠식하는 그림자'를 탐지하므로, 소유자들은 언제 방어 조치를 취해야 하는지 알고 있다. 키톤은 바위에 찰싹 달라붙고, 안점꽃갯지렁이는 깃털을 튜브 안으로 집어넣고, 대왕조개는 껍데기를 닫는다. 가리비와 마찬가지로, 이 동물들 중 누구도 장면을 보지 못할 가능성이 높다.

**** 거미불가사리와 마찬가지로 성게도 몸 전체를 조잡한 안구처럼 사용하는 것으로 보인다.[48] 그들은 수백 개의 관족tube feet을 이용해 기어 다니는 '가시투성이 공球'이다. 광수용체는 관족에 존재하며, 가시나 단단한 외골격에 가려져 있다. 별로 날카롭지 않은 시각을 가지고 있을지 모르지만, 분명한 것은 그들이 어두운 형체를 향해 느릿느릿 기어간다는 것이다.

알지만 빛에서 벗어나는 방법을 몰라요"라고 섬너-루니가 말한다.

거미불가사리는 무슨 수로 이러한 변화를 만드는 걸까? 아는 사람은 아무도 없고, 그저 추측만 무성하다. 가리비와 달리, 그들은 뇌조차 없고 중심 원반을 둘러싼 분권화된 신경고리만 있다. 이 고리는 다섯 개의 팔을 조정하지만, 그것들에게 명령을 내리지는 않는다. 다섯 개의 팔은 대부분의 경우 스스로 행동한다. 가리비와 똑같은 이상한 카메라 시스템이 존재하지만, 경비원은 없는 것 같다. 카메라들끼리 서로 신호를 보내고 있을 뿐이다. 그 신호가 몸 전체에 전달될까? 각각의 팔이 하나의 눈일까? 각각의 팔은 우연히 연결된 반半자율적 눈의 집합체일까? "우리가 아직 생각조차 하지 못한 부분이 있을 수 있어요"라고 섬너-루니는 말한다. "동물의 시각에 대한 기존 지식은 '한 쌍의 눈'에 전적으로 의존하고 있어요. 우리는 한 세기에 걸쳐 수행된 '연속된 망막'에 대한 연구에 전적으로 의존하고 있는데, 이러한 망막에서 광수용체는 서로 가까이 있고 그룹화되어 있어요. 거미불가사리는 이러한 가정에 많이 어긋나요."

눈이 여러 개이고, 머리가 없고, 때로는 뇌가 없다는 점에서 거미불가사리와 가리비는 '시각이 얼마나 특이할 수 있는지'를 적나라하게 보여준다. "시각을 사용하면서도 그림을 보지 않는 동물들이 존재해요"라고 섬너-루니는 말한다. "그러나 인간은 시각적으로 추동되는 생물이기 때문에, 이처럼 완전히 이질적인 시스템은 상상하기가 매우 어려워요." 하나의 머리와 한 쌍의 눈을 가진 더 친숙한 동물의 시각적 세계를 상상하는 것이 더 쉽다. 그러나 그럴 때도 우리는 바로 눈앞에 있는 것을 놓칠 수 있다.

독수리는 정면을 보지 않는다

따뜻한 공기 기둥 위로 높이 솟아오른 그리폰독수리griffon vulture는 먹이를 찾아 울퉁불퉁한 풍경 위로 날아간다. 그들은 땅에 있는 사체도 발견할 수 있으므로, 전방의 큰 장애물을 쉽게 볼 수 있어야 한다. 그러나 독수리, 콘도르, 그 밖의 대형 맹금류는 종종 풍력 터빈에 충돌해 치명상을 입는다. 스페인의 한 주州에서만 10년 동안 342마리의 그리폰독수리가 풍력 터빈과 충돌했다고 한다.[50] 낮에 날고 지구에서 가장 날카로운 눈을 가진 새들이 어떻게 그렇게 크고 눈에 띄는 구조물을 피하지 못할 수 있을까? 새의 시각을 연구하는 그레이엄 마틴Graham Martin은 다음과 같은 의문을 해결함으로써 이 질문에 대답했다. 독수리는 정확히 어느 쪽을 바라볼까?

2012년 마틴과 그의 동료들은 그리폰독수리의 시야, 즉 눈이 볼 수 있는 머리 주위의 공간을 측정했다.[51] 그들은 독수리의 부리에 특별히 설계된 입마개를 씌운 다음, 시야 측정계를 이용해 모든 방향에서 독수리의 눈을 들여다보았다. "안경사가 눈을 검사할 때 사용하는 것과 똑같은 장치예요." 마틴은 나에게 이렇게 말했다. "맹금류를 30분 동안 앉혀놓는 게 문제예요. 나를 잡아채려고 덤비는 독수리를 피하려다, 엄지손가락을 조금 잃었어요." 측정 결과, 머리 양쪽의 공간은 독수리의 시야에 포함되지만, 위와 아래 공간에 커다란 사각지대가 존재하는 것으로 나타났다. 그런데 날아갈 때 고개를 아래로 숙이기 때문에, 사각지대는 바로 앞에 있다. 독수리가 풍력 터빈에 정면충돌하는 것은, 하늘을 나는 동안 정면을 바라보지 않기 때문이다. 진화사의 대부분에서 그들은 그럴 필요가 없었다. "독수리들은 비행경로에서 그렇게 높고 큰 물체를 본

이토록 굉장한 세계

적이 없었을 거예요"라고 마틴은 말한다. 독수리가 가까이 있으면 터빈을 끄거나, 지상 표지를 이용해 유인하는 것이 좋다. 그러나 터빈 날개에 그려진 시각적 단서는 아무런 소용이 없다*(북아메리카에서는 흰머리수리 bald eagle가 똑같은 이유로 풍력 터빈에 충돌한다).

마틴의 연구를 생각하면, 내가 평소에 볼 수 없고 거의 생각하지 않는 머리 뒤의 넓은 공간이 갑자기 그리고 첨예하게 인식된다. 인간을 비롯한 영장류는 두 개의 '정면을 향하는 눈'을 가지고 있다는 점에서 다소 특이하다. 왼쪽 눈의 시야는 오른쪽 눈과 매우 비슷하며 겹치는 부분이 많다. 이러한 배열은 우리에게 탁월한 깊이 지각depth perception을 제공한다. 또한 그것은 옆에 있는 것을 거의 볼 수 없으며, 고개를 돌리지 않고는 뒤에 있는 것을 볼 수 없음을 의미한다. 우리에게 바라봄seeing은 마주봄facing과 동의어이며, 탐색exploring은 돌림turning과 응시gazing의 합성어다. 그에 반해 대부분의 새(단, 올빼미 제외)는 '측면을 향하는 눈'을 보유하는 경향이 있으므로, 뭔가를 보기 위해 고개를 돌릴 필요가 없다.

땅을 훑어보며 하늘을 나는 독수리의 경우, 고개를 돌리지 않아도 옆에서 비행하는 다른 독수리를 볼 수 있다.[52] 왜가리의 시야는 수직으로 180도를 포괄하므로, 부리가 정면을 향한 채 똑바로 서 있어도 발 근처에서 헤엄치는 물고기를 볼 수 있다. 청둥오리의 시야는 완전한 파노라마여서, 전방이나 후방에 사각지대가 전혀 없다. 그러므로 호수 표면에 앉아 있는 청둥오리는 움직이지 않고 하늘 전체를 볼 수 있다. 비행하는 청둥오리는 '자신을 향해 다가오는 세상'과 '자신으로부터 멀어지는 세

---

* 독수리의 시야가 넓지 않아, 날아가는 동안 앞을 내다볼 수 없는 이유가 뭘까? 크고 날카로운 눈이 태양의 눈부신 빛에 취약하다는 것이 마틴의 생각이다. 일반적으로 눈이 큰 새는 더 큰 사각지대를 가지는 경향이 있다고 그는 말한다. 오리처럼 파노라마 시각을 가진 새는 더 작고 덜 예리한 눈을 갖고 있어서, 태양의 존재를 더 잘 견디는 경향이 있다.

상'을 동시에 본다. 우리는 '높은 곳에서 내려다본 모든 풍경'을 의미하기 위해 "조감도鳥瞰圖"라는 문구를 사용한다. 그러나 '새의 시각'은 단순히 '인간의 시각'을 높인 게 아니다. "인간의 시각 세계는 눈앞에 있고, 인간은 그 안으로 들어간다."[53] 마틴은 언젠가 이렇게 썼다. "그러나 조류의 시각 세계는 주변에 있고, 새들은 그 사이를 통과한다."•

'어느 쪽을 향하는가' 외에, 새와 인간의 또 한 가지 차이점은 '어느 부분이 가장 예리한가'이다. 많은 동물의 망막에는 고해상도 영역이 존재하는데,[54] 이 영역의 특징은 광수용체(그리고 그에 수반되는 뉴런)가 밀집되어 있다는 것이다. 이 영역은 여러 가지 이름으로 불리는데, 무척추동물의 경우 첨예부acute zone라고 한다. 척추동물의 경우 중심부area centralis(또는 황반)라고 하며, 인간처럼 안쪽으로 움푹 들어간 부분이 있는 경우에는 중심와fovea라고 한다. 우리 모두를 위해(죄송하지만, 감각생물학자를 제외하고), 나는 첨예부라는 용어를 고수할 예정이다.

인간의 첨예부는 시야의 한복판에 있는 동그란 점으로, 정곡(과녁의 중심)이라고 할 수 있다. 이 책을 읽는 동안, 당신은 첨예부를 통해 글자를 들여다보려 애쓰고 있을 것이다. 대부분의 새들도 동그란 첨예부를 가지고 있지만, 가리키는 방향이 다르다. 즉 그것은 앞쪽이 아니라 바깥쪽을 가리킨다. 그러므로 어떤 물체를 자세히 조사하고 싶을 때, 두 눈을 동시에 사용하는 게 아니라 한쪽 눈씩 교대로 사용해야 한다. 예컨대 닭은 뭔가 새로운 것을 조사할 때, 머리를 좌우로 흔들며 각 눈의 첨예부를 번갈아 들이댄다.[55] "닭이 당신을 바라볼 때, 당신은 닭의 다른 쪽 눈이 무엇을 하고 있는지 결코 알 수 없어요"라고 새의 시각을 연구하는

• 닭을 비롯해 많은 새들이 정면 시각에 의존하는 경우는 딱 하나, 근거리에서 부리나 발로 뭔가를 정확하게 움켜잡으려고 할 때다.

　　　　　　　　　　　　　　　이토록 굉장한 세계

동물학자인 알무트 켈버Almut Kelber는 말한다. "그들에게는 필시 두 가지 이상의 관심사가 있을 텐데, 인간의 머리로 그것을 상상하는 것은 불가능에 가까워요."

독수리, 매, 콘도르를 비롯한 많은 맹금류는 실제로 각각의 눈에 두 개의 첨예부를 가지고 있다.[56] 하나는 앞을 바라보는 데 쓰고, 다른 하나는 45도 각도로 측면을 바라보는 데 쓴다. 그런데 측면 시각이 정면 시각보다 예리하므로, 많은 맹금류들이 사냥할 때 측면 시각을 애용한다. 예컨대 비둘기를 쫓아 하강하는 송골매의 경우, 먹이를 향해 똑바로 곤두박질치는 대신 나선형 하강곡선을 그리며 비행한다.[57] 그래야만 비둘기를 '치명적인 곁눈질'의 사정거리 안에 두는 동시에 머리를 아래로 향한 채 유선형을 유지할 수 있다.•

송골매는 오른쪽 눈을 사용해 먹이를 추격하는 것을 선호한다. 그러한 선호는 새들에게 일반적인데, 행동의 방향성을 감안할 때 두 눈은 각각 별개의 작업에 사용될 수 있는 것으로 보인다. 새들의 좌뇌는 '주의 집중'과 '대상 분류'에 특화되어 있다.[58] 그러므로 새는 오른쪽 눈(좌뇌의 지시에 따른다)을 사용해 자갈밭에서 곡식 알갱이를 찾을 수 있지만, 왼쪽 눈으로는 그럴 수 없다. 그에 반해 우뇌는 '예상치 못한 과제 처리'에 특화되어 있으며, 많은 새들은 왼쪽 눈(우뇌의 지시에 따른다)을 사용해 포식자를 검색하고 왼쪽에서 접근하는 위협을 더 빨리 탐지한다.

동물의 시야는 '볼 수 있는 쪽'을 결정하고, 첨예부(가장 예리한 영역)는 '잘 보이는 곳'을 결정한다. 두 가지 특성을 모두 고려하지 않으면 동물의 행동을 엉뚱하게 해석할 수 있다. 틱톡에서 유행한 동영상에서, 수컷

• 맹금류는 머리를 돌리지 않고는 눈을 거의 움직일 수 없기 때문에, 눈을 돌리는 게 거의 불가능하다. 실제로 그들의 눈은 너무 커서 두개골 안에서 거의 맞닿을 정도다.

청란argus pheasant은 옆을 쳐다보는 듯한 암컷에게 눈부신 깃털을 선보였다. 암컷이 측면 시각을 통해 수컷을 직시하고 있다는 사실을 모른 채, 시청자들은 암컷의 '외견상' 무관심에 웃음을 터뜨렸다. 바다표범의 시야는 우리와 더욱 비슷하지만, 머리 위는 아주 잘 보이고 아래는 잘 보이지 않는다.[59] 이는 아마도 하늘을 배경으로 실루엣을 형성한 물고기를 포착하기 위해서일 것이다. 거꾸로 헤엄치는 바다표범은 인간 관찰자에게는 한가로이 송장헤엄이나 치는 것으로 보일지 모르지만, 실제로는 먹이를 찾기 위해 해저를 샅샅이 뒤지고 있는 것이다.

소와 그 밖의 가축들도 시선이 늘 고정되어 있다 보니 졸고 있다는 인상을 풍긴다.[60] 그들은 사람(또는 깡충거미)과 같은 방식으로 당신을 쳐다보지 않는다. 사실 그럴 필요도 없다. 시야가 머리 주위를 거의 완전히 감싸고 있고, 첨예부가 가로 줄무늬 모양이어서 수평선 전체를 한 번에 볼 수 있기 때문이다. 평지에 서식하는 다른 동물들—토끼(들판), 농게 fiddler crab(해변), 붉은캥거루(사막), 소금쟁이(연못의 표면)—도 사정은 마찬가지다.[61] 가끔 나타나는 공중의 포식자를 제외하고, '위와 아래'는 그들에게 별로 중요하지 않다. 그들에게는 가능한 모든 방향으로 '건너편'이 있을 뿐이다. 소는 앞에서 접근하는 농부, 뒤에서 걸어오는 콜리, 그리고 옆에 있는 소 떼를 동시에 볼 수 있다. 우리의 시각 경험과 떼려야 뗄 수 없는 '주변 둘러보기'는 매우 특이한 행동으로, '제한된 시야'와 '좁은 첨예부'를 보유한 동물들에게만 나타나는 현상이다.

코끼리, 하마, 코뿔소, 고래, 돌고래는 각각의 눈에 두세 개의 첨예부가 있는데,[62] 이는 그들이 머리를 빨리 돌릴 수 없기 때문일 수 있다.* 카멜레온은 포탑같이 생긴 눈이 독립적으로 움직일 수 있기 때문에 머리를 돌릴 필요가 없다.[64] 그들은 앞뒤를 동시에 보거나, 반대 방향으로 움

이토록 굉장한 세계

직이는 두 개의 표적을 추적할 수 있다. 다른 동물들의 시선은 더욱 꾸준히 유지된다. 많은 수컷 파리들은 위쪽에 초점을 맞춘다.[65] 겹눈의 꼭대기에 있는 커다란 면을 러브스폿love spot이라고 하는데, 머리 위로 날아가는 암컷의 실루엣을 탐지할 수 있다. 수컷 하루살이는 한술 더 뜬다. 그들의 눈에서 암컷을 포착하는 부분이 너무 커서, 각각의 눈이 마치 요리사 모자를 쓰고 있는 것처럼 보인다. 남아메리카의 강 표면에 서식하는 물고기인 아나블렙스 아나블렙스*Anableps anableps*도 눈을 분할한다.[66] 상반부는 물 밖으로 튀어나와 있으며 공기 중 시각에 적합하고, 하반부는 수면 아래에 있으며 수중 시각에 적합하다. 그들은 네눈박이 물고기로도 알려져 있다.

심해의 3차원 세계에서는 위아래가 앞뒤만큼이나 중요하다. 뱅어와 도끼고기hatchetfish를 비롯하여 많은 심해어들은 상향적 관상안tubular eye을 가지고 있어, 희미하게 내리쬐는 햇빛을 배경으로 실루엣이 형성된 다른 동물의 윤곽을 볼 수 있다. 뱅어의 일종인 브라운스나웃 스푸크피시brownsnout spookfish는 동족의 '상향적 눈'을 개조해, 자체적인 망막을 보유한 '하향적 방房'을 추가했다.[67] 이렇게 탄생한 이중 눈은 위아래를 동시에 볼 수 있다. 왼쪽 눈이 오른쪽 눈의 두 배인 딸기오징어cock-eyed squid도 그렇게 할 수 있다.[68] 그들은 물기둥에 떠 있는 상태에서 조그만 하향적 눈으로 생물발광 섬광bioluminescent flash을 포착하고, 커다란 상향적 눈으로는 실루엣을 포착한다. 한편 심해 갑각류인 스트리트시아 챌린저리*Streetsia Challengeri*는 콘도그corn dog처럼 생긴 하나의 수평 실린더에 눈을

• 고래의 눈동자는 우리처럼 점차 오그라들어 바늘구멍만 하게 수축하지 않는다.[63] 그 대신 마치 중앙을 꼬집은 것처럼 양쪽 끝에 두 개의 작은 구멍이 있는 모양—어색하게 웃는 입 모양—을 만든다. 각각의 구멍은 사실상 별개의 '미니 눈동자'이며, 제각기 별도의 첨예부로 빛을 받아들인다.

융합했다.[69] 그 결과 그들은 실린더 주변의 거의 모든 방향—위, 아래, 양옆—을 볼 수 있게 되었지만, 앞이나 뒤는 볼 수 없다.

스트리트시아 챌린저리, 카멜레온, 심지어 소의 눈에 보이는 세상이 어떨지 상상하는 것은 거의 불가능하다. 내 스마트폰의 '역방향 카메라'는 내 어깨 너머에서 무슨 일이 일어나고 있는지 보여줄 수 있지만, 그 이미지는 나의 가차 없는 '전방향 시야'에 여전히 나타난다. 다시 말하지만, 가리비의 경우와 마찬가지로 촉각에 대해 생각하는 것은 문제 해결에 도움이 된다. 나는 두피, 발바닥, 가슴, 등의 피부에서 동시에 촉감을 느낄 수 있다. 정신을 집중하면 '촉각의 전방위성omnidirectional nature을 장거리 시각과 결합하면 어떤 느낌일지'를 상상할 수 있다. 시각은 모든 방향으로 확장될 수 있으며, 모든 것을 감싸고 에워쌀 수 있다. 그리고 공간적, 시간적으로 변화할 수 있다. 시각은 우리 주변의 텅 빈 공허함뿐만 아니라 순간 사이의 찰나적 틈새까지도 채울 수 있다.

들키지 않고 파리에게 다가가는 법

지중해는 코에노시아 아테누아타Coenosia attenuata라고 불리는 작고 보잘것없는 파리의 고향이다. "겨우 몇 밀리미터 길이에 옅은 회색 몸과 커다란 붉은 눈을 가지고 있는데, 언뜻 보면 평범한 집파리 같아요"라고 팔로마 곤살레스-벨리도Paloma Gonzalez-Bellido는 나에게 말한다. 사실 그들은 킬러 파리다. 나뭇잎 위의 횃대에 앉아 있다가 초파리, 버섯파리fungus gnat, 흰파리, 심지어 다른 킬러 파리들을 쫓아 이륙한다. "제압할 수 있을 만큼 작은 거라면 뭐든 닥치는 대로 공격해요"라고 곤살레스-벨리도는 말한다. 추격하는 동안에는 다리를 쭉 뻗고 있다가, 목표물에 닿자

　　　　　　　　　　　이토록 굉장한 세계

마자 여섯 개의 다리를 죔쇠처럼 오므려 우리cage를 형성한다. 그들은 종종 희생자를 원래 횟대로 실어 나른다. 만약 살살 구슬려 당신의 손가락 위로 기어오르게 할 수 있다면, 그들은 몇 번이고 재출격해 먹이를 가지고 귀환할 것이다.[70] 매잡이의 손을 떠났다가 사냥물을 꿰차고 돌아오는 매처럼 말이다. 이러한 경험은 인간에게는 예상치 못한 마법과도 같지만, 먹잇감에게는 재앙이다.

전형적인 집파리에게는 면봉처럼 생긴 주둥이가 있어서 액체를 만지고 흡입하는 데 사용되지만, 킬러 파리의 주둥이는 단검인 동시에 줄rasp로서 고기를 찌르고 긁는 데 사용된다. 킬러 파리는 그것을 희생자에게 밀어 넣고, 아직 살아 있는 동안 속을 비운다. 곤살레스-벨리도가 보여준 동영상에서, 킬러 파리는 초파리의 눈을 안쪽에서 긁어내어 투명한 렌즈의 격자만 남긴다. 농부와 정원사들은 종종 해충 구제를 위해 이 곤충을 온실에 도입했는데, 어쩌다 보니 전 세계에 널리 퍼지게 되었다.

킬러 파리에게는 속도가 전부다. "그들의 먹이는 어디에나 있을 수 있지만, 지중해는 너무 건조해서 먹이를 구하기가 힘들어요"라고 곤살레스-벨리도가 말한다. 그들은 먹잇감이 될 만한 것을 발견하는 즉시 이륙하고, 일단 공중에 떠오른 후에는 동족포식의 희생자가 되지 않기 위해 가능한 한 빨리 사냥을 마친다. 그들은 워낙 전광석화처럼 움직이므로, 잘 훈련된 인간의 눈조차도 추적하기가 거의 불가능하다. 곤살레스-벨리도는 초고속 카메라로 촬영해, 사냥에 걸리는 시간이 일반적으로 0.25초라는 것을 알아냈다.[71] 그들은 심지어 0.125초 안에 사냥을 끝낼 수도 있는데, 그야말로 눈 깜짝할 사이라고 할 수 있다.

그들의 초고속 사냥은 초고속 시각에 의해 인도된다.[72] 동물들의 시각 속도가 다르다고 말하는 게 이상하게 들릴지도 모르겠다. 빛은 우주에서 가장 빠른 것이고, 시각은 즉각적인 것처럼 보이기 때문이다. 그러나 눈은 빛의 속도로 작동하지 않는다. 눈에 들어온 광자에 광수용체가 반응하고, 광수용체가 생성한 전기 신호가 뇌로 전달되는 데 시간이 걸리기 때문이다. 킬러 파리의 경우, 진화가 이러한 단계를 한계까지 밀어붙였다. 곤살레스-벨리도가 그들에게 하나의 이미지를 보여줬을 때, 광수용체가 전기 신호를 보내고, 그 신호가 뇌에 도달하고, 뇌가 근육에 명령을 내리는 데 걸린 시간은 겨우 6~9밀리초였다.* 이와 대조적으로 인간의 광수용체가 이러한 과정의 첫 번째 단계를 수행하는 데 걸리는 시간은 30~60밀리초다.[74] 만약 당신이 킬러 파리와 동시에 이미지를 본다면, 신호가 당신의 망막을 떠나기 훨씬 전에 곤충은 이미 공중에 떠 있을 것이다. "우리가 아는 범위에서, 이 파리들의 광수용체보다 더 빠른 광수용체는 없어요"라고 곤살레스-벨리도는 자부심에 가까운 말투로 말한다.**

또한 파리의 시야는 우리보다 빨리 업데이트된다. 깜박이는 불빛을 보고 있다고 상상해보라. 깜박임이 점점 더 빨라지면, 섬광들이 뭉쳐져 하나의 지속적인 빛으로 변하는 시점이 올 것이다. 이를 임계점멸융합 주파수critical flicker-fusion frequency(CFF)라고 하는데, 뇌가 시각 정보를 얼

---

* 킬러 파리의 눈에 있는 광수용체는 빠르게 발화하고 빠르게 재설정된다. 이 두 가지 특성 모두 많은 에너지를 필요로 한다. 초파리의 광수용체와 비교할 때, 킬러 파리의 광수용체는 세 배나 많은 미토콘드리아—동물 세포에 전력을 공급하는 콩 모양의 전지—를 보유하고 있다.[73]
** 다른 육식 곤충들(예: 잠자리, 파리매)은 뚜렷한 침예부를 가진, 크고 해상도 높은 눈을 보유하고 있다. 그들은 목표물을 추격할 때, 먹잇감이 시야의 가장 예리한 부분에 머물도록 하기 위해 머리를 돌린다. "그러나 킬러 파리는 모든 방향에 주의를 기울여야 해요"라고 곤살레스-벨리도는 말한다. 그래서 그들은 침예부가 없고, 시각의 해상도가 별로 높지 않다. 그럼에도 불구하고 그들은 고난도의 사냥 전략을 구사하는 것 같다. 잠자리는 하늘을 배경으로 사냥하며, 자기들 위에서 날아다니는 먹잇감의 실루엣을 포착한다. "그러나 킬러 파리는 어떻게든 땅을 배경으로 사냥하는, 불가능한 일을 해내고 있어요"라고 그는 말한다. 그들은 복잡한 배경 속에서 움직이는 먹잇감을 찾아낸 다음, 목표물을 뒤쫓아 나뭇잎과 그 밖의 어수선한 환경을 헤치고 나아간다.

　　　　　　　　　　　　　　　　이토록 굉장한 세계

마나 빨리 처리할 수 있는지를 평가하는 척도로 사용된다. CFF를 동물의 머릿속에서 상영되는 영화의 프레임 속도—연속된 정지 화상들이 동영상으로 보이는 시점—라고 생각해보자. 인간의 경우, 조명이 양호할 때의 CFF는 초당 60프레임(FPS 또는 헤르츠)쯤 된다. 대부분의 파리는 350헤르츠까지 올라가지만 킬러 파리는 이보다 훨씬 더 높을 것이다. 그들의 눈에는 인간의 영화가 슬라이드 쇼처럼 보일 것이다. 우리의 가장 빠른 행동조차 나른해 보일 것이다. 살의를 품고 휘두르는 손바닥도 쉽게 피할 수 있을 것이다. 권투는 태극권처럼 보일 것이다.

일반적으로 더 작고 빠른 동물일수록 더 높은 CFF를 갖는 경향이 있다.[75] 인간의 시각(60헤르츠)에 비해 고양이는 약간 낮고(48헤르츠) 개는 약간 높다(75헤르츠).[76] 가리비의 눈은 매우 낮고(1~5헤르츠), 야행성 두꺼비의 눈은 훨씬 더 낮다(0.25~0.5헤르츠). 장수거북(15헤르츠)과 거문고바다표범harp seal(23헤르츠)은 높은 편이지만 여전히 낮다. 황새치swordfish는 통상적인 조건에서는 별로 나을 것도 없지만(5헤르츠),[77] 특별한 근육으로 눈과 뇌를 풀가동함으로써 시각의 속도를 여덟 배까지 높일 수 있다. 많은 새들은 선천적으로 빠른 시각을 가지고 있다.[78] 최대 CFF가 146헤르츠인 얼룩딱새pied flycatcher—작은 명금류—는 지금껏 테스트된 척추동물 중 가장 빠른 시각을 가지고 있는데, 그 이유는 날아다니는 곤충을 추적해 잡아먹는 데 목숨을 걸기 때문인 것으로 보인다.* 그러나 그들의 먹잇감인 곤충들은 여전히 얼룩딱새보다 빠른 눈을 가지고 있다.[80] 예컨대 꿀벌, 잠자리, 파리의 CFF는 200~350헤르츠다.

---

* 전통적인 형광등은 100헤르츠, 즉 1초에 100번씩 깜박인다.[79] 이 정도면 인간이 보기에는 너무 빠르지만, 많은 새들(예: 찌르레기)에게는 그렇지 않다. 자주 깜박이는 조명은 그들에게 스트레스와 짜증을 초래하는 요인이다.

이처럼 제각각인 시각 속도 때문에 동물마다 시간의 흐름을 각각 다르게 감지할 가능성이 있다. 장수거북의 눈에, 세상이 시간 경과에 따라 움직이는 가운데 인간은 파리처럼 미친 듯 돌아다니는 것처럼 보일지도 모른다. 파리의 눈에 세상은 슬로모션으로 움직이는 것처럼 보일 수 있다. 별로 빠르지 않은 곤충들의 움직임은 기어 다니는 것으로 감지되는 반면, 느린 동물은 전혀 움직이지 않는 것처럼 보일 수 있다. "모두가 우리에게 킬러 파리를 어떻게 잡느냐고 물어요." 곤살레스-벨리도는 말한다. "병을 들고 그들에게 천천히 다가가기만 하면 돼요. 충분히 느리다면, 당신은 배경의 일부로 간주될 테니까요."

그들의 밤은 우리의 낮과 같다

빠른 시각은 많은 빛을 필요로 하므로, 킬러 파리는 낮에만 활동할 수 있다. 그러나 다른 동물들은 그렇게 제한적이지 않다.

태양의 황금빛 손가락이 파나마의 열대우림에서 물러난 후 하층 식생의 그늘이 짙어져 더 깊은 어둠 속에 파묻히면, 속이 빈 막대기에서 작은 벌이 기어 나온다. 그들의 이름은 땀벌sweat bee의 일종인 메갈롭타 *Megalopta genalis*인데, 다리와 배는 황금색이고 머리와 몸통은 금속성 녹색이다. 이 아름다운 색조들은 인간 관찰자에게 보이지 않는 게 보통인데, 그 이유는 메갈롭타가 특정한 시간대(빛이 너무 적어서, 인간이 색깔은커녕 물체조차 식별할 수 없을 때)에만 나타나기 때문이다. 그러나 칠흑 같은 어둠 속에서도 메갈롭타는 덩굴식물의 미로를 헤치고 나아가 가장 좋아하는 꽃을 기어이 찾아낸다. 꽃가루를 잔뜩 모은 후, 그들은 어떻게든 엄지손가락 너비의 막대기 속 둥지로 되돌아간다.

　　　　　　　　　　　　　　　　　　　　　이토록 굉장한 세계

곤충을 채집하며 자랐고 현재는 눈을 연구하고 있는 에릭 워런트Eric Warrant는 1999년 파나마로 떠난 연구 여행에서 메갈롭타와 처음 마주쳤다. 그는 놀랍게도 그들이 시각에 의존해 야간비행을 한다는 사실을 재빨리 확인했다. 적외선 카메라 촬영을 통해, 워런트는 그 곤충이 처음 막대기에서 나올 때 몸을 돌려 입구 앞에서 천천히 맴돌며 주변의 나뭇잎 모양을 기억하는 장면을 관찰했다. 나중에 먹이 수집을 마치면, 그들은 시각 기억에 의존해 집으로 돌아가는 길을 찾는다.[81] 만약 당신이 그 막대기 주위에 인위적인 랜드마크(예: 흰색 사각형)를 설정한 후 메갈롭타가 없는 동안 다른 막대기 옆으로 옮긴다면, 그들은 엉뚱한 막대기로 돌아갈 것이다. 그들의 위업은 밝은 대낮에 달성하기도 충분히 어려울 것이다. 열대우림은 탐색하기가 쉽지 않고 막대기도 한두 개가 아니기 때문이다. "그러나 메갈롭타는 신기하게도 '우리가 상상할 수 있는 가장 희미한 빛' 속에서도 집을 찾아내요"라고 워런트는 말한다. 그는 칠흑같이—자기 얼굴 앞에서 얼쩐거리는 자신의 손조차 보이지 않을 정도로—어두운 밤에 메갈롭타가 둥지를 찾는 장면을 촬영했다. 그는 '벌들이 시각을 이용해 할 수 있는 일'을 확인하기 위해 야간 투시경을 사용해야 했다. "비록 어둠 속에서 일하지만, 그들의 솜씨는 밝은 대낮에 일하는 꿀벌에 전혀 뒤지지 않아요"라고 워런트는 말한다. "그들은 아주 빠르게 날아다니고, 전혀 주저하지 않고, 믿을 수 없을 정도로 신속하게 착륙해요. 내가 지금껏 본 것 중 가장 놀라운 사례 중 하나예요."

워런트의 가설에 따르면, 원래 주행성이었던 메갈롭타의 조상이 야행성으로 방향을 틀었다. 다른 벌을 포함한 주행성 꽃가루 매개자들과의 치열한 경쟁을 피하기 위한 고육책이었다는 것이다. 그러나 시각에 의존하는 동물에게는 두 가지 이유로 야간 생활이 쉽지 않다. 첫 번째 이유는 누가 봐도 명백하다.[82] 밤에는 낮보다 광량光量이 훨씬 적기 때문이다. 보름달의 빛조차 대낮의 햇빛보다 무려 100만 배 어둡다. 별빛만 비치는 삭일朔日 밤(달 없는 밤)은 보름밤보다 100배 어둡다. 별빛이 구름이나 나무에 가려지는 밤은 삭일 밤보다 100배 더 어둡다. 그럼에도 불구하고 메갈롭타가 여전히 길을 찾을 수 있는 조건이 하나 있다면, 별 없는 밤일지라도 실낱같은 빛이 눈에 들어온다는 것이다. 두 번째 문제는 덜 직관적이다.[83] 광수용체는 우발적으로 오작동할 수 있으며, 밤에는 이런 잘못된 경보가 실제 광자의 진짜 신호를 능가하기 십상이다. 따라서 야행성 동물은 존재하는 '미세한 빛'을 감지할 뿐만 아니라 존재하지 않는 '유령의 빛'을 무시해야 한다. 그들은 물리학의 한계와 생물학의 혼란을 모두 극복해야 한다.

어떤 동물들은 경쟁에서 자진 탈락했다. 모든 감각계와 마찬가지로, 눈을 만들고 유지하는 데는 비용이 많이 든다. 필요할 때 반응할 수 있도록, 빛의 도착에 대비해 광수용체와 관련 뉴런을 준비하는 데만도 많은 에너지가 필요하다.[84] 심지어 아무것도 보지 않고 있을 때도, 시각의 존재는 그 자체만으로도 자원을 고갈시킨다. 자원 낭비는 상당히 중요한 문제이기 때문에, 눈의 유용성이나 효율성이 상실될 경우 눈의 위축이나 퇴화를 초래하는 경향이 있다. 때때로 동물들은 빛에 얽매이지 않은 다른 감각에 투자한다(완전한 어둠 속에서 놀라운 과제를 수행하는 동물들이 속속 발견됨에 따라, 이례적인 감각의 사례들이 많이 축적되었다. 나는 나중에 이런 동물들을 소개할 예정이다). 어떤 동물들은 시각을 완전히 포기한다.[85] 지하 세계, 동굴, 그리고 시각이 가치를 잃은 지구상의 다른 어두운 구석에서 동물들은 종종 눈을 잃는다.*

다른 동물들은 어둠에 굴복해 시각을 포기하는 대신 '가장 어두컴컴한 상황에서 보는 방법'을 진화시켰다. 몇몇 동물들(워런트가 연구한 땀벌 포함)은 신경적 트릭을 사용한다.[87] 즉 그들은 여러 개의 상이한 광수용체들의 반응을 모아, 많은 '작은 픽셀'들을 몇 개의 '메가픽셀'로 전환한다. 또한 그들의 광수용체는 신경이 발화하기 전에 더 많은 시간 동안 광자를 수집할 수도 있다. 노출 시간을 늘리기 위해 카메라의 셔터를 여는 것처럼 말이다. 이 두 가지 전략은 공간과 시간 모두에서 꿀벌의 눈에 도달하는 광자를 모음으로써 '신호 대 잡음 비율'을 높인다. 그 결과 시각은 거칠고 느려질망정 선명함이 불가능한 상황에서 밝은 상태를 유지한다. "더 거칠고 느리고 밝은 세상을 보는 것이 아무것도 보지 못하는 것보다 나아요"라고 워런트는 말한다.**

또 다른 동물들은 가능한 한 최후의 광자까지 움켜쥠으로써 어둠 속에서 꿋꿋이 버티고 있다. 고양이, 사슴, 그 밖의 많은 포유동물을 포함한 일부 종에는, 망막 뒤에 버티고 앉아 광수용체를 통과하는 빛을 되돌려 보내는 휘판tapetum이라는 반사층이 있다. 휘판 덕분에 광수용체들은 처음에 놓친 광자를 수집할 두 번째 기회를 얻는다.*** 예외적으로 큰 눈과 넓은 눈동자를 진화시킨 동물들도 있다. 올빼미의 눈은 너무 커서

---

* 동물이 눈을 잃는 방법에는 여러 가지가 있는데, 진화는 그런 방법들을 모두 강구했다.[86] 렌즈가 퇴화했거나, 시각 색소가 사라졌거나, 안구가 피부 아래로 함몰하거나 피부로 덮였다. 멕시코 동굴어 Mexican cavefish 종의 경우, 여러 개체군들이 밝은 강에서 어두운 동굴로 이동하며 독립적으로 시각을 포기하는 바람에 여러 번 눈을 잃은 유일한 사례다. 에릭 워런트가 나에게 말하듯, 《호빗》에 나오는 골룸이 엄청나게 큰 눈을 가진 이유는 과학적으로 말이 되지 않아요."

** 그러나 메갈롭타의 야간 시력이 완전히 설명된 것은 아니다. "나는 그들의 시각을 제대로 설명할 수 없어요"라고 워런트는 말한다. "희미한 빛 속에서 시각을 향상시키는 몇 가지 메커니즘에 대한 단서를 얻었지만, 전모를 파악하지 못했어요."

*** 휘판의 반사는 개, 고양이, 사슴 등의 동물들이 자동차 헤드라이트나 카메라 플래시의 불빛을 받을 때 안광을 번뜩이는 현상을 설명해준다. 어두운 겨울에는 순록의 휘판 구조가 변화해 훨씬 더 많은 빛을 반사한다.[88] 공교롭게도 이로 인해 휘판의 색깔까지도 변화해, 순록의 눈 색깔은 여름에는 황금빛으로, 겨울에는 풍부한 파란색으로 바뀐다.

머리 밖으로 돌출했으며, 안경원숭이tarsier—그렘린처럼 보이는 동남아
시아산 소형 영장류—는 뇌보다 큰 눈을 가지고 있다.[89] 그러나 가장 큰
축에 속하는 눈들은 예외 없이 지구에서 가장 어두운 환경 중 하나인 심
해에서 진화했다.

거대한 동물의 더 거대한 눈

바닷속으로 잠수한다는 것은 지구상에서 가장 큰 서식지로 들어가
는 것을 의미한다.[90] 이 영역에는 지표면의 모든 생태계를 합친 것보다
160배 많은 생활공간이 존재하는데, 대부분의 공간은 어둡다.

해저 10미터에서는 수면에서 내려온 빛의 70퍼센트가 흡수된다. 만
약 당신이 잠수정을 타고 내려가고 있다면, 당신의 몸에 있는 빨간색,
주황색, 노란색은 이제 검은색, 갈색, 회색으로 보일 것이다. 해저 50미
터쯤에서는 녹색과 보라색도 대체로 사라진다. 해저 100미터에는 파란
색만 존재하는데, 빛의 강도가 수면의 1퍼센트에 불과하다.[91] 중층원양
대mesopelagic zone(또는 약광층twilight zone)가 시작되는 해저 200미터에서, 빛의
강도는 50배 더 떨어진다. 파란색은 이제 레이저와 거의 비슷해져, 소름
끼치도록 순수하고 모든 것을 아우른다. 그 속에서 은빛 물고기들이 쏜
살같이 왔다 갔다 하고, 젤라틴 같은 해파리와 관해파리siphonophore가 천
천히 뱀처럼 지나간다. 해저 300미터는 달밤처럼 어둡고, 아래로 내려
갈수록 점점 더 어두워진다.

점차적으로 물고기는 더 검어지고 무척추동물은 더 붉어진다. 점점
더 그들은 자신들만의 빛을 만들어내고, 그들의 생물발광 섬광이 하강
하는 잠수정의 윤곽을 그리게 된다. 해저 850미터에서는 잔류하는 햇빛

이 너무 희미해서, 눈이 더 이상 기능할 수 없다. 해저 1000미터에서는 어떤 동물의 눈도 기능을 발휘할 수 없다. 여기서부터 점심漸深해수층이 시작된다. 수면의 복잡한 시각적 장면들은 오래전에 사라졌고, 완전한 어둠 속에서 반짝이는 생물발광의 '살아 있는 별밭'으로 대체되었다. 당신이 세계의 어디에 있느냐에 따라 1만 미터의 바다가 더 남아 있을 수도 있다.

심해의 완전한 어둠은 그곳의 거주자들을 연구하려는 과학자들에게 문제를 야기한다. 연구자들은 잠수정의 조명을 켜야만 주변에 무엇이 있는지 볼 수 있는데, 그런 행동은 '빛이 없는 삶'에 적응한 생물들에게 치명적이다. 달빛조차도 단 몇 초 만에 심해새우의 눈을 멀게 할 텐데, 잠수정의 헤드라이트는 최악의 결과를 초래할 것이다. 일부 심해동물은 잠수정에 충돌해 생을 마감하고, 화들짝 놀란 황새치는 칼을 휘두르고, 다른 동물들은 얼어붙거나 줄행랑을 친다. "우리가 생각해낼 수 있는 해양 탐사 방법 중 하나는, 직경 100미터의 구체球體를 만들어 도망갈 수 있는 생물을 모두 차단하는 거예요"라고 손케 욘센은 말한다. "대부분의 경우 우리는 공포와 실명失明을 목격하게 될 거예요. '빛나는 신'에게 죽임을 당하고 있다고 생각하는 동물들이 어떻게 행동하는지 똑똑히 보게 될 거라고요."

심해의 환경세계를 좀 더 존중하기 위해, 욘센의 멘토인 이디스 위더 Edith Widder는 메두사라는 스텔스 카메라를 발명했다.[92] 그것은 (대부분의 심해동물이 볼 수 없는) 적색광으로 심해동물을 촬영하고, 생물발광 해파리를 닮은 파란색 LED 고리로 그들을 유인한다. "몇 가지 혁신이 있지만, 진정한 혁신은 조명을 끄는 거예요"라고 그는 말한다. "일단 그렇게 하면, 정말로 엄청난 일이 일어나요."

2019년 6월, 위더와 욘센은 메두사를 배에 싣고 15일 동안 멕시코 만을 순항했다. 멕시코만의 유일한 폭풍우인 듯한 상황에서, 그들은 140킬로그램짜리 카메라를 2킬로미터의 밧줄에 매달아 바닷속에 집어넣었다가 다음 날 밤 다시 끌어올리는 작업을 반복했다. "냉장고만 한 크기의 물건을 2킬로미터나 들어올린 적이 있나요?" 욘센이 나에게 묻는다. "우리는 매일 밤 꼬박 세 시간씩 그 짓을 했어요." 작업이 끝날 때마다 네이션 로빈슨Nathan Robinson과 함께 메두사의 영상을 자세히 살펴보곤 했다. 그리고 처음 4일 동안, 그들은 약간의 생물발광 새우를 발견하고 쾌재를 불렀다.

다섯 번째 날인 6월 19일, "내가 함교艦橋 위에 서 있는데, 계단 아래에 있던 에디가 갑자기 미소를 지으며 귀를 쫑긋 세우는 게 아니겠어요? 그래서 뭔가 한 건 했구나 하고 생각했어요." 다섯 번째 외출에서, 메두사는 드디어 대왕오징어를 촬영하는 위업을 달성했다.

그 영상은 오해의 여지가 없었다.[93] 해저 759미터 지점에서 기다란 원통형 물체가 나타나 카메라를 향해 뱀처럼 꿈틀거리다가, 쭉 펼쳐지며 요동치는 빨판투성이 팔로 변했다. 대왕오징어는 두 개의 긴 촉수로 카메라를 움켜쥐었지만, 잠시 후 흥미를 잃고 다시 어둠 속으로 물러났다. 승조원들의 추정에 따르면 그것은 3미터 길이의 새끼로, 이 종의 최대 크기인 13미터에 한참 못 미쳤다. 그럼에도 불구하고 그것은 신화에나 나올 법한 거대한 오징어로, 지구상에서 가장 크고 가장 민감한 눈을 보유한 동물이었다.

이 장의 시작 부분에서 언급했듯이, 대왕오징어(그리고 똑같이 길지만 훨씬 더 무거운 남극하트지느러미오징어colossal squid)의 눈은 직경이 최대 27센티미터이며, 축구공만 한 크기로 성장할 수 있다. 이러한 신체 비율은 당

이토록 굉장한 세계

혹스럽다. 물론 더 큰 눈은 더 민감하며, 어두운 바닷속의 동물이 그런 눈을 가지는 것은 이치에 맞는다. 그러나 심해에 사는 동물을 포함해 다른 어떤 동물도 대왕오징어나 남극하트지느러미오징어와 비슷한 크기의 눈을 가지고 있지는 않는다.[94] 그다음으로 큰 대왕고래blue whale의 눈은 절반에도 미치지 않는다. 직경 9센티미터로 모든 물고기 중 가장 큰 황새치의 눈은 대왕오징어의 눈동자에 들어갈 수 있을 정도다. 대왕오징어의 눈은 그냥 크기만 한 게 아니다. 다른 어떤 동물의 눈보다 터무니없이 과도하게 크다. 그 이유가 뭘까? '황새치만 한 크기의 눈으로 볼 수 없는 것'을 봐야 해서 그럴 텐데, 그게 도대체 뭘까?

손케 욘센, 에릭 워런트, 단-에릭 닐손은 자신들이 답을 알고 있다고 생각한다.[95] 그들의 계산에 따르면, 눈은 깊은 바닷속에서 수확체감 법칙의 지배를 받는다. 크기가 커질수록 작동하는 데 더 많은 에너지가 소모되지만, 추가적인 시력은 거의 제공되지 않기 때문이다. 눈의 직경이 9센티미터―즉 황새치 눈의 크기―가 되면, 더 이상 확대하는 것은 별 의미가 없다. 그러나 그들은 고심 끝에 초대형 눈의 존재가치를 발견했다. 그 내용인즉, "초대형 눈은 수심 500미터 이상의 해저에서 '크고 빛나는 물체'를 발견하는 데 적당하며, 그것 하나만 집중 견제하면 먹고사는 데 지장이 없다"라는 것이다. 그렇다면 그 기준에 맞는 동물이 뭘까? 그건 바로 향유고래sperm whale로, 그걸 발견하지 못한다면 초대형 눈은 무용지물이며 대왕오징어의 생존을 보장할 수 없다.

세계에서 가장 큰 '이빨 달린 포식자'인 향유고래는 대왕오징어의 숙명적 라이벌이다. 그들의 위胃는 오징어의 앵무새 같은 부리로 가득 차 있고, 머리에는 종종 오징어 빨판의 톱니 모양 테두리에 의해 생긴 둥근 흉터가 있다. 그들은 스스로 빛을 생성하지 않지만, 하강하는 잠수정과 마찬가지로 작은 해파리, 갑각류, 기타 플랑크톤과 충돌할 때 생물발광 섬광을 유발한다. 과도하게 큰 눈을 가진 대왕오징어는 120미터 떨어진 곳에서도 이 독특한 빛을 볼 수 있어서, 도망칠 시간이 충분하다. 대왕오징어는 생물발광 구름을 먼발치에서 볼 수 있을 만큼 큰 눈을 가진 유일한 생물이며, 또한 그럴 필요가 있는 유일한 생물이다. "심해에 사는 다른 어떤 동물도 그렇게 큰 것을 찾고 있지 않아요"라고 욘센은 말한다. 향유고래를 비롯한 이빨고래toothed whale는 먹이를 찾기 위해 시각보다는 음파 탐지기를 사용한다. 대형 상어는 작은 먹이를 쫓는 경향이 있다. 대왕고래는 새우처럼 생긴 작은 크릴을 먹고 산다. 크릴은 대왕고래의 생물발광 구름을 보는 것이 도움이 될 수 있지만, 겹눈의 해상도가 너무 제한적인 데다 몸이 너무 느려서 그 정보로 아무것도 할 수 없다. 대왕오징어(그리고 남극하트지느러미오징어)는 거대한 포식자를 볼 필요가 있는 거대한 동물이라는 점에서 독특하다. 그리고 그들의 독특한 필요는 단 하나의 환경세계로 귀결되었다. 그들은 현존하는 가장 크고 민감한 눈으로 지구상에서 가장 어두운 환경 중 하나를 스캔하여, 돌진하는 고래의 희미하게 반짝이는 윤곽을 찾는다.*

---

* 대왕오징어는 모든 바다에 서식하는 세계적인 종인 것 같다. 그러나 가장 오랫동안, 그들의 존재는 해안으로 밀려온 사체를 통해서만 알려졌다. 야생에서 이 동물의 첫 번째 사진이 촬영된 것은 2004년이었다. 자연스러운 영상은 2012년, 위더와 그녀의 동료들이 당시 새로 개발된 메두사 카메라를 일본 해안에 배치했을 때 처음 촬영되었다.[96] 그로부터 7년 후, 이 스텔스 카메라는 뉴올리언스에서 남동쪽으로 불과 160킬로미터 떨어진 곳에서 그 진가를 다시 한번 입증했다. "멕시코만의 그 지역은 석유 굴착 장비로 가득 차 있으며, 수천 대의 원격 조종 선박이 우글거리고 있어요"라고 욘센은 말한다. "그 조종사들은 대왕오징어를 발견한 적이 없었는데, 우리는 다섯 번째 시도에서 대왕오징어 한 마리를 발견했어요. 그건 우리가 세상에서 가장 운이 좋은 사람들이거나, 아니면 우리가 조명을 껐거나 둘 중 하나 때문일 거예요." (그들은 정말로 운이 좋았다. 선원들이 오징어 영상을 본 지 30분 후 번개가 배를 강타해 많은 장비를 태웠지만, 자비롭게도 메두사의 영상이 저장된 하드 드라이브만은 살려줬다. 잠시 후 배는 물기둥을 간신히 피했다.)

밤이 가리지 못하는 색

불을 끄면 세상은 단색單色으로 변한다. 이러한 변화가 발생하는 것은, 우리의 눈에 두 유형의 광수용체—원뿔형과 막대형—가 있기 때문이다. 원뿔세포는 우리가 색을 볼 수 있게 해주지만, 밝은 빛에서만 작동한다. 어둠 속에서는 더욱 민감한 막대세포가 바통을 이어받아, 주간의 만화경 같은 색조를 야간의 검은색/회색으로 대체한다. 과학자들은 모든 동물들이 밤에 색맹일 것이라고 생각해왔다.

그러던 중 2002년, 에릭 워런트와 그의 동료 알무트 켈버는 주홍박각시elephant hawkmoth를 대상으로 중요한 실험을 수행했다.[97] 이 아름다운 유럽 곤충은 분홍색-올리브색의 몸과 거의 8센티미터에 달하는 날개폭을 가지고 있다. 그들은 전적으로 야간에 섭식활동을 하는데, 꽃 앞에서 맴돌며 동그랗게 말려 있던 주둥이를 길게 펼쳐 꿀을 먹는다. 켈버는 주홍박각시를 훈련시켜, 꽃 대신 파란색이나 노란색 카드 뒤에 놓여 있는 먹이통에서 꿀을 먹도록 만들었다. 색깔을 먹이와 연관시키는 법을 학습한 후, 나방들은 그 색깔들을 동일한 밝기의 회색 음영과 확실히 구별할 수 있었다. 켈버가 연구실의 불을 끈 뒤에도 나방들은 계속 그런 행동을 했다.

반달에 해당하는 조도照度에서 켈버의 세계는 흑백으로 변했지만, 나방은 여전히 활발하게 활동했다. "어느 시점에서, 내가 어두운 실험실에 앉아 나방을 볼 수 있을 때까지 걸린 시간은 20분이었어요." 그녀가 내게 말한다. "나는 그들의 주둥이조차 볼 수 없었어요." 그러나 나방들은 여전히 올바른 먹이통에서 꿀을 빨아 먹고 있었다. 그런 다음 조도는 희미한 별빛 수준으로 낮아졌는데, 켈버는 전혀 볼 수 없었지만 주홍박각시는 화려한 색깔의 카드를 여전히 인식할 수 있었다. 하지만 그 색깔들은 아마도 우리가 인식하는 것과 매우 달랐을 것이다.

3장

·

색깔
Color

**빨강, 초록, 파랑으로
표현할 수 없는 세계**

"모린Maureen과 내가 토이푸들을 입양했을 때, 우리는 모든 좋은 부모들처럼 '반려견을 어떻게 키울 것인가'에 대한 책을 읽었어요"라고 제이 니츠Jay Neitz가 나에게 말한다. 그 책의 주장에 따르면, 이상적인 개의 이름은 두 개의 음절과 경음硬音이 포함되어야 했다. 니츠는 몇 가지 옵션을 브레인스토밍했고, 모린은 제이의 시각 연구를 농담 삼아 언급하면서 레티나Retina(망막)를 제안했다(나는 '레티나'가 세 개의 음절로 이루어져 있음을 지적한다. "예, 하지만 우리의 버전은 두 개의 음절로 구성되어 있어요." 제이가 말한다. "렛-나Ret-na거든요."). 검고 푹신하고 매우 귀여운 레티나는 역사에 길이 남았다. 레티나는 '개가 실제로 무엇을 보는지'를 최초로 확증한 개 중 하나였다.

모린, 제이 니츠 부부가 박사 학위를 받은 1980년대까지만 해도, 많은 사람들은 개가 색맹이라고 믿었다. 게리 라슨Gary Larson의 만화 〈반대편The Far Side〉에는 '침대 옆에서 기도하는 개'가 등장하는데, 기도 내용은 "엄마, 아빠, 렉스, 진저, 터커, 나, 그리고 나머지 가족들이 색을 볼 수 있게 해주세요"였다. 과학자들도 이 신화를 받아들였다. 한 교과서에서는 "전반적으로 포유류는 영장류를 제외하고 색각色覺이 없는 것으로 보인다"라고 주장했다.[1] 그럼에도 불구하고 신중하게 테스트된 종—인기 있는 견종 포함—은 거의 없었다.[2] "사람들은 항상 나에게 와서 '우리 개가 무엇을 보나요?'라고 물었지만, 우리는 전혀 몰랐어요"라고 제이가 말한다. "아니면, 아이디어는 있었지만 증거가 없었어요."

증거를 얻기 위해, 제이는 레티나와 두 마리의 이탈리아산 그레이하운드를 자신의 연구실로 데려왔다. 그는 세 개의 조명이 켜진 패널 앞에 앉도록 그들을 훈련시켰는데, 조명 하나는 색깔이 달랐다. 특이한 패널에 코를 갖다 댄 개는 맛있는 간식으로 보상을 받았고, 반복해서 그 패널에 코를 갖다 댔다.

결론적으로 말해서, 개도 색깔을 본다.[3] 단지 대부분의 사람들이 보는 색깔대_帶를 보지 못할 뿐이다. 대부분의 다른 동물들도 마찬가지다. 그들의 다양한 시각적 팔레트를 평가하려면, 먼저 '실제 색깔이 무엇인지', '동물들이 그것을 어떻게 보는지', 그리고 '왜 그것을 보도록 진화했는지'를 이해해야 한다. 색각은 너무 복잡해서, (내가 지금 계획하고 있는) 간단한 설명조차도 추상적이고 혼란스럽게 느껴질 것이다. 그러나 인내심을 갖고 내 설명을 들어주기 바란다. 색각에 대한 세부사항은 새, 나비, 꽃을 진정으로 이해하는 열쇠다. 꽃을 제대로 감상하려면 잡초 속에서 많은 시간을 보내야 한다.

세상에는 다양한 파장을 가진 빛이 있다.[4] 우리가 볼 수 있는 것은 보라색으로 인지하는 400나노미터(nm)에서 빨간색으로 인지하는 700나노미터까지다. 이러한 파장과 그 사이에 있는 무지개를 탐지하는 우리의 능력은, 모든 동물 시각의 기초인 옵신이라는 단백질에 달려 있다. 옵신에는 다양한 종류가 있으며, 각각은 특정 파장의 빛을 가장 잘 흡수한다. 통상적인 인간의 색각은 세 가지 옵신에 의존하는데, 각각의 옵신

이토록 굉장한 세계

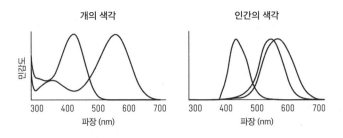

개의 색각   인간의 색각

민감도

파장 (nm)   파장 (nm)

각 곡선은 원뿔세포의 한 유형을, 각 곡선의 정점은
해당 원뿔세포가 가장 민감하게 반응하는 파장을 나타낸다. 개에게는
두 유형의 원뿔세포가 있는 반면, 인간에게는 세 유형의 원뿔세포가 있다.

은 우리의 망막에 존재하는 상이한 종류의 원뿔세포에 의해 사용된다.
선호하는 파장에 따라, 옵신(그리고 이를 포함하는 원뿔세포)은 긴 옵신, 중간
옵신, 짧은 옵신이라고 불린다. 더 친숙하게는 빨간색, 초록색, 파란색
옵신이라고 불린다.* 예컨대 빛이 루비에서 반사되어 우리 눈에 들어오
면 긴(빨간색) 원뿔세포를 강하게, 중간(초록색) 원뿔세포를 적당히, 짧은
(파란색) 원뿔세포를 약하게 자극한다. 빛이 사파이어에서 반사되면 정
반대 현상이 발생한다. 즉 짧은(파란색) 원뿔세포는 가장 강하게 반응하
고, 나머지 원뿔세포는 덜 강하게 반응한다.

　그러나 색각은 단순히 상이한 파장의 빛을 탐지하는 것 이상을 포함
한다. 즉 색각은 그것들을 비교하는 것이다. 세 유형의 원뿔세포의 신호
는 복잡한 뉴런망에 의해 더해지고 빼진다. 이 뉴런들 중 일부는 빨간색
(R) 원뿔세포의 신호에 의해 흥분되지만, 초록색(G) 원뿔세포의 신호에
의해 억제된다. 그것들 덕분에 우리는 초록색과 빨간색을 구별할 수 있
다. 다른 뉴런들은 파란색(B) 원뿔세포에 의해 흥분되지만, 빨간색과 초

---

* 　엄밀히 말해서 '긴' 원뿔세포와 '짧은' 원뿔세포는 가장 많이 자극하는 빛의 파장에 따라 '빨간색'
　과 '파란색' 대신 각각 '황록색'과 '보라색'으로 불려야 한다.

록색 원뿔에 의해 억제된다. 그래서 우리는 파란색과 노란색을 구별할 수 있다(어떤 빛을 노란색으로 인식하는 데는 두 가지 경우가 있다. 첫 번째로, 황색광이 눈에 들어오면 R세포와 G세포가 거의 같은 감도로 반응한다. R과 G에서 같은 세기의 전기 신호가 만들어지면 뇌는 노란색을 인식한다. 두 번째로, 적색광과 녹색광이 함께 눈에 들어오는 경우에도 R세포와 G세포는 거의 같은 크기의 전기 신호를 발생시키므로 뇌는 노란색으로 인식한다 – 옮긴이). 이 간단한 신경산술neural arithmetic — R–G와 B–(R+G) — 을 대립opponency이라고 한다. 요컨대 대립이란 단 세 개의 원뿔세포가 보내는 원신호raw signal가 우리가 인지하는 찬란한 무지개로 변환되는 방식이다.

대립은 (거의) 모든 색각의 기초다. 이게 없으면, 동물은 우리가 상상하는 방식으로 색깔을 볼 수 없다. 예컨대 물벼룩은 주황색, 초록색, 보라색, 자외선의 파장에 민감한 네 가지 옵신을 가지고 있다.[5] 그러나 이러한 파장들은 '생래적이고 거의 반사적인' 반응을 촉발할 뿐이다. 이를테면 자외선은 태양을 의미하므로 반대쪽으로 헤엄쳐야 한다. 초록색과 노란색은 먹이를 의미하므로 그쪽으로 헤엄쳐야 한다. 이처럼 물벼룩은 '우리'가 색깔로 인식하는 네 종류의 빛에 반응할 수 있다. 그러나 네 가지 옵신의 신호를 비교할 수 없기 때문에 스펙트럼을 인지할 수는 없다.

그렇다면 색깔은 근본적으로 주관적이다. 풀잎이나 그것이 반사하는 550나노미터의 빛에는 본질적으로 '초록색'이라는 것이 없다. 그런 물리적 특성을 초록색이라는 색감으로 바꾸는 것은 우리의 광수용체, 뉴런, 뇌다. 색깔은 보는 사람의 눈에 — 그리고 뇌에도 — 존재한다. 올리버 색스Oliver Sacks와 로버트 와서만Robert Wasserman이 〈색맹이 된 화가The Case of the Colorblind Painter〉에서 언급한 화가 조너선 I.의 이야기를 생각해보라.[6]

한때 '컬러로 보고 그리는 삶'을 살았지만, 뇌 손상을 입은 후 그의 세상은 단색이 되었다. 그의 망막은 건강하고 옵신도 건재하며 원뿔세포도 정상이었다. 그러나 그의 뇌는 흑색, 백색, 회색의 세계를 떠올릴 수 있을 뿐이었다. 눈을 감았을 때조차 상상의 세계는 컬러가 아니었다.

'소수의 사람'과 '특정 동물 종 전체'도 세상을 회색 음영으로만 보는데, 이 경우에는 뇌 손상 때문이 아니라 망막이 색각에 알맞게 설정되어 있지 않기 때문이다. 그들을 단색형 색각자monochromat—일명 (완)전색맹—라고 한다. 나무늘보와 아르마딜로 같은 동물은 막대세포만 가지고 있는데, 이는 희미한 빛에서 잘 작동하지만 색깔에는 적합하지 않다.[7] 너구리나 상어 같은 동물들은 원뿔세포 하나만 달랑 보유하고 있는데, 색각은 대립에 달려 있기 때문에 하나의 원뿔세포만 있다는 것은 사실상 없는 것과 같다.[8] 고래도 원뿔세포가 하나뿐이다.[9] 시각생물학자인 레오 페이클Leo Peichl의 말을 빌리면, 푸른 고래(대왕 고래)에게 바다는 파랗지 않다. 원뿔세포는 척추동물에 고유하지만, 다른 동물들도 비슷한 역할을 하는 파장 특이적 광수용체wavelength-specific photoreceptor를 가지고 있다. 놀랍게도 두족류—문어, 오징어, 갑오징어—는 한 가지 유형의 파장 특이적 광수용체만 가지고 있는데,[10] 이는 그들이 단색형 색각자라는 것을 의미한다.* 그들은 몸의 색깔을 빠르게 바꿀 수 있지만, 아이러니하게도 자신의 변화하는 색조를 볼 수 없다.

세상에 이렇게 많은 단색형 색각자가 존재한다는 것은, 색각에 대한 가장 반직관적인 것 중 하나를 암시한다. 그 내용인즉, 색각이 굳이 필요하지 않다는 것이다. 동물이 눈을 사용하는 거의 모든 활동—탐색,

---

• 반딧불매오징어firefly squid는 예외다.[11] 그들은 세 종류의 광수용체를 가지고 있는 것으로 알려진 유일한 두족류이므로, 색각을 가지는 것도 무리가 아니다.

먹이 찾기, 의사소통―은 회색 음영으로도 얼마든지 수행될 수 있다. 그렇다면 색깔을 본다는 게 무슨 의미가 있을까?

생리학자 바딤 막시모프Vadim Maximov의 제안에 따르면, 현생동물의 조상이 등장한 약 5억 년 전―캄브리아기―에 그 해답이 있을 수 있다.[12] 그 시절에는 동물의 조상 중 상당수가 얕은 바다에 살았고, 그들 주위에서 햇빛이 깜박였을 것이다. 이 잔물결 같은 광선은 현대인의 눈에는 아름답지만, 고대의 단색형 색각자들에게는 엄청나게 혼란스러웠을 것이다. 주어진 지점에서 배경의 밝기가 1초 동안 100배나 변할 수 있다면, 관심 있는 물체를 찾기가 훨씬 더 어려워진다. 방금 나타난 검은 형체는 포식자의 어렴풋한 그림자일까, 아니면 구름 뒤에서 잠시 길을 잃은 태양의 그림자일 뿐일까? 명암만을 다루는 단색형 눈으로는 구별하기 어렵겠지만, 컬러로 보는 눈은 형편이 훨씬 더 나을 것이다. 왜냐하면 빛의 총량이 증가하거나 감소하더라도 파장이 서로 다른 빛은 상대적 비율을 동일하게 유지하는 경향이 있기 때문이다. 밝은 햇살 아래서 빨갛게 보이는 딸기는 그늘에서도 여전히 빨갛게 보이고, 그 초록색 잎은 석양의 붉은 색조 아래서도 여전히 초록색을 띤다. 색깔―그리고 특히 대립되는 색각―은 항상성constancy을 제공한다. 만약 서로 다른 파장에 동조同調된 광수용체의 출력을 비교할 수 있다면, '춤추고 깜박이는 빛'의 세계에 대한 시야를 안정화할 수 있다. 심지어 두 개의 원뿔세포도 그런 기능을 차질 없이 수행한다. 이것은 색각의 가장 단순한 형태인 이색형 색각dichromacy의 기초로, 레티나를 비롯한 개들과 대부분의 포유동물이 가지고 있다.

개들은 두 가지 원뿔세포를 보유하고 있는데, 하나는 '긴 황록색' 옵신을, 다른 하나는 '짧은 청보라색' 옵신을 가지고 있다.[13] 그들은 세상을 주로 파란색, 노란색, 회색의 색조로 본다. 타이포—내가 기르는 코기—가 빨간색과 보라색 장난감을 볼 때, 아마도 빨간색은 어둡고 탁한 노란색으로, 보라색은 짙은 파란색으로 보일 것이다. 타이포가 즐겨 씹는 연녹색 고리를 볼 때는 어떨까? 초록색은 양쪽 원뿔세포를 똑같이 자극하는데, 그럴 경우 대립 때문에 두 개의 신호가 상쇄된다. 따라서 타이포는 흰색 고리를 보게 된다.

말도 이색형 색각자이며, 그들의 원뿔세포는 개가 반응하는 파장과 매우 유사한 파장에 민감하다. 이것은 말이 경마장에서 장애물을 강조하는 주황색 표시를 식별하는 데 애를 먹는다는 것을 의미한다.[14] 주황색 표시는 삼색형 색각자trichromat인 인간의 눈에는 두드러져 보이지만, 세라 캐서린 폴Sarah Catherine Paul과 마틴 스티븐스Martin Stevens의 연구에 따르면 '말의 이색형 눈에는 배경과 뒤섞여 구별되지 않는다'고 한다. 만약 말의 시각을 고려해 경마장을 다시 설계한다면, 장애물을 형광 노란색, 밝은 파란색, 또는 흰색으로 칠하는 것이 좋다.

다시 말하지만, 포괄적인 인간의 시각을 위해 경마장을 다시 설계하더라도 사정은 마찬가지일 것이다. 색맹인 사람들은 세 가지 일반적인 원뿔세포 중 하나가 없어, 이색형 색각자인 경우가 대부분이기 때문이다. 범위는 좁을지언정, 그들은 여전히 색깔을 본다. 색맹의 종류는 많지만, 중간(초록색) 원뿔세포가 없는 녹색맹자의 시각은 개나 말의 시각에 가장 가깝다. 그들의 세계는 노란색, 파란색, 회색으로 칠해져 있으며 빨간색과 초록색을 구별하기 어렵다. 색맹인 사람들은 신호등, 전기 배선, 또는 페인트 견본으로 인해 혼란을 겪을 수 있다.[15] 그들은 포장지 또는 도표를 읽거나, 표면적으로 뚜렷한 색깔의 유니폼을 착용한 스포츠 팀을 구별하거나, 무지개 그리기와 같이 겉보기에 단순한 학교 과제물을 작성하는 데 애를 먹을 수 있다. 일부 국가에서는 비행기 조종, 군대 입대, 심지어 운전 자격이 박탈될 수 있다. 색맹은 장애로 간주되지 말아야 하지만, 인간이 삼색형 색각에 기반한 문화를 구축하는 바람에 장애로 간주될 수 있다. 그런데 '대부분의 사람들이 가지고 있다'는 사실 외에 삼색형 색각의 특별한 점은 무엇일까? 만약 대부분의 포유류가 이색형 색각으로도 충분하다면, 우리를 포함한 영장류만 다른 색각을 보유한 이유가 뭘까? 우리는 왜 색깔을 볼 수 있을까?

인간에게 벌어진 '행운의 실수'

최초의 영장류는 거의 확실히 이색형 색각자였을 것이다.[16] 그들은 두 가지 원뿔세포, 즉 짧은 원뿔세포와 긴 원뿔세포를 가지고 있었다. 그들은 개처럼 세상을 파란색과 노란색으로 보았다. 그러나 4300만 년 전부터 2900만 년 전 사이에, 한 특정 영장류의 환경세계를 영구적으로 변화시킨 사건이 일어났다. 그들은 긴 옵신을 만드는 유전자의 추가적 사본을 얻었다. 이것을 유전자 중복gene duplication이라고 하는데, 세포가 분열하고 DNA가 복제될 때 종종 발생한다. 그것은 실수이지만 '행운의 실수'다. 왜냐하면 여분의 유전자 사본에 진화가 개입해, 원본의 작업을 방해하지 않으면서 재주를 부릴 수 있기 때문이다. 긴 옵신 유전자에 바로 그런 일이 일어났다.[17] 두 개의 사본 중 하나는 거의 동일하게 유지되어, 560나노미터의 빛을 흡수했다. 다른 하나는 점차 530나노미터라는 더 짧은 파장으로 이동해, 오늘날 우리가 중간(초록색) 옵신이라고 부르는 것을 탄생시켰다. 이 두 유전자는 98퍼센트 동일하지만, 2퍼센트의 차이가 '파란색과 노란색'으로만 보이던 세상에 '빨간색과 초록색'이 추가되는 결과를 초래했다.* 요컨대 문제의 영장류는 기존의 '긴' 옵신과 '짧은' 옵신에 '중간' 옵신을 추가함으로써 삼색형 색각을 진화시켰다. 그리고 자신의 확장된 시각을 후손들—우리를 포함하는 아프리카, 아시아, 유럽의 원숭이와 유인원—에게 물려주었다.

이 이야기는 우리가 색깔을 보게 된 '과정'을 설명하지만, 그 '이유'는 설명하지 않는다. 복제된 긴 옵신 유전자가 중간 파장으로 이동한 이유는 정확히 무엇일까? 답은 분명해 보이는데, 그것은 '더 많은 색깔을 보기' 위해서다. 단색형 색각자는 흑색과 백색 사이에서 약 100등급의 회색을 구별할 수 있다. 이색형 색각자는 노란색에서 파란색까지 약 100단계를 추가한 후, 회색과 곱해 수만 가지의 지각 가능한 색깔을 만든다. 삼색형 색각자는 빨간색에서 초록색까지 100개 정도를 더 추가한 후, 이색형 색각자의 색깔 수와 곱해 수백만 개로 늘린다. 이처럼 각각의 추가적 옵신은 시각적 팔레트를 기하급수적으로 증가시킨다.[18] 그러나 이색형 색각자가 수만 가지 색깔만으로도 충분히 번성할 수 있다면, 삼색형 색각자가 수백만 가지 색깔로 누릴 수 있는 혜택은 무엇일까?

19세기 이후 과학자들은 '삼색형 색각자가 초록색 나뭇잎을 배경으로 빨간색, 주황색, 노란색 과일을 더 잘 발견할 수 있다'고 제안했다.**[19] 더 최근에 일부 연구자들은 '삼색형 색각자의 이점이 가장 영양가 높은

---

* 중간(M) 및 긴(L) 옵신의 유전자는 모두 X염색체에 있다. 두 개의 X염색체를 가진 사람(여성)이 두 유전자 중 하나의 잘못된 사본을 상속하는 경우, 일반적으로 기능적 백업본을 보유하고 있으므로 아무런 문제가 발생하지 않는다. 그러나 X염색체와 Y염색체를 가진 사람(남성)이 잘못된 사본을 상속한다면, 그들은 그것에 얽매이게 된다. 전형적으로 M 또는 L 원뿔세포의 손실로 인해 발생하는 적록색맹이 여성보다 남성에게 훨씬 더 흔한 것은 바로 이 때문이다.

** 색각을 연구하는 아리카와 겐타로는 여섯 살 때 자신이 적록색 결핍증이 있다는 것을 처음 깨달았다. 그의 어머니가 그에게 아침 식사를 위해 정원에서 딸기를 따 오라고 했는데, 그는 딸기를 찾아내지 못해 어머니를 실망시켰다. 여러 실험실 연구에서, 삼색형 색각자는 과일을 찾는 데 있어서 이색형 색각자를 능가하는 것으로 나타났다.

열대우림의 잎을 찾는 데 있다'고 주장했다.[20] 그런 잎은 싱싱하고 단백질이 풍부할 때 붉은빛을 띠는 경향이 있기 때문이다. 이 두 가지 설명은 상호 배타적이지 않다. 대부분의 영장류는 과일을 먹지만, 과일이 익지 않았거나 귀한 시기에 덩치 큰 종은 어린잎을 먹으며 버틸 수 있다. "그것은 삼색형 색각의 진화를 위한 완벽한 환경이에요"라고 영장류의 시각을 연구하는(그리고 지난 장에서 보았듯이 간혹 얼룩말의 줄무늬도 연구하는) 어맨다 멜린은 말한다. "주요 먹이와 대체 먹이를 찾는 데 유용하거든요."•

아메리카 대륙의 원숭이들은 이 이야기를 복잡하게 만든다. 그들 역시 삼색형 색각을 진화시켰지만, 독특한 방식으로 진화시켜 매우 다른 결과를 초래했기 때문이다. 1984년 제럴드 제이콥스Gerald Jacobs는 일부 다람쥐원숭이squirrel monkey가 붉은빛에 민감하지만 다른 원숭이는 그렇지 않다는 사실에 주목했다.[21] 그리고 제이 니츠의 도움으로 그 이유를 알아냈다. 이 원숭이들의 경우에는 긴 옵신 유전자의 중복이 일어난 적이 없다.••[22] 그 대신 원래 유전자가 변이되어 여러 가지 버전이 혼재하는데, 그중 일부는 여전히 긴 원뿔세포만 생성하고 일부는 중간 원뿔세포를 생성한다. 또한 해당 유전자는 X염색체에 위치하는데, 이는 수컷 원숭이(XY)가 한 가지 버전만 상속할 수 있음을 의미한다. 따라서 상속

• 또한 영장류는 이례적으로 예리한 시각을 가지고 있는데, 이는 삼색형 색각이 다른 '과일이나 잎을 먹는 포유동물'에서 진화하지 않은 이유를 설명할 수 있다. "쥐에게 삼색형 색각을 부여할 수는 있지만, 시력이 나쁜 야행성 포유동물에게 무슨 소용이 있겠어요?" 멜린이 말한다. 그와 대조적으로, 날카로운 눈을 가진 영장류는 삼색형 색각을 사용해 멀리서 과일과 어린잎을 찾아내어, 경쟁자들이 알아차리기 전에 먼저 목표물에 도달할 수 있다.

•• 단, 짖는원숭이howler monkey는 예외다.[23] 그들은 아메리카 대륙에 살고 있지만, 대륙을 공유하는 다른 원숭이들과 달리 수컷과 암컷 모두 삼색형 색각자다. 그 이유는, 아프리카와 유라시아의 사촌들과 같은 방식—긴 옵신 유전자의 중복—으로 삼색형을 진화시켰기 때문이다. 그리고 그들은 독립적으로 그렇게 했다.

받은 버전이 중간 것이든 긴 것이든, 수컷은 이색형 색각자가 될 운명이다. 그러나 암컷 원숭이(XX)는 그렇지 않다. 그들 중 일부는 각각의 X염색체에 중간 버전과 긴 버전을 상속함으로써 두 가지 버전을 모두 보유하게 된다. 이것은 그들에게 삼색형 색각을 부여한다.* 따라서 이 원숭이 그룹이 먹이를 찾아 나무 꼭대기를 배회할 때, 어떤 원숭이들은 녹색 잎을 배경으로 붉은 열매를 볼 것이고, 다른 원숭이들은 노란색과 회색만 보는 진풍경이 벌어질 것이다. 심지어 형제와 자매도 제각기 다른 색깔을 인지할 수 있다.

우리는 이색형 색각자가 삼색형 색각자보다 불리하다고 가정하기 쉽다. 그러나 코스타리카의 숲에서 15년 동안 흰머리카푸친white-faced capuchin을 연구한 어맨다 멜린은 다르게 생각한다. 여러 그룹의 흰머리카푸친을 따라다니면서, 그녀는 눈에 띄는 모든 개체를 식별하는 방법을 터득했다. 그런 다음 그들의 똥을 수집하고 DNA 염기서열을 분석함으로써, 누가 삼색형 색각자이고 누가 이색형 색각자인지 알아냈다. 최종적으로 그녀는 어느 그룹도 다른 그룹보다 생존 및 번식 가능성이 더 높지 않다는 것을 발견했다.[25] 삼색형 색각자는 밝은 색깔의 과일을 찾는 데 뛰어나지만,[26] 이색형 색각자는 잎과 막대기로 위장한 곤충을 찾는 데 능하다. 혼란스럽게 하거나 주의를 산만하게 하는 다양한 색깔의 반란이 없으므로, 이색형 색각자는 테두리와 형태를 탐지하고 위장을 간파하는 데 유리하다. 삼색형 색각자인 멜린은, 자신의 눈에 보이지 않는 곤충을 이색형 색각자가 잡아먹는 장면을 지켜보았다. 추가적인

---

* 문제는 이보다 훨씬 더 복잡한데, 그 이유는 아메리카 원숭이들 중 상당수가 동일한 유전자의 세 가지 가능한 버전(L, A, M)을 가지고 있기 때문이다. 암컷은 세 가지 버전 중 두 개(LA, LM, AM), 또는 한 쌍의 같은 버전(LL, AA, MM)을 상속받을 수 있다.[24] 따라서 그들은 여섯 가지 형태의 색각—세 가지 이색형 색각(SLL, SAA, SMM)과 세 가지 삼색형 색각(SLA, SLM, SAM)—을 가지고 있다.

색깔을 보는 것은 일장일단이 있다. 과유불급이라는 격언을 생각하라. '일부' 암컷과 '모든' 수컷이 여전히 이색형 색각자인 것은 바로 그 때문이다.

아니, 어쩌면 '거의 모든' 수컷이 그렇다고 해야 할지도 모르겠다. 2007년 니츠 부부는 성체 수컷 다람쥐원숭이 두 마리의 눈에 인간의 긴 옵신 유전자를 추가해 두 개가 아닌 세 개의 원뿔세포를 제공함으로써 삼색형 색각자로 둔갑시켰다.[27] 그러자 두 원숭이(달톤과 샘)는 2년 동안 매일 받아온 시각 검사에서 갑자기 다르게 행동했고, 이전에 보지 못했던 새로운 색깔을 구별할 수 있었다. 달톤은 실험 직후 당뇨병으로 사망했고, (나와 제이와 마지막으로 이야기를 나눈) 2019년 4월에 샘은 살아 있었다. 나는 12년 동안 삼색형 색각자로 살아온 샘의 삶이 어떤 느낌일지 궁금했다. 샘은 조금이라도 다르게 행동할까? 녀석은 새로운 방식으로 과일에 반응할까? "나는 샘과 대화하려고 시도했어요." 제이가 웃으며 말했다. "'얼마나 멋져?', '흥미롭지 않아?'라고 물어봤지만, 녀석은 묵묵부답이에요."

샘의 침묵은 나에게 많은 것을 말해준다. 샘은 우리에게, 더 많은 색깔을 보는 것이 그 자체로서 유리한 것은 아님을 상기시킨다. 색깔은 본질적으로 마법이 아니며, 동물이 그것으로부터 의미를 이끌어낼 때 마법이 된다. 어떤 색깔은 우리에게 특별하다. 왜냐하면 삼색형 색각자 조상으로부터 그것을 볼 수 있는 능력을 물려받아, 거기에 사회적 의미를 부여했기 때문이다. 반대로 우리에게 전혀 중요하지 않은 색깔도 있으며, 심지어 우리가 볼 수 없는 색깔도 있다.

자외선은 또 하나의 색일 뿐

1880년대에 존 러벅John Lubbock—영국의 은행가, 고고학자, 수학자—은 프리즘으로 광선을 나누어, 거기서 나온 무지개를 개미들에게 비췄다.[28] 개미들은 서둘러 빛을 피했지만, 러벅은 또 한 가지 사실을 알아차렸다. 무지개의 '보라색 끝 바로 너머'의 지역에 있던 개미들도 도망친 것이다. 그의 눈에 그 지역은 어둡게 보였지만, 개미들에게는 어둡지 않았다. 그곳에는 자외선ultraviolet—라틴어이며, 문자 그대로 "보라색 너머"를 의미한다—이 흘러넘쳤기 때문이다. 자외선(또는 UV)은 가시광선과 살짝 겹치는 10~400나노미터 범위의 파장을 가지고 있다.* "인간에게는 거의 보이지 않지만, 개미에게는 뚜렷하고 분리된 색(우리가 전혀 알 수 없는 색)이 존재하는 게 틀림없다." 그는 선견지명을 과시하듯 썼다. "사물의 색깔과 자연의 일반적인 측면은, 우리 인간에게 보여주는 것과 전혀 다른 모습을 개미들에게 보여주는 것 같다."

그 당시에만 해도 일부 과학자들은 동물이 색맹이거나 우리와 똑같은 스펙트럼을 볼 수 있다고 믿었다.[30] 러벅은 개미가 예외적이라는 것을 보여주었다. 그로부터 반세기 후 벌과 피라미도 자외선을 볼 수 있는 것으로 밝혀졌다. 그리하여 담론은 다음과 같이 바뀌었다. '일부 동물은 우리가 볼 수 없는 색깔을 볼 수 있지만, 그들은 매우 희귀한 기술

---

* 가시광선은 광대한 전자기 스펙트럼의 작은 부분에 불과한데, 그것이 우리 눈이 감지할 수 있는 유일한 부분인 데에는 그럴 만한 이유가 있다. 감마선이나 X선과 같이 파장이 매우 짧은 전자기파는 대부분 대기에 흡수된다. 마이크로파나 전파와 같이 매우 긴 파장을 가진 것들은 옵신을 안정적으로 흥분시키기에 충분한 에너지가 없다. 이러한 이유로, 어떤 동물도 마이크로파나 X선을 볼 수 없다. 시각에 유용한 파장의 골디락스 존은 좁을 뿐이고, 그 범위는 300~750나노미터. 400~700나노미터 범위에서 작동하는 우리의 눈은 이미 사용 가능한 시각적 공간의 많은 부분을 커버하고 있다.[29] 그러나 그 공간의 가장자리에서 많은 일이 발생할 수 있다.

을 보유하고 있는 게 틀림없다.' 그러나 또 다른 반세기가 지난 1980년
대에 연구자들은 많은 새, 파충류, 물고기, 곤충들이 자외선에 민감한
광수용체를 가지고 있음을 보여주었다.[31] 그러자 담론이 다시 바뀌었다.
'UV 시각은 많은 동물 그룹에 존재하지만 포유류에는 존재하지 않는
다.' 그러나 그건 턱도 없는 소리였다. 1991년에 제럴드 제이콥스와 제
이 니츠는 생쥐, 쥐, 게르빌루스쥐가 UV에 동조된 짧은 원뿔세포를 가
지고 있음을 보여주었다.[32] 막다른 골목에 몰린 사람들은 이렇게 뇌까렸
다. '좋아, 포유류가 UV 시각을 가질 수 있다고 치자. 그러나 그건 어디
까지나 설치류나 박쥐 같은 작은 동물에 해당하는 이야기야.' 그러나 웬
걸. 2010년대에 글렌 제프리Glen Jeffery는 순록, 개, 고양이, 돼지, 소, 페럿,
그 밖의 많은 포유류가 짧은 파란색 원뿔세포로 UV를 탐지할 수 있음
을 발견했다.[33] 그들은 아마도 UV를 별도의 색깔이 아닌 짙푸른 그늘로
인지하는 것 같지만, 그럼에도 불구하고 그것을 감지할 수 있다. 심지어
일부 인간도 그럴 수 있다.

우리의 수정체는 일반적으로 자외선을 차단하지만, 수술이나 사고로
수정체를 잃은 사람은 자외선을 희끄무레한 파란색으로 지각할 수 있
다. 82세에 백내장으로 왼쪽 수정체가 손상된 화가 클로드 모네에게 바
로 그런 일이 일어났다.[34] 그는 수련에 반사되는 자외선을 보기 시작했
고, 흰색 대신 희끄무레한 파란색으로 칠하기 시작했다. 모네는 논외로
하고, 대부분의 사람들은 UV를 볼 수 없다. 과학자들이 '자외선을 보는
능력은 희귀하다'고 그토록 믿고 싶어 한 것은 바로 이 때문일 것이다.
하지만 사실은 정반대다. 색깔을 볼 수 있는 동물들은 대부분 자외선을
볼 수 있다.[35] 그렇다면 그들이 정상이고 우리는 괴짜라고 할 수 있다.*

자외선은 매우 보편적이므로, 자연의 많은 부분이 각 동물들에게 다

르게 보이는 것은 당연하다.** 물은 자외선을 산란시켜 은은한 자외선 안개를 만드는데, 그 덕분에 물고기들은 미세한 '자외선 흡수 플랑크톤'을 더 쉽게 볼 수 있다. 설치류는 UV가 풍부한 하늘을 배경으로 새들의 어두운 실루엣을 쉽게 볼 수 있다. 순록은 (UV를 반사하는) 눈으로 뒤덮인 산비탈에서, (UV를 거의 반사하지 않는) 이끼와 지의류를 빠르게 식별할 수 있다.[37] 나는 이런 사례들을 얼마든지 제시할 수 있다.

이건 결코 과장이 아니다. 꽃들은 꽃가루 매개자에게 자신의 상품을 광고하기 위해 극적인 UV 패턴을 사용한다.[38] 해바라기, 금잔화, 검은눈천인국black-eyed Susan은 인간의 눈에 균일한 색으로 보이지만, 벌들은 꽃잎의 밑 부분에 있는 자외선 반점—선명한 과녁—을 볼 수 있다. 일반적으로 이러한 반점은 꿀의 위치를 나타내는 가이드 노릇을 하지만, 때로는 함정이다. 게거미crab spider는 꽃가루 매개자를 습격하기 위해 그곳에 매복하고 있다.[39] 우리 눈에 이 거미는 선택한 꽃의 색깔과 일치하는 것처럼 보이기 때문에, 오랫동안 위장의 달인으로 취급되어왔다. 하지만 그들은 너무나 많은 UV를 반사하는 바람에 벌의 눈에 확 띄는데, 아이러니하게도 이게 그들이 앉아 있는 꽃을 훨씬 더 매력적으로 보이게 만든다. 그들 중 일부는 뒤섞이기보다는 아예 눈에 띔으로써 UV에 민

---

* 왜 대부분의 사람들은 자외선을 보지 못하는 걸까? 그건 예리한 시력을 갖는 데 드는 비용 때문일지도 모른다. 빛이 우리의 수정체를 통과할 때, 더 짧은 파장을 가진 빛은 더 날카로운 각도로 구부러진다. 따라서 설사 렌즈가 UV를 허용하더라도, UV는 다른 파장의 빛보다 훨씬 앞쪽에 집중되어 망막에 맺힌 상을 흐리게 한다. 이것을 전문 용어로 색수차chromatic aberration라고 한다. 이것은 작은 눈이나 별로 예리할 필요가 없는 눈에는 큰 문제가 되지 않는다. 그러나 날카로운 시각을 가진 왕눈이 동물에게는 문제가 된다. 영장류가 UV를 보지 못하고, 맹금류가 다른 새보다 UV를 훨씬 적게 보는 것은 이 때문일 수 있다.

** 일부 과학자들은 최초로 진화한 색각이 '초록색 광수용체'와 'UV 광수용체'를 이용한 이색형 색각이라고 생각한다.[36] 만약 그게 사실이라면 동물은 색깔을 보는 순간부터 UV를 보아왔다는 이야기가 된다.

감한 먹잇감을 유인한다.

많은 새들의 깃털에도 UV 패턴이 있다. 1998년에 두 개의 독립적인 연구팀이, 푸른박새blue tit의 "파란색" 깃털이 실제로 많은 UV를 반사한다는 것을 발견했다.[40] 한 연구팀이 쓴 것처럼 "푸른박새는 자외선박새 ultraviolet tit다." 인간에게 이 새들은 모두 비슷하게 보인다. 그러나 UV 패턴 덕분에, 그들 사이에서 수컷과 암컷은 매우 다르게 보인다. 제비와 흉내지빠귀를 포함해, 우리가 성별을 구별할 수 없는 명금류의 90퍼센트 이상도 마찬가지다.[41]

UV 패턴을 볼 수 없는 동물은 인간뿐만이 아니다. 자외선은 물에 의해 심하게 산란되기 때문에, 멀리 있는 먹이를 찾아야 하는 육식성 물고기는 종종 그것에 둔감하다. 그들의 먹잇감은 결국 이 약점을 이용했다. 중앙아메리카 강의 검상꼬리송사리swordtail는 우리에게 칙칙해 보이지만, 몰리 커밍스Molly Cummings와 길 로젠털Gil Rosenthal이 보여준 것처럼 일부 종의 수컷은 옆구리와 꼬리에 강렬한 UV 줄무늬를 가지고 있다.[42] 이 표시는 암컷에게 매력적이지만, 검상꼬리송사리의 주요 포식자에게는 보이지 않는다. 그리고 포식자가 더 흔한 곳에 서식하는 검상꼬리송사리는 더욱 선명한 UV 표시를 가지고 있다. "그들은 위험을 감수하지 않으면서 초호화판 사생활을 즐길 수 있어요"라고 커밍스는 말한다. 호주의 그레이트배리어리프에 서식하는 암본자리돔Ambon damselfish도 비슷한 비밀 코드를 보유하고 있다. 인간의 눈에, 그들은 '지느러미 달린 레몬'과 비슷하며, 다른 근연종近緣種과 동일하게 보인다. 그러나 울리케 지벡 Ulrike Siebeck이 발견한 바에 따르면, 그들의 머리에는 (마치 얼굴 전체가 보이지 않는 마스카라로 뒤덮인 것처럼) 온통 UV 줄무늬가 아로새겨져 있다.[43] 포식자들은 이 표시를 볼 수 없지만, 암본들은 동족을 다른 자리돔과 구별

　　　　　　　　　　　　　　　　　　　　　이토록 굉장한 세계

하기 위해 이 표시를 사용한다.

UV는 우리에게 불가사의하고 뭔가에 홀린 듯한 느낌을 준다. 그것은 우리 시각의 가장자리에서 어른거리는 보이지 않는 색조, 즉 우리의 상상력이 채우고 싶어 하는 지각적 공백이다. 과학자들은 종종 그것을 은밀한 의사소통 채널로 취급하고, 특별하거나 비밀스러운 의미를 부여해왔다.[44] 그러나 암본자리돔과 검상꼬리송사리를 제외하고, 그런 주장들 중 대부분은 입증되지 않았다.* 현실을 말하자면, UV 시각과 UV 신호는 지극히 일반적이다. "내 개인적인 견해는, 자외선은 또 하나의 색일 뿐이라는 거예요"라고 색각을 연구하는 이네스 커틸Innes Cuthill이 나에게 말한다.

벌이 뭐라고 말할지 상상해보자. 그들은 초록색, 파란색, 자외색(UV)에 가장 민감한 옵신을 보유한 삼색형 색각자다. 만약 벌들이 과학자라면, 우리가 빨간색으로 알고 있는 색깔이 존재한다는 사실에 경악할지도 모른다. 그들은 그게 보이지 않는다고 투덜대며, "황외색ultrayellow"이라고 부를 수도 있다. 그들은 처음에는 다른 생물들이 황외색을 볼 수 없다고 주장하다가, 나중에 왜 그렇게 많은 생물들이 황외색을 볼 수 있는지 의아해할 수 있다. 그들은 그게 특별한 색이냐고 물어볼 수도 있다. 그들은 황외색 카메라를 이용해 장미를 촬영하고, 그것이 얼마나 다른지에 대해 열변을 토할 수도 있다. 그들은 이 색깔을 볼 수 있는 대형 이족보행 동물들이 홍조 띤 뺨을 통해 비밀 메시지를 교환하는지 궁금

---

* UV 시각에 대한 다른 주장들도 무너졌다. 1995년 핀란드의 한 연구팀은 황조롱이가 들쥐의 오줌에서 반사되는 UV를 이용해 들쥐를 추적할 수 있다고 주장했다.[45] 이 주장은 책과 다큐멘터리에서 자주 반복되지만, 알무트 켈버에 따르면 낭설이라고 한다. 2013년 그녀와 그녀의 동료들은 들쥐의 오줌이 실제로 UV를 많이 반사하지 않으며 물과 구별되지 않는다는 것을 증명했다.[46] 그러므로 황조롱이가 멀리서 그것을 볼 수 있다는 설은 사실무근이다.

해할 수 있다. 그들은 결국 그것이 또 하나의 색일 뿐이며, 자신들의 시각적 레퍼토리에 없다는 점에서 특별하다는 것을 깨달을 수 있다. 그리고 그것을 자신들의 환경세계에 추가함으로써, 3차원 색상을 4차원으로 확장하는 방안을 모색할 수도 있다.

사색형 색각자의 세계

콜로라도주 엘크산맥의 해발 2900미터에 자리 잡은 고딕 마을은 한때 번성하는 은광의 본거지였다. 19세기 후반 은값이 폭락하자 고딕은 유령 도시가 되었다. 그러나 1928년, 그곳은 하필이면 연구 기지로 다시 태어났다. 오늘날 럼블Rumble이라는 애칭으로 알려진 로키산맥 생물학 연구소Rocky Mountain Biological Laboratory는 전 세계의 과학자들을 끌어들인다. 수백 명의 사람들이 매년 여름 이곳으로 이주해 서부영화 세트장 같은 곳에서 먹고 자며, 현지의 토양과 개울, 진드기와 마멋을 연구한다. 2016년 그곳에 도착했을 때, 메리 캐스웰 '캐시' 스토더드Mary Caswell 'Cassie' Stoddard는 벌새를 마음에 두고 있었다.

"나는 새를 보며 자랐지만, 대학에 들어가고 나서야 '새는 인간이 인지하지 못하는 색깔을 인지할 수 있다'는 사실을 알게 되었어요"라고 스토더드는 나에게 말한다. "그건 정말 충격적이었어요." 대부분의 새들은 네 유형의 원뿔세포를 가지고 있으며, 각각의 원뿔세포에는 빨간색, 초록색, 파란색, 보라색 또는 자외색(UV)에 가장 민감한 옵신이 들어 있다. 그래서 그들은 사색형 색각자tetrachromat가 되며, 이론적으로 우리가 지각할 수 없는 다양한 색깔을 구별할 수 있다. 정말 그런지 확인하기 위해, 스토더드가 이끄는 연구팀은 럼블에 거주하는 넓적꼬리벌새

broad-tailed hummingbird—무지갯빛 녹색 깃털과, 수컷의 경우 밝은 자홍색 턱받이가 있는 아름다운 종—를 테스트했다.

컬러풀한 꽃에서 먹이를 먹는 벌새의 자연적 본능을 이용해, 스토더드는 특수한 조명들—사색형 색각자가 볼 수 있는 색깔을 생성하도록 맞춤 제작된 조명—근처에 배치된 모이통으로 벌새를 유인했다.[47] 한 조명은 꿀이 담긴 먹이통에 녹색광과 자외선이 혼합된 광선을 비추고, 다른 조명은 맹물이 담긴 먹이통에 순수한 녹색광을 비추었다. 스토더드는 이 색광들의 차이를 구별할 수 없었지만, 벌새는 최소한의 경험으로 구별할 수 있으리라 예상되었다. 아니나 다를까, 하루가 지나는 동안 꿀이 담긴 먹이통에 모여드는 벌새의 수가 점점 더 증가하는 게 아닌가! "그들은 '우리 눈에 똑같아 보이는 빛'을 구별하는 법을 익혔어요"라고 스토더드는 말한다. "늘 예상했던 일이지만, 직접 눈으로 보니 황홀했어요."•

하지만 이와 같은 실험을 통해서도, 우리는 '새들이 뭘 볼 수 있는지'를 자칫 과소평가하기 쉽다. 그들의 시각을 '인간의 시각 + 자외색(UV)' 또는 '벌의 시각 + 빨간색'이라고 생각하면 오산이다. 사색형 색각은 단순히 '가시적 스펙트럼'의 가장자리에서 경계를 확장하는 데 그치지 않는다. 한걸음 더 나아가, 그것은 전혀 새로운 차원의 색깔을 드러낸다. 앞에서 언급한 것처럼, 이색형 색각자는 삼색형 색각자가 보는 색깔 중에서 약 1퍼센트—수백만 가지 중에서 수만 가지—만 구별할 수 있다는 것을 기억하라. 삼색형 색각자와 사색형 색각자 사이에도 동일한 간

• 스토더드가 두 가지 조명을 동일한 색깔로 설정했더니, 벌새는 더 이상 꿀이 담긴 먹이통에 안정적으로 도착할 수 없었다. 이것은 그들이 올바른 먹이통의 위치를 단순히 기억하거나, 다른 감각(예: 후각)에 의존해 학습하지 않는다는 것을 시사한다.

극이 존재한다면, 우리는 새가 구별할 수 있는 수억 가지 색깔 중에서 겨우 1퍼센트만 볼 수 있을 것이다. 인간의 삼색형 색각을 삼각형으로 생각할 수 있는데, 여기서 세 모서리는 각각 빨간색, 초록색, 파란색의 원뿔세포를 나타낸다.[48] 우리가 볼 수 있는 모든 색깔은 이 세 가지 색깔의 혼합물로, 삼각형 공간 내에 점으로 표시될 수 있다. 그에 비해 새의 사색형 색각은 피라미드(삼각뿔)로 생각할 수 있으며, 네 모서리는 네 개의 원뿔세포를 나타낸다. 여기서 우리의 전체 색깔 공간은 피라미드의 한 면에 불과하며, 피라미드의 넓은 내부는 대부분의 인간이 접근할 수 없는 색깔들을 나타낸다.

만약 빨간색과 파란색 원뿔세포가 동시에 자극된다면 우리는 자주색을 볼 수 있는데, 이 색깔은 무지개에 존재하지 않으며 단일 파장의 빛으로 표현될 수 없다. 이러한 종류의 칵테일 색을 비분광적이라고 한다. 벌새는 네 가지 원뿔세포로 더 많은 비분광 칵테일 색을 볼 수 있는데, 그중에는 UV-빨간색, UV-초록색, UV-노란색(빨간색+녹색+자외색), 그리고 아마도 UV-자주색(빨간색+파란색+자외색)이 포함된다. 내 아내의 제안과 스토더드의 기쁨에 고무되어, 나는 이것들을 각각 적자주색rurple, 녹자주색grurple, 황자주색yurple, 자주외색ultrapurple이라고 부를 것이다.* 스토더드의 연구에서, 이러한 비분광색과 그것들의 다양한 음영이 식물과 깃털에서 발견되는 색깔의 약 3분의 1을 차지하는 것으로 밝혀졌다.[49] 새에게 초원과 숲은 녹자주색과 황자주색으로 고동친다. 넓적꼬리벌새에게 수컷 턱받이의 밝은 자홍색 깃털은 실제로 자주외색이다.

또한 사색형 색각자는 흰색에 대해 다른 개념을 가지고 있다. 흰색은

---

* 나는 'UV-자주색'을 자주외색ultrapurple과 겹자주색purpurple 중 어느 것으로 불러야 할지'를 놓고 아직도 고민 중이다.

모든 원뿔세포가 동시에 자극될 때 우리가 지각하는 것이다. 그러나 새의 네 가지 원뿔세포를 흥분시키려면, 인간의 세 가지 원뿔세포를 자극하는 것과 다른 파장의 혼합이 필요하다. 종이의 경우에는 UV를 흡수하는 염료로 처리되었으므로, 새의 눈에 흰색으로 보이지 않을 것이다. '흰색'으로 여겨지는 새의 깃털 중 상당수도 마찬가지여서,[50] UV를 반사하기 때문에 새들에게 반드시 흰색으로 보이지는 않을 것이다. "새들이 적자주색, 녹자주색, 그 밖의 비분광색에 부여하는 의미를 알기는 어려워요"라고 스토더드는 말한다. 바이올리니스트로서, 그녀는 동시에 연주되는 두 개의 음이 분리되어 들리거나 완전히 합쳐져 새로운 음으로 들릴 수 있다는 것을 알고 있다. 비유하자면, 벌새들은 적자주색을 '빨간색과 UV의 혼합'으로 인지할까, 아니면 그 자체를 절묘한 새 색깔로 인지할까? "어떤 꽃을 방문할 것인지 선택할 때, 그들은 적자주색을 빨간색과 한 그룹으로 묶을까요, 아니면 전혀 다른 색조로 간주할까요?"라고 그녀는 묻는다. "그게 순수한 빨간색과 다르다는 것은 알겠지만, 그들이 그것을 정확히 어떻게 해석할지는 불가사의예요."

새들만 사색형 색각자인 것은 아니다. 파충류, 곤충, 민물고기(미천한 금붕어 포함)도 네 가지 원뿔세포를 가지고 있다.[51] 과학자들은 현생동물 중의 사색형 색각자들을 관찰하고 역추적함으로써, 최초의 척추동물도 사색형 색각자였을 가능성이 있다고 추론할 수 있다.[52] 포유류의 경우 아마도 처음에는 모두 야행성이어서, 조상이 물려준 네 개의 원뿔세포 중 두 개를 잃고 이색형 색각자가 되었을 것이다. "그러나 그들은 공룡의 발 밑에서 허둥지둥 달렸을 테고, 공룡은 거의 확실하게 사색형 색각자였을 테니 모든 종류의 멋진 비분광색을 감상했을 거예요"라고 스토더드는 말한다. 아주 오랫동안 일러스트레이터와 영화 제작자들이 공룡을 갈색, 회색, 초록색의 칙칙한 음영으로 묘사해온 것은 아이러니가 아닐 수 없다. 예술가들은 최근에 와서야 그들이 새들의 조상이라는 계시에서 영감을 받아, 공룡을 화사한 색깔로 그려내기 시작했다. 그러나 삼색형 색각자인 인간의 손으로 그려졌다는 점을 감안할 때, 이 생생한 색깔조차도 공룡이 띠었거나 보았을 법한 색상의 아주 작은 부분만을 포착할 뿐이다.

대부분의 사람들에게, 새(또는 공룡)보다는 개의 색각을 상상하는 것이 훨씬 더 쉽다. 만약 당신이 삼색형 색각자라면, 특정 색깔을 제거하는 앱을 사용해 이색형 색각을 시뮬레이션할 수 있다. 심지어 다른 삼색형 색각자(예: 벌)의 '파란색, 초록색, UV 시스템'을 우리의 '빨간색, 초록색, 파란색 시스템'에 매핑함으로써, 그들이 보는 세상을 시뮬레이션할 수도 있다. 하지만 삼색형 색각자에게 사색형 색각을 알기 쉽게 설명할 방법이 없다. "사람들은 종종 특별히 설계된 고글을 이용해 비분광색을 볼 수는 없냐고 물어요. 나도 그럴 수 있기를 간절히 소망해요!"라고 스토더드는 말한다. 분광광도계를 이용해 새의 깃털에서 적자주색과 녹자주색을 찾아낼 수도 있겠지만, 그런 다음에는 좀 더 제한된 범위의 색깔로 다시 색칠해야 한다. 사색형 색각을 삼색형 색각으로 번역하는 것은 쉽지 않다. 실망스럽게도 대부분의 사람들은 '많은 동물들이 서로에게 실제로 어떻게 보이는지' 또는 '그들의 색각이 얼마나 다양할 수 있는지' 상상조차 할 수 없다.

완전히 다른 차원의 색

심지어 나비의 경우에도, 에라토 독나비red postman는 특이하게 미묘한 비행 스타일을 가지고 있다. 부지런한 날갯짓에도 불구하고 놀랄 만큼 조금 전진하는 것을 보면, 특별한 목적지 없이 여기저기 배회하는 게 얼마나 힘든 일인지 알 것 같다. 따지고 보면, 그들의 느릿느릿한 움직임이 가능한 것은 극강의 방어력 때문이다. 독소로 가득 차 있고 빨간색·까만색·노란색 경고색으로 뒤덮여 있다 보니 포식자를 피하기 위해 굳이 서두를 필요가 없는 것이다. 그러나 인간의 눈으로 보기에, 그들의 몸에는 불쾌한 구석이 하나도 없다. 캘리포니아주 어바인에 있는 한 온실에서, 나는 란타나lantana 식물의 빨간색과 주황색 꽃 사이에서 20여 마리의 에라토 나비가 내 머리 옆에서 펄럭이는 모습을 지켜보고 있다. 그들의 밝은 색과 부드러운 움직임 속에서 세상은 더욱 풍요롭고 고요하게 느껴진다. 이 나비들의 학명은 헬리코니우스 에라토*Heliconius erato*인데, 속명과 종명 모두 적합하다는 느낌이 든다. 그도 그럴 것이, 그리스 신화에서 헬리콘산은 뮤즈의 고향이자 시적 영감의 원천이고, 에라토는 사랑의 시를 전담하는 뮤즈이니 말이다.

한 마리의 에라토 나비가 란타나 식물의 싹에 내려앉아, 배를 동그랗게 웅크리며 조그만 황금색 알을 낳는다. 추가로 다섯 마리가 인근의 나뭇잎 위에 사이좋게 앉아 날개를 천천히 여닫는다. 온도는 36도, 습도는 59퍼센트로 표시된 온실 공조시스템의 표시 화면에 또 한 마리가 내려앉는다. 나는 문득 청바지를 입은 게 실수임을 깨닫는다. 내 옆에서는 좀 더 센스 있게 차려입은 아드리아나 브리스코Adriana Briscoe가 주위를 둘러보며 활짝 웃고 있다. 이 온실은 그녀의 것으로, 그녀가 행복함과 평온함을 느끼기 위해 찾아오는 일터 겸 쉼터다. "난 여기 있는 게 좋아요." 그녀가 상념에 잠긴 채 말한다. "당신은 알 거예요. 왜 많은 과학자들이 자신의 경력을 바쳐 이 나비들을 연구하는지."

중남미 전역에서, 에라토는 비극의 뮤즈의 이름을 따서 명명된 사촌 헬리코니우스 멜포메네*Heliconius melpomene*와 함께 사는 경향이 있다. 에라토와 멜포메네는 모두 독성이 있지만, 서로 비슷하게 생겼기 때문에 한쪽을 피하는 법을 배운 포식자는 다른 쪽도 피할 수 있다. 어느 곳을 가나 이 두 종은 거의 똑같아 보인다.[53] 그러나 지역에 따라 상당히 다르다. 페루의 타라포토에서는, 에라토와 멜포메네 모두 앞날개에 붉은색 띠가 있고 뒷날개에 노란색 띠가 있다. 그러나 불과 130킬로미터 떨어진 유리마과스에서, 두 종 모두 앞날개에는 빨간색 바탕에 노란색 얼룩이 있고 뒷날개에는 빨간색 줄무늬가 있다. 두 지역의 에라토가 실제로 같은 종이라는 것이 거의 믿기지 않을 정도이며, 어느 한 지역에서 에라토와 멜포메네를 구별하는 것은 여간 어려운 일이 아니다. 브리스코의 온실에서도 두 종이 뒤섞여 있을 수 있지만, 나로서는 도무지 알 수 없는 일이다. 그렇다면 나비들 자신은 어떻게 그 차이를 알까? 1990년대 후반에 그들을 연구하기 시작했을 때, 브리스코는 모두가 고개를 절레절레 흔드는 것을 보고 황당했다고 한다. "그들처럼 유명한 시각적 동물의 경우, 눈에서 출발하는 게 당연한 수순이라고 생각했어요"라고 그녀는 말한다.

대부분의 나비는 삼색형 색각자다. 벌과 마찬가지로 그들은 기본적으로 UV, 청색광, 녹색광에 가장 민감한 세 가지 옵신을 가지고 있으며, 종에 따라 빨간색에서 UV에 이르기까지 다양한 색깔을 볼 수 있다. 그러나 2010년, 브리스코는 헬리코니우스 나비가 두 가지 중요한 면에서 친척들과 다르다는 것을 발견했다.[54] 첫째, 그들은 사색형 색각자다. 일반적인 파란색 및 초록색 옵신과 함께, 그들은 상이한 파장에서 정점을 이루는 두 가지 UV 옵신을 가지고 있다. 둘째, 친척 나비들은 날개에 노란색 색소를 사용하는 반면, 헬리코니우스는 UV와 노란색을 혼합한 비분광색인 황자주색을 사용한다. 이 두 가지 특성은 서로 밀접한 관련이 있다. 헬리코니우스는 두 개의 UV 옵신을 사용해 스펙트럼상의 UV 부분을 더욱 세밀한 단계로 분할함으로써, 미묘하게 다른 UV 기반 색깔의 음영을 구별할 수 있다. 그리고 자신들의 날개에 그 색깔을 칠함으로써, 헬리코니우스는 동족과 흉내쟁이를 더 잘 구별할 수 있다. 심지어 단일 UV 옵신을 가진 새들도 노란색과 (헬리코니우스가 사용하는) 황자주색의 음영을 구별하지 못하는 것 같다.[55]

수컷 에라토 나비도 그것을 구별할 수 없다. 2016년 브리스코의 제자 카일 매컬러Kyle McCulloch는 암컷 에라토만이 사색형 색각자임을 발견했다.[56] 수컷 에라토는 삼색형 색각자다. 그들은 두 번째 UV 옵신 유전자를 가지고 있지만, 어떤 이유에선지 그것이 억제된다. 다람쥐원숭이와 마찬가지로, 암컷 에라토는 수컷의 색각에 존재하지 않는 차원을 추가적으로 보유하고 있다.* 브리스코의 온실에서 우리는 한 쌍의 에라토가 교미하는 장면을 지켜본다. 그들의 배가 맞붙어 있지만, 그것이 분리되기도 전에 암컷은 수컷을 매단 채 이륙한다. 그들은 잠시 동안 생식기에 의해 하나로 연결되어 날개를 펄럭이지만, 환경세계에 의해 영원히 분리되어 있다.

---

* 이 이야기에는 또 다른 반전이 도사리고 있다. 나의 첫 번째 책인《내 속엔 미생물이 너무도 많아》의 독자들은 반가워할 것이다. 때때로 브리스코는 세 가지 옵신만 가진 수컷과 비슷한 눈을 가진 암컷 에라토를 발견하곤 한다. 이 패턴은 그녀를 혼란스럽게 했지만, 그녀는 마침내 이 모든 암컷들이 볼바키아Wolbachia라는 세균에 감염되었음을 알게 되었다. 볼바키아는 지구상에서 가장 성공적인 세균 중 하나로, 곤충과 기타 절지동물의 엄청난 부분을 감염시킨다. 그들은 모계로만 전달되며, 쓸모없는 수컷을 제거하기 위해 많은 트릭을 구사한다. 때때로 그것은 수컷을 노골적으로 죽이고, 때로는 암컷으로 바꿔버린다. 때로는 암컷에게 수컷 없이 무성생식을 하도록 허용한다. 볼바키아가 에라토에게 무슨 짓을 하는지는 미스터리이지만, 브리스코는 이제 그 의문을 해결하려고 한다.

에라토 나비는 사색형 색각에서 성차性差가 발견되는 유일한 종이 아닙니다. 인간도 그 특성을 공유한다. 영국의 뉴캐슬 어딘가에, 과학 문헌에서 cDa29로 알려진 여성이 살고 있다.[57] 그녀는 인터뷰를 일절 거부하는 은둔자이며, 실명도 공개되어 있지 않다. 그러나 그녀와 광범위하게 협력해온 심리학자 가브리엘레 조던Gabriele Jordan에 따르면 cDa29는 사색형 색각자만이 통과할 수 있는 테스트에서 높은 점수를 받는다. 스토더드의 벌새들과 마찬가지로 그녀는 매우 유사한 초록색들 중에서 단 하나의 초록색 음영을 골라낼 수 있다. "나무에 열린 체리처럼 말이에요." 조던이 나에게 말한다. "우리가 보기에는 그게 다 그거예요. 어떤 사람들은 몇 번이고 들여다본 후 추측할 수도 있어요. 그러나 그녀는 몇 밀리초 이내에 이상한 것 하나를 골라낼 수 있어요."

인간 사색형 색각자는 일반적으로 여성이다. 왜냐하면 짧은(S) 옵신을 코딩하는 유전자만 상염색체에 있고, 긴(L) 옵신과 중간(M) 옵신을 코딩하는 유전자가 모두 X염색체에 있기 때문이다. 대부분의 여성들은 두 개의 X염색체를 가지고 있기 때문에, 두 유전자의 '약간 다른 두 가지 버전'을 물려받을 수 있다. 그럴 경우, 그녀들은 서로 다른 파장에 동조된 네 종류의 옵신—이를테면 S, M, La, Lb—을 보유하게 된다. 여성 여덟 명 중 한 명 정도가 이런 패턴을 가지고 있다.[58] 그러나 그들 중 대부분은 사색형 색각자가 아니다. 그 능력을 갖기 위해서는 다른 많은 조각들이 제자리에 있어야 한다. 일반적으로 빨간색과 초록색 원뿔세포는 30나노미터 떨어진 파장에 가장 잘 반응한다. 새롭고 뚜렷한 차원의 색깔을 생성하려면, 네 번째 원뿔세포가 해당 범위의 거의 정중앙—즉 초록색에서 12나노미터 떨어진 곳—에 위치해야 한다(cDa29가 바로 이런 원뿔세포를 가진 사람이다).

이토록 굉장한 세계

"유전적 관점에서 볼 때, 정확한 사양을 가진 옵신이 탄생할 확률은 0에 가까워요"라고 조던은 말한다. 설사 어떤 여성이 올바른 종류의 네 번째 원뿔세포를 만들 수 있다고 해도, 망막의 오른쪽 부분—즉 색각이 가장 날카로운 중심와—에 있어야 한다. 그리고 가장 중요한 것은, 이 원뿔세포에서 나오는 신호들과 대립하기 위해 올바른 신경 배선이 필요하다는 것이다.

네 가지 원뿔세포를 가진 여성 중에서도 극소수만이 진정한 사색형 색각자인 것은, 이러한 특성의 조합이 워낙 희귀하기 때문이다. 조던에 따르면, 사색형 색각자를 자칭하는 사람들 중 상당수는 가짜라고 한다. 특히 예술가들은 종종 다른 사람들보다 더 많은 색상을 볼 수 있다고 확신하지만, 작품 때문에 색조에 더 주의를 기울이는 것과 '완전히 다른 차원의 색깔을 보는 것'은 근본적으로 다르다. "나는 많은 사람들을 테스트해봤지만, 사색형 색각자가 아닌 것으로 판명됐어요"라고 조던이 말한다. "초인적 시각에 대한 생각은 굉장히 매력적이에요.* 하지만 사람들이 생각하는 것만큼 흔하지는 않아요." 첫 번째로 확인된 사색형 색각자는 cDa29였다. 조던은 영국에 약 4만 8600명이 더 있다고 추정하지만, 그들을 찾기는 쉽지 않다.** 이색형 색각자가 자신의 삶을 칙칙한 색깔로 채우지 않는 것처럼, 그들이 놀라운 테크니컬러의 옷을 입고 돌아

---

* cDa29와 그 밖의 진정한 사색형 색각자는 새처럼 자외선을 볼 수 없기 때문에, 그들의 시각은 일반적인 삼색형 색각자와 동일한 범위의 파장을 커버한다는 점을 주목하라. 그들은 여전히 추가적 차원의 색깔을 보고, 그들의 색깔 공간은 여전히 삼각형 대신 피라미드로 나타낼 수 있다. 그러나 그들의 피라미드는 새들의 피라미드에 포함된다.

** 2019년 조던은 새로운 테스트를 개발했는데, 그것을 이용하면 어떤 여성이 진정한 사색형 색각인지(정확히 12나노미터 간격의 네 번째 원뿔세포를 보유했는지) 여부를 신속하게 판정할 수 있다고 한다. "우리는 여기저기 돌아다니며 사색형 색각자가 얼마나 많이 있는지 금세 알아낼 수 있었어요"라고 그녀는 말한다. "그런데 곧바로 코로나19가 들이닥쳤어요."

다니는 건 아니기 때문이다. "색각 검사를 받기 전까지, cDa29는 자신의 시각이 특별하다고 생각한 적이 없었어요"라고 조던이 말한다. "자신에게 주어진 망막과 뇌를 가지고 세상을 바라보기 때문에, 다른 사람의 망막과 뇌로 갈아 끼우고 세상을 바라보지 않는 한 자신이 더 낫다고 생각하기는 정말 어려워요."

조던에게 이 말을 처음 들었을 때, 나는 솔직히 약간 실망했음을 고백한다. "샘(유전자 조작 다람쥐원숭이)은 새로 얻은 삼색형 색각에 대해 묵묵부답이에요"라는 말을 제이 니츠에게 들었을 때처럼 말이다. 색깔은 우리에게 중요하다. 컬러 TV, 프린터, 책은 그들의 흑백 사촌보다 더 소중하다. 추가적인 차원의 색깔이 볼 만한 장관일 거라고 기대하는 것은 자연스러운 일이다. 그러나 그것이 당연하게 여겨질 경우 색깔에 대한 신비감이 사라질 수 있다. 물론 우리 모두—단색형 색각자, 이색형 색각자, 삼색형 색각자, 사색형 색각자—는 자신이 보는 색깔을 당연하게 여긴다. 우리 각자는 자신의 환경세계에 갇혀 있다. 서론에서 언급한 바와 같이, 이 책은 우월성이 아니라 다양성에 관한 책이다. 색깔의 진정한 영광은 '일부 사람들이 더 많은 색깔을 본다'는 것이 아니라, '무지개의 범위가 매우 다양하다'는 것이다.

인간 사색형 색각자와 에라토 나비에 대해 생각하는 동안, 나는 한때 만연했던 '모든 동물들이 인간과 동일한 스펙트럼의 색깔을 본다'는 통념이 얼마나 터무니없는 것인지 깨닫게 되었다. 심지어 인간이 보는 색깔도 제각각 다른데 말이다.* 사람들 중에는 다양한 형태의 부분색맹이

---

* 어맨다 멜린에 따르면, 인간의 색각은 그녀와 다른 사람들이 침팬지, 개코원숭이, 그 밖의 영장류에서 본 것보다 훨씬 더 다양하다고 한다. 그 이유는 분명하지 않지만, 오늘날 우리의 생존이 색각과 덜 밀접하게 연관되어 있다 보니, 한때 해로웠을지도 모를 변이들이 버젓이 잔존할 수 있게 되었을지도 모른다.

나 완전색맹이 존재한다. 몇몇 사람들은 사색형 색각자다. 동물계의 나머지 그룹들을 살펴보면 훨씬 더 큰 다양성을 발견할 수 있을 것이다. 6000종의 깡충거미류, 1만 8000종의 나비류, 3만 3000종의 어류 내부에는 상당히 다양한 색각이 존재한다.

제브라피시 유생의 망막에는 최소한 세 종류의 색각이 존재한다.[59] 첫째, 하늘을 올려다보는 부분에 맺히는 상은 컬러가 아니라 흑백으로 보인다. 왜냐하면 공중에 있는 포식자의 실루엣을 식별하는 데 굳이 색깔이 필요하지 않기 때문이다. 둘째, 정면을 바라보는 부분은 UV 탐지기에 의해 지배된다. 맛있는 플랑크톤을 찾아내는 데 도움이 되기 때문이다. 셋째, 수면과 물속의 공간을 스캔하는 부분에는 사색형 색각이 존재한다. 흑백 시각에서 인간보다 풍부한 색각에 이르기까지, 이 아기 물고기의 눈은 모든 것을 가지고 있다.

다른 동물들이 보는 색깔을 감상하기 위해 우리의 눈에 인스타그램 필터를 추가할 수는 없다. 그 색깔들이 한 장면이나 한 철 내내, 또는 모든 개체에게 동일하게 유지된다고 가정할 수는 없기 때문이다. 그리고 동물이 가지고 있는 옵신이나 광수용체의 개수를 헤아려 시각적 팔레트를 재구성하는 것도 불가능하다. 아리카와 겐타로에 따르면, 많은 나비들이 지나칠 정도로 많은 종류의 광수용체를 가지고 있다고 한다.[60] 일례로 배추흰나비cabbage white butterfly는 여덟 가지 광수용체를 보유하고 있는데, 그중 하나는 암컷에만, 다른 하나는 수컷에만 존재한다. 일본호랑나비는 여섯 가지 광수용체를 가지고 있지만, 사색형 시각을 위해 네 가지만 사용한다. 나머지 두 가지는 특정 작업(예를 들어 지나가는 특정한 색깔의 물체 발견하기)을 위해 내장되어 있을 가능성이 높다. 나비 중 챔피언인 청띠제비나비common bluebottle는 무려 열다섯 가지 광수용체를 보유하고 있다. 그러나 이 곤충은 15차원의 색각을 가진 15색형 색각자pentade-cachromat가 아니다. 열다섯 가지 중 세 가지만 눈 전체에서 발견되고, 네 가지는 상반부에, 여덟 가지는 바닥에 국한되어 있다. 만약 그들을 찾아서 분석한다면 훨씬 더 정교한 색각 분할 사례를 발견할 수 있을 거라고 아리카와는 기대한다. 그의 생각에 따르면, 청띠제비나비는 기본적으로 사색형 색각자이며, 나머지 열한 가지 광수용체는 시야의 좁은 부분에서 매우 특정한 것들을 탐지하는 데 사용되는 것 같다.

사실 색각이 사색형 색각 이상으로 정교할 필요는 없다. 자연물에서 반사되는 색깔을 기반으로, 동물은 스펙트럼 전체를 균등한 간격으로 커버하는 네 종류의 광수용체만으로도 필요한 모든 것을 볼 수 있다. 새는 이상적인 설정에 가깝다. 그 이상의 것은 소모적이고 비효율적인 사치일 것이다. 따라서 과학자들이 네 가지 이상의 광수용체를 가진 동물을 발견한다면, 아마 뭔가 이상한 일이 벌어지고 있을 것이다.

갯 가 재 의 광 학 적 사 치

"손가락을 거기에 넣으면 한방 맞을 거예요." 에이미 스트리츠Amy Streets 는 호주 브리즈번에 있는 작은 수족관의 수조를 가리키며 나에게 말한다. "만약 당신이 시도하고 싶다면…."

나는 해보고 싶지만, 수조 속의 동물이 워낙 유명해서 테스트하기가 두렵다.

"얼마나 세게 때려요?" 나는 묻는다.

"당신을 놀라게 하기에 충분해요." 스트리츠는 말한다. "해봐요."

나는 새끼손가락을 물속에 집어넣는다. 거의 즉시, 5센티미터 길이의 동물이 튀어나와 나를 공격하며 초록색 섬광이 번뜩인다. 커다란 딸깍소리가 들리고, 내 손가락에서 날카롭지만 견딜 만한 통증이 느껴진다. 보라색 반점이 찍힌 갯가재mantis shrimp에게 한방 맞은 것이, 아프기는커녕 이상하게 자랑스럽다.

구각류口脚類—또는 팟pod(다리)이라는 애칭으로 불린다—라고도 알려진 갯가재는 해양갑각류다. 그들은 게 및 새우의 친척뻘이지만 약 4억 년 동안 독자적으로 진화해왔다. 후반부를 보면 작은 바닷가재처럼 생겼다. 그러나 전반부를 보면, 두 개의 접힌 팔이 몸통 아래에 매달려 있는 것이 영락없이 사마귀 모습이다(이름에 사마귀mantis가 포함된 것은 바로 이 때문이다). 갯가재는 두 그룹으로 나뉘는데, '송곳잡이spearer' 그룹의 팔 끝에는 일련의 사악한 송곳이 돋아 있고, '망치잡이smasher' 그룹의 팔 끝에는 공격용 망치가 달려 있다. 두 그룹 모두 놀라운 속도로 이러한 무기를 휘두를 수 있는데, 그 이유를 설명하는 것은 시간 낭비로 보인다. 그들은 먹잇감을 때려서 제압하고, 자신의 굴에 침입하는 모든 것을 두들겨 패며, 첫 접촉에서 다짜고짜 상대방을 가격한다. 마치 성미 급한 사람이 의견을 쏟아내는 것처럼 갯가재는 자주, 공격적으로, 선제적으로 펀치를 날린다.

그들의 펀치는 세계에서 가장 빠르고 강력하다. 대형 망치잡이의 팔은 대구경大口徑 총알처럼 가속할 수 있으며, 물속에서 시속 80킬로미터의 속도를 낼 수 있다.[61] 그들의 펀치는 게 껍데기, 수족관 벽, 살과 뼈를 관통할 수 있다. 이론의 여지없이, 그들은 섬스플리터(엄지로 쪼개기), 핑거포퍼(손가락 꺾어 소리 내기), 너클부스터(주먹다짐)라는 별명을 얻었다. 이쯤 되면 독자들은 내가 왜 한방 맞을까 봐 긴장했는지 이해할 수 있을 것이다. 누군가에게 피해를 입히기에는 너무 작은 그 개체조차도 팔 앞의 물을 증발시킬 만큼 빠르게 움직였다. 이로 인해 생성된 작은 거품이 터질 때 펑 하는 소리—내가 들은 딸깍 소리의 원인—가 났다. "종에 따라 소리가 약간씩 달라서 재미있어요"라고 스트리츠가 말한다.

그녀는 나를 공작갯가재peacock mantis shrimp가 들어 있는 다른 수조로 데려간다. 그들은 빨간색, 파란색, 초록색 줄무늬가 새겨진 껍데기를 가진 화려한 색깔의 망치잡이로, 500여 종의 구각류 중에서 가장 유명하다. 그들은 또한 가장 강력한 종 중 하나다. "이 녀석들에게 맞으면 안 돼요"라고 스트리츠는 강조한다. 나는 그녀의 조언을 받아들여 공작갯가재의 인내심을 시험하는 대신 눈을 응시한다. 두 개의 눈이 있는데, 파란색 포일에 싸인 분홍색 머핀을 연상시킨다. 그것들은 갯가재의 머리 꼭대기에서 왔다 갔다 하는 자루stalk 끝에 붙어 있어, 유병안有柄眼(자루눈)이라고 불린다. 왼쪽 눈은 나를 쳐다보고 있고, 오른쪽 눈은 스트리츠를 바라보고 있다. 그것들은 틀림없이 지구상에서 가장 이상한 눈이며, 다른 어떤 동물도 넘볼 수 없는 방식으로 색깔을 본다. 우리가 지금껏 마주친 모든 생물 중에서, 갯가재의 환경세계는 상상하기가 가장 어렵다. 30년이 넘도록 스트리츠가 일하는 연구소를 운영하는 저스틴 마셜Justin Marshall은 여전히 그것을 이해하기 위해 고군분투하고 있다.

마셜의 어머니는 자연사 삽화가였고 아버지는 해양생물학자이자 런던 자연사박물관의 물고기 큐레이터였다. 그들은 그의 어린 시절을 해변과 보트로 채웠고, 그의 마음을 색깔과 해양생물에 대한 사랑으로 채웠다. 1986년 그의 박사 학위 지도교수인 마이크 랜드(지난 장에서 만났던 인물)가 거미, 나비, 구각류 중 하나를 연구해보라고 권했을 때 그의 결정은 분명했다. "나는 서슴없이 갯가재를 선택했어요." 마셜이 말한다. "왜냐하면 그들은 열대지방에 살기 때문이에요."

이토록 굉장한 세계

그의 연구는 공작갯가재를 해부하는 것으로 시작되었다. 다른 갑각류와 마찬가지로 이 동물은 겹눈을 가지고 있는데, 이것은 수많은 별도의 집광단위로 구성된다. 하지만 독특하게도 각각의 겹눈은 세 부분으로 나뉜다. 즉 두 개의 반구hemisphere가 있고, 그 사이를 가로지르는 뚜렷한 중간대midband—지구를 둘러싸고 있는 열대지방을 생각하라—가 있다. 현미경으로 중간대를 들여다본 마셜은 놀라운 아름다움을 발견했다.[62] 빨간색, 노란색, 주황색, 자주색, 분홍색, 파란색 얼룩들의 만화경 같은 배열! 그 당시에만 해도 갑각류는 색맹으로 여겨졌지만, 이 동물은 아닌 게 분명했다. "내가 보여준 슬라이드를 보고 마이크가 했던 말이 정확히 기억나요. '빌어먹을! 젠장, 젠장, 젠장! 제기랄!'" 마셜이 말한다. "난 무슨 큰일이 난 줄 알았어요."

마셜은 갯가재가 다채로운 얼룩을 이용해 단일 종류의 광수용체에 도달하는 빛을 걸러낼 거라고 추측했다. 통상적으로 색맹인 눈이라도, 이런 식으로 하면 색깔을 볼 수 있다는 판단에서였다. 이 아이디어를 테스트하기 위해, 그는 영국에서 미국으로 건너가 톰 크로닌Tom Cronin과 머리를 맞대고 연구했다(크로닌은 적절한 장비를 보유하고 있을 뿐만 아니라 구각류에 대한 관심이 급증하고 있었다). 두 사람은 몇 주 동안 갯가재의 눈을 해부하며, 그들이 찾아낼 수 있는 모든 광수용체를 분석했다. 그 결과 놀랍게도 그들은 하나가 아니라 최소한 열한 가지 광수용체를 발견했다.[63] "그건 말도 안 되는 일이었어요." 크로닌이 나에게 말한다. "새로운 부분을 살펴볼 때마다 새로운 광수용체가 발견됐으니 말이에요. 내가 저스틴과 함께 일하면서 이것을 발견한 건, 내 경력을 통틀어 가장 큰 기적이었어요." 두 사람은 1989년에 발표한 논문에 이렇게 썼다. "갯가재는 종전에 기술된 어떤 것보다도 뛰어난 색각 시스템을 보유하고 있다."

마셜의 표현을 빌리면, 그들은 논문을 쓰는 과정에서 마이크로부터 "훨씬 더 많은 제기랄 소리"를 들었다.

중간대는 여섯 줄의 집광 장치로 구성되어 있지만, 상위 네 줄만 색각에 사용되므로 당분간 맨 아래 두 줄은 잊기 바란다.[64] 각 줄에는 세 개의 고유한 광수용체가 층층이 배열되어 있다. 첫 번째 줄에는 보라색과 파란색 광수용체, 두 번째 줄에는 노란색과 주황색 광수용체, 세 번째 줄에는 주홍색과 빨간색 광수용체, 네 번째 줄에는 청록색과 초록색 광수용체가 있으며, 네 줄 모두에서 고유한 UV 광수용체가 다른 광수용체들 위에 놓여 있다.* 종합하면, 갯가재는 네 개의 UV 전용 광수용체를 포함해 총 열두 개(3×4=12)의 광수용체를 가지고 있다.** 여기서 주목할 점은, 갯가재가 가지고 있는 광수용체의 가짓수가 우리가 가지고 있는 것보다 훨씬 더 많다는 것이다.[65] 그들은 그 많은 광수용체를 가지고 무엇을 할 수 있을까? 12차원의 색각을 가진 12색형 색각자dodecachromat일까? 아니면 중간대의 각 줄에서 네 종류의 삼색형 색각을 수행하고 있을까? 어느 쪽이 됐든, 그들은 거의 구별이 안 되는 색깔 사이의 가장 미묘한 차이까지도 알아낼 수 있는 색깔 감정가여야 한다. 산호초는 우리에게 더없이 멋져 보이지만, 구각류에게는 과연 어떻게 보일까? 온갖 추측이 난무하고 상상이 들끓었다. 온라인 코믹 만화인 〈오트밀The Oatmeal〉

---

* 마셜이 맨 처음 관찰한 다채로운 얼룩은 두 번째 줄과 세 번째 줄에서 발견되었다. 그가 추측한 대로 그것들은 필터 역할을 하지만, 그 목적은 아래에 있는 광수용체의 민감도를 향상시키는 것이다.
** 당신은 어딘가에서, 갯가재가 열여섯 종류의 광수용체를 가지고 있다는 내용의 글을 읽었을지도 모른다. 중간대의 처음 네 줄에 있는 열두 가지 외에도, 마지막 두 줄에 두 가지, 반구에 두 가지가 더 있다고 말이다. 하지만 대부분의 학자들이 동의하는 바와 같이, 이 네 가지 광수용체는 색각과 무관하다. 또한 모든 갯가재가 열두 가지 광수용체를 보유하고 있는 건 아니다. 대부분의 종은 컬러풀한 얕은 물에 살고 있지만, 일부 종은 더 깊은 물속에 서식하며 하나 또는 두 가지 광수용체를 제외하고 모두 상실했다.

　　　　　　　　　　　　　　　　　이토록 굉장한 세계

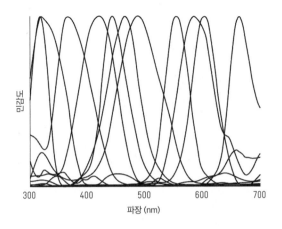

각 곡선은 갯가재의 눈에 있는 열두 종류의 광수용체 세포 중 하나를 나타낸다.
각 곡선의 정점은 해당 광수용체 세포가 가장 민감하게 반응하는 빛의 파장을 보여준다.

은 "우리가 무지개를 보는 곳에서, 갯가재는 빛과 아름다움의 열핵폭탄을 본다"라고 제안했다.[66]

그러나 그건 사실이 아니다. 2014년, 마셜의 제자 한네 토엔Hanne Thoen은 갯가재의 상승하는 명성을 뒤집은 결정적인 실험을 수행했다.[67] 그녀는 그들에게 보상적인 간식을 제공하는 대가로 두 가지 색깔의 불빛 중 하나를 공격하도록 훈련시켰다. 그리고 나서 갯가재들이 더 이상 구별할 수 없을 만큼 비슷해질 때까지 색깔을 변경했다. 인간은 파장 차이가 1~4나노미터인 색깔을 구별할 수 있다. 그러나 갯가재는 파장 차이가 12~25나노미터인 색깔을 구별하는 데 실패했는데, 이는 대략 순수한 노란색과 주황색의 차이에 해당한다. 온갖 광학적 사치에도 불구하고, 갯가재는 색깔을 구별하는 능력이 형편없는 것으로 판명되었다. 인간, 벌, 나비, 금붕어는 모두 그들을 능가한다.

이제 마셜은 갯가재가 독특한 방식으로 색깔을 본다고 생각한다. 다시 말해서 그들의 눈은 수백만 개의 미묘한 음영을 구별하기보다 실제로 그 반대 역할을 수행하며, 스펙트럼상의 모든 다양한 색깔을 어린이용 색칠 책처럼 단지 열두 가지 색깔로 간소화한다는 것이다. 구체적으로, 모든 종류의 빨간색은 세 번째 줄의 아래쪽 광수용체를 자극한다. 모든 보라색 음영은 첫 번째 줄의 위쪽 수용체를 자극한다. 그리고 이 열두 개 수용체의 출력을 대립을 통해 비교하는 대신, 망막은 원신호를 뇌로 직접 보낼 뿐이다. 그런 다음 뇌는 이러한 패턴들을 사용해 특정한 색깔을 인식한다. 가시적 스펙트럼을 바코드, 중간대를 슈퍼마켓의 스캐너로 생각하면 이해하기 쉽다. 예컨대 1번, 6번, 7번, 11번 수용체가 반응한다면, 뇌가 이러한 신호를 먹이로 인식하고 갯가재에게 공격 명령을 내린다고 상상할 수 있다. 만약 3번, 4번, 8번, 9번 수용체가 반응한다면 짝일 수 있다. "그것은 갯가재를 의미하는 신호이므로, 매우 신중한 구애가 뒤따를 거예요"라고 마셜이 말한다. 이처럼 갯가재는 색깔에 대한 개념이 전혀 없을 수도 있다.

이 모든 것은 고도의 합리적 추측으로만 남아 있다. 나와 이야기한 구각류 연구자 중에서, '그들이 뭘 보는지'를 정말로 안다고 주장하는 사람은 아무도 없었다. 갯가재는 다양한 색각을 이용해 다양한 과제를 수행할 수 있다. 토엔의 실험에서와 같이, 먹이를 인식하는 것은 12색 일람표로도 충분하다. 그러나 서로를 인식할 때, 그들은 유사한 색깔들을 구별하는 보다 전통적인 시스템을 사용할 수 있다. 어쨌든 그들 중 상당수는 강렬한 색상으로 채색되어 있으며, 다른 개체와 마주칠 때 자신의 색깔과 무늬를 보여준다. "짝의 경우에는 미묘한 부분이 중요할 수 있어요"라고 크로닌은 말한다. "하지만 그것은 실험하기가 매우 어려워요."

동물의 행동을 연구하다 보면 항상 도전에 직면한다. 그러나 갯가재의 행동을 연구하는 것은 마조히즘에 가깝다. 마셜의 연구실에서, 스트리츠는 새로운 실험의 일환으로 갯가재를 훈련시켜 특정 색깔의 집타이를 공격하게 하려고 노력하고 있다. 그러나 그녀가 나에게 시범을 보일 때마다 동물들은 일관되게 잘못된 선택을 한다. 어느 순간 그들 중 하나가 수족관의 벽에 펀치를 날린다. 또 다른 순간 한 마리가 뜬금없는 공기 펀치(물 펀치?)를 날린다. 나는 스트리츠에게 훈련시키기가 힘들지 않느냐고 묻는다. "맙소사." 그녀는 고개를 살짝 흔들며 말한다. 그들에게 먹이는 동기부여가 되지 않는데, 그 이유는 자주 먹을 필요가 없기 때문이다. 그들은 매우 쉽게 흥미를 잃는 것 같아서 그녀는 하루에 한 번만 테스트할 수 있다. "맹세하건대 그들은 과제가 무엇인지 알고 있지만, 그저 앙심을 품고 있을 뿐이에요"라고 스트리츠는 말한다.

"당신은 그들과 함께 일하는 것을 좋아하나요, 싫어하나요?" 나는 묻는다. "반반이에요." 그녀는 체념한 듯 말한다. "처음에는 정말 멋져요. 내가 갯가재와 함께 일하고 있다니! 이런 거 좋아하는 사람은 누구나 그들에 대해 들어본 적이 있어요. 하지만 일단 일이 시작되면, 자리에 털썩 주저앉아 내가 왜 이런 짓을 하고 있는지 의아해하게 돼요."

편광수용체

스트리츠와 마찬가지로, 우리는 좀 더 오랫동안 갯가재의 곁에 머물 것이다. 알다시피 그들의 눈에는 훨씬 더 많은 것들이 도사리고 있기 때문이다. 실제로 갯가재의 눈은 매우 특이하고 복잡하며 이해하기 어려운 것으로 판명되었고, 오늘날 전 세계의 많은 과학자들이 그들을 연구하고 있다. 니컬러스 로버츠Nicholas Roberts와 마틴 하우Martin How도 영국

브리스틀에서 그렇게 하고 있다. 그들은 서로의 안전을 위해 별도의 수족관에 사는 여덟 마리의 공작갯가재가 있는 방으로 나를 데려간다. 그들의 수조는 우리의 눈높이에 있어서, 그들이 얼마나 호기심이 많은지 쉽게 알 수 있다. 우리가 다가가자, 그들 중 몇 마리가 우리를 알아차리고 쳐다보기 시작한다. 내가 수조 중 하나를 손가락으로 누르자, 나이절이라는 이름의 갯가재가 헤엄쳐 올라온다. 내가 손가락을 움직이자 따라온다. 마치 내가 녀석을 이리저리 끌고 다니는 듯한 느낌이 든다.

나이절의 눈은 상상할 수 있는 모든 방향으로 끊임없이 움직인다.[68] 즉 위아래와 좌우로 움직이는가 하면 시계 방향과 반시계 방향으로 회전한다.* 두 눈이 함께 움직이거나 같은 방향으로 움직이는 경우는 거의 없다. 로버츠는 때때로 갯가재가 화면을 보는 동안 위에서 촬영하는 실험을 한다. "그들은 한쪽 눈으로 볼일을 보고 다른 쪽 눈으로 카메라를 바라보는 경우가 꽤 많아요"라고 그는 말한다. 앞 장에서 언급한 바와 같이, 우리는 '활동적인 눈'을 '활동적인 마음'의 신호로 해석하는 경향이 있다. 하지만 갯가재는 실제로 작고 약한 뇌를 가지고 있다. 그들의 눈의 과운동성hypermobility은 탐색적 지능의 징후가 아니다. 그럼에도 불구하고 그것은 '그들이 무엇을 어떻게 보는지'를 이해하는 열쇠다.

우리의 망막은 원뿔세포가 풍부한 중심와를 가지고 있는데, 우리의 시각은 그 영역에서 가장 날카롭고 다채롭다. 우리는 이리저리 눈을 돌림으로써, 세상의 다양한 부분이 이 영역에 들어오게 한다. 그리고 주변 시야에서 흥미로운 것이 발견되면, 시선을 돌려 세부적인 내용과 색깔

---

* 우리는 두 눈의 이미지를 비교해 깊이를 인식할 수 있지만, 갯가재는 한 눈의 세 영역으로 동일한 과제를 수행할 수 있다. 각 눈은 삼안시각trinocular vision을 가지고 있어서, 서로 독립적으로 거리를 측정할 수 있기 때문이다. 이것은 전투에서 종종 한쪽 눈을 잃는 호전적인 동물에게 유용한 기술이다.

　　　　　　　　　　　　　　　　　　　　　　이토록 굉장한 세계

을 분석한다. 갯가재도 그 비슷한 일을 한다.[69] 중간대는 색깔을 보지만, 시야가 좁은 공간에 국한되어 있다. 반구는 아마도 흑백으로만 볼 수 있겠지만 시야가 파노라마적이다. 갯가재는 눈을 이리저리 돌리면서 반구를 이용해 관심 있는 움직임과 물체를 찾는다. 그러다 뭔가를 발견하면 눈을 확 움직여, 중간대를 이용해 해당 지역을 (마치 두 개의 스캐너로 슈퍼마켓의 특정 선반을 훑는 것처럼) 훑어본다.[70] 그렇다면 갯가재의 시야는 흑백에서 시작해 점차 컬러로 바뀔까? "그렇지 않다고 생각해요." 마셜이 나에게 말한다. 그에 따르면, 갯가재는 자신의 뇌 속에 색깔의 견고한 2차원적 표상을 구성하지 않는다. 그 대신 그들은 중간대로 훑어보는 동안 광수용체의 올바른 조합이 흥분하기를 기다릴 뿐이다.

당신이 갯가재라고 상상해보라. 펀치를 날릴 뭔가가 필요하다는 것은 보편적으로 인정된 진리다. 당신의 두 눈은 늘 따로 놀며, 오른쪽 눈으로는 산호초의 한 부분을 뚫어질 듯 바라보고 왼쪽 눈으로는 다른 곳을 죽 훑어본다. 당신의 시야는 흑백인데, 그 이유는 당신의 관심사가 '색깔'이 아니라 '움직임'이기 때문이다. 당신은 오른쪽 눈으로 움직임을 포착한 후, 양쪽 눈을 휘리릭 움직인다. 이제 당신은 두 개의 중간대를 총동원해 수수께끼의 물체를 샅샅이 훑는다. 갑자기 3번, 6번, 10번, 11번 광수용체가 발화한다. 당신의 뇌가 물고기를 인식하고, 팔이 튀어나와 표적을 마구 강타한다.

이러한 스타일의 시각은 매우 효율적이며, 갯가재의 조그만 뇌에 주는 부담이 적다는 것을 의미한다.* 그러나 그 이면에 숨은 문제점이 하

---

* 동네 식당에 몰래 들어가 햄버거를 찾아주는 로봇을 만든다고 상상해보자. 당신은 그 로봇에 최첨단 카메라 두 대와 (해당 카메라의 이미지를 분석하고 분류하는 방법을 학습할 수 있는) 알고리즘을 탑재할 수 있다. 하지만 "장담하건대 그냥 햄버거 탐지기를 만드는 게 더 나아요."라고 마셜은 말한다. "그리고 가장 좋은 방법은 라인스캔line-scan 장치를 만드는 거예요. 그게 훨씬 효율적이에요."

나 있으니, '움직이는 눈'으로 '움직임'을 탐지하기가 매우 어렵다는 것이다. 우리의 눈은 연속적으로 움직이지 않는다. 즉 우리가 길을 걸어가거나 차창 밖을 내다볼 때, 우리의 눈은 전방의 특정 지점에 고정되며 한 고정점에서 다른 고정점으로 빠르게 휙 움직인다. 이러한 휙 보기 flick―또는 도약 안구 운동saccade―는 우리가 만드는 가장 빠른 움직임 중 하나로, 다른 움직임들과 마찬가지로 위기일발의 순간이다. 그런 일이 일어나는 동안 우리의 시각계가 멈추기 때문이다. 우리의 뇌는 연속적인 시각을 만들기 위해 밀리초의 간격들을 메우지만, 그건 환상이다. 갯가재가 중간대를 사용해 느리게 스캔할 때도 똑같은 일이 일어난다. "그럴 때 운동시motion vision를 꺼야 할 수도 있어요." 하우가 나에게 말한다. "눈이 움직이고 세상이 흐릿해지는 상황에서, 다가오는 포식자를 보기가 더 어려울 테니 말이에요." 그러나 스캔을 하지 않을 때, 갯가재의 시야는 대부분 흑백이다. 우리가 앞 장에서 만난 깡충거미들은 상이한 시각적 과제들―움직임과 다채로운 세부사항―을 별개의 눈에 배분한다. 갯가재는 그런 과제들을 '동일한 눈의 상이한 부분'과 '상이한 시간'에 배분한다. 그들은 움직임을 보기 위해 색깔을 포기해야 하고, 색깔을 보려면 움직임을 포기해야 한다. "그건 일종의 시분할time-sharing 시스템이에요." 크로닌은 말한다. "우리가 할 수 있는 건 아니지만 그들은 그런 방법을 발견했고, 그들의 생존에 많은 보탬이 되었어요."

친애하는 독자들이여, 이쯤 되면 여러분은 갯가재의 눈에 장착되어 있는 광수용체, 중간대, 반구, 그 밖의 어마어마한 장치들에 대한 이야기에 압도당할 것이다. 또는 이 모든 것을 알게 된 후, 마치 구각류의 환경세계를 다 이해한 것처럼 명료함을 느낄지도 모른다. 어느 쪽이 됐든, 당신이 어이없어 할 소식이 하나 더 있다.

빛은 파동임을 기억하라. 파동은 진동하면서 이동하는데, 이러한 진동은 일반적으로 이동선과 수직인 모든 방향에서 발생할 수 있지만, 때로는 하나의 평면에만 국한된다(로프를 벽에 부착한 다음 위아래, 또는 좌우로 흔드는 것을 상상해보라). 이러한 종류의 빛을 편광빛polarized light이라고 하며, 자연계에서 흔히 볼 수 있다. 즉 빛이 물이나 공기에 의해 산란되거나 매끄러운 면(예: 유리, 번들거리는 잎, 물줄기)에 반사될 때 형성된다. 인간은 편광을 대체로 감지하지 못하지만, 대부분의 곤충, 갑각류, 두족류는 색을 보는 것과 거의 같은 방식으로 편광을 볼 수 있다.[71] 그들의 눈에는 (전형적으로 수평 또는 수직 편광에 의해 자극되는) 두 종류의 광수용체가 있어서, 두 개의 수용체를 비교함으로써 다른 범위(또는 다른 각도)로 편광된 빛을 구별하는 것이 가능하다. 이런 동물을 2차원 편광 인식자dipolar라고 부를 수 있다.•

갯가재는 눈의 상반구에 편광수용체polarization receptor를 가지고 있다. 그러나 하반구에서는 편광수용체가 45도 회전한다. 그리고 중간대의 다섯 번째 줄과 여섯 번째 줄에는 뭔가 독특한 것이 있다. 편광빛은 일반적으로 하나의 고정된 평면에서 진동하지만, 그 평면은 때때로 회전할 수도 있는데 이때 빛은 비틀린 나선을 따라 이동한다. 이것을 원형편광circular polarization이라고 한다. 그리고 2008년 마셜의 박사후 연구원 추츠후이邱慈暉가 발견한 것처럼, 갯가재는 원형편광을 볼 수 있는 유일한 동물이다.[73] 중간대의 맨 아랫줄에는 (시계 방향 또는 반시계 방향으로 나선 회전하는) 원형편광에 동조된 광수용체가 있다. 따라서 갯가재는 여섯 가

• 편광에 가장 민감한 동물은 두족류다.[72] 셸비 템플Shelby Temple과 그의 동료들은 호주산 갑오징어를 대상으로 한 연구에서, 진동면의 차이가 1도밖에 안 되는 두 종류의 편광빛을 구별할 수 있음을 확인했다. 이 동물들은 색맹이지만, 자신들의 시각 세계에 풍부한 디테일을 더하기 위해 편광을 대체물로 사용할 수도 있다.

지 방향—수직 및 수평, 두 개의 대각선, 시계 방향 및 반시계 방향—
의 편광수용체를 가지고 있다. 요컨대 다른 동물들이 감히 넘볼 수 없는
6차원 편광 인식자hexapolat인 것이다.•

　나는 지금까지 색깔과 편광을 따로 설명했으며, 이 주제들은 종종 교
과서에서 별도의 장을 차지한다. 그러나 갯가재가 그것들을 다르게 취
급한다고 생각할 이유가 없다. 그들은 여섯 종류의 편광 신호를 더 많은
색깔, 즉 주변 물체를 인식하는 데 사용되는 더 많은 정보 채널로 취급
할 수 있다. 그러나 이미 열두 개씩이나 가지고 있는데 왜 여섯 개가 더
필요할까? 그들의 시각은 왜 그토록 지나치게 복잡할까? "산호초 주변
에는, 훨씬 더 단순한 시각계를 가졌지만 매우 효율적인 동물들이 있어
요"라고 톰 크로닌은 말한다. "그러므로 갯가재의 경우 한 가지 문제가
남아 있어요. '그게 다 어디에 쓰는 물건일까?' 그건 아무도 몰라요."

눈이 먼저일까? 신호가 먼저일까?

　잠깐만 기다려라. 약간의 부연설명이 필요한 것 같다. 갯가재가 원형
편광을 볼 수 있는 이유가 정확히 뭘까?

　선형편광linear polarization과 달리 원형편광은 매우 드문데, 어쩌면 이 때
문에 다른 동물들이 그것을 볼 수 있는 능력을 진화시키지 않았을 수 있
다. 사실 갯가재의 환경에서 원형편광을 안정적으로 방출하는 유일한
원천은 갯가재 자신이다. 한 종種은 수컷이 구애하는 동안 사용하는 꼬
리의 큰 용골에서 그것을 반사한다.[75] 다른 한 종은 전투 중에 라이벌에

•　갯가재는 또한 물체와 배경 사이의 편광 대비를 향상시키기 위해 눈을 회전시킬 수 있어, 동적 편
광시각을 가진 최초의 알려진 동물이기도 하다.[74]

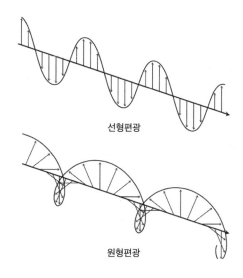

선형편광

원형편광

게 과시하는 신체부위에서 그것을 반사한다. 그렇다면 아마도 갯가재들은 자기들만 볼 수 있을 만큼 비밀스러운 빛의 형태를 사용해 의사소통을 하는 것 같다. 그러나 이 설명에는 불만족스러울 정도로 동어반복적인 구석이 있다. 만약 갯가재가 그것을 볼 수 있는 눈을 이미 가지고 있지 않았다면, 원형편광 신호는 쓸모가 없었을 것이다. 하지만 볼 게 아무것도 없었다면, 왜 그런 눈이 진화했을까? 눈이 먼저일까, 아니면 신호가 먼저일까?

톰 크로닌은 눈이 먼저였을 거라고 생각한다.[76] 중간대의 맨 아래 두 줄에서, 광수용체는 원형편광을 풀어서 선형편광으로 만드는 방식으로 배열되어 있다. 이게 바로 갯가재가 원형편광을 감지하는 방식이다. 이 배열은 해부학적 요행수였을지도 모른다. 주변에서 그런 빛을 거의 볼 수 없음에도 불구하고, 겹눈의 기이함 때문에 원형편광빛을 볼 수 있는 능력이 생긴 것이다. 갯가재의 조상은 사실상 우발적인 감각accidental sense

을 가지고 있었다. 그들은 자신들의 껍데기에서 원형편광을 반사하는 구조를 천천히 개발해 눈에 알맞은 신호를 진화시킴으로써 그것을 이용했다. 이것은 자연계에서 자주 일어나는 일이다. 신호는 누군가에게 보이기 위한 것이므로, 동물의 털, 비늘, 깃털, 외골격을 장식하는 색깔은 동물의 눈이 인지할 수 있는 색상에 의해 결정된다. 요컨대 눈은 자연이 그림을 그릴 수 있도록 팔레트를 정의한다.

예컨대 영장류는 어린잎과 익은 과일을 더 잘 발견하기 위해 삼색형 색각을 진화시켰다. 그리고 일단 환경세계에 빨간색이 추가되자, 빨갛게 충혈됨으로써 메시지를 전달할 수 있는 '맨살 부분'이 진화하기 시작했다. 히말라야원숭이의 빨간 얼굴, 개코원숭이의 빨간 엉덩이, 우스꽝스럽게 빨갛고 대머리인 우아카리원숭이의 머리는 모두 삼색형 색각 때문에 가능하게 된 성적性的 신호다.[77]

산호초 주변에 서식하는 물고기 대부분도 삼색형 색각자다. 그러나 물이 적색광을 강하게 흡수하기 때문에, 그들의 민감도는 스펙트럼의 파란색 끝으로 이동한다. 픽사의 〈도리를 찾아서〉에 등장하는 블루탱 같은 산호초 어류 중 상당수가 파란색과 노란색인 것은 바로 이 때문이다. 그들의 삼색형 색각을 기준으로 할 때, 노란색은 산호초라는 배경에 묻히고 파란색은 물과 뒤섞인다. 스노클링을 하는 인간의 관점에서 볼 때, 그들의 색깔은 믿을 수 없을 만큼 눈에 띈다. 우리가 보유한 특정한 원뿔세포 트리오는 파란색과 노란색을 구별하는 데 뛰어나기 때문이다. 그러나 물고기들 자신과 포식자들의 관점에서 볼 때, 이 물고기들은 기가 막히게 잘 위장되어 있다.[78]

포식자들의 색각은 중앙아메리카에 사는 딸기독개구리strawberry poison frog의 패턴을 다양화했다. 그들은 단일종이지만, 자그마치 열다섯 가지

　　　　　　　　　　　　　　이토록 굉장한 세계

의 상이한 형태로 나타난다. 그중 하나는 청록색 스타킹을 착용한 라임 빛 녹색 개구리이고, 다른 하나는 검은 반점이 있는 오렌지색 개구리다. 이들의 색깔은 거의 무작위로 보일 정도로 다양하지만, 시각적 광기visual madness에는 그 나름의 체계가 있다. 이 개구리들은 유독하며, 가장 유독한 개구리가 가장 눈에 잘 띈다. 그러나 몰리 커밍스와 마르티너 만Martine Maan이 발견했듯이, 그들은 새들에게만 눈에 띄고 뱀 등의 다른 포식자들에게는 눈에 띄지 않는다.[79] 그렇다면 사색형 색각자인 새들의 눈이 기이한 양서류 피부의 진화를 추동했을 가능성이 높은데, 이 가설은 설득력이 있다. 그들의 색깔은 경고용이며, 여러 세대에 걸쳐 포식자의 시각에 가장 적합한 색깔을 갖게 된 개구리일수록 공격받지 않을 가능성이 크다. 그리고 커밍스와 만에 따르면, 먹잇감의 색깔을 연구함으로써 그 포식자—이 경우 새—가 누구인지 알아낼 수 있다. 눈은 자연의 팔레트를 정의하므로, 동물의 팔레트를 분석하면 누구의 시선을 끄는 게 목표인지 알 수 있다는 것이다.

꽃에도 동일한 논리를 적용할 수 있다. 1992년 라르스 치트카Lars Chittka와 란돌프 멘첼Randolf Menzel은 180송이의 꽃을 분석해, 어떤 종류의 눈이 그 색깔을 구별하는 데 가장 적합한지 알아냈다.[80] 그 정답—초록색, 파란색, UV에 대한 삼색형 색각을 가진 눈—은 벌을 비롯해 수많은 곤충들이 가지고 있는 것과 정확히 일치한다. 당신은 이 꽃가루 매개자들이 '꽃을 잘 보는 눈'을 진화시켰다고 생각할지 모르지만, 실제로는 그렇지 않았다. 그들의 삼색형 색각 스타일은 최초의 꽃이 나타나기 수억 년 전에 진화했으므로, 후자가 전자에 맞도록 진화했음이 틀림없다.[81] 꽃이 '곤충의 눈을 이상적으로 자극하는 색'을 진화시킨 것이다.

이러한 연관성은 감각 자체에 대한 생각을 바꿀 정도로 심오하다. 눈을 비롯한 동물의 감각기관이 주변의 자극을 빨아들이는 흡입밸브라도 되는 것처럼, 감각은 수동적인 것으로 느껴질 수 있다. 그러나 시간이 경과함에 따라, 단순히 보는 행위가 세상을 다시 물들인다. 진화를 등에 업은 눈은 마치 살아 있는 붓과 같다. 꽃, 개구리, 물고기, 깃털, 과일은 모두 '시각이 보이는 것에 영향을 미친다'는 것을 보여준다. 우리가 자연에서 아름답다고 느끼는 것의 상당 부분은 우리 동료 동물들의 시각에 의해 형성되었다. 아름다움은 단지 보는 이의 생각에 달린 게 아니라, 그의 눈 때문에 생겨난다.

2021년 3월의 어느 화창한 날 오후, 나는 타이포를 산책시키고 있다. 자신의 승용차를 호스로 씻고 있는 이웃에게 다가갈 때, 타이포는 갑자기 멈춰 서더니 가만히 앉아서 뭔가를 응시한다. 타이포와 함께 기다리고 있는데, 호스에서 호를 그리며 뿜어져 나오는 물줄기가 무지개를 만든다. 타이포의 눈에, 무지개는 노란색에서 흰색을 거쳐 파란색으로 바뀐다. 나의 눈에는 그것이 빨간색에서 보라색으로 변하며 그 사이에 주황색, 노란색, 초록색, 파란색이 있다. 우리 뒤의 나무에 앉아 있는 참새와 찌르레기의 눈에, 그것은 빨간색에서 자외색으로 바뀌며 그 사이에 나보다 훨씬 더 많은 단계적 변화가 있을 것이다.

나는 이 장의 시작 부분에서 색깔이 근본적으로 주관적인 것이라고 언급했다. 우리의 망막에 있는 광수용체는 다양한 파장의 빛을 탐지하고, 뇌는 이러한 신호를 사용해 색깔에 대한 느낌을 구성한다. 전자의 과정을 연구하기는 쉽지만, 후자는 매우 어렵다. 이러한 간극(수용과 느낌 사이의 간극, '탐지할 수 있는 것'과 '실제로 경험하는 것' 사이의 간극)은 동물의 시각뿐만 아니라 대부분의 감각에 존재한다. 우리는 갯가재의 눈을 해부해 모든 구성요소가 무슨 일을 하는지 알아낼 수 있지만, 그들이 실제로 어떻게 보는지는 결코 알지 못한다. 우리는 파리가 사과에 내려앉았을 때 어떤 경험을 하는지 전혀 이해하지 못한 채, 파리의 발에 있는 미각수용체의 정확한 모양을 알아낼 수 있다. '동물이 감지한 것에 대해 어떻게 반응하는지'는 도표로 그릴 수도 있지만, '그게 어떤 느낌인지'를 알아내는 것은 훨씬 더 어렵다. 그리고 통증에 대해 생각할 때, 이러한 차이는 특히 어렵고 중요하다.

4장
·
통증
Pain

아픔이 고통이기만 할까?

달콤한 옥수수 향이 나는 따뜻한 방에서, 나는 장갑 낀 손으로 작은 설치류 한 마리를 쥐고 있다. 분홍색이고 털이 거의 없다 보니, 쥐나 기니피그가 아니라 욕조에 너무 오랫동안 담근 손가락처럼 보인다. 다 자란 성체임에도 불구하고 거의 배아처럼 보인다. 눈은 새까만 바늘구멍 같고, 긴 앞니가 입술 앞으로 튀어나와 있다. 헐렁한 피부는 거칠게 느껴지지만, 너무 반투명해서 간肝의 어두운 윤곽을 비롯해 내장을 알아볼 수 있을 정도다. 이 동물의 이름은 벌거숭이두더지쥐naked mole-rat인데, 가장 이상한 점은 겉모습이 아니다.•

벌거숭이두더지쥐의 수명은 최대 33년으로, 설치류임을 감안하면 엄청나게 길다. 그들은 아래 앞니를 벌린 후 오므려 물체를 잡을 수 있다.[3] 그들의 정자는 기형적이고 느리다.[4] 그들은 산소 없이 최대 18분 동안 생존할 수 있는데,[5] 산소 부족은 어떤 쥐도 1분 이상 견딜 수 없는 고난이다. 그들은 개미나 흰개미와 마찬가지로 협동적 군체를 이루어 생활

• 벌거숭이두더지쥐는 너무 이상해서 그들의 기괴한 특성이 종종 신화화되어 왔는데, 그들을 둘러싼 많은 주장들은 사실이 아니다. 나는 〈벌거숭이두더지쥐의 생물학에 관한 섣부른 결론의 놀랍도록 긴 생존Surprisingly Long Survival of Premature Conclusions About Naked Mole-Rat Biology〉이라는 논문을 적극 추천한다.[1] 이 논문에는 기존의 신화 중 일부에 대한 중요한 수정 사항이 적혀 있다.[2]

하는데, 그것은 한 마리 이상의 번식하는 여왕과 수십 마리의 불임 노동자로 구성되어 있다. 내가 지금 들고 있는 것처럼, 외따로 호젓이 존재하는 벌거숭이두더지쥐 한 마리는 보기 드문 광경이다. 야생의 벌거숭이두더지쥐도 사정은 마찬가지다. 그들은 일반적으로 미로 같은 땅굴 속에서 사는데, 영양가 있는 덩이줄기를 찾기 위해 끊임없이 굴을 확장하고 리모델링하고 순찰한다.

토머스 파크Thomas Park는 시카고에 위치한 연구실에, 화장지 롤과 나뭇조각으로 채워진 플라스틱 케이지들을 연결해 벌거숭이두더지쥐의 땅굴 망網을 재현해놓았다. 일부 두더지쥐는 인공 굴을 확장하기 위해 본능적으로 굴의 벽을 씹고, 마치 파헤쳐진 흙을 치우듯 연신 뒷발길질을 하고 있다. 다른 두더지쥐들은 둥지의 방에서 휴식을 취하고 있는데, 여왕 주위에 한 더미의 주름진 몸뚱이들이 웅크리고 있다. 여왕은 그들보다 훨씬 크고, 배는 아직 태어나지 않은 새끼들로 불룩하다. "벌거숭이두더지쥐들에게, 저만큼 아름다운 광경은 없을 거예요"라고 파크는 말한다. 나는 그의 말에 수긍한다.

그들의 야생 굴에서, 벌거숭이두더지쥐들은 몸을 따뜻하게 유지하기 위해 몸을 웅크리고 커다란 더미를 형성한 채 잠을 잔다. 맨 밑에 위치한 개체들은 산소가 급격히 고갈될 텐데, 그들이 산소 부재를 견디도록 진화한 것은 바로 이 때문일 것이다. 그들은 또한 숨을 내쉴 때마다 둥지의 방에 축적되는 이산화탄소를 견뎌내야 할 것이다.[6] 이산화탄소는 일반적으로 평균적인 실내 공기의 0.03퍼센트를 차지한다. 만약 수치가 3퍼센트까지 치솟으면, 당신은 과호흡을 하고 공황 상태에 빠질 것이다. 한편 이산화탄소는 점막의 젖은 표면에 용해되어 산성화되므로 눈의 따끔거림과 코의 화끈거림을 초래하게 된다. 당신이라면 곤경에 빠

이토록 굉장한 세계

저 몸을 움찔하고 도망치려 할 것이다. 하지만 벌거숭이두더지쥐는 도망치기는커녕 움찔하지도 않는다.

파크는 한쪽 끝에서 이산화탄소가 주입되고 다른 쪽 끝에서 신선한 공기가 주입되는 원형 경기장을 이용해 이것을 증명했다.[7] 생쥐는 후자의 지역으로 허둥지둥 달려갔다. 그러나 벌거숭이두더지쥐는 짙은 이산화탄소 속에서도 무사태평이었고, 농도가 (말도 안 되는) 10퍼센트에 도달했을 때만 반대쪽으로 이동했다. 그들은 산酸을 고통스럽게 여기지 않는 데서 멈추지 않는다. 그들은 불편한 기색 없이 강한 식초 냄새를 맡으며, 피하에 주입된 산 방울—이는 당신의 손에 난 상처에 레몬주스를 붓는 것과 같다—에도 동요하지 않는다.[8] 그리고 이와 비슷하게, 그들은 캡사이신—칠리고추와 후추 스프레이에 작열감을 일으키는 화학물질—에도 동요하지 않는다.[9] 캡사이신은 우리의 피부에 염증을 초래하고 열에 대한 과민반응을 일으키지만, 벌거숭이두더지쥐에게는 그런 영향을 미치지 않는다. 그렇다고 해서 흔히 말하는 것처럼 이 동물들이 고통을 느끼지 못하는 것은 아니다. 그들은 꼬집힘과 화상을 싫어하고, 겨자의 쏘는 맛의 원인이 되는 화학물질에 몸을 움츠릴 것이다.[10] 그러나 그들은 우리가 고통스럽게 여기는 몇 가지 유해 물질을 의식하지 않는다.

통증에 대한 우리의 경험은 통각수용체nociceptor라고 불리는, 일종의 뉴런에 달려 있다(noci는 '노시'로 발음되며, '해를 끼치다'라는 뜻의 라틴어 nocere에서 유래한다).[11] 이 뉴런의 헐벗은 끄트머리(자유신경종말)는 우리의 피부와 그 밖의 기관에 구석구석 분포되어 있으며, 유해한 자극들—강렬한 열이나 냉기, 짓누르는 압력, 산, 독소, 부상과 염증에 의해 방출되는 화학물질*—을 탐지하는 센서를 장착하고 있다. 통각수용체들은 다양한 특성(크기, 흥분성, 정보 전달 속도)을 가지고 있는데, 이러한 특성들은 우리가 불행하게도 경험할 수 있는 따끔거림, 찔림, 화상, 욱신거림, 경련, 통증의 풍경을 집합적으로 형상화한다.

거의 모든 동물은 통각수용체를 갖고 있으며, 벌거숭이두더지쥐도 예외는 아니다. 그러나 그들의 통각수용체는 개수가 적고, 여러 가지 방법으로 불능화되었다.[12] 일반적으로 산에 의해 활성화되는 통각수용체를 예로 들면, 벌거숭이두더지쥐의 통각수용체는 산에 의해 되레 차단된다.[13] 캡사이신을 탐지하는 통각수용체의 경우, 벌거숭이두더지쥐도 여전히 캡사이신을 탐지하지만 그 신호를 뇌에 전달하는 신경전달물질을 생성하지 않는다. 이러한 변화 중 일부는 설명하기 쉬운 것처럼 보인다. 만약 벌거숭이두더지쥐가 여전히 산성 통증을 느낄 수 있다면, 둥지의 방에 축적된 이산화탄소는 아마도 고통스러운 잠으로 이어질 것이다. "하지만 그들이 캡사이신에 반응하지 않는 이유는 알 수 없어요"라고 파크가 나에게 말한다. 어쩌면 유난히 매운 덩이줄기를 먹는 바람에 저항력이 생겼는지도 모른다. 아니면 그 반대일 수도 있다. 비교적 안전한 곳에서 수백만 년 동안 생활한 후, 더 이상 필요하지 않은 감각 능력이 쇠퇴했을 뿐인지도 모른다. 어느 쪽이 됐든 그들의 무반응은 캡사이신이나 산에 대해 본질적으로 고통을 느끼지 않는다는 것을 말해준다.

벌거숭이두더지쥐와 마찬가지로 이산화탄소의 축적 수준을 처리해야 하는 동면 포유류 중 상당수도 산에 둔감하다.[14] 고추씨를 운반하는

• 특정한 자극—빛, 분자, 소리—을 감지하는 시각·후각·청각과 달리, 통각은 해를 끼칠 수 있는 잠재력을 지닌 매우 다양한 부류의 자극들을 탐지한다. 그것은 우리가 이미 탐구한 냄새와, 곧 탐구할 예정인 다른 요소들을(예: 촉감)이 뒤섞인 '잡탕 감각'이라고 할 수 있다.

새들은 캡사이신의 작열감을 느끼지 않는다.[15] 인간의 경우, 모기를 심하게 자극하는 개박하catnip 식물에서 생성되는 화학물질인 네페탈락톤에 둔감하다.[16] 놀라울 정도로 사나운 전갈 포식자인 메뚜기쥐grasshopper mouse의 경우, 인간에게는 '피부를 짓이기는 담뱃불'로 느껴지는 전갈 침針을 가볍게 무시할 수 있다.[17] 메뚜기쥐의 통각수용체의 경우, 전갈의 독소를 인식하면 발화를 멈추도록 진화했으며 일반적으로 극심한 고통을 초래하는 독을 진통제로 바꾼다.

사람들은 종종 '동물계 전체가 고통을 동일하게 느낀다'고 생각하지만, 그렇지 않다. 색깔과 마찬가지로, 그것은 본질적으로 주관적이고 놀라울 정도로 가변적이다. 빛의 파장이 보편적으로 빨갛거나 파랗지 않고 냄새가 보편적으로 향기롭거나 자극적이지 않은 것처럼, 고통을 주도록 특별히 진화한 전갈 독의 화학물질조차도 보편적으로 고통스러운 것은 아니다. 동물에게 부상과 위험을 경고한다는 점에서, 고통은 그들의 생존에 매우 중요하다. 그리고 모든 동물에게는 경계해야 할 것이 있지만, '피해야 할 것'과 '용인해야 할 것'은 종마다 제각기 다르다. 어떤 동물이 무엇을 고통스럽게 여길지, 과연 고통을 겪는지, 심지어 고통을 느낄 수 있는지를 말하기가 악명 높을 정도로 까다로운 것은 바로 이 때문이다.

통각과 통증의 구별

1900년대 초 신경생리학자 찰스 스콧 셰링턴Charles Scott Sherrington은 "피부에는 일련의 신경종말nerve ending이 존재하는데, 그 임무는 피부에 손상을 입히는 자극을 받아들이는 것이다"라고 지적했다.[18] 그 신경들이 뇌에 연결되면 "피부통을 유발"하지만, 설사 연결이 끊어지더라도 여전히 "심리적 특징이 없는" 방어 반사를 촉발할 수 있다. 예컨대 척추 부상을 입은 개의 경우, 발을 강하게 누르면 통증을 느끼지 않으면서도 여전히 발을 잡아당긴다. '유해 자극을 감지하는 행위'를 그 자극이 생성하는 '고통스러운 느낌'과 구별되는 것으로 기술하기 위해, 셰링턴은 별도의 용어—"더 큰 객관성의 이점"이 있는 용어—를 원했다. 그래서 그는 통각nociception을 생각해냈다.

그로부터 한 세기가 지난 지금도 과학자와 철학자들은 여전히 '통각'과 '통증'을 구별한다.[19] 통각이란 손상을 탐지하는 감각 과정이고, 통증이란 그에 수반되는 고통이다. 내가 지난주에 실수로 뜨거운 냄비를 만졌을 때, 내 피부의 통각수용체는 '델 듯한 온도'를 감지했다. 그게 바로 통각으로, 내가 무슨 일이 일어나고 있는지 깨닫기도 전에 팔을 얼른 빼도록 하는 반사를 촉발했다. 통각수용체의 신호는 곧바로 나의 뇌에 도달해 불편함과 고통의 느낌을 생성했다. 그게 바로 통증이다. 통각과 통증은 밀접하게 연결되어 있지만, 어떤 의미에서 별개로 볼 수도 있다. 통각은 내 손(그리고 척수)에서 발생했고, 통증은 뇌에서 생성되었다. 하나는 감각적인 반쪽이고 다른 하나는 감정적인 반쪽이지만, 대부분의 사람들은 둘을 떼려야 뗄 수 없는 것으로 느낀다.

그러나 그것들은 분리될 수 있다. 자신의 절단된 사지에 대한 환각을 느끼는 환자—이러한 현상을 환각지phantom limb라고 한다—는 통각 없이도 통증을 경험할 수 있다. 어떤 사람들은 선천적으로 고통에 대해 무관심하다.[20] 그들은 다른 사람들이 고통스러워할 만한 감각을 태어날 때부터 알고 있지만, 그것 때문에 고통받지는 않는다.* 일부 진통제는 통각에 영향을 미치지 않으면서 중추신경계에 작용해 통증을 완화함으로

　　　　　　　　　　　　　　이토록 굉장한 세계

써 이러한 효과를 재현한다. "나는 턱 수술을 받은 후 바이코딘Vicodin을 복용했어요." 통증을 연구하는 신경과학자 로빈 크룩Robyn Crook은 나에게 말한다. "나는 통증이 아직 존재한다는 것을 충분히 알고 있었지만, 아주 평온한 느낌이 들었어요." 또한 사람들은 통각수용체를 자극하는 것들—겨자, 고추, 또는 강렬한 열—을 무시하거나 즐기는 법을 배울 수 있다.**

분명히 말하지만, 통각과 통증의 분리로 인해 후자의 실재성實在性이 감소하는 것은 아니다. 만성통증에 시달리는 사람들(특히 여성들)은 오랫동안 의료기관에서 불신과 무시의 대상이었다.[23] 그들은 "당신의 통증은 단지 머릿속에 있거나, 불안과 같은 정신건강 문제의 결과예요"라는 잘못된 말을 귀에 못이 박히도록 들었다. 통증은 주관적이기 때문에 이런 식으로 무시되기 쉽다. 그리고 이원론—마음과 몸이 분리되어 있다는 믿음—의 불행한 지속성 때문에, 사람들은 종종 '주관적인 것'과 '분명하지 않은 것'을 동일시하는가 하면 '심리적인 것'을 '상상된 것'과 동일시한다. 이것은 잘못된 생각으로, 심지어 해로울 수 있다. 통각은 '신체의 물리적 과정'이고 통증은 '마음의 심리적 과정'이라는 것은 사실이 아니다. 둘 다 뉴런의 발화에서 비롯되기 때문이다(단 인간의 경우, 통각은 말초신경계에 국한될 수 있는 반면 통증에는 항상 뇌가 관여한다. 통증은 얼마간의 의식적인 자각을 필요로 하지만, 통각은 그것 없이도 존재할 수 있다).

---

* 이 질병은 위험할 수 있다. 그것을 앓는 어린이와 아기는 부상이 위험하다는 것을 학습하지 못하고, 종종 자신의 손가락을 물어뜯거나 물건에 머리를 부딪치거나 화상을 입는다. 살아남아 성인이 된 환자들은 때때로 착취당한다. '고통에 대한 선천적 무관심'의 첫 번째 문서화된 사례는 서커스에서 '인간 바늘꽂이'로 생계를 유지한 남성이었다. 이 병에 걸린 한 파키스탄 소년은 거리에서 자신의 팔을 칼로 찌르는 공연을 했다.[21] 그는 열네 번째 생일에 지붕에서 뛰어내려 사망했다.
** 나는 리 코와트Leigh Cowart의 《행복한 아픔Hurts So Good》을 강력히 추천한다.[22] 이것은 고의로 고통에 참여하는 사람들(예: 마조히스트, 울트라마라토너, 얼음 바다 수영자)을 탐구한 책이다.

통각은 고래古來의 감각이다. 그것은 동물계 전반에 걸쳐 매우 광범위하고 일관적이어서,[24] 동일한 화학물질인 아편유사제opioid가 인간, 닭, 송어, 바다민달팽이sea slug, 초파리―약 8억 년 전 진화에 의해 분리된 생물들―의 통각수용체를 진정시킬 수 있다. 그러나 고통은 주관적이기 때문에 통증을 느끼는 생물을 구별하기는 어렵다. 심지어 인간끼리도 그렇게 하기 어렵다. "당신은 지독한 두통을 느낀다고 말할 수 있는데, 나는 그게 당신에게 무엇을 의미하는지 전혀 몰라요." 크룩이 말한다. "우리는 같은 종이고, 기본적으로 같은 뇌를 가지고 있는데도 말이에요." 인간의 통증을 연구하는 과학자들은 여전히 환자의 진술에 크게 의존하고 있지만, 동물들에게 이런 방법을 사용하는 것은 어림도 없다.* 그들의 유일한 수단은 동물의 행동을 기반으로 추측하는 것이다.

생쥐(또는 벌거숭이두더지쥐)의 발을 꼬집으면, 다리를 잡아당겨 아마도 핥고 손질할 것이다. 진통제를 제공하면 받아들일 것이다. 이러한 행동은 상처 입은 사람이 할 수 있는 행동과 비슷하며, 설치류의 뇌는 우리와 유사한 점이 많으므로 통각반사가 통증을 동반한다고 합리적으로 추측할 수 있다. 그러나 이런 유추에 의한 주장은 늘 문제점투성이이며, 매우 다른 신체와 신경계를 가진 동물과 맞닥뜨릴 때 더욱 그렇다. 거머리는 꼬집으면 몸을 움츠릴 텐데, 그 움직임은 인간의 고통과 유사할까, 아니면 무의식적으로 뜨거운 냄비에서 손을 빼는 것과 유사할까? 어떤 동물들은 고통을 숨길 수도 있다. 사회적 생물은 부상을 입었을 때 징징거리며 도움을 요청할 수 있지만, 궁지에 몰린 영양은 조난 신호를 보냈다가 사자에게 들킬까 봐 침묵을 지킬 것이다. 고통의 징후는 종마다 다

---

* 뇌 스캐너는 도움이 되지 않는다. 어떤 뇌 활동 패턴이 '의식적인 마음'을 시사하는지는 불투명하며, '고통 속의 의식적인 마음'과 '고통 속의 의식적이고 비인간적인 마음'은 말할 것도 없다.

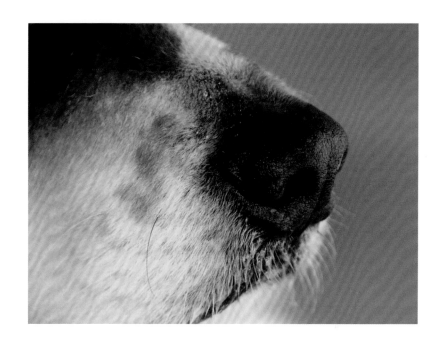

▲ 개의 콧구멍에는 측면을 향한 슬릿이 있어, 숨을
   내쉴 때 더 많은 냄새가 코로 들어갈 수 있다.

▼ 무성생식 침입자 개미는 색칠이 되어 있어서 쉽게
   추적할 수 있다.

후각기관은 코끼리의 코, 알바트로스의
부리, 뱀의 두 갈래 혀 등 다양한 형태로
나타난다.

▲ 나비 등의 곤충들은 발에 수용체가 있어, 먹이에
　내려앉아 발로 맛을 볼 수 있다.

▼ 메기는 '헤엄치는 혀'로 불리며, 피부 전체에
　분포하는 미뢰를 가지고 있다.

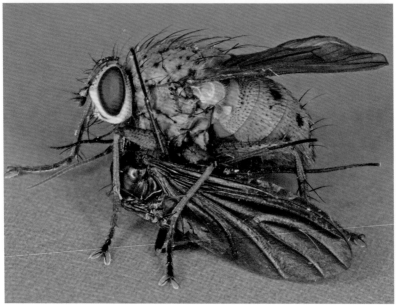

▲ 깡충거미의 중앙 눈은 날카로운 시각을 제공하는
반면, 측면의 눈들은 움직임을 추적한다.

▼ 킬러 파리는 초고속 시각을 보유하고 있어, 우리가
눈 깜짝할 사이에 빠르게 날아가는 곤충을 잡을 수 있다.

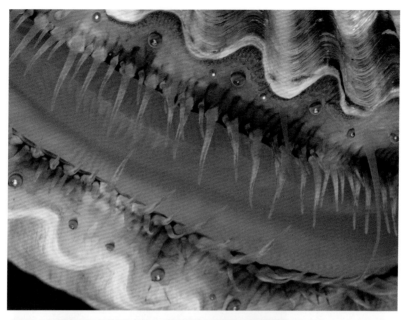

▲ 해만가리비는 껍데기의 가장자리를 따라 수십 개의
　반짝이는 푸른 눈을 가지고 있다.

▼ 거미불가사리는 몸 전체가 하나의 눈이지만, 낮에만 그렇다.

수컷 하루살이는 눈의
'거대한 꼭대기 부분'을
이용하여 지나가는
암컷을 발견할 수 있다.

카멜레온은 독립적인
눈으로 앞과 뒤를
동시에 볼 수 있다.

E. A. Lazo-Wasem
Yale Peabody Museum

심해 갑각류인 스트리트시아 챌린저리는 두 개의 눈이
하나의 실린더에 융합되어, 상하좌우를 볼 수 있지만
앞뒤는 볼 수 없다.

▲ 당신의 손이 보이지 않을 정도로 짙은 어둠 속에서도,
　 이 야행성 땀벌은 정글 속의 작은 둥지를 볼 수 있다.

▼ 주홍박각시는 희미한 별빛 아래에서도 꽃의 색을 볼 수 있다.

타이포는 매우 총명한 코기종 강아지로, (대체로) 삼색형인
인간의 색각과 개의 이색형 색각의 차이를 모델링하고 있다.

꽃의 무늬와 암본자리돔의 얼굴 줄무늬를 비롯한 많은
자연적 패턴은 자외선을 볼 수 있는 눈에만 보인다.

넓적꼬리벌새의 턱받이와 에라토 독나비의 날개
무늬는 인간이 감지할 수 없는 자외선을 반사한다.

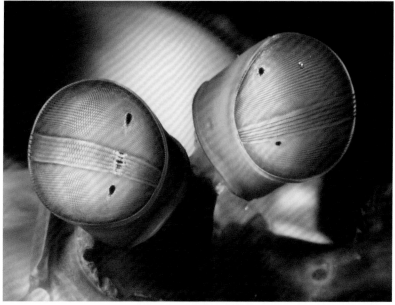

공작갯가재는 세 부분으로 구성된 눈의 중간대를
사용하여, 다른 동물과 완전히 다른 방식으로 색깔을 본다.

벌거숭이두더지쥐는 고추의
매운맛을 내는 화학물질인
캡사이신과 산酸의 통증에
둔감하다.

열세줄땅다람쥐는 우리가
고통스러워하는 저온에
둔감하기 때문에 겨울철에
동면할 수 있다.

이 동물들은 모두 따뜻한
물체에서 방출되는
적외선을 탐지할 수 있다.
침엽수비단벌레는 불타는
숲을 찾기 위해 불을
추적하고, 흡혈박쥐와
방울뱀은 온혈동물
먹잇감을 추적한다.

해달은 민감한 발을 사용하여 눈에 보이지 않는 먹이를
빠르게 찾아내고, 붉은가슴도요는 부리로 모래 속을
샅샅이 뒤짐으로써 그렇게 한다.

촉각기관은 별코두더지의 코, 흰수염작은바다오리의
얼굴 깃털, 쥐의 수염, 에메랄드는쟁이벌의 침針 등
다양한 형태로 나타난다.

매너티는 구강 원반이라는
정교한 촉각기관을
이용하여 물건을 조작하고
서로 인사를 나눈다.

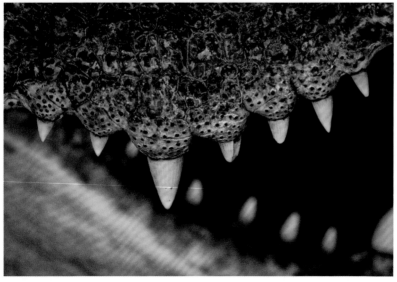

악어의 주둥이에 있는 돌기는 먹잇감이 만든 잔물결을
탐지할 수 있다.

르다.[25] 그렇다면 동물이 그것을 경험하고 있는지 여부를 어떻게 알 수 있을까?

동물에게 감정이나 의식적 경험 따위는 없다고 믿었던 많은 역사적 사상가들에게 이 질문은 무의미했다.[26] 그만큼 17세기 이원론자 르네 데카르트는 동물을 자동장치로 간주했다. 철학자이자 사제인 니콜라 말브랑슈는 자신의 견해를 이렇게 풀어썼다. "동물들은 쾌락 없이 먹고, 고통 없이 울고, 고통을 모른 채 성장한다. 그들은 아무것도 원하지 않고, 아무것도 두려워하지 않으며, 아무것도 모른다." 이러한 견해는 최근 수십 년 동안 바뀌었고, 대부분의 과학자들은 이제 포유류가 통증을 느낄 수 있다는 데 동의할 것이다. 그러나 물고기, 곤충, 갑각류를 포함한 다른 동물군을 둘러싸고 여전히 치열한 논쟁이 벌어지고 있다.*[27] 이러한 논쟁의 핵심에 있는 것은 '통각과 통증의 구별'이다. 동물 복지를 전문적으로 연구하는 생물학자인 도널드 브룸Donald Broom은 이 구별에 대해, "인간과 다른 동물, 또는 '고등' 동물과 '하등' 동물의 차이를 강조하려는 시도의 유물"이라고 썼다.[29] 어쨌든 다른 감각의 경우에는 '감각 수용체의 작용'과 '(뇌가 생성하는) 주관적 경험'을 구분하지 않는다. 예컨대 눈을 연구하는 과학자들의 경우, '인간에게만 시각이 있고 물고기는 광수용성만 가지고 있을 뿐인지'에 대해 논쟁하지 않는다.

그러나 2장과 3장에서 살펴본 바와 같이, '망막의 세포들이 탐지하는 것'과 '의식적인 시각 경험' 사이에는 차이가 있다. 사실 시각과학자들은 '단순한 광수용'과 '공간적 시각'을 구별한다. 2장에서 언급한 단-에릭 닐슨의 '4단계 눈 진화 모델'을 기억하라. 그들은 일부 생물(예: 가리비)

---

* 1980년대까지만 해도 미숙아나 신생아가 통증을 인지하거나 진통제의 혜택을 누릴 수 있는지를 놓고 치열한 논쟁이 벌어졌다.[28]

의 '장면 없이 보기'가 우리의 시각 개념을 확장할 수 있다고 생각한다. 그들은 우리의 시각 세계의 일부 측면(예: 색깔)이 뇌의 구성물이며, 상이한 파장의 빛을 감지할 수 있는 몇몇 동물(예: 갯가재)이 색깔을 전혀 인지하지 못할 수도 있음을 인정한다.

냄새와 맛 같은 화학적 감각의 경우, 자극을 의식하지 않고도 감지하고 반응하는 것이 가능하다. 당신은 지금 그것을 하고 있다. 인간은 몸 전체—피부나 발이 아니라, 내부 기관—에 미각수용체를 가지고 있다.[30] 우리의 장에 있는 단맛수용체는 식욕 조절 호르몬의 분비를 제어한다. 폐에 있는 쓴맛수용체는 알레르기 항원의 존재를 인식하고 면역 반응을 유발한다. 이 모든 일은 우리가 모르는 사이에 일어난다. 이와 마찬가지로, 모기의 발에 있는 미각수용체는 반사작용을 일으켜, 곤충으로 하여금 뇌에 정보를 전달하지 않고도 모기 기피제에서 탈출하게 할 수 있다. 파리의 날개에 있는 미각수용체는, 미생물을 탐지하면 미생물과 날개를 가리지 않고 몸단장 반사를 일으킬 수 있다. 관찰자에게는 그런 행동이 혐오감의 발로인 것처럼 보이지만, 그러한 감정이 곤충의 뇌에서 생겨났는지는 알 수 없다.

'감각의 원초적 행위와 그에 따른 주관적 경험을 구별하는 것은 불가능에 가깝다'라는 브룸의 말은 옳다. 하지만 그건 차이가 존재하지 않아서가 아니라, 대부분의 경우 중요하지 않기 때문이다. '가리비가 무엇을 보는지', 또는 '새와 인간이 똑같은 빨간색을 보는지'에 대한 질문은 철학적으로 흥미롭다. 그러나 통증과 통각의 구별은 윤리적·법적·경제적으로 중요한 문제이며, 동물을 잡거나 죽이거나 먹거나 실험하는 것과 관련된 문화적 규범에 영향을 미친다. 통증(또는 당신이 선호하는 경우 통각)은 달갑지 않은 감각이며, 그것의 부재(벌거숭이두더지쥐나 메뚜기쥐처럼)가

　　　이토록 굉장한 세계

마치 초능력처럼 느껴지는 유일한 감각이다. 통증은 우리가 회피하려고 노력하는 유일한 감각이고, 약물을 이용해 완화하는 감각이며, 다른 사람에게 가하지 않으려고 노력하는 감각이다.

물고기가 통증을 느낄까?

시각이나 청각을 연구하는 과학자들은 연구 대상 동물에게 이미지를 보여주거나 소리를 들려줄 수 있다. 그러나 통증을 연구하는 사람들은 '선의의 지식(해당 동물의 복지를 향상시킬 수도 있는 지식)을 추구하기 위해 연구용 동물에게 해를 입혀야' 하는 역설적 상황에 직면한다. 그들은 가능한 한 적은 수의 동물을 사용하기를 원하지만, 통계적으로 타당한 결과를 얻을 수 있을 만큼 충분해야 한다. 그들의 일은 윤리적으로 도전적이며 종종 좌절감을 준다. "사람들은 동물의 통증을 연구하는 것이 어리석다고 느끼는데, 그 이유는 둘 중 하나예요. 하나는 '동물이 우리와 똑같이 고통을 느끼므로 잔인하다'는 것이고, 다른 하나는 '동물이 우리와 달리 고통을 느끼지 않으므로 무의미하다'는 거예요."라고 로빈 크룩은 말한다. "절충안을 마련할 여지가 충분하지 않아 애로사항이 많아요."

물고기 연구는 문제점투성이인 통증 연구의 전형적 사례로 손꼽힌다. 2000년대 초 린 스네든Lynne Sneddon, 마이크 젠틀Mike Gentle, 빅토리아 브레이스웨이트Victoria Braithwaite는 송어의 입술에 봉독蜂毒이나 아세트산(식초에 톡 쏘는 맛을 제공하는 성분)을 주입했다.[31] 그러자 식염수가 주입된 물고기들과 달리, 불행한 물고기들은 숨을 헐떡이기 시작했다. 그들은 몇 시간 동안 먹이 섭취를 중단하고, 수조의 자갈 바닥에 누워 몸을 좌우로 흔들었다. 그들 중 일부는 자갈이나 수조의 벽에 입술을 문질렀다.

마치 뭔가가 그들을 산만하게 만든 것처럼, 그들은 더 이상 낯선 물체와 거리를 두지 않았다. 그러나 연구팀이 그들에게 모르핀을 주사하자 이러한 효과는 사라졌다. 스네든과 그녀의 동료들은 봉독과 아세트산을 주입받은 후에도 오랫동안 지속된 행동들이 어떻게 단순한 통각에 기인할 수 있는지 의아해했다. 그들은 괴로워하는 동물을 보았다.

2003년에 발표된 이 연구는 획기적이었다. 과학 서적, 낚시 잡지, 너바나의 노래 가사는 모두 물고기가 통증을 느끼지 않는다는 믿음을 전파해왔다. 낚싯바늘에 걸린 물고기들의 몸부림은 고통의 징후라기보다는 단순한 반사작용인 것으로 여겨졌다. 스네든의 팀이 확인하기 전까지는, 물고기에게 통각수용체가 있다는 사실조차 아무도 몰랐다. "처음 연구를 시작할 때, 나는 수의학과 학생이나 낚시 단체에 물고기도 고통을 느끼느냐고 물어보곤 했어요." 그녀가 나에게 말한다. "몇몇 사람들만 그렇다고 대답했어요. 하지만 17년 동안 증거가 쌓인 후, 이제는 거의 모든 사람이 인정하고 있어요."

물고기의 통각수용체가 발화하면, 그 신호는 단순한 반사작용보다 복잡한 학습 및 기타 행동을 다루는 뇌 영역으로 전달된다.[32] 아니나 다를까, 꼬집히거나 충격을 받거나 독소를 주입받은 물고기는 몇 시간이나 며칠 동안 또는 진통제를 맞을 때까지 다르게 행동했다.[33] 그들은 진통제를 얻거나 더 이상의 불편을 회피하기 위해 희생을 감수했다. 스네든은 한 실험에서, 제브라피시가 텅 빈 수족관보다는 식물과 자갈로 가득 찬 수족관에서 헤엄치는 것을 선호한다는 것을 증명했다.[34] 그러나 그녀가 물고기에게 아세트산을 주입하고 휑한 수족관의 물에 진통제를 녹이자, 그들은 정상적인 선호를 버리고 지루하지만 진통 효과가 있는 환경을 선택했다. 또 다른 연구에서, 세라 밀솝Sarah Millsopp과 피터 래밍

Peter Laming은 수족관의 특정 부분에서 먹이를 먹도록 금붕어를 훈련시킨 다음 전기충격을 가했다.[35] 그러자 금붕어는 먼 곳으로 도망쳐 며칠 동안 머물렀고, 그동안 먹이를 먹지 않았다. 그들은 결국 돌아왔지만, 배가 고프거나 충격이 약한 경우에는 더 빨리 돌아왔다. 초기 탈출은 반사적이었을지 모르지만, 그들은 더 이상의 해를 피하는 것의 장단점을 저울질했다. 브레이스웨이트가 자신의 저서 《물고기가 통증을 느낄까Do Fish Feel Pain?》에 쓴 것처럼, "물고기도 새와 포유류처럼 통증과 고통을 느낀다는 증거가 넘쳐난다."[36]

그러나 목소리를 내는 한 비평가 그룹은 여전히 납득하지 않는다.*[37] 그들은 스네든과 그 밖의 사람들의 연구를 의인화로 규정하고, 인간의 눈을 통해 물고기를 바라본다고 비난한다. 그들은 연구용 물고기들이 무의식적으로 행동했을 가능성이 높다고 주장한다. 요컨대 물고기들의 뇌가 할 수 있는 일이 별로 없다는 것이다. 우리의 뇌는 '버섯 갓' 모양의 두꺼운 신경조직 뚜껑—신피질이라고 불린다—으로 덮여 있다. 그것은 오케스트라처럼 조직화되어 있으며, 수많은 전문적 부분들이 합세해 '의식의 음악'과 '고통의 탄식'을 연주한다. 그러나 물고기의 뇌에는 신피질이 부족하고, 고도로 조직화된 신피질은 훨씬 더 부족하다. 일곱 명의 회의론자들은 2014년에 발표한 〈물고기가 정말 고통을 느낄 수 있을까?〉라는 제목의 논문에 이렇게 썼다. "신경학적으로 볼 때, 물고기는 '무의식적인 통각과 감정적 반응'에 적합하지만 '의식적인 고통과 느낌'에는 부적합한 여건을 갖추고 있다."[39]

---

* 토론의 분위기를 실감하기 위해, 스네든이 쓴 논평과 제임스 로즈James Rose가 이끄는 저자 그룹이 작성한 논평을 비교해보라.[38] 브라이언 키Brian Key의 논문 〈물고기는 왜 통증을 느끼지 못하는가 Why Fish Do Not Feel Pain〉와 그의 주장을 통렬히 비판하는 수십 개의 답변도 읽을 수 있다.

하지만 아이러니하게도 이 주장 자체가 엄청나게 의인화된 것이다.[40] 그것은 인간의 신피질이 통증에 필수적이라는 이유를 내세워, 신피질이 모든 동물의 고통에 필수적이라고 안이하게 가정한다. 하지만 그게 사실이라면, 새들도 신피질이 없기 때문에 고통을 느끼지 않아야 한다. 그리고 동일한 잘못된 논리로, 물고기는 주의력, 학습, 그 밖의 많은 능력과 같이 신피질에 뿌리를 둔 다른 모든 정신적 기술을 결여해야 한다.[41] 그러나 그들은 그런 정신적 기술들을 분명히 보유하고 있다. 동물은 종종 동일한 문제에 대해 다른 솔루션을 진화시키고, 동일한 과제에 대해 다른 구조를 발달시킨다. 물고기가 인간과 같은 신피질이 없기 때문에 고통을 느끼지 못한다고 주장하는 것은, 파리가 카메라 눈이 없기 때문에 볼 수 없다고 말하는 것과 같다.

그러나 비평가들의 주장에도 귀담아들을 게 하나 있다. 즉 우리는 모든 동물이 고통이나 그 밖의 의식적 경험을 한다고 가정할 수 없다. 의식은 모든 생명체의 고유한 속성이 아니다. 그것은 신경계에서 발생하는데, 그러한 시스템에는 신피질이 필요하지 않을 수도 있지만 충분한 처리력processing power이 반드시 필요하다. 예컨대 게와 바닷가재는 위胃의 리드미컬한 움직임을 제어하기 위해 약 30개의 뉴런군群을 사용한다.[42] 한편 예쁜꼬마선충C. elegans은 총 302개의 뉴런을 가지고 있다. 게가 위를 가동하는 데 필요한 뉴런 수의 열 배에 불과한 뉴런을 가진 벌레가 주관적인 경험을 할 수 있을까? 그럴 가능성은 없어 보인다. "어떤 경우에는 신경계가 너무 작아요." 로빈 크룩이 말한다. "하지만 뉴런이 얼마나 많아야 충분하다고 할 수 있죠?" 인간의 뉴런은 860억 개, 개는 20억 개, 생쥐는 7000만 개, 구피는 400만 개, 초파리는 10만 개다. "바다민달팽이의 1만 개는 불충분해 보이지만, 그렇다고 해서 1만 57개라고 선을 그을 수는 없잖아요?"라고 크룩은 덧붙인다.

중요한 것은 뉴런의 총 개수가 아니라 뉴런 간의 연결이다.[43] 인간의 뇌에서는, 수십만 개의 뉴런이 피질 오케스트라의 상이한 부분들을 연결한다. 이러한 연결을 통해 우리는 고통스러운 경험의 완벽한 교향곡을 연주할 수 있으며, 감각 신호를 부정적인 감정, 나쁜 기억 등과 결합한다. 그러나 곤충의 뇌에는 그런 연결이 훨씬 더 희박하다.[44] 초파리의 통각수용체는 버섯체mushroom body라고 불리는 뇌 영역에 연결되는데, 이 부분은 학습에 매우 중요하다. 그러나 버섯체와 다른 뇌 영역을 이어주는 출력 뉴런은 21개뿐이다. 파리는 통각 자극을 회피하는 법을 잘 배울 수 있는데, 인간의 고통에 내재된 나쁜 감정도 함께 배울 수 있을까? 곤충의 뇌에는 심지어 인간의 편도체처럼 감정을 처리하는 영역이 없을 수도 있다. "그런 요인들이 고통에 대한 곤충의 주관적인 경험을 이해하기 어렵게 만들고 있어요." 곤충의 행동을 연구하는 생리학자인 셸리 아다모Shelley Adamo가 나에게 말한다.

"그렇다면 곤충의 감정중추는 어떻게 생겼을까요?"라고 아다모는 덧붙인다. '다른 동물들의 뇌가 어떻게 연결되어 있는지'는 고사하고 '인간의 뇌가 어떻게 작동하는지'에 대한 우리의 지식이 얼마나 적은지를 감안할 때, 통증을 경험하는 데 어떤 신경학적 특징이 필요한지에 대해 단정적인 선언을 하는 것은 시기상조일 것이다. 그리고 어떤 동물은 자신의 단순한 뇌의 한계를 초월하는 것 같다.

통증의 진화적 이익과 비용

2003년 북아일랜드 킬리리의 한 술집에서, 생물학자 로버트 엘우드

Robert Elwood는 유명한 셰프 릭 스타인Rick Stein과 마주쳤다. "우리 두 사람은 모두 갑각류에 대해 관심이 많군요. 나는 갑각류의 행동을 연구하고, 당신은 갑각류를 요리하니 말이에요." 엘우드는 그때의 대화 내용을 회고한다. 그러자 스타인은 즉시 "그들도 고통을 느끼나요?"라고 물었다고 한다. 엘우드는 갑각류가 고통을 느끼지 못할 거라고 생각했지만, 사실은 아는 게 하나도 없었다. 그 후 그 질문이 그를 옥죄었고, 그는 그에 대한 답을 찾으려고 노력했다. "수월한 프로젝트라고 생각했고, 처음에는 일사천리로 진행되었어요." 그가 내게 말한다. "그러나 결국 그렇게 되지 않았어요."

엘우드는 (유럽의 해변에 자주 나타나며, 자신의 부드러운 복부를 빈 조개껍데기에 집어넣는) 흔한 소라게hermit crab를 연구했다. 빈 조개껍데기는 소중한 자산이며, 게들은 그것이 없으면 취약하다. 그러나 웬걸. 엘우드와 그의 동료 미르잠 아펠Mirjam Appel의 연구에서, 그들은 작은 전기충격에도 껍데기를 버리고 대피하는 것으로 나타났다.[45] 이러한 대피는 반사적인 것처럼 보이지만, 게가 항상 도망치는 것은 아니었다. 덜 바람직한 납작한 고둥 껍데기에서 쫓아내는 것보다, 게들이 선호하는 경단고둥periwinkle 껍데기에서 강제로 내쫓는 것이 더 강한 전기충격을 필요로 했다. 그리고 물속에서 포식자의 냄새를 맡을 수 있다면, 그들이 껍데기를 포기할 가능성은 절반으로 줄어들었다. "연구 결과, 이건 반사작용이 아닌 것으로 밝혀졌어요"라고 엘우드는 말한다. "그보다 대피는 게가 여러 정보를 저울질한 후에 내리는 결정이에요."

또한 게들은 충격을 받은 지 한참 후에는 다르게 행동했다. 일단 도망친 후에, 그들은 위험에 노출되었음에도 불구하고 종전의 껍데기로 귀환하지 않았다. 그들은 전기충격으로 손상된 복부를 손질했다. 그리고 껍데기를 포기하지 않을 때도, 평소와 달리 신중한 탐색 없이 새 껍데기에 서둘러 입주했다. 이러한 데이터는 고통의 개념과 일치하지만, 엘우드에 따르면 갑각류가 실제로 어떤 기분인지를 아는 것은 불가능하다.[46] "게와 바닷가재가 고통을 느끼느냐는 질문을 자주 받아요. 15년의 연구 끝에 얻은 답은 '아마도 그럴 것이다'라는 거예요"라고 그는 말한다.

갑각류는 곤충의 진화적 사촌이며, 곤충과 마찬가지로 단순한 신경계를 가지고 있다. 그러나 엘우드의 소라게들은 외견상 복잡한 방식으로 행동했다. 이러한 불일치(단순한 신경계 vs 복잡한 행동)를 어떻게 조화시켜야 할까? 동물의 행동이 뇌의 이론적 능력(뇌가 이론적으로 할 수 있는 일)과 일치하지 않는다면, 우리는 동물의 행동을 과대 해석하는 것일까, 아니면 신경계를 과소평가하는 것일까? 스네든과 엘우드는 후자라고 주장하지만, 아다모는 전자라고 말할 것이다. 어느 쪽이 옳은지, 아니면 양쪽이 모두 옳은지는 분명하지 않다.•

"뇌의 크기에 대해 왈가왈부하는 것은 논점에서 벗어나는 일일 수 있어요"라고 아다모는 말한다. 그 대신, 그녀는 통증의 진화적 이익과 비용에 대해 생각하는 것을 선호한다. 그녀에 따르면, 비용이란 고통agony이 아니라 에너지를 의미한다. 진화는 곤충의 신경계를 미니멀리즘과 효율성 쪽으로 밀어붙여, 가능한 한 많은 처리력을 작은 머리와 몸에 욱여넣었다.[48] 어떤 추가적인 정신 능력—이를테면 의식—은 더 많은 뉴런을 필요로 하는데, 이는 그렇잖아도 빠듯한 에너지 예산을 고갈시킬 것이다. 따라서 그들은 중요한 이익이 있을 때만 그 비용을 지불해야 한

• 동물의 고통을 둘러싼 논쟁은 극도로 신랄할 수 있다. 그러나 특히 아다모, 스네든, 엘우드는 '동물의 고통 정의하기'에 대한 논평을 공동 명의로 발표했으며, 설사 의견이 일치하지 않더라도 상대방의 견해를 존중했다.[47]

다. 그렇다면 그들은 통증에서 어떤 이익을 얻을까?

통각의 진화적 이익은 매우 분명하다. 그것은 동물이 자신을 해치거나 죽일 수 있는 것들을 탐지하고, 스스로를 보호하기 위한 조치를 취할 수 있게 해주는 경보 시스템이다. 그러나 통증의 근원은 무엇보다도 덜 분명하다. 고통의 적응적 가치adaptive value는 무엇일까? 통각의 부족한 점은 무엇일까? 일부 과학자들에 따르면, 불쾌한 감정이 통각의 효과를 강화하고 공고히 한 덕분에, 동물이 현재 자신에게 상처를 주는 것을 회피할 뿐만 아니라 미래에 그것을 회피하는 법을 익히게 되었을 거라고 한다.[49] 통각은 "도망쳐"라고 말하고, 통증은 "그리고 돌아가지 마"라고 말한다는 것이다. 그러나 아다모를 비롯한 과학자들의 주장에 따르면, 동물은 주관적인 경험 없이도 위험을 완벽하게 회피하는 법을 배울 수 있다고 한다. 요컨대 로봇이 할 수 있는 일을 생각해보라.

공학자들이 설계한 로봇은 마치 고통스러운 것처럼 행동하고, 부정적인 경험에서 배우거나 인위적인 불편함을 회피할 수 있다.[50] 이러한 행동들은 동물에 의해 수행될 때 통증의 지표로 해석되었던 것들이다. 그러나 로봇은 주관적인 경험 없이도 그것들을 수행할 수 있다.[51] 그렇다고 해서 데카르트가 그랬던 것처럼 '동물은 생각도 느낌도 없는 자동장치다'라고 주장하려는 것은 아니다. "어떤 로봇도 곤충만큼 정교하지는 않아요"라고 아다모는 말한다. 그녀의 요점은, 곤충의 신경계가 가능한 한 가장 단순한 방식으로 복잡한 행동을 이끌어내도록 진화했으며, 로봇은 그것이 얼마나 단순할 수 있는지 단적으로 보여준다는 것이다. 만약 우리가 통증이 가능케 하는 모든 적응적 행동을 의식으로 프로그래밍하지 않고도 수행할 수 있는 로봇을 설계할 수 있다면, 장담하건대 진화—훨씬 더 긴 기간에 걸쳐 작동하는, 훨씬 더 우수한 혁신가—

도 미니멀리스트 곤충의 뇌를 그런 방향으로 밀어붙였을 것이다. 그런 이유로 아다모는 곤충(또는 갑각류)이 통증을 느낄 가능성은 없다고 생각한다. 아니면, 적어도 그들의 통증 경험은 우리와 매우 다를 거라고 생각한다. 물고기도 마찬가지다. "그들에게 뭔가가 있을 거라고 예상돼요. 하지만 그게 뭘까요?" 그녀는 말한다. "아마도 우리와 똑같지는 않을 거예요."

이 점은 매우 중요하다. 동물의 통증에 대해 논쟁할 때, 사람들은 종종 '동물은 우리가 느끼는 것과 정확히 같은 것을 느끼거나 전혀 느끼지 않는다'고 가정한다. 마치 꼬마 요정이나 정교한 로봇처럼 말이다. 이러한 이분법은 잘못이지만, 중간 상태를 상상하기가 어렵기 때문에 지속되는 경향이 있다. 우리가 아는 바와 같이, 어떤 사람은 남들보다 흐릿한 시각을 가지고 있는 것과 마찬가지로, 어떤 사람들은 남들과 다른 통증 역치를 가지고 있다. 하지만 '질적으로 다른 버전'의 통증은 가리비의 '장면 없는 시각'만큼이나 도전적이다. 통증은 의식 없이도 존재할 수 있을까? 만약 통증에서 감정을 제거한다면 통각만 남을까? 아니면 우리의 상상력이 채우려고 애쓰는 회색지대가 남을까? 다른 감각과 달리 유독 통증에 대해서만, 무한한 다양성이 존재한다는 사실을 잊기 쉬우며 과연 어떻게 전개될지 상상하기 어려운 것 같다.

실험용 동물이 느끼는 고통

2010년 9월 유럽연합(EU)은 동물 연구에 대한 규제 대상을 두족류—문어, 오징어, 갑오징어를 포함하는 그룹—로 확대했다. 무척추동물이기 때문에, 두족류는 일반적으로 생쥐나 원숭이 같은 실험용 척추동물의 복지를 향상시키는 법률의 적용을 받지 않는다. 그러나 그들은 대부분의 무척추동물보다 훨씬 더 큰 신경계―초파리의 뉴런은 10만 개인데 반해, 문어의 뉴런은 5억 개다―를 가지고 있다. 그들은 파충류와 양서류 같은 일부 척추동물의 행동을 능가하는 지능적이고 유연한 행동을 보인다. 그리고 유럽연합의 지침에 언급된 바와 같이 "통증, 고통, 스트레스, 지속적인 피해를 경험할 수 있는 능력에 대한 과학적 증거가 있다."[52] 두족류와 함께 일했음에도 그러한 증거를 알지 못했던 로빈 크룩에게, 유럽연합의 지침은 놀라움으로 다가왔다. 유럽연합은 '외견상 지능적인 동물은 고통을 느낄 수 있음에 틀림없다'고 가정한 것 같다. 그러나 그 당시만 해도 두족류가 통증을 경험하는 것은 고사하고 통각수용체를 가지고 있는지조차 아무도 몰랐다. "'과학적 지식'과 '입법자들이 상정하는 과학적 지식' 사이에는 커다란 괴리가 있었어요." 크룩이 나에게 말한다.

그녀는 긴지느러미오징어longfin squid―북대서양에서 흔히 잡히는 길이 30센티미터의 종―에서부터 시작해 그 괴리를 메워 나갔다.[53] 이 동물은 공격적인 라이벌 오징어나 게의 집게발에게 팔 끝을 자주 잃는다. 크룩은 메스로 이 상처를 모방했다. 그랬더니 예상대로, 오징어는 시야를 흐리는 먹물 구름을 방출하며 쏜살같이 도망치더니, 주변 환경과 어울리도록 색깔을 바꿨다. 며칠 후 오징어들은 훨씬 더 빨리 도망치고 숨었다. 그러나 놀랍게도 그들은 인간, 시궁쥐, 심지어 소라게처럼 상처를 만지거나 손질하거나 감싸지 않았다. 나머지 일곱 개의 팔을 상처에 쉽게 갖다 댈 수 있었지만, 그런 시도조차 하지 않았다.

더더욱 놀랍게도, 크룩은 한쪽 팔을 다친 오징어가 마치 온몸이 아픈 것처럼 행동한다는 것을 발견했다.[54] 인간을 비롯한 포유동물이 절상切

　　　　　　　　　　　　　이토록 굉장한 세계

傷이나 타박상을 입을 경우, 손상된 부위는 아프지만 신체의 나머지 부분은 그렇지 않다. 내가 손에 화상을 입었을 때, 환부를 찌르면 아프지만 발을 찌르면 아프지 않다. 그러나 크룩이 오징어의 지느러미 중 하나를 손상시켰을 때, 반대쪽 지느러미의 통각수용체도 상처 입은 쪽의 통각수용체만큼 흥분했다. 당신이 발가락을 삘 때마다 몸 전체가 촉감에 예민해진다고 상상해보라. 부상당한 오징어가 바로 그런 경우다. "그들은 부상을 입을 경우 온몸이 과민해져요." 크룩이 나에게 말한다. "쉽게 말해서 그들은 일상에서 잠재적인 고통의 세계로 이동하는 거예요." 어쩌면 이것이, 그들이 상처를 매만지지 않는 이유일지도 모른다. 자신이 다쳤다는 것을 감지할 수 있지만, 상처 부위가 어디인지는 알 수 없을지도 모른다.

포유류의 경우, 통증의 국소적 특성 덕분에 취약한 신체부위를 보호하고 관리할 경우 나머지 신체부위들을 갖고서 여생을 잘 지낼 수 있다. 오징어에게 그렇게 유용한 정보원이 결핍된 이유가 뭘까? "하나의 가능성은," 크룩이 말한다. "바닷속의 모든 동물이 오징어를 노린다는 거예요." 부상당한 오징어는 육식성 물고기에게 특히 매력적이다. 눈에 더 잘 띄거나 더 쉬운 먹이처럼 보이기(또는 냄새 나기) 때문이다. 그러므로 몸 전체에 높은 수준의 경보를 설정하면, 모든 방향에서 들이닥칠 수 있는 공격을 피하는 데 유리할 수 있다.[*55] 전신에 걸친 민감성은 대부분의 신체부위에 물리적으로 도달할 수 없는 동물에게도 의미가 있다. 아무런 조치도 취할 수 없다면, 지느러미가 다쳤다는 사실을 알아봤자 아무

---

* 크룩은 실험을 통해 이 사실을 확인했다.[56] 그녀는 농어가 부상당한 오징어를 집중적인 표적으로 삼는다는 것을 증명했다. 부상당한 오징어는 부상당하지 않은 오징어보다 빨리 회피기동evasive maneuver을 했는데, 그녀가 부상당한 오징어에 마취제를 투여하자 탈출 속도가 느려지고 생존 가능성도 감소한 것으로 나타났다.

소용이 없기 때문이다.

그러나 문어는 다르다. 오징어와 달리, 문어는 몸의 모든 부분을 만질 수 있다. 그들은 심지어 아가미를 손질하기 위해 자신의 내부에 팔을 뻗을 수도 있는데, 이것은 사람이 목구멍에 손을 넣어 폐를 긁는 것과 마찬가지다. 그리고 개방 수역에서 생활하느라 하루도 쉴 수 없는 오징어와 달리, 문어는 컨디션을 회복할 때까지 호젓한 은신처에 숨어 지낼 수 있다. 상처를 돌볼 시간과 손재주가 있기 때문에, 문어의 경우에는 상처가 어디에 있는지 아는 것이 합리적일 것이다. 그리고 크룩이 증명한 바와 같이, 그들은 실제로 그렇게 한다. 문어는 팔 끝이 손상될 경우 때때로 팔을 떼어내곤 한다.[57] 그렇게 되면 잘린 끝stump이 주위의 팔보다 더욱 민감해질 것이므로, 문어는 주둥이로 잘린 끝을 어루만질 것이다. 2021년에 발표한 최신 연구에서, 크룩은 문어가 아세트산이 주입된 곳을 피하지만 진통제가 투여된 곳에는 끌리는 것을 발견했다.[58] 그리고 일단 국소마취제를 주사하면, 다친 팔을 손질하던 행동을 멈추는 것으로 나타났다. 크룩은 그 논문에서 명백한 결론을 내렸다. "문어는 통증을 경험할 수 있다."

그 연구가 발표되기 전부터, 크룩은 나에게 '두족류가 통증을 느낀다는 가정 아래 연구실을 운영한다'고 누누이 말했다. 그녀는 두족류의 복지를 향상시키는 데 기여할 수 있는 연구(이를테면, 마취제가 그들에게 효과를 발휘하는지 여부를 확인하는 연구)를 수행한다. 그녀는 가능한 한 적은 수의 동물을 사용하고(단, 통계적 타당성을 여전히 유지해야 한다) 그들의 부상을 최소화하려고 노력한다. 특히 통증에 관한 연구일 때 동물 연구의 윤리를 고려하는 것은 쉽지 않지만, 그녀는 어려운 게 당연하다고 생각한다. "설사 우리가 실험용 동물에게 하는 짓이 고통을 유발하지 않더라도, 우리는 많은 고민을 해야 해요. 동물은 실험에 자발적으로 지원하지 않았어요. 우리의 궁극적인 목표가 그들의 고통을 덜어주는 것이라고 해도, 수조에 앉아 있는 동물이 그걸 알아줄 리 만무해요."

통증을 연구하는 과학자들 중 상당수도 그녀와 같은 생각을 한다. "두족류, 어류, 또는 갑각류가 '인간이 느끼는 것'을 느끼든 '근본적으로 다른 것'을 느끼든, 사전 예방 원칙을 적용할 만한 근거가 충분하다"라고 그들은 주장한다. "실험용 동물들은 고통을 느낄 가능성이 매우 높아요." 엘우드가 말한다. "우리는 그들의 고통을 방지할 수 있는 방법을 고려해야 해요."

고통의 증후는 종마다 다르다

동물의 통증에 대한 많은 논쟁은 종종 간단한 질문을 중심으로 전개된다. 그들도 통증을 느낄까? 그리고 이 질문 뒤에는 몇 가지 암묵적인 질문들이 숨어 있다. 바닷가재를 삶아도 괜찮을까? 문어를 그만 먹어야 할까? 낚시하러 가도 될까?* 동물이 통증을 느낄 수 있는지 여부를 물을 때, 우리는 '동물 자신'에 대해서보다 '우리가 동물에게 무엇을 할 수 있는지'를 묻는 경향이 있다. 그러한 태도는 '동물이 실제로 무엇을 감지하는지'에 대한 우리의 이해를 제한한다. 통증에는 그것의 존재나 부재보다 훨씬 더 많은 것이 있다. 이런 면에서 볼 때, '우리는 통증의 이익

---

* 이 질문에 대한 답으로 책 한 권을 쓸 수 있을 것이다. 여기서 내가 지적하고 싶은 것은, 주관적인 통증은 동물 복지에 대해 생각할 때 고려해야 할 한 가지 사항일 뿐이며, 심지어 가장 중요한 사항이 아닐 수도 있다는 것이다. "우리는 '통각 자체가 동물의 복지에 영향을 미치기에 충분하며, 따라서 치료가 필요할 수 있다'는 것을 선뜻 받아들일 수 있다"라고 수의사 프레더릭 샤티니Frederic Chatigny가 썼다.[59] "비록 의식에 의해 정의되지만, 통증이 동물의 복지에 부정적 영향을 미치는 것은 아니다."

과 비용에 대해 더 많이 이해할 필요가 있다'라는 셸리 아다모의 지적은 전적으로 옳다. 통증은 그 자체를 위해 존재하지 않는다. 동물을 아프게 할 요량으로 일어나는 일은 없다. 동물이 아파하는 일이 일어났다면, 그 목적은 동물이 그 정보를 가지고 뭔가를 할 수 있도록 하기 위함이다. 그리고 동물의 필요와 한계를 이해하지 못하면 그들의 행동을 정확히 해석하기 어렵다.

예컨대 곤충들은 필시 고통스러워 보이는 행동을 함으로써 우리를 종종 놀라게 한다.[60] 팔다리가 으스러졌을 때, 그들은 절뚝거리기보다는 망가진 팔다리에 계속 압박을 가하곤 한다. 수컷 사마귀는 자신을 집어삼키는 암컷과 계속해서 짝짓기를 한다. 기생벌의 애벌레가 내부에서 자신을 먹어치우는 동안, 곤충의 애벌레는 멋도 모르고 계속 잎을 갉아먹는다. 바퀴벌레는 기회가 주어지면 자신의 내장을 스스로 먹어버린다. 1984년 크레이그 아이즈만Craig Eisemann과 그의 동료들은 이런 행동을 가리켜 "설사 통증 감각이 존재하더라도, 행동에 적응적 영향adaptive influence을 미치지 않는다는 것을 강력하게 시사한다"라고 썼다.[61] 하지만 이런 행동이 단순히 '곤충들이 기꺼이 견딜 수 있는 것'을 보여주는 것일까? 어쩌면 바퀴벌레와 사마귀는 고통보다 단백질과 번식을 우선시한 나머지, 운동선수와 군인이 경기나 전투의 한복판에서 할 수 있는 것과 동일한 방식으로 고통을 견디는 것일지도 모른다. 어쩌면 애벌레는 통증을 완화할 수 없기 때문에 산 채로 잡아먹히는 고통을 느끼지 않을지도 모른다.

오징어와 문어도 생각해보자. 둘 다 두족류이지만, 포유류와 조류가 분화된 시기와 거의 같은 3억여 년 전에 갈라진 후 따로 진화해왔다. 몸 구조와 생활방식이 완전히 다르기 때문에, 그들의 신경계가 부상 후에

이토록 굉장한 세계

매우 다르게 기능하는 것은 전혀 놀랄 일이 아니다. 두족류가 통증을 경험하는지를 묻는 것보다는, '어떤 종'이 '어떻게' 고통을 경험하는지 묻는 게 옳다. 우리에게 알려진 3만 4000종의 물고기, 6만 7000종의 갑각류, 수백만 종의 곤충도 마찬가지다. 다른 감각(예: 시각과 후각)의 경우 근연관계에 있는 동물조차도 세상을 인지하는 방식이 다르다는 점을 감안할 때, 이런 그룹들을 단일체monolith로 취급하는 것은 터무니없는 일이다.

생리학자 캐서린 윌리엄스Catherine Williams가 나에게 말했듯이, 우리는 통증이 존재하는지 여부에 초점을 맞추는 대신 "어떤 조건에서 어떤 자극에 대해 통증을 느끼고 경험하고 표현하는 것이 유리할까?"라고 물어볼 수도 있다. 그리고 전갈을 사냥하는 메뚜기쥐와 굴을 파는 벌거숭이두더지쥐, 긴팔문어와 짧은팔오징어 사이에 통증이 다르게 나타난다는 점에 주목해야 한다. 또한 도움을 요청할 수 있는 사회적 동물과 혼자 힘으로 꾸려나가야 하는 독립적인 동물, 또는 실수를 반복할 기회가 거의 없는 수명이 짧은 동물과 기회가 많은 수명 긴 동물에서도 다양한 형태의 고통을 발견할 수 있다. 마지막으로, 타는 듯한 더위에서 얼어붙는 추위에 이르기까지 극한의 온도를 견뎌야 하는 동물에게도 통증은 다양하게 나타날 수 있다.

5장

열

Heat

**걱정 마세요,
춥지 않습니다**

나는 한기를 느낀다. 바깥의 가을 공기는 24도로 따뜻하지만, 나는 본질적으로 4도로 냉각된 대형 냉장고 안에 있다. 이곳은 인공 동면실로, 동면하는 동물들이 겨울을 보내는 어둡고 추운 환경을 모방하도록 설계된 방이다. 취재 여행에 적당한 옷을 챙길 여력이 없어서, 나는 가벼운 티셔츠를 입고 방문했다. 맨살이 드러난 팔에서 열이 발산되자, 나는 본능적으로 팔을 문지른다. 그러는 동안 좀 더 분별 있게 차려입은 매디 정킨스Maddy Junkins는 파쇄된 종이로 만든 상자에 손을 넣어 동그란 털뭉치 하나를 꺼낸다. 그것은 열세줄땅다람쥐thirteen-lined ground squirrel인데, 대략 자몽만 한 크기와 무게를 가지고 있고, 꼬리로 코를 감싼 채 공 모양으로 말려 있다. 열세줄땅다람쥐는 크고 멋진 다람쥐로, 등에 열세 개의 검은 줄무늬가 있고 줄무늬 안에는 밝은 점이 있다. 내가 그 무늬들을 볼 수 있는 것은, 내 눈이 방을 비추는 적색광을 탐지할 수 있기 때문이다. 다람쥐의 눈은 그럴 수 없지만, 그것과 무관하게 굳게 감겨 있다. 그도 그럴 것이, 바야흐로 긴 겨울잠이 시작된 9월 중순이기 때문이다.

동면은 잠이 아니라 극도의 비활동 상태로, 땅다람쥐가 북아메리카의 혹독한 겨울에 살아남을 수 있도록 해준다.[1] 이 기간 동안 그들의 대사는 거의 완전히 중단된다.* 정킨스가 내 라텍스 장갑 낀 손에 땅다람쥐를 조심스레 쥐어주었을 때, 나는 녀석이 얼마나 비활동적인지 금세 알아차린다. 땅다람쥐에게는 설치류 특유의 조증爆症적·경련적인 에너지가 전혀 없다. 미친 듯이 요란한 숨결과 함께 진동해야 할 옆구리가 미동도 하지 않는다. 여름에 1초 동안 다섯 번 이상 뛰던 심장은 이제 1분 동안 같은 수의 박동을 근근이 이어간다.3 "당신의 손에는 생명의 온기가 있지만, 이건 전혀 그렇지 않아요"라고 정킨스가 말한다. "비활동 상태의 차가운 덩어리예요." 실제로 다람쥐는 가을이 되면 만지기가 불편할 정도로 싸늘해진다. 다람쥐의 몸은 여름의 표준 체온인 37도를 포기하고, 그 대신 동면실에 있는 모든 무생물과 마찬가지로 4도에서 맴돈다. 또한 온기가 없고 겉보기에는 생명도 없는 것 같아, 묘하게 무생물처럼 느껴진다. 오직 발만이 다람쥐가 살아 있음을 확인시켜준다. 그것들은 피 때문에 여전히 분홍빛을 띠고 있고, 움켜잡으면 슬로모션임에도 불구하고 뒤로 물러난다. 너무 오래 잡고 있으면 내 손의 온기가 다람쥐를 깨울 것이므로, 나는 동면실을 떠나기 전에 녀석을 임시변통의 굴에 다시 넣는다. 밖에서는 시설을 운영하는 엘레나 그라체바Elena Gracheva가 기다리고 있다.

"어땠어요?" 그녀가 묻는다.

"대단해요." 내가 말한다.

그라체바는 열熱과 '동물이 열을 탐지하는 방법'을 연구하는 학자다. 흡혈박쥐와 방울뱀(나중에 다룰 예정이다)을 연구하던 그녀는, 최근 더 사랑스러운 열세줄땅다람쥐와 그들의 '놀라운 저온 견디기 능력'에 관심

---

* 동면과 수면은 현격하게 다르다.2 동면 중인 땅다람쥐는 실제로 수면 부족을 겪게 되므로, 주기적으로 비활동 상태에서 깨어나 '진짜 수면'을 취하기 위해 체온을 높여야 한다.

이토록 굉장한 세계

을 돌렸다. "만약 당신이 나를 추운 방에 가둔다면, 나는 통증에 시달리다가 저체온증에 걸릴 거예요"라고 그녀는 나에게 말한다. "아마 24시간 이상 버틸 수 없을 거예요." 그러나 열세줄땅다람쥐는 2~7도에서 무려 반년 동안 견딜 수 있다.[4] 그와 근연관계에 있는 북극땅다람쥐Arctic ground squirrel는 훨씬 더 낮은 영하 3도의 온도를 견딜 수 있다. 이러한 인내력의 위업은 종종 간과되는 필수 능력에 달려 있다. 다람쥐는 추위에 아랑곳하지 않는다.

그라체바와 함께 일하는 버네사 마토스-크루스Vanessa Matos-Cruz는 두 개의 가열 가능한 판에 다람쥐를 올려놓음으로써 이것을 증명했다.[5] 둘 중 하나를 30도로 덥히고 다른 하나를 20도로 가열하면, 동물은 어디에 머물기로 결정할까? 시궁쥐, 생쥐, 인간은 거의 항상 30도를 선택하는데, 그 이유는 쾌적한 온감溫感을 제공하기 때문이다(따뜻한 바닥이 얼마나 호사스러운 느낌인지 생각해보라). 그러나 열세줄땅다람쥐에게는 20도가 30도만큼이나 쾌적하다. 그들은 온도가 10도 이하로 떨어질 때만 30도 판을 선호하기 시작한다. 10도는 시궁쥐와 생쥐가 완전히 기피하는 온도인데, 그 이유는 고통스러울 정도로 차갑기 때문이다. 땅다람쥐의 경우, 두 번째 판의 온도가 0도로 떨어지더라도 여전히 그 위에 머무를 것이다.

저온에 대한 내성이 없다면 땅다람쥐는 동면할 수 없을 것이다. 그 대신 그들은 우리가 잠자는 동안 너무 추울 때 나타나는 반응을 보일 것이다. 열을 발생시키기 위해 지방을 태우기 시작하고, 그게 도움이 되지 않으면 자동적으로 깨어난다. 우리에게는 그것(자동적으로 깨어나기)이 구세주이지만, 한겨울의 땅다람쥐에게는 치명적일 것이다. 그들에게는 동면이 필요하며, 그들의 감각은 거기에 알맞도록 조정되었다. 그렇다고 해서 땅다람쥐가 추위를 무시하는 것은 아니며, '추위'에 대한 기준이 다를 뿐이다. 추위란 신체가 더 이상 대처할 수 없어서 감각이 경종을 울리는 최저온도인데, 그들에게 적용되는 최저온도가 우리와 다른 것이다.

모든 생물은 온도의 영향을 많이 받는다. 조건이 너무 차가우면, 화학반응이 느려져 쓸모없는 느림보가 된다. 조건이 너무 뜨거우면, 단백질과 그 밖의 생명 분자가 모양을 잃고 망가진다. 이러한 효과는 대부분의 생명체를 골디락스 존(온도가 딱 맞는 영역)으로 제한한다. 그 영역의 한계는 다양하지만 항상 존재한다.[6] 그래서 신경계를 가진 모든 동물은 온도를 감지하고 반응하는 방법을 가지고 있다.

동물들은 다양한 온도 센서를 사용하는데, 이 중에서 가장 철저하게 연구된 것은 TRP 채널이라고 불리는 단백질 그룹이다.[7] 그것은 전신의 감각뉴런 표면에서 발견되며, 적절한 온도에 도달하면 열리는 쪽문 역할을 한다. 쪽문이 열리면 이온이 뉴런 속으로 들어가고 전기 신호가 뇌로 전달되어, 우리는 뜨겁거나 차가운 감각을 느끼게 된다. 어떤 TRP 채널은 고온에 맞춰져 있고, 어떤 채널은 저온에 맞춰져 있다(차가움은 단순히 '뜨거움의 부재'가 아니라, 그 자체로서 다른 감각이다).•

또한 TRP 채널은 다양한 범위의 온도에 반응한다. 어떤 것은 온화하고 무해한 범위를 탐지하고, 어떤 것은 위험하고 고통스러운 극단에서 발화한다. 특정 화학물질도 이러한 채널을 작동시킴으로써 열감과 냉감을 생성할 수 있다. 칠리고추에 함유된 캡사이신은 TRPV1—고통스

• 1880년대에 매그너스 블릭스Magnus Blix는 다양한 온도의 물병에 연결된 뾰족한 금속 튜브를 사용해 손의 특정 부분은 뜨거움에, 다른 부분은 차가움에 민감하다는 것을 증명했다. 다른 두 과학자인 알프레트 골드샤이더Alfred Goldscheider와 헨리 도널드슨Henry Donaldson은 동시에 독립적으로 동일한 발견을 했다.

이토록 굉장한 세계

러울 정도로 높은 온도를 감지하는 TRP 채널—을 작동시켜 작열감을 초래한다.* 박하는 TRPM8이라는 냉감 센서를 활성화하는 멘톨을 함유하고 있기 때문에 냉감을 일으킨다.

이와 동일한 센서가 동물계 전체에서 발견되지만, 각 종마다 신체와 생활방식에 맞게 조정된 미묘하게 다른 버전을 보유하고 있다. 온혈동물은 스스로 열을 생성하며, 그들의 TRPM8 버전은 체온이 좁은 쾌적대comfortable range 아래로 떨어지기 시작하면 경보를 울린다. 시궁쥐의 경우, TRPM8이 약 24도에서 작동하도록 설정되어 있다.[8] 그보다 약간 더 높은 온도에서 활동하는 닭의 경우, TRPM8의 설정값은 29도다. 이와 대조적으로, 냉혈동물은 온기를 환경에 의존하기 때문에 체온이 넓은 범위에 걸쳐 변동한다. 결과적으로 그들의 TRPM8 버전은 전형적으로 훨씬 더 낮게—개구리의 경우 14도—설정되어 있다. 물고기는 TRPM8이 전혀 없는 것으로 보이며,[9] 대부분의 물고기가 빙점에 가까운 온도를 견딜 수 있다. 설사 고통을 느끼더라도, 그들은 고통스러울 정도로 차갑다는 게 어떤 건지 모르는 것 같다. 인간은 쾌적함을 느끼는 온도가 각자 다르지만, 그 편차는 동물계 전체의 편차에 비하면 아무것도 아니다.

땅다람쥐는 어떨까? 마토스-크루스는 그들의 TRPM8 버전이 다른 온혈 설치류의 버전과 매우 유사하지만, 훨씬 덜 민감하게 만드는 몇 가지 변이가 있음을 발견했다.[10] 그것은 여전히 멘톨에 반응하지만, 10도의 낮은 온도에는 거의 반응하지 않는다. 이것은 이 다람쥐들이 우리는

---

* 일반적인 믿음과 달리 이것은 취향의 문제가 아니다. 내가 하바네로 고추를 만진 직후에 샤워를 해봐서 아는데, 만약 당신이 손과 기타 민감한 신체부위에 캡사이신을 충분히 바른다면 만지는 곳마다 작열감을 경험할 것이다.

견딜 수 없을 정도로 추운 환경에서 그렇게 편안하게 동면할 수 있는 이유를 부분적으로 설명한다.*

고통스러운 열을 감지하는 TRPV1 센서도 소유자의 필요, 특히 체온에 맞춰 조정되었다.[12] 즉 닭의 버전은 45도, 생쥐와 인간의 버전은 42도, 개구리의 버전은 38도, 제브라피시의 버전은 33도에서 활성화된다(이 것은 냉감 센서로서는 전혀 쓸모가 없지만, 온감 센서로서의 이점은 분명하다). 각각의 종은 '뜨거움'에 대한 자체적인 정의를 가지고 있다. 우리가 생활하는 온도는 제브라피시에게 고통스러울 것이다. 생쥐를 괴롭히기 시작하는 온도는 닭을 괴롭히지 않을 것이다. 그러나 닭조차도 지금까지 테스트된 TRPV1 중에서 가장 덜 민감한 버전을 보유한 두 종 앞에서 초라해진다. 그들은 다른 동물들이 견딜 수 없는 열을 가볍게 무시할 수 있는데, 둘 중 하나가 (사막에 사는) 쌍봉낙타라는 데 이의를 제기할 사람은 아무도 없을 것이다. 그런데 다른 하나는 뜻밖에도—두둥——열세줄땅다람쥐다! 내가 인공 동면실에서 쥐고 있던 그 겸손한 설치류는 빙점에 가까운 온도에 대처할 수 있을 뿐만 아니라 극한의 열도 견딜 수 있다. 그라체바의 열판 검사에서, 다람쥐는 자신이 머무는 판이 55도에 도달하는 경우에만 더 차가운 판으로 황급히 이동한다.[13] 그들이 북쪽의 미네소타에서 남쪽의 텍사스에 이르기까지 미국 전역에서 번성하는 것은 당연하다. 그들의 온도 센서는 지리적 분포, 활동하는 계절, 그 밖의 많은 것들에 영향을 미친다. 동물들이 감지하고 견딜 수 있는 온도를 정의하고 '뜨거움'과 '차가움'의 개별적 한계를 조정함으로써 이 센서들은

---

* 고위도 지역으로 갈수록 더 많이 발견되는 인간 TRPM8 버전이 있는데, 이것은 더욱 추운 기후에 대한 적응을 반영할 수 있다.[11] 그러나 이 버전을 보유한 사람들이 추위를 다른 방식으로 인지하는지 여부는 아직 불분명하다.

그들이 언제, 어디서, 어떻게 사는지를 규정한다.

그런 삶은 극단적일 수 있다. 사하라은개미Saharan silver ant는 지구상에서 가장 큰 사막의 한낮의 열기 아래서 53도까지 오르는 모래 위를 누비며 먹이를 찾고, 화산의 해저 분출구 근처에 사는 폼페이벌레Pompeii worm도 비슷한 온도에서 짧은 시간 동안 저항할 수 있다.[14] 눈파리snow fly는 영하 6도에서 활동하며,[15] 얼음벌레ice worm는 빙하얼음 위에서 평생을 보낸다. 당신이 그들을 잡고 있으면 두 동물 모두 죽을 것이다. 이러한 소위 극한생물들을 연구할 때, 과학자들은 열반사모heat-reflecting hair나 혈액 속의 자가생산 부동액 같은 적응에 초점을 맞추는 경향이 있다. 그러나 동물의 감각계가 지속적으로 경보를 울리고 통증(또는 통각)을 유발한다면, 그런 적응은 쓸모가 없을 것이다. 만약 당신이 사하라 사막이나 해저나 빙하 위에서 살고 싶다면, 그것들을 애호하도록 당신의 감각을 조정하는 게 더 나을 것이다.

이러한 개념은 직관적이다. 그러나 남극의 추위에 맞서는 황제펭귄emperor penguin에서부터 뜨거운 모래 위를 걷는 낙타에 이르기까지 극한생물들을 볼 때, 우리는 그들이 평생 동안 고통받는다고 생각하기 쉽다. 우리는 그들의 생리적 회복력뿐만 아니라 심리적 꿋꿋함에도 감탄한다. 우리는 우리의 감각을 그들의 감각에 투사해, 우리가 불편하면 그들도 불편할 거라고 가정한다. 그러나 그들의 감각은 그들이 사는 온도에 맞춰져 있다. 낙타는 작열하는 태양 때문에 괴로워하지 않을 것이고, 펭귄은 남극의 폭풍 속에서 몸을 웅크리고 있는 것에 개의치 않을 것이다. 폭풍이 아무리 몰아쳐도 그들이 추위에 떠는 일은 없다.

주열성, 춤추는 파리의 비밀

우리 집의 온도 조절기는 현재 21도를 가리키고 있다. 그러나 집 전체의 온도가 같은 건 아니다. 나는 남향 거실에서 일하고 있는데, 이곳은 다른 부분보다 상당히 따뜻하다. 내가 이 단어를 입력하는 동안 내 머리는 햇볕을 받아 따뜻해지고 내 발은 책상 밑 그늘에서 차가워진다. 이러한 차이는 미시적으로도 존재한다. 내 피부 위 5밀리미터 지점의 공기는 체온보다 10도쯤 차가울 것이므로,[16] 내 팔에 내려앉은 파리는 날개와 다리에서 매우 다른 온도를 경험할 수 있다. 파리는 몸집이 작기 때문에 주변 환경에 빠르게 동화될 것이다. 파리가 내 머리에 내려앉으면, 녀석의 체온이 햇볕에 의해 상승해 몇 초 안에 해로운 수준에 도달할 수 있다.[17] 하지만 더듬이 끝에 달린 온도 센서 덕분에 그런 참사는 일어나지 않는다.

신경과학자 마르코 갈리오Marco Gallio는 사분면이 다양한 온도로 가열된 방에 초파리를 넣음으로써(마토스-크루스가 땅다람쥐와 열판을 이용해 수행한 실험과 본질적으로 같은 실험이다), 온도 센서의 성능이 얼마나 우수한지 증명했다.[18] 파리는 온도 센서를 이용해 '싫어하는 30도' 공간이나 '치명적인 40도' 공간의 인접 구역을 피해, '좋아하는 25도' 공간에 쉽게 머물 수 있는 것으로 나타났다. 그들은 또한 놀라운 속도로 이러한 결정을 내릴 수 있다. 그들은 뜨거운 공간의 가장자리에 닿을 때마다, 마치 보이지 않는 벽에 부딪히기라도 한 것처럼 공중에서 급커브를 돈다.

이처럼 기민한 방향전환이 가능한 것은, 파리의 더듬이를 구성하는 성분인 키틴chitin의 열전도성이 매우 뛰어나고 더듬이 자체의 크기가 매우 작기 때문이다. 더듬이 덕분에 주변 환경과 매우 빠르게 평형을 이룰 수 있기 때문에, 파리는 실수로 너무 뜨겁거나 차가운 공기 속으로 잘못 들어갔을 때 그 사실을 즉시 알아차린다. 파리는 심지어 한 쌍의 더듬이를 '스테레오 온도계'로 이용해 열 기울기thermal gradient를 추적할 수 있다. 마치 개가 한 쌍의 콧구멍을 '스테레오 탐지기'로 이용해 냄새 나는 방향을 정확히 알아내는 것처럼 말이다. 파리는 한 더듬이가 다른 더듬이보다 0.1도만 더 뜨거워도 알아차리며, 이러한 비교를 통해 더욱 쾌적한 온도를 가진 곳으로 기수를 돌린다. 갈리오에게 이러한 연구 결과를 듣고, 나는 갑자기 내가 지금껏 봤던 모든 파리의 움직임을 재고하게 되었다. 항상 무작위적이고 혼란스러워 보였던 그들의 진로가, 알고 보니 목적의식을 가진 것이었다니! 내가 감지할 수 없고, 신경 쓰지 않고, 어렴풋이 스치고 지나갔던 뜨겁고 차가운 장애물 코스를, 그들은 신속하고 정확한 판단을 통해 요리조리 헤치고 나아갔던 것이다.

파리의 이러한 능력을 주열성thermotaxis이라고 하는데, 동물계에서 흔히 볼 수 있는 능력이다.• 크고 작은 생물들이 온도 센서를 이용해 주변 환경이 견딜 수 있는 정도인지를 확인하고 주위의 온도가 어떻게 변화하는지 측정한다. 보물찾기를 할 때 선생님에게서 "보물로부터의 거리에 따라 네 몸이 점점 더 따뜻해지거나 차가워진단다"라는 말을 듣는 아이들처럼, 대부분의 동물은 주변 온도의 변화를 이용해 태양광선과 그림자, 바람과 해류가 만들어내는 열 기울기를 추적한다. 그러나 어떤 동

• 아주 작은 치어에서 길이 9미터의 고래상어whale shark에 이르기까지, 물고기는 따뜻한 천해淺海로 떠오르거나 차가운 심해로 잠수함으로써 체온을 조절할 것이다.[19] 부글부글 끓는 화산액이 해저에서 거품을 일으키는 열수 분출구에 사는 황화물 벌레sulfide worm의 경우, 소용돌이치는 연기기둥 속에서 차가운 틈새를 발견할 수 있다.[20] 햇살 속에서 비행근육flight muscle을 데우고 있는 나비들의 경우, 날개의 온도 센서가 과열되었다고 알려주면 일광욕을 멈출 것이다.[21] 거북의 배아는 알이 부화하기도 전에 가장 따뜻한 곳에서 몸을 녹이기 위해 몸을 뒤척임으로써 알의 테두리 내에서 주열성을 발휘할 수도 있다.[22]

물들은 이 일반적인 능력을 더욱 희귀한 것으로 바꿨다. 그들은 굳이 이동하지 않고도 A 지점이 B 지점보다 뜨거운지 여부를 알 수 있다. 한걸음 더 나아가, 그들은 멀리 있는 열원熱源을 적극적으로 찾아낼 수 있다.

지옥불을 향해 달려드는 딱정벌레

1925년 8월 10일 오전 11시 20분, 캘리포니아주 콜링가 근처의 석유 저장고에 벼락이 떨어졌다.[23] 그로 인한 산불이 3일 동안 계속되었다. 불길이 너무 높이 치솟았기 때문에, 밤에는 14.5킬로미터 떨어진 곳에서도 사람들이 그 불빛으로 책을 읽을 수 있었다. 그런데 책을 읽는 동안, 그들은 휘몰아치는 연기의 장막을 가로질러 지옥불을 향해 날아가는 작고 까만 점들을 발견했을 것이다. 이 반점들의 정체는 '불을 쫓는 딱정벌레'라는 별명을 가진 침엽수비단벌레(학명 *Melanophila acuminata*)로, 자신들의 별명에 걸맞게 행동하고 있었다.

나방은 화염에 끌리는 것으로 유명하지만, 엄밀히 말해서 그들을 끌어들이는 것은 '불'이 아니라 '빛'이다.• 하지만 검정넓적비단벌레속*Melanophila*에 속하는 딱정벌레들은 열에 끌린다. 이 약 1.3센티미터 길이의 검은색 곤충은 제련소, 시멘트 공장의 가마, 설탕 정제소의 뜨거운 시럽 통에서 엄청나게 많이—곤충학자 얼 고턴 린슬리Earle Gorton Linsley는 "믿을 수 없는 숫자"라고 기술했다—발견된다.[24] 어느 여름날, 린슬리는 "대량의 사슴 고기를 굽고 있는" 야외 바비큐 파티장에 몰려든 딱정벌

• 나비의 날개에 온도 센서가 있음을 증명한 나오미 피어스Naomi Pierce는 '나방이 오로지 촛불의 빛에만 끌린다'는 사실을 납득하지 못한다. 그녀와 그녀의 동료 난팡 유Nanfang Yu는 나방의 더듬이가 적외선 탐지기 역할을 할 수 있는 가능성을 조사하느라 수년을 보냈다.

이토록 굉장한 세계

레 떼를 발견했다.[25] 1940년대에 이 곤충들은 버클리의 캘리포니아 메모리얼 스타디움에 정기적으로 나타나, "사람들의 옷에 내려앉거나 심지어 목이나 손을 물어뜯음으로써" 축구 팬들을 괴롭히곤 했다. "딱정벌레는 약 2만 개비의 담배 연기에 끌린 것으로 보이는데, 이 담배 연기는 고요한 날 경기장을 실안개처럼 뒤덮고 있었다"라고 린슬리는 썼다. 산업 공장, 바비큐 파티, 축구장은 딱정벌레를 진정한 목표—산불—에서 벗어나게 하는 '쓸모없는 훼방꾼'이기 때문에, 이러한 사건은 딱정벌레들 모두에게 불행이라고 할 수 있다.

불에 도착한 딱정벌레들은, 주변의 숲이 불타는 동안 아마도 동물계에서 가장 극적인 짝짓기를 한다.[26] 나중에 암컷은 까맣게 탄 후 싸늘하게 식은 나무껍질에 알을 낳는다. 나무를 먹고 자라는 애벌레는 알에서 깨어난 후 에덴동산을 발견한다. 그들이 먹는 나무는 너무나 많은 상처를 입어, 자신을 먹으러 덤벼드는 곤충의 애벌레들에게 반격할 수가 없다. 그에 더해 그들을 잡아먹을지도 모르는 포식자들은 잉걸불과 재에서 방출되는 연기와 열 때문에 섣불리 접근하지 못한다. 그러므로 그들은 무주공산에서 평화롭게 번성하고 성숙하며, 결국 또 다른 불꽃을 찾아 날아간다. 그러나 산불은 드물고 예측할 수 없기 때문에, 딱정벌레는 멀리서도 산불을 탐지할 수 있는 수단을 가지고 있어야 한다.

낮에 활동하기 때문에, 딱정벌레는 야행성 곤충과 달리 멀리 있는 불꽃을 쉽게 감지할 수 없다. 그들은 시각에 의존해 연기기둥을 추적할 수가 없는데, 그 이유는 먼발치에서 연기기둥을 식별할 만큼 예리한 눈을 보유하지 않았기 때문이다. 더듬이를 이용해 그을린 나무 냄새를 탐지할 수 있는 건 사실이지만, 그런 단서는 바람의 방향에 큰 영향을 받는다. 그들이 가장 신뢰하는 단서는 '열'이다.[27]

모든 물체의 원자와 분자는 끊임없이 진동하며, 이 운동은 전자기 복사electromagnetic radiation를 생성한다.[28] 물체가 뜨거워질수록 분자는 더 빨리 운동하며, 더 높은 주파수에서 더 많은 방사선을 방출한다. 그 방사선은 약간의 가시광선—가열된 금속에서 나오는 빛을 생각해보라—을 포함하지만, 대부분은 적외선 스펙트럼상에 존재한다.* 우리는 적외선을 볼 수 없지만 느낄 수는 있다. 벽난로 근처에 서 있으면 불타는 나무에서 적외선이 방사된다. 적외선이 당신에게 도달하면 그 에너지가 흡수되어, 벽난로에서 가장 가까운 피부를 가열하고 피부의 온도 센서를 작동시킨다. 이렇게 되면 당신은 열기를 느끼고, 그게 어디서 오는지도 알아낼 수 있다. 적외선 조명 아래에 있는 신체부위는 점점 더 뜨거워지는 반면, 적외선 그림자 속에 있는 부위는 그렇지 않기 때문이다. 그러나 이 트릭은 근거리에서만 작동한다. 적외선은 벽난로에서 사방으로 퍼지고, 그중 일부는 이동하는 동안 흡수되기 때문이다. 벽난로에서 멀어질수록 당신에게 도달하는 빛의 양이 줄어들어, 마침내 그것이 전달하는 에너지는 더 이상 당신의 몸을 (탐지될 만큼) 가열하지 못한다. 따라서 원거리에서 오는 적외선을 탐지하려면, 광원이 (태양처럼) 극도로 강렬하거나 특수 장비가 있어야 한다. 검정넓적비단벌레속 딱정벌레는 후자에 해당한다.

이 곤충들은 날개 아래와 가운뎃다리 바로 뒤에 한 쌍의 구멍을 가지

---

* 적외선은 파장의 범위가 너무 넓어서, 적외선의 범위가 당신의 팔 길이라면 가시광선의 스펙트럼은 머리카락의 두께를 넘지 않을 것이다. 적외선 중에서 파장이 가장 짧은 것을 근적외선이라고도 하는데, 특정 동물(예: 우리가 1장에서 만난 회유하는 연어)이나 야간 투시경을 착용한 인간이 볼 수 있다. 중간 파장을 가진 적외선은 이러한 센서의 범위를 벗어나는데, 열 추적 미사일이 쫓고 산불이 방출하고 침엽수비단벌레가 추적하는 적외선이 바로 이것이다. 원적외선은 따뜻한 몸이 발산하는 것으로, 열화상 카메라와 방울뱀에 의해 탐지된다.

이토록 굉장한 세계

고 있는데, 각각의 구멍에는 기형적인 산딸기처럼 보이는 약 70개의 구체球體 덩어리가 들어 있다. 동물학자 헬무트 슈미츠Helmut Schmitz가 현미경으로 분석한 결과, 각각의 구체는 유체fluid로 채워져 있고 압력에 민감한 뉴런의 끝을 에워싸고 있는 것으로 나타났다.[29] 적외선이 구체에 닿으면, 내부의 유체가 가열되어 팽창한다. 구체는 단단한 외장을 가지고 있어서 바깥쪽으로 부풀어 오르지 못하므로, 그 대신 신경을 압박해 발화시킨다. 이것은 이 장의 앞부분에서 본 것과는 다른 종류의 열 감지 시스템이다. 동면하는 땅다람쥐나 날쌘 초파리와 달리, 딱정벌레는 단순히 주변 온도를 측정하는 게 아니다. 우리가 벽난로 옆에서 난롯불을 쬘 때와 마찬가지로, 그들은 뜨거운 열원에서 나오는 복사열을 적외선의 형태로 감지한다.

딱정벌레의 구형球形 센서는 매우 민감해야 한다. 그들은 수십 킬로미터 떨어진 곳에서 불타는 숲과 그 밖의 뜨거운 장소로 자주 이동하기 때문이다. 1925년 벼락을 맞은 콜링가 석유 저장고는 건조하고 나무가 없는 지역의 한가운데에 있는데, 그곳에 도착한 딱정벌레의 대부분은 동쪽으로 130킬로미터 떨어진 숲에서 날아온 것으로 추정된다. 이 거리와 1925년 화재의 시뮬레이션을 바탕으로, 슈미츠는 "딱정벌레의 센서는 대부분의 상업용 적외선 탐지기보다 더 민감하며, 액체 질소로 먼저 냉각되어야 하는 최첨단 양자 탐지기와 동등하다"라는 결론을 내렸다.[30] 슈미츠에 따르면 구형 센서 자체가 이렇게 민감할 수는 없으며, 딱정벌레가 필시 그것을 더 잘 반응하게 만드는 방법을 알고 있을 거라고 한다.

딱정벌레가 비행하는 동안 날갯짓으로 인해 진동이 발생하는데, 이것이 인근의 구멍으로 전달되어 구형 센서를 흔들면 센서 내부의 감각 뉴런이 발화의 문턱에 도달하게 된다.[31] 이렇게 되면, 감각 뉴런을 문턱

너머로 떠미는 데 필요한 적외선은 얼마 되지 않는다. 이것을 다른 방식으로 생각해보자. 가로로 길게 놓여 있는 벽돌을 상상해보라. 파리 한 마리가 충돌해도 꼼짝하지 않을 것이다. 그러나 세로로 세워져 있다면, 파리 한 마리라도 그것을 넘어뜨리기에 충분할 것이다. 세워져 있는 벽돌은 반쯤 시동이 걸린 상태이기 때문에 소량의 에너지에도 반응할 수 있다. 슈미츠의 주장에 따르면, 침엽수비단벌레의 날갯짓이 열 센서에 반쯤 시동을 걸어 매우 약한—평상시에는 탐지할 수 없는—적외선 신호를 탐지할 수 있게 해준다고 한다. 나무에 앉아 있는 딱정벌레는 상대적으로 적외선에 둔감하다. 하지만 불을 찾아 이륙하자마자 자동으로 탐색 영역을 넓혀, 멀리 떨어진 열의 희미한 흔적을 타오르는 횃불로 변화시킨다.*

　딱정벌레의 몸에는 또 한 가지 비결이 있다. 모든 곤충과 마찬가지로, 그들의 외부 표면은 화재에서 방출되는 적외선을 매우 잘 흡수한다. 딱정벌레는 불을 효율적으로 쫓도록 전적응preadaptation(생물이 현재 처해 있는 환경과는 다른 환경에 처하거나 생활양식을 바꿀 필요가 생겼을 때 이미 그것에 적합한 형질을 가지고 있어 적응과 같은 효과를 나타내는 현상을 말한다 – 옮긴이)되어 있는 셈이므로, 그들의 조상은 몸이 자연적으로 흡수하는 적외선을 감지할 수 있는 센서를 개발하기만 하면 되었다. 열한 종의 검정넓적비단벌레가 이렇게 했는데, 매우 성공적이어서 다섯 개 대륙에 퍼져나갔다.[32] 그러나 그들은 호주에는 결코 도달하지 못했다. 그곳에서는 세 가지 다른 유형의 곤충들이 독립적으로 적외선 센서를 진화시켜, 까맣게 그을린

---

* 현재 이 아이디어는 추측에 불과하며 실험하기가 매우 어렵다. 그러려면 딱정벌레의 뉴런에서 전기 기록을 추출해야 하는데, 그 과정에서 구멍에서 열이 조금이라도 누출되면 안 된다. 그리고 날갯짓에 대한 슈미츠의 이론이 맞는다면, 그는 날아다니는 곤충을 대상으로 이 실험을 수행해야 할 것이다. 그는 절제된 게르만식 억양으로 "매우 어려워요"라고 말한다.

숲의 고요한 낙원을 이용할 수 있게 되었다.

불 쫓는 기술은 너무나 유용해서 적어도 네 번—검정넓적비단벌레, 호주의 세 가지 곤충—진화했지만, 불은 동물이 추적하고 싶어 하는 유일한 열원이 아니다. 어떤 종들은 몸의 온기를 추적한다.

"피를 찾습니다"

"여기에 들어오면 절대 안 돼요."라고 아스트라 브라이언트Astra Bryant가 나에게 말한다. 브라이언트가 냉장고를 뒤지는 동안, 나는 그녀의 지엄한 명령에 따라 냉장고 밖을 맴돈다. 몇 분 후 그녀는 팁에 5마이크로리터의 투명한 액체를 머금고 있는 피펫을 들고 나타난다. 부피가 너무 작아서 거의 볼 수 없다. 그 안에서 수천 마리의 선충nematode이 헤엄치고 있다지만 실감이 나지 않는다.

선충류는 가장 다양하고 풍부한 동물 그룹 중 하나인데, 그중에는 인간에게 거의 무해한 수만 종의 벌레들이 포함되어 있다. 그러나 브라이언트가 다루는 분선충threadworm(학명 *Strongyloides stercoralis*)은 예외다.[33] 분선충의 유충은 배설물로 오염된 토양과 물에 풍부하다. 만약 불운한 사람이 그런 곳에 서 있거나 걸어 다니면, 벌레가 그를 향해 헤엄쳐 와서 피부를 관통한다. 구충hookworm 및 기타 피부 침투 선충과 함께, 분선충은 베트남에서 앨라배마에 이르기까지 전 세계적으로 약 8억 명의 사람들을 감염시킨다. 그들은 위장에 문제를 일으키고, 발육을 저해하며, 때로는 사망에 이르게 한다. 또한 분선충에 감염되면 치료하기가 매우 어렵다. 브라이언트와 그녀의 멘토 엘리사 할렘Elissa Hallem은 감염을 예방하는 새로운 방법을 개발하기 위해, 분선충이 맨 처음 숙주를 찾아내는 방

법을 알아내려고 노력하고 있다. 냄새는 방정식의 일부임이 확실시되며, 열도 마찬가지다.[34]

브라이언트는 자신의 '흉물이 들어 있는 피펫'을 들고 (문에 생물학적 위험biohazard 표시가 그려진) 강철 방으로 들어간다. 방 안에는 비대칭적으로 가열된 반투명 젤 조각이 놓여 있는데, 젤의 오른쪽은 실온이고, 왼쪽은 사람의 체온과 같다. 브라이언트가 피펫의 팁을 젤의 한복판에 대고 필러를 누르자, 인근의 모니터에 하얀 점들의 고리가 나타난다. 점들은 끔찍할 만큼 즉각적으로 움직이기 시작한다. 고리는 신속히 확장되어 구름을 형성한 후, 열을 향해 왼쪽으로 표류한다(표류보다는 '쌩' 하고 지나가는 줌zoom과 더 비슷하다). 각각의 벌레는 길이가 1~2밀리미터에 불과하지만, 순식간에 수백 배 먼 거리로 퍼져나간다. 수억 명의 사람들이 분선충에 감염된 이유를 이제야 알 것 같다. 벌레들은 3분 안에 젤의 왼쪽 가장자리에 총집결해, 감지할 수는 있지만 찾을 수 없는 열원을 추적한다. "이 장면을 처음 보았을 때 큰 충격을 받았어요"라고 브라이언트는 말한다. 당초 몇 시간쯤 소요될 거라고 예상한 거리를, 겨우 몇 분 만에 이동했으니 그럴 만도 하다. "내가 강연에서 이 장면을 보여주면, 청중들은 일제히 신음소리를 내곤 해요."

소름 끼칠 수 있지만, 기생은 자연계에서 가장 흔한 생활방식 중 하나다. 대부분의 동물 종은 다른 생물의 몸을 착취함으로써 생존하는 기생충일 가능성이 높다.[35] 이러한 무임승차자 중 상당수는 숙주를 선택하는 데 까다로우며, 올바른 표적을 찾기 위해 약간의 방법이 필요하다. 냄새는 좋은 단서를 제공하지만, 지금으로부터 수억 년 전에 또 하나의 가능성이 나타났다.

조류와 포유류의 조상은 체온을 생성하고 조절하는 능력을 독립적으

이토록 굉장한 세계

로 진화시켜, 주변 온도와 자신들의 온도를 분리했다. 전문적으로 내온성, 구어체로 온혈성으로 알려진 이 능력은 조류와 포유류에게 속도와 스태미나, 지구력과 가능성을 부여했다. 그 능력 덕분에, 그들은 극한의 환경에서 살아남았고 장기간 및 장거리에 걸쳐 활동성을 유지할 수 있었다. 반면에 온혈동물은 누군가에게 추적당하기가 매우 쉬워졌다. 즉 그들은 변하지 않는 체온 때문에 '꺼지지 않는 햇불'이 되어, 숙주(특히 혈관)를 찾는 기생충들의 좋은 표적이 되었다. 혈액은 영양분이 풍부하고 균형이 잘 잡혀 있고 일반적으로 무균 상태여서, 결론적으로 최고의 식량원이다. 그리하여 최소한 1만 4000종의 동물들—빈대, 모기, 체체파리, 참노린재assassin bug—이 이것을 먹고 살기 위해 진화했으며, 그들 중 상당수가 열에 적응한 것은 전혀 놀랄 일이 아니다.[36]

포유류 중에서는 딱 세 종의 흡혈박쥐가 오로지 피만을 먹고 산다. 두 종은 주로 새의 피를 빨지만, 일반적인 흡혈박쥐(학명 *Desmodus rotundus*)는 포유동물, 특히 소나 돼지와 같은 대형 포유동물을 표적으로 삼는다. 그들은 코에서 꼬리까지의 길이가 8센티미터이고, 납작하고 퍼그 같은 얼굴을 가진 작은 동물이다. 지상에서는 날개를 뒤로 접고 네 발을 아무렇게나 뻗은 자세를 취한다. 그들은 동물의 등에 직접 내려앉거나 근처에 착륙해, 전혀 박쥐답지 않은 자세로 기어 목표물에 접근한다. 일단 가까이 다가가면, 칼날 같은 앞니로 힘들이지 않고 작은 흠집을 내고 흘러나오는 피를 빨아 먹는다. 드라큘린draculin이라는 적절한 이름으로 알려진 타액 속의 화합물은 혈액 응고를 막아, 박쥐가 최대 한 시간 동안 피를 빨 수 있도록 해준다. 그들은 자신의 체중만 한 무게의 피를 마실 수 있으며, 생존을 위해 하룻밤에 한 번씩 그렇게 해야 한다. 다른 감각들은 원거리에서 목표물을 추적하는 데 도움이 되지만, 일단 15센티미터의 사정거리에 접근하면 열 감각을 이용해 적당한 깨물 부위를 선택한다.

흡혈박쥐의 열 센서는 반원형 패드 위에 놓인 하트 모양의 피부판flap으로 구성된 코에 있다.[37] 패드와 피부판 사이에는 직경 1밀리미터의 구멍이 세 개 있는데, 각각의 구멍은 열 감지 뉴런으로 가득 차 있다. 적외선을 감지하는 동물 중에서, 흡혈박쥐는 그 자신이 온혈동물이기 때문에 독특한 문제가 있다. 구멍 속의 뉴런들은 자신의 체온 때문에 헷갈릴 수밖에 없지만, 빽빽한 조직망이 열 전열체로 작용하기 때문에 박쥐 얼굴의 나머지 부분보다 9도쯤 차갑게 유지된다.

엘레나 그라체바는 사랑스러운 땅다람쥐 연구를 시작하기 며칠 전에 이러한 뉴런들을 연구했다.[38] 베네수엘라에 있는 그녀의 동료들은 박쥐가 서식하는 동굴로 가서 자신의 팔을 미끼로 박쥐를 유인해, 구멍 속의 뉴런을 해부한 다음 조직 샘플을 미국의 그라체바에게 보냈다. 그녀는 그 샘플을 분석해 뉴런에 특별한 버전의 TRPV1 센서가 탑재되어 있음을 증명했다. TRPV1은 이 장의 앞부분에서 만난 것과 동일한 온도 센서로, 일반적으로 고통스러운 열과 고추의 쏘는 맛을 탐지한다. TRPV1은 각각의 동물이 고통스러울 정도로 뜨겁게 여기는 정도에 따라 다른 온도—냉혈동물인 제브라피시의 경우 33도, 온혈동물인 생쥐 또는 인간의 경우 42도—로 설정되어 있다. 흡혈박쥐의 경우 TRPV1이 전형적인 포유동물과 같은 수준으로 설정되었지만, 구멍 속 뉴런에 탑재된 TRPV1만큼은 예외다. 그것은 훨씬 낮은 온도인 31도에서 작동한다. 온혈동물의 피를 빨아 먹고 살기 위해, 흡혈박쥐는 원래 '극단적인 열을 탐지하는 센서'였던 TRPV1을 개조해 '체온을 탐지하는 센서'로 만든 것이다.

진드기도 피를 빨지만, 열 센서는 첫 번째 다리 끝에서 발견된다. 이다리를 이리저리 흔들 때—이러한 행동을 탐색이라고 한다—그들은 마치 뭔가를 잡아채려고 기다리는 것처럼 보인다. 그건 사실이지만, 그들은 그와 동시에 열을 감지한다. 환경세계 개념의 창시자인 야콥 폰 윅스퀼은, 진드기가 냄새를 통해 숙주를 추적하고 온도를 사용해 맨살에 내려앉았는지 여부를 확인한다고 썼다. 그러나 이건 사실이 아니다. 앤 카Ann Carr와 빈센트 살가도Vincent Salgado는 최근 진드기가 최대 4미터 떨어진 곳에서도 체온을 감지할 수 있다는 것을 발견했다.[39] 더 놀랍게도 두 사람은 DEET와 시트로넬라 같은 곤충 기피제가 진드기의 후각을 방해하는 게 아니라 열 추적을 막는다는 사실을 증명했다. 이 발견은 진드기 물림을 예방하는 새로운 방법으로 이어질 수 있으며, 과학자들에게 '기존의 많은 진드기 연구를 재평가하라'고 요구할 수 있다. 진드기의 환경세계에 대한 연구자들의 부정확한 지식 때문에, 얼마나 많은 과거의 실험들이 잘못 해석되었을까?

돌이켜보면, 진드기의 열 감각은 제대로 밝혀지지 않았다. 그들의 '탐색용 다리' 끝에 있는 기관은 지금껏 냄새 탐지기로 간주되었다. 그러나 흡혈박쥐의 얼굴과 마찬가지로, 이러한 구조들의 기저부에는 작은 구형 요부凹部가 포함되어 있다. 이 요부는 얇은 시트로 덮여 있고, 시트에는 미세한 구멍들이 뚫려 있다. 전형적인 코의 관점에서 보면, 이것은 끔찍한 설계다. 왜냐하면 대부분의 방향제가 시트에 가로막혀 기저의 뉴런에 도달하지 못하기 때문이다. 그러나 적외선 센서의 관점에서 보면 그것은 탁월한 설계다. 멀리 떨어진 숙주의 혈액에서 나온 적외선은 대부분 시트에 의해 차단되지만, 일부는 미세한 구멍을 통과해 그 아래의 요부를 부분적으로 비출 것이다.

요부의 어떤 부분에 적외선이 비치는지 분석함으로써, 진드기는 '적외선의 방향'과 '열원의 위치'를 알아낼 수 있다. 이 아이디어는 아직 검증되지 않았지만 설득력이 있다. 왜냐하면 자연계에서 가장 정교한 열 센서가 작동하는 방식과 동일하기 때문이다. 현재 자연계에서 제일가는 열 센서는 따로 있는데, 그것을 찾으려면 약간의 용기, 정강이 보호대, 긴 막대기가 필요하다.

뱀은 어떻게 열을 감지할까?

우리는 줄리아를 찾을 수 없다. 우리가 알기로 그녀는 바로 앞의 가시선인장prickly pear 덤불 속 시궁쥐 둥지 안에 숨어 있지만, 우리는 그녀를 볼 수 없다. 우리의 안테나가 그녀의 몸 안에 이식된 송신기에서 나온 무선 신호를 수신해 커다란 삐 소리—이것은 그녀가 존재한다는 결정적 증거다—를 내지만, 그녀 자신은 침묵하고 있다. 방울뱀인 그녀는 심지어 방울 소리도 내지 않는다. 우리는 줄리아를 내버려두고 다른 뱀을 찾아 떠난다.

나는 아내 리즈 닐리Liz Neeley와 함께 미국 해병대가 소유한 캘리포니아 관목지의 울타리 쳐진 지역에 방울뱀을 찾으러 왔다. 우리의 안내자는 룰론 클라크Rulon Clark—어린 시절부터 뱀과 도마뱀을 쫓아 미국 전역을 돌아다녔으며, 지금껏 한 번도 멈추지 않은 인물이다—와 그의 제자 네이트 레데츠케Nate Redetzke다. 레데츠케는 근처의 오두막집에 정기적으로 나타나는 뱀들을 재배치하는 임무를 맡고 있는데, 그중 몇 마리에 무선 추적기를 이식했다. 우리는 방울뱀 협곡로Rattlesnake Canyon Road라는 적절한 이름의 흙길에 주차한 후 케블라Kevlar(듀폰이 개발한 고강력섬유로 진동 흡수 장치나 방탄조끼 등을 만드는 데 사용된다 – 옮긴이) 정강이 보호대를 착용하고, 샐비어 덤불을 헤치고 회향 냄새 나는 공기를 들이마시고 옻나무를 피하며 바위 위로 기어오른다.

"파충류를 현장에서 연구하다 보면 온도와 날씨에 매우 민감하게 돼요"라고 클라크는 말한다. 그는 (일기예보에 따르면) 계절에 맞지 않게 따뜻한 10월의 날씨를 공공연히 만끽하고 있을 방울뱀을 발견하기를 바라며 이른 아침에 탐험에 나섰다. 그러나 일기예보는 보기 좋게 빗나갔다. 실제로는 춥고 구름이 잔뜩 끼어 있어서, 우리는 외출했지만 뱀은 그러지 않았다. 파워스는 선인장 깊숙이 숨어 있고, 트루먼은 돌무더기 속 어딘가에 있고, 줄리아는 눈에 띄지 않는다(레데츠케는 전직 대통령과 영부인의 이름을 따서 방울뱀들의 이름을 지었다). 우리가 막 포기하려는 순간, 클라크가 커다란 삐 소리를 듣고 기운을 차려 산비탈로 달려간다. 잠시 후 그는 마거릿을 찾았다고 소리친다. 그는 덤불의 가지를 꺾고 집게를 집어넣어, 빨간 다이아몬드방울뱀diamond rattlesnake—색은 녹슨 쇠 빛깔이고 몸길이는 90센티미터다—한 마리를 꺼낸다. 빨간 다이아몬드는 유순하다고 여겨지지만 참는 데도 한계가 있다. 레데츠케가 마거릿을 자루에 집어넣을 때, 녀석은 자루를 공격해 천에 노란색 독 얼룩을 남긴다. 일단 안으로 들어가니 딸랑거리지만, 마거릿은 냉랭하고 소리도 둔탁하다.

나중에, 레데츠케는 마거릿을 녀석의 몸보다 약간 더 넓은 플라스틱 대롱 속으로 밀어 넣는다. 나는 마거릿의 꼬리를 부드럽게 잡고 얼굴을 뚫어지게 내려다본다. 마거릿의 눈동자는 수직으로 째진 틈 같고, 입은 찡그린 얼굴처럼 위로 휘어져 있다. 눈꺼풀 없는 눈은 커다란 수평 비늘로 덮여, 내가 '휴식을 취하는 독사의 얼굴'이라고 부르는 표정을 만든다. 그것은 '영원한 분노'의 얼굴로, 누구에게나 공포심을 불러일으키는 표정이다. 하지만 나는 마거릿이 아름답다고 생각한다. 마거릿이 나를 어떻게 생각하는지는 알 수 없지만, 이 정도의 거리에서 마거릿은 나를 확실히 볼 수 있을 것이다. 마거릿은 눈으로만 보는 게 아니라, 콧구멍 바로 뒤에 자리 잡은 한 쌍의 작은 구멍을 통해 내 따뜻한 얼굴(그리고 그보다는 덜하지만, 옷으로 뒤덮인 나의 몸)에서 뿜어져 나오는 적외선을 탐지할 수도 있기 때문이다. 마거릿에게 탐지된 나는, 서늘한 아침 하늘을 배경으로 반짝이고 있음이 틀림없다.

열에 민감한 구멍은 세 그룹의 뱀에서 독립적으로 진화했다.[40] 이 중 두 그룹인 비단뱀과 보아뱀은 무독성 보아류constrictor로, 숨을 막히게 하는 휘감기로 먹잇감을 죽인다.* 세 번째 그룹은 적절하게 명명된 맹독성의 살무사류pit viper—코튼마우스cottonmouth, 코퍼헤드copperhead, 모카신moccasin, 방울뱀—다.** 방울뱀은 따뜻한 물체를 공격하고, 죽은 지 오래된 쥐보다 갓 죽은 쥐를 선호하며, 완전한 어둠 속에서 목표물을 공격한다.[43] 선천적으로 눈이 없는 눈먼 방울뱀조차도 눈 있는 방울뱀만큼이나 효율적으로 생쥐를 죽일 수 있다.[44] 구멍 덕분에, 그들은 설치류를 공격할 뿐만 아니라 머리를 정조준할 수도 있다.

살무사의 열 민감성은 (진드기 다리에 있는 것과 유사한) 구멍의 구조에서

---

* 어떤 면에서, 보아뱀과 비단뱀의 구멍은 살무사의 구멍과 매우 다르다. 그들의 막膜은 공중에 매달려 있지 않으며 덜 민감하다. 그들은 머리 앞쪽에 한 쌍의 구멍이 아니라 머리 옆으로 여러 쌍의 구멍—조지 바켄George Bakken이 곤충의 겹눈에 비유한 패턴—을 가지고 있다. 그러나 엘레나 그라체바가 발견한 바와 같이, 세 그룹 모두 동일한 열 센서인 TRPA1에 의존한다.[41]
** 1683년에 뱀의 구멍을 기술한 최초의 서양 과학자는, 그것이 감각기관이라고 정확하게 추측했지만 귀라고 잘못 가정했다. 그와 마찬가지로, 다른 사람들은 그것이 콧구멍, 누관淚管, 또는 냄새/소리/진동의 센서라고 잘못 제안했다.[42] 1935년 마거릿 로스Margaret Ros—방울뱀 마거릿과는 아무 관계 없다—는 자신의 애완용 비단뱀을 관찰하던 중, 콧구멍 뒤의 작은 구멍을 바셀린으로 차단하면 따뜻한 물체 쪽으로 다가가는 것을 막을 수 있다는 사실을 알아차렸다. 그녀는 뱀이 그 구멍을 사용해 먹잇감의 체온을 감지한다고 추론했다.

비롯된다. 구멍의 모양이 궁금하면, 동그란 어항 바닥에 미니 트램폴린을 놓고 전체를 옆으로 눕힌다고 상상해보라. 좁은 입구로 들어가면 공기가 가득 찬 넓은 방房이 나오고, 얇은 막이 그 방을 가로막고 있다. 입구를 통과한 적외선이 막에 부딪혀 막을 가열한다. 이런 일이 쉽게 발생하는 것은, 막이 구성요소들에 노출된 채 공중에 매달려 있고 이 책한 페이지의 6분의 1만 한 두께이기 때문이다. 또한 그 막은 미세한 온도 상승을 감지하는 약 7000개의 신경종말들로 가득 차 있다. 엘레나 그라체바가 발견한 것처럼, 이 신경들은 다른 신체부위에 있는 뉴런보다 400배나 많은 TRPA1을 보유하고 있으며 막의 온도가 0.001도만 상승해도 반응한다.[45] 이 놀라운 민감성은, 살무사가 최대 1미터 떨어진 곳에서도 설치류의 온기를 감지할 수 있음을 의미한다.[46] 당신의 머리 위에 눈가리개를 한 방울뱀을 앉혀놓는다면, 방울뱀은 당신의 쭉 뻗은 손가락 끝에 있는 생쥐의 온기를 느낄 수 있을 것이다.*

뱀의 구멍은 구조적으로 눈과 유사하다. 즉 적외선을 감지하는 막은 망막과 같고, 빛을 통과시키는 입구는 눈동자와 같다. 그리고 눈동자와 마찬가지로 구멍의 입구도 좁은데, 이는 막의 일부 영역이 들어오는 적외선에 의해 가열되는 반면 다른 영역은 시원한 그늘에 놓이게 됨을 의미한다. 마치 망막에 도달한 빛을 사용해 장면의 이미지를 구성하는 것처럼, 뱀은 이러한 냉온 패턴을 이용해 주변의 열원을 지도로 작성할 수 있다. 이러한 유사성은 단순한 메타포가 아니다. 일부 과학자들은 '구멍이 실제로 보조 눈으로, 주 눈에 보이지 않는 적외선 파장에 맞춰져 있다'고 생각한다. 두 기관의 신호들은 처음에는 서로 다른 뇌 영역에서

---

* 내 말을 믿고, 집에서는 시도하지 말기 바란다.

처리되지만, 결국에는 시개optic tectum라고 불리는 단일 영역으로 전달된다. 시신경에서 두 가지 신호가 결합되면, 가시광선과 적외선 스펙트럼에서 입력된 정보가 둘 다에 반응하는 뉴런에 의해 융합된 것처럼 보일 것이다.[47] 어쩌면 뱀들이 정말로 적외선을 보고 '또 하나의 색'으로 취급할지도 모른다. "뱀의 구멍을 독립적인 육감으로 간주하는 것은 오류다"라고 신경과학자 리처드 고리스Richard Goris는 썼다.[48] "구멍이 하는 일은 뱀의 시각을 향상시키는 것이다." 그것은 야간에 더 자세한 정보를 제공하거나, 덤불로 가려진 따뜻한 물체를 포착하거나, 뱀의 주의를 허둥대는 먹잇감에게로 돌리게 할 수 있다.*

하지만 구멍이 눈이라면, 시야가 흐릿한 아주 단순한 눈일 것이다. 그도 그럴 것이, 겨우 수천 개의 센서를 보유하고 있고(일반적인 망막에는 수백만 개의 광수용체가 있다), 들어오는 적외선을 집중시킬 렌즈가 없기 때문이다. '방울뱀이 보는 것'을 보여줄 요량으로 열화상 카메라를 이용해 세상을 촬영할 때, 자연 다큐멘터리 촬영팀은 이 개념을 잘못 이해한 듯하다. 파란색/보라색 배경 앞에서 흰색/빨간색의 설치류가 어슬렁거리는 영상을 시청할 때마다, 나는 비현실적으로 선명하다는 느낌을 지울 수 없다. 아널드 슈워제네거가 전리품을 사냥하는 외계인과 마주치는 1987년의 영화 〈프레데터〉는 적외선 시각의 흐릿함을 제대로 묘사한 편이다(누군가에게 리얼하다는 이유로 비난받은 영화는 〈프레데터〉밖에 없을 것이다).

---

* 일부 연구자들은 땅다람쥐가 방울뱀의 적외선 감각을 속일 수 있다고 주장했다. 방울뱀과 마주쳤을 때, 땅다람쥐는 꼬리를 치켜세우고 따뜻한 피를 펌핑해 체온을 상승시킨다.[49] 이것은 열화상의 크기를 증가시킴으로써 열 감지 포식자에게 더 위협적으로 보이도록 만들 것이다. 분명히 다람쥐는 방울뱀에게만 이런 짓을 하고 적외선을 감지할 수 없는 무해한 고퍼뱀gopher snake에게는 하지 않는다. 이것은 '두 종 간의 적외선 통신'의 최초 사례로 주장되었지만, 클라크와 다른 사람들은 납득하지 않는다. 다람쥐가 꼬리를 치켜들고 피를 펌핑하는 것은, 단순히 겁을 먹었기 때문일지도 모른다. 그리고 고퍼뱀 말고 방울뱀에게만 이러는 것은, 후자가 더 무섭기 때문일 수도 있다!

최근에 물리학자인 조지 바켄은 '쥐가 통나무를 가로질러 달릴 때 뱀의 구멍에 어떻게 보일지'를 시뮬레이션했다. 그가 얻은 것은 거친 이미지로, 그 내용은 크고 차가운 덩어리 위에서 움직이는 작고 따뜻한 덩어리였다.[50] 당신의 머리 위에 앉아 있는 눈가리개를 한 방울뱀이 손가락 끝에 있는 생쥐를 탐지할 수는 있지만, 당신의 이두근(시쳇말로 이두박근)까지 내려오지 않는 한 쥐의 형체를 알 수는 없을 것이다. 살무사는 매복 장소를 신중하게 선택함으로써 이러한 단점을 보완한다. 사이드와인더sidewinder라는 방울뱀은 열화상의 가장자리를 조준하는 경향이 있는데, 뜨거운 것과 차가운 것이 빠르게 뒤바뀌는 환경에서 움직이는 온혈동물을 포착하는 데는 이게 최선이다.[51] 그리고 중국의 섬 서다오蛇島에 사는 살무사들은 탁 트인 하늘을 마주 보는 매복 장소를 선택해, 봄에 사냥하는 철새를 더 쉽게 탐지할 수 있다.[52]

뱀들은 어떻게 열을 감지할까? 중국의 파충류학자 탕예중唐業忠은 짧은꼬리살무사를 연구하면서 단서를 얻었다.[53] 그가 한쪽 눈과 한쪽 구멍을 동시에 막았더니, 뱀은 86퍼센트의 확률로 타깃을 깨물었다. 양쪽 눈이나 양쪽 구멍을 막았더니, 사냥의 정확도가 75퍼센트로 약간 떨어졌다. 그러나 한쪽 눈과 반대편의 구멍을 동시에 막았더니, 공격 성공률이 50퍼센트로 뚝 떨어졌다. 이러한 뜻밖의 결과는, 뱀이 시각 정보와 적외선 정보를 결합한다는 것을 시사한다. 하지만 두 가지 감각의 해상도가 다를 때 뱀들은 어떻게 수습할까? 바켄은 '뇌가 눈에서 입력된 훨씬 더 날카로운 정보를 사용해, 구멍에서 얻은 거친 정보를 더 잘 해석하는 법을 배울 수 있는지' 궁금해한다. 인간의 경우, 충분히 큰 이미지 세트를 이용해 인공지능(AI)을 훈련시킴으로써 사진을 분류하거나 숨겨진 패턴을 발견하도록 만들 수 있다. 어쩌면 뱀의 눈도, 뇌가 구멍에서 얻은 흐릿한 정보를 해석하는 데 필요한 훈련 프로그램을 제공할지도 모른다.

구멍이 제공하는 이점이 뭐가 됐든, 그것은 매우 중요할 것이다. 막에 분포하는 신경에는 미토콘드리아라는 소형 배터리가 들어 있는데, 전형적인 감각기관에 존재하는 것보다 훨씬 더 많다.[54] 이는 적외선 감각이 많은 에너지를 필요로 한다는 것을 암시하므로, 구멍은 그 비용에 합당한 이점을 제공해야 한다. 장담하건대, 살무사는 그 덕분에 '구멍 없는 뱀'들보다 우위에 있는 것 같다.* 하지만 클라크에게 적외선 감각에 대해 질문하면 할수록 나는 더 많은 의문에 봉착한다.** 만약 적외선 감각이 시력을 강화한다면, 왜 다른 야행성 독사들은 그것을 진화시키지 않았을까? 약 9000만 년의 진화를 거쳐 독사와 분리되어 매우 다른 방식으로 사냥하는 비단뱀과 보아뱀은, 왜 코브라와 가터뱀처럼 더 가까운 뱀들이 진화시키지 않은 수법을 진화시켰을까? 그리고 가장 불가사의한 것은, 왜 구멍은 차가울 때 더 잘 작동하는 것처럼 보일까?*** "아무래도 우리가 뭔가를 놓치고 있는 것 같아요"라고 클라크가 내게 말한다.

---

* 이스라엘에서 활동하는 생태학자 버트 코틀러Burt Kotler는 (구멍 있는) 사이드와인더 방울뱀과 중동산 뿔뱀horned viper—적외선 감각(구멍)이 없다는 점을 제외하면 방울뱀과 매우 비슷하다—을 함께 사육함으로써 이를 증명했다.[55] 코틀러가 두 가지 뱀을 대형 야외 우리에 합사하자, 구멍 없는 뿔뱀은 달 없는 밤에 활동량을 줄임으로써 어둠을 사이드와인더에게 넘겨줬고, 사이드와인더는 여전히 열을 이용해 사냥할 수 있었다. 그 우리 안에 있는 이스라엘산 설치류도 외래종인 사이드와인더를 토종인 뿔뱀보다 더 큰 위협으로 취급하게 되었다. 코틀러는 구멍을 "제약을 깬 적응constraint-breaking adaptation"이라고 기술한다. 이것은 뱀이 가장 희미한 빛에서도 사냥할 수 있도록 허용함으로써, 한 단계 높은 포식 효율성predatory effectiveness을 달성하도록 만든 혁신이다.

** 클라크의 제자 중 한 명인 한네스 슈라프트Hannes Schraft는 야생에서 살무사를 연구하다가 몇 가지 혼란스러운 결과를 얻었다. 밤이 되면 사이드와인더는 (주변의 모래보다 약간 따뜻하므로 반짝이는 랜드마크처럼 작용하는 게 틀림없는) 덤불에서 기다린다. 그러나 눈가리개를 한 사이드와인더들은 덤불을 찾는 데 애를 먹었고, 결국은 성공하지 못한 채 미친 듯이 돌아다녔다.[56] 다음으로, 그는 뱀들이 적외선 시각을 이용해 먹잇감의 체온을 측정하는지 궁금해했다. 더 차가운 목표물일수록 행동이 느려져 잡기 쉬울 것이기 때문이다. 실험 결과는 의외였다. 슈라프트가 뜨거운 물병으로 데운 도마뱀 사체를 제공했더니 그들은 아무런 반응도 보이지 않았다.[57]

"적외선 감지는 단순히 먹잇감을 겨냥하는 것일 수도 있지만, 우리가 이해할 수 없는 방식으로 사용되고 있는지도 몰라요."

다른 동물의 환경세계를 이해하려면 그들의 행동을 관찰해야 한다. 그러나 살무사의 행동은 대부분 기다림으로 구성된다. 그들은 자신의 체온을 생성하지 않기 때문에 몇 달 동안 먹지 않고 지낼 수 있으며, 정확히 적절한 순간까지 매복할 수 있다. 그들을 연구할 만큼 용감한 소수의 연구자들은 '거의 아무것도 하지 않는 동물'이라는 결론에 도달하기 일쑤이기 때문에, 그들을 훈련시키거나 이해하기가 매우 어렵다. 심지어 우리가 이미 이해하고 있으며 훈련 방법을 알고 있는 동물조차도 설명하기 어려운 방식으로 열을 감지할 수 있다.

강아지 한 마리—케빈이라는 이름의 골든리트리버—를 얻었을 때, 동물학자 로날트 크뢰거Ronald Kröger는 개의 코에 대해 궁금해하기 시작했다. 잠자는 개의 코는 따뜻한 경향이 있다. 그러나 그들이 깨어난 직후, 코끝은 축축하고 차가워진다. 크뢰거의 연구에 따르면 따뜻한 방에서 개 코의 온도는 주변 온도보다 약 5도 낮게 유지되고, 같은 공간에 있는 소나 돼지의 코보다 9~17도 더 낮게 유지되는 것으로 나타났다.[60] 왜

••• 2013년, 비비아나 카데나Viviana Cadena는 방울뱀이 숨을 내쉬는 방식을 제어함으로써 구멍을 능동적으로 식혀, 체온보다 몇 도 낮게 유지할 수 있음을 발견했다.[58] 그로부터 몇 년 후, 클라크와 바켄은 다양한 온도에서 방울뱀을 사육함으로써 '더 추운 배경에서 움직이는 따뜻한 진자pendulum'를 발견하는 능력을 측정했다. 그 결과 놀랍게도 뱀은 추울수록 진자를 더 잘 추적하는 것으로 나타났다. "우리는 소스라치게 놀랐어요"라고 바켄은 말한다. 만약 방울뱀의 주요 열 센서가 TRPA1이라면, 이 패턴은 말이 안 된다. 왜냐하면 TRPA1은 높은 온도에서 더 잘 작동하기 때문이다. 게다가 냉혈동물은 몸이 따뜻해질수록 더 효율적인 것으로 알려져 있다. 음, 방울뱀은 따뜻해질수록 더 빠르고 활동적인 사냥꾼이 된다…. 주요 사냥 감각 중 하나가 둔감해지는데도? "이건 통설과 정반대여서, 어떻게 해석해야 할지 아직 모르겠어요"라고 클라크가 말한다. '학술적으로 솔직한 대화'라는 참신한 발상에서, 그와 바켄은 〈차가운 뱀일수록 적외선 자극에 더 강하게 반응하지만, 그 이유를 모르겠다〉라는 제목으로 결과를 발표했다.[59]

그럴까? 흡혈박쥐와 방울뱀은 둘 다 열에 민감한 구멍을 차갑게 유지하는 것처럼 보인다. 개들도 그러고 있는 것일까? 개의 코는 후각기관과 적외선 센서를 겸할 수 있을까?

크뢰거는 확실히 그렇다고 생각한다. 그의 팀은 세 마리의 개―케빈, 델파이, 찰리―를 성공적으로 훈련시켜, 모양과 냄새는 같지만 온도가 11도 다른 두 패널의 차이를 구별하게 만들었다.[61] 그 후 실시된 이중맹검 검사(실험자도 정답을 모르기 때문에 개에게 무의식적인 영향을 미칠 수 없는 검사)에서, 세 마리의 개는 여전히 68~80퍼센트의 확률로 올바른 패널을 선택했다. 연구팀은 반려견의 조상인 늑대가 대형 사냥감에서 나오는 적외선을 탐지함으로써 이득을 보았을지도 모른다고 제안한다. 그러나 적외선은 거리가 멀어질수록 급격히 약해지는데, 이미 예민한 청각과 후각을 보유한 동물에게 어떤 이득이 될까? 두말할 나위 없이, 늑대는 코를 이용해 따뜻함의 단서를 포착하기 훨씬 전에 먹이의 냄새를 맡을 수 있을 것이다. 그리고 근거리에서, 늑대의 눈과 귀는 '적외선 탐지용 코'의 도움 없이도 달리는 목표물을 추적할 수 있을 것이다. "이게 실제로 어떻게 도움이 되는지는 상상하기 어려워요"라고 연구에 참여한 안나 발린트Anna Bálint가 말한다. "기존의 틀에서 벗어나 생각해야 할 것 같아요."

다른 환경세계에 대해 생각할 때는 항상 거리가 중요하다. 적절한 조건에서, 냄새와 시각은 장거리에서 작용한다. 적외선 감각은 타오르는 산불을 감지하도록 연마되지 않는 한 비교적 짧은 거리에서 작동한다. 그리고 어떤 감각들은 여전히 더 은밀하기 때문에 긴밀한 접촉을 필요로 한다.

이토록 굉장한 세계

6장

·

촉감과 흐름
Contact and Flow

이보다 민감할 순 없다

처음에, 모든 사람들은 셀카가 곤히 잠들어 있다고 생각했다. 셀카는 사춘기의 해달로, 산타크루스에 있는 롱해양연구소Long Marine Laboratory의 울타리 안에 살고 있었다. 셀카가 생활하는 수영장의 수면 바로 위에는 유리섬유 테이블이 놓여 있었는데, 녀석은 수영을 하다가 싫증이 나면 테이블 바로 아래의 좁은 공간에 코를 박고 낮잠을 자곤 했다. 그런데 알고 보니, 셀카는 잠만 자던 게 아니었다. 잠자는 사이사이에, 테이블 다리를 상판에 고정해놓은 너트를 천천히 풀었던 것이다. 어느 날 해달을 연구하던 감각생물학자 세라 스트로벨Sarah Strobel은 테이블 상판이 한쪽으로 기울어져 있는 것을 발견했다. 셀카는 분리된 테이블 다리를 움켜쥔 채 헤엄치고 있었고, 풀린 너트와 볼트는 배수구에 내팽개쳐져 있었다.

해달의 사진을 보면, 수면 위에 반듯이 누운 채 종종 잠을 자거나 때로는 두 손을 모아 배 위에 올려놓고 있는 모습이 대부분이다. 이런 장면은 그들이 게으르고 무기력하다는 고정관념을 초래하기 십상이다. "사실 그들은 정말 안절부절못하는 성격이에요"라고 스트로벨은 나에게 말한다. "그들은 끊임없이 뭔가를 하거나 가지고 놀거나 만지고 싶어 해요." 이런 떠들썩함은 해달이 다른 족제빗과 동물들—족제비, 페럿, 오소리, 꿀오소리, 울버린을 포함하는 포유동물—과 공유하는 특성이다. 그러나 스트로벨에 따르면, 해달은 "족제빗과 동물의 일반적인 활동력"에 더해 제법 큰 덩치—길이가 90~150센티미터로, 족제빗과에서 가장 크다—와 유난히 다재다능한 발을 가지고 있다. 결론적으로 말해서, 그들은 사육하기 어렵기로 악명 높다.* "그들은 매우 파괴적이에요." 스트로벨이 말한다. "호기심이 매우 많은데, 왕성한 호기심을 으레 이런 식으로 표현해요. '이걸 깨뜨리면 안에 뭐가 들어 있는지 알아낼 수 있을까?'"

이런 특성들—호기심, 손재주, 분해하는 취미—은 북아메리카의 서부 해안에 서식하는 해달에게 안성맞춤이다. 빈번히 직면하는 차가운 바닷물은 족제빗과 동물에게 커다란 부담이지만, 해양 포유동물에게는 지극히 사소한 일이다. 해달에게는 보온이 되는 우람한 몸도, 단열재 역할을 하는 바다표범·고래·매너티의 지방도 없다. 그들은 동물계에서 가장 촘촘한 털을 가지고 있어서 1제곱센티미터당 몸털 수가 우리의 머리털을 능가하지만, 그것만으로는 체열의 신속한 방출을 막기에 역부족이다.[2] 체온을 유지하기 위해 매일 체중의 4분의 1에 상당하는 먹이를 먹어야 하는데,[3] 해달의 안절부절못하는 성격은 여기에서 비롯된다. 그들은 밤낮을 가리지 않고 늘 다이빙을 한다.[4] 못 먹는 게 거의 없고, 거의

• 생후 일주일 만에 고아가 되어 육지로 밀려온 셀카는 2012년에 구조된 후 몬테레이만 수족관으로 옮겨져, 그곳에 살고 있던 해달 중 한 마리에게 입양되었다.[1] 해달로 사는 법을 배운 지 몇 달 만에 방류되었지만, 불과 8주 만에 상어의 잔혹한 공격을 받았다. 수족관에서 셀카를 다시 데려와 상처를 치료한 다음 풀어주었다. 그러나 한 차례의 독성 조개 중독과 '인간에게 너무 익숙해졌다'는 징후를 보인 후, 미국 어류·야생동물관리국(FWS)에서 "인간과 상호작용할 가능성이 너무 높아, 야생에서 안전하기 어렵다"라는 판정을 내렸다. 셀카는 롱해양연구소에서 2년을 보낸 후 마침내 몬테레이만 수족관으로 돌아와, 현재 고아가 된 다른 새끼들의 대리모 역할을 하고 있다.

모든 먹잇감을 손으로 잡는다. 광량이 불충분할 때도, 그들은 분주한 발놀림으로 먹이를 찾는다. 셀카가 테이블을 분해할 때 보여준 손재주를 발휘해, 야생 해달은 물고기를 낚아채고 성게를 잡고 해저에 묻힌 조개를 캐낸다. 섬세한 촉각 덕분에, 그들은 넓고 차가운 바다에서 아담하고 따뜻한 포유동물로 살아남을 수 있다.

해달의 뇌를 살펴보면 발의 민감성을 이해할 수 있다.[5] 다른 종들과 마찬가지로, 해달의 촉각을 관장하는 뇌 영역은 체성감각피질somatosensory cortex이다. 체성감각피질의 상이한 부분들은 신체의 다른 부분에서 정보를 입력받는데,[6] 이 부분들의 상대적인 크기를 분석하면 동물의 주요 촉각기관이 어디인지 짐작할 수 있다. 인간의 경우 손·입술·생식기와 관련된 부분이 발달했고, 생쥐는 수염, 오리너구리는 부리, 벌거숭이두더지쥐는 이빨과 관련된 부분이 각각 발달했다. 해달의 경우, 발에서 보내는 신호를 받는 부분이 다른 족제빗과 동물에 비해 불균형적으로 크며 심지어 다른 수달보다도 크다.

그러나 그들의 발은 '민감한 손'처럼 보이지 않으며, 심지어 손처럼 생기지도 않았다. 피부는 콜리플라워의 머리 같은 질감을 가지고 있고, 발가락은 명확하게 구분되지 않는다. "발을 잡고 있으면 아래에서 움직이는 민첩한 발가락을 느낄 수 있지만, 그냥 보면 '손모아장갑'처럼 보일 거예요"라고 스트로벨이 말한다. 이 장갑의 성능을 평가하기 위해, 그녀는 셀카를 테스트하기로 했다.[7] 우선 그녀는 해달을 훈련시켜, 듬성듬성한 간격의 능선으로 덮인 거친 플라스틱 판의 느낌을 인식하도록 만들었다. 그런 다음 셀카는 능선의 간격이 약간 더 촘촘하거나 듬성듬성한 판과 원래의 판을 구별해야 했다. 테스트 결과, 셀카는 능선 간격의 차이가 0.4밀리미터인 판까지도 확실히 구별하는 것으로 밝혀졌다.

셀카의 뇌가 암시하는 것처럼 발은 정말 민감하다.

그러나 민감성은 감각을 판단할 수 있는 유일한 척도가 아니다. 1장에서 살펴본 것처럼 인간과 개 모두 초콜릿 향 나는 끈을 따라갈 수 있지만, 전자는 느릿느릿 움직이는 반면 후자는 신속하고 확실하게 과제를 수행한다. 그와 마찬가지로, 스트로벨의 실험에서 인간의 손은 해달의 발만큼 민감하게 판을 구별하지만 속도 면에서 상대가 안 되는 것으로 밝혀졌다.[8] 그녀의 실험에서, 인간 자원 봉사자들은 두 개의 판을 몇 번이고 반복적으로 더듬은 끝에 최종 결정을 내렸지만, 셀카는 판 위에 발을 얹자마자 올바른 판을 골랐다. 맨 처음 만진 것이 맞는다면, 셀카는 대안을 만지려는 시도조차 하지 않았다. 셀카는 5분의 1초 만에 결정을 내렸는데, 이는 인간 경쟁자보다 30배나 빠른 속도였다. 또한 가장 느린 결정 시간조차도 가장 빠른 인간의 결정보다 상당히 빨랐다. "해달은 뭘 하든 자신감이 넘쳐요"라고 스트로벨은 말한다.

지금 당장 해달이 먹이를 찾으러 간다고 상상해보라. 그들은 바다 표면에 등을 대고 누운 채 둥둥 떠다니고 빙그르르 구르고 잠수한다. 그들이 바닷물에 잠겨 있는 시간은 1분에 불과한데, 이 정도면 당신이 이 단락을 읽는 데 걸리는 시간과 얼추 비슷하다.[9] 잠수는 소중한 1분 중 상당 부분을 차지하므로, 올바른 깊이에 도달하면 머뭇거릴 시간이 없다. 몇 번에 걸친 '광란의 순간'에, 해달은 우툴두툴한 손모아장갑으로 해저를 헤집으며 모든 것을 탐색한다. 물속은 어둡지만 어둠은 문제가 되지 않는다. 세상에서 가장 민감한 발 아래에 펼쳐진 바다는 만지고, 움켜쥐고, 누르고, 찌르고, 쥐어짜고, 쓰다듬고, 다룰 수 있는 모양과 질감으로

---

* 아리스토텔레스는 "다른 감각에서는 인간이 많은 동물보다 열등하지만, 촉각의 예민함에서는 모든 동물을 훨씬 능가한다"라고 썼다. 해달을 듣도 보도 못했겠지만, 그의 주장은 크게 틀리지 않는다.

이토록 굉장한 세계

넘쳐난다. 단단한 껍데기를 가진 먹잇감은 비슷하게 단단한 암석 사이에 자리 잡고 있지만, 해달은 순식간에 둘의 차이를 느끼고 암석에서 먹이를 끄집어낸다. 촉각, 다재다능한 발, 그리고 족제빗과 특유의 넘치는 자신감으로 조개를 낚아채고, 전복을 홱 잡아당기고, 성게를 움켜쥐고, 마침내 어획물을 먹기 위해 수면 위로 올라온다. 지금까지 걸린 시간은 1분이다.

거칢을 감지하는 감각

촉각은 진동, 전류, 질감, 압력 등의 물리적 자극을 다루는 기계적 감각 중 하나다.[10] 많은 동물의 경우, 촉각은 멀리서도 작동할 수 있다. 이 장의 뒷부분에서 살펴보겠지만, 물고기, 거미, 매너티 같은 다양한 생물들은 (공기와 물을 통해 이동하고, 소리를 내고, 파문을 일으키는) 숨겨진 신호를 느낄 수 있다. 미세한 털과 그 밖의 센서를 이용해, 그들은 멀리 있는 다른 동물들의 움직임을 느낄 수도 있다. 악어는 수면에서 가장 부드러운 잔물결을 탐지할 수 있고, 귀뚜라미는 돌진하는 거미가 만들어내는 희미한 바람을 감지할 수 있고, 바다표범은 헤엄치는 물고기가 남긴 보이지 않는 물결을 통해 물고기를 추적할 수 있다. 그러나 우리는 이러한 신호들 중 대부분을 탐지할 수 없다. 나는 실링팬에서 생성된 강한 기류를 느낄 수 있지만, 다른 것들은 거의 느낄 수 없다. 인간(그리고 해달)에게 촉각은 주로 직접적인 접촉에 대한 감각이다.

인간의 손가락 끝은 자연계에서 가장 민감한 촉각기관 중 하나다. 우리는 그것들 덕분에 도구를 정밀하게 다루고, 시력이 손상되었을 때 점들의 패턴을 읽고, 탭·스와이프·터치로 전자기기의 화면을 제어할 수 있다. 손가락의 민감성은 기계수용체—가벼운 촉각 자극에 반응하는 세포—에 달려 있다. 기계수용체에는 여러 종류가 있는데, 각각의 수용체는 상이한 종류의 자극에 반응한다.[11] 메르켈 신경종말Merkel nerve ending 은 지속적인 압력에 반응하며, 당신이 이 책의 페이지를 꽉 쥐면서 책의 모양과 물성을 측정하는 데 도움이 된다. 루피니 종말Ruffini ending은 피부의 긴장과 신장stretching에 반응하며, 악력을 조정하고 물체가 손아귀에서 미끄러지는 것을 인식하는 데 도움이 된다. 마이스너 소체Meissner corpuscle는 느린 진동에 반응하는데, 손가락이 표면 위를 움직일 때 미끄러지는 느낌과 흔들리는 느낌을 생성하며, 점자 독자들로 하여금 돌출한 점들을 이해하게 해준다. 파치니 소체Pacinian corpuscle는 더 빠른 진동에 반응하는데, 더욱 미세한 질감을 평가하거나 도구를 통과하는 물체—족집게에 집힌 털이나 삽 아래에서 부스러지는 흙—를 감지하는 데 유용하다. 이러한 수용체들 중 대부분은 해달의 발이나 오리너구리의 주둥이에도 존재한다. 마치 단맛, 신맛, 쓴맛, 짠맛, 우마미 수용체가 합세해 우리의 미각을 정의하는 것처럼, 그것들은 집합적으로 촉각을 생성한다.

하지만 우리는 이러한 기계수용체들의 작동 메커니즘을 포괄적인 수준에서 이해하고 있을 뿐이다. 온갖 다양성에도 불구하고, 그것들은 모두 '접촉에 민감한 피막'으로 둘러싸인 신경종말로 구성된다. 촉각 자극은 그러한 피막을 구부리거나 변형시킴으로써 내부의 신경을 발화시킨다. 그러나 이런 일이 일어나는 정확한 메커니즘은 불분명하다.[12] 아직까지 촉각은 가장 덜 연구된 감각 중 하나이기 때문이다. 시각, 청각, 심지어 후각과 비교할 때, 촉각은 과학자와 기술자들의 헌신을 이끌어내지 못하는 경향이 있다. 아주 최근까지도 우리에게 촉각을 경험하게 해주는 분자들―시각의 옵신, 후각의 방향제수용체에 상응하는 분자―
은 완전히 미스터리한 상태로 남아 있다. 요컨대 우리는 '거칢을 감지하
는 감각'에 대해 '어렴풋한 감'을 잡고 있을 뿐이다.

그렇다고 해서 촉각을 무시할 수는 없다. 그것은 친밀하고 즉각적인
감각으로, 후각이나 시각만큼이나 다양하다. 동물의 촉각기관이 얼마
나 민감한지, 무엇을 느끼기 위해 사용되는지, 심지어 어느 신체부위에
서 발견되는지에 이르기까지 다양성의 영역은 갈수록 태산이다. 그리
고 촉각이 다양한 생물의 환경세계에 기여하는 방식을 고려한다면, 우
리는 모래사장, 땅굴, 심지어 내장까지도 새로운 방식으로 바라보게 될
것이다. 심지어 우리 자신의 촉각 능력의 진정한 범위도 최근에야 밝혀
졌다. 한 실험에서 사람들은 최상층 분자가 서로 다른 두 개의 실리콘
웨이퍼를 구별할 수 있었는데, 그게 가능했던 것은 손가락에 감지된 두
표면의 촉감이 미세하게 다르기 때문이었다.[13] 또 다른 실험에서 지원자
들은 두 개의 고랑 진 표면의 차이를 구별할 수 있었는데, 고랑의 깊이
가 몇 나노미터에 불과할 때도 구별이 가능했다(이 정도라면, 거대분자만 한
크기의 알갱이가 부착된 두 개의 사포 중에서 어느 쪽이 더 거친지 판별하는 과제와 맞먹
는다).[14]

이러한 놀라운 위업은 움직임을 통해 가능하다.[15] 만약 물체의 표면에
손가락 끝을 대면 그 특징에 대한 제한된 아이디어만 얻을 수 있다. 그
러나 움직임이 허용되는 즉시 모든 것이 바뀐다. 즉 손가락으로 누르면
물체의 굳기가 명확해지며, 질감도 단숨에 해결된다. 손가락으로 표면
을 훑을 때, 눈에 보이지 않는 작은 봉우리와 골짜기가 반복적으로 충돌
하면서 손가락 끝에 있는 기계수용체에 진동이 발생한다. 이것이야말
로 (심지어 나노 수준까지의) 미세한 특징을 탐지하는 방법이다.* 움직임은

촉감을 '거친 감각'에서 '정교한 감각'으로 변화시킨다. 그 덕분에 자연계에 존재하는 수많은 촉각 전문가들이 놀라운 속도로 반응할 수 있다.

시각이 아닌 촉각으로

수많은 과학자들이 한 가지 동물을 연구하며 평생을 보내지만 켄 카타니아Ken Catania는 예외다. 그는 지난 30년 동안 전기뱀장어, 벌거숭이두더지쥐, 악어, 촉수뱀tentacled snake, 에메랄드는쟁이벌emerald cockroach wasp, 인간의 감각을 조사해왔다. 그는 예사롭지 않은 생물에 끌리는데, 이러한 끌림은 거의 항상 성과를 거둔다. "오, 그런 동물이 흥미롭지 않은 것으로 판명되는 경우는 거의 없어요"라고 그는 나에게 말한다. "보통 내가 상상했던 것보다 열 배는 더 유능해요." 그중에서 그가 맨 처음 연구한 별코두더지star-nosed mole보다 더 날카로운 교훈을 남긴 생물은 없었다.

별코두더지는 햄스터만 한 크기의 동물로, 비단 같은 털, 시궁쥐 같은 꼬리, 삽처럼 생긴 발을 가지고 있다.[17] 북아메리카 동부의 인구 밀집 지역에 널리 분포하지만, 늪지와 습지에 서식하며 대부분의 시간을 지하에서 보내기 때문에 사람들의 눈에 거의 띄지 않는다. 하지만 그들과 마주치는 사람은 즉시 알아볼 것이다. 주둥이 끝에 열한 쌍의 핑크빛 부속기가 있는데, 털이 없고 손가락 모양이며 콧구멍 주위에 고리 모양으로 배열되어 있기 때문이다. 그게 바로 두더지에게 애칭을 선사한 '별'로, '동물의 몸에서 자라나는 다육질 꽃fleshy flower' 또는 '코에 박혀 있는 말미

• 지원자들이 10나노미터 차이의 굴곡을 구별한 연구를 주도한 마크 러틀랜드Mark Rutland는 이렇게 말했다. "만약 손가락이 지구만 한 크기라면 집과 자동차의 차이를 느낄 수 있을 것이다."[16] 그건 사실이지만, 행성 크기의 손가락으로 거리를 훑을 때만 가능한 이야기다. 그러나 아이러니하게도, 그것은 오히려 둔감한 행동이 될 것이다.

이토록 굉장한 세계

잘'처럼 보인다.

과학자들은 그 별의 용도를 오랫동안 추측해왔지만, 1990년대에 카타니아의 현미경 관찰대에 처음 놓였을 때 별의 쓰임새는 분명해 보였다.[18] 그는 별에서 '다양한 센서'의 세계를 볼 것으로 기대했지만, 정작 발견된 것은 한 가지 유형의 센서뿐이었다. 그것은 아이머 기관Eimer's organ이라고 불리는 돔 모양의 돌기로, 산딸기의 표면처럼 몇 번이고 계속 반복되었다. 각각의 돌기는 압력과 진동에 반응하는 기계수용체와, 이러한 감각을 뇌에 전달하는 신경섬유로 구성되어 있었다. 이것은 별 전체를 구성하는 접촉 센서가 분명했다. 그 별은 촉각기관이며, 오로지 촉각에만 관여하는 것으로 밝혀졌다. 눈을 가늘게 뜨고 보면 세상을 향해 뻗어 있는 손으로 착각할 수도 있는데, 완전한 착각은 아니며 어느 정도 사실이다.*

눈을 감고 손으로 가장 가까운 표면—당신이 앉아 있는 좌석이나 그 아래의 바닥, 당신의 가슴이나 머리—을 이곳저곳 눌러보라. 한 번 누를 때마다 당신의 머릿속에서 '손 모양의 형태와 질감'이 형성된다. 누르는 속도와 빈도가 충분히 증가하면, 주변 환경의 3D 모델이 형성되기 시작한다. 장담하건대 별코두더지가 코로 하는 일도 거의 그런 일일 것이다. 어두운 지하세계를 허둥지둥 통과하면서, 그들은 초당 열두 번씩 지속적으로 땅굴 벽에 별코를 들이댄다. 한 번 들이댈 때마다, 별빛 같은 광채 속에서 주변 환경이 점차 뚜렷해진다. 나는 문득 점묘법을 떠올

---

* 별코의 광선이 두더지의 코에서 바깥쪽으로 뻗어 나온다고 생각할 수도 있지만, 그건 아니다. 별코두더지의 배아를 살펴보면 주둥이의 측면에 작은 혹들이 있는데, 점차 길어져 실린더 모양으로 된다.[19] 이 실린더들이 장차 별코의 광선이 된다. 두더지가 태어날 때 실린더는 여전히 얼굴에 붙어 있고, 그 아래에서 피부가 천천히 자라기 시작해 기저 조직으로부터 분리된다. 대략 일주일 후에 광선이 자유롭게 부서지며 앞으로 튀어 나온다. 그리하여 '별'이 탄생한다.

린다. 하나씩 추가되는 점들이 점묘화된 이미지를 만들어가는 것처럼, 하나씩 추가되는 별 모양의 형태와 질감이 두더지의 마음속에서 땅굴의 모형을 연속적으로 형성해가는 것이다.

두더지의 체성감각피질—뇌의 촉각중추—은 별코에 불균형적으로 집중되어 있는데, 이는 인간의 촉각중추가 특히 손에 집중되어 있는 것과 매우 흡사하다.[20] 그리고 우리의 체성감각피질이 각각의 손가락을 표상하는 뉴런군을 가지고 있는 것과 마찬가지로, 두더지는 별코의 각 광선에 해당하는 뉴런 띠를 가지고 있다. "본질적으로 당신은 두더지의 뇌에서 별코를 볼 수 있어요"라고 카타니아는 말한다.* 그러나 그가 이 감각 지도sensory map를 처음 작성했을 때, 그중에서 한 가지 측면은 말이 안 되는 것처럼 보였다. 크기가 가장 작은 열한 번째 광선쌍은 지도상에 거대한 뉴런 덩어리로 표시되는데, 이 덩어리는 '별코 전체가 차지하는 뇌영역'의 4분의 1을 차지한다.[22] 왜 두더지는 가장 작은 접촉 센서에 가장 많은 양의 처리력을 쏟아부어야 하는 걸까?

카타니아와 그의 동료 존 카스Jon Kaas는 고속 카메라로 두더지를 촬영함으로써, "별코의 다른 부분이 물체에 먼저 닿더라도, 항상 열한 번째이자 가장 작은 광선쌍으로 먹이 조각을 조사한다"라는 결론을 내렸다.[23] 두더지는 종종 물체를 여러 번 연속적으로 두드리는데, 그럴 때마다 열한 번째 광선쌍이 물체에 더 가까이 접근하는 것으로 나타났다. 이것은 우리가 눈으로 하는 일과 놀라울 정도로 비슷하다. 우리는 미세한 조정을 통해, 물체의 초점을 중심와—망막에서 시각이 가장 예리한 부분—에 맞추곤 한다. 이와 마찬가지로, 두더지의 열한 번째 광선쌍은

---

* 별코두더지의 약 5퍼센트는 열 쌍 또는 열두 쌍의 광선을 가진 변이 코mutant nose를 가지고 있다.[21] 그리고 그들의 뇌는 거기에 상응하는 수의 뉴런 띠를 가지고 있다.

카타니아가 촉각중심와tactile fovea라고 부르는 것으로, 두더지의 촉각이 가장 날카로운 영역이다. 이 영역이 두더지의 입 바로 앞에 있다는 것은 결코 우연이 아니다. 물체가 먹이처럼 느껴진다고 판단하는 순간, 그들은 열한 번째 광선쌍을 치켜 올린 후 핀셋 같은 앞니로 한 조각을 베어 물 수 있다.

두더지는 별코를 이용해 물체를 쓰다듬거나 문지르거나 만지지 않는다. 무슨 일이든 가장 간단한 동작, 즉 '누른 다음 치켜 올리기'를 기반으로 수행된다. 이런 식으로 그들은 인접한 아이머 기관들이 움푹 들어가거나 휘어지는 모양을 비교함으로써 먹잇감을 인식할 수 있다. 두더지는 질감을 확실히 구별할 수 있으므로, 죽은 지렁이 조각을 먹지만 비슷한 크기의 고무와 실리콘 덩어리는 무시한다. 그리고 이 모든 과제를, 해달조차 부끄럽게 만드는 속도로 수행할 수 있다.

카타니아가 나에게 동영상 하나를 보여주는데, 그것은 별코두더지가 '벌레 조각이 놓여 있는 슬라이드 글라스'를 조사하는 장면을 밑에서 촬영한 것이다. 재생 속도를 50분의 1로 줄이니, 두더지가 별코를 유리에 대고 가볍게 두드려 먹이 조각을 탐지한 다음, 촉각중심와를 통해 더욱 면밀히 검사하고 마침내 꿀꺽 삼키는 과정을 볼 수 있다. 무슨 일이 일어나고 있는지 실시간으로 알아낼 수는 없다. 그저 두더지가 나타나고 순식간에 벌레가 사라질 뿐이다. 카타니아와 그의 동료 피오나 렘플Fiona Remple은 그 동영상을 분석함으로써, 두더지가 평균 230밀리초 이내에 (가장 빠른 경우 120밀리초 만에) 먹이를 식별해 삼킨 후 다음 먹이를 찾아 나설 수 있음을 발견했다.[24] 이것은 사람이 눈을 깜박이는 것만큼이나 빠르다. 먹이를 찾는 두더지의 별코가 곤충에 처음 닿는 것과 동시에 당신의 눈이 감기기 시작한다고 상상해보라. 당신의 속눈썹이 눈의 정중선을 넘기도 전에, 두더지의 뇌는 이미 '별코가 접촉한 먹잇감'을 인식하고 운동명령을 보내 별코의 위치를 바꾼다. 당신의 눈이 완전히 감길 때쯤, 두더지는 엄청나게 민감한 열한 번째 광선으로 곤충을 다시 한번 만진다. 당신의 눈이 다시 반쯤 열리면, 두더지는 두 번째 접촉의 정보를 처리해 행동 방침을 결정한다. 눈이 완전히 열리면 곤충은 사라지고 두더지는 다른 곤충을 찾고 있다.

별코두더지는 신경계가 허용하는 범위에서 최대한 빨리 움직이며, 정보가 별코와 뇌 사이를 이동하는 속도에 의해서만 제한되는 것 같다. 정보 이동에 소요되는 시간은 10밀리초에 불과하다. 그렇게 짧은 시간 동안, 시각 정보는 뇌에 도달하거나 왕복 여행을 완료하는 것은 고사하고 망막을 통과하지도 못한다. 빛은 우주에서 가장 빠르지만 광센서에는 한계가 있으며, 별코두더지의 촉각은 모든 광센서를 멀찌감치 따돌린다. "얼마나 빨리 움직이는지, 거의 뇌를 앞지를 정도예요"라고 카타니아가 말한다. 카타니아가 보여준 또 하나의 동영상에서 두더지는 벌레 덩어리와 접촉하는데, 머리를 돌려 방금 전 깜박 놓친 조각을 집어들기 무섭게 멀어지기 시작한다. "방금 건드린 게 뭔지 깨닫기도 전에 다음 작업으로 넘어가는 것 같아요"라고 그는 말한다. 시력을 가진 사람들은 예상치 못한 것을 지나친 후 아차 싶어 두 번 걸음 하는 더블 테이크가 얼마나 어려운 일인지 잘 안다. 그러나 두더지에게 그것은 식은 죽 먹기로, 머리만 돌리면 된다. 시각이 아닌 촉각으로 세상을 감지하고 팔다리 대신 얼굴로 만지는 별코두더지에게 더블 테이크는 열광적인 전신 행동이나 마찬가지다.

촉각의 속도와 민감성은 밀접하게 연결되어 있다. 엽기적인 코를 가진 두더지는 곤충의 애벌레 같은 작은 먹잇감을 감지하고 포획할 수 있

이토록 굉장한 세계

다. 그러나 그렇게 작은 조각으로 생계를 유지하려면 가능한 한 빨리 많은 양을 포획해야 한다. "그들은 작은 진공청소기예요." 카타니아가 말한다. "워낙 작은 것을 먹기 때문에, 당신은 이렇게 생각할 수도 있어요. 왜 사서 고생을 할까?" 그들이 그런 고생을 하는 이유는, 경쟁자가 없기 때문이다. 별코—손처럼 작동하고 눈처럼 스캔하는 코—덕분에 지하 세계는 눈부시도록 상세하게 보이고, 경쟁자들이 인지할 수조차 없는 먹이로 넘쳐난다. 다른 두더지들에게는 텅 빈 복도처럼 보일 수도 있는 땅굴이, '별'의 손길 아래에서 맛있는 간식으로 반짝인다.

수염의 쓸모

별코두더지처럼 촉각에 특화된 동물 중 상당수는 시각이 제한된 조건에서 활동한다. 그들은 종종 숨어 있거나 찾기 어려운 것을 탐색하는데, 이를 위해 '탐지하고, 누르고, 탐색할 수 있는 신체부위'를 가지고 이리저리 헤집고 다녀야 한다. 해달의 발이 됐든, 인간의 손가락이 됐든, 코끼리의 코가 됐든, 문어의 팔이 됐든, 동물은 의도적으로 촉각기관을 움직여 세상을 발견한다. 그리고 두더지가 보여준 바와 같이, 그 기관이 굳이 손일 필요는 없다.

새의 부리는 뼈로 만들어졌고, 단단한 각질(케라틴)—손톱을 구성하는 단백질—로 덮여 있다. 그것은 뭔가를 움켜쥐고 쪼기 위해 얼굴에 장착된 단단한 도구로, 생기가 없고 무감각해 보인다. 그러나 많은 종의 경우, 부리의 끝 부분에는 진동과 움직임에 민감한 기계수용체가 약간 포함되어 있다. 먹이를 찾기 위해 시각에 크게 의존하는 닭의 경우, 기계수용체는 상대적으로 드물고 아랫부리에 형성된 몇 개의 작은 군집에 집중되어 있다.[25] 그러나 청둥오리와 넓적부리shoveler 같은 몇몇 오리의 경우, 기계수용체가 부리 전체(윗부리와 아랫부리, 부리 안팎)에 퍼져 있고 어떤 부위에는 사람의 손가락만큼이나 빽빽하게 들어차 있다.[26] 청둥오리의 부리는 사람의 손톱 같은 물질로 덮여 있을 수 있지만 매우 민감하다. 그들은 이 감각을 이용해 탁한 물속에서 먹이를 찾는다. 머리를 물에 담그고 꽁지를 높이 치켜든 채, 청둥오리는 휘두르고 당기고 첨벙거리며 부리를 재빠르게 열고 닫는다. 청둥오리는 어둠 속에서 빠르게 헤엄치는 올챙이를 잡고, 먹을 수 없는 진흙 속에서 '먹을 수 있는 작은 조각'을 걸러낼 수 있다. "뮤즐리가 들어 있는 우유 한 그릇에 고운 자갈 한 줌이 더해졌다고 상상해보라."[27] 팀 버크헤드Tim Birkhead는 자신의 책 《새의 감각》에서 이렇게 썼다. "당신이라면 무슨 재주로 뮤즐리만 골라서 삼킬 수 있겠는가? 절망적이겠지만, 내가 제안하건대 이게 바로 오리가 할 수 있는 일이다."•

다른 많은 새들은 어두운 구덩이에 부리를 밀어 넣은 채 먹이를 찾는다. 이러한 행동은 특히 해안선에서 일반적이다. 심지어 가장 황량한 해변에도 매장된 보물이 가득하며, 벌레·조개·갑각류 등이 모래 속에 숨어 있다. 이 숨겨진 뷔페에 도달하기 위해, 도요물떼새(마도요, 검은머리물떼새, 도요새, 붉은가슴도요 등)는 부리로 모래 알갱이 사이를 샅샅이 뒤진다. 현미경으로 그들의 부리 끝을 들여다보면, 마치 알맹이가 하나도 없는

• 어떤 오리들은 이 일을 특히 잘한다. 엘레나 그라체바(열세줄땅다람쥐를 연구하는 과학자)와 그녀의 남편인 슬라브 바그리안체프Slav Bagriantsev는 (야생 청둥오리에서 길들여졌으며, 현재 식용으로 사육되는) 북경오리가 촉각 전문가라는 사실을 증명했다. 북경오리는 다른 오리들에 비해 부리가 더 넓고, 그 부리에 더 많은 기계수용체가 있으며, 그 기계수용체에서 나오는 신호를 전달하는 뉴런이 더 많다.[28] 더욱 놀라운 것은 고통과 온도를 감지하는 뉴런이 더 적다는 것이다. 감각 능력은 공짜가 아니므로, 청둥오리는 섬세한 촉각의 대가가 되기 위해 다른 종류의 촉각을 희생해야 했던 것이다.

이토록 굉장한 세계

옥수숫대처럼 구멍이 숭숭 뚫려 있다. 그리고 그 구멍들은 (사람의 손에 있는 것과 비슷한) 기계수용체들로 가득 차 있어서, 모래 속에 묻힌 먹이를 탐지하는 데 도움이 된다.

그런데 도요물떼새는 어떻게 알고, 다짜고짜 특정한 곳에 부리를 밀어 넣을까? 땅속의 먹이는 표면에서 잘 보이지 않기 때문에, 우리는 '새들이 행운을 바라며 무작위적으로 주변을 탐색한다'고 추측하기 쉽다. 그러나 테우니스 피어스마Theunis Piersma는 1995년, 붉은가슴도요가 무작위 검색을 가정할 때 예상되는 것보다 여덟 배나 빈번히 조개를 발견한다고 보고했다.[29] 이건 특별한 기술이 없으면 불가능한 일이므로, 피어스마는 그것을 알아내기 위한 실험에 착수했다. 그는 새들을 훈련시켜, 모래가 가득 찬 양동이 속에 묻힌 물건이 있는지 요령껏 살핀 후, 물건이 발견된 경우에는 지정된 먹이통에 접근함으로써 그 사실을 조련사에게 알리도록 만들었다. 이 간단한 실험에서, 도요새는 부리가 닿지 않는 곳에 묻혀 있는 조개까지도 탐지할 수 있는 것으로 드러났다.[30] 그들은 심지어 돌도 감지할 수 있었으므로, 냄새, 소리, 맛, 진동, 열 또는 전기장에 의존하지 않는 것이 분명했다. 그 대신 피어스마는 도요새가 원거리에서 작동하는 특별한 형태의 촉각을 사용한다고 생각한다.

도요새의 부리가 모래 속으로 내려갈 때, 그것은 알갱이 사이의 얇은 물줄기를 밀어냄으로써 바깥쪽으로 방사하는 압력파를 생성한다. 만약 도중에 단단한 물체―이를테면 조개나 암석―가 있다면, 물은 그것을 우회하게 되므로 압력의 패턴이 왜곡될 것이다. 피어스마가 "원격 촉각remote touch"이라고 부르는 이 능력은 충분히 인상적이지만, 도요새는 동일한 영역을 반복적으로 탐색하고 부리를 1초에 여러 번 위아래로 찌름으로써 능력을 극대화한다(이것은 더욱 단단히 뭉치는 모래 알갱이를 휘저음으로써, 부리의 압력을 강화하고 왜곡을 더욱 분명하게 만든다). 도요새가 고개를 숙일 때마다, 주변의 먹이는 (마치 청각 대신 촉각에 기반한 일종의 음파 탐지기를 사용하는 것처럼) 더욱 분명해진다.*

에메랄드는쟁이벌도 접촉에 민감한 기다란 탐색기관을 가지고 있지만, 그 목표와 방법은 붉은가슴도요보다 훨씬 더 끔찍하다. 이 벌은 금속성 녹색 몸과 주황색 허벅지를 가진 2.5센티미터 길이의 아름다운 생물로, 바퀴벌레의 몸속에서 새끼를 기르는 기생벌이다. 암컷은 바퀴벌레를 발견하면 독침을 두 번 쏘는데, 첫 번째 침으로는 중간 부분을 쏘아 다리를 일시적으로 마비시키고 두 번째 침으로는 뇌를 쏜다. 두 번째 침은 두 가지 특정 뉴런군에 독을 전달해, 바퀴벌레의 움직이려는 욕구를 무효화함으로써 순종적인 좀비로 만든다. 이 상태에서 벌은 (마치 사람이 반려견을 산책시키는 것처럼) 더듬이를 이용해 바퀴벌레를 자신의 은신처로 유인할 수 있다. 일단 그곳에 도착하면, 벌은 바퀴벌레의 몸에 알을 낳아 미래의 유충에게 '신선한 고기'의 '양순한 공급원'을 제공한다. 이 마인드 컨트롤 행위의 성패는 두 번째 침 쏘기에 달려 있으며, 이때 암벌은 올바른 위치에 정확히 침을 꽂아야 한다. 붉은가슴도요가 모래 속 어딘가에 숨어 있는 조개를 찾아야 하는 것처럼, 에메랄드는쟁이벌은 근육과 내장이 뒤엉킨 곳 어딘가에 숨겨진 바퀴벌레의 뇌를 찾아야 한다.

벌에게 다행스럽게도, 침은 드릴, 독 주입기, 산란관일 뿐만 아니라 감각기관이기도 하다. 램 갈Ram Gal과 프레더릭 리버사트Frederic Libersat는

---

* 피어스마의 발견에서 영감을 받아, 수전 커닝엄Susan Cunningham은 먼 친척뻘 되는 새들도 원격 촉각을 사용한다는 사실을 증명했다. 예컨대 따오기는 낫처럼 생긴 긴 부리로 진흙투성이 습지를 탐색할 때 이 기술을 사용한다. 뉴질랜드의 키위도 동일한 기술을 사용해 낙엽 속을 뒤진다.[31]

이토록 굉장한 세계

벌침 끝이 (냄새와 접촉 모두에 민감한) 작은 돌기와 구멍으로 덮여 있음을 발견했다.[32] 그 돌기와 구멍을 이용해, 벌은 바퀴벌레 뇌의 독특한 느낌을 탐지할 수 있다. 갈과 리버사트가 바퀴벌레의 뇌를 제거한 후 벌에게 제공했더니, 그들은 더 이상 존재하지 않는 기관을 찾으려고 머리를 반복적으로 찔렀지만 헛수고였다. 사라진 뇌를 동일한 경도consistency의 펠릿으로 대체했더니, 벌은 평소와 같은 정밀도로 그것을 찔렀다. 만약 교체된 펠릿이 일반적인 뇌보다 물렁물렁하다면, 벌은 갈팡질팡하며 침을 계속 난사했다. 그들은 뇌가 어떤 느낌이어야 하는지 알고 있었던 것이다.

가해자인 벌과 피해자인 바퀴벌레 모두, 대부분의 곤충이 그러하듯이 더듬이를 이용해 길을 찾기도 한다.* 길고 구부러진 촉각기관은 길 찾기에 매우 유용하므로, 많은 종들이 독자적으로 자신만의 버전을 진화시켰다.** 심지어 도구 사용자인 인간도 지팡이로 앞쪽의 땅을 두드린다. 하천 바닥에 사는 유럽둥근망둑round goby은 매우 민감한 가슴지느러미를 사용한다.[34] 바다오리처럼 생긴 바닷새인 흰수염작은바다오리whiskered auklet는 머리에서 앞으로 구부러진 크고 검은 관모crest를 가지고 있는데, 이것을 이용해 둥지를 틀고 사는 바위틈의 벽을 감지할 수 있다.***[35] 다

---

* 곤충은 많은 체절body segment을 가진 조상으로부터 진화했는데, 각 체절은 제각기 한 쌍의 다리를 가지고 있었다. 시간이 지남에 따라 맨 앞의 체절들이 융합되어 곤충의 머리가 되었고, 거기에 딸린 팔다리는 구기mouthpart나 더듬이로 변형되었다. 더듬이는 본질적으로 용도가 변경된 다리, 즉 감각지sensory limb다.
** 촉각기관이 길거나 넓을 필요는 없다. 빨판상어는 등지느러미를 더 큰 물고기의 밑면에 달라붙는 흡입컵suction cup으로 변형시켰다.[33] 그들의 빨판은 기계수용체로 가득 차 있는데, 이것은 그들에게 숙주와 접촉했음을 알려준다.
*** 삼파스 세네비라트네Sampath Seneviratne가 어두운 미로에 몇 마리의 흰수염작은바다오리를 놓고 그들의 관모와 수염을 테이프로 감았더니, 그들은 머리를 부딪힐 가능성이 더 높은 것으로 나타났다.[36]

른 많은 새들은 머리와 얼굴에 뻣뻣한 털(강모bristle)을 가지고 있다. 강모는 종종 새가 날아다니는 곤충을 낚아채는 데 도움이 되는 그물로 잘못 묘사되지만, 새들이 먹이를 다루거나 새끼에게 먹이를 주거나 어두운 둥지 주변에서 활동할 때 사용하는 접촉 센서일 가능성이 높다.[37] 이러한 쓰임새는 새들이 깃털을 가지고 있는 이유를 설명할 수 있다. 새는 공룡에서 진화한 것이 분명하며, 많은 공룡들은 뻣뻣한 원시 깃털 또는 "공룡 솜털"로 덮여 있었다.[38] 이 구조는 비행하기에는 너무 단순했기 때문에 필시 다른 이유로 진화했을 것이다. 가장 일반적인 설명은 단열재를 제공했다는 것이지만, 이것은 갑자기 대량의 털이 나타난 경우에만 해당된다. 그 대신(아마도 더 그럴듯하게), 원시 깃털은 애당초 촉각 정보를 제공하기 위해 진화했을 수 있다. 흰수염작은바다오리가 보여준 바와 같이, 동물은 몇 개의 강모만 있으면 유용한 방법으로 촉각을 확장할 수 있다. 아마도 깃털은 공룡의 머리나 팔에 한 뭉텅이의 털로 나타나, 처음에는 촉감을 느끼고 나중에는 날 수 있도록 도와주었을 것이다.

포유류의 털도 이와 비슷하게 시작되어, 처음에는 접촉 센서로 기능하다가 나중에는 절연용 피복으로 전환되었을지도 모른다.[39] 일부 몸털은 여전히 원래의 촉각 기능을 유지하고 있다. 그것을 코털vibrissae이라고 부르는데, 진동을 뜻하는 라틴어 '비브라테vibrate'에서 유래한다.[40] 보다 일반적으로 그것은 수염whisker으로 알려져 있는데, 전형적으로 포유동물의 얼굴에서 발견되며 다른 신체부위에 있는 털보다 길고 굵다. 각각의 수염은 기계수용체와 신경으로 가득 찬 컵 속에 자리 잡고 있다. 만약 수염의 모간毛幹이 구부러지면, 컵 속의 모근이 기계수용체를 쿡 찔러 뇌에 신호를 보내게 한다(장난삼아 이러자는 건 아닌데, 펜의 한쪽 끝을 손으로 감싼 상태에서 반대쪽 끝을 이리저리 흔들어보면 이 원리를 실감할 수 있다).

어떤 포유동물은 움직이는 동안 수염을 1초에 여러 번씩 앞뒤로 연신 휘젓는다. 수염질whisking로 알려진 이 흥미로운 행동을 통해, 그들은 머리의 앞쪽과 주변 영역을 탐색할 수 있다.[41] 수염질에 대해 처음 들었을 때 나는 그것을 과소평가했다. 직관적으로, 그것은 내가 어두운 복도를 비틀거리며 걸어갈 때 할 수 있는 일—벽에 부딪히지 않거나 전등 스위치를 찾기 위해 손을 뻗는 일—처럼 느껴졌다. 그러나 감각생물학자인 로빈 그랜트Robyn Grant와 이야기를 나눈 후, 나는 '수염질 하는 생쥐나 시궁쥐가 코털을 사용하는 방식이, 내가 눈을 사용하는 방식과 매우 흡사하다'는 사실을 깨달았다. 설치류는 자기 앞에 있는 장소를 지속적으로 훑어봄으로써 장면에 대한 인식을 구성한다.[42] 그 과정에서 주둥이에 있는 '긴 이동성 수염'이 뭔가를 감지하면, 턱과 입술에 있는 '짧은 고정성 수염'이 더 자세히 조사한다(후자가 전자보다 더 많고 예민하다).[43] 이 행동은 별코두더지가 땅굴 벽에 코를 들이대고 별코를 이용해 물체를 탐지하고, 최종적으로 열한 번째 광선쌍(작고 가장 민감한 광선쌍)을 가동하는 것과 유사하다. 또한 그것은 인간이 어떤 장면을 대충 훑어보다가 주변 시야에서 뭔가를 탐지하고, 고해상도의 중심와에 초점을 맞추는 것과 유사하다.

수염질과 시각의 유사점은 여기서 멈추지 않는다. 우리가 고개를 돌리면 눈이 먼저 움직이는 것처럼, 생쥐는 머리보다 수염이 먼저 움직일 것이다.[44] 우리가 망막을 가로지르는 빛의 패턴을 통해 세상을 지도화하는 것처럼, 생쥐는 수염의 배열을 가로지르는 촉감 패턴으로 세상을 지도화할 수 있다. 각각의 수염은 체성감각피질의 상이한 부분에 연결되어 있으므로, 생쥐는 어떤 수염이 물체와 접촉했는지 알 수 있다. "그리고 각 수염이 어느 방향을 가리키는지도 알기 때문에, 생쥐는 수염과 접촉한 물체들을 지도화할 수 있어요"라고 그랜트는 말한다. 지도를 구성하는 정보들은 수염 끝이 움직일 때마다 깜박거릴 수밖에 없다. 그러나 그랜트에 따르면, 생쥐의 뇌가 아마도 이러한 개별적 접촉을 매끄럽게 해석할 거라고 한다. 나는 그들의 수염질이 인간의 시각과 동일한 개념인지 궁금하다. 인간의 경우, 끊임없는 시선 이동과 깜박거림에도 불구하고 시각의 중단을 경험하지 않는다. 혹시 생쥐들도 그러지 않을까?

포유류가 수염을 사용해온 역사는, 포유류가 지구상에 존재해온 역사와 거의 일치한다.●45 (작고, 야행성이고, 기어오르고, 뛰어다니던) 조상의 습성을 공유하는 시궁쥐와 주머니쥐opossum는 오늘날에도 여전히 수염질을 한다. 기니피그는 건성으로 수염질을 하고, 고양이와 개는 이동성 수염을 가지고 있음에도 불구하고 수염질을 전혀 하지 않는다. 인간과 유인원은 수염을 완전히 상실하고, 그 대신 민감한 손에 투자했다. 고래와 돌고래는 수염을 가지고 태어나지만, 입술과 분수공 주변을 제외하고 신속히 떨어져나간다. 어쨌든 물속에서 수염질을 하기는 너무 어렵지만, 그럼에도 불구하고 수염은 여전히 유용할 수 있다.

물과 공기를 통해 흐르는 신호

우리는 플로리다의 새러소타에 있는 모트해양연구소Mote Marine Laboratory에 두 마리의 매너티를 바라보고 있다. 그들의 이름은 휴와 버핏(워런 버핏이 아니라, 싱어송라이터 지미 버핏의 이름에서 따왔다)이다. 고든 바우어

● 그랜트의 연구에 따르면, 주머니쥐─유대류─도 수염질을 하며, 생쥐와 매우 유사한 근육을 이용해 코털을 제어한다고 한다.46 유대류는 포유류의 먼 친척으로, 포유류가 처음 진화한 직후 포유류의 계통수에서 분리된 가지에 속한다. 이는 최초의 포유류가 수염질을 이용해 그들의 세계를 적극적으로 탐험했음을 시사한다.

　　　　　　　　　　　　　　　　　이토록 굉장한 세계

Gordon Bauer에 따르면 휴는 지나치게 활동적이고, 버핏은 행동이 느리고 약간 과체중이라고 한다. 나는 그에게, 둘을 구별하느라 애를 먹는다고 고백한다. 길이 3미터에 달하는 녀석들의 몸은 똑같이 둥실둥실해 보이고, 기질도 똑같이 나른해 보인다. 하지만 잠시 후 나는 둘 중 하나가 수조 안에서 천천히 맴돌고 있음을 알아차린다. 추측하건대 그는 발광 zoomie[•]의 매너티 버전을 선보이고 있는 것 같다. 그가 바로 휴다.

야생에서, 매너티는 얕은 해저를 따라 어슬렁거리며 수중 식물을 뜯는 데 시간을 할애한다. 연구소의 수조에서, 휴와 버핏은 매일 약 80개의 로메인 상추를 신나게 먹어치운다. 휴는 현재 상추 하나를 붙들고 천천히 분해하고 있다. 때때로 녀석은 지느러미 사이에 상추를 끼우고, 어떤 때는 얼굴, 특히 윗입술과 콧구멍 사이의 공간—인중—에 그것을 끼운다. 구강 원반으로 알려진 이 넓은 영역은 쭈뼛거리는 표정을 만들어냄으로써 매너티를 매우 사랑스럽게 보이도록 한다. 그리고 있을 법하지 않은 것처럼 느껴질 수도 있지만, 그것은 매우 민감한 촉각기관이기도 하다.

원반은 근육질이고 물건을 잡을 수 있으며, 전형적인 입술보다는 코끼리의 코와 비슷하다.[47] 구강 원반을 구부렸다 폈다 함으로써, 매너티는 손과 동일한 손재주와 민감성으로 물체를 다루고 조사할 수 있다. 이것을 입질oripulation—입으로 조작함(oral + manipulation)—이라고 부른다. 닻줄에서부터 인간의 다리에 이르기까지, 매너티는 주변 환경의 모든 것을 입질할 수 있다. 때때로 이것은 그들을 곤경에 빠뜨린다. 멸종위기에 처한 플로리다의 매너티들은 모든 것에 얼굴을 들이대는 탐구정신 때

• 반려견의 '열광적인 무작위 행동'을 의미하는 말로, 공식적인 용어는 FRAPs(frenetic random activity periods)다.

문에 밧줄과 게 통발에 걸리곤 한다. 그보다 더 자주, 입질은 그들 간의 관계를 강화한다. "그들은 만날 때마다 서로의 얼굴, 지느러미, 몸통을 입질해요"라고 바우어는 말한다.

앗! 독자들이여, 휴가 방금 나를 입질했다. 버핏이 실험에 참여하는 동안, 휴는 울타리 안의 별도 공간에서 휴식을 취하고 있었다. 조련사가 지느러미를 잡고 비트를 입에 넣어주는 동안, 휴는 등을 대고 누워 있었다. 내가 몸을 숙이자, 휴는 내 얼굴에 단내 나는 숨을 내쉬었다. 나는 녀석 앞의 물속에 내 손을 담갔고, 녀석은 즉시 구강 원반으로 그것을 탐구하기 시작했다. 두 촉각기관—내 손과 휴의 구강 원반—의 만남이라니! 나는 이상한 느낌이 들었다. 믿을 수 없을 정도로 다르지만, 둘 다 동일한 감각에 헌신하는 기관이다. 내 손이 휴에게 어떤 느낌일지는 상상만 할 수 있을 뿐이지만, 녀석이 먹는 채소보다 부드럽고 그의 형제 버핏의 피부보다 매끄러울 것 같았다. 나에게, 휴의 입질은 혀가 개입되지 않은 것을 논외로 하고 개가 핥는 것처럼 느껴졌다. 그저 '물건 잡는 입술'이 내 손바닥 위에서 춤을 출 뿐이었다. 휴의 수염 중 상당 부분은 짧고 뻣뻣해서, 내 손끝을 가볍게 사포질하는 것처럼 느껴졌다.

매너티의 수염—코털—은 구강 원반의 민감성의 핵심이다. 원반에 약 2000개의 수염이 돋아나 있는데, 어떤 것들은 길고 가늘고 뻣뻣하다.[48] 다른 것들은 부러진 이쑤시개처럼 짧고 뾰족해서, 구강 원반이 이완되면 다육질 주름들 사이로 사라진다. 그러나 먹이를 먹거나 탐험할 시간이 되면, 매너티는 원반을 납작하게 펼침으로써 수염을 바깥쪽으로 확장한다.[49] 원반을 올바른 방향으로 구부린 후 수염들을 서로 문지르면, 풀을 절단하고 상추를 갈기갈기 찢을 수 있다. "그들은 먹이를 집어 입으로 가져갈 수 있을 뿐만 아니라, 조약돌 같은 불순물을 제거할 수도 있어요"라고 바우어는 말한다. 그의 동료 로저 리프Roger Reep는, 한 매너티가 입 한쪽으로 식물을 먹고 다른 쪽으로 삼키고 싶지 않은 것을 뱉어내는 장면을 촬영한 적이 있다. 코털을 물체에 대고 누르면, 수염질 하는 설치류처럼(단, 속도는 훨씬 더 느리다) 물체의 질감과 모양을 측정할 수 있다. 2012년, 바우어는 (나중에 세라 스트로벨이 셀카와 다양한 지원자들을 대상으로 실험했던 것처럼) 휴와 버핏이 상이한 간격의 능선을 가진 플라스틱 판을 구별할 수 있는지 여부를 확인했다.[50] 그 결과 두 마리의 매너티는 다른 종들에 뒤지지 않게 잘 구별할 수 있는 것으로 밝혀졌다.* 그들의 얼굴은 인간의 손끝이나 마찬가지였다.

매너티는 코털만 있고 다른 종류의 털은 전혀 없는 유일한 포유동물로 알려져 있다. 구강 원반에 있는 수염을 제외하고, 그들의 몸 전체에는 또 다른 3000개의 수염들이 흩어져 있다. "가늘고 간격이 넓어 처음에는 잘 보이지 않았지만, 햇빛 속에서 반짝이는 휴의 모습을 보고 소스라치게 놀란 적이 있어요." 바우어가 말한다. "어쩌다 한 번씩 직사광선을 제대로 받으면, 그들은 마치 밀밭처럼 보여요."** 몸 전체에 분포하는 수염은 다른 용도로 사용되는데, 그 내용인즉 주변에 흐르는 물을 감지하는 것이다.[52]

포유동물의 감각모sensory hair는 다재다능한 촉각기관이다. '시궁쥐의 수염질'이나 '매너티의 입질'처럼, 그것은 표면을 능동적으로 눌러 촉감을 생성할 수 있다. 그러나 그것은 흐르는 공기나 물에 의해 수동적으로

---

* 버핏은 약간 더 잘 구별했는데, 바우어에 따르면 휴의 주의집중 시간이 짧기 때문이라고 한다.
** 벌거숭이두더지쥐와 바위너구리hyrax―마멋처럼 생긴 소형 동물이지만, 사실은 코끼리와 매너티의 가장 가까운 친척이다―를 비롯한 일부 포유동물들은 전신에 분포하는 수염을 가지고 있다.[51] 아마도 이 수염들은 비좁은 땅굴과 바위투성이 틈새의 벽을 탐지하는 데 도움이 될 것이다. 흰수염작은 바다오리의 경우처럼 말이다.

휘거나 구부러질 수도 있다. 그런 압력에 반응함으로써, 동물은 멀리 있는 물체에 의해 생성된 흐름을 탐지할 수 있고, 직접 접촉하지 않고도 먼발치에서 물체를 감지할 수 있다. 장담하건대 매너티는 그렇게 할 수 있다. 바우어와 그의 동료들은, 휴와 버핏이 전신의 수염을 사용해 물속에서 흔들리는 구체球體의 미세한 진동을 탐지할 수 있음을 보였다.[53] 그들은 매너티에게 눈가리개를 하고 얼굴의 수염을 가린 상태에서, 옆구리에서 1미터 떨어진 곳에 구체를 배치했다. 그랬더니 매너티는 직경 1미크론(100만분의 1미터) 미만의 구체를 감지하는 것으로 나타났다.

야생에서, 그들은 아마도 이 "유체역학적" 감각을 사용해 물결의 방향을 판단하고, 다른 매너티가 무엇을 하고 있는지, 또는 다른 동물의 접근을 탐지할 것이다. 그들은 시력이 나쁘기로 유명하지만, 스노클러들과의 거리를 성공적으로 유지한다. 그들은 종종 밀물이 들어오기 시작할 때 강어귀에서 상류로 헤엄친다. 그들은 무리를 지어 해저에서 휴식을 취하다가, 숨을 쉬기 위해 일제히 수면으로 급부상한다. 비록 눈이 작고 주위의 물이 탁하더라도, 그들은 원거리에서 작동하는 분산된 촉각을 통해 환경을 감지한다. 그들은 내가 앞에서 암시한 숨겨진 신호들—우리의 주변에 흐르는 보이지 않는 정보로, 올바른 감각 장비를 장착한 동물들이 감지할 수 있다—을 활용할 수 있다.

'무엇이었는지'를 느낀다는 것

세라 스트로벨이 셀카를 연구했던 롱해양연구소에서, 스프라우츠라고 불리는 잔점박이물범harbor seal이 수영장의 수면에 등을 대고 떠 있다. 콜린 라이히무스가 부르자, 스프라우츠는 얼룩덜룩한 회색 몸을 물 밖

이토록 굉장한 세계

으로 드러낸다. 그녀가 말을 시키자, 스프라우츠는 포효와 경적 소리가 뒤섞인 듯한 굉음으로 우리를 놀라게 한다. 내 귀에는 "부-와-와-와-와-우아"라고 들리는데, 그의 가슴에 손을 얹자 내 팔 전체에서 우르릉거리는 소리가 느껴진다. 수중에서는 그의 노랫소리가 훨씬 더 크게 들릴 테니, 마치 강펀치처럼 느껴질 것 같다.

바다표범, 바다사자, 바다코끼리—집합적으로 기각류라고 알려진 동물 그룹—는 고래와 돌고래 같은 인기 있는 해양 포유동물을 선호하는 과학자들에 의해 종종 무시된다. 그러나 라이히무스는 항상 그들에게 매료되어왔는데, 아마 그들도 그녀처럼 시간을 쪼개어 육지와 바다를 오가기 때문일 것이다. "나는 수영을 하며 자랐고 항상 물속에 들어가고 싶었어요"라고 그녀가 말한다. "나는 두 가지 삶을 넘나드는 이 생물들에게 끌렸어요." 라이히무스는 1990년 롱해양연구소에 들어와 줄곧 이곳에서 일했다. 그녀는 그동안 스프라우츠와 정이 들었다. 스프라우츠는 1989년 샌디에이고 씨월드에서 태어난 직후 연구소에 입양되었다. 내가 스프라우츠를 만났을 때 녀석은 서른한 번째 생일을 앞두고 있었는데, 이는 야생에서 수컷 잔점박이물범의 수명을 훨씬 넘어선 것이다. 그의 노안은 백내장에 걸려 거의 볼 수 없다. 그러나 그것은 문제가 되지 않는다. 그들 특유의 수염 덕분에, 눈먼 잔점박이물범은 야생에서도 꿋꿋이 살아갈 수 있다.

스프라우츠의 주둥이와 눈썹에는, 약 100개의 얼굴 수염이 돋아나 있다.[54] 녀석이 나를 빤히 쳐다보자, 얼굴 수염이 그의 얼굴 가장자리에 뻣뻣한 레이더 접시를 형성한다. 스프라우츠는 수염을 사용해 물체의 형태와 질감을 구별하고, 물속의 진동을 감지하고, 장애물을 피할 수 있다.[55] 다시 물속으로 뛰어들 때, 녀석은 수염으로 수조의 측면을 문지르기 때문에 곡면 벽에 밀착해 유영游泳하면서도 벽에 부딪히지 않을 수 있다. "하지만 우리가 수조 안에 물고기를 던진다면, 녀석은 그것을 찾는 데 큰 어려움을 겪을 거예요"라고 라이히무스는 말한다. "단, 물고기가 수영을 시작하지 않는다면 말이에요."

물고기는 헤엄을 칠 때 유체역학적 후류後流─물고기가 지나간 후에도 계속 소용돌이치는 물의 흔적─를 남긴다. 예민한 수염을 가진 바다표범은 이러한 흔적을 탐지하고 해석할 수 있다.* 이 능력은 2001년 독일 로스토크에서 활동하는 귀도 덴하르트Guido Dehnhardt와 그의 동료들에 의해 발견되었다.[57] 그들은 두 마리의 잔점박이물범 헨리와 닉이 소형 잠수함의 수중 경로를 추적할 수 있음을 보였다. 연구팀이 눈을 가리고 헤드폰으로 귀를 막았을 때도 헨리와 닉은 잠수함을 놓치지 않았다. 그들이 잠수함을 놓치는 경우는 단 한 가지, 수염이 스타킹으로 덮여 있을 때였다. 당시 대부분의 연구자들은 유체역학적 감각이 근거리에서만 작동할 거라고 믿었다. 수중 물체의 이동으로 인해 발생하는 교란은 너무 빨리 사라져서, 몇 센티미터의 범위를 넘어서면 탐지될 수 없을 거라고 여겨졌기 때문이다. 그러나 유체역학적 후류는 실제로 몇 분 동안 지속될 수 있다. 덴하르트의 추정에 따르면, 헤엄치는 청어는 180미터 떨어진 곳에서 바다표범이 따라갈 수 있는 흔적을 남긴다고 한다.

스프라우츠는 노쇠했을지도 모르지만 그의 유체역학적 감각은 아직

---

*   바다표범은 얼어붙은 물속에 잠수할 때도 수염을 적극적으로 따뜻하게 유지한다.[56] 이렇게 하면 조직이 경직되는 것을 막고 수염을 자유롭게 움직일 수 있다. 그러나 그들은 이에 대한 대가를 지불해야 한다. 감각기관은 일반적인 내장과 같은 방식으로 단열될 수 없기 때문이다. 감각기관은 수면에 가까이 있어야 하므로 종종 열이 누출된다. 이러한 기관을 얼음물 속에서 따뜻하게 유지하는 것은, 문간에 설치된 에어컨에 전력을 공급하는 것이나 마찬가지다. 동물이 이런 대가를 지불한다는 것은, 감각기관이 얼마나 소중한지를 말해준다.

녹슬지 않았다. 라이히무스는 장대 끝에 달린 공을 이용해 그 감각을 테스트한다. 그녀는 공을 물에 담근 채 장대를 들고 수영장 가장자리를 돌아다니며 구불구불한 자취를 남긴다. 몇 초 후, 참을성 있게 기다리던 스프라우츠가 녹색 신호등을 받는다. 녀석은 수염을 좌우로 휘두르며 주위를 샅샅이 뒤진다. 수염이 공의 후류에 닿자마자 즉시 몸을 돌려 그것을 따라간다. 녀석은 그저 대략적인 방향으로 가고 있는 게 아니다. 정확한 경로를 따라, 마치 보이지 않는 밧줄에 끌려가는 것처럼 상하좌우로 세세하게 공의 자취를 쫓고 있다. 스프라우츠는 노안임에도 아직 실명하지 않았지만, 주문 제작한 눈가리개를 하고 있기 때문에 시력에 의존할 수는 없다. 그 대신 물속에 일시적으로 각인된 보이지 않는 소용돌이의 흔적을 포착한다. 경로를 벗어나 방황하기 시작하면, 뱀이 두 갈래 혀로 그러는 것처럼 녀석은 머리를 좌우로 움직여 경로의 가장자리를 찾는다. 분출하는 수도관을 건널 때 일시적으로 길을 잃지만, 건너편에서 재빨리 길을 찾는다.[*] 잃었던 길을 찾고 나면, 스프라우츠는 평정심을 되찾고 가던 길을 간다. 스프라우츠를 보면서, 나는 문득 핀(냄새의 자취를 따라 코를 킁킁거리며 길을 찾고, 앞서간 행인들의 냄새를 맡아 행적을 추적하는 개)을 떠올렸다. 우리의 촉각은 현재, 즉 센서가 표면에 접촉하는 순간에 뿌리를 두고 있다. 그러나 스프라우츠의 촉각은, 핀의 냄새가 그러하듯이 근과거recent past로 확장된다. 그의 수염은 단순히 '무엇인지'가 아니라 '무엇이었는지'를 느낄 수 있다.

덴하르트에 의해 처음 발견되었을 때, 이 능력은 불가능해 보였다. 바

---

[*] 분명한 이유로, 미군美軍은 물속에서 움직이는 은밀한 물체를 추적할 수 있는 도구를 개발하기 위해 이와 같은 연구에 자금을 지원한다. "이런 동물의 생물학적 능력을 모방한 장치를 만들 수 있을까요?" 라이히무스가 스프라우츠를 가리키며 말한다. "지금까지의 대답은 '아니요'예요."

다표범이 헤엄칠 때, 그의 수염은 자체적으로 소용돌이를 생성할 수밖에 없다. 이것은 수염을 진동시킴으로써, 멀리 떨어진 물고기의 후류에 의해 생성된 더 미묘한 신호를 삼켜버리게 된다. 하지만 잔점박이물범은 이 문제에 대한 해답을 가지고 있는데, 이는 스프라우츠가 머리를 물 밖으로 내밀 때 명확해진다. 녀석의 수염을 자세히 살펴보면, 약간 납작하고 각이 져 있어서 날카로운 모서리가 항상 물속으로 파고든다는 것을 알 수 있다. 수염은 매끄럽지도 않고, 언뜻 보기에 물방울로 뒤덮인 것처럼 보인다. 그러나 손가락으로 훑어보면, 수염은 건조하며 그 "방울"은 물이 아니라 수염의 구조의 일부라는 것을 알 수 있다. 수염은 전체 길이를 따라 반복적으로 넓어지고 좁아지는 물결 모양의 표면을 가지고 있다. 로스토크 팀은 이러한 모양이 '수염이 만드는 소용돌이'를 극적으로 감소시킨다는 것을 증명했다.[58] 이처럼 기이한 해부학적 구조를 가진 수염을 통해, 바다표범은 자신의 몸에서 나오는 신호를 약화하고 먹잇감이 남긴 신호를 강화할 수 있다. (수많은 코털을 이용해 해저에 묻혀 있는 조개를 찾아내는) 바다코끼리의 경우에는 이처럼 납작하고 물결 모양을 가진 수염이 발견되지 않는다. 시각에 여전히 크게 의존하는 바다사자의 경우에도 이 같은 수염은 발견되지 않는다. 그것은 바다표범 특유의 것으로, 결과적으로 다른 기각류보다 유체역학적 후류를 더 잘 추적하게 해준다.*

실력을 뽐낸 스프라우츠는 수조 바닥에 가라앉아 누운 채 기다리고 있다. 잔점박이물범은 야생에서도 이런 행동을 한다. 그들은 어두운 켈

---

* 턱수염바다물범bearded seal은 규칙을 입증하는 예외다. 그들의 수많은 수염은 단순하고 원통형인데, 그 이유는 바다코끼리처럼 해저에서 먹이를 찾는 바닥섭식자이기 때문이다. 그들에게는 특별히 강한 유체역학적 감각이 필요하지 않다.

프 숲속에 숨어, 꼿꼿이 선 수염의 레이더 접시를 이용해 지나가는 물고기의 후류를 탐지할 것이다. 그러한 흔적만으로도, 바다표범은 물고기가 어느 방향으로 헤엄치고 있는지 알 수 있다.[59] 한걸음 더 나아가 그들은 다양한 크기와 모양의 물체들이 남긴 후류를 구별할 수 있는데, 이는 가장 크고 영양가 많은 개체만을 추적하는 데 도움이 될 수 있다.[60] 심지어 후류가 전혀 필요하지 않을 수도 있다. 한 실험에서, 헨리를 비롯한 로스토크의 바다표범들은 해저에서 올라오는 완만한 물결을 감지할 수 있었다.[61] 그것은 해저에 묻힌 가자미의 아가미에서 생성된 것인데, 가자미는 위장한 채 완벽하게 가만히 누워 있을 수 있지만 바다표범은 여전히 자신의 얼굴을 이용해 가자미의 숨결을 느낄 수 있다. 바다표범의 촉각 세계는 흐름과 움직임에 맞춰져 있으며, 먹잇감은 움직이지 않을 수 없다. 만약 먹잇감들이 자신만의 놀라운 유체역학적 힘을 가지고 있지 않다면, 그것은 불공정한 경쟁처럼 보일 것이다.

이상한 접촉 센서들

바다표범을 비롯한 수중 포식자가 물고기 떼를 향해 돌진하면, 물고기들은 일사불란하게 움직인다. 그들은 아무 방향으로나 도망치지 않으며 서로 충돌하지도 않는다. 그들은 공격자의 주위를 마치 (그들이 잠겨 있는) 물처럼 흐른다. 이 기적 같은 조정coordination의 위업은 부분적으로 시각에 달려 있다. 그러나 측선lateral line이라고 불리는 센서 시스템도 단단히 한몫을 한다.

측선은 모든 물고기(그리고 일부 양서류)에서 발견된다.[62] 그것은 일반적으로 (머리와 옆구리에 있는) 뚜렷한 구멍과 (피부 바로 아래로 흐르는) 체액으로 가득 찬 관쓸으로 구성된다. 17세기에 처음 이 구멍을 기술한 후, 과학자들은 200년 동안 그것들이 대부분 점액을 분비한다고 생각했다.[63] 그러나 자세히 살펴본 그들은 젤리 같은 돔으로 덮인 '배pear 모양의 작은 세포' 그룹을 발견했다. 오늘날 신경소구neuromast라고 불리는 이 구조는 센서가 분명했다. 1930년대에 생물학자 스벤 데이크흐라프Sven Dijkgraaf는 눈먼 물고기가 측선을 사용해 근처에서 움직이는 물체에 의해 생성된 물결을 탐지할 수 있음을 보였다.[•64] 더욱 인상적으로, 그는 그들이 스스로 생성하는 물결을 분석함으로써 정지된 물체까지도 탐지할 수 있음을 보였다.

헤엄치는 물고기는 앞에 있는 물을 밀어내고, 자신의 몸을 감싸는 흐름 장flow field을 만든다. 장애물은 이 장場을 왜곡하는데, 측선은 이러한 왜곡을 감지함으로써 물고기에게 주변 환경에 대한 유체역학적 인식을 제공할 수 있다. "물고기가 수족관 벽 쪽으로 헤엄치면, 벽은 물 입자가 자유롭게 빠져나가지 못하도록 방해한다."[66] 데이크흐라프는 이렇게 썼다. "그러면 물고기는 '예상치 못한' 내수성water resistance 상승을 경험할 것이다." 이것은 붉은가슴도요가 모래 속에서 조개를 찾는 데 사용하는 기술과 유사하며, 매너티가 주변의 탁한 물속에 있는 물체를 인식하는 방법일 가능성이 높다. 그러나 물고기는 매너티나 도요새가 존재하기 수억 년 전부터 측선을 사용해 멀리 떨어진 것을 감지해왔고, 물의 움직임에 훨씬 더 민감하다.[••]

• 1908년 어류학자 브루노 호퍼Bruno Hofer는 측선이 하는 일을 거의 알아냈다.[65] 그는 눈먼 강꼬치고기가 충돌을 피할 수 있고, 측선이 손상되지 않는 한 수류水流에 반응할 수 있다는 것을 알아냈다. 호퍼는 "측선이 물의 흐름을 감지함으로써 강꼬치고기에게 '멀리서 느끼기'를 허용한다"라고 올바르게 추론했다. 하지만 불행하게도, 그는 (자신이 창간했고, 구독자가 거의 없는) 모호하고 단명한 저널에 자신의 주장을 게재했다.

물고기는 측선을 통해 문자 그대로 주변에 흐르는 풍부한 정보원을 느낄 수 있다.[68] 이러한 인식은 거의 모든 방향으로 몸길이의 한두 배까지 확장되는데, 데이크흐라프는 이를 일컬어 "원거리 촉각"이라고 한다. "인간은 피부 위로 흐르는 강한 수류를 느낄 수 있지만, 물고기가 측선을 통해 획득하는 풍부한 인식에 비하면 어림도 없어요"라고 수십 년 동안 이 시스템을 연구해온 셰릴 쿰스Sheryl Coombs는 말한다. 우리가 거리를 걸을 때 밝기와 색상의 패턴이 우리의 망막 위로 움직이는데, 우리는 이를 통해 우리를 지나쳐 흐르는 주변 환경을 인식한다. 아마도 물고기는 측선 위로 움직이는 물의 패턴에서 우리와 비슷한 경험을 할 것이다. 단언하건대 그들은 이러한 패턴을 사용해 흐르는 물속에서 방향을 잡고, 먹이를 찾고, 포식자로부터 도망치고, 서로를 감시할 수 있다. 무리 속의 물고기는 측선을 사용해 가장 가까운 이웃과 속도 및 방향을 일치시킨다.[69] 포식자가 돌진할 때 유입되는 급물살은 포식자와 가장 가까이 있는 개체의 측선을 자극해 멀리 달아나게 한다. 그들의 갑작스러운 움직임은 이웃의 측선을 연쇄적으로 자극해 도미노 현상을 일으킨다. 그리하여 공황의 물결이 바깥으로 퍼져나가면, 물고기 떼는 포식자 주위에 매끄럽게 분산된다. 각 물고기는 주변에 있는 소량의 물에만 주의를 기울이지만, 촉각은 모든 물고기를 연결해 조정된 전체로서 행동하게 만든다. 눈먼 물고기일지라도 여전히 무리에 가담할 수 있다.[70]

모든 물고기가 동일한 기본적인 신경세포 구조를 공유하지만, 그중 상당수는 특이한 방법으로 측선을 확장하고 변경했다.[71] 수면에서 먹이

●● 1963년, 데이크흐라프는 "측선이 포유류의 코틸과 유사한 '전문적인 촉각기관'이다"라고 주장한 획기적인 논문에서 자신의 연구를 요약했다.[67] 매너티의 몸에 있는 코틸의 유체역학적 능력이 처음 발견되어 개념적 전환이 이루어졌을 때, 코틸은 '측선의 포유류 버전'으로 묘사되었다.

를 찾는 표면섭식 물고기surface-feeding fish는 납작한 머리를 가지고 있는데, 거기에 장착된 신경소구를 이용해 수면에서 낙하하는 곤충의 진동을 탐지한다.[72] 학꽁치halfbeak는 거대한 부정교합을 가지고 있는데, 아래턱을 따라 늘어선 신경소구로 '먹잇감이 입과 나란히 헤엄치고 있는지' 여부를 알 수 있다.[73] 눈먼 동굴어blind cavefish는 시각을 잃었는데, 매우 크고 많고 민감한 신경소구로 주변을 탐색한다.•[74] 그리고 일부 물고기들은 뜻밖에도 측선을 거의 완전히 잃었다.

특이한 동물과 동굴을 모두 사랑하는 다프네 소아레스Daphne Soares는 2012년, 아스트로블레푸스 포일레테르Astroblepus phoeleter라는 눈먼 메기를 관찰하기 위해 에콰도르를 여행했다. 그 물고기는 한 동굴에 살고 있는데, 생김새가 너무 모호해서 일반명이 없다. 그것을 현미경으로 조사하며, 그녀는 시각을 잃은 많은 동굴어에서 발견되는 것과 같은 거대하고 매우 민감한 신경소구를 발견할 것으로 예상했다.[76] 그런데 신경소구가 거의 없다는 것을 알고 큰 충격을 받았다. 그 대신, 그 동물의 피부는 그녀가 종전에 본 적이 없는 작은 조이스틱처럼 생긴 것으로 덮여 있었다. "그게 내가 과학에 종사하는 이유예요. '이게 뭔지 궁금해 견딜 수 없다'는 느낌 말이에요."라고 그녀는 말한다.

소아레스는 그 조이스틱이 기계적 센서mechanosensor임을 보였다.[77] 더 뜻밖에도 그녀는 그것이 이빨이라는 것을 알게 되었다. 그것은 '이빨처럼 생긴 구조'가 아니라, 법랑질과 상아질로 만들어지고 기저부에서 신경이 나오는 '진짜 이빨'이다. 대부분의 메기는 미뢰를 확장해 전신을

• 일부 눈먼 동굴어는 '빠르게 앞으로 치고나가기'와 '부드럽게 미끄러지기'를 번갈아 구사하는 독특한 수영 스타일을 진화시켰다.[75] 치고나가기는 추진력을 제공하지만, 측선을 무력화한다. 미끄러지기는 느리지만, 안정적인 흐름 장을 생성함으로써 주변 물체를 더 쉽게 식별할 수 있게 해준다.

이토록 굉장한 세계

덮었지만, 이 동굴 종種은 이빨로 동일한 작업을 수행함으로써 몸 전체를 흐름 센서로 코팅했다. 이미 완전히 기능적인 측선을 보유했던 조상을 둔 동물에게, 이것은 이상한 혁신처럼 보인다. 그러나 소아레스는 이 메기가 거의 매일 퍼붓는 홍수를 경험하는 동굴에 산다는 점을 지적한다. 성난 물결이 측선을 압도함으로써 그 물고기에게 더 단단한 센서를 진화시키도록 강요했으리라는 것이다. 그들은 이제 피부이빨skin-teeth을 사용해 고요한 지역을 찾아낸 후, 빨판 같은 입으로 바위에 달라붙어 홍수가 그치기를 기다린다. 소아레스는 현재 다른 동굴어들도 이상한 접촉 센서를 가지고 있는지 알아보기 위해 연구하고 있다.* "나는 희한한 동물을 좋아해요"라고 그녀는 말한다. "극단적이거나 오래됐거나 독특할수록 더 좋아요."

인간의 손끝보다 섬세한 악어의 돌기

동굴어가 그녀의 삶에 들어오기 전인 1999년 여름, 소아레스는 미국 어류·야생동물관리국(FWS)에서 수집한 대형 악어 옆에 세워진 픽업트럭 뒤에 앉아 있었다. 긴 여행 동안 그녀는 테이프로 감긴 악어의 입을 자세히 들여다보았다. 그 과정에서 그녀는 문제의 돌기를 처음 주목하게 되었다.

악어의 턱 가장자리에는, 마치 블랙헤드로 된 턱수염을 기르는 것처

---

* 이들 중 하나는 진센바金線魮(학명 *Sinocyclocheilus*)라는 중국산 물고기다. 위로 올라간 긴 주둥이와 전방을 가리키는 불가사의한 혹 사이에서, 그것은 물고기와 첫덩어리의 잡종처럼 보인다. 측선은 정상이지만, 소아레스는 '혹이 물고기 앞에 뱃머리파bow wave를 만듦으로써, 신경소구를 어떻게든 민감하게 만들 수 있다'고 생각한다. 그 아이디어를 확인하려면 더 많은 연구가 필요하지만, 소아레스는 연구를 시작하기를 열망한다.

럼, 어두운 돔들이 줄지어 돌출되어 있다. 과학자들은 19세기에 이러한 돌기들을 처음 기술했지만, 아무도 그 용도를 알지 못했다. "나는 그것들이 필시 감각과 관련 있을 거라고 생각했어요"라고 소아레스는 말한다. 연구실로 돌아온 그녀는 그 돌기에 신경종말이 있다는 것을 발견했다. 그러나 그 신경을 자극할 수 있는 털, 구멍, 또는 기타 명백한 감각구조를 찾을 수 없었다. 소아레스는 물속의 차분한 악어를 연구하면서 빛, 전기장, 또는 냄새 좋고 맛있는 생선 조각에 돌기를 노출시키려고 노력했다. 그러나 신경은 반응하지 않았다. 그러던 어느 날, 그녀는 떨어뜨린 도구를 되찾기 위해 물속으로 손을 뻗었다. 그녀의 손이 수면에 닿는 순간 조용한 파문이 일었다. 그리고 잔물결이 악어의 얼굴에 부딪쳤을 때, 마침내 돌기의 신경이 발화하기 시작했다. "내가 환각을 보는 게 아니라는 것을 확인하기 위해 친구들을 불렀어요"라고 소아레스는 나에게 말한다.

그녀는 문제의 돌기가 수면의 진동을 탐지할 수 있는 압력수용체라는 것을 발견했다.[78] 두더지의 아이머 기관과 마찬가지로, 그것은 작은 버튼처럼 작동할 수 있다. 그것은 너무 민감해서, (신경이 예민한) 악어가 들어 있는 수조에 물 한 방울을 떨어뜨리면, 악어는 눈과 귀를 가리더라도 파문이 일어난 곳으로 몸을 돌려 돌진한다. 그러나 주둥이를 플라스틱 시트로 덮으면, 악어는 물방울이 떨어져도 아무런 반응을 보이지 않는다. 악어는 그 돌기를 사용해 공기와 물이 만나는 얇은 수평층을 훑어본다. 그리고 그 층에 엎드린 채 매복해 뭔가가 물에 떨어지거나 물을 마시기 위해 가장자리에 도착하기를 기다린다. 이 전략은 고요함을 요구하므로, 두더지, 생쥐, 심지어 매너티의 비교적 분주한 탐사에는 적합하지 않다. 악어는 부동자세를 취한 채, 접촉 센서를 사용해 다른 모든

이토록 굉장한 세계

동물의 움직임을 모니터링한다.*

이러한 돌기들은 먹잇감이 일으키는 잔물결만 탐지하는 게 아니다. 수컷 악어는 짝을 유인할 때 굵고 우렁찬 소리를 낸다. 이 소리는 등 위의 물을 진동시켜 넘실거리게 하고, 뜨겁게 달군 팬에 두른 기름처럼 튀게 만든다. 다른 악어들은 섬세한 얼굴을 통해 이러한 진동을 감지할 수 있다. 돌기는 이빨 주위와 입 내부에서도 발견되므로, 악어가 먹이를 평가하거나 깨물기를 조절하는 데 사용할 수 있다. 물속에서 턱을 휘두르며 먹이를 찾을 때, 돌기는 뭔가 먹을 만한 게 부딪혔는지 여부를 알려줄 수 있다. 막 부화하려고 하는 새끼의 울음소리를 들었을 때, 어미 악어는 돌기를 이용해 '알을 깨기에 충분한 힘'을 가할 수 있다. 새끼를 턱에 넣고 다닐 때, 어미 악어의 섬세한 촉각은 '깨물어야 할 먹잇감'과 '깨물지 말아야 할 새끼'를 구별하는 데 도움이 될 것이다.

이것은 우리가 악어에 대해 가질 수 있는 모든 고정관념(야만적이고 감정 없는 동물)에 위배된다. '뼈를 부술 수 있는 턱'과 '골판으로 중무장한 두꺼운 피부'는 섬세함과 거리가 먼 것처럼 보인다. 그러나 켄 카타니아와 그의 제자 던컨 레이치Duncan Leitch가 보여준 바와 같이, 그들은 인간의 손가락 끝보다 압력 변동에 열 배나 더 민감한 센서로 머리부터 꼬리까지 덮여 있다.[80]

무감각해 보이는 생물에 존재하기 때문에 사람들이 간과했을 수 있

---

* 악어류—앨리게이터, 크로커다일, 그리고 그 친척들—가 항상 수서동물이었던 것은 아니다.[79] 그들과 그들의 멸종한 친척들은 약 2억 3000만 년 동안 지구상에 존재해왔으며, 까마득히 오래된 종들 중 상당수가 고양이처럼 배회하거나 말처럼 질주하는 육상동물이었다. 이 선사시대 동물들이 어떤 감각을 가지고 있었는지는 알 수 없지만, 그들의 두개골이 단서를 제공한다. 만약 오늘날의 악어류와 동일한 파문 탐지 돌기가 있었다면, 필시 신경이 턱을 통과하는 구멍이 있었을 것이다. 결론적으로 말해서, 그들 중 일부가 그랬지만, 전부가 그렇지는 않았다. 악어류는 수서생활로 갈아타기 시작했을 때 비로소 압력에 민감한 돌기를 진화시켰기 때문이다.

는 다른 촉각기관으로는 무엇이 있을까? 많은 뱀들은 머리의 비늘에 수천 개의 '접촉에 민감한 돌기'를 가지고 있다.[81] 이러한 돌기는 바다뱀에게 특히 흔하고 두드러지며, 악어처럼 유체역학적 센서로 사용될 수 있다. 등에 거대한 돛이 달린 공룡인 스피노사우루스*Spinosaurus*는 주둥이 끝에 구멍이 있었는데, 이 구멍을 통해 (악어 두개골의 구멍과 마찬가지로) 신경이 압력 탐지 돌기를 통과했을 수 있다.[82] 스피노사우루스는 악어 같은 얼굴을 가졌고, 종종 반수서 물고기 섭취자semi-aquatic fish-eater로 묘사되었는데, 어쩌면 그들은 접촉 센서를 사용해 파문을 일으키는 먹잇감을 느꼈을지도 모른다. 티라노사우루스의 가까운 친척인 다스플레토사우루스*Daspletosaurus* 역시 턱에 구멍이 있는 것으로 보아, 감각 돌기로 덮여 있었을 것으로 보인다.[83] 이 공룡들은 물속에 살지는 않았지만, 구애하는 동안 민감한 얼굴을 문지르거나 새끼를 입으로 운반했을 것으로 추측된다. 이런 추측은 터무니없게 들릴지 모르지만, 악어의 돌기, 물고기의 측선, 또는 바다표범의 수염을 감안할 때 신빙성이 높아 보인다. 과학은 접촉 및 흐름 센서―눈에 뻔히 보이는 센서 포함―를 과소평가하거나 간과한 오랜 역사를 지니고 있다.

삶과 죽음을 가르는 털

공작보다 더 알아보기 쉽거나 과시적인 새는 거의 없을 것이다. 그러나 혹시 가능하다면, 화려한 무지갯빛 꽁지깃을 무시하라. 그 대신 그들의 머리에 있는 관모깃(관모冠帽를 형성하는 뻣뻣한 주걱 모양의 깃털)에 집중하라. 이 깃털들은 눈에 뻔히 보이지만 종종 무시되는 경향이 있다. 그 깃털에 무슨 목적이 있는지 알아보기 위해 수잰 아마도르 케인은 조류 사

이토록 굉장한 세계

육장과 사육사들로부터 몇 개의 깃털을 얻었고, 북극곰의 우리로 잘못 날아든 불행한 동물원 공작으로부터 한 개를 추가로 얻었다.[84] 그녀의 제자 다니엘 반 베베렌Daniel Van Beveren은 깃털을 기계식 교반기shaker, 攪拌機에 올려놓고 앞뒤로 흔들리는 것을 지켜보았다. 그 결과 정확히 26헤르츠일 때—즉 1초에 26번씩 흔들릴 때—예외적으로 활기차게 움직이는 것으로 나타났다. 그것은 그 깃털의 공진 주파수resonant frequency로, 공교롭게도 구애하는 수컷 공작이 꽁지깃을 흔드는 빈도와 정확히 일치한다.[85] "이건 우연의 일치일 리가 없어요"라고 케인은 나에게 말한다. 반 베베렌은 교반기에 로딩된 관모 앞에서 다양한 영상을 틀어봤다. 그랬더니 진짜 공작이 꽁지깃을 흔드는 영상을 틀었을 때 관모깃이 공명하는 게 아닌가! 그러나 비지스의 '스테잉 얼라이브'를 비롯해 다른 영상을 틀었을 때는 그러지 않았다.

이러한 결과는, 구애하는 수컷 공작 앞에 서 있는 암컷 공작이 '수컷의 꽁지에 의해 생성된 공기 교란을 탐지할 수 있음'을 시사한다. 암컷은 그 수컷의 노력을 보기만 하는 게 아니라 느낄 수도 있는 것이다(이것은 반대로 작용하기도 한다. 암컷이 때때로 수컷에게 화답하기도 하는 것이다). 이제 케인은 진짜로 구애하는 공작의 관모를 촬영해 실제로 동일한 주파수로 흔들리는지 확인함으로써, 이 아이디어를 증명하려고 한다.* 만약 증명된다면, 공작의 과시는 화려함에도 불구하고 항상 인간 관찰자의 눈에 띄지 않는 비밀스러운 요소를 가지고 있다는 이야기가 된다. 우리에게는 적절한 장비가 없어, 그것을 제대로 평가할 수 없을 뿐이다. 동물계에서 가장 화려한 과시 중 하나에서 뭔가를 놓치고 있다면, 그것 말고

---

* 이건 말처럼 쉽지 않다. 왜냐하면 암컷의 관모는 초록색인데, 일반적으로 초록색 나뭇잎 앞에 서 있기 때문이다. 그러나 케인은 흰 공작을 담당하는 사육자들을 알고 있으며, 현재 논의가 진행 중이다.

다른 것은 또 무엇일까?

그 단서는 관모깃의 밑동에서 찾을 수 있는데, 여기에는 모상우filo-plume, 毛狀羽(털 모양의 깃털)라고 불리는 작은 곁다리 깃털이 있다. 그것은 끝에 술이 달린 단순한 깃줄기shaft로, 기계적 센서 역할을 할 수 있다. 움직이는 공기가 관모깃을 흔들 때, 관모깃은 모상우를 찌르고 모상우는 신경을 자극한다. 모상우는 대부분의 새에서 발견되며, 거의 항상 다른 깃털과 연결되어 있다. 새들은 깃털의 위치를 모니터링하기 위해 모상우를 사용할 수 있는데, 아마도 매끄러운 깃털이 헝클어져 다듬어야 할 때를 감지하기 위함인 듯하다. 그러나 모상우는 비행 중에 특히 중요하다.[86]

새의 비행은 너무나 쉬워 보이기 때문에, 우리는 그게 얼마나 까다로운 일인지 간과하기 쉽다. 높은 곳에 머물기 위해, 새들은 날개의 모양과 각도를 지속적으로 조정한다. 모든 게 정상이라면, 공기는 각 날개의 윤곽 위로 부드럽게 흘러 양력lift, 揚力을 생성한다. 그러나 날개의 각도가 너무 가파르다면, 부드러운 흐름이 난기류를 형성해 양력이 사라진다. 이것을 실속stalling, 失速이라고 하는데, 새가 이것을 회피하거나 시정할 수 없다면 하늘에서 추락할 것이다. 하지만 실속은 드문 일인데, 그 부분적 이유는 모상우가 관련 정보(날개를 빠르게 조정하고 공중에 머무르는 데 필요한 정보)를 제공하기 때문이다.[87] 이건 솔직히 말해서 믿을 수 없는 일이다. 나는 언젠가 배 위에 서서, 배와 나란히 날아가는 갈매기를 지켜본 기억이 있다. 바람이 많이 불었고, 우리—배와 새—는 빠르게 움직이고 있었다. 손을 내밀어 손가락 사이로 공기가 통과하는 것을 느끼면서, 나는 갈매기의 날개가 그런 흐름을 형성함으로써 공중에 높이 떠 있을 수 있다는 사실에 놀랐다. 그러나 나는 새가 하는 일을 완전히 깨달지 못했다. 그에 더해, 새는 주변의 공기를 읽고 비행을 미세하게 조정하기 위해 모상우를 사용하고 있었던 것이다. 프랑스의 안과의사 앙드레 로숑-뒤비뇨André Rochon-Duvigneaud는 언젠가 새를 가리켜 "눈에 의해 안내되는 날개"라고 썼지만, 그는 틀렸다. 눈뿐만 아니라, 날개 자체도 날개를 안내하기 때문이다.

박쥐에 대해서도 똑같은 말을 할 수 있다. 그들의 막날개membranous wing 는 새의 깃털날개와 매우 다르지만, 민감성에서 전혀 뒤지지 않는다. 박쥐 날개는 '접촉에 민감한 털'들로 덮여 있으며, 그 털들은 작은 돔에서 튀어나와 기계수용체에 연결되어 있다.[*][88] 수잰 스터빙Susanne Sterbing은 이러한 털 중 대부분이 '날개 뒤쪽에서 앞쪽으로 흐르는 공기'에만 반응한다는 것을 증명했는데, 이런 기류는 일반적으로 날개가 실속하기 일보 직전에 발생한다. 새와 마찬가지로 박쥐는 그 순간을 감지하고 시정 조치를 취할 수 있는 것이다. 털 덕분에 박쥐는 가파르게 비행하고, 허공을 맴돌고, 꼬리에 있는 곤충을 잡기 위해 공중제비를 돌고, 심지어 거꾸로 착지할 수도 있다. 스터빙이 박쥐의 날개를 제모 크림으로 처리한 후 장애물 코스를 통과하게 했더니, 그 효과는 분명했다.[89] 그들은 결코 충돌하지 않았지만, 주변의 물체들과 먼 거리를 유지했고 회전은 더 크고 어색했다. 그와 대조적으로, 털이 손상되지 않은 상태에서 박쥐들은 장애물과 몇 센티미터의 간격을 유지하며 비행하고 180도 회전을 할 수도 있었다. 박쥐에게 기류 센서는 초보 비행과 곡예비행의 차이를 만든다.

그러나 다른 동물들에게 그러한 센서는 삶과 죽음의 차이를 의미한

---

[*] 이 털들은 너무 짧고 가늘어서 육안으로 볼 수 없으며, 단열재라고 볼 수 없다. 1912년 과학자들이 제안한 바에 따르면, 그것들은 박쥐가 어둠 속에서 날 수 있도록 해주는 기류 센서일 수 있다. 그러나 박쥐가 일종의 음파 탐지기를 이용해 길을 찾는다는 사실이 밝혀지자, 2011년 수잰 스터빙이 다시 연구할 때까지 박쥐의 촉각은 사람들의 관심권에서 멀어졌다.

다. 그것이 그들의 세계에서 가장 민감한 기관 중 하나로 진화한 이유는 바로 이 때문일 것이다.

거미의 감각모, 귀뚜라미의 사상모

1960년, 바나나 선적물이 독일 뮌헨의 한 시장에 도착했다.[90] 그것은 중앙아메리카나 남아메리카의 어딘가에서 온 것으로, 몇 마리의 히치하이커—사람 손만 한 크기의 대형 거미 세 마리—를 동반했다. 그 거미들은 뮌헨대학교로 보내져, 메흐틸트 멜허스Mechthild Melchers라는 과학자에 의해 연구되고 번식되기 시작했다. 다리의 까만색과 주황색 줄무늬 때문에 오늘날 떠돌이호랑거미tiger wandering spider로 알려진 이 종은 그 이후로 세계에서 가장 철저하게 연구된 거미가 되었다.

떠돌이호랑거미는 먹이를 잡기 위해 거미줄을 치지 않는다. 그 대신 먹이를 기다리며 앉아 있다. 다리에는 수십만 개의 털이 1제곱밀리미터당 400개의 밀도로 빽빽하게 들어차 있다.[91] 거의 모든 털은 신경과 연결되어 있으며 접촉에 민감하다. 다리 하나에 있는 털을 몇 개만 건드리면, 거미는 팔다리를 움츠리거나 몸을 돌려 탐색할 것이다. 만약 달리는 도중에 털이 물체—예를 들어 호기심 많은 과학자가 길을 가로질러 엮어놓은 철사—를 스친다면, 거미는 몸을 아치형으로 만들어 장애물을 뛰어넘을 것이다.[92] 구애하는 동안, 수컷은 암컷에게 잡아먹히지 않으려고 적절한 방법으로 암컷의 털을 자극할 수 있다.

대부분의 털은 직접적인 접촉에만 반응하지만, 일부는 너무 길고 민감해 바람에 의해 구부러지기도 한다. 이것들을 감각모trichobothria라고 하는데, "털trichos"과 "컵bothrium"을 뜻하는 그리스어에서 유래한다. 새의 모상우나 물고기의 신경소구처럼, 그것은 흐름 센서이지만 유난히 민감하다. 심지어 분속分速 2.5센티미터밖에 안 되는 공기—미풍이라고 부르기도 어려울 정도로 가벼운 바람—도 그것을 구부러뜨릴 것이다.[93] 현미경으로 털을 관찰하면, 주변의 모든 것이 정지해 있음에도 감지할 수 없는 기류의 영향으로 펄럭이는 것을 볼 수 있다. 각각의 다리에 100개의 감각모가 있어, 떠돌이호랑거미는 몸 주위의 기류에 가능한 모든 방향으로 주파수를 맞출 수 있다. 그들은 치명적인 목적을 위해 이 민감성을 사용한다.

자신의 홈그라운드인 열대우림에서 떠돌이호랑거미는 낙엽 속에 숨어 하루를 보내다 해가 지고 30분 후에야 모습을 드러낸다. 그들은 나뭇잎 위로 기어가 때를 기다린다. 어둠이 깊어짐에 따라 돌풍은 잦아들고, 안정적인 주변 기류는 거미가 무시할 정도의 낮은 주파수에 의해 지배된다. 이제 그들의 감각모는 공중의 곤충들—이를테면 거미를 향해 접근하는 파리—이 생성하는 더 높은 주파수에 맞춰진다. 파리는 아주 작을지 모르지만 여전히 공기를 앞으로 밀어낸다. 처음에 거미는 움직이는 공기와 배경의 흐름을 구별할 수 없다. 그러나 일단 파리가 약 4센티미터 이내로 접근하면, 파리의 공기 신호가 (마치 안개 속에서 떠오르는 실루엣처럼) 눈에 띄게 된다. 파리와 가장 가까운 다리의 감각모가 나머지 일곱 개 다리의 감각모보다 먼저 움직이기 시작한다. 그리하여 실루엣과 배경의 차이를 감지하면, 거미는 다가오는 먹이를 향해 몸을 돌린다. 여덟 개의 다리 중 하나 위로 이동한 파리가 감각모를 구부러뜨리자마자 거미는 점프한다. 거미는 앞다리로 공중의 파리를 움켜잡은 후 착지해 독니로 깨문다.[94] "그들은 심지어 점프한 상태에서 경로를 수정할 수도 있어요." 1963년부터 거미를 연구해왔고, 거미의 점프를 여러 번 지켜본 프리드리히 바르트Friedrich Barth가 말한다. "나는 늘 이런 생각을 해왔어요. '이런 임무를 수행하는 로봇을 만드는 게 가능할까?'"

하지만 곤충은 호락호락하지 않다. 많은 곤충들이 그들만의 기류 센서를 가지고 있기 때문이다.[95] 나무귀뚜라미wood cricket는 꽁무니에서 튀어나온 미각cercus이라고 불리는 한 쌍의 가시를 가지고 있는데, 이것들은 거미의 감각모만큼이나 민감한(어쩌면 더 민감한) 수백 개의 털로 덮여 있다. 소위 사상모filiform라고 불리는 이 털들은 벌의 날갯짓이 생성하는 기류를 탐지할 수 있다. 그리고 제롬 카사스Jerome Casas가 보여준 바와 같이, 돌진하는 거미가 만들어내는 극미풍極微風을 탐지할 수 있다.

늑대거미wolf spider는 귀뚜라미의 주요 포식자로, 먹잇감을 향해 달려간다. 불규칙하고 낙엽이 깔린 임상forest floor에서, 그들은 목표물과 동일한 잎에 머무는 동안 공격을 시작해야 한다. 그들은 빠르지만, 카사스가 발견한 바에 따르면, 달리기 시작하자마자 귀뚜라미의 사상모에 탐지될 수 있다.[96] 거미가 더 빨리 움직일수록 탐지될 가능성은 더 높아진다. 따라서 거미의 유일한 희망은 귀뚜라미에게 최대한 살금살금 접근하는 것이다. 즉 아주 느리게 움직여야만 공기를 흩뜨리지 않고 귀뚜라미에게 근접할 수 있으며, 마지막으로 최단거리를 돌진할 기회를 잡을 수 있다. 그럼에도 불구하고 거미의 공격이 성공할 확률은 50분의 1에 불과하다. "귀뚜라미가 거의 항상 이겨요"라고 카사스가 나에게 말한다. "귀뚜라미가 잎에서 뛰어내려 다른 곳에 도착하는 순간 게임은 끝나요. 그도 그럴 것이, 다른 세계로 이동한 거거든요."•

• 이 능력은, 스파이더맨에게 위험을 경고하는 스파이더 센스spider-sense와 유사하다. 일부 영화에서 스파이더 센스는 피터 파커Peter Parker의 팔에 돋아난 작은 털로 표현된다. 그러나 로저 디 실베스트로Roger Di Silvestro가 미국야생동물연맹National Wildlife Federation 블로그에 쓴 것처럼, "거미는 털이 아니라 눈이라는 조기경보 시스템으로 다가오는 위험을 탐지할 수 있다."[97]

귀뚜라미의 사상모와 거미의 감각모는 거의 상상할 수 없을 정도로 민감하다. 그것들은 단일 광자―가능한 한 가장 적은 가시광선 양―안에 있는 에너지의 일부에 의해서도 구부러질 수 있다. 이 털들은 존재하거나 존재할 수 있는 어떤 시각수용체보다도 100배나 더 민감하다.[98] 실제로 귀뚜라미의 털을 움직이는 데 필요한 에너지의 양은 열잡음thermal noise―흔들리는 분자의 운동에너지―과 거의 같다. 달리 말하면, 물리법칙을 위반하지 않는 한 이러한 털들을 더 민감하게 만드는 것은 거의 불가능하다.

그렇다면 이 세상의 모든 것이 그들을 흥분시키지 않는 이유가 뭘까? 거미가 상상 속의 곤충을 향해 끊임없이 뛰어오르거나, 귀뚜라미가 유령거미로부터 끊임없이 도망치지 않는 이유는 뭘까? 첫째로, 털은 생물학적으로 유의미한 주파수에만 반응한다. 그런 종류의 주파수는 포식자나 먹잇감에 의해 생성되는 것이지, 환경에 의해 생성되는 것은 아니다. 둘째로, 털의 기저부에 있는 기계수용체는 털 자체보다 덜 민감하므로, 발화하려면 더 강한 자극이 필요하다. 마지막으로, 한 가닥의 털이 거미를 움직이게 하는 일은 없을 것이다. 동물들은 단일 기계수용체의 흥분된 독창에 거의 반응하지 않는다. 그 대신 그들은 모든 기계수용체의 합창을 듣는다.

그렇다면 털 하나하나가 그토록 민감한 이유는 뭘까? 명백한 설명은, 포식자와 먹잇감 사이의 오랜 군비경쟁이 '가장 희미한 신호까지도 감지하는 센서'의 진화로 이어졌다는 것이다. "하지만 그건 좀 쉬운 대답이라, 완전히 납득할 수 없어요"라고 카사스가 말한다. 생물학자로서, 그는 동물의 최적화optimization를 누누이 강조해왔다. 최적화란, 자신이 직면한 많은 제약조건 속에서 주어진 것을 최대한 활용하는 것을 말한다. "그러나 귀뚜라미의 털은, 최적화가 아니라 극대화의 드문 사례예요"라고 그는 말한다. "그것은 지금보다 더 나을 수 없을 정도인데, 이건 정말 놀라운 일이에요. 진짜 이유를 아는 사람은 아무도 없어요."*

대부분의 절지동물—곤충, 거미, 갑각류를 포함하는 다양한 그룹—은 물이나 공기의 흐름을 탐지하는 털을 가지고 있다. 이 '만연한 감각'의 시사점은 심오한데, 우리는 아직도 지엽말단에 얽매이고 있다. 예컨대 위르겐 타우츠Jürgen Tautz는 1978년, '곤충의 애벌레가 중간 부분의 털을 이용해 날아다니는 기생벌이 생성하는 기류를 감지할 수 있다'라고 보고했다.[99] 이런 식으로 기생벌의 접근을 감지한 애벌레는 얼어붙거나, 토하거나, 땅에 쓰러지는 반응을 보인다. 그로부터 30년 후 타우츠는 날아다니는 꿀벌이 기생벌과 동일한 효과를 유발할 수 있음을 보였다.[100] 자신이 방문하는 식물 주위의 공기를 이동시킬 뿐인데, 꿀벌은 허기진 애벌레들이 해당 식물에 입히는 피해를 줄일 수 있다는 것이다. 곤충 중에서 꿀벌과 애벌레만큼 식물에게 중요한 그룹은 없다. 그러나 이 그룹들—즉 꽃가루 매개자와 약탈자 그룹—이 '가장 가냘픈 기류'와 '털의 미세한 구부러짐'으로 연결되어 있다는 사실에 주목한 사람은 아무도 없었다. 우리 주변의 공기는 우리가 탐지하지 못하는 신호로 가득 차 있다. 그리고 우리가 발을 딛고 있는 땅도 마찬가지다.

---

* 이 기류 감각은 흔히 기술되는 것처럼 원거리 촉각으로 간주해야 할까? 아니면 청각의 한 버전으로, 공기의 움직임에 반응하는 털에도 의존한다고 봐야 할까? 의견이 분분하다. 카사스는 두 요소가 공존한다고 생각하지만, 바르트는 그 자체가 독특한 감각이라고 생각한다. 내 개인적인 생각은, 동물이 실제로 무엇을 경험하는지를 자세히 알지 못한 채 분류를 시도하는 것은 무리라는 것이다. 거미에게 멀리 떨어진 파리의 기류는 다리를 직접 스치는 철사와 비교하여 어떤 느낌일까? 두 가지 느낌은 우리가 느끼는 냉감이나 온감처럼 별개일까, 아니면 동일한 촉각 스펙트럼의 양끝일까?

7장

·

표면 진동
Surface Vibrations

땅이 속삭이는 이야기

1991년, 캐런 워켄틴Karen Warkentin은 꿈속에서 살고 있었다. 그녀는 개구리와 뱀을 좋아했는데, 박사 과정을 시작하자마자 어찌어찌해서 두 가지가 모두 있는 곳―코스타리카의 코르코바도 국립공원―을 방문하게 되었다. 연못가에 앉아 있으면 빨간눈청개구리red-eyed tree frog를 얼마든지 관찰할 수 있었는데, 그들은 연두색 몸통, 주황색 발가락, 강청색鋼靑色 허벅지, 노란색 줄무늬 옆구리, 불룩 튀어나온 토마토색 눈을 가지고 있었다. 암컷 한 마리당 하룻저녁에 약 100개의 알을 낳아, 젤리로 포장해 물 위에 드리워진 나뭇잎에 붙여놓았다. 그러나 그중 약 절반이 고양이눈뱀cat-eyed snake의 입 속으로 들어갔다. 나머지는 6~7일 후에 부화해 올챙이를 물속에―또는 때때로 워켄틴에게―에 쏟아냈다. "현장에서 올챙이가 내 머리나 노트 위에 떨어지는 일이 다반사였어요"라고 그녀는 나에게 말한다. "실수로 알 덩어리에 부딪친 후, 몇 개의 배아가 예상보다 빨리 부화하는 것을 본 적도 있어요."

그런데 좀 이상했다. 올챙이들은 워켄틴이 터뜨린 알에서 수동적으로 쏟아져 나오는 게 아니라, 적극적으로 도망치는 것처럼 보였다. 만약 워켄틴이 덮쳤을 때 도망칠 수 있다면, 공격하는 뱀으로부터도 그렇게 할 수 있지 않을까? 혹시 씹는 턱의 움직임을 감지하고 물속에서 모험을 하기로 결정할 수 있지 않을까? 워켄틴은 과학 회의에서 이 아이디어를 발표했다가 회의론에 부딪혔다. 개구리의 배아는 정해진 일정에 따라 부화할 뿐이고 주변 환경을 감지하지 못하는 수동적인 존재로 간주되었다. "어떤 사람들은 터무니없는 아이디어라고 생각했어요"라고 워켄틴은 말한다. "나는 그게 검증 가능한 아이디어라고 생각했어요."

그녀는 알 덩어리를 수집해 야외 케이지에 고양이눈뱀과 함께 보관했다.[1] 뱀은 야행성이므로, 워켄틴은 밤새도록 지켜보아야 했다. 그녀는 인접한 건물의 소파에서 잠을 자고, 모기떼에게 시달리고, 15분마다 일어나 비몽사몽간에 알을 검사했다. 다소간의 차이가 있었지만 그녀의 말이 맞았다. 배아기의 올챙이는 공격을 받을 경우 예상보다 일찍 부화할 수 있었다. 워켄틴은 심지어 뱀의 입안에 들어간 알에서 배아가 튀어나오는 장면을 목격했다.

워켄틴은 그 이후로 줄곧 이 행동을 연구해왔다. 다행히도 지금은 '긁적거리는 밤샘 작업'이 줄어들고 적외선 비디오카메라 촬영이 늘어났다. 그녀가 보여주는 최근의 비디오에서, 고양이눈뱀은 청개구리 알 덩어리에 달려들어 몇 개의 알을 덥석 입에 문다. 의기양양하게 한입 베어물려고 할 때, 주변의 배아들이 격렬하게 꿈틀거리며 얼굴에서 (알을 빠르게 분해하는) 효소를 방출한다. 그들 중 하나가 물속으로 뛰어들고, 잠시 후 다른 하나가 합류한다. 이윽고 수많은 올챙이들이 재빨리 다이빙하고, 아직도 첫맛을 보지 못한 뱀의 입가에는 젤리 같은 알 껍질만 남아있다. "난 이걸 보는 게 전혀 지루하지 않아요"라고 워켄틴은 말한다.

그녀의 실험은, 개구리의 배아가 사람들이 생각하는 것만큼 무력하지도 않고 어리바리하지도 않다는 것을 보여주었다.[2] 배아의 감각 거품은, 그들이 갇혀 있는 실제 거품 너머까지 확장된다. 빛은 반투명한 알을 통과할 수 있고, 화학물질은 그 안으로 확산될 수 있다. 하지만 정말 중요한 것은 진동이다. 진동은 알과 배아로 전달되며, 배아는 아무런 사전 경험도 없이 '유해한 분위기'와 '무해한 분위기'를 구별할 수 있다. 뱀에게 물리면 부화가 촉진되지만, 비와 바람과 발자국은 그렇지 않았다. 가벼운 지진이 워켄틴의 연못을 흔들었을 때도 배아들은 반응하지 않았다. 워켄틴은 다양한 진동을 녹음해 알 앞에서 재생함으로써, 배아들이 특정한 음높이와 리듬에 맞춰져 있음을 증명했다.[3] 떨어지는 빗방울은 짧은 고주파 진동을 끊임없이 만들어낸다. 뱀이 공격하면 주파수가 낮아지고 패턴이 복잡해지며, 씹는 시간이 길어지면서 사이사이에 정적이 흐른다. 정적을 빗방울 소리로 대체함으로써 더 뱀처럼 느껴지도록 만들면, 올챙이는 더 많은 공포감을 느끼며 부화할 가능성이 더 높아진다. 그들은 바깥으로 나가기 전에 세상을 명확히 감지할 수 있고, 그 정보를 자신을 방어하는 데 사용할 수 있다. 그들은 선택의지와 환경세계를 가지고 있다.[4]

"그들은 성장하면서 점점 더 많은 감각과 정보를 얻게 돼요"라고 워켄틴이 말한다. 태어난 지 2일 만에 배아는 주변의 산소 농도를 탐지할 수 있는데, 이것은 알이 실수로 물에 빠졌는지 여부를 알려준다. 그러나 그들은 생후 4일이 조금 넘을 때까지 뱀에게 반응하지 않는다.[5] 워켄틴의 제자 줄리 정Julie Jung이 발견한 바에 따르면, 그 이유는 내이inner ear의 진동 센서가 아직 작동하지 않기 때문이다. 그들은 이 시기에 위험에 직면할 수 있지만, 위험을 감지할 방법이 없다.* 뱀은 아직 환경세계의 일부가 아니다. 그러나 몇 시간 후에 모든 것이 바뀐다. 새로운 감각이 작동하며, 한때는 의식하지 못했던 진동의 영역이 그들의 삶을 변화시킨다.

올챙이가 개구리로 변모해 스스로 올챙이를 만들 준비가 되면, 수컷들은 짝에게 접근하기 위해 치열하게 경쟁한다. 워켄틴과 그녀의 동료 마이클 콜드웰Michael Caldwell은 적외선 카메라로 그들을 관찰함으로써, 여러 마리의 수컷들이 나뭇가지에 버티고 앉은 상태에서 몸을 들썩이며 엉덩이를 격렬하게 흔드는 광경을 목격했다.[7] 이런 과시행위는 그 자체로서 매력적이지만, 수컷들은 시야가 가려졌을 경우에도 이렇게 행동한다. 서로를 볼 수 없을 때도 '떨리는 엉덩이가 생성한 진동'을 여전히 느낄 수 있으므로, 그들은 이 진동을 사용해 라이벌의 덩치와 동기를 평가할 수 있다. 일반적으로 이러한 경연의 승자는, 더 오랫동안 엉덩이를 흔들고 더 오랫동안 지속되는 진동을 생성한 수컷이다.**

다른 많은 동물들도 아마 이런 방식으로 소통할 것이다. 수컷 농게fiddler crab는 거대한 집게발로 모래를 두드림으로써 짝을 유혹한다.[8] 흰개미 병사들은 더 많은 병정개미를 끌어들이는 진동 경보를 만들기 위해 개미집 벽에 머리를 부딪친다.[9] 소금쟁이—연못과 호수의 표면을 따라 스케이트를 타는 곤충—는 진동을 이용해 짝짓기를 하는데, 이로 인해 진동에 민감한 포식자를 불러들일 수 있다.[10] 이 모든 동물들은 주변의 표면—나뭇가지가 됐든 해변이 됐든—을 따라 이동하는 진동을 생성하고 이에 반응한다. 과학자들은 이것을 기질을 통해 전달되는 진동

---

* 올챙이의 몸이 흔들리면 내이에 있는 작은 결정들이 접촉에 민감한 유모세포hair cell를 떠밀고, 유모세포는 이 신호를 뇌에 전달한다. 내이 시스템의 또 다른 역할은 반사작용을 제어하는 것인데, 그것은 눈을 머리의 반대 방향으로 움직임으로써 올챙이의 시선을 안정화한다. 내이의 기능을 확인하기 위해, 줄리 정은 임시방편으로 만든 올챙이 회전장치(튜브)를 도입했다.[6] 올챙이를 튜브 안에 넣고 부드럽게 돌리며 눈이 회전하는지 여부를 관찰한 결과, 내이가 진동에 민감해지는 순간이 정확히 언제인지 알아낼 수 있었다.
** 콜드웰은 심지어 개구리 로봇(전기 교반기에 장착된 모형 개구리)을 이용해 수컷들을 자극했다. 개구리 로봇이 진동하자, 다른 수컷들은 자신들만의 공격적인 신호로 반응했다. 그러나 진동을 동반하지 않은 시각 신호를 생성하자, 다른 수컷들은 개구리 로봇을 거들떠보지도 않았다.

이토록 굉장한 세계

substrate-borne vibration이라고 부르지만,[11] 일반인들은 진동, 떨림 또는 표면 파surface wave라고 부른다.*

어떤 사람들은 이러한 표면 진동(그리고 떠돌이거미와 귀뚜라미를 자극하는 기류 패턴)을 '소리'로 간주한다. 그런 논리에 따르면, 앞 장 후반부에서 살펴본 모든 감각과 이 장에서 살펴보려는 모든 감각은 '청각'이라는 범주에 속한다고 할 수 있다. 나는 이와 관련된 논쟁에 끼어들고 싶지 않으며, 어느 편의 손을 들어주고 싶지도 않다. 만약 당신이 병합파라면 이것들을 하나의 연속된 장章처럼 자유롭게 읽고, 만약 세분파라면 세 개의 분리된 장으로 간주하라. 어느 쪽이 됐든 이러한 자극들(접촉, 진동, 소리)은 중복되는 부분이 많음에도 불구하고 상이한 물리적 특성을 가지고 있다는 점을 주목할 필요가 있다. 이러한 물리적 특성의 차이에 따라 '어떤 동물들이 특정한 자극에 주의를 기울이고, 그 정보를 어디에 쓰는지'가 결정된다.

예를 들어 공중에 떠다니는 소리는 진행 방향으로 진동하는 파동이다(용수철 형태의 장난감인 슬링키를 앞뒤로 잡아당겼다 놓는 것을 상상하라). 그와 대조적으로 표면파는 진행 방향에 수직으로 진동한다(슬링키를 위아래로 흔드는 것을 상상하라).[12] 표면파는 수면에서 잔물결로 확연히 드러나지만, 단단한 지면에서는 감지하기 어렵다. 만약 당신이 땅에 돌을 던진다면, 미세한 파동이 지면을 따라 잔물결을 이룰 것이다. 만약 어떤 동물이 충분히 민감하다면, 발 아래 땅의 미묘한 들썩거림을 느낄 수 있을 것이다. 많은 동물들은 충분히 민감하지만, 대부분의 인간은 그렇지 않

---

* 심지어 과학자들도 용어 사용에 약간의 어려움을 겪는다. 엄밀히 말해서 진동이 소리를 포함함에도 불구하고, 많은 과학자들은 '기질을 통해 전달되는 진동'을 구체적으로 언급하기 위해 일상적으로 진동이라는 용어를 사용한다. 나도 이 책에서 그렇게 할 예정이므로, 지금쯤 혐오감에 몸을 움츠리고 있을 엔지니어들에게 용서를 빈다.

다. 스피커의 저음이나 휴대폰의 진동을 제외하고, 대부분의 사람들은 다른 종들이 알고 있는 풍부한 진동풍경vibroscape을 놓치고 있다. 표면 진동은 공기 중에 떠다니는 소리와 분리되기 어려울 수 있다는 사실이 문제를 더 꼬이게 만든다. 동물들은 종종 땅과 공기를 동시에 흔듦으로써 두 가지를 동시에 생성한다. 게다가 동물들은 종종 동일한 수용체와 기관—예컨대 유모세포와 내이—으로 두 종류의 파동(표면 진동, 소리)을 탐지한다. 분명히 말하지만, 우리는 공통 어휘를 사용해 그것들에 대해 이야기한다. 즉 진동은 들리는 게 아님에도 불구하고 우리는 "동물이 진동을 '듣는다'"라고 표현한다.

아마도 표면 진동과 소리의 가장 중요한 차이는, 감각을 연구하는 과학자를 포함해 대부분의 사람들이 전자를 크게 무시한다는 점일 것이다. 오랜 세월 동안 연구자들은 신체부위의 온갖 움직임(두드림, 쿵쾅거림, 흔듦, 뜀)을 시각이나 청각 신호로 해석하면서, 그런 움직임이 생성하는 표면파를 무시했다. 모든 빨간눈청개구리는 생후 4일 반부터 감각 세계에 신호를 보내지만, 여러 세대의 과학자들은 그것을 무시했다. "우리가 만난 것은, 우리가 찾던 것이 아니었다"라고 생태학자 페기 힐Peggy Hill은 썼다.[13] 그것은 감각생물학자와 다른 모든 사람들이 주의를 기울여야 할 교훈이다. 우리는 선입견에 굴복함으로써, 바로 눈앞에 있을지도 모르는 것을 놓치게 된다. 그리고 우리가 놓치는 것은 때때로 숨이 막힐 정도로 놀라운 것이다.

떨림이 만들어내는 노래

미주리주 컬럼비아에 있는 한 연구실에서, 나는 도둑놈의갈고리속屬

식물을 바라보고 있다. 마치 누군가가 그 식물을 암살이라도 할 계획을 세운 것처럼, 잎사귀 중 하나에서 한 점의 붉은빛이 반짝이고 있다. 그 빛은 레이저 진동계 장치에서 나온 것이다. 그 장치가 하는 일은, (우리가 들을 수 없는) 잎의 표면 위로 움직이는 진동을 (우리가 들을 수 있는) 가청음으로 변환하는 것이다. 내가 탁자를 만지면, 식물 전체가 흔들리며 큰 소리가 들린다. 내가 말을 하면, 내 입에서 나오는 음파가 잎에 표면파를 형성하고 스피커에 의해 다시 음파로 변환된다. 나는 식물을 통해 전달되는 나 자신의 목소리를 듣는다. 하지만 내 목소리에 관심 있는 사람은 아무도 없다. 렉스 코크로프트와 그의 제자 사브리나 마이클Sabrina Michael은 잎 위에 있는 작은 생물의 노래에 더 관심이 있다. 그것은 수액을 빨아먹는 곤충의 일종인 뿔매미로, 큰 주황색 눈, (머리 아래에 너무 밀착되는 바람에) 턱수염을 닮은 다리, 조개껍데기처럼 보이는 흑백 질감을 가지고 있다.

이 종의 학명은 틸로펠타 기베라Tylopelta gibbera이며, 공식적인 일반명은 없지만 코크로프트는 즉석에서 하나―도둑놈의갈고리 뿔매미―를 만든다. 나는 서론에서 코크로프트를 소개한 적이 있는데, 그는 자신의 멘토인 마이크 라이언과 함께 파나마의 열대우림에서 몇 마리의 뿔매미를 만났다. 20여 년 전의 일이지만, 코크로프트는 여전히 이 곤충과 그들이 주고받는 메시지에 매료되어 있다. 복부 근육을 빠르게 수축함으로써, 그들은 (자신들이 머무는 식물을 따라 이동해, 다른 뿔매미의 다리를 타고 올라가는) 진동을 생성할 수 있다.[14] 이러한 진동은 일반적으로 조용하지만, 진동계는 이를 가청음으로 변환할 수 있다. 코크로프트, 마이클, 나는 거의 우스꽝스러운 기대를 안고 일제히 조그만 도둑놈의갈고리 뿔매미 쪽으로 몸을 기울인다. 이윽고 우리는 덜컹거리는 소리를 듣는데, 곤충이 내는 것과는 전혀 다른 소리인 것처럼 들린다. 가르랑거리는 소리가 나지만, 놀라울 정도로 굵직하며 집고양이보다 사자에 더 가깝다.

"바로 이거예요." 코크로프트가 환하게 웃으며 말한다.

"잘했어, 친구." 마이클이 화답한다.

식물은 강하고 유연하고 탄력이 있어, 표면파의 환상적인 전달자가 된다.* 곤충들은 이러한 특성을 이용해 식물을 진동 노래로 채운다.[15] 뿔매미, 매미충, 매미, 귀뚜라미, 여치를 포함해, 코크로프트는 약 20만 종의 곤충이 표면 진동을 통해 소통한다고 추정한다. 그들의 노래는 일반적으로 들리지 않으므로, 대부분의 사람들은 그런 게 존재한다는 것을 전혀 인식하지 못한다. 어찌어찌 알게 된 사람들은 종종 중독된다. 코크로프트는 그 순간을 생생히 기억한다. 그는 동물의 의사소통에 관심이 있는 어린 학생이었는데, 뿔매미가 잘 알려지지 않았고 제대로 연구되지 않았다는 것을 알고 그들에게 집중하기로 결정했다. 이타카의 들판에서, 그는 푸브릴리아 콘카바*Publilia concava*로 덮인 미역취속Goldenrod 식물을 발견했다. 그는 식물 줄기에 콘택트 마이크로폰(공기 진동을 감지하는 일반 마이크와 달리, 고체를 통한 소리 진동을 감지하는 마이크 – 옮긴이)을 부착하고 헤드폰을 이용해 귀를 기울였다. "아주 잠시 후, 나는 우-우-우-우 소리를 들었어요." 그는 애처로운 황소개구리 울음소리 같은 소음을 흉내내며 나에게 말한다. "그건 아무도 들어본 적 없는 미친 소리였고, 다른 곳도 아닌 내 숙소의 뒤뜰에서 들렸어요. 그리고 그게 전부였어요. 이 진동 세계에 대해 아는 사람이라면 누구나 그것에 매료되지 않을 수 없

• 여기서, '표면파'는 엄밀히 말하면 정확하지 않다. 파동이 길고 가느다란 구조(예: 식물의 줄기, 거미줄)를 따라 이동할 때, 표면에 파문이 일어나는 것은 아니다. 그 대신 구조 자체가 구부러지고 휘어지는데, 이러한 현상을 적절히 기술한 용어로 굽힘파bending wave라는 것이 있다. 나는 독자들이 용어의 홍수에 익사하는 것을 막기 위해, 이 내용의 등급을 본문에서 각주로 낮추었다.

지만, 어떤 사람들은 너무 경이로워서 더 많은 종의 진동을 녹음하려고 들판을 헤매고 있어요. 들판에는 아주 많은 것들이 있어요. 정말 끝이 없다니까요."

코크로프트는 이제 뿔매미 녹음 라이브러리를 가지고 있다.[16] 나는 그가 재생하는 소리를 들을 때마다 어안이 벙벙해진다. 그 노래들은 잊히지 않고 귓가에 맴돌며, 매혹적이고 놀랍다. 귀뚜라미나 매미의 친숙한 고음 노래와는 거리가 멀고, 새, 유인원, 심지어 기계와 악기 소리에 더 가깝다. 그것들은 종종 그윽하고 선율적인데, 아마 곤충들에게도 그렇게 들릴 것이다. 스틱토케팔라 루테아Stictocephala lutea의 노래는 직직거리는 디저리두(호주 원주민의 전통 관악기 - 옮긴이) 소리와 비슷하다. 키르톨로부스 그라마타누스Cyrtolobus gramatanus는 짖는원숭이와 기계적 클릭 소리를 뒤섞은 것 같다. 아팀나Atymna는 트럭이 후진할 때 나는 경고음과 드럼 소리를 섞은 것 같다. 포트니아Potnia의 노래는 평범한 브룸-브룸-브룸 열차 소리로 시작되어 나를 거짓된 안전감false sense of security으로 유인하지만, 음매(소 울음소리)와 비명이 반씩 섞인 충격적인 결말로 막을 내린다. "저 노래를 처음 들었을 때," 코크로프트가 나에게 말한다. "나는 의자에 등을 기대고 앉아 이렇게 생각했어요. 말도 안 돼! 저게 곤충이야?"

진동 노래들이 매우 이상하게 들리는 것은, 공기 중에 떠다니는 소리와 동일한 물리적 제약을 받지 않기 때문이다. 공기 중에서 동물의 음높이는 일반적으로 몸집과 관련 있기 때문에, 생쥐가 우렁차게 울거나 코끼리가 찍찍대는 불상사는 발생하지 않는다. 표면파의 경우에는 그런 제약이 존재하지 않으므로, 작은 동물이 (훨씬 더 큰 몸통에서 뿜어져 나오는 것처럼 들리는) 저주파 진동을 만들 수 있다. 뿔매미는 몸집이 악어의 수백만분의 일에 불과하지만, 악어만큼이나 낮고 중후한 짝짓기 소리를 낼

수 있다.[17]

공기 중에 떠다니는 소리에는 또 다른 한계가 있다. 그것은 바깥쪽을 향해 3차원적으로 방사되기 때문에 매우 빨리 에너지를 잃는다. 곤충은 좁은 범위의 주파수에 모든 노력을 집중해 간단한 울음소리를 냄으로써 이를 만회한다. 그러나 표면파는 평평한 경로를 따라 이동하기만 하면 되기 때문에, 더 먼 거리에서도 에너지를 유지한다. 이 채널을 따라 신호를 보내는 곤충들은 더 많은 창의력을 발휘할 수 있다. 그들은 멜로디의 상향upsweep과 하향downsweep, 톤 스택tone stack, 타악기의 배경을 생성할 수 있다. 그들의 표면파가 새소리에 가깝게 들리는 것은 바로 이 때문이다.

지구상에는 3000종 이상의 뿔매미가 있으며, 제각기 다양한 방식으로 표면파를 사용한다.* 포식자를 감지했을 때 어미를 부르기 위해, 어떤 새끼들은 동기화된 진동을 생성한다.[18] '공포에 질린 떨림'이 더 많은 포식자를 불러들이지 않도록, 어떤 어미들은 새끼들을 침묵시키는 진동을 생성한다.[19] 코크로프트의 연구실에서 살펴본 바와 같이, 도둑놈의갈고리 뿔매미는 표면파를 사용해 그룹을 형성한다. 하나가 가르랑거릴 때 다른 하나가 사정거리 내에 있으면, 두 번째 뿔매미는 날카로운 똑딱거림으로 반응한다. "마르코"와 "폴로"를 외치는 아이들처럼, 둘은 가르랑거림과 똑딱거림을 주고받으며 서로를 향해 반복적으로 움직이다 마침내 만난다. 그들은 구애를 할 때도 이와 비슷한 방법을 쓴다.[20] 수컷은 진동하는 낑낑 소리를 낸 후 고음의 펄스를 연달아 울린다. 그게

---

* 코크로프트는 종종 상이한 진동들의 용도를 알아내기 위해, 그것들을 녹음해 뿔매미들에게 다시 들려주고 어떻게 반응하는지 살펴본다. 그의 여동생이 언젠가 한 친구에게 이 이야기를 한 적이 있는데, 그 친구는 이렇게 말했다고 한다. "네 오빠가 벌레들을 기만한다고?"

마음에 들면, 암컷은 수컷의 세레나데가 끝나자마자 윙윙 소리를 낸다. 수컷은 암컷의 윙윙 소리를 듣고 방향을 가늠하고, 조금 더 가까이 다가가 또 한 번 낑낑댄다. 암컷은 다시 윙윙 소리를 내고, 둘은 서서히 서로를 발견하게 된다. 그러나 두 번째 수컷이 같은 식물에 머물고 있다면, 첫 번째 수컷의 세레나데가 끝나는 순간 자신의 세레나데를 시작함으로써 암컷의 응답을 차단한다. 첫 번째 수컷은 두 번째 수컷에게 보복하기 위해 다음 번 세레나데를 방해하고, 둘은 번갈아 가며 서로를 반복적으로 방해한다. "수컷이 한 마리 이상인 경우 암컷을 찾는 데 오랜 시간이 걸려요"라고 코크로프트는 말한다.•

하나의 식물에 수백 마리의 뿔매미가 모여들어, 그중 상당수가 동시에 진동하고 있을 수 있다. 도움을 요청하는 외침, 침묵을 요구하는 외침, 파티 초대, 데이트 신청이 뒤섞여, 하나의 줄기가 마치 붐비는 번화가처럼 소란스러울 수 있다. 당신이 지금껏 뿔매미에 대해 한번도 들어본 적이 없더라도, 야외에서 시간을 보냈다면 뿔매미의 진동 세레나데를 의식하지 못한 채 그들 옆에 앉아 있을 게 거의 확실하다. 그러나 그들은 완전한 '진동 합창'에 참여하는 많은 동물들 중 일부일 뿐이다. 가면 쓴 자작나무 애벌레masked birch caterpillar는 다른 애벌레들을 사교 모임에 초대하기 위해 항문을 나뭇잎에 문지른다.[22] 아카시아개미acacia ant의 경우, 진동을 통해 초식동물의 씹는 행동을 탐지한 다음 자신들의 집(아카시아)을 훼손하는 초식동물을 강력히 응징한다.[23] 우리가 들을 수 있는 소리를 내는 종들조차 우리가 들을 수 없는 진동 신호를 보내는 경우가

• 많은 짝짓기 라이벌들이 서로의 신호를 방해하는데, 과학자들은 이 행동을 이용해 농업 해충을 통제할 수 있다.[21] 예컨대 포도밭을 통과하는 철사를 적절히 진동시킴으로써, 질병을 퍼뜨리는 매미충의 짝짓기를 차단할 수 있다.

많다. 코크로프트는 식물의 줄기를 통해 녹음한 진동을 더 많이 들려주는데, 나는 평소에 맴맴 울던 매미가 '소 우는 소리'를 내고, 쓰르르 울던 여치가 '줄톱 돌아가는 소리'를 내는 것을 듣고 기절초풍한다. "이미 풍부해 보였던 자연의 믿을 수 없는 풍요로움에 그저 놀랄 뿐이에요"라고 그는 말한다.

레이저 진동계가 없더라도 비범한 풍요로움을 만끽하는 것은 놀라울 정도로 쉽다. 그런 도구가 발명되기 30년 전인 1949년, 스웨덴의 선구적인 곤충학자 프레이 오시안닐손Frej Ossiannilsson은 매미충을 풀잎 위에 올려놓고 그 풀잎을 시험관에 붙인 다음, 시험관을 귀에 갖다 댐으로써 매미충의 진동을 들었다.[24] 훈련된 바이올리니스트인 그는 자신이 들은 것을 악보에 옮겨 적었다. 오늘날 코크로프트는 (기타리스트들이 사용하는 클립온마이크에 연결된) 디지털 녹음기와 저렴한 스피커를 이용해 곤충의 진동을 듣는다. 그는 여가 시간에 이 키트를 들고 인근 공원이나 심지어 자기 집 뒷마당에 가서, 임의의 줄기·잎·나뭇가지에 마이크를 끼우고 진동을 탐색한다. 대부분의 경우 뭔가 새로운 것을 듣는다고 하는데, 그 말을 들은 나는 그에게 현장을 보여달라고 조른다.

우리는 그의 연구실에서 불과 몇 분 거리에 있는 공원으로 차를 몰고 간다. 키 큰 풀들이 병풍처럼 서 있는 곳 옆의 양지 바른 장소에서, 코크로프트와 그의 제자들은 무릎을 꿇고 앉아 마이크를 식물에 끼우기 시작한다. 잠시 동안 아무 소리도 들리지 않는다. 때는 9월 하순, 바야흐로 '진동 노래의 계절'이 다가오고 있다. 그러나 강한 돌풍이 다른 모든 소리들을 삼켜버린다. 기어가는 애벌레와 잎사귀에 힘차게 내려앉는 딱정벌레의 발자국 소리가 들리지만, 내가 기대했던 잊히지 않는 멜로디와는 영 딴판이다. 실망스러운 30분이 지난 후 코크로프트는 나에게 사과한다. 결국 하루 일과를 마치기로 결정하는 순간, 그의 제자 중 한 명인 브랜디 윌리엄스Brandy Williams가 우리를 부른다. "여기에 정말 멋진 게 있어요"라고 그녀가 말한다.

우리는 그곳으로 걸어가 스피커에서 무슨 소리가 나는지 듣는다. 코웃음 소리? "에, 에, 에, 에, 에"라고 말하는 것 같은데, 곤충보다는 하이에나에 더 가깝다. "에, 에, 에, 에, 에." 윌리엄스가 임의의 풀잎 바닥에 마이크를 끼웠기 때문에, 우리는 아무 곤충도 볼 수 없다. 그러나 거기에는 분명히 곤충이 있다. "에, 에, 에, 에, 에."

지금까지 극소수의 사람들이 뿔매미를 비롯한 곤충들의 '진동 세계'에 귀를 기울였기 때문에, 어떤 시도를 하더라도 어느 누구도 경험하지 못한 것을 경험할 수 있는 기회는 항상 존재한다. 나는 코크로프트에게, 신비로운 쿵쿵거림 소리를 들어본 적이 있냐고 묻는다. "그 비슷한 소리를 들어본 것 같아요"라고 그가 말한다. "그러나 확실히는 모르겠어요…. 세상에는 너무나 많은 종들이 있거든요."

만족스럽게 우리는 그의 차로 돌아간다. 나는 문득 우리가 지나치는 모든 식물들 사이에서 진동하고 있을지도 모르는 합창을 떠올린다. 그와 동시에, 우리 자신이 발걸음을 내디딜 때마다 생성되는 진동—각 발자국에서 잔물결처럼 퍼져 나오는 지반진동seismic vibration(땅의 표면에서 발생하는 진동의 총칭 - 옮긴이)의 표면파—을 생각해본다. 발밑에서 나뭇가지 바스락거리는 소리와 진흙 밟는 소리가 들릴지라도, 우리는 자신의 발자국이 만들어내는 떨림을 탐지하지 못한다. 그러나 다른 생물들은 탐지한다.

모래 위의 암살자가 사냥하는 법

모하비 사막에 밤이 내리면 침묵이 찾아온다. 이따금씩 들리는 코요테의 울부짖음이나 멀리서 날아가는 비행기의 굉음을 제외하면 공기는 적막하다. 그러나 모래언덕은 진동으로 쿵쾅거린다. 곤충들이 먹이를 찾기 위해 등장하면서, 그들의 조그만 발이 모래를 따라 흐르는 떨림을 만든다. 이 파동은 극도로 희미하고 수명이 짧지만, 모래전갈sand scorpion 이 감지할 수 있을 만큼 강하다.

모래전갈은 모하비의 가장 흔한 거주자 중 하나로, 움켜잡아 찌를 수 있는 거라면 뭐든(다른 모래전갈 포함) 닥치는 대로 잡아먹는다. 1970년대에 필립 브라우넬Philip Brownell과 로저 팔리Roger Farley는, 전갈이 반경 50센티미터 이내에서 걷거나 착지하는 모든 것을 쉽게 공격한다는 사실을 깨달았다. "나뭇가지로 모래를 살며시 뒤집기만 해도 맹렬한 공격을 촉발했다."[25] 브라우넬은 나중에 〈사이언티픽 아메리칸〉에 이렇게 썼다. "그러나 아이러니하게도 불과 몇 센티미터 떨어진 공중에서 꿈틀거리는 나방은 전갈의 주의를 끌지 못했다." 전갈은 표면파를 이용해 먹잇감을 뒤쫓는 것 같았다.

브라우넬과 팔리는 교묘하게 설계된 경기장에 전갈을 배치함으로써 이 아이디어를 테스트했다.[26] 트랙의 표면은 매끄럽고 연속적인 것처럼 보였지만, 중앙선 바로 밑에 마련된 공극air gap 때문에 두 레인 사이를 이동하는 진동이 차단되었다. 전갈이 1번 레인에 서 있는 상태에서 연구원들이 막대기로 2번 레인을 찔렀을 때, 전갈은 불과 2.5센티미터 떨어진 지점에 있음에도 이를 전혀 의식하지 못했다. 그러나 여덟 개의 다리 중 하나라도 공극을 넘어선다면 1번과 2번 레인을 모두 인식할 수 있어,

아무리 작은 소동에도 몸을 돌렸다.

전갈의 센서는 발에 자리 잡고 있다.[27] 대충 '발목'이라고 표현할 수 있는 관절에는, 마치 날카로운 칼로 외골격을 후빈 것 같은 여덟 개의 틈새가 모여 있다. 이게 바로 틈새 감각기slit sensilla로, 모든 거미류에 공통적으로 존재하는 진동 탐지 기관이다. 각 틈새는 막으로 둘러싸이고 신경세포와 연결되어 있다. 표면파가 전갈에 도달하면 들썩이는 모래가 전갈의 발을 밀어붙인다. 이것은 틈새를 극미하게 압축하지만, 막을 쥐어짜서 신경을 발화시키기에 충분하다. 자신의 외골격에 일어난 미세한 변화를 감지함으로써, 전갈은 지나가는 먹잇감의 발자국을 느낄 수 있다.

이런 사건이 처음 발생하면, 전갈은 재빨리 사냥 모드로 전환한다.[28] 녀석은 몸을 일으켜 집게를 벌리고, 여덟 개의 발을 거의 완벽한 원형으로 배열한다. 이 자세에서, 전갈은 표면파가 각각의 다리에 부딪친 시점을 비교함으로써 표면파가 어디에서 왔는지 알아낼 수 있다. 녀석은 몸을 돌이켜 달리다가, 잠시 멈추고 제2의 파동을 기다린다. 잠시 후 파동이 도착하면 다시 몸을 돌이켜 달리며, 제3; 제4의 파동이 계속 도착함에 따라 목표물에 점점 더 가까이 접근한다. 집게발이 뭔가에 부딪히자마자 전갈은 그것을 움켜잡고 독침을 쏜다. 파동의 진원지에 도착했는데 아무것도 찾지 못하면, 먹이가 땅속에 있다는 것을 알아차리고 땅을 파헤치기 시작한다.

이 발견이 세상을 발칵 뒤집은 것은 당연했다. 캐런 워켄틴이 개구리로 가득 찬 연못을 발견하고, 렉스 코크로프트가 처음 뿔매미의 진동을 듣기 10년 전에 이룩한 성과였기 때문이다. 그 당시만 해도 표면 진동에 대한 연구는 지금보다 훨씬 더 생소했다. 과학자들은 동물이 진동을 느낀다는 사실을 알고 있었지만, 진동의 근원까지 추적할 수 있다고 믿는 사람은 거의 없었다.* 동물이 진동의 근원을 찾는 것은, 장비를 갖추지 않은 사람이 지진의 진앙을 찾는 것이나 마찬가지라고 여겨졌다. 동물이 모래 위에서 그렇게 할 수 있다는 것은 특히 터무니없어 보였는데, 그 이유는 느슨한 모래 알갱이가 진동을 전달하기보다는 약화하고 흡수한다고 가정되었기 때문이다. 그러나 브라우넬과 팔리는 치밀한 실험을 통해 이러한 가정이 틀렸음을 입증했다. 모래, 토양, 단단한 땅은 표면파를 놀라울 정도로 잘 전달하므로, 표면파는 동물이 탐지할 수 있을 만큼 강하고 그들이 활용할 수 있을 만큼 유익하다. 또한 표면파는 과학자들이 연구해도 좋을 만큼 흥미롭다. 어떤 과학자들은 다른 동물에서 지반진동 감각을 찾기 시작했는데, 그들은 굳이 멀리 갈 필요가 없었다.

지반진동을 감지하는 생물들

북아메리카에서 개미귀신으로 알려진 명주잠자리antlion의 유충도 모래를 따라 이동하는 표면파를 이용해 사냥한다. 그러나 그들은 희생자를 추격하기보다는 자신이 있는 곳으로 유인한다. 그들은 바싹 마른 모래에 원뿔형 구덩이를 판 다음, 통통한 몸을 묻고 거대한 턱을 벌린 채 바닥에 숨어 있다. 그 구덩이는 정밀하게 만들어진 함정이다. 구덩이의

---

* 동물들은 지진을 미리 감지할 수 있을까?[29] 많은 종들이 '다가오는 지진파'를 감지할 수 있는 것처럼 보이지만, 그들이 해당 정보를 분석해 적절한 회피 조치를 취할 수 있는지 여부는 불분명하다. '지진이 일어나기 전에 이상하게 행동한 동물들'에 대한 일화적인 보고가 수천 년 동안 많이 누적되었지만, 그러한 행동에는 일관성이 없으며 인간 관찰자들의 사후 진술을 기록한 것에 불과할 수 있다. 지진이 일어나기 전에 우연히 추적용 목걸이를 착용한 코끼리와 다른 동물들의 사례가 몇 건 보고되었는데, 보고자들에 따르면 그들은 진동이 시작되기 전에 별다른 특이 행동을 보이지 않았다고 한다.

측면은 저절로 무너지지 않을 만큼 완만하지만, 일단 걸려든 개미가 미끄러지기 시작할 만큼 가파르다. 개미의 발소리, 심지어 고군분투하는 개미의 발소리도 시끄러울 리 만무하지만, 개미귀신은 1나노미터 미만의 진동을 탐지할 수 있는 강모로 덮여 있다.[30] 그러므로 구덩이 밖에서 기어 다니는 개미를 감지할 수 있고, 구덩이 안에 들어온 개미는 확실히 알 수 있다. 개미귀신은 몸부림치는 개미에게 모래를 끼얹어 사태沙汰를 일으키는데, 이는 가뜩이나 미끄러운 아래쪽 땅을 더욱 불안정하게 만든다.[31] 결국 개미는 개미귀신의 턱에 떨어지고, 아래로 당겨져 독침을 맞는다. 그러고 나면 진동이 멈춘다.

다른 포식자들은 먹잇감의 지반진동 감각을 이용해 사냥한다. 매년 4월 플로리다주의 숍코피 마을에서는, 벌레사냥이라는 오래된 전통을 기념하는 축제가 열린다. 1960년대부터 그 마을의 여러 가족들은 숲속으로 모험을 떠나, 땅에 말뚝을 박고 쇠로 말뚝을 긁어 강한 진동을 일으켰다. 그러면 곧 수백 마리의 큰 지렁이들이 땅속에서 기어 나오는데, 그들은 양동이로 지렁이를 퍼 담아 낚시용 미끼로 판매했다. 어떤 벌레사냥꾼들은 그 진동이 빗소리를 모방한 거라고 믿는다. 그러나 켄 카타니아—별코두더지를 연구하는 사람—는 그렇지 않다는 것을 증명했다.[32]

2008년 숍코피 벌레사냥 축제에 참석한 동안, 카타니아는 지렁이가 빗방울 소리에는 거의 반응하지 않지만, 굴 파는 두더지의 진동(또는 그 진동을 녹음한 소리)을 탐지하고 지표면으로 황급히 올라온다는 사실을 증명했다. 두더지는 지상에서 먹이를 쫓지 않으므로, 이것은 일반적으로 현명한 전략이다. 그러나 몇몇 지상 포식자들은 '일부러 땅을 두들김으로써 벌레를 불러낼 수 있다'는 사실을 깨달았다. 예컨대 재갈매기herring gull와 나무거북wood turtle은 플로리다 사람들과 똑같은 행동을 한다. 벌레 사냥꾼들은 수십 년 동안 자신도 모르는 사이에 두더지의 진동을 모방해왔던 것이다.*

동물들은 바다에서 육지로 모험을 떠나는 순간부터 지반진동을 감지할 수 있었을 것이다. 그런 모험을 감행한 최초의 척추동물—초기 양서류와 파충류—은 아마도 큰 머리를 땅에 댐으로써 표면파가 턱뼈를 통해 내이로 전달되도록 허용했을 것이다. 포유류의 조상에서는 그 턱뼈 중 세 개가 공기 중의 소리를 전달하기 위해 전용되었다. 그것들은 축소되면서 조금씩 움직여, 중이의 작은 뼈인 망치뼈, 모루뼈, 등자뼈로 변했다. 그리하여 턱을 통해 지표면의 진동을 전달하는 대신 외이와 고막을 통해 공기 중의 소리를 전달하게 되었다.

그러나 원시적인 골전도bone-conduction 경로는 여전히 작동한다. 진동은 외이와 고막을 완전히 우회하여, 두개골의 뼈를 통해 내이로 직접 전달될 수 있다는 것이다. 자전거를 타거나 달리기를 하는 사람들은 골전도 헤드폰을 착용하고 귀를 자유롭게 하면서 음악을 들을 수 있다. 청각장애가 있는 사람들은 골전도 보청기를 사용할 수 있고, 청각장애인 댄서는 특수한 진동 무대를 이용할 수 있다. 비청각장애인도 예외 없이 골전도를 통해 웬만큼 들을 수 있는데, 사람들이 자신의 녹음된 목소리를 듣고 고개를 갸우뚱하는 것은 바로 이 때문이다. 그 녹음은 우리 목소리의 '공기 중 구성요소'를 재현하지만, 두개골을 통해 전달되는 진동은 재현하지 않는다.

다른 포유동물들은 '골전도를 통한 진동 감지'를 향상시키기 위해, 자

---

* 1881년, 찰스 다윈은 "땅이 두들겨지거나 떨리면, 벌레는 두더지에게 쫓기는 것으로 믿고 굴을 떠난다"라고 썼다.[33] 100년이 넘는 세월이 흐른 후 카타니아는 다윈의 진술을 확인했다.

이토록 굉장한 세계

신의 해부학적 구조를 수정함으로써 조상들의 지반진동 감각을 회복했다. 아프리카 남서부의 모래 속에는 나미브 사막의 황금두더지golden mole가 살고 있다. 그들은 공중에 떠다니는 소리에 대체로 둔감한데, 그 이유는 외이가 매우 작고 털 속에 숨겨져 있기 때문이다. 그러나 중이 속의 망치뼈 덕분에 진동에 매우 민감하다.[34] 이 뼈는 상대적으로 거대해서, 황금두더지는 무게가 30그램으로 당신의 손바닥에 쏙 들어가지만 그들의 망치뼈는 당신 것보다 크다.*

황금두더지는 야간에 나미브의 모래언덕을 뛰어다니거나 노樐처럼 생긴 발로 느슨한 모래밭을 '헤엄'치며 먹이를 찾는다.[35] 그들은 드문드문 분포한 모래언덕의 풀밭을 찾는데, 그곳은 맛있는 흰개미들이 둥지를 트는 장소다. 피터 나린스Peter Narins는 '사막의 바람이 모래언덕을 통과하며 부드러운 저주파 진동을 생성하고, 황금두더지는 주기적으로 머리와 어깨를 모래 속에 묻어 진동을 탐지할 수 있다'고 제안했다.[36] 그럴 때마다 진동이 망치뼈를 통해 내이로 전달되고, 풀밭의 윙윙거리는 신호음이 내이 안에서 재생된다.** 황금두더지의 지반진동 감각은 매우 예리해서, 비록 눈은 멀었지만 머나먼 모래언덕 사이를 거의 일직선으로 걸을 수 있다.

황금두더지, 모래전갈, 개미, 지렁이는 하나같이 시력이 형편없으며, 땅바닥에 가까운 곳이나 땅속에 산다. 그들이 땅의 진동에 맞춰져 있다

---

* 황금두더지는 이름과 생김새에도 불구하고 두더지가 아니다. 그들은 두더지와 동일한 몸집 및 생활방식을 독립적으로 진화시켰지만, 매너티, 땅돼지, 코끼리를 포함하는 다종다양한 포유류와 더 밀접하게 관련되어 있다.

** 망치뼈는 일반적으로 고막에서 소리의 진동을 포착하고, 그것을 모루뼈에 전달하기 위해 움직인다. 황금두더지의 망치뼈는 너무 커서, 약간 다른 방식으로 작동한다.[37] 지진파가 두더지의 머리에 도달하면, 망치뼈는 대부분 같은 위치에 머무르고 모루뼈를 포함한 나머지 두개골은 그 주변에서 진동한다.

는 것은 납득할 만하며, 사후적으로 판단하더라도 명백해 보인다. 그러나 땅바닥에서 더 높은 곳에 머무는 동물들이 지반진동 감각을 가지고 있다고 직관하기는 어렵다. 예컨대 고양이의 복부 근육에는 진동에 민감한 기계수용체가 많이 분포한다. 그렇다면 고양이가 스토킹 중에 웅크리고 있을 때, 낮게 엎드리기 이상의 일을 하고 있는 것일까? 잠재적 먹이의 진동까지도 감지할까? 사자가 멀리 있는 영양 떼를 찾아낼 수 있을까? 페기 힐은 진동을 통한 의사소통에 관한 자신의 책에 "자연 다큐멘터리가 '사자의 타고난 게으름' 탓으로 돌리는 '벌렁 누워 있기'는 실제로 '예리한 평가의 시간'일 수 있다"라고 썼다.[38] 힐 자신은 그런 생각이 "야유나 조롱"을 받을 수 있음을 인정하지만, 그녀의 요점은 살펴볼 만한 가치가 있다는 것이다. 지반진동 감각은 오랫동안 무시되어왔으며, 생물학자들의 관찰력은 가장 친숙한 동물들의 숨겨진 측면조차 밝혀내지 못하고 갈팡질팡하는 것 같다.

발 로 소 리 를 듣 는 코 끼 리

1990년대 초 케이틀린 오코넬은 코끼리를 연구하고 그들을 경작지에서 몰아내는 방법을 찾기 위해 아프리카 나미비아의 에토샤 국립공원을 방문했다.[39] 그녀는 눅눅하고 비좁고 반쯤 묻힌 시멘트 벙커 속에 몇 주 동안 쪼그리고 앉아, 좁은 틈새로 물웅덩이를 바라보며 시간을 보내곤 했다. 그 웅덩이는 지역의 코끼리 떼가 자주 들르는 곳이었는데, 그녀는 코끼리들이 특이한 행동을 하는 것을 보고 관심을 갖게 되었다. 코끼리들은 때때로 멀리 있는 뭔가를 감지한 듯, 발을 든 상태에서 걸음을 멈추고 발톱을 땅에 댄 채 몸을 앞으로 숙이는 것처럼 보였다. 오코

이토록 굉장한 세계

넬의 눈에, 그 포즈는 이상하게도 친숙해 보였다. 석사 과정 학생인 그녀는 뿔매미의 친척뻘인 멸구류의 '진동을 통한 의사소통'을 연구한 적이 있었는데, 그들은 서로의 신호를 탐지하려고 할 때 몸을 앞으로 숙인 채 발로 땅바닥을 내리누르곤 했다. 코끼리도 똑같은 행동을 할 수 있을까? 그들 중 하나가 이런 자세를 취할 때마다 다른 코끼리들이 멀리서 곧 나타난 것은 분명 우연이 아니었다. 코끼리들은 발로 소리를 듣고 있는 것 같았지만, 그것을 눈치챈 사람은 아무도 없는 듯했다.[40]

2002년 오코넬은 자신의 아이디어를 테스트하기 위해 물웅덩이로 돌아왔다.[41] 그녀는 이전에 사자들의 위협을 받는 지역에서 코끼리들의 경고음을 녹음한 적이 있었다. 원래 녹음한 소리는 가청음이었지만, 오코넬은 고주파 부분을 제거하고 땅에 묻힌 교반기를 통해 재생함으로써 지반진동 신호로 변환했다. 그러자 코끼리 떼 전체가 얼어붙는 게 아닌가! 그들은 침묵하고 경계하며 한데 뭉쳐 방어 대형을 갖추었다. 야간 투시경을 통해 그들을 지켜본 오코넬은 흥분했다. "이 순간을 계획하고, 희망하고, 꿈꿔왔던 지난 세월들! 우리는 마침내 보여주고 있었다. 아주 오래 전 나의 원래 예감이 사실이었음을."[42] 그녀는 자신의 책《코끼리의 은밀한 감각 The Elephant's Secret Sense》에 이렇게 썼다. "코끼리들은 지반진동 신호를 탐지해 응답하고 있었다."

그로부터 몇 년 후 그녀는 실험을 반복했지만 이번에는 케냐에서 녹음된 케냐 코끼리들의 경고음을 추가했다.[43] 그랬더니 에토샤 코끼리들은 낯익은 경고음(에토샤 코끼리의 경고음)의 진동에 반응했지만, 낯선 경고음(케냐 코끼리의 경고음)의 진동에는 반응하지 않았다. 그들은 진동에만 신경 쓰는 게 아니라, 진동의 원천(아는 코끼리 vs 모르는 코끼리)까지도 구별하는 것으로 보인다. 더 최근에 오코넬은 코끼리가 다른 종류의 지반진동 신호에도 반응할 수 있음을 보였다. 한 비디오에서, 베컴이라는 이름의 성적으로 활발한 수컷은 숨겨진 스피커에서 암컷의 울부짖음 소리가 들리자 번식력 있는 암컷을 찾았지만 헛수고였다.*

지구를 배회했던 코끼리의 친척뻘 되는 동물들(예: 매머드, 마스토돈)은 어땠을까? 오늘날의 회색곰보다 훨씬 컸던 짧은얼굴곰short-faced bear(땅나무늘보giant ground sloth), 자동차만 한 크기의 아르마딜로, 오늘날의 코뿔소보다 열 배나 무거웠던 뿔없는코뿔소hornless rhinos는 어땠을까? 이러한 거대동물들은 모두 멸종했는데, 그 책임은 인간과 우리의 선사시대 친척들에게 있다. 우리가 전 세계로 퍼져나가는 동안 가장 큰 동물들은 눈만 껌벅였고, 이런 상황은 오늘날에도 계속되고 있다.[45] 남아 있는 코끼리 종—아프리카 두 종, 아시아 한 종—은 모두 멸종위기에 처해 있다. 코끼리 다음으로 큰 육상동물들—흰코뿔소와 검은코뿔소, 기린, 하마—도 곤경에 처해 있다. 거대한 무리도 줄어들었다. 한때 3000만에서 6000만 마리에 이르렀던 들소들이 수천 마리씩 무리 지어 북아메리카를 배회했지만,[46] 유럽의 식민지 개척자들은 그들에게 의존하는 원주민들을 몰살하기 위해 그들을 학살했다. 이제 들소는 50만 마리만 남았고, 대부분 사유지에 국한되어 있다. 그 모든 발굽과 발이 사라진 지금, 땅이 얼마나 조용해졌는지 상상해보라. 한때 거인들의 발자국 소리가 천둥처럼 요란했던 여섯 개 대륙에는 이제 드문드문 웅웅거리는 소리만

---

* 1장에서 언급한 바와 같이, 코끼리처럼 크고 힘세고 똑똑한 동물을 대상으로 실험하는 것은 쉽지 않으며, 그들의 지반진동 감각은 대부분 수수께끼로 남아 있다. 오코넬은 '코끼리가 울부짖거나 걸을 때 표면파를 일으킨다'라고 주장했지만, 그런 진동이 의도적인 것일까 아니면 우발적인 것일까? 진동은 수 킬로미터 이상 이동할 수 있으며, 코끼리가 이것을 이용해 장거리에 걸친 사회적 집단을 조정할 가능성을 배제할 수 없다.[44] 하지만 정말 그럴까? 그들은 그 정보를 이용해 어떤 코끼리가 근처에 있는지, 또는 그들이 위험에 처했거나 공격적인지 알 수 있을까? 지반진동 신호는 환경세계의 일부일 가능성이 높지만, 중요한 부분인지 여부는 아직 명확하지 않다.

울려 퍼진다.

그 침묵의 원인을 제공한 인간은 상실감을 느낄 수 있을까? 서구 사회는 신발, 좌석, 마룻바닥으로 인해 발 아래 땅에서 크게 벗어났다. 만약 땅 위에 서 있는 것보다 앉아 있는 데 더 많은 시간을 보낸다면, 그들은 무엇을 감지할까? 오글랄라 라코타족의 추장이자 작가인 루서 스탠딩 베어Luther Standing Bear가 한 가지 단서를 제공했다. "라코타족은 (…) 땅과 땅의 모든 것을 사랑했고, 그 애착은 나이가 들면서 더욱 커졌다."[47] 그는 1933년에 이렇게 썼다. "노인들은 문자 그대로 흙을 사랑하게 되었고, 모성애에 가까운 감정을 품고 땅바닥에 앉거나 기대어 앉았다. (…) 나이 든 인디언들이 두 발로 지탱하는 대신 땅 위에 앉아 있기를 고집하는 것은 바로 이 때문이다. 일어선다는 것은 '생명을 주는 힘'으로부터 멀어지는 것을 의미한다. 그들에게 땅에 앉거나 드러눕는 것은 더 깊이 생각하고 더 예리하게 느낄 수 있음을 의미한다. 그들은 삶의 신비를 더욱 분명하게 볼 수 있고, 주변의 다른 삶들과 더욱 친밀해질 수 있다. 땅은 옛 인디언들이 들을 수 있는 소리로 가득 차 있었고, 그들은 때때로 그 소리를 더 명확하게 듣기 위해 귀를 기울였다."

자연적 진동 세계와의 직접적인 연결이 감소하는 동안 다른 진동풍경이 생겨났다. 현대의 휴대폰은 우리의 피부와 손끝에 대고 윙윙거리며 속보, 다가오는 사건, 사회적 관심사를 알려준다. 우리의 전자장비는 진동을 이용해 우리를 몸 너머의 세계와 연결하고, 우리의 환경세계를 해부학적 범위 너머로 확장한다. 하지만 늘 그렇듯, 그 원조는 다른 동물 그룹이었다.

거미줄, 진동으로 가득 찬 세계

"미리 경고하는데, 여기는 꽤 징그러워요." 베스 모티머Beth Mortimer가 경고한다. 그러나 나는 아직 마음의 준비가 되지 않았다.

나는 모티머에게 그녀가 사육하는 무당거미류Nephila 군집을 보여달라고 부탁하며, 막연히 그들이 한 줄로 늘어선 케이지에 개별적으로 수용되어 있는 장면을 떠올렸다. 그러나 웬걸. 우리는 육중한 문과 넓은 플라스틱 칸막이의 장막을 지나, 예전에는 새 사육장이었지만 지금은 수십 마리의 방목 거미가 살고 있는 커다란 방으로 들어간다. 직경 1미터의 지저분한 거미줄을 실수로 건드리지 않기 위해, 모티머와 나는 아라크나리움(거미 사육장)의 한가운데에 서 있다. 그들을 보기는 어렵지만, 나는 그들의 중심에 있는 큰 거미를 찾음으로써 그들이 어디에 있는지 쉽게 느낄 수 있다.

무당거미 한 마리는 사람의 귀만 한 크기다. 야생에서, 무당거미의 거미줄은 박쥐를 잡을 수 있을 만큼 크고 튼튼할 수도 있다. 이 방에서, 그들은 파리를 잡아먹으며 자유롭게 돌아다닐 수 있다. 그녀가 징그럽다고 경고한 것이 바로 이 부분이다. 파리들은 한구석에 있는 퇴비통에서 사육되는데, 그 속에는 썩어가는 바나나와 분유가 가득하다. 모티머가 '파리 기르기'와 '거미줄 연구'에 대해 설명하는 동안, 나는 내 머리, 메모장, 펜에 내려앉는 큰 똥파리를 무시하려고 노력한다. "나는 학부생들을 여기에 데려오는데, 개네들은 실망스러울 정도로 비위가 약해요"라고 그녀는 말한다.

장면 전체를 스캔할 수 있고 거미줄을 거의 알아볼 수 있을 정도로 예리한 눈을 가진 인간에게, 그 방은 파리가 걸려들기만 기다리고 있는 '죽

이토록 굉장한 세계

음의 덫'의 미로다. 시력이 매우 나쁜 거미에게, 그 방은 실제로 존재하지 않는다. 그들에게 세상은 두 가지—거미줄과, 거미줄을 진동시키는 모든 것—로만 구성되어 있다. 파리에게 가느다란 거미줄은 실제로 걸려들 때까지 감지되지 않는다. 나는 문득 파리에게 연민을 느낀다. "나는 그렇지 않아요." 모티머가 말한다. "난 똥파리가 싫어요." 하지만 그녀는 거미를, 그리고 무엇보다도 무당거미를 좋아한다. 그녀는 다른 진동 감지 동물도 연구하는데, 그중에는 소금쟁이, 멸구류, 코끼리가 포함되어 있다. "그러나 무당거미는 내가 과학 경력을 시작했을 때 처음 연구한 생물로, 나의 영원한 첫사랑이에요"라고 그녀는 말한다. "나는 코끼리를 정말 존중해요. 그러나 내가 사랑하는 건 거미예요. 많은 사람들이 오해하고 있다는 사실은 그들을 더 찬양하고 싶게 만들 뿐이에요."•

거미는 거의 4억 년 동안 지구상에 존재해왔고, 그동안 줄곧 거미줄을 생산해왔을 것이다.[48] 거미줄은 공학의 경이로움으로, 가볍고 탄력성이 있지만 강철보다 강하고 케블라보다 질길 수 있다.[49] 거미는 그것을 이용해 알을 포장하고, 피난처를 만들고, 공중에 매달리고, 하늘로 날아오른다(더 자세한 내용은 나중에 설명한다). 거미줄 가운데 가장 유명한 것은, 많은 종들이 만드는 동글납작한 형태의 거미줄—원형 거미줄—이다.

원형 거미줄은 날아다니는 곤충을 낚아챈 후 움직이지 못하게 만드는 함정이다.[50] 그것은 또한 감시 시스템으로, 거미의 감각 범위를 '몸이 닿을 수 있는 범위' 너머로 크게 확장시킨다. 게다가 거미의 몸은 수천 개의 틈새 감각기—모래전갈이 먹잇감의 진동 활동을 탐지하기 위

• 놀랍게도 진동 감각을 연구하는 과학자들 중 상당수가 음악가이기도 하다. 이 분야를 개척한 프레이 오시안닐손은 바이올리니스트였다. 렉스 코크로프트는 당초 생물학에 매료되기 전에 피아노를 전공할 예정이었다. 베스 모티머는 가수로, 프렌치 호른과 피아노도 연주한다.

해 사용하는 것과 유사한 진동 감지 균열—로 뒤덮여 있다. 거미의 틈새 감각기는 관절 주위에도 집중되어 있으며, 그곳에서 무리를 지어 수금형 기관lyriform organ을 형성한다. 이 절묘하게 민감한 기관을 사용해, 모든 거미들은 자신들이 서 있는 표면—장소는 다양하다—을 통과하는 진동을 감지할 수 있다. 앞 장에서 소개한 떠돌이호랑거미에게 그 표면은 땅이고, 무당거미와 같은 거미줄 거미orb-weaver에게 그것은 거미줄이다. 무당거미는 진동을 감지하는 표면을 스스로 구성한다. 따라서 원형 거미줄의 재료는 다른 기질基質—이를테면 토양, 모래, 식물의 줄기—이 아니라 거미의 일부다. 그리고 거미줄은 거미의 감각계의 일부이며, 기능과 역할 면에서 그들의 몸에 있는 틈새 감각기에 비해 전혀 손색이 없다.

모티머의 아라크나리움에 있는 무당거미처럼, 대부분의 거미줄 거미는 거미줄의 한가운데에 버티고 앉아, 진동을 전달하는 경로인 방사상 바퀴살 위에 다리를 올려놓는다. 이 위치에서, 그들은 '살랑거리는 바람이나 떨어지는 낙엽이 만든 진동'과 '몸부림치는 먹잇감이 만든 진동'을 구별할 수 있다.[51] 그들은 아마도 각각의 다리에 부딪히는 진동의 강도를 비교함으로써, 먹잇감이 거미줄의 어느 부분에 걸려들었는지 알아내는 것 같다.[52] 그들은 포로의 크기를 평가할 수 있으므로, 덩치 큰 포로에게는 더 조심스럽게 접근하거나 아예 접근하지 않을 것이다.[53] 만약 먹잇감이 움직임을 멈추면, 고의로 거미줄을 튕긴 다음 반사되는 진동을 '듣는' 방식으로 먹이의 위치를 알아낼 수 있다.[54] 먹잇감을 잡을 때 최우선 고려 사항은 진동이다. 만약 맛있는 파리가 몸 위에서 윙윙거린다면, 거미는 단순히 다리를 휘저어 그것을 멀리 쫓아버릴 것이다. 파리는 거미줄을 흔드는 경우에만 먹잇감으로 인식된다.

이토록 굉장한 세계

진동에 대한 의존성은 너무나 절대적이어서, 많은 동물이 자신의 발자국을 위장함으로써 거미줄 거미를 착취할 수 있다. 일례로 작은 디부살이거미dewdrop spider(*Argyrodes*)는 거미계의 좀도둑으로, 무당거미 같은 큰 거미의 거미줄을 해킹해 먹이를 훔친다.[55] 그들은 인근의 은신처에 숨어 무당거미 거미줄의 허브와 바퀴살에 몇 가닥의 거미줄을 걸쳐놓음으로써 자신의 감각계를 더 큰 거미의 감각계에 효과적으로 연결한다. 그런 다음 곤충이 거미줄에 걸리면, 무당거미가 이를 포획해 거미줄로 포장할 때까지 진득하게 기다린다. 포장이 끝나면, 디부살이거미는 주 거미줄로 쏜살같이 달려가 포장된 곤충을 (주인 거미가 더 이상 탐지할 수 없도록) 거미줄에서 싹둑 잘라낸 후 의기양양하게 먹어치운다. 디부살이거미는 자신의 고유한 진동이 발생하지 않도록 조심스럽게 행동한다. 무당거미가 움직일 때만 달리고, 무당거미가 가만히 있을 때는 살금살금 걷는다. 또한 팽팽하던 거미줄이 갑자기 느슨해지는 것을 막기 위해, 자신이 절단한 거미줄을 모두 붙들고 있다. 이 같은 속임수 덕분에 이 좀도둑은 들키는 일이 거의 없다. 무당거미가 쳐놓은 거미줄 하나에 무려 40마리의 디부살이거미가 선線을 대고 있을 수 있다.

다른 생물들은 먹이를 훔치는 것보다 더 치명적인 의도를 가지고 있다. 어떤 참노린재는 매우 은밀한 발걸음으로 거미의 코앞까지 다가가, 거미줄에 앉아 있는 거미를 죽일 수 있다.[56] 다른 거미를 잡아먹는 깡충거미인 포르티아*Portia*는 나뭇가지의 충격을 흉내 내기 위해 거미줄을 세게 흔들고, 이 진동 연막을 이용해 먹잇감을 향해 돌진한다.[57] 포르티아와 참노린재는 모두 거미줄을 튕겨 '덫에 걸려든 먹잇감'의 진동을 모방함으로써 거미를 유인할 수 있다. 이 포식자들은 모두 시각적으로 두드러지지만, 그들의 진동이 곤충, 나뭇가지, 산들바람처럼 느껴지는 한 거미줄 거미는 그 차이를 구별할 수 없다. 프리드리히 바르트는 거미줄 거미를 가리켜 "진동으로 가득 찬 '작은 직조된 세계'에 살고 있다"라고 했다.[58]

거미줄 거미는 자신만의 진동풍경을 구축할 뿐만 아니라, 마치 악기를 튜닝하는 것처럼 조정할 수도 있다. 조정의 범위는 엄청나다. 개별 섬유에 가스총을 이용해 발사체를 발사한 후 고속 카메라와 레이저로 거미줄 가닥을 분석함으로써, 모티머는 "일부 거미줄이 알려진 어떤 물질보다도 넓은 범위의 속도로 진동을 전달할 수 있다"라는 결론을 내렸다.[59] 이론적으로 거미는 섬유의 경직도, 가닥의 장력, 거미줄 전체의 모양을 바꿈으로써 진동의 속도와 강도를 변경할 수 있다. 새로운 거미줄을 만들 때, 거미는 그때그때 다른 속도로 원사原絲를 뽑아내거나 다른 굵기의 섬유를 만들거나 새로운 가닥에 장력을 더함으로써 이 과제를 수행한다.[60] 특정한 가닥을 추가, 제거 또는 견인함으로써 이미 완성된 거미줄을 조정할 수 있다. 습기 속에서 수축하는 원사의 자연적인 경향에 의존한 다음, 이렇게 조여진 가닥을 적당히 늘일 수도 있다. 거미줄 거미가 이런 결정을 내리는 시점은 확실하지 않다. 그러나 그들은 자신의 감각을 조정하고 필요에 따라 자신만의 환경세계를 정의할 수 있는 옵션을 보유하고 있는 게 틀림없다.

동물학자인 와타나베 다케시는 일본산 거미줄 거미인 오클로노바 시보티데스Oclonoba sybotides가 배고플 때 거미줄의 구조를 바꾼다는 사실을 증명했다.[61] 그들은 바퀴살을 따라 장력을 증가시키는 나선형 장식을 추가함으로써(이렇게 하면 거미줄이 팽팽해진다), 작은 먹잇감이 일으키는 약한 진동을 전달하는 능력을 향상시킨다. 배가 고프면 모든 먹이가 중요하기 때문에, 거미는 사소한 먹잇감까지도 포획할 요량으로 거미줄의 성

이토록 굉장한 세계

질을 변화시킴으로써 감각의 범위를 확대한다.

그러나 정말 중요한 부분은 따로 있다. 와타나베가 발견한 바에 따르면, 배부른 거미일지라도 배고픈 거미가 만든 팽팽한 거미줄 위에 놓이면 작은 파리를 쫓는다. 거미가 '어떤 먹잇감을 공격할지'에 대한 결정은 사실상 거미줄에 달려 있는 셈이다. 그들의 선택은 뉴런, 호르몬 또는 신체 내부의 다른 요소뿐만 아니라 외부의 요소―생성하고 조정할 수 있는 것―에도 달려 있다. 수금형 기관이 진동을 감지하기도 전에, 거미줄은 '어떤 진동이 다리에 도착할 것인지'를 결정한다. 거미는 자신이 인식하는 것을 모두 먹어치우는데, 이 인식의 경계―환경세계의 범위―는 다양한 종류의 거미줄에 의해 설정된다.* 그렇다면 거미줄은 단순히 거미의 감각을 확장하는 게 아니라 인식을 확장한다는 이야기가 된다.[63] 실제로 거미줄은 거미의 사고 도구다. 그들이 거미줄을 조율하는 것은 자신의 정신을 조율하는 것과 같다.

거미는 또한 자기 몸을 조정할 수 있다. 생물물리학자인 나타샤 마트레Natasha Mhatre는 "악명 높은 검은과부거미black widow가 자세를 바꿈으로써 관절에 있는 수금형 기관을 다양한 주파수의 진동에 맞출 수 있다"라고 보고했다.[64] 검은과부거미는 복잡한 수평 거미줄을 만든 후, 다리를 쭉 뻗은 채 거꾸로 매달려 있는 경우가 많다. 그러나 배가 고프면 다리를 끌어당겨 '웅크리기' 자세를 취할 수 있는데, 이 자세는 관절을 더 높은 주파수의 진동에 맞추는 감각적 파워포즈다. 와타나베가 연구한 거미줄 거미의 팽팽한 거미줄처럼, 이 자세는 거미의 환경세계를 더 작은 먹잇감의 움직임 쪽으로 이동시킬 수 있다. 또한 그것은 낮은 주파

---

* 거미줄 거미는 먹잇감이 반복적으로 잡히는 영역에 연결된 바퀴살을 팽팽히 당겨, 먹이를 얻을 가능성이 가장 높은 거미줄 부분에 주의를 집중한다.[62]

수의 바람을 무시하는 데 도움이 될 수 있다. 그것은 일종의 실눈 뜨기를 허용하는 자세라고 할 수 있지만, 이 비유는 정확하지 않다. 왜냐하면 실눈 뜨기란 '뭔가를 더 잘 보려고 취하는 동작'으로, 물리적 공간의 특정 부분에 집중하는 데 도움이 되기 때문이다. 그보다는 차라리 검은 과부거미의 웅크리기 자세는 정보 공간의 다른 부분에 초점을 맞추게 해준다. 마치 우리가 스쿼트 자세를 취한 채 주변을 유심히 살펴보거나, 견상자세를 취한 채 낮은 소리에 귀를 기울이는 것처럼 말이다.

검은과부거미의 웅크린 자세는 모래전갈의 사냥 자세, 황금두더지의 머리를 파묻은 자세, (케이틀린 오코넬에게 코끼리의 지반진동 감각에 대한 단서를 제공한) 코끼리의 '발끝으로 선 채 몸을 앞으로 숙인 자세'를 연상시킨다. 자신의 발밑으로 지나가는 진동을 분석하는 동물들이, 자신들이 서 있는 표면과 상호작용하는 특별한 방법을 가지고 있다는 것은 당연해 보인다. 우리에게는 앉아 있는 것만으로도 족하다.

반려견을 입양한 이후로, 나는 예전보다 더 많은 시간을 바닥에서 보내고 있다. 그 자세에서, 나는 이전에 느껴보지 못했던 표면 진동을 느낄 수 있다. 들락날락하는 이웃들의 발자국 소리, 밖에서 지나가는 쓰레기차의 요란한 소리…. 바닥은 내가 나 자신을 낮출 수 있는 세상이지만, 타이포가 항상 살고 있는 세상이다. 코기종의 몸집을 감안할 때, 타이포는 '잔물결 이는 땅'에 나보다 1.5미터 더 가까이 있다. 나는 타이포가 뭘 느끼고 뭘 듣는지 무척 궁금하다. 타이포는 종종 휴식을 끝내고 일어나, (스타워즈에 나오는) 요다 같은 귀로 내가 듣지 못한 것을 포착할 것이다. 녀석은 내가 놓치는 것을 생각나게 하는데, 그중에는 우리의 발밑을 통과하는 표면파뿐만 아니라 우리 주변의 공기를 통해 이동하는 압력파—소리—도 있다.

이토록 굉장한 세계

·

소리
Sound

세상의 모든 귀를 찾아서

로저 페인Roger Payne은 과거에 한때 어둠을 무서워했다. 고등학생 때 그는 집 근처의 자연보호구역에서 오랫동안 야간 산책을 함으로써 암흑 공포증을 극복하려고 노력했다. 이 고독한 산책을 하는 동안, 그는 종종 근처 건물에 사는 올빼미 소리를 들었다(그리고 가끔 올빼미를 보기도 했다). 그러던 중 밤에 대한 두려움이 차츰 가라앉자 올빼미에 관심을 갖게 되었다. 1956년 학부생으로서 새를 연구할 기회를 얻었을 때, 그는 주저 없이 올빼미를 선택했다.

올빼미는 눈이 크지만, 칠흑 같은 어둠 속에서도 먹이를 잡을 수 있다. 페인은 그들이 필시 귀를 사용할 거라고 생각했다. 이 아이디어를 테스트하기 위해, 그는 큰 차고의 창문에 검은색 플라스틱 시트를 붙이고 바닥에 마른 잎사귀를 두껍게 깔았다.[1] 구석에 있는 횃대에는 〈곰돌이 푸〉에 나오는 캐릭터의 이름을 따서 월이라는 이름을 붙인 애완용 원숭이올빼미barn owl를 배치했다. 그런 다음 어둠 속에 앉아 생쥐 한 마리를 풀어놓았다. "아무것도 보이지 않았지만, 생쥐가 움직이기 시작하면 바스락거리는 소리가 들렸어요"라고 그는 말한다. 월도 그 소리를 들었겠지만, 처음 3일 동안에는 아무것도 하지 않았다. 나흘째 되는 날 밤,

페인은 뭔가가 세게 부딪치는 소리를 들었다. 불을 켜고 들여다보니, 월이 발톱으로 생쥐를 움켜잡고 있었다.

그 후 4년 동안 페인은 월을 비롯한 원숭이올빼미들을 대상으로 더 많은 실험을 했는데, 모든 실험에서 올빼미는 '소리를 통한 먹이 찾기'의 달인인 것으로 판명되었다.[2] 생쥐들은 위험을 인식했는지, 페인에 의해 잎사귀로 덮인 방에 투입되자마자 살금살금 기어 잎사귀 속에 숨곤 했다. 그러나 바스락거리기 시작하는 순간 그들의 목숨은 끝이었다. 페인이 적외선경infrared scope으로 관찰해보니, 올빼미는 첫 번째 바스락거리는 소리에 반응해 먼 앞쪽을 향해 몸을 기울였다. 그런 다음 머리를 앞으로 한 채 생쥐를 향해 급강하하더니, 마지막 순간에 몸을 거의 180도 회전하며 생쥐의 얼굴 쪽을 발톱으로 겨냥했다. 그들의 동작은 매우 정확해서, 생쥐를 정면에서 덮칠 수 있을 뿐만 아니라 몸의 장축long axis을 따라 공격할 수도 있었다. 페인이 생쥐만 한 크기의 종이 뭉치를 나뭇잎 사이로 끌고 가자, 올빼미는 그것도 공격했다. 생쥐의 꼬리에 잎사귀 한 장을 묶고 폼 바닥 위를 뛰어다니게 했더니, 이번에는 잎을 공격했다. 이상의 실험 결과는, 올빼미가 후각이나 시각 등의 다른 감각을 사용하지 않음을 시사한다. 의심할 여지없이, 그들의 공격을 주도하는 것은 귀였다. 실제로 페인이 올빼미의 귀 중 하나를 솜으로 막았더니, 한때 정확했던 올빼미들은 생쥐를 30센티미터 이상의 차이로 놓치는 것으로 나타났다. "스릴 만점이었어요." 그가 나에게 말한다. "증거가 너무 명확했어요."

생쥐가 바스락거리거나 개가 짖거나 나뭇가지가 숲에 떨어지면, 바깥쪽으로 퍼져나가는 압력파가 발생한다.[3] 이 파동이 이동함에 따라, 그 경로에 있는 공기 분자들은 잇따라 압축과 팽창을 반복한다. 파동

이토록 굉장한 세계

의 이동선과 같은 방향으로 발생하는 이러한 움직임을, 우리는 소리라고 부른다. 분자가 1초 동안 압축되고 팽창하는 횟수에 따라 소리의 주파수—음높이—가 결정되는데, 이것은 헤르츠(Hz)로 측정된다. 분자가 움직이는 정도에 따라 소리의 진폭—음량—이 결정되는데, 이것은 데시벨(dB)로 측정된다. 청각은 이러한 움직임을 탐지하는 감각이다.

인간의 귀는 외이, 중이, 내이, 세 부분으로 구성된다. 외이는 유입되는 음파를 받아들여, 다육질 피부판(귓바퀴)을 이용해 수집한 다음 외이도로 내려 보낸다. 외이도 끝에서, 음파는 고막이라고 불리는 얇고 팽팽한 막을 진동시킨다. 그 진동은 (우리가 앞 장에서 살펴본) 중이에 있는 세 개의 소골小骨에 의해 증폭되어, 내이—특히 달팽이관이라고 불리는, 체액으로 채워진 긴 튜브—로 전달된다. 그곳에서 움직임에 민감한 유모세포는 진동을 탐지해 그 신호를 뇌에 전달한다. 드디어 소리가 들린다.•

원숭이올빼미의 귀는 인간의 귀와 기본 구조가 같다.[4] 외이는 음파를 수집하고, 중이는 증폭 및 전송하고, 내이는 탐지한다. 그러나 인간의 귓바퀴는 한 쌍의 다육질 피부판인 반면, 올빼미의 귓바퀴는 사실상 얼굴 전체다.•• 올빼미의 전매특허인 동글납작한 안면판은 두껍고 뻣뻣한 깃털로 촘촘하게 채워져 있다. 그 깃털들은 유입되는 음파를 수집해 귓

• 이 유모세포는 물고기의 측선에 있는 유모세포와 비슷하다. 귀와 측선은 동일한 조상의 감각계에서 진화했을 가능성이 높기 때문이다.
•• 추가적인 차이점: 올빼미의 달팽이관은 바나나처럼 구부러져 있는 반면 인간의 달팽이관은 달팽이 껍데기처럼 감겨 있고, 올빼미의 중이에는 세 개가 아니라 한 개의 뼈만 있다. 또한 포유류와 달리 원숭이올빼미와 다른 새들의 귀는 노화하지 않는다. 즉 그들의 유모세포는 재생되며, 청각의 민감성은 나이가 들어도 거의 감소하지 않는다.[5] 혼란스럽게도 칡부엉이long-eared owl, 쇠부엉이short-eared owl, 그리고 그 친척들의 두드러진 술tuft은 실제로 귀의 일부가 아닌 장식일 뿐 청각에 일절 관여하지 않는다.

8장 소리 세상의 모든 귀를 찾아서

구멍으로 보내는, 레이더 접시 같은 역할을 한다. 거대한 귓구멍은 올빼미의 눈 뒤에서 발견되는데, 깃털 사이에 숨겨져 있다. 어떤 종의 귓구멍은 너무 넓어서, 덮인 깃털을 제거하고 속을 들여다보면 안구 뒤쪽이 보인다. 덩치에 비해 훨씬 큰 고막 및 달팽이관과 함께, 이런 특징들은 올빼미 청각의 특출한 예민함에 기여한다.

올빼미는 소리를 탐지하는 능력뿐만 아니라, 소리가 어디서 나는지 정확하게 알아내는 능력에서 타의 추종을 불허한다.* 시각에 관한 장에서 보았듯이, 당신이 팔을 쭉 뻗은 상태에서 엄지손가락을 치켜세우면, 엄지손톱이 대략 1도의 공간을 나타낸다. 고니시 마사카즈小西正一와 에릭 크누센Eric Knudsen은 원숭이올빼미가 소리의 원천을 2도 이내의 범위로 추적할 수 있음을 보였다.[6] 이것은 대부분의 육상동물보다 낫다. 참고로 올빼미만큼 민감한 귀를 가진 고양이는 음원의 위치를 3~5도 이내의 범위로 추적할 수 있을 뿐이다.

인간은 수평 방향에서 올빼미와 거의 비슷하지만, 수직 방향에서는 정확도가 상당히 떨어져 3~6도에 머문다. 그것은 우리의 양쪽 귀가 수평을 이루고 있어서, 소리가 위에서 나든 아래에서 나든 거의 동시에 두 귀에 들어오기 때문이다.** 그러나 올빼미의 귀는 독특하게 비대칭적이

---

* 그러나 원숭이올빼미라고 해서 모든 소리를 들을 수 있는 건 아니다. 인간을 비롯해 다른 모든 동물들과 마찬가지로, 그들은 특정 범위의 주파수 또는 음높이 내에서만 소리를 탐지할 수 있다. 그 범위는 기저막basilar membrane이라고 불리는 가늘고 긴 조각에 배열된 달팽이관의 유모세포에 의해 결정된다. 기저막의 맨 아랫부분은 낮은 주파수에서 진동하는 반면, 맨 윗부분은 높은 주파수에서 진동한다. 기저막의 어느 부분이 진동하는지(따라서 어떤 유모세포가 자극되는지)를 바탕으로 올빼미는 어떤 주파수가 귀에 부딪히는지 알아낼 수 있다. 막의 길이·두께·모양·경직도는 청각 범위의 상한과 하한을 결정한다. 평균적으로 인간은 20헤르츠에서 20킬로헤르츠의 소리를 들을 수 있지만 올빼미는 200헤르츠에서 12킬로헤르츠의 약간 좁은 가청 범위를 가지고 있다. 그 범위 내에서, 그들은 특히 4~8킬로헤르츠의 모든 소리에 민감하다. 생쥐가 나뭇잎 사이를 뛰어다닐 때 발생하는 주파수가 이 범위에 해당하는 것은 우연의 일치가 아니다.

어서, 왼쪽이 오른쪽보다 높은 곳에 위치한다.[7] 올빼미의 얼굴을 시계로 생각하면, 왼쪽 귀는 2시에 열리고 오른쪽 귀는 8시에 열린다. 그러므로 소리가 위나 왼쪽에서 나면 '오른쪽 아래' 귀보다 '왼쪽 위' 귀에 조금 더 빠르고 크게 들린다. 소리가 아래나 오른쪽에서 나면 그 반대다. 이러한 타이밍과 크기의 차이를 이용해, 올빼미의 뇌는 음원의 위치를 수직 방향과 수평 방향에서 모두 파악한다.[8] 하이킹을 하다가 근처에서 바스락거리는 소리가 들리면, 우리는 소리의 방향을 대충 짐작한 후 고개를 돌려 그 원천을 정확히 확인한다. 그러나 우리의 머리 위 나무에 앉아 있는 올빼미는 귀만으로도 그 소리가 어디서 나는지 정확히 알아낼 수 있다. 큰회색올빼미great gray owl의 경우, 땅바닥에서 들려오는 씹거나 허둥대는 소리만 듣고 눈 덮인 굴속의 레밍을 낚아채거나 고퍼가 머무는 굴의 지붕을 한 치의 오차도 없이 꿰뚫을 수 있다. 이런 솜씨는 주목할 만하며, 청각이 매우 유용한 감각이 될 수 있는 이유를 짐작하게 한다.

청각의 먹이사슬

전통적인 오감 중에서, 청각은 촉각과 가장 밀접하게 관련되어 있다. 이것은 직관에 어긋나는 것처럼 보인다. 후자는 (단단하고 만질 수 있는) 표면과 관련 있는 데 반해, 전자는 (공기 중에 떠다니고 천상의 것처럼 보이는) 소리를 다루기 때문이다. 그러나 청각과 촉각은 모두 기계적 감각으로, 동

** 우리는 소리에 대해 의식적으로 생각하지 않고 음원의 위치를 파악하는데, 이로 인해 그 작업이 실제로 얼마나 어려운지를 간과한다. '세계의 다른 부분'에서 온 빛은 '망막의 다른 부분'에 도달하기 때문에, 눈에는 공간 감각이 내장되어 있다. 그러나 귀는 고유한 공간적 요소가 없는 주파수나 음량과 같은 특성을 포착하도록 설정되어 있다. 그런 정보를 받아들여 지도화해야 하니, 동물의 뇌는 문자 그대로 중노동을 할 수밖에 없다.

일한 수용체(구부러지거나 눌리거나 비틀릴 때 전기 신호를 보내는 수용체)를 이용해 외부 세계의 움직임을 탐지한다. 촉각의 경우, 이러한 움직임은 손가락 끝(또는 수염, 부리 끝, 아이머 기관)으로 표면을 누르거나 쓰다듬을 때 발생한다. 청각의 경우, 그런 움직임은 음파가 귀에 도달해 그 안의 작은 유모세포를 구부러뜨릴 때 발생한다.

그러나 촉각과 달리 청각은 장거리에서도 작동할 수 있다. 시각과 달리 청각은 어둠 속에서, 그리고 단단하고 불투명한 장벽 앞에서도 기능을 발휘한다. 앞 장에서 살펴본 진동 감각과 달리 청각은 표면이 필요하지 않으며, 공기나 물처럼 모든 것을 아우르는 매체를 경유해 작동할 수 있다. 그리고 분자의 느린 확산에 의해 제한되는 후각과 달리 청각은 상당히 빨리—음속으로—작동한다. 어떤 감각들은 이러한 특징 중 몇 가지를 가지고 있지만, 청각은 그것들을 모두 겸비하기 때문에 일부 동물들은 청각에 지나치게 의존하기도 한다. 윌리엄 스테빈스William Stebbins는 이것을 다음과 같이 아름답게 요약했다. "소리가 다른 형태의 자극과 크게 다른 점은, 보이지 않는 거리에서 현재 진행되는 사건에 대한 정보를 전달할 수 있다는 것이다."[9]

올빼미를 방울뱀과 비교해보자. 둘 다 야행성이고 설치류를 사냥한다는 공통점이 있다. 방울뱀은 자주 먹을 필요가 없으며 매복 사냥꾼이다. 그들은 후각을 사용해 긴 잠복근무에 적절한 지점을 물색한 후, 희생자가 적외선 감각의 짧은 범위 내로 들어올 때까지 기다린다. 올빼미는 그런 사치를 부릴 여유가 없다. 그들은 높은 대사율을 유지하기 위해 더욱 규칙적으로 먹이를 찾아야 하는데, 그러기 위해서는 넓은 숲을 스캔하여 (빠르게 움직이지만 보이지 않는) 설치류의 바스락거리는 소리를 정확히 포착해야 한다. 따라서 사정거리가 길고 속도가 빠르고 해상도가 뛰

이토록 굉장한 세계

어난 청각이 올빼미의 주된 감각으로 자리 잡은 것은 당연한 귀결이다.

그러나 소리에 의한 사냥에는 큰 단점이 있으니, 바로 간섭interference 이다. 독수리처럼 시각에 의존하는 포식자는 움직일 때 티가 나지 않지만, 올빼미처럼 청각에 의존하는 포식자는 날갯짓 할 때 소음이 발생할 수밖에 없다. 올빼미의 귀 근처에서 나는 날갯짓 소리는 먹잇감의 '희미하고 먼 소리'를 잠재적으로 집어삼킬 수 있다. 다행히도 올빼미의 몸에는 부드러운 깃털이 있고 날개에는 톱니 모양의 가장자리가 있어서, 거의 감지할 수 없을 정도의 조용한 비행이 가능하다.[10] 따라서 날갯짓으로 인한 소음의 대부분은 올빼미의 가청 주파수에 미달하며, 소형 설치류의 가청 주파수에도 미치지 못한다.[11] 결론적으로 말해서 올빼미는 생쥐의 소리를 잘 들을 수 있지만, 생쥐는 올빼미가 다가오는 소리를 거의 듣지 못한다.

하지만 캥거루쥐kangaroo rat는 다르다. 이 깡충깡충 뛰는 조그만 설치류는 비교적 커다란(뇌보다 큰) 중이를 가지고 있다.[12] 이 기관은 올빼미의 날개에서 생성되는 저주파 소음을 특별히 증폭함으로써, 대부분의 다른 설치류가 감지할 수 없는 임박한 위험을 들을 수 있게 해준다. 그 덕분에 캥거루쥐는 원숭이올빼미의 공격을 용케 잘 피한다.[13] 그들은 심지어 방울뱀이 공격할 때 내는 소리를 듣고 멀리 점프할 뿐만 아니라, 공중에서 방향을 틀어 다가오는 뱀의 얼굴에 이단옆차기를 날릴 수 있다[14](열熱에 관한 장에서 만난 뱀 전문가인 룰론 클라크는 캥거루쥐를 "특히 고약한 먹잇감"이라고 기술한다).

이 모든 생물들은 소리와 연결되어 있다. 그들의 삶과 죽음은 그들의 가청 주파수, 그 주파수에 대한 민감성, 음원을 찾는 기술에 의해 결정된다. 모든 종에는 고유한 강점과 약점이 있다. 올빼미는 허둥대는 쥐가 생성하는 주파수에 최대한 민감하고 타의 추종을 불허하는 정확도로 그 소리를 찾아낼 수 있지만, 인간의 귀가 탐지할 수 있는 가장 높고 깊은 음을 감지하지 못한다. 생쥐는 올빼미의 낮은 날갯짓 소리를 들을 수 없지만, 올빼미가 듣지 못하는 고음으로 경보를 울릴 수 있다. 다른 감각들과 마찬가지로, 동물의 청각도 필요에 맞게 조율되어 있다. 그리고 어떤 동물들은 아예 들을 필요가 없다.

'귀'는 필수가 아닌 선택

우리의 둥근 귀는 페넥여우fennec fox의 뾰족한 삼각형 귀, 코끼리의 거대한 귓바퀴, 돌고래의 단순한 구멍과 매우 다르게 보일 수 있지만, 이러한 차이는 피상적이다. 대부분의 포유류는 매우 양호한 청각을 보유하고 있으며, 그들의 귀는 매우 비슷하다. 즉 대부분의 포유류는 귀를 가지고 있는데, 개수는 항상 두 개이며 머리에 달려 있다. 그러나 이 중 어느 것도 곤충에게는 절대적이지 않다. 곤충도 귀를 진화시켰지만, 그들의 귀는 '동물들은 왜 듣는가'에 대한 세 가지 중요한 교훈을 제공할 정도로 눈부신 다양성을 자랑한다.[15]

곤충의 귀에서 얻을 수 있는 첫 번째 교훈은 다음과 같다. '청각은 유용하지만, 촉각이나 통각과 달리 보편적으로 그런 건 아니다.' 어쨌든 최초의 곤충들은 귀가 먼 상태였다.[16] 그들은 귀를 진화시켜야 했고, 4억 8000만 년의 역사를 통해 최소한 열아홉 번의 독립적인 경우와 상상할 수 있는 거의 모든 신체부위에서 그렇게 했다.[17] 그리하여 귀는 귀뚜라미와 여치의 무릎, 메뚜기와 매미의 배, 매미의 입에 존재한다.[18] 모기는 더듬이로 듣는다.[19] 제왕나비의 애벌레는 중간 부분에 있는 한 쌍

이토록 굉장한 세계

의 털로 듣는다.[20] 방광메뚜기bladder grasshopper는 여섯 쌍의 귀가 복부를 따라 늘어서 있고, 사마귀는 가슴 중앙에 하나의 거대한 귀가 있다.*[21] 곤충의 귀는 매우 다양한데, 그 이유는 대부분이 현음기chordotonal organ— 곤충의 전신에서 발견되는, 움직임에 민감한 구조—에서 진화했기 때문이다.[23] 현음기는 단단한 바깥쪽 큐티클cuticle 바로 아래에 있는 감각세포로 구성되어 있으며, 진동과 신장stretching 동작에 반응한다. 그것은 곤충에게 자신의 신체부위—펄럭이는 날개, 움직이는 팔다리, 팽창한 내장—의 위치를 알려준다. 그러나 현음기는 공중에 떠다니는 매우 큰 소리에도 반응할 수 있기 때문에, 거의 귀로 진화하는 경향이 있다. 귀로 변신하려면 더 민감해지기만 하면 되는데, 이 문제는 현음기 바로 위에 있는 큐티클을 얇게 해 고막을 만듦으로써 쉽게 해결된다.** 이러한 일이 거의 모든 신체부위에서 발생할 수 있기 때문에, 곤충의 귀는 가장 있을 법하지 않은 위치에 자리 잡을 수 있다. 마치 그들의 체표면 전체가 청각을 위해 준비된 것 같다.

그러나 많은 곤충들은 이 진화적 식은 죽 먹기를 실행하지 않았다. 하루살이와 잠자리는 귀가 없고 대부분의 딱정벌레도 그렇다. 사실 대부분의 곤충은 귀가 먼 것처럼 보이며, 다른 모든 동물 종을 수적으로 압도하기 때문에 대부분의 동물이 귀가 들리지 않는다고 해도 무방할 정도다. 이것은 이상하게 보일지도 모르며, 특히 소리를 들을 수 있는 우

---

* 1968년 데이비드 파이David Pye라는 동물학자는 세계 최고의 과학 저널 중 하나인 〈네이처〉에 곤충의 귀에 관한 유쾌한 5행시를 실었다. 2004년이 되어 과학자들이 곤충의 귀에 대해 더 많은 사실을 알게 되자, 파이는 12행이 추가된 속편을 발표하지 않을 수 없었다. "나중에 더 많은 귀가 / 다른 형태로 발견되었다. / 아는 만큼 보이며 / 진정한 규범은 없다."[22]
** 모든 곤충의 귀에 고막이 있는 것은 아니다. 모기의 더듬이와 제왕나비 애벌레의 털은 6장에서 살펴본 거미와 귀뚜라미의 '기류 감지 털'과 더 비슷한 방식으로 작동한다.

리에게 소리는 편재遍在하는 것처럼 여겨지기 때문에 더욱 그럴 수 있다. 그러나 수백만 명의 청각장애인들은 그것 없이도 잘 지내고 있으며, 많은 동물들은 그것에 전혀 개의치 않는다. 우리의 동료 포유류와 다른 척추동물들을 본다면, 청력이 매우 중요하다고 생각해도 무방할지 모른다. 그러나 곤충을 본다면, 청각은 필수가 아니라 선택이라는 것을 확실히 깨닫게 될 것이다.

시각과 마찬가지로, 동물이 듣는 방식에 대해 생각하려면 그들이 귀를 사용하는 방법을 이해해야 한다. 청각은 빠르고 정확한 장거리 및 '24시간 정보 제공 시스템'으로, '빠르게 움직이는 먹이'와 '순식간에 접근하는 위협'을 모두 감지하게 해준다는 점에서 특히 유용하다. 따라서 많은 곤충들이 포식자의 소리를 듣기 위해 귀를 진화시킨 것으로 보인다.[24] 돋보이는 푸른모르포나비blue morpho를 포함한 많은 나비는 날개에 귀가 있다.[25] 이 종들은 침묵하므로 서로의 소리를 듣지 않는 게 분명하다. 그 대신 제인 야크Jayne Yack는 그들의 귀가 '육식 조류가 생성하는 주파수'와 동일한 주파수에 맞춰져 있음을 증명했다.[26] 그들은 몇 미터 떨어진 곳에서 나는 날갯짓 소리, 텃세 부리는 소리, 풀 사이를 헤치고 지나가는 깃털 소리, 나뭇가지 위에서 깡충깡충 뛰는 발소리 같은 유의미한 소리를 들을 것이다. 그들은 캥거루쥐와 동일한 방식으로 귀를 사용할 가능성이 높다.•

포식자를 탐지하는 데 유리한 특성은 의사소통에도 유리하다. 동물은 소리를 내고 소리를 들음으로써, (시각적 단서를 모호하게 만드는) 어둡고

• 귀가 포식자를 탐지하는 데 유리하다는 것은, 일부 곤충 그룹이 굳이 귀를 진화시키지 않은 이유를 설명할 수 있다. 귀가 없는 하루살이의 경우, 워낙 대량으로 비행하기 때문에 조기경보 시스템이 없더라도 포식자로부터 안전을 도모할 수 있는 것으로 보인다. 귀가 없는 잠자리는 뛰어난 시각에 의존해 다가오는 위험을 감지하고, 탁월한 비행술 덕분에 근거리 공격을 피하는지도 모른다.

혼란스러운 공간에서 '표면 진동보다 먼 거리'와 '페로몬보다 빠른 속도'로 신호를 교환할 수 있다. 이것은 수백만 년 전에 귀뚜라미와 여치가 노래하기 시작한 이유를 설명해줄지도 모른다.

수컷은 한마디로 시끄러운 녀석들이다. 그들의 한쪽 날개에는 능선이 있고 다른 쪽 날개에는 빗살 모양의 이빨이 있다. 이것들을 서로 문지르면 스르릅 소리가 나는데, 암컷은 앞다리에 있는 고막을 이용해 이 노래를 듣는다. 화석화된 곤충의 날개에서 동일한 능선과 빗이 발견된다는 점을 감안할 때, 이 노래는 적어도 1억 6500만 년 동안(어쩌면 훨씬 더 오랫동안) 공기를 가득 채워온 것으로 추정된다.[27] 그러나 약 4000만 년 전 또 다른 곤충 그룹이 이 노래를 도청하기 시작했으니, 바로 기생파리 tachinid fly다. 대부분의 기생파리는 시각이나 후각을 이용해 희생자를 추적하지만, 아메리카 대륙 전역에서 발견되는 1.3센티미터 길이의 노란색 종인 오르미아 오크라케아Ormia ochracea는 청각을 사용한다. 마치 암컷 귀뚜라미처럼, 오르미아는 수컷 귀뚜라미의 노래에 귀를 기울인다. 그런 다음 그 감미로운 스르릅 소리를 향해 곧장 날아가, 가수의 몸이나 그 근처에 내려앉아 알을 낳는다. 알에서 나온 구더기는 귀뚜라미 속으로 파고들어, 내부에서부터 서서히 그를 집어삼킨다.

오르미아의 귀는 눈에 잘 띄지 않는다. 그러나 1990년대 초 오르미아를 현미경으로 처음 관찰했을 때, 곤충 귀 전문가인 대니얼 로버트Daniel Robert는 목 바로 아래에 있는 두 개의 얇은 타원형 막을 단번에 알아보았다.[28] 그것은 바로 고막이었다("내가 너무 괴짜인지도 몰라요"라고 로버트는 나에게 말했다). 대부분 파리의 귀는 털이 많고 더듬이에서 발견된다는 점을 감안할 때, 오르미아의 귀는 매우 특이하다고 할 수 있다. 그것은 암컷 귀뚜라미의 귀와 매우 비슷하게 생겼고, 수컷 귀뚜라미 노래의 주파수에 맞춰져 있다. 오르미아는 암컷 귀뚜라미의 청각적 환경세계를 활용해, 동일한 목표(멀리서 보이지 않는 수컷을 정확히 찾아내는 것)를 위해 사용한다. 만약 당신이 집 안 어딘가에서 들려오는 귀뚜라미 소리에 시달린 적이 있다면, 그 지긋지긋한 소리의 원천을 찾는 것이 얼마나 어려운지 알것이다. 오르미아는 그런 어려움을 전혀 겪지 않는다. 그들은 1도 이내의 범위로 귀뚜라미를 추적할 수 있는데, 이는 인간, 원숭이올빼미, 그리고 지금껏 테스트를 거친 거의 모든 동물들보다 우수하다.[•29]

이 같은 최고 수준의 예리함에도 불구하고, 오르미아의 귀는 '귀뚜라미 찾기'라는 매우 단순한 행동을 제어한다. 많은 곤충들의 귀도 사정은 마찬가지인데, 제인 야크는 '곤충의 귀가 그토록 다양한 신체부위에서 진화한 이유'가 바로 여기에 있다고 생각한다. "귀는 '귀의 덕을 보는 행동'을 제어하는 뉴런 근처에 위치하는 경향이 있어요"라고 그녀는 말한다. 암컷 귀뚜라미는 몸을 돌이켜 노래하는 수컷 쪽으로 이동하므로, 귀가 다리에 있다. 사마귀와 나방은 포식자의 소리가 들릴 때 공격을 피하기 위해 다이빙과 회전을 하므로, 귀가 날개의 위나 근처에 있다(당신의 반려견에게 휘파람을 불면, 때마침 그 옆에 앉아 있던 나방이 원형과 나선형을 그리기 시작할 것이다).

[•] 원숭이올빼미를 대상으로 한 연구에서, 동물은 소리가 양쪽 귀에 도달하는 시간을 비교함으로써 그 소리가 어디에서 오는지 알아낼 수 있는 것으로 밝혀졌다. 그러나 동물의 크기가 작을수록 두 귀의 간격은 줄어들고 소리는 거의 동시에 두 귀에 도달하게 된다. 오르미아의 귀 간격은 0.5밀리미터 미만으로, 'i'자 위에 있는 점의 폭과 같다. 그 미세한 거리에서 귀뚜라미의 노래는 1.5마이크로초 간격으로 두 고막에 부딪치는데, 이 간격은 너무 좁아서 존재하지 않는 편이 나을지도 모른다(참고로 인간의 귀가 음원의 위치를 정확히 파악하려면 최소한 500마이크로초의 간격이 필요하다). 그러나 로버트와 그의 스승 론 호이Ron Hoy는 인간과 달리 오르미아의 고막이 연결되어 있다는 것을 증명했다.[30] 파리의 작은 머리 안에서, 두 개의 고막은 옷걸이처럼 생긴 유연한 레버로 연결되어 있다. 소리가 한쪽 고막을 진동시키면 레버가 그 진동을 반대쪽 고막으로 전달하지만, 약간의 시간 차—약 50마이크로초—를 둔다. 이로 인해 두 귀 사이의 시간 차가 확대되어, 두 장소에서 귀뚜라미 소리를 듣는 오르미아들 사이의 차이를 만든다.

곤충의 귀에서 얻을 수 있는 두 번째 교훈은 청각이 믿을 수 없을 정도로 단순할 수 있다는 것이다. 혹자는 귀뚜라미가 듣는 것의 정신적 표상을 만들어내고, 그것을 '이상적인 수컷 노래'의 내적 본보기와 비교한다고 생각할지도 모른다. 그건 너무 나간 생각이다. 바버라 웹Barbara Webb은 여러 가지 까다로운 연구를 통해, '암컷 귀뚜라미의 귀'와 '그 귀에 연결된 뉴런'은 수컷의 노래를 자동으로 인식해 그 노래를 향해 몸을 돌리도록 되어 있다는 것을 알아냈다.[31] 즉 그런 행동은 암컷 귀뚜라미의 감각계에 내장되어 있다는 것이다.* 청각은 인간의 음악과 언어의 대부분을 뒷받침하는 감각으로서, 사고·감정·창의성의 정교함과 떼려야 뗄 수 없는 관계일 수 있다. 그러나 그것은 고무망치로 무릎을 두드릴 때 발을 들어올리는 인간의 반응과 비슷할 수도 있다.

단순한 행동일지라도 중대한 결과를 초래할 수 있다. 오르미아의 뛰어난 음향 실력 때문에, 하와이에서는 한때 수컷 귀뚜라미의 3분의 1이 오르미아에 감염되어 개체 수가 심각하게 억제되고 있었다. 그에 대응해 귀뚜라미는 날개의 빗살 모양 구조가 파괴되는 변이를 획득해 음이 소거되었다. 무덤을 피하기 위해 일제히 침묵을 지키게 된 것이다. 이것은 20세대 만에 일어난 사건으로, "민짜 날개 귀뚜라미"를 야생에서 발견된 역사상 가장 빠른 진화 사례 중 하나로 만들었다.[33] 침묵하게 된 수컷 귀뚜라미는 오르미아뿐만 아니라 암컷 귀뚜라미에게도 탐지되지 않는다. 사정이 이러하다 보니, 그들은 (다행히 노래할 수 있는) 극소수의 수컷 주위에서 얼쩡거리는 신세로 전락한다. 그들의 유일한 희망은, 명가수에게 접근하는 암컷들과 몰래 짝짓기를 하는 것이다. 그들은 아직도 두

---

* 웹은 심지어 간단한 귀뚜라미 로봇을 만들었다.[32] 그것은 암컷 귀뚜라미처럼 행동하며, 노래에 대한 내적 개념이 없음에도 노래하는 수컷을 추적할 수 있다.

날개를 비벼대며 노래 부르는 흉내를 낸다. 마치 자기들이 여전히 스르릅 소리를 낼 수 있는 것처럼.

곤충의 귀에서 얻을 수 있는 세 번째 교훈은 다음과 같다. 동물의 청각은 울음소리의 진화를 추동할 수 있으며, 그 역도 성립한다. 눈이 자연의 팔레트를 정의하듯, 귀는 자연의 음성을 정의한다.

개구리의 세레나데를 도청하는 박쥐

1978년 여름, 젊은 대학원생이던 마이크 라이언은 긴 비행과 기차 여행, 그리고 보트 여행을 마치고, 마침내 개구리를 연구하기 위해 파나마의 바로콜로라도섬에 도착했다. 한 나이 든 생물학자가 울음소리만 듣고도 종을 척척 식별하는 것을 목격한 이후, 그는 양서류에 푹 빠져 있었다. 라이언은 이런 의문을 품었다. 사람의 귀에 형체 없는 불협화음으로 인식되는 소리가 그렇게 많은데, 정작 개구리 자신에게 들리는 소리는 무엇일까? 우리가 알기로 수컷은 짝을 유혹하기 위해 노래를 부르지만, 암컷은 그 노래에서 어떤 부분을 듣고 있을까? 개구리에게 아름답게 들리는 소리는 무엇일까?

라이언의 당초 계획은 파나마의 빨간눈청개구리를 연구하는 것이었는데, 이것은 그의 미래의 제자 캐런 워켄틴이 20년 후 집중적으로 연구하게 될, 코르도바 국립공원 연못가의 개구리와 동일 종이었다.* 그러나이 동물들은 임관canopy에 처박힌 채 내려오지 않았고, 노래도 별로 많이부르지 않았다. 그들의 노랫소리를 녹음하려고 할 때, 라이언은 그 대

---

* 앞 장에서 만난 뿔매미 마니아 렉스 코크로프트도 라이언의 제자다.

신 자신의 발등에서 발악하고 있는 훨씬 더 큰 종—퉁가라개구리túngara frog—한 마리를 집어들곤 했다.[34] "나는 입을 닥치게 할 요량으로 그들을 계속 쫓아냈어요." 그가 나에게 말한다. "그러다 문득 이렇게 중얼거렸어요. 음, 그냥 얘네들을 연구해버릴까? 내 눈앞에 이렇게 널려 있는데 말이야."

당신의 마음속에 평균적인 개구리 한 마리를 그려보라. 퉁가라개구리는 이렇게 생겼다. 크기는 보통 개구리의 4분의 1쯤 되고, 피부는 울퉁불퉁하며, 색깔은 칙칙한 이끼색이다. 그러나 그들은 시각적 화려함의 부족함을 음향적 감각으로 보충한다. 해가 진 후 수컷들은 거대한 성대를 부풀려 자신들의 뇌보다 큰 소리상자에 공기를 강제로 주입한다. 그 결과물은, 멀어지는 작은 사이렌 소리를 연상케 하는 짧고 낮은 낑낑거림이다. 그 후 수컷은 척chuck으로 알려진 하나 이상의 짧은 스타카토 꾸밈 음을 추가할 수 있다. 어떤 사람들의 귀에는 결합된 음성이 "퉁-가-라"처럼 들린다고 해서, 그런 이름이 생겨났다. 라이언에게 그것은 오래된 비디오 게임의 음향 효과와 비슷하게 들린다.* 암컷 개구리에게 그것은 세레나데처럼 들린다. 암컷은 다양한 수컷들 앞에 앉아 그들의 낑낑거림과 '척'을 비교하고, 그중 가장 매력적으로 들리는 소리를 선택해 그 임자에게 자신의 알을 수정시키도록 허락할 것이다. 구애하는 수컷은 선택받을 때까지 하룻밤에 5000번의 세레나데를 부를 수 있다. 라이언이 이 사실을 알고 있는 것은, 바로콜로라도에서 186일 동안 연속으로 야근하며 황혼부터 새벽까지 개별적으로 표시된 1000마리 퉁가라

---

* 라이언은 퉁가라개구리 흉내를 아주 잘 낸다. 그러나 실망스럽게도 그는 실제로 암컷 개구리를 속일 수 있는지 확인하기 위해 자신의 목소리를 스피커로 방송해본 적이 없다. "난 기필코 해볼 거예요." 라고 그는 나에게 말한다.

개구리의 세레나데와 연애 행각을 녹음했기 때문이다.[35] 그것은 관음증 마라톤이었고, 그는 그 과정에서 한 가지 결정적인 사실을 알게 되었다. '척'은 매우 섹시하다는 것이다.

암컷은 거의 항상 '단순히 낑낑대는' 수컷보다 '낑낑대는 소리를 척으로 장식하는' 수컷을 좋아한다.[36] 척은 매우 바람직하기 때문에, 만약 수컷이 척을 사용하기를 꺼린다면 암컷은 때때로 수컷을 닦달함으로써 척을 사용하도록 만든다. 라이언은 수컷들의 노래를 녹음해, 낑낑대는 소리와 척을 다양한 비율로 결합했다. 그런 다음 방음실에서, 한 쌍의 리믹스된 노래를 각각 다른 스피커를 통해 재생하며 암컷들이 어느 쪽으로 가는지 관찰했다. 그 결과 낑낑대는 소리는 그 자체로서 매력적이지만, 척은 그것의 매력을 다섯 배 증가시키는 것으로 밝혀졌다. '많은 척'이 '적은 척'보다 섹시하고, '저음의 척'은 '고음의 척'보다 섹시했다. 이러한 선호도는 간단하지만, 그 이유는 간단하지 않았다.

면밀한 분석을 통해, 라이언은 개구리의 내이가 2130헤르츠라는 주파수에 특히 민감하다는 것을 발견했는데, 이는 평균적인 척의 주파수보다 약간 낮다.*[37] 여러 종들이 동시에 세레나데를 부르는 시끄러운 연못에서도, 암컷은 동종 수컷의 세레나데를 감별함으로써 그들을 쉽게 찾을 수 있다. 덩치 큰 수컷은 척의 음높이가 낮은데, 이것은 이상적인 내이(낮은 주파수의 척에 반응하는 내이)를 가진 암컷에게 특별히 크고 또렷하게 들릴 것이다. 퉁가라의 귀가 특정한 주파수에 맞춰진 것은 바로 이 때문일 거라고 라이언은 추론했다. 또한 덩치 큰 수컷은 더 많은 알을 수

• 엄밀히 말하면, 개구리의 내이에는 두 가지 청각기관이 존재한다. 그중 하나인 양서류 유두am-phibian papilla는 낑낑댐의 음높이인 700헤르츠에 가장 민감하다. 다른 하나인 기저유두basilar papilla는 척의 주파수에 맞춰져 있다.

　　　　　　　　　　　　　　　이토록 굉장한 세계

정시킬 수 있으므로, 낮은 주파수를 선호한 과거 세대의 암컷들은 더 많은 자손을 제공한 수컷에게 끌렸을 것이다. 암컷들의 편애는 갈수록 디욱 일반화되었고, 결국 종 전체가 그 수컷의 목소리에 맞춰진 귀를 갖도록 진화했을 것이다. 이 이야기는 매우 그럴듯하지만 완전히 빗나갔다.

라이언은 퉁가라개구리의 가까운 친척을 연구함으로써 진짜 이야기를 발견했다.[38] 이 종의 수컷들은 모두 끙끙대지만, 척을 사용하는 수컷은 극소수에 불과하다. 그러나 그들은 모두 퉁가라와 동일한 '척에 인접한 주파수'에 맞춰진 내이를 가지고 있다. 이 개구리들은 실제로 들어본 적이 없음에도 척이 매력적이라고 여기는 경향이 있다. 라이언은 에콰도르로 가서, 콜로라도난쟁이개구리Colorado dwarf frog—퉁가라의 '척 없는 사촌' 중 하나—를 연구함으로써 이 사실을 증명했다. 그는 수컷의 끙끙대는 소리를 녹음한 후 말미에 퉁가라의 척을 추가했다. 그러고는 그 리믹스된 세레나데를 암컷들에게 들려주었다. "나는 암컷들이 기겁할 거라고 생각했어요"라고 그는 말한다. 그런데 웬걸, 암컷들은 익숙하지 않은 잡탕 음을 향해 폴짝폴짝 뛰어갔다. 암컷들은 한 번도 들어본 적이 없는 척을 거부할 수 없었는데, 그 이유는 이미 존재하는 감각적 특이점sensory quirk을 활용하기 때문인 것으로 판명되었다.

이 발견은 라이언의 내러티브를 뒤집었다.[39] 퉁가라개구리의 청각이 세레나데에 맞춰 변화한 게 아니라, 그 반대였다. 개구리의 조상은 이미 2130헤르츠에 맞춰진 귀를 가지고 있었고, 척은 그 편향을 이용하기 위해 진화한 것이었다. 그들의 조상이 애초에 그렇게 조율된 이유는 아직 불분명하다. 어쩌면 그것은 바스락거리는 포식자가 생성한 음높이일 수도 있고, 개구리의 환경에 존재하는 다른 중요한 측면일 수도 있다. 그럼에도 불구하고 암컷의 미적 선호가 먼저이고, 수컷의 세레나데는 암컷의 미적 개념에 알맞도록 바뀐 게 분명하다. 라이언은 이런 현상을 "감각 활용sensory exploitation"이라고 부르는데, 그를 비롯한 생물학자들은 이것이 동물계 전체에서 흔히 일어나는 현상임을 밝혔다.●[40] 다시 한 번 강조하지만, 자연의 귀는 자연의 음성을 규정한다.

수컷 퉁가라개구리는 파트너의 관심을 쉽게 끄는 법을 얻었다. 척은 거의 노력을 들이지 않고 그들의 매력을 다섯 배로 향상시킨다. "우리가 자신의 매력을 향상시키는 데 투자하는 시간과 노력을 생각해보세요. 이건 공짜나 마찬가지예요"라고 라이언이 말한다. 그런데 알다가도 모를 일이 있다. 개구리들은 가능한 한 자주, 그리고 반복적으로 척을 사용할 것 같지만, 이상하게도 그렇게 하기를 꺼린다. 어떤 개체들은 끙끙대는 소리에 최대 일곱 번의 척을 추가하지만, 대부분은 한두 번만 추가하는 데 그친다. 많은 개구리들이 척을 완전히 거부하는데, 라이언이 '암컷만이 그들의 노래를 듣는 건 아니다'라는 사실을 깨달을 때까지 그들의 과묵함은 당혹스러웠다. 그들이 공짜를 마다하는 이유가 뭘까?

라이언이 바로콜로라도에 도착하기 1년 전, 그의 동료 멀린 터틀Merlin Turtle은 반쯤 먹은 퉁가라개구리를 입에 물고 있는 박쥐를 포획했다. 이 종은 사마귀입술박쥐fringe-lipped bat로, 게걸스러운 개구리 포식자로 밝혀졌다. 터틀과 라이언은 박쥐가 세레나데를 도청함으로써 개구리를 추적한다는 사실을 밝혀냈다.[42] 오르미아가 귀뚜라미의 노래를 엿듣는 것

● 감각 활용은 감각 전반에 걸쳐 작용한다. 스워드테일피시swordtail fish의 경우, 수컷의 꼬리지느러미의 아래쪽 절반이 비정상적으로 길다. 이것을 검sword이라고 하는데, 검이 길수록 수컷은 암컷에게 더 매력적으로 보인다. 그러나 알렉산드라 바솔로Alexandra Basolo는 (스워드테일피시와 근연관계에 있고, 검이 없는) 플래티피시platyfish들 사이에도 이와 동일한 선호가 존재한다는 것을 발견했다.[41] 그녀가 수컷 플래티피시의 꼬리에 인공 검을 붙였더니 더 매력적으로 보이게 되었다. 그렇다면 '스워드테일피시의 검'은 '퉁가라개구리의 척'과 비슷하며, 기존의 선호를 이용하기 위해 진화한 형질이라고 할 수 있다.

이토록 굉장한 세계

처럼 말이다. 그리고 암컷 퉁가라개구리와 마찬가지로, 박쥐는 '낑낑대는 소리에 척을 추가하는 수컷'에게 특히 끌린다. 암컷 개구리는 배우자를 찾고 박쥐는 먹잇감을 찾지만, 둘 다 똑같은 소리를 듣고 있는 것이다. 이로 인해 수컷 개구리들은 달갑잖은 선택을 하게 된다. 척이 암컷과 죽음을 모두 부르므로, 그들이 때때로 낑낑대기를 고수하는 것은 당연하다.*

개구리와 박쥐가 감각을 통해 서로 연결되어 있다니, 놀라움을 금할수 없다. 어떤 이유에서든 개구리의 조상은 2130헤르츠라는 주파수에 편향된 귀를 가지고 있었다. 퉁가라개구리는 낑낑대는 소리에 척을 추가함으로써 그 감각적 기이함을 활용했다. 사마귀입술박쥐는 (청각을 이례적으로 낮은 주파수까지 확장한) 청각적 부가 기능을 이용해 척을 탐지했다. 개구리의 환경세계가 개구리의 세레나데를 형성하고, 그 소리가 박쥐의 환경세계를 형성한 것이다. 감각은 동물의 미적 선호와 개념을 결정하고, 그 과정에서 자연계에 나타나는 아름다움의 형태에 영향을 미친다.

---

* 한 세미나에서 이 연구 결과를 처음 발표했을 때, 라이언은 어느 거물급 교수로부터 틀렸다는 지적을 받았다. 그 교수의 주장에 따르면, 박쥐의 귀는 이례적으로 높은 주파수를 가진 자신의 세레나데에 특화되어 있으므로, 그런 귀로 낮은 주파수를 가진 퉁가라의 척을 듣는다는 것은 어불성설이었다. 이에 굴하지 않고, 라이언은 자신의 주장이 맞는다는 것을 증명했다. "박쥐의 내이는 거의 모든 포유류보다 많은 뉴런에 연결되어 있으며, 그들 중 일부는 특이하게도 저주파의 개구리 울음소리에 민감하다. 그건 마치 박쥐의 '기본적인 하드웨어'에 특수한 '개구리 탐지 모듈'을 추가한 것과 같다." 라이언의 제자 중 한 명인 레이철 페이지Rachel Page는 나중에, 박쥐가 어떤 상황에서는 낑낑거림과 척을 병행하는 개구리를 더 쉽게 찾는다는 것을 보여주었다.[43] 게다가 박쥐는 유일한 도청자가 아니다. 라이언의 또 다른 제자인 히메나 베르날Ximena Bernal은 흡혈깔따구bloodsucking midge가 개구리의 세레나데(특히 척이 추가된 세레나데)에 끌린다는 것을 증명했다.[44]

인간이 들을 수 없는 무언가

인간의 귀에 새들의 노래만큼 아름다운 동물 소리는 거의 없다. 그리고 호주산 금화조zebra finch의 노래만큼 집중적으로 연구된 새 노래는 거의 없다. 시각적으로, 이 새들은 회색 머리, 하얀색 가슴, 주황색 뺨, 빨간색 부리, (휘날리는 마스카라 같은) 눈 밑의 까만색 줄무늬가 두드러진다. 청각적으로, 수컷은 색깔만큼이나 화려하고 복잡하고 시끄러운 노래를 부른다. 내 귀에는 그 소리가 멜로디 프린터처럼 들린다. 하지만 금화조의 노래가 다른 금화조에게도 그렇게 들리는지 궁금하다. 음높이만 놓고 보면 대답은 '그렇다'이다. 새들의 가청 주파수는 인간과 거의 비슷하므로, 그들은 일반적으로 우리와 동일한 음역의 소리를 듣는다. 그러나 그들의 노래는 믿기 어려울 만큼 빠를 수 있다. 금화조의 부리에서 나오는 음들이 워낙 빨리 진행되므로, 나는 거의 구별할 수 없다. 내가 들을 수 있다고 생각하는 음에도 뭔가가 더 있는 것 같고, 내가 완전히 식별할 수 없는 모종의 복잡함이 내 의식의 경계 너머에 숨어 있는 것 같다. 장담하건대 그들은 이 노래에서 내가 들을 수 없는 뭔가를 듣는다.

조류 애호가들은 오래전부터 조류의 청각이 우리보다 빠른 시간 범위timescale에서 작동한다고 생각해왔다.[45] 어떤 새들은 눈부시게 동기화된 이중창을 부르는데, 두 곡이 하나처럼 들릴 정도로 정밀하게 서로의 음을 맞춤으로써 시간적 기량temporal prowess을 증명한다. 금화조를 비롯한 다른 새들은 서로의 노래를 들음으로써 노래를 배우므로, 상대방의 음향적 세부사항을 들어야만 제대로 재현할 수 있다. 흉내지빠귀 같은 흉내의 명수들도 사정은 마찬가지다. 우리 귀에는 쏙독새whip-poor-will의 노래가 세 개의 음으로 구성된 것처럼 들리지만 실제로는 다섯 개로 구성되어 있으며, 녹음해서 느리게 재생하면 분명히 알 수 있다. 흉내시빠귀는 그런 도움이 필요하지 않다.[46] 그들은 쏙독새를 흉내 낼 때 다섯 개의 음을 모두 연주한다.

원숭이올빼미를 연구하기 전인 1960년대에 고니시 마사카즈는 조류의 청각 처리 속도가 유별나게 빠르다는 직접적인 증거를 발견했다.[47] 그는 일련의 빠른 '찰칵' 소리를 참새들에게 들려주며, 그들의 뇌의 청각중추에 있는 뉴런들의 전기적 활성을 기록했다. 그랬더니 뉴런들은 클릭당 한 번씩 발화하며, 심지어 클릭 간의 간격이 1.3~2밀리초일 때도 발화하는 것으로 나타났다. 그런 속도—초당 500~770번의 클릭—에서, 고양이의 청각뉴런은 겨우 10퍼센트 정도만 따라잡을 수 있다. 그러나 참새의 뉴런은 완벽하게 보조를 맞추었으며, 심지어 빠른 노래를 부르지 않는 비둘기도 민첩한 귀를 보유하고 있는 것처럼 보였다.

그 이후의 연구는 덜 명확했다. 로버트 둘링Robert Dooling은 1970년대 이후 실험을 계속했지만, 새와 인간의 '소리의 시간적 성질temporal nature'을 인지하는 방식 사이에 어떤 차이점도 발견하지 못했다.[48] 예컨대 그는 인간이 지속적인 소음에 삽입된 2밀리초의 무음 간격silent gap을 분간할 수 있음을 증명했다. 그런데 놀랍게도 새는 인간보다 우월하지 않은 것으로 나타났다. "아무리 실험을 거듭해도, 다른 점은 발견되지 않았어요."라고 둘링은 나에게 말한다. "수년 동안 헤아릴 수 없이 많은 방법으로 측정했지만 새들의 청각은 늘 인간과 다를 바 없는 것처럼 보였어요." 그는 많은 시간이 지난 뒤에야 문제점을 깨달았다. 그는 실제 노래의 풍부한 복잡성과 거리가 먼, 단순한 소리(이를테면 순수한 음색)를 이용해 새를 테스트해왔던 것이다. 순수한 음색을 '위아래로 물결치는 부드러운 곡선'으로 시각화하면 '시간 경과에 따른 압력의 증가와 감소'로 나타낼 수 있는데, 새소리도 이런 식으로 시각화하면 도시의 스카이라인이나 산맥의 능선처럼 보인다. 그것은 들쭉날쭉한 파동으로 가득 차 있는데, 이 파동은 한 음의 범위 내에서 일어나는 극도로 빠른 변화를 나타낸다. 이러한 세부사항을 시간적 미세구조temporal fine structure라고 하는데, 청각을 연구하는 데 일반적으로 사용되는 순수한 음색에는 누락되어 있다. 공교롭게도 명금류가 실제로 듣는 소리는 바로 그런 소리다.

둘링은 우아한 실험을 통해 이를 확인했다.[49] 이 실험에서 그는 다양한 명금류에게 '다른 것은 다 똑같고 시간적 미세구조에서만 차이 나는 소리'를 구별하는 과제를 부여했다. 이 설명은 직관적이지 않으므로 시각적 비유를 사용하겠다. 영화를 촬영한 후 세 개의 프레임마다 순서를 뒤집는다고 상상해보라. 이렇게 하면 색상 팔레트가 동일하게 유지되고 장면도 동일한 방식으로 구성되므로, 플롯을 여전히 이해할 수 있을 것이다. 하지만 뭔가 이상한 느낌이 들 것이고, 당신은 곧 그 차이를 눈치챌 것이다. 둘링이 명금류에게 한 행동이 대충 이런 것이라고 보면 된다. 그는 그들에게 각각 한 쌍의 소리를 들려주었는데, 한 소리(a)는 '몇 밀리초 이상 음높이가 올라갔다가 떨어지는' 반복적 음절로 구성되었고, 다른 소리(b)는 'a와 동일한 음역 및 기간에 걸쳐 음높이가 떨어지는' 반복적 음절로 구성되었다. 느린 귀에는 두 소리의 음높이가 평준화되어 동일한 소리처럼 들리겠지만, 빠른 귀에는 완전히 다르게 들릴 것이다. 둘링의 분석에 따르면, 인간은 소리 모듬chunk의 길이가 3~4밀리초 이상인 경우에만 이런 소리를 구별할 수 있었고, 카나리아와 사랑앵무budgerigar는 1~2밀리초에서 한계에 도달했다. 그러나 금화조는 가장 짧은 1밀리초짜리 소리 모듬까지도 구별할 수 있었다. 이 실험은 새들이 인간은 감지할 수 없을 정도로 빠르고 복잡한 소리를 들을 수 있다는 것을 분명히 보여주었다. "그것은 나의 선행연구 결과와 완진히 모순되기 때문에 기겁했죠"라고 둘링은 말한다. 사실, 추가 연구에서 새들은 둘링의 전자장치가 처리할 수 없는 미세한 세부사항을 식별할 수 있는 것으로 밝혀졌다. 그것은 수많은 놀라움의 시작일 뿐이었다.

금화조의 노래는 항상 같은 순서로 진행되는 몇 개의 뚜렷한 음절(A-B-C-D-E)로 구성되어 있다. 베스 베르날레오Beth Vernaleo와 둘링의 제자들로 구성된 연구팀이 이 음절 중 하나를 뒤집었을 때(A-B-Ɔ-D-E), 금화조는 거의 항상 변화를 알아차렸다.[50] 인간 청취자는 많은 연습을 했음에도 불구하고 알아차리지 못했지만, 연구팀이 두 음절 사이의 간격을 두 배로 늘리자 상황이 역전되었다. 인간은 쉽게 구별할 수 있었지만(마치 녹음에 문제가 있는 것처럼 들렸다), 금화조는 전혀 인식하지 못했던 것이다. 사람의 귀에는 분명히 다르게 들리는데도, 금화조는 두 곡의 차이를 알아채지 못했다.

셸비 로슨Shelby Lawson과 애덤 피시바인Adam Fishbein이라는 두 학생은 한 걸음 더 나아갔다. 그들이 음절의 순서를 완전히 뒤섞었더니(C-E-D-A-B), 금화조는 여전히 A-B-C-D-E와 그것들을 구별하지 못했다.[51] 두 소리의 순서는 분명히 다르지만, 그런 차이는 금화조에게 중요하지 않은 것 같다. "어린 시절에 음절의 개별적인 순서를 배우고 평생 동안 똑같은 순서로 노래를 부르는데도, 그들은 순서에 전혀 신경 쓰지 않아요"라고 둘링은 말한다. "그들은 세부사항에만 관심이 있는 것 같아요." 그건 마치 대화를 나누는 두 사람이 모음의 뉘앙스에만 세심한 주의를 기울이고 단어의 순서는 무시하는 것과 같다.

이쯤 되면 내 짐작이 맞는 것 같다. 즉 금화조는 자신들의 노래에서

'인간이 들을 수 없는 뭔가'를 듣는 게 틀림없다.[52] 그들이 순서를 무시한다는 것은 특히 예상치 못한 일이며, 새의 노래에 대한 우리의 직관에 정면으로 위배된다. 새 노래의 순서는 아름답고 인간의 귀에 유용하며, 탐조가들이 특정 종을 식별하는 데 사용된다. 신경과학자들이 그것을 연구하는 것은, 인간의 언어와 유사하기 때문이다. 그러나 우리의 직관은 정작 노래를 부르는 새들과 전혀 무관할 수도 있다. 물론 모든 종들이 이런 식으로 행동하는 것은 아니다.[53] 예를 들어 사랑앵무는 음절의 미세한 구조뿐만 아니라 순서에도 민감해 보인다. 그러나 상당수의 다른 새들(십자매Bengalese finch와 카나리아 포함)은 주로 전자(미세한 구조)에 신경을 쓴다. 그들에게, 노래의 아름다움과 중요성은 그 세부사항에 있다. 그들은 소리의 세부사항을 선호한 나머지 큰 그림을 무시하는데, 이는 나무를 듣고 숲을 듣지—또는 듣고 싶어 하지—않는 격이다.

인간은 정반대 성향을 가지고 있다. 즉 얼핏 듣기에 똑같은 금화조의 노래들이 모두 같은 정보를 전달한다고 생각하기 쉽다. 하지만 둘링의 동료인 노라 프라이어Nora Prior는 똑같은 것처럼 들리는 노래의 미세한 구조가 금화조에게는 매우 다르게 들릴 수 있음을 보였다.[54] 그녀가 한 녹음의 B음절을 다른 녹음의 B음절로 바꿨더니, 금화조는 뭔가가 달라졌음을 단박에 알아차렸다고 한다. 금화조의 노래는 우리가 감지할 수 없는 미묘한 뉘앙스로 가득 차 있음이 틀림없다. 우리 귀에는 똑같은 곡조가 반복되는 것처럼 들리지만, 그들은 어쩌면 성별, 건강, 정체성, 의도 등에 관한 정보를 전달할지도 모른다. 금화조는 파트너와 평생 동안 유대관계를 형성하고, 떨어져 있을 때 서로를 찾고, 여행하는 동안 함께 있고, 양육 책임을 조정하기 위해 노래한다. 아마도 그들은 노래의 미세한 구조에 코딩된 정보를 통해 이 모든 과제를 수행하는 것 같다.

이토록 굉장한 세계

우리가 동물의 소리를 들을 때 스릴을 느끼는 것은, 부분적으로 그들이 서로에게 무슨 말을 하는지 궁금해하기 때문이다. 작가들은 다양한 종들이 내는 지저귐, 울부짖음, 쉿 소리의 의미를 이해할 수 있는 닥터 두리틀 같은 캐릭터를 만들어냈다. 순진하게도 우리는 이것을 어휘의 문제로 생각하고, '쩍쩍 단어 사전' 같은 것이 있어서 지금 당장 새와 대화할 수 있게 해줄 거라고 상상하기 쉽다. 하지만 그런 건 없으며, 둘링의 연구는 우리에게 그 이유를 일깨워준다. 종간의 의사소통을 가로막는 것은 언어 장벽 이전에 감각 장벽이라는 것이다. 우리의 귀가 새소리를 포착할 수 없을진대, 우리의 뇌가 그 의미에 주의를 기울이는 것은 어림도 없다. "이제 새소리를 들을 때마다 그 복잡함에 경이로움을 느끼게 되었지만, 여전히 많은 것을 놓치고 있어요"라고 둘링은 말한다. "다른 새들은 알아듣지만, 나는 어안이 벙벙할 따름이에요."

계절에 따라 변하는 귀

2000년대 초 로버트 둘링이 첫 번째 미세구조 실험을 진행하는 동안, 제프리 루카스는 새의 청각에서 또 다른 예상치 못한 측면을 우연히 발견했다. 그와 그의 동료들은 북아메리카 새 여섯 종의 두피에 전극을 이식하고, 청각뉴런이 다양한 소리에 어떻게 반응하는지를 기록했다.[55] 이 간단한 기법을 청각유발전위auditory evoked potential(AEP) 검사라고 한다. 의사들은 이것을 이용해 인간 환자의 청력 수준을 확인하고, 생물학자들은 동물이 무엇을 들을 수 있는지를 알아낸다. 루카스는 '복잡한 노래를 가진 종들이 듣는 것'이 '단순한 선율을 가진 종들이 듣는 것'과 다른지 여부를 확인하기 위해 그것을 사용했다. 계획적이라기보다는 우연적으로, 그는 두 차례에 걸쳐—한 번은 겨울에, 다른 한 번은 봄에—새를 시험하게 되었다. 마침내 그 스냅샷들을 비교했을 때, 그는 그것들이 매우 다르다는 것을 알게 되었다. 새들은 계절에 따라 다른 소리를 듣는다는 것이다.

새들의 청각이 바뀌는 것은, 모든 귀에 내재하는 중요한 상충관계 trade-off 때문이다. 내가 두 개의 음—1000헤르츠의 주파수를 가진 음과 1050헤르츠의 주파수를 가진 음—을 연주한다고 치자. 이것들은 피아노의 오른쪽에 있는 두 개의 인접한 건반에 해당하며, 쉽게 구별할 수 있다. 하지만 만약 내가 10밀리초 동안 연주한다면 두 음을 구별할 수 없다. 왜냐고? 그 짧은 시간 안에 두 음은 각각 열 번씩 진동해 똑같은 소리를 내기 때문이다. 만약 연주 시간을 100밀리초로 늘린다면 두 음은 각각 100번과 105번 진동해 다른 소리를 낸다. 이러한 이유로, 동물의 귀는 뉴런이 오랜 기간 동안 소리 정보를 통합할 경우 유사한 주파수를 더 능숙하게 구별할 수 있다. 그러나 그렇게 함으로써, 그들은 그 기간 내에 발생하는 빠른 변화에 덜 민감해진다. 우리는 시각에 관한 장에서 이와 유사한 상충관계를 보았다. 눈은 탁월한 해상도나 민감도를 가질 수 있지만, 둘 다 가질 수는 없다. 이와 마찬가지로 귀는 탁월한 시간 해상도나 특출한 음높이 민감도를 가질 수 있지만 둘 다 가질 수는 없다.[56] "속도를 중시하는 청각계는 주파수를 중시하는 청각계와 완전히 달라요"라고 루카스는 나에게 말한다. 그리고 그는 새들이 어느 한쪽에 안주할 필요가 없다는 것을 발견했다. 그들은 상황의 요구에 따라 둘 사이에서 왔다 갔다 할 수 있기 때문이다.

미국 동부의 많은 지역을 우아하게 장식하는, 작고 호기심 많은 명금류인 캐롤라이나박새Carolina chickadee를 생각해보자. 그들의 전매특허인

이토록 굉장한 세계

치-카-디-디 소리는 금화조의 노래와 마찬가지로 음높이와 음량이 급격히 변화한다. 그 소리는 1년 내내 들을 수 있지만, 사교적인 박새들이 큰 무리를 형성하는 가을에 특히 중요하다. 그 시기에 새들은 소리에 코딩된 모든 정보를 분석해야 한다. 그러려면 그들의 청각은 가능한 한 빨라져야 하는데, 실제로 그렇다. 루카스는 가을에 그들의 시간 해상도가 올라가지만 음높이 민감도가 떨어진다는 것을 발견했다.[57] 봄이 오면 모든 것이 바뀐다. 암컷과 수컷이 짝을 지어 그들만의 번식지를 건설함에 따라, 박새 떼는 흩어지기 시작한다. 짝을 유혹하기 위해, 수컷 박새는 1년 내내 부르던 것보다 훨씬 간단한 세레나데를 부르기 시작한다. 그 노래는 네 개의 음—피fee, 비bee, 피fee, 베이bay—으로 구성되는데, 각각의 음은 순수한 음색에 가깝다. 수컷의 매력은 이 음들을 얼마나 일관되게 부를 수 있는지, 특히 '피'와 '비' 사이에서 정확한 음높이를 유지할 수 있는지 여부에 달려 있다. 이제 박새들은 노래의 주파수를 가능한 한 날카롭고 정확하게 들을 필요가 있다. 가을에는 속도가 모든 것을 좌우하지만, 봄에는 음높이가 최고다.

흰가슴동고비white-breasted nuthatch의 청각은 정반대 방향으로 바뀐다.[58] 그들의 세레나데는 빠르게 진행되는 콧소리—와-와-와—로, 음량의 빠른 변화를 포함하는 미세한 구조를 가지고 있다. 그러므로 박새와 달리 동고비는 번식기에 청각이 빨라지고 음높이에 덜 민감해진다. 두 새 모두, 해당 계절에 가장 중요한 정보를 처리하기 위해 계절이 바뀔 때마다 청각을 완전히 재조정한다. 그들의 노랫소리와 필요 사항은 달력에 따라 바뀌며, 그들의 귀도 마찬가지다.

이러한 변화는 에스트로겐 같은 성호르몬에 의해 유발되며, 성호르몬은 명금류 귀의 유모세포에 직접적인 영향을 미칠 수 있다. 이것은 일부 종에서 수컷과 암컷의 청각이 다른 방식으로 변화하는 이유를 설명할 수 있다.[59] 루카스와 그의 동료 메건 갤Megan Gall은 암컷 집참새house sparrow가 박새와 같은 방식으로 변하는 계절별 청각을 가지고 있음을 보였다.[60] 그들은 봄철에는 속도를 희생하고 음높이를 더 잘 처리한다. 그러나 수컷의 청각은 1년 내내 빠르게 유지된다. 요컨대 로버트 둘링은 인간이 새소리를 새와 다른 방식으로 경험한다는 것을 보여주었지만, 루카스는 새들도 자신의 노래를 성별과 계절에 따라 다양한 방식으로 경험할 수 있음을 보여주었다. 가을에는 모든 집참새가 동일한 방식으로 노래를 듣지만, 봄이 되면 수컷과 암컷은 같은 곡에 대해 상이한 경험을 한다. 그들의 환경세계는 매년 수렴과 발산을 거듭한다.

이러한 계절적 주기는 미적 감각보다 더 많은 영향력을 행사한다. 올빼미와 오르미아가 그러는 것처럼, 동물들은 소리가 양쪽 귀에 도달하는 시간 차를 이용해 음원의 위치를 계산할 수 있다. 귀가 미세한 시간 차를 탐지하는 데 서툴러지면, 귀의 주인은 음원을 지도화하는 데 서툴러진다. 따라서 봄에 암컷 참새의 음향 타이밍 감각이 약간 둔해지면 음향 공간도 약간 모호해진다.

2002년 이러한 계절적 주기를 처음 발견했을 때 루카스는 소스라치게 놀랐다. 다른 연구자들도 그의 초기 연구 결과를 믿지 않았다. 당시 사람들은 청각이 대체로 정적靜的이라고 생각했다. 어떤 종—슬프지만, 인간도 포함된다—에서는 나이가 들면서 둔해질 수 있지만, 더 짧은 시간 범위에 걸쳐 변화할 거라고는 생각되지 않았다.[61] 앞에서 여러 번 살펴본 바와 같이, 동물의 감각은 주변 환경에 미세하게 맞춰져 있으며, 관련된 정보를 빠짐없이 추출하도록 진화했다. 계절이 바뀜에 따라 환경이 변화하면 관련 정보도 변화하기 마련이다.* 북아메리카의 새들에

　　　　　　　　　　　　　　　　이토록 굉장한 세계

게 봄은 종종 짝짓기를 의미한다. 봄이 되면 공기가 (다른 계절에는 없는) 세레나데로 가득 차므로, 그들은 이제 신중하게 판단해야 한다. 가을은 바야흐로 개방성의 계절이다. 벌거벗은 나뭇가지는 작은 새가 포식자에게 더 잘 보이도록 만든다. 그러므로 가을에는 '다가오는 위험의 위치를 알아내는 능력'이 가장 중요해지는데, 이 능력은 빠른 청각과 불가분의 관계에 있다. 동물의 환경세계는 정적일 수 없는데, 그 이유는 그들 자신의 세계가 정적이지 않기 때문이다.

갯가재의 원형편광 패턴이나 뿔매미의 진동 노래와 달리, 새의 노랫소리는 인간의 감각 범위를 벗어나지 않는다. 우리는 새소리를 아주 많이 들을 수 있다. 박새의 '피-비-피-베이'와 동고비의 '와-와-와'는 우리가 받아 적을 수 있을 만큼 분명하다. 그러나 '그들이 의도한 청중'과 같은 방식으로 이러한 신호를 평가하려면 아직 갈 길이 멀다. 우리에게 박새의 노래는 10월에 듣든 3월에 듣든 똑같이 들린다. 박새에게는 그렇지 않다. 우리가 들을 수 있는 소리 안에 그토록 많은 미스터리가 존재한다면, 우리가 들을 수 없는 소리에는 얼마나 더 많은 미스터리가 존재할까?

바다는 고래의 목소리로 가득 차 있다

1960년대에 로저 페인은 원숭이올빼미에 대한 획기적인 연구를 마친 후 고래에 관심을 돌렸다. 그리하여 1971년에 두 편의 역사적인 논문을

• 플레인핀 미드십맨plainfin midshipman이라는 물고기의 수컷은 길고 매우 깊은 윙윙 소리로 암컷을 유혹하며, 번식기에는 암컷의 귀가 주요 주파수에 몇 배 더 민감해진다.[62] 초여름에 짝짓기를 위해 떼 지어 우는 것으로 유명한 초록청개구리green tree frog들은 코러스가 시작된 지 2주 후 자신들의 울음소리에 더욱 민감해진다.[63]

발표했다.[64] 첫 번째 논문에서, 그는 아내 케이티 페인Katy Payne과 함께 분석한 녹음에 기반해 혹등고래humpback whale가 잊을 수 없는 노래를 부른다는 사실을 처음으로 밝혔다.[65] 그것은 수십 년간의 연구를 촉진하고, 고래의 노래를 문화적 현상으로 바꾸고, 베스트셀러 앨범을 낳고, 고래 구하기 운동을 촉발하는 데 기여했다. 두 번째 논문에서, 그는 참고래fin whale—대왕고래에 이어 지구상에서 두 번째로 큰 동물—가 바다 전체에서 들을 수 있는 극저음의 울음소리를 낸다는 것을 보여주었다.[66] 이 논문은 페인의 경력을 거의 망칠 뻔했다.

그 논쟁의 여지가 있는 논문은 냉전의 와중에서 탄생했다. 소련 잠수함의 소리를 듣기 위해, 미국 해군은 태평양과 대서양에 일련의 수중 청음초소를 설치했다. 음향 감시 시스템Sound Surveillance System(SOSUS)으로 알려진 이 네트워크는 엄청난 양의 해양 소음을 탐지했다. 그중 일부는 분명히 생물학적이었지만, 다른 것들은 매우 불가사의했다. 특히 수수께끼 같은 소리 중 하나는 단조롭고 반복적이며 낮은 소리로, 20헤르츠의 주파수—표준 피아노의 가장 낮은 건반보다 한 옥타브 낮은 주파수—를 가지고 있었다.* 이 윙윙거리는 소리가 너무 커서, 사람들은 동물의 소리는 분명히 아닐 거라고 생각했다. 그렇다면 군사적 기원이라도 있는 것일까? 아니면 수중 지각 활동에 의해 생성된 것일까? 그것도 아니면 먼 해안선에서 부서지는 파도에서 온 것일까? 실제 출처는 해군 과학자들이 음원을 추적하기 시작했을 때에야 분명해졌는데, 마지막 지점에서 종종 참고래가 등장했다.[67]

인간의 청각은 일반적으로 약 20헤르츠에서 바닥을 친다. 이 주파수

---

* 가청 범위에는 명확한 경계가 없다. 그 대신 특정 음량 이하에서는 소리를 듣는 것이 점점 더 어려워진다. 예컨대 인간은 충분히 큰 초저주파 음 중 일부를 들을 수 있다.

아래에서는 초저주파 음으로 알려진 소리가 나는데, 별로 크지 않으면 사람 귀에 거의 들리지 않는다.[68] 초저주파 음은 특히 물속에서 엄청나게 먼 거리를 이동할 수 있다.* 참고래도 초저주파 음을 생성한다는 사실을 알고, 페인은 그들의 울음소리가 얼마나 먼 거리를 여행할 수 있는지 계산해봤다.[69] 그랬더니 놀랍게도 2만 킬로미터라는 결과가 나왔다 (지구상에 그렇게 넓은 바다는 없으므로 놀랄 만했다). 해양학자 더글러스 웹Douglas Webb과 함께 계산 결과를 발표하며, 페인은 이렇게 덧붙였다. "가장 큰 고래들은 광활한 바다에서 미세한 소리를 이용해 연락을 주고받는 것으로 보인다." 학계의 반응은 잔인했다. 저명한 고래 연구자들은 그의 면전에서 "당신의 논문은 순전히 공상에 근거한 거예요"라고 직격탄을 날렸다. 동료들의 전언에 따르면, 비평가들은 등 뒤에서 그의 정신건강에 의문을 제기했다. "그렇게 먼 거리를 이야기하면, 사람들은 덮어놓고 믿기를 거부하곤 해요"라고 페인은 나에게 말한다.

페인의 연구는 크리스 클라크Chris Clark에게 긍정적인 인상을 남겼다. 그는 합창단 출신의 젊은 음향학자였는데, 1972년 참고래를 연구하기 위해 아르헨티나로 떠나는 로저와 케이티 페인에게 음향 기술자로 채용되었다. 클라크에게 그것은 스릴 넘치고 유익한 시간이었다. 그는 남십자성 아래 해변에 텐트를 치고, 펭귄이 허둥지둥 지나가고 알바트로스들이 머리 위를 맴도는 환경에서 고래들의 소리를 듣기 시작했다. 그는 물속에 수중 청음기를 넣어 고래들의 노래를 엿듣고, 특정 녹음을 개별 고래에게 귀속시키는 방법을 개발했다. 그리고 아르헨티나에서 북극에 이르기까지 전 세계에서 녹음된 고래 소리들의 라이브러리를 만

---

* 인간은 제2차 세계대전 중에 이 특징을 이용했다. 당시 항공기에는 비행기가 가라앉으면 터지는 폭발물이 적재되어 있었다. 청음초소는 비행기가 추락한 위치를 탐지해 구조대를 파견할 수 있었다.

들었다. 그러는 내내, 페인은 거대한 고래들이 바다에서 대화를 나눈다는 생각에 사로잡혀 있었다.

냉전이 끝나고 소련 잠수함의 위협이 감소한 1990년대에, 미 해군은 클라크를 비롯한 연구자들에게 SOSUS의 수중 청음기에서 수거된 실시간 녹음을 관찰할 기회를 제공했다. SOSUS가 포착한 소리를 시각적으로 표현한 스펙트로그램에서, 클라크는 대왕고래가 노래를 부른다는 명백한 징후를 포착했다.[70] 클라크가 첫째 날 하나의 SOSUS 센서에서 확인한 데이터만도 과학 문헌 전체에 수록된 대왕고래의 목소리 건수를 초과했다.[71] 바다는 고래의 목소리로 가득 차 있었고, 그들은 엄청나게 먼 거리에서 노래하고 있었다. 클라크의 계산에 따르면, 한 마리는 2400킬로미터 떨어진 곳에 있었다. 그는 버뮤다 연안에 설치한 마이크를 사용해 아일랜드에 사는 고래의 노랫소리를 녹음할 수 있었다. "나는 그 순간 이렇게 생각했어요. '그래, 로저가 옳았어'"라고 그는 말한다. "대양분지 건너편에서 노래하는 대왕고래를 탐지하는 것은 물리적으로 가능해요." 해군 분석가에게 그런 소리(수천 킬로미터 떨어진 곳에서 도착한 소리)를 처리하는 것은 일상 업무의 일부였다. 그들은 그것을 스펙트로그램에 표시된 잡음으로 간주하고 즉시 무시했다. 하지만 클라크에게 그것은 놀라운 깨달음의 연속이었다.

비록 대왕고래와 참고래의 노랫소리가 대양을 횡단할 수 있지만, 그들이 실제로 그런 범위에서 의사소통을 하는지 여부는 아무도 모른다. 근처에 있는 개체에게 아주 큰 소리로 신호를 보낸 것이, 우연히 더 멀리 전파됐을 가능성을 배제할 수 없다. 그러나 클라크는 '같은 음이 매우 정확한 간격으로 여러 번 반복된다'고 지적한다. 노래하던 고래는 호흡을 위해 수면으로 부상할 때 노래를 멈추고, 물에 잠겼을 때 노래를

이토록 굉장한 세계

계속한다. "그걸 임의적이라고 볼 수는 없어요"라고 그는 말한다. 그는 화성 탐사선이 지구로 데이터를 전송하기 위해 사용하는 중복되고 반복적인 신호를 떠올린다. 만약 당신이 바다 전체를 가로지르는 통신에 사용하기 위한 신호를 설계하고 싶다면, 대왕고래의 노래와 비슷한 것을 생각해낼 수 있을 것이다.

그런 노래는 다른 용도로 사용될 수도 있다. 그들의 노래에서는 축구장만큼 긴 파장이 몇 초 동안 지속될 수 있다. 클라크는 해군 친구에게 그런 신호로 무엇을 할 수 있냐고 물어본 적이 있는데, 그는 "바다를 환하게 밝힐 수 있지"라고 대답했다. 즉 멀리 발사된 초저주파 음에서 되돌아오는 메아리를 분석함으로써, '물에 잠긴 산맥'에서부터 '해저 자체'에 이르기까지 광범위한 수중 풍경을 지도로 작성할 수 있다는 거였다. 만약 내가 지구물리학자라면, 참고래의 노래를 이용해 해양 지각의 밀도를 지도화할 수 있을 것이다.[72] 그러나 고래가 그렇게 할 수 있을까?

클라크는 그들의 움직임에서 증거를 본다. 그는 SOSUS를 통해, 아이슬란드와 그린란드 사이의 한대 수역polar waters에 출현한 대왕고래들이 열대 버뮤다를 향해 직진하며 노래하는 장면을 지켜보았다. 그는 수백 킬로미터 떨어진 랜드마크들 사이에서 지그재그로 움직이며 수중 산맥 사이를 질주하는 고래들을 눈여겨봐왔다. "이 동물들이 움직이는 것을 보면, 마치 바다의 음향 지도를 가지고 있는 것 같아요"라고 그는 말한다. 그는 또한 고래들이 긴 생애에 걸쳐 그런 지도를 작성하고, '마음의 귀'에 간직된 소리 기반 기억을 축적할 수 있을 거라고 생각한다.[73] 결론적으로 클라크는 '바다의 상이한 부분들은 각각 고유한 소리를 가지고 있다'는 베테랑 음향 탐지기 전문가들의 말을 회상한다. "고래들은 이렇게 말하는 것 같아요. '당신이 헤드폰을 끼면, 내가 래브라도 근처에 있는지 아니면 비스케이만 연안에 있는지 말해줄 수 있어요'"라고 클라크는 말한다. "만약 30년 후에 그런 일이 가능해진다면, 고래가 1000만 년 동안 해온 일이 드러날까요?"

고래의 청각은 스케일이 엄청나서 감당하기 어렵다. 물론 공간적인 광대함도 있지만 시간의 확장성도 있다. 물속에서 음파가 80킬로미터를 이동하는 데 1분이 채 걸리지 않는다. 만약 한 고래가 2400킬로미터 떨어진 곳에 있는 다른 고래의 노래를 듣는다면, 그는 약 30분 전에 불린 노래를 듣는 것이다. 마치 머나먼 별에서 온 '오래된 빛'을 바라보는 천문학자처럼 말이다. 만약 고래가 800킬로미터 떨어진 산을 감지하려고 한다면, 자신의 소리와 10분 후에 도착하는 메아리를 어떻게든 연계해야 한다. 뜬금없는 소리처럼 들릴지 모르지만, 대왕고래의 심박수는 수면에서 분당 약 30회이지만 잠수하면 분당 2회로 느려질 수 있다.[74] 그들은 확실히 우리와 매우 다른 시간 범위에서 활동한다. 금화조가 한 음 안에서 밀리초 단위의 아름다움을 듣는다면, 아마도 대왕고래는 몇 초, 몇 분 단위로 동일한 경험을 할 것이다.* "그들의 삶을 상상하려면 생각을 완전히 다른 차원으로 확장해야 해요"라고 클라크는 말한다. 그는 이러한 경험을, 장난감 망원경으로 밤하늘을 보다가 NASA의 허블 우주 망원경으로 제대로 된 장엄함을 목격하는 것에 비유한다. 고래에 대해 제대로 생각하면, 세상은 시공간적으로 확장되어 더 크게 느껴질 것이다.

고래가 항상 컸던 건 아니었다. 그들은 약 5000만 년 전 물속으로 뛰어든, 사슴처럼 생긴 소형 유제류ungulates에서 진화했다. 그들의 조상은

---

* 픽사의 〈니모를 찾아서〉에서, 주인공 도리는 평소보다 말을 크고 천천히 하면서 고래에게 이와 비슷한 농담을 던진다. 클라크와 대화를 나누는 동안, 나는 그 농담이 진짜로 정확한지 궁금해진다.

아마도 평범한 포유류의 청각을 가지고 있었을 것이다.[75] 그러나 수중 생활에 적응함에 따라, 그들 중 한 그룹—여과섭식을 하는 수염고래류mysticetes로, 대왕고래, 참고래, 혹등고래를 포함한다—이 낮은 초저주파 음 쪽으로 방향을 틀었다. 그와 동시에 그들의 몸은 지구상에서 가장 큰 수준으로 부풀어 올랐다. 이러한 변화들은 서로 밀접하게 관련된 것으로 추정된다. 수염고래는 독특한 섭식 방법을 진화시킴으로써 거대한 크기를 달성했는데, 그들의 섭식 방법은 크릴이라고 불리는 작은 갑각류를 먹는 데 유리하다.[76] 크릴 떼를 향해 돌진하는 대왕고래는 입을 벌려 자신의 몸만 한 양의 물을 삼키는데, 이를 통해 한 번에 50만 칼로리의 열량을 섭취한다. 그러나 이러한 전략에는 대가가 따른다. 크릴은 바다 전체에 고르게 분포되어 있지 않으므로, 대왕고래는 큰 몸을 유지하기 위해 먼 거리를 이동해야 한다. 그들에게 이처럼 긴 여행을 강요한 신체 비율은 장거리 여행에 걸맞은 수단까지 갖추게 했으니, 그건 바로 특별한 소리—다른 동물보다 낮고 크고 멀리 가는 소리—를 만들고 들을 수 있는 능력이다.

로저 페인은 1971년에 발표한 논문에서 '먹이를 찾는 고래들이 특별한 소리를 이용해 장거리에서 연락을 취할 수 있다'고 제안했다. 만약 먹이를 먹을 때 신호를 보내고 배고플 때 침묵을 지킨다면, 그들은 대양 분지에 뿔뿔이 흩어져 먹이를 찾다가 운 좋은 개체들이 발견한 풍요로운 장소에 집결할 수 있을 것이다. "고래 무리pod는 '음향적으로 연결된 개체들의 대규모 분산 네트워크'일 수 있으며, 개체들은 혼자 헤엄치는 것처럼 보이지만 실제로는 함께 있는 것이다"라고 페인은 제안했다. 그리고 그의 반려자 케이티가 나중에 보여준 바와 같이, 가장 큰 육상동물들도 동일한 방식으로 초저주파를 사용하는 것 같다.

아무도 대답할 수 없는 문제들

로저 페인과 함께 혹등고래가 노래한다는 사실을 알게 된 지 16년 후인 1984년 5월, 케이티 페인은 오리건주 포틀랜드의 워싱턴 공원 동물원에서 여러 마리의 아시아코끼리들과 함께 있었다.[77] 그녀는 연구할 다른 종을 찾고 있었는데, 지능적이고 사교적인 코끼리가 1순위 후보로 보였다. 그녀는 코끼리를 관찰하면서 이따금씩 몸속에서 깊은 전율을 느꼈다. "천둥 같은 느낌이 들었지만 천둥은 없었다."[78] 그녀는 나중에 집필한 회고록《조용한 천둥 Silent Thunder》에 이렇게 썼다. "큰 소리는 전혀 없었고, 고동치는 듯한 소리만 나더니 잠시 후 아무 소리도 들리지 않았다." 그 느낌은 10대 시절 예배당 성가대에서 노래했던 기억을 떠올리게 했다. 파이프오르간의 가장 굵은 음이 그녀의 몸을 흔들었는데, 페인의 추론에 따르면 코끼리가 그런 방식으로 그녀에게 영향을 미친 것 같았다. 왜냐하면 코끼리도 파이프오르간과 마찬가지로 '감지되지 않을 정도의 굵은 음'을 내기 때문이다. 일부 고래들이 그러는 것처럼, 어쩌면 코끼리는 초저주파로 대화를 나누고 있는지도 몰랐다.

그해 10월, 페인은 두 명의 동료와 함께 약간의 녹음 장비를 가지고 동물원으로 돌아왔다. 그들은 녹음기를 켜놓은 채 24시간 내내 코끼리들의 행동을 기록했다. 페인은 추수감사절 전날까지 녹음테이프를 듣지 않다가, 특히 기억에 남는 사건의 녹음부터 듣기 시작했다. 두 마리의 코끼리—암컷 로지와 수컷 통가—가 콘크리트 벽의 반대편에서 서로 마주 보고 있을 때, 그녀는 익숙한 소리(조용히 고동치는 소리)를 감지했다. 그 당시에 그들은 침묵하는 것처럼 보였다. 그런데 녹음된 소리의 음높이를 3옥타브 높이자, 소 울음소리 같은 소리가 들리는 게 아닌

이토록 굉장한 세계

가!⁷⁹ 로지와 퉁가는 콘크리트 벽 너머로, 근처의 인간들에게 들키지 않고 활발한 대화를 나누고 있었던 것이다. 그날 밤 그녀는 코끼리 무리가 자신을 방문하는 꿈을 꾸었다. 꿈에서 로지는 이렇게 말했다. "내 남편과의 대화를 다른 사람들에게 알리지 말아요." 페인은 이것을 '비밀 유지 요구'가 아니라 '은밀한 초대'로 해석했다. "우리가 그것을 당신에게 공개한 것은, 당신을 유명하게 만들기 위해서가 아니라, 당신이 우리에게 접근하도록 허용하기 위해서예요."

1984년에 출판된 페인의 발견은, 케냐의 암보셀리 국립공원에서 아프리카코끼리를 연구하던 조이스 풀과 신시아 모스를 완벽하게 납득시켰다. 그들은 코끼리 가족들이 몇 킬로미터 떨어져 있음에도 불구하고 몇 주 동안 같은 방향으로 이동하는 경우가 많다는 사실을 알아차렸다. 초저녁에 여러 가족들이 한 물웅덩이에 동시에 모여들곤 했는데, 각 가족들의 출발점은 제각기 달랐다. 초저주파는 물속에서뿐만 아니라 공기 중에서도 장거리를 이동할 수 있는데, 코끼리가 그것을 통신에 사용한다고 가정할 경우 그들의 움직임이 사바나 전체에서 동기화되는 메커니즘을 납득할 수 있었다. 풀과 모스는 페인을 케냐로 초청했다. 그녀는 이를 받아들였고, 두 팀은 1986년 아프리카코끼리가 아시아코끼리처럼 초저주파를 사용한다는 것을 증명했다.⁸⁰ 코끼리들이 우르릉 소리(초저주파 음)를 사용하는 상황은 다양했다. 개체들끼리 서로 찾는 데 도움이 되는 '연락용 우르릉 소리'가 있는가 하면, 떨어져 있다가 재회할 때 사용하는 '인사용 우르릉 소리'가 있었다. 수컷이 흥분했을 때 내는 소리와 암컷이 거기에 응답하는 소리가 있었는데, 전자는 "우리 사귑시다"라는 뜻이고 후자는 "난 임자 있는 몸이에요"라는 뜻이었다.

근거리에서 사용되는 우르릉 소리의 대부분은 인간의 귀에 들리는 주파수를 포함했지만, 일부는 연구팀이 재생 속도를 높이거나 시각화할 때만 분명해졌다.[81] 이러한 초저주파 우르릉 소리는 공기 중에 떠다니는 소리이므로, 케이틀린 오코넬이 최근에 식별했고 우리가 앞 장에서 살펴본 표면 전달 신호와 부분적으로 구별된다. 둘 다 우리에게 거의 감지되지 않으며, 장거리에 있는 다른 코끼리들에게 감지될 수 있다. 우르릉 소리의 저주파 부분은 14~35헤르츠로, 대형 고래와 거의 같다. 공기 중에서는 이런 소리가 수중에서만큼 멀리 전달되지 않으며, 대기 조건에 따라 이동 가능한 범위가 결정된다. 즉 공기가 차갑고 맑고 잔잔할수록 소리가 더 넓게 퍼진다. 한낮의 열기 속에서 코끼리의 청각 세계는 움츠러든다. 해가 진 지 몇 시간 후에는 범위가 열 배로 확장되므로, 코끼리들은 이론적으로 몇 킬로미터 떨어진 곳에서도 서로의 소리를 들을 수 있다.[•82] "그러나 우리는 이 동물들이 서로의 말을 얼마나 멀리서 듣고 있으며, 무엇을 듣고 있는지 알지 못해요"라고 페인이 말한다. "그건 매우 중요한 질문인데, 아무도 대답할 수 없어요."

고래도 마찬가지다. 로저 페인, 크리스 클라크 등이 이론화한 내용의 대부분은 '고래의 행동이 담긴 몇 장의 스냅사진'과 '그들이 무엇을 할 수 있는지에 대한 논리적 추측'에 기반한 어림짐작 수준을 벗어나지 못하고 있다. 지금까지 살았거나 현재 살고 있는 초대형 동물들에 관해서는 실제 데이터를 얻기가 어렵고 실험이 거의 불가능하다. 이와 대조적으로 새는 새장에 쉽게 수용할 수 있으므로, 그들의 노래는 수 세기 동안 분석되어왔다. 그럼에도 불구하고 로버트 둘링은 2002년에 와서야

• 다른 육상동물들도 이와 동일한 확대와 축소를 경험하는데, 명금류가 새벽에 노래하고 늑대가 밤에 울부짖는 것은 바로 이 때문이다. 또한 황혼은 포식자가 소리를 들을 수 있는 범위를 확대하는데, 코끼리들이 (그들의 소리가 상당히 멀리 이동하지만 사자들이 아직 졸고 있는) 늦은 오후에 가장 자주 우르릉 소리를 내는 것은 아마도 이 때문일 것이다.

'몇몇 새들은 인간이 들을 수 있는 특징을 희생하고 시간적 미세구조에 주의를 기울인다'는 사실을 발견했다. 새의 환경세계를 이해하기가 그렇게 어렵다면, 과학자들이 '거대한 고래들이 서로의 노래에서 실제로 무엇을 듣는지'를 거의 이해하지 못하는 것은 당연하다. 그 노래의 용도가 무엇일까? 프러포즈? 영토 주장? 식사 시간 알림? 정체성 주장? 아무도 모른다. 설사 대왕고래를 찾아 녹음한 노래를 들려준다 해도, 그들이 어떻게 행동할지는 예측 불허다.

수염고래류의 가청 범위가 어느 정도인지는 아무도 모른다. (연구자들이 동물에게 소리를 들려주고 두피의 전극을 통해 동물의 신경 반응을 기록하는) AEP 방법은 자유롭게 헤엄치는 대왕고래에게 사용할 수 없다. 연구자들은 육지로 밀려오거나 동물원에 사는 작은 고래와 돌고래에 AEP를 사용해왔지만, 육지로 밀려오는 수염고래류는 거의 없으며 동물원에 사는 수염고래류는 전혀 없다. 달린 케튼Darlene Ketten 같은 과학자들은 직접적인 측정 대신 의료용 스캐너로 그들의 귀를 분석함으로써, 거대한 고래들의 가청 범위를 추정했다. 그녀의 연구는, 고래들이 자신의 울음소리에서 탐지되는 초저주파 음과 동일한 주파수를 듣는다는 것을 강력하게 시사한다.[83] 그러나 청각 정보의 '내용'과 '용도'는 별개의 문제다.

페인과 클라크의 아이디어에는 여전히 허점이 있다. 그들의 주장대로라면 수컷 대왕고래만 노래를 부르는 것 같은데, 만약 그들이 노래를 이용해 길을 찾거나 의사소통을 한다면, 암컷들은 무슨 일을 하는 것일까? 비율의 문제도 따져봐야 한다. 20헤르츠짜리 소리의 파장은 75미터인데, 이는 두 마루peak 사이의 거리가 가장 긴 대왕고래나 참고래보다 두세 배 길다는 것을 의미한다. 이 초대형 동물들은 조그만 오르미아 파리와 동일한 문제에 직면한다.[84] 그들의 소리는 양쪽 귀에 똑같이 들릴 텐데, 그럴 경우 음원 추적이 불가능할 것이다. "불가능할지 모르지만, 파리의 선례를 생각해보세요!" 클라크는 말한다. "나는 영혼이나 점성술 따위를 믿지 않지만, 진화를 과소평가하지는 않아요. 나는 지금까지 참가한 과학회의에서 '결코 증명할 수 없는, 터무니없는 내용을 제안한다'는 비판을 수도 없이 받았어요. 그러나 나는 열린 마음의 소유자로서, 동물의 공간을 파헤치려고 끊임없이 노력할 거예요."

초음파, 은밀한 의사소통 방식

코끼리와 고래는 인간의 가청 범위보다 낮은 소리를 내는 반면, 다른 종들은 그보다 높은 소리를 낸다. 1877년 겨울 프랑스 망통에 있는 어느 호텔에 머물 때, 조지프 사이드보텀Joseph Sidebotham은 발코니에서 들려오는 카나리아 노래 같은 소리를 들었다.[85] 그 가수는 곧 생쥐인 것으로 밝혀졌다. 그는 생쥐에게 비스킷을 먹였고, 생쥐는 벽난로 옆에서 몇 시간 동안 노래하며 어떤 새보다도 아름다운 선율로 보답했다. 그의 아들은 '모든 생쥐가 인간이 들을 수 없는 음높이에서 그 비슷한 멜로디를 부를 수 있다'고 제안했지만, 사이드보텀은 동의하지 않았다. 그는 과학 저널 〈네이처〉에 기고한 논문에 이렇게 썼다. "내 생각을 말하자면, 노래하는 재능을 가진 생쥐는 매우 드문 사례다." 그는 틀렸다. 그로부터 약 100년 후 과학자들은 생쥐, 시궁쥐, 그 밖의 많은 설치류가 (인간의 가청 주파수를 넘어서는) "초음파 레퍼토리"를 광범위하게 구사한다는 것을 깨달았다.[86]

동물들은 놀거나 짝짓기를 할 때, 스트레스를 받거나 추울 때, 공격적이거나 순종적일 때 이런 소리를 낸다. 둥지에서 분리된 새끼들은 어미를 부르는 초음파 "구조 요청"을 한다.[87] 인간에게 간질임을 당한 시궁쥐는 웃음소리에 비유되는 초음파 "찍찍 소리"를 낸다.[88] 리처드슨 땅다람쥐Richardson's ground squirrel는 포식자(또는 포식자를 흉내 내기 위해 과학자가 반복적으로 던진 황갈색 중절모)를 탐지하면 초음파 "경보"를 울린다.[89] 암컷의 호르몬 냄새를 맡은 수컷 생쥐들은 (독특한 음절과 문구로 구성된) 새의 노래와 현저하게 유사한 초음파 "노래"를 부른다.[90] 이 세레나데에 매료된 암컷은 선택한 파트너와 합류해 초음파 듀엣 곡을 부른다.[91] 설치류는 세계에서 가장 흔하고 집중적으로 연구된 포유동물 중 하나로, 17세기 이후 실험실의 고정 멤버였다. 그동안 그들은 사람들이 모르는 사이에 활발한 대화를 나누었고, 주변의 무심한 연구원과 테크니션들의 레이더에 포착되지 않는 메시지를 주고받았다.

초저주파 음과 마찬가지로, 초음파라는 용어는 인간중심주의적 사고방식의 결과물이다. 그것은 평균적인 인간 귀의 상한선인 20킬로헤르츠보다 높은 주파수를 가진 음파를 지칭한다.[92] 그게 매우 특별해—심지어 초월적으로—보이는 것은, 우리가 그 소리를 들을 수 없기 때문이다. 그러나 대다수의 포유류는 그 범위의 소리를 아주 잘 들으며, 우리의 조상들도 그랬을 가능성이 높다. 심지어 우리의 가장 가까운 친척인 침팬지도 30킬로헤르츠에 가까운 소리를 들을 수 있다. 개는 45킬로헤르츠, 고양이는 85킬로헤르츠, 생쥐는 100킬로헤르츠, 그리고 큰돌고래 bottlenose dolphin는 150킬로헤르츠의 소리를 들을 수 있다.[93] 이 모든 동물들에게 초음파는 그저 소리일 뿐이다. 많은 과학자들은 초음파가 동물들에게 (다른 종들이 엿들을 수 없는) 사적인 의사소통 채널을 제공한다고 제안해왔다. 자외선에 대해 그랬던 것처럼, 우리는 '우리 귀에 들리지 않는다'는 이유로 그런 소리에 '숨겨진' 또는 '비밀스러운'이라는 수식어를 붙인다. 다른 종들의 귀에는 분명히 들리는데도 말이다.

리키Rickye와 헨리 헤프너Henry Heffner는 '왜 그렇게 많은 포유동물이 초음파를 들을 수 있는지'에 대해 다른 설명을 내놓는다.[94] 초음파는 음원의 위치를 알아내기가 쉽다는 것이다. 원숭이올빼미와 마찬가지로 포유류는 소리가 두 귀에 도착했을 때 양쪽을 비교해 음원의 위치를 알아낸다. 그러나 양쪽 귀 사이의 간격이 좁으면, 이러한 비교는 파장이 짧은 고주파 음에서만 가능해진다. 따라서 포유류의 머리가 작을수록 가청 주파수는 높아지기 마련이다. 이처럼 청각 세계의 경계는 두개골에 부딪히는 소리의 물리학에 의해 설정된다.•

고주파 음은 저주파 음보다 찾기 쉬울 수 있지만 중요한 한계가 있다. 그것은 에너지를 빨리 상실하고, 나뭇잎·풀·나뭇가지와 같은 장애물에 의해 쉽게 산란되고 반사될 수 있다. 이는 초음파 노래가 짧은 거리에만 확산될 수 있음을 의미한다.[96] 대왕고래의 노래는 바다 건너편에서도 들릴 수 있지만, 생쥐의 노래는 가까운 이웃에게만 들린다. 많은 동물들이 초음파를 들을 수 있음에도 불구하고, 비교적 적은 수의 포유동물—설치류, 이빨고래, 작은박쥐small bat, 집고양이, 그 밖의 몇몇 포유동물—이 초음파를 이용해 의사소통을 하는 것은 바로 이 제한성 때문이다. 소리가 너무 빨리 사라지는 것도 문제다(이것은 '초음파로 해충을 퇴치한다'고 선전되는 장치가 실제로 작동하지 않는 이유이기도 하다.[97] 그럴 경우 범위가 너무 제한되어 실용성이 떨어진다).

그러나 동물이 청중을 제한하기를 원하는 경우, 제한된 범위가 되레

• 지하에 사는 동물들은 주목할 만한 예외다.[95] 그들의 가청 주파수는 머리 크기를 감안한 예상치보다 훨씬 낮다. 이는 아마도 음원의 위치를 파악할 필요가 없고, 초음파 대신 표면 전달 진동을 사용하기 때문일 수 있다.

유익할 수 있다. 무력한 생쥐 새끼의 "구조 요청"은 더 멀리 있는 포식자에게 들키지 않고 가까운 부모에게 전달될 수 있다. 초음파가 이런 식으로 은밀한 의사소통 채널을 제공할 수 있는 것은, '접근할 수 없는 주파수역에 있어서'가 아니라 '멀리 이동하지 않기 때문'이다. 곤혹스럽게도 이처럼 제한된 범위는 초음파 연구를 더 어렵게 만든다. 우리는 그 소리를 들을 수 없으며, 설령 들을 수 있다 해도 그럴 만큼 가까이 있지 않을 수 있기 때문이다. 설치류가 사회생활에서 초음파를 광범위하게 사용한다는 것을 깨닫는 데 얼마나 오랜 시간이 걸렸는지 감안할 때, 동물들 사이의 그러한 의사소통은 현재 우리가 인식하는 것보다 훨씬 더 풍부할 가능성이 있다.

초음파를 이용한 의사소통 사례 중 상당수는, 동물이 외견상 비명을 지르는 것처럼 보이지만 실제로는 아무런 소리도 내지 않고 행동만 취하는 상황에서 발견되었다. 머리사 램지어Marissa Ramsier도 필리핀안경원숭이Philippine tarsier—그렘린처럼 생긴, 주먹만 한 크기의 눈을 가진 영장류—를 지켜보던 중 그런 장면을 목격했다.[98] 그들은 입을 벌렸지만 아무런 소리도 나오지 않았다. 그들을 초음파 감지기 앞에 놓았을 때, 램지어는 비로소 그들이 내는 소리를 들을 수 있었다. 그들의 소리는 70킬로헤르츠의 주파수를 가지고 있는 것으로 밝혀졌는데, 이는 초음파의 경계를 훨씬 뛰어넘으며 박쥐나 고래류를 제외한 어떤 포유동물보다도 높다. 그들은 무슨 말을 하는 걸까? 자기들의 말 외에, 그들은 또 무엇을 듣고 있을까?

벌새는 더욱 신비롭다. 램지어가 안경원숭이에게서 경험한 것과 마찬가지로, 많은 관찰자들은 벌새가 부리를 벌리고 가슴을 펄럭이지만 노래를 하지 않는다는 것을 알아차렸다. 북아메리카의 푸른목벌새

blue-throated hummingbird는 우리가 부분적으로 들을 수 있는 정교한 노래를 부르지만, 노래의 주파수는 초음파 범위를 훨씬 넘어 30킬로헤르츠까지 확장되기도 한다.[99] 그건 놀라운 일이었다. 왜냐하면 캐럴린 피트 Carolyn Pytte가 2004년에 보고한 것처럼, 그들은 7킬로헤르츠 이상의 주파수를 들을 수 없기 때문이다. 그렇다면 그들의 노래 중 대부분은 자신의 귀에 들리지 않는다는 이야기가 된다. 다른 벌새들(예: 검은자코뱅 벌새 black Jacobin, 바이올렛꼬리요정 벌새violet-tailed sylph)은 대부분의 새가 들을 수 없는 음역의 소리를 내는데, 이 부분은 귀뚜라미 소리의 주파수와 일치하며 사람들에게 감지될 수 있다.[100] 에콰도르힐스타 벌새Ecuadorian hillstar는 한술 더 떠서, 모든 소절을 초음파 음역에서 노래한다. 새들의 가청 주파수는 비슷비슷하며, 10킬로헤르츠를 넘지 않는 경향이 있다. 따라서 이 벌새들은 매우 특이한 귀를 가지고 있거나, 아니면 자신의 노래를 실제로 듣지 못할 수 있다.* 그리고 만약 후자가 사실이라면, 그들의 노래는 왜 그렇게 고음일까? 노래는 청중을 필요로 한다. 만약 벌새의 노래가 자신의 환경세계 너머에 있다면, 청중은 도대체 누구일까?

혹시 곤충이 아닐까? 대부분의 곤충은 아예 귀가 없지만, 귀를 가진 곤충 중 상당수는 초음파를 들을 수 있다. 16만여 종의 나방과 나비 중 절반 이상이 그런 귀를 가지고 있다.[102] 일례로 꿀벌부채명나방greater wax moth은 300킬로헤르츠 근처의 주파수까지도 들을 수 있는데, 이는 모든 동물의 가청 주파수를 훌쩍 뛰어넘는 수준이다.[103] 벌새는 꿀뿐만 아니라 곤충도 먹으므로, 어쩌면 곤충은 (벌새는 못 듣지만 곤충은 들을 수 있는) 초

---

* 동물이 자신의 소리를 들을 수 없다는 생각은 터무니없어 보일지 모르지만, 그게 사실이라면 적어도 한 가지 분명한 사례는 브라질의 호박유형두꺼비pumpkin toadlet다. 이 주황색 개구리는 소리의 주파수에 둔감하지만, 부풀어 오른 성대의 모양이 동료들에게 매력적으로 보이기 때문에 막무가내로 초음파 노래를 부른다.[101]

이토록 굉장한 세계

음파를 듣고 도망치는지도 모른다. 그런데 대부분의 곤충이 전혀 듣지 못하는 가운데, 그렇게 많은 곤충들이 초음파 청각을 진화시킨 이유가 뭘까? 벌새는 비교적 최근에 지구상에 나타났으므로, 벌새의 노래를 들으려고 한 건 아닌 게 분명하다. 그들 중 상당수가 침묵한다는 점을 감안할 때, 서로의 노래를 듣기 위함도 아니었을 것이다.* 가장 설득력 있는 대답은, 그들의 귀가 약 6500만 년 전 지구상에 등장한 천적, 즉 박쥐의 소리를 듣기 위해 극고음에 맞춰졌다는 것이다.[105] 참고로 박쥐는 초음파를 발사하는 능력과 들을 수 있는 능력을 모두 진화시켰고, 두 가지 특성을 결합해 가장 비범한 동물 감각 중 하나를 창조했다.**

---

* 어떤 나방들은 초음파로 세레나데를 부른다.[104] 수컷은 암컷의 페로몬 흔적을 따라가, 암컷 옆에 내려앉은 후 날개를 진동시켜 초음파를 발사한다. 이 소리는 매우 조용하며 거의 속삭임에 가깝다. 다른 초음파 통신자들처럼, 이 나방들은 아마도 초음파의 '제한된 범위'를 사용함으로써 주변의 예비 신부들에게만 들리고 머리 위를 날아다니는 배고픈 박쥐에게는 들키지 않을 것이다. 그러나 대부분의 노래—초음파든 아니든—와 달리, 이 노래의 의도는 암컷에게 추파를 던지는 게 아니라 공포감을 조성하는 것이다. 박쥐의 울음소리를 모방한 노래에 긴장한 암컷이 얼어붙는다면, 수컷의 입장에서는 짝짓기가 한결 수월해질 것이다.

** 수백 권의 교과서와 과학 논문들은 수년 동안 '반향정위를 앞세운 박쥐가 나방을 비롯한 곤충들의 청각기관 진화를 추동했다'고 주장해왔다. 그러나 이 책을 쓰는 도중에, 나(그리고 더 넓은 과학계)는 그 이야기가 거짓이라는 것을 알게 되었다. 즉 나방의 귀는 거의 언제나 박쥐의 초음파가 등장하기 2800만 년에서 4200만 년 전에 진화했다는 것이다.[106] 박쥐가 현장에 도착했을 때 나방의 귀에 일어난 일은, 가청 주파수가 상향 이동한 것밖에 없다. 감각생물학자 제시 바버Jesse Barber는 나에게 이렇게 말한다. "내 논문의 서론은 대부분 틀렸어요."

9장

메아리

Echoes

고요하던 세상의 맞장구

내가 묵직한 문의 창을 통해 들여다보는 동안, 반대편에서는 장갑 긴 조련사가 까만 치와와 같은 얼굴에 긴 귀를 가진 갈색 털북숭이 동물을 들고 있다. 녀석의 이름은 지퍼다. 지퍼는 큰갈색박쥐big brown bat로, 보이시주립대학교에서 제시 바버의 보살핌을 받으며 여름을 보내는 일곱 마리 중 하나다. 큰갈색박쥐는 이름 그대로 갈색이고, 덩치는 다른 작은 박쥐들에 비해 상대적으로 클 뿐 실제 몸무게는 생쥐만 하다. 그들은 미국 전역의 다락방에서 번성하지만, 야행성이며 조용하기 때문에 사람들의 눈에 거의 띄지 않으며, 이 정도 거리에서 마주 보는 것은 전혀 불가능하다. 그들은 해질녘에 나타나 나방과 그 밖의 야행성 곤충들을 뒤쫓는데, 지퍼는 기동성이 뛰어나다고 해서 그런 이름을 얻었다. 지퍼의 룸메이트 중 일부는 라면, 피클, 감자와 같은 음식과 관련된 별명을 얻었고, 다른 박쥐들은 성격에 따라 명명되었다. 캐스퍼(꼬마 유령)는 친절하며, 베니(뮤지컬 〈렌트〉의 캐릭터)는 가수다. 이 박쥐들은 동면 시기에 맞춰 10월에 모두 풀려날 예정이지만, 그때까지는 편안한 우리에서 쾌적한 여름을 보내고 즙이 많은 거저리를 먹으며 규칙적으로 '비행 산책'을 할 예정이다. "나는 얘네들을 우리에서 꺼내어 운동을 시켜요"라고 바버는 나에게 말한다. "마치 반려견 열여섯 마리를 키우는 것 같아요."

내가 창을 통해 녀석을 바라보는 동안, 지퍼는 입을 벌리고 놀라우리만큼 긴 이빨을 드러낸다. 이건 공격적인 제스처가 아니다. 녀석은 주변 환경을 이해하려고 노력하는 중이다. 입으로 짧은 초음파 펄스를 발사하고 있는데, 되돌아오는 메아리를 들음으로써 주변의 물체를 탐지하고 찾을 수 있다.[1] 지퍼는 일종의 생물학적 음파 탐지기를 사용하는데, 소수의 동물들만이 이 기술을 보유하고 있으며, 오직 두 그룹—이빨고래류(돌고래, 범고래, 향유고래)와 박쥐—만이 그것을 완성했다. 지퍼의 음파 탐지기는 '전방에 단단한 장벽이 있다'고 알려주지만, 녀석은 창 너머에 서 있는 커다란 생명체를 볼 수 있다('보이지 않는 것이나 다름없다as blind as a bat'라는 영어 숙어와 달리, 박쥐는 눈이 멀지 않았다). 약간 혼란스러울 수 있지만, 엄밀히 말하면 지퍼의 능력은 장애물을 탐지하기 위해 진화하지 않았다. 그것은 시야가 제한된 밤에 작은 곤충을 찾기 위해 진화했다. 낮에는 예리한 눈을 가진 포식자들(예: 새)이 벌레를 자유자재로 다루지만, 밤에는 박쥐가 바통을 넘겨받는다.[2] 우리는 박쥐를 거의 볼 수 없기 때문에, 그들을 새들이 남긴 잔반을 처리하는 생태적 2류ecological B-lister로 착각하기 쉽다. 사실은 정반대다.[3] 일부 열대우림에서는 박쥐가 새보다 두 배나 많은 곤충을 잡아먹는다.

조련사들이 지퍼를 인접한 비행실로 데려간 후 공중에 나방을 풀어놓을 때, 나는 그 이유를 이해하기 시작한다. 세 대의 적외선 카메라가 칠흑같이 어두운 비행실을 감시하고 있다. 안에 있는 조련사들은 펄럭이는 소리만 들을 수 있고, 밖에 있는 사람들—바버, 그의 제자 줄리엣 루빈Juliet Rubin, 나—은 모니터를 통해 무슨 일이 일어나고 있는지 볼 수 있다. 모니터에 잡힌 지퍼에게 어둠은 전혀 장애물이 아니다. 녀석은 어

이토록 굉장한 세계

둠 속에서도 전혀 거리낌 없이 허공을 가르며 나방을 하나둘씩 잡는다. 밖에서는 루빈과 바버가 흥분한 스포츠팬처럼 환호하며 박수갈채를 보낸다.

루빈　지퍼가 나방을 잡았나요? 아니, 그냥 건드리기만 했군요.

바버　저기 봐, …오오오오오오.

루빈　두 번째, 세 번째. 하지만 지퍼는 잡을 거예요. 컨디션이 매우 좋거든요.

바버　저 나방도 만만치 않아….

루빈　오, 잡았어요. 그럴 줄 알았어요!

조련사　(워키토키에서) 지퍼가 잡았나요?

루빈　그래요, 지퍼가 해냈어요. 공격적이에요.

바버　(나에게) 녀석은 1분 만에 나방을 먹어치울 거예요.

루빈　이 박쥐는 긴꼬리산누에나방luna moth 두 마리, 약간의 벌집나방wax moth, 그리고 거저리를 먹었어요. 지퍼는 밑 빠진 독이에요.

　　　　(연구팀은 지퍼를 쉬게 하고, 포피─또 한 마리의 박쥐─를 비행실로 데려온 후 다른 나방들을 풀어놓는다.)

루빈　좋아요, 진행 중이에요. 좋아요. 와! 이런. 오, 녀석이 방금 가속하는 거 보셨나요?

일동　와아아아아아!

　모니터의 이미지는 흑백이고 거칠지만, 바버는 자신의 노트북을 열어 훨씬 더 좋은 카메라로 포착한 동영상을 여러 개 보여준다. 슬로모션과 고해상도 영상에서, 붉은박쥐red bat는 더블 백플립(2회 연속 거꾸로 공중제비 넘기 동작 – 옮긴이)을 구사하며, 꼬리로 나방을 낚아챈 다음 입으로 밀어 넣는다. 잎코박쥐leaf-nosed bat는 폭발적인 동작으로 다른 나방을 공격하고, 창백박쥐pallid bat는 마치 용처럼 전갈을 덮친다. 이들은 득의의 경지에 오른 박쥐들로, 자연스럽고 우아하기 이를 데 없다. "내가 이 연구에 대해 이야기할 때, 많은 사람들의 첫 번째 반응은 '오, 어떻게 그런 것들을 데리고 일할 수 있어요?'예요." 루빈이 말한다. "나는 대부분의 사람들이 박쥐를 징그럽다고 생각한다는 사실을 까맣게 잊곤 해요. 왜냐하면 박쥐는 기량이 뛰어나고 동작이 화려하기 때문이에요." 그들은 지나친 오해를 받고 종종 악의 상징으로 묘사되며 고도altitude와 시간상으로 우리와 너무 분리되어 있기 때문에, "가장 기본적인 생물학조차 제대로 알려져 있지 않아요"라고 바버는 덧붙인다. "박쥐는 깊은 바닷속에서 사는 게 더 어울리는 것 같아요. 박쥐의 삶의 다른 어떤 측면보다도, 우리는 그들의 음파 탐지기에 대해 더 많이 알고 있어요."

그러나 박쥐의 음파 탐지기도 오랫동안 베일에 싸여 있었다. 1790년대에 이탈리아의 사제 겸 생물학자였던 라차로 스팔란차니Lazzaro Spallanzani는 '올빼미가 맥을 추지 못할 만큼 어두운 공간에서도, 박쥐는 여전히 길을 찾을 수 있다'는 것을 깨달았다.[4] 일련의 잔인한 실험에서, 그는 박쥐가 눈이 멀어도 방향을 잡을 수 있지만 귀가 먹거나 재갈을 물리면 물체에 충돌한다는 것을 보여주었다. 그는 이 신기한 발견의 의미를 완전히 이해하지 못했으므로, 고작해야 "박쥐의 귀는 눈보다 더 효율적으로 길을 찾을 수 있거나, 적어도 거리를 측정하는 데 더 효율적이다"라고만 썼다. 동시대인들은 그의 생각을 비웃었다. 한 철학자는 "박쥐는 귀로 보고 눈으로 듣는 거 아니에요?"라고 조롱했다.

도널드 그리핀이라는 젊은 학부생이 기발한 아이디어를 내놓을 때까

이토록 광장한 세계

지, 이러한 관찰의 의미는 한 세기 이상 불분명하게 남아 있었다.[5] 그리핀은 이동하는 박쥐들을 연구하는 데 많은 시간을 보냈는데, 그들이 종유석에 머리를 부딪히지 않고 어두운 동굴 속을 날아다니는 것을 보고 경탄을 금치 못했다. 그는 '박쥐가 고주파 음의 메아리를 듣는다'는 검증되지 않은 가설에 관심을 갖고 있었는데, 때마침 '지역의 한 물리학자가 초음파를 탐지해 가청 주파수로 변환하는 장치를 발명했다'는 소식을 들었다. 1938년, 그리핀은 작은갈색박쥐little brown bat가 든 우리를 가지고 그 물리학자의 연구실에 나타나, 그것을 탐지기 앞에 놓았다. 그리핀은 자신의 고전적 저서 《어둠 속에서 듣기Listening in the Dark》에 이렇게 썼다. "확성기에서 요란한 소리가 메들리로 쏟아져 나오는 것을 듣고, 우리는 놀라움과 기쁨이 교차했다."[7]

그로부터 1년 후 그리핀과 그의 동료 학생인 로버트 갈람보스Robert Galambos는 '박쥐가 비행할 때 초음파 울음소리를 내고, 귀로 초음파를 탐지할 수 있으며, 두 가지 기술 모두 장애물을 피하는 데 필수적이다'라는 사실을 확인했다.[8] 입과 귀를 그대로 두면, 박쥐들은 천장에 매달린 '가는 철사로 만든 미로'를 쉽게 통과했다. 그러나 귀를 막거나 입에 재갈을 물리면 그들은 날갯짓하는 것을 꺼렸고, 벽, 가구, 심지어 그리핀과 갈람보스를 세게 들이받았다. 박쥐는 자신의 울음소리에 귀를 기울이며 길을 찾는 게 분명했지만, 다른 사람들은 어림 반푼어치도 없는 소

---

*   한 세기가 넘는 기간 동안 학자들은 '박쥐가 날개를 따라 흐르는 기류를 감지함으로써 밤새도록 길을 찾는다'고 주장했다.[6] 1912년에 하이람 맥심Hiram Maxim(완전 자동 기관총을 발명한 사람)은 '박쥐가 날갯짓에 의해 생성된 저주파 음의 메아리를 감지한다'고 제안함으로써 이 아이디어를 수정했다. 1920년이 되어서야 생리학자 해밀턴 하트리지Hamilton Hartridge는 '그들이 고주파 음의 메아리를 듣는다'고 정확하게 추측했다. 그리핀은 항간에 떠도는 이야기를 통해 하트리지의 생각을 알고 있었다.

리라며 콧방귀를 뀌었다. 그리핀은 나중에 이렇게 회고했다. "한 저명한 생리학자는 과학회의에서 우리가 발표한 내용에 충격을 받아, 밥(갈람보스)의 어깨를 움켜잡고 흔들면서 이렇게 훈계했다. '설마 진심은 아니겠지!'" 그러나 두 사람은 진심이었고, 1944년 그리핀은 박쥐의 놀라운 기술에 반향정위echolocation, 反響定位라는 이름을 붙였다.●9

그리핀 자신도 처음에는 반향정위를 과소평가했다. 그는 그것을 박쥐들에게 충돌 가능성을 알리는 경고 시스템으로 간주했을 뿐이다. 그러나 그런 견해는 1951년 여름에 바뀌었다. 그는 이타카 근처의 연못가에 앉아, 마이크를 하늘 높이 들어올린 채 사상 최초로 야생 박쥐의 초음파를 녹음하기 시작했다.10 그 결과 초음파 울음소리가 '얼마나 많이 들리는지', 그리고 '밀폐된 공간에서 목격한 것과 얼마나 다른지'를 알고 큰 충격을 받았다. 탁 트인 하늘을 순항할 때, 박쥐의 맥박은 더 길고 둔했다. 그러나 곤충을 뒤쫓을 때, 안정적이던 '풋-풋-풋' 소리는 점차 빨라져 스타카토식 윙윙거림으로 융합되곤 했다. 그리핀이 새총을 이용해 박쥐 앞에 자갈을 발사해봤더니, 박쥐는 공중에 떠 있는 물체를 추적할 때마다 동일한 순서의 빠른 펄스(스타카토식 윙윙거림)로 이행하는 것으로 나타났다. 그는 반향정위가 단순한 충돌 탐지기가 아님을 깨닫고 깜짝 놀랐다. 그것은 박쥐가 사냥하는 방법이기도 했던 것이다.11 그는 나중에 이렇게 썼다. "우리의 과학적 상상력은, 심지어 어림짐작으로도 (이) 가능성을 고려하는 데 실패했다."12

야생 박쥐를 연구하기 위해, 그리핀은 자신의 스테이션왜건을 마이

● 네덜란드의 과학자 스벤 데이크흐라프도 비슷한 연구를 하고 있었다. 그러나 독일이 네덜란드를 점령하고 전쟁이 대서양을 가로지르는 과학적 의사소통을 방해하는 상황에서, 데이크흐라프는 그리핀과 갈람보스가 무슨 일을 하는지 전혀 몰랐고 초음파 탐지기에 접근할 수도 없었다.

크, 삼각대, 포물면반사경, 라디오, 자동차용 머플러가 용접된 발전기, 가솔린 탱크, 그리고 약 60미터의 연장선으로 가득 채워야 했다. 그 이후로 기술이 발달했고 반향정위에 관한 연구도 발전했다. 1938년으로 거슬러 올라가면, 그리핀이 사용한 초음파 탐지기는 이 세상에 둘도 없는 것이었다(그래서 그와 갈람보스가 일시적으로 그것을 망가뜨렸을 때, 그는 당황해 어쩔 줄 몰라 했다). 80년 후인 2018년 볼티모어에 있는 신디 모스Cindy Moss의 최첨단 연구소를 방문한 나는 두 개의 비행실 중 한 곳의 벽에 점점이 박힌 21개의 초음파 마이크를 헤아린다. 적외선 카메라는 날아다니는 박쥐들을 촬영하고, 노트북은 박쥐의 들리지 않는 소리를 가시적인 스펙트로그램으로 나타낸다. 스펙트로그램은 매우 정밀해서, 숙련된 연구자들이 개별 박쥐를 식별하는 데 사용될 수 있다. 한 마리는 말을 더듬고, 다른 한 마리—박쥐 바리톤—는 유난히 낮은 음역을 가지고 있다.

이 장치들은 (한때 인간의 귀에 감지되지 않았고 인간의 마음에 납득되지 않았던) 박쥐의 반향정위를 '모든 감각 중에서 가장 접근하기 쉬운 것' 중 하나로 만들었다. "물론 박쥐가 뭘 인식하는지는 아직 밝혀지지 않았어요"라고 모스는 말한다. "이건 정말 중요한 문제예요." 나는 이것이, 토머스 네이글이 〈박쥐가 된다는 건 어떤 기분일까?〉에서 논의한 것과 동일한 철학적 딜레마라고 언급한다. 그리고 다른 동물의 의식적 경험을 상상하는 것은 본질적으로 어렵다고 덧붙인다. "네이글의 말이 맞아요"라고 모스는 말한다. 그리고 쓴웃음을 지으며, "당신이 절대 모를 거라고 생각했다는 것만 빼고요"라고 말한다.

반향정위를 위한 10가지 난관

박쥐의 종류는 1400종이 넘는다. 모든 박쥐는 날아다니며, 대부분의 박쥐들은 반향정위를 한다.* 반향정위는 우리가 지금까지 만난 감각과 다른데, 그 이유는 환경에 에너지를 투입하는 과정이 포함되기 때문이다. 눈은 스캔하고, 코는 킁킁거리고, 수염은 휘젓고, 손가락은 누르지만, 이러한 감각기관들은 항상 '더 넓은 세상에 이미 존재하는 자극'을 포착한다. 이와 대조적으로, 반향정위를 하는 박쥐는 먼저 자극을 생성하고 나중에 그것을 탐지한다. 소리가 없으면 메아리도 없다. 박쥐 연구자 제임스 시먼스James Simmons가 나에게 설명했듯이, 반향정위는 주변 환경에 재주를 부림으로써 자신을 드러내는 방법이다. 박쥐가 "마르코"라고 외치면, 주변의 사물들은 "폴로"라고 응답해야 한다. 박쥐가 말하면 고요하던 세상이 맞장구치게 되는 것이다.

기본적인 원리는 간단하다.[14] 박쥐의 울음소리는 주변의 모든 사물들에 퍼져나간 후 반사되고, 박쥐는 반사되는 부분을 탐지해 해석한다. 그러나 이를 성공적으로 수행하려면 수많은 도전에 대처해야 한다. 내가

---

* 반향정위의 기원은 아직 불분명한데, 그 이유는 박쥐 자체의 기원이 불분명하기 때문이다.[13] 박쥐의 골격은 작고 섬세한 경향이 있어, 조상을 암시할 수 있는 화석을 거의 남기지 않는다. 그리고 현대의 박쥐는 그 다양성에도 불구하고 신체적 유사성이 더 높기 때문에, 상이한 그룹들이 어떻게 관련되어 있는지 알아내기가 어렵다. 사정이 이러하다 보니 '박쥐가 언제 처음 반향정위를 시작했는지', '그 시점에 이미 날 수 있었는지', '처음부터 반향정위 능력을 장애물을 피하거나 먹이를 찾는 데 사용했는지', 그리고 '그 능력이 몇 번이나 진화했는지'를 놓고 여전히 갑론을박이 벌어지고 있다. 전통적으로 박쥐의 계통수에는 두 개의 주지main branch가 있다. 하나는 반향정위를 하는 작은박쥐smaller bat들이고, 다른 하나는 과일을 먹고 사는 큰박쥐larger bat들로 (예외적인 한 종을 제외하고) 반향정위를 하지 않는다. 오늘날 우리는 전통적인 분류가 틀렸다는 것을 알고 있다. 유전자 데이터가 포함된 가장 최근의 계통수에서, 몇몇 작은박쥐들(꼬마관박쥐horseshoe bat와 위흡혈박쥐false vampire bat 포함)이 과일박쥐fruit bat 쪽으로 자리를 옮겼다. 이것은 박쥐 학계를 뒤흔든 엄청난 소식이다. 만약 이게 맞는다면, 반향정위가 '모든 박쥐의 공통조상에서 한 번 진화했다가 나중에 과일박쥐에서 사라졌다'거나 '두 번에 걸쳐 독립적으로 진화했다'는 것을 의미하기 때문이다.

생각하는 도전은 최소한 열 가지다.

첫 번째 문제는 거리다. 박쥐의 외침은 목표물을 향해 발사된 다음 귀로 돌아올 수 있을 만큼 강력해야 한다. 하지만 소리는 공기를 통과하는 동안 에너지를 빠르게 상실하며, 특히 주파수가 높을 때는 더욱 그렇다. 따라서 반향정위는 단거리에서만 작동한다. 평균적인 박쥐는 6~9미터 떨어진 작은나방과 11~13미터 떨어진 큰나방만 탐지할 수 있다.[15] 건물이나 나무처럼 매우 크지 않다면, 이보다 더 멀리 떨어진 것들은 감지할 수 없을 것이다.[16] 탐지 가능한 영역 내에서도, 가장자리에 있는 물체들은 어렴풋하게 감지된다. 이것은 소리의 에너지가 (손전등의 불빛처럼) 머리에서 뻗어나가는 원뿔형 범위에 집중되기 때문이다.[17] 에너지가 원뿔형 범위에 집중되면, 소리가 작아지기 전에 더 멀리 전달되는 데 도움이 된다.*

음량도 도움이 된다. 안네마리 설리케Annemarie Surlykke는 큰갈색박쥐가 138데시벨—사이렌이나 제트엔진의 음량에 해당한다—의 소리를 발사할 수 있음을 보였다.[19] 심지어 속삭이는 박쥐whispering bat—조용하다고 해서 이런 별명을 얻었다—라고 불리는 바바스텔박쥐barbastelle bat조차도 전기톱과 낙엽 청소기에 필적하는 110데시벨의 비명을 지른다.[20] 이것은 육상동물 중에서 가장 큰 소리 중 하나이므로, 주파수가 너무 높아서 인간의 귀에 들리지 않는다는 것은 큰 축복이라고 할 수 있다. 만약 인간의 귀가 초음파를 탐지할 수 있다면, 나는 지퍼의 소리를 들으면서 고

---

* 큰갈색박쥐는 실제로 두 가지 경적을 울리는 두 갈래형 초음파 빔을 생성하는데, 하나는 앞쪽을 향하고 다른 하나는 아래쪽을 향한다.[18] 전방 경적forward horn은 곤충과 장애물을 스캔하는 데 사용되고, 하방 경적downward horn은 고도를 측정하는 데 사용된다. 이것은 두 개의 중심와—하나는 지평선을 스캔하는 데 사용되고, 다른 하나는 먹이를 추적하는 데 사용된다—가 있는 맹금류의 눈을 연상시킨다.

통에 몸을 움츠렸을 것이고, 도널드 그리핀은 이타카 연못의 소란을 견디지 못해 도망쳤을 것이다.

그러나 박쥐는 자신의 외침을 들을 수 있기 때문에, 이것은 명백한 두 번째 도전을 제기한다. 그들은 자신의 비명소리에 귀가 먹먹해지는 것을 회피해야 한다. 그러므로 그들은 자신의 부르짖음에 박자를 맞춰 중이 근육을 수축시킴으로써 청각을 둔감하게 만든다.[21] 그러고는 메아리가 도착하는 시간에 맞춰 청각을 회복시킨다. 좀 더 미묘하게, 박쥐는 목표물에 접근할 때 귀의 민감도를 조정할 수 있으므로, 실제로 아무리 큰 소리를 내더라도 일정한 음량으로 되돌아오는 메아리를 감지한다. 이것을 음향 이득 제어acoustic gain control라고 하며, 목표물에 대한 박쥐의 지각知覺을 안정화할 수 있다.[22]

세 번째 문제는 속도다. 모든 메아리는 스냅사진을 제공하는데, 박쥐는 너무 빨리 비행하기 때문에 '빠르게 다가오는 장애물'이나 '빠르게 도망치는 먹잇감'을 탐지하기 위해 정기적으로 스냅사진을 업데이트해야 한다. 존 랫클리프John Ratcliffe는 그들이 초당 200번—모든 포유류의 근육 중에서 가장 빠른 속도—까지 수축할 수 있는 성대근을 이용해 그렇게 한다는 것을 보여주었다.[*][23] 성대근이 항상 그렇게 빨리 수축하는 것은 아니다. 그러나 사냥의 마지막 순간에 목표물을 향해 돌진하며 모든 회피와 탈출을 감지해야 할 때, 박쥐는 초고속 근육이 허용하는 범위 내에서 가장 많은 펄스를 생성한다. 이것이 이른바 '최후의 비명terminal buzz'이다. 그것은 그리핀이 이타카 연못에서 처음 들은 소리로, '최대한

---

[*] 그러나 박쥐의 손전등은 1초에 여러 번씩 켜졌다 꺼졌다 하면서 여러 장의 스트로보스코프 스냅사진을 연속으로 촬영한다. 박쥐의 뇌가 이 스냅샷들을 엮어 동영상 비슷한 것을 만들어내는 것 같다. 그 영상은 매우 부드럽고 연속적이며, 인간의 뇌가 (정적인 프레임들이 빠르게 연속되는) 영화를 볼 때 만드는 것과 매우 비슷할 것으로 추측된다.

이토록 굉장한 세계

날카롭게 먹잇감을 감지하는 박쥐'의 소리와 '목숨을 잃을 가능성이 높은 곤충'의 소리가 뒤섞여 있다.

빠른 펄스는 세 번째 문제를 해결하는 동시에 네 번째 문제를 야기한다. 반향정위를 제대로 작동하기 위해, 박쥐는 모든 호출을 해당 메아리와 일치시켜야 한다. 호출이 너무 빠른 경우, 분리할 수 없는(따라서 해석할 수 없는) '호출과 메아리의 뒤범벅된 스트림'이 생성될 위험이 있다. 대부분의 박쥐들은 '매우 짧은―큰갈색박쥐의 경우 몇 밀리초 동안 지속되는―호출'로 이 문제를 회피한다. 또한 호출 사이에 간격을 두므로, 각각의 신호는 이전 신호의 메아리가 돌아온 연후에만 송출된다. 따라서 큰갈색박쥐와 목표물 사이의 공기는 호출과 메아리 중 하나로만 채워지며, 둘 다로 채워지는 경우는 전혀 없다. 박쥐의 제어 능력이 매우 정교하므로, '최후의 비명'이 난무하는 동안에도 호출과 메아리가 뒤범벅되는 불상사는 결코 발생하지 않는다.

돌아온 메아리를 접수했다면, 박쥐는 이제 그 메아리를 이해해야 한다. 이것은 다섯 번째 문제로, 반향정위와 관련된 최대 난제다. 큰갈색박쥐가 한 마리의 나방에게 초음파를 발사하는 간단한 시나리오를 생각해보자. 박쥐는 먼저 발사된 소리를 듣고, 잠시 후 메아리 소리를 듣는다. 두 시점 사이의 간격은 '박쥐와 곤충 사이의 거리'를 의미한다. 그리고 제임스 시먼스와 신디 모스가 보여준 바와 같이, 박쥐의 신경계는 매우 민감해서 불과 1~2마이크로초의 시간 차도 감지할 수 있다.[24] 결론적으로 말해서, 박쥐는 1밀리미터 미만의 물리적 거리까지도 탐지할 수 있다. 내장된 음파 탐지기를 이용해, 예리한 눈을 가진 것으로 정평이 난 인간보다 훨씬 더 정확하게 목표물까지의 거리를 측정하는 것이다.*

그러나 반향정위는 단순한 거리 이상의 정보를 제공한다. 나방은 복잡한 모양을 가지고 있으므로, 머리·몸·날개가 조금씩 다른 시점에 메아리를 반환할 것이다. 문제를 더욱 복잡하게 만드는 것은, 사냥하는 큰 갈색박쥐가 1~2옥타브의 넓은 주파수역을 휩쓰는 소리를 낸다는 것이다. 이 모든 주파수는 나방의 신체부위에서 미묘하게 다른 방식으로 반사되어, 제각기 상이한 정보를 제공한다.[25] 낮은 주파수는 큰 특징을 알려주고, 높은 주파수는 더욱 자세한 내용을 보충한다.

박쥐의 청각계는 이 모든 정보—각각의 구성 주파수constituent frequency 별로, 호출과 다양한 메아리 간의 시간 차—를 종합적으로 분석해서, 더욱 선명하고 풍부한 음향적 초상화를 제작한다. 그리하여 박쥐는 곤충의 위치뿐만 아니라 크기, 모양, 질감, 방향까지도 속속들이 파악하게 된다.[26]

만약 박쥐와 나방이 가만히 있다면 이 모든 정보가 확정될 것이다. 그러나 일반적으로 둘 다 움직이기 때문에 여섯 번째 문제가 발생한다. 즉 박쥐는 음파 탐지기를 지속적으로 조정해야 한다.[27] 맨 처음 나방을 찾을 때, 박쥐는 넓은 야외 공간을 샅샅이 뒤져야 한다. 이 검색 단계에서, 박쥐는 가능한 한 멀리 전달되는 신호(크고 길고 드문드문한 펄스로, 에너지가 좁은 주파수역에 집중되어 있다)를 송출한다. 일단 유망한 메아리를 듣고 가능성 있는 목표물에 접근함에 따라 전략을 수정한다. 목표물에 대한 디테일한 정보를 포착하고 거리를 보다 정확하게 추정하기 위해, 박쥐는 신호의 주파수역을 확장한다. 목표물의 위치를 더 빨리 업데이트하기 위해 더 자주 신호를 송출하고, 메아리와 겹치지 않도록 각각의 신호를 짧게 유지한다. 마지막으로 목표물을 향해 돌진할 때, 박쥐는 가능한 한

• 이것은 박쥐가 신호를 짧게 유지하는 또 다른 이유다. 그들은 시간을 이용해 거리를 계산하기 때문에, 시간이 짧을수록 더욱 정밀한 추정치를 얻을 수 있다.

많은 정보를 최대한 빨리 수집하기 위해 '최후의 비명'을 생성한다. 어떤 박쥐들은 이 시점에서 음파 탐지기의 빔을 확장해 감각 영역을 넓히는데, 이는 옆으로 빠져나가려는 나방을 더 잘 잡기 위한 계략이다.

초기 검색에서 '최후의 비명'에 이르기까지, 이 모든 사냥 순서가 불과 몇 초 사이에 진행될 수 있다. 박쥐는 자신의 지각을 전략적으로 제어하기 위해 소리의 길이, 횟수, 강도, 빈도를 몇 번이고 다시 조정한다. 간단히 말해서, 이것은 박쥐의 울음소리가 그 의도를 드러낸다는 것을 의미한다. 만약 소리가 길고 시끄럽다면, 그들은 멀리 있는 뭔가에 집중하고 있는 것이다. 소리가 부드럽고 짧다면, 가까운 곳에 있는 뭔가를 향해 접근하고 있는 것이다. 만약 펄스가 더 빨라진다면, 목표물에 더 많은 주의를 기울이고 있는 것이다. 이러한 소리들을 실시간으로 측정함으로써, 연구자들은 박쥐의 마음을 거의 읽을 수 있다.

이러한 접근방법은 박쥐가 일곱 번째 문제, 즉 어수선한 환경에 어떻게 대처할 것인지를 설명하는 데 도움이 된다. 박쥐는 울퉁불퉁한 동굴, 엉킨 나뭇가지, 심지어 공중에 매달린 사슬의 미로를 통과해야 할 수 있다.[28] 이런 난삽한 공간은 음파 탐지기에 (시각에 적용되지 않는) 특별한 문제를 야기한다.[29] 박쥐가 같은 거리에 있는 두 개의 다른 나뭇가지를 향해 날아간다고 상상해보라. 만약 눈으로 볼 수 있다면, 박쥐는 그것을 쉽게 구별할 수 있을 것이다. 왜냐하면 각각의 가지에서 반사되는 빛이 망막의 상이한 부분에 도달할 것이기 때문이다. 이처럼 공간 감각은 눈의 해부학적 구조에 반영된다. 그러나 귀의 경우에는 그렇지 않다. 박쥐는 메아리의 타이밍으로부터 공간을 계산해야 하는데, 두 개의 등거리 가지에서 돌아오는 메아리는 동일한 시간에 도착할 것이므로 동일한 물체인 것처럼 들릴 수 있다.

신디 모스는 큰갈색박쥐를 훈련시켜 그물의 구멍을 신속히 통과하게 만듦으로써, 박쥐가 이 문제를 해결하는 방법을 알아냈다. 그녀가 관찰한 바에 따르면, 박쥐들은 구멍을 통과하기 전에 '초음파 빔의 중심'으로 '구멍의 가장자리'를 조준했다. "우리가 방 안의 다른 물체들을 눈으로 스캔할 수 있는 것처럼, 박쥐는 동일한 작업을 초음파 빔으로 수행할 수 있어요"라고 모스는 나에게 말한다. 거기에 더해, 박쥐들은 까다로운 과제(장애물 주위 비행하기, 불규칙하게 움직이는 목표물 추적하기)를 수행할 때마다 호출 길이를 줄이고 주파수 범위를 확장함으로써, 메아리에서 가능한 한 많은 세부사항을 추출하는 것으로 밝혀졌다.[30] 또한 그들은 호출을 "부-부-부-부 … 부-부-부-부 … 부-부-부-부"라는 독특한 덩어리—모스는 이것을 초음파 섬광 그룹sonar strobe group이라고 부른다—로 그룹화하는 경향이 있는 것으로 나타났다.[31] 각 그룹을 하나의 단위로 처리할 경우, 모든 구성 메아리constituent echo를 자세히 요약함으로써 주변 환경을 더욱 선명하게 표현할 수 있는 것 같다.•

여덟 번째로, 반향정위에는 (시각에는 해당 사항이 없는) 또 다른 문제점이 있다. 물체가 위장되지 않는 한, 눈은 배경에 놓인 물체를 포착하는 데 아무런 문제가 없다. 그러나 음파 탐지기의 경우, 큰 배경에 놓인 작은 물체는 자동으로 위장된다. 예컨대 나방이 잎사귀 앞을 날거나 그 위에 앉아 있으면, 잎사귀의 강한 메아리가 나방의 약한 메아리를 삼켜버릴 것이다. 박쥐가 개발한 이 문제에 대한 몇 가지 해결책 중에서, 가장

• 해당 장면이 특히 복잡한 경우, 큰갈색박쥐는 섬광 그룹 내 개별 호출의 주파수를 변조해, 각 호출의 주파수를 직전 호출의 주파수보다 낮게 함으로써 훨씬 더 자세한 정보를 얻을 수 있다. 몇몇 종은 이러한 종류의 "주파수 호핑frequency-hopping"을 수행한다. 예를 들어 밤나무주머니날개박쥐chestnut sac-winged bat는 오름차순 주파수의 삼중항triplet of ascending frequencies을 생성하므로 '도레미 박쥐do-re-mi bat'라고도 알려져 있다.[32]

　　　　　　　　　　　　　　　　이토록 굉장한 세계

인상적인 것은 큰귀박쥐common big-eared bat의 솔루션이다. 그들은 음파 탐지기 하나만을 이용해, 나뭇잎 위에 (심지어 꼼짝하지 않고) 앉아 있는 잠자리 등의 곤충을 족집게처럼 집어낼 수 있다. 이것은 과학자들이 오랫동안 불가능하다고 여겼던 신공이다. 잉아 예이펠Inga Geipel이 관찰한 바에 따르면, 박쥐는 '먹잇감을 향해 비스듬히 접근하며 초음파를 발사'하는 놀라운 트릭을 사용한다.[33] 그럴 경우, 나뭇잎에 비스듬히 부딪친 초음파는 멀리 튀어나가는 반면 곤충과 정면으로 충돌한 초음파는 박쥐 쪽으로 반사된다. 박쥐는 머리를 고정한 상태에서 곤충 앞에서 위아래로 맴돎으로써 이러한 효과를 극대화한다. 처음에는 뭔가 흐릿하고 불명확한 것—가능한 먹잇감에 대한 가장 단순한 힌트—이 감지될 것이다. 하지만 위아래로 맴돌며 다양한 각도에서 정보를 수집하면 먹잇감의 모양이 점차 선명해지므로, 어느 순간부터 (곤충에게는 불행한 일이지만) 불가능했던 일이 가능해진다.

아홉 번째 문제는, 박쥐들이 종종 그렇듯이 무리 지어 비행할 때 발생한다. 이 경우 박쥐들은 어떻게든 자신의 메아리를 다른 개체의 메아리와 구별해야 한다. 큰갈색박쥐는 (다른 박쥐의 소리와 겹치지 않도록) 자신의 주파수를 바꾸거나 교대로 침묵을 지키는 전략을 구사함으로써 문제를 비켜간다.[•][34] 그러나 이러한 전략은 수백만 마리씩 떼 지어 비행하는 멕시코자유꼬리박쥐Mexican free-tailed bat에게는 덜 유용하다. 2000만 마리의 박쥐들이 한꺼번에 동굴 밖으로 쏟아져 나올 때, 도대체 어떻게 각각

• 서로 의사소통하기를 원할 때, 박쥐들은 반향정위와 매우 다른 유형의 초음파를 발사하는 경향이 있다. 그러나 의사소통과 반향정위의 차이는 명확하지 않다. 어떤 박쥐들은 친숙한 개체의 호출을 인식할 수 있고, 서로의 '먹이 찾는 소리'를 엿들을 수도 있을 것이다.[35] 불도그박쥐greater bulldog bat는 호출에 메시지를 삽입할 수도 있다.[36] 자신의 호출이 다른 박쥐에 부딪힐 경우를 대비해, 그들은 펄스의 끝에 굵직한 경고음을 추가한다.

의 박쥐가 자신의 메아리를 골라내는 걸까? 연구자들은 이것을 "칵테일 파티의 악몽"이라고 불러왔는데, 박쥐가 어떻게 악몽에서 깨어나는지는 분명하지 않다.[37] 특정 시간 내에, 또는 특정 방향에서 도착하는 메아리만 처리할 수도 있다. 또는 반향정위를 완전히 무시하고, 그 대신 다른 감각이나 기억에 의존할 수도 있다. 멕시코자유꼬리박쥐는 아마도 동굴을 드나드는 길을 알고 있을 테니, 어떤 메아리도 참고할 필요 없이 올바른 궤적을 따라 비행할 수 있을 것이다. 이것은 사람들이 안전상의 이유로 동굴 입구에 바리케이드를 쳤던 수많은 역사적 사건들을 설명한다.[38] 나중에 밝혀진 사실이지만, 출입구가 봉쇄된 후 새로 설치된 문에 충돌해 죽는 박쥐들이 속출했다.

이러한 비극적인 사고는 반향정위의 열 번째 과제를 보여준다. 지금까지 언급한 아홉 가지 과제를 해결하려면 많은 노력이 필요하다는 것이다. 반향정위는 정신적 부담이 크며, 특히 박쥐는 빠른 속도로 모든 일을 처리하기 때문에 부담이 더욱 가중된다. 그들은 음파 탐지기를 풀가동할 시간이 없기 때문에 종종 아래와 같은 우스꽝스러운 실수를 저지른다.* 그들은 입자의 크기가 0.5밀리미터 다른 두 개의 사포를 구별할 수 있지만, 새로 설치된 동굴 문에 곤두박질치기도 한다.[40] 그들은 날아다니는 곤충들을 모양으로 식별할 수 있지만, 공중으로 날아가는 조약돌을 곤충으로 착각해 쫓아가기도 한다. 하지만 박쥐는 이러한 오류

---

* 《어둠 속에서 듣기》에서 도널드 그리핀은 한 섹션 전체를 "갈팡질팡하는 박쥐"에 할애했다.[39] 그 책에서, 그는 인구에 회자되는 이 동물들의 경이로운 위업(예: 가느다란 철사로 된 커튼 사이로 날아가기)이 "가장 기민하고 깨어 있는" 개체에 의해서만 수행된다고 지적했다. "어떤 조건에서 박쥐는 매우 서투르다." 그리핀은 이렇게 썼다. "평소에는 조금도 어려움 없이 피하던 장애물들을, 어떤 때는 머리로 사정없이 들이받는다. 어쩌면 나는 이 점에 대해 약간 과민한지도 모른다. 그도 그럴 것이, 박쥐가 뭔가에 부딪치는 것을 볼 때마다 사람들이 (종종 약간 비난하는 듯한 어조로) 이야기꽃을 피우기 때문이다."

이토록 굉장한 세계

들을 완전히 피할 수 있으며, 단지 주의를 기울이지 않을 뿐이다. 그들은 기억과 본능에 의존하는데, 사실 인간도 동일한 방식으로 행동한나. 대부분의 자동차 사고는 집 근처에서 발생하는데, 부분적인 이유는 '운전자가 익숙한 경로를 주행할 때 주의를 덜 기울이기 때문'이다. 두 경우(새로 설치된 문에 충돌하기, 날아가는 조약돌 추적하기) 모두에서, 지각은 '감각기관의 정보'뿐만 아니라 '뇌가 정보에 입각해 결정한 행동'에 의해서도 영향을 받는다. 박쥐의 뇌와 그 작용은 여전히 미스터리다. 우리가 반향정위에 대해 많은 것을 배웠음에도 불구하고 네이글은 여전히 옳았다. 즉 우리는 박쥐가 된다는 게 어떤 느낌인지 완전히 알지 못할 수도 있다. 그러나 감히 논리적 추측을 한다면 다음과 같은 느낌일지도 모른다.

주변은 어둡고, 큰갈색박쥐인 당신은 배가 고프다. 나무와 그 밖의 큰 장애물을 쉽게 감지할 수 있으므로, 당신은 그것들 사이로 쌩 하고 날아간다. 그러는 동안 곤충을 찾기 위해 공간을 가득 메운 공기 속으로 (강력하고, 드문드문하고, 좁은 음역의) 초음파를 발사한다. 대부분의 초음파는 까마득히 멀리 사라지지만, 일부는 되돌아와 1시 방향에서 날고 있는 뭔가의 존재를 드러낸다. 혹시 나방? 목표물이 음파 탐지기의 원뿔형 범위를 벗어나지 않도록, 당신은 머리와 몸을 차례로 돌린다. 지금쯤 목표물이 얼마나 멀리 떨어져 있는지 정확히 알고 있지만, 그것에 대한 당신의 인식은 여전히 흐릿하다. 하지만 가까이 다가갈수록 달라진다. 당신의 외침은 짧고 빨라지며, 음역이 넓어지면서 목표물에 대한 감각이 날카로워진다. 커다란 나방 한 마리가 날아가고 있다. 당신이 그 곤충을 제압할 때, 목구멍의 놀라운 근육은 최대한 빠른 초음파 펄스를 발사해 나방을 날카로운 초점에 고정시킨다. 심지어 꼬리를 이용해 입안에 넣는 동안에도, 나방의 머리·몸통·날개의 디테일은 풍부해진다. 그리고 짧은 시간에―이 단락을 읽을 정도의 시간이면 충분하다―당신은 이 모든 것을 성취한다.

박쥐가 그렇게 성공적인 것은 놀라운 일이 아니다. 그들은 남극 대륙을 제외한 모든 대륙에서 발견되며, 포유류 종 전체의 5분의 1을 차지한다. 공중에서 곤충을 잡는 박쥐와 나무에서 열매를 따는 박쥐가 있다. 개구리를 잡는 박쥐, 피를 마시는 박쥐, 몸길이보다 두 배 이상 긴 혀로 꿀을 홀짝이는 박쥐 등이 있다. 박쥐를 잡아먹는 박쥐가 있다. 잔물결을 탐지함으로써 물고기를 낚는 박쥐가 있다. 음파 탐지기의 펄스를 반사하도록 적응한 접시 모양의 잎에 속아, 식물의 꽃가루를 운반하는 박쥐가 있다. 그리고 우리가 지금껏 살펴본 것과 근본적으로 다른 방식으로 반향정위의 문제를 해결해, 세계에서 가장 전문화된 형태의 음파 탐지기를 개발한 박쥐가 있다.

무적의 음파 탐지기

대부분의 박쥐들은 전형적인 큰갈색박쥐와 대충 비슷한 방식으로 반향정위를 한다. 그들은 1~20밀리초 동안 지속되는 짧은 초음파 펄스를 발사하며, 이것들은 비교적 긴 침묵으로 구분된다. 또한 이 펄스들은 넓은 주파수역을 훑고 내려가기 때문에, 이런 박쥐들을 FM(즉 주파수 변조 frequency-modulated) 박쥐라고 한다. 그러나 약 160종―꼬마관박쥐, 잎코박쥐과Hipposideridae, 파넬콧수염박쥐Parnell's mustached bat―은 매우 다른 일을 한다.[41] 그들의 초음파는 훨씬 더 긴데, 일부 종에서는 수십 밀리초 동안 지속되며 훨씬 더 짧은 간격으로 분리된다. 그리고 다양한 주파수를 포

이토록 굉장한 세계

괄하는 대신, 이 종들은 하나의 특정한 음을 유지한다. 그런 이유로 그들은 CF(즉 일정한 주파수constant-frequency) 박쥐라고 불린다. 그리고 그들은 매우 특정한 종류의 메아리에 귀를 기울인다.

박쥐가 발사한 초음파 펄스가 곤충의 퍼덕이는 날개에 부딪치면, 날개가 위아래로 움직일 때 메아리의 강도가 달라진다. 그러나 특정한 순간(날개가 입사음incoming sound과 정확히 수직을 이루는 순간), 특히 크고 날카로운 메아리가 박쥐에게 똑바로 되돌아온다. 이것을 음향적 번뜩임acoustic glint이라고 부르며, '곤충이 근처에서 날아다니고 있다'는 결정적 증거다. FM 박쥐는 이론적으로 이 번뜩임을 감지할 수 있지만, 그럴 가능성은 거의 없다. 그들의 짧은 초음파 펄스는 '긴 간격'으로 분리되어 있기 때문에, 정확한 순간에 곤충의 날개에 명중해 번뜩임을 반환하는 행운을 기대하는 수밖에 없다. 이와 대조적으로 CF 박쥐의 펄스는 충분히 길므로 곤충의 날갯짓 전체를 커버할 수 있고, 번뜩임을 포착할 가능성이 매우 높다. 그리고 나뭇잎 등의 배경 물체는 날개처럼 리드미컬하게 펄럭이지 않기 때문에, CF 박쥐는 번뜩임을 이용해 '펄럭이는 곤충'과 '어수선한 잎'을 구별할 수 있다. 요컨대 음향적 번뜩임은 '빛의 섬광'의 청각적 등가물이다.

1960년대부터 CF 박쥐를 연구해온 한스-울리히 슈니츨러Hans-Ulrich Schnitzler는, 그들이 날갯짓의 리듬을 이용해 다양한 곤충 종을 식별할 수 있다는 것을 증명했다.[42] 그들은 곤충이 자신을 향해 날아오는지, 아니면 멀어지는지 알 수 있다. 그리고 살아 있는 표적과 무생물을 확실히 구별할 수 있다. 큰갈색박쥐와 달리, CF 박쥐는 공중으로 날아가는 조약돌을 쫓아가지 않는다.*

CF 박쥐의 귀는 그들의 울음소리만큼이나 전문화되어 있다. 예컨대

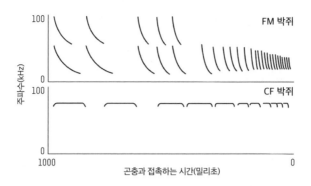

이 스펙트로그램은 곤충에 접근하는 두 마리 박쥐의 반향정위 소리를 보여준다.
FM 박쥐의 호출은 광범위한 주파수를 갖는 반면,
CF 박쥐는 대체로 동일한 음을 유지한다는 점에 주목하라.
그러나 두 박쥐는 먹이에 가까이 접근함에 따라 더 짧고 빠른 소리를 낸다.

관박쥐greater horseshoe bat는 약 83킬로헤르츠의 일정한 주파수로 소리를 내
며, 정확히 이 음높이에 할당된 청각뉴런의 수가 불균형적으로 많다.[••43]
그들은 다른 어떤 소리보다도 민감하게 자신의 메아리 소리를 듣는다.
마치 각각의 CF 박쥐가 청각 세계에서 얇은 조각을 하나씩 떼어내어 소
유권을 주장하는 것처럼, 모든 CF 박쥐 종은 제각기 고유 주파수를 가
지고 있다.[44] 하지만 이러한 전략은 FM 박쥐가 직면하지 않는 주요 문
제—열한 번째 문제—를 야기한다.

  음원에 가까워질수록 소리의 음이 높게 들린다(구급차가 당신을 향해 달

---

* 실제로 많은 박쥐들은 CF와 FM의 소리를 혼합해 사용한다. 예컨대 FM 박쥐인 큰갈색박쥐는 야
외에서 탐색할 때 CF와 비슷한 펄스를 생성한다. 한편 CF 박쥐는 먹이까지의 거리를 더 잘 판단하기
위해 펄스의 끝에 짧은 주파수 스위프frequency sweep를 추가한다.
** 연구자들은 '시각이 가장 예리한 망막 부분'의 이름을 따서, 이 민감한 대역을 음향 중심와acoustic
fovea라고 불러왔다. 그것은 적절한 비유이지만, 약간 빗나간 것이기도 하다. 중심와는 시각이 가장 선
명한 '물리적 공간'의 영역이지만, 음향 중심와는 박쥐의 청각이 가장 예리한 '정보 공간'의 영역을 나
타낸다. 그것은 특정한 초록색 음영을 지나치게 잘 보는 눈을 달고 날아다니는 것과 더 비슷하다.

이토록 굉장한 세계

려올 때 사이렌 소리가 어떻게 들리는지 생각해보라). 이것을 도플러 효과Doppler effect라고 하는데, CF 박쥐가 곤충을 향해 날아갈 때 메아리의 주파수가 점점 더 높아져, 결국 박쥐의 가청 주파수 상한선을 초과한다는 것을 의미한다. 그러나 슈니츨러가 1967년에 발견한 바와 같이, CF 박쥐는 도플러 이동Doppler shift을 보정할 수 있다.[45] 즉 그들은 목표물에 접근할 때 통상적인 휴지기 주파수보다 낮은 소리를 내므로, 상향 이동한 메아리가 정확히 올바른 음높이로 귀를 때린다. 그리고 그들은 이것을 (문자 그대로) 즉석에서 수행하므로, 주파수를 지속적으로 조정함으로써 전방의 목표물에서 돌아온 메아리가 '이상적인 주파수 ± 0.2퍼센트' 이내에 머물게 할 수 있다.[46] 이것은 동물계에서 거의 타의 추종을 불허하는 운동 제어의 놀라운 위업이다.

당신이 실제로 연주하려는 것보다 항상 3음 높은 음을 내는 '잘못 조율된 피아노'를 가지고 있다고 상상해보라. 만약 당신이 가온 다 음을 원한다면, 그 왼쪽에 있는 가(A) 건반을 눌러야 한다. 당신은 곧 요령을 터득하겠지만, 이번에는 피아노의 오류가 체계적이지 않고 '누르는 음과 원하는 음 사이의 간격'이 그때그때 다르다고 상상해보라. 이제는 이상한 악기에서 흘러나오는 음악을 들으면서 오류의 정도를 끊임없이 판단해야 하고, 연주하면서 운지運指를 조정해야 한다. 이게 바로 CF 박쥐가 하는 일이다. 그들은 1초에 여러 번씩 그런 일을 하며, 실수하는 경우가 거의 없다. 심지어 동시에 여러 개의 목표물에 대해 이런 작업을 수행할 수도 있다. 꼬마관박쥐는 각각 다른 거리에 있는 상이한 장애물들에 주의를 기울이며, 각 장애물에 대해 올바른 도플러 보정을 수행할 수 있다.●[47]

야행성 곤충에게 박쥐로부터 안전한 환경은 없다. 만약 야외에서 비행한다면, 그들은 큰갈색박쥐에게 덜미를 잡힐 수 있다. 만약 무성한 나뭇잎을 향해 비행한다면 관박쥐에게 추격을 당할 수 있다. 표면에 내려앉아 가만히 있어도, 큰귀박쥐에게 여전히 발각될 수 있다. 음파 탐지기는 모든 가능한 서식지에 적응할 수 있는 무적의 무기처럼 보인다. 하지만 음파 탐지기가 다재다능한 것은 분명하지만 무적은 아니다. 믿을 수 없는 감각을 진화시키는 과정에서, 박쥐는 똑같이 믿을 수 없는 환상에 노출되었다.

불나방의 말대꾸

제시 바버의 연구실 안에는 눈이 부드럽게 내리고 있다(또는 그렇게 보인다). 연구원들은 지퍼를 비롯한 박쥐들이 득실거리는 비행실로 나방을 주야장천 실어 날랐고, 곤충들은 하얀 비늘구름을 허공에 남겨놓았다. 비늘이 너무 만연해 있다 보니 바버와 줄리엣 루빈은 끔찍한 알레르기가 생겼고, 지금은 둘 다 안면 마스크를 착용하고 있다. 그들에 따르면, 이것은 나비류 연구자―나방과 나비를 연구하는 사람―들 사이에 흔한 직업 재해다. 어떤 집단에서는 이것을 렙렁lep lung(나비류 폐병)이라고 부른다.

과학자들의 기도에 염증을 일으키지 않을 때, 비늘은 박쥐의 울음소리를 흡수하고 결과적으로 메아리를 억제함으로써 나방의 몸을 보호한

• 다음과 같은 방법으로, CF 박쥐는 도플러 효과의 잠재적인 문제를 자신에게 유리하게 이용한다. FM 박쥐는 돌아오는 메아리와 겹치지 않도록 호출을 짧게 유지해야 한다. 그러나 CF 박쥐는 자신의 호출을 시간이 아닌 주파수로 분리한다. 메아리는 도플러 효과 덕분에 호출보다 음이 높기 마련이므로, 정교하게 조율된 박쥐의 귀에 더욱 선명하게 들린다. 그렇기 때문에 그들의 외침은 길어질 수 있고, 음향적 번뜩임을 반환하고 펄럭이는 먹이의 존재를 드러내기에 충분한 시간이 확보된다.

이토록 굉장한 세계

다.[48] 이 음향 갑옷은 여러 가지 박쥐 방어 장치 중 하나일 뿐이다.[49] 앞장에서 살펴본 바와 같이, 나방 종의 절반 이상이 박쥐의 음파 탐지기 소리를 들을 수 있는 귀를 가지고 있다. 그런 귀는 상당한 이점을 제공한다. 박쥐는 나방에게 갔다가 되돌아오는 메아리에 귀를 기울이지만, 나방은 처음 발사된 소리(즉 메아리보다 훨씬 더 강력한 원음原音)를 탐지하면 되기 때문이다. 따라서 박쥐는 9미터 이내에서 조그만 나방의 소리를 들을 수 있지만, 나방은 13~30미터 떨어진 곳에서 박쥐의 소리를 들을 수 있다.[50] 그들 중 상당수는 박쥐 소리가 들릴 때마다 회피, 맴돌기, 급강하를 함으로써 이점을 최대한 활용한다. 다른 나방들은 심지어 말대꾸를 한다.[51]

1만 1000종의 다양한 나방으로 구성된 불나방tiger moth은 옆구리에 한 쌍의 드럼 같은 기관을 가지고 있다. 그들은 이것을 진동시켜 초음파를 생성하는데, 이에 당황한 박쥐가 나방을 놓칠 수 있다.* 때때로 이런 말대꾸는 경고색의 음향 버전이라고 할 수 있다. 많은 불나방은 불쾌한 맛이 나는 화학물질을 가득 품고 있으므로, 박쥐에게 '나는 먹을 가치가 없다'고 알려주기 위해 말대꾸를 한다.[53] 말대꾸 소리는 박쥐의 음파 탐지기를 교란할 수도 있다. 2009년, 애런 코코런Aaron Corcoran과 제시 바버는 큰갈색박쥐를 베르톨디아 트리고나Bertholdia trigona—불타는 통나무 색으로 뒤덮인, 놀라운 미국산 불나방—와 겨루게 함으로써 이런 일이 일어난다는 명백한 증거를 발견했다.[54] 이 나방은 화학적 방어력이 없으므로, 박쥐에게 순식간에 잡아먹힐 것이다. 그러나 큰갈색박쥐는 (심지어

---

* 도러시 더닝Dorothy Dunning과 케네스 뢰더Kenneth Roeder는 1965년에 이것을 처음으로 시연하여, 말대꾸 소리가 작은갈색박쥐의 성공적인 사냥을 방해한다는 것을 증명했다.[52] 두 사람은 박쥐를 훈련시켜, 공중으로 날아가는 거저리를 잡도록 만들었다. 박쥐는 이 과제를 거의 완벽하게 해냈지만, 불나방의 말대꾸 소리를 들었을 때는 실적이 매우 저조했다.

제자리에 묶여 있는) 베르톨디아에 접근했을 때도 종종 공격에 실패하는 것으로 나타났다. 말대꾸 소리가 메아리와 겹쳐, 박쥐의 거리 측정 능력을 엉망으로 만든 것이었다.[55] 박쥐의 관점에서 볼 때, 한때 날카롭게 정의되고 정확하게 포착됐던 목표물이 갑자기 흐려져 마치 '위치가 모호한 성운'처럼 되었을 것이다.*

다른 나방들은 주문을 외지 않고도 환상을 만들 수 있다. 바버와 루빈은 손바닥만 한 크기의 긴꼬리산누에나방—하얀 몸통, 핏빛 다리, 노란색 더듬이, 황록색 날개, 그리고 한 쌍의 긴 유선형 꼬리를 가진 나방—을 사육해왔다. 그들의 연구실에서 찬장을 여니, 이 나방 몇 마리가 조용히 문에 매달려 있고 텅 빈 번데기가 선반에 이리저리 흩어져 있다. 성체가 된 나방은 입이 없고 시간도 거의 없다. "이 나방들은 일주일 안에 죽을 거예요. 그때까지 그들이 할 일은, 짝짓기를 하고 박쥐를 피하는 것뿐이에요"라고 바버는 말한다. 그들은 유해한 화학물질도 없고, 박쥐를 방해하는 말대꾸를 할 수도 없다. 심지어 귀가 없기 때문에 박쥐가 다가오는 소리조차 들을 수 없다. 그러나 비행할 때 뒷날개에 달린 긴 꼬리가 펄럭이고 회전하므로, 박쥐의 반향정위를 교란하는 메아리가 생성되어 비필수적인 신체부위를 공격하게 만든다. 평균적으로 꼬리 없는 긴꼬리산누에나방은 꼬리 있는 긴꼬리산누에나방보다 박쥐에게 잡아먹힐 확률이 아홉 배 높다.[58] "이 사실을 발견했을 때, 나는 비현실

---

* 박각시나방hawkmoth—약 1500종으로 구성된 또 다른 주요 그룹—의 약 절반도 박쥐를 방해할 수 있다. 그러나 불나방과 달리, 박각시나방은 생식기를 문지름으로써 혼란스러운 말대꾸 소리를 낸다.[56] 그들은 이 능력을 세 차례에 걸쳐 독립적으로 발전시킨 것으로 보이며, 각각의 그룹은 생식기의 다른 부분을 '박쥐의 얼을 빼는 도구'로 전용轉用했다. 그러나 박쥐는 박쥐대로 나방의 방어에 대응해 진화해왔다. 적어도 두 종—유럽의 바바스텔박쥐와 북아메리카의 타운센드큰귀박쥐Townsend's big-eared bat—은 아주 조용한 울음소리를 내므로, 나방에게 들키지 않고 몰래 다가갈 수 있다. 은밀한 속삭임으로, 그들은 달아나거나 방해할 틈을 주지 않고 먹이에게 가까이 접근할 수 있다.[57]

적이라고 생각했어요"라고 바버는 말한다. "반향정위는 정말 놀라운 감각이에요. 회전하는 꼬리 따위가 어떻게 박쥐를 속일 수 있겠어요? 그러나 우리는 그 현상을 일관되게 목격하고 있어요."

나도 바버의 모니터에서 그 현상을 본다. 긴꼬리산누에나방이 비행실에 투입되자, 지퍼의 공격이 번번이 빗나간다. 지퍼는 몇 번이고 몸을 돌려 다시 공격하지만, 나방의 꼬리를 한입 베어 문 후 뱉어낼 뿐이다. 맛없는 파편이 방바닥에 떨어지자, 바버가 씩 웃더니 나를 보며 말한다. "거봐요, 내가 말했잖아요." 조련사들이 나방을 데리고 나온다. 왼쪽 꼬리가 없어졌지만, 다른 데는 다치지 않았다. 그들은 두 번째 긴꼬리산누에나방을 비행실에 투입하는데, 이번에는 꼬리가 이미 제거되어 있다. 아니나 다를까, 지퍼에게 거의 즉시 잡아먹힌다.•

긴꼬리산누에나방을 처음 보았을 때, 나는 그들의 꼬리가 공작의 꽁지와 같은 역할을 할 거라고 생각했다. 그러나 그것은 나를 또다시 잘못된 길로 이끈 시각 편향이었다. 이 나방들은 냄새를 통해 짝을 찾으며, 꼬리가 그들을 더 매력적으로 보이게 한다는 증거는 없다. 그것은 예비 짝의 눈을 즐겁게 하기 위한 게 아니라, 예비 포식자의 귀를 속이기 위한 것이다.

도널드 그리핀은 박쥐의 반향정위를 "마법의 우물"로 묘사한 적이 있다.[60] 반향정위는 처음 발견된 이후 놀라운 발견의 끝없는 원천이 되었다. 박쥐가 할 수 있는 일을 이해함으로써, 우리는 그들을 '평판이 좋지

• 꼬리의 작동 메커니즘은 아직 불분명하다. 그것이 생성한 메아리가 나방의 몸에서 나온 메아리와 합쳐져, 박쥐에게 '훨씬 더 큰 사냥감이 턱에 근접해 있다'는 착각을 일으킬지도 모른다. 아니면 꼬리가 '전혀 별개의 목표물'인 것처럼 들릴 수도 있고 '눈에 더 잘 띄는 목표물'인 것처럼 들릴 수도 있다. 어떤 경우든 효과가 있다. 긴꼬리산누에나방은 적어도 네 번 독립적으로 긴 꼬리를 진화시켰는데, 이 것들 중 일부는 나머지 나방들의 날개보다 두 배나 길 수 있다.[59]

않은 동물'이 아니라 '생물학적 경이로움'으로 평가할 수 있다. 우리는 그들이 사냥하는 생물을 더 잘 이해할 수도 있다. 그리고 그리핀 이후 많은 과학자들이 그랬던 것처럼, 우리는 메아리를 통해 세상을 인식하는 다른 동물들을 찾을 수 있다.

'소리로 만지는' 감각

박쥐와 돌고래는 포유류의 여느 두 그룹만큼 다르다. 박쥐의 앞다리는 늘어나서 날개가 되었고, 돌고래의 앞다리는 납작해져서 지느러미가 되었다. 박쥐의 몸통은 날씬하고 가벼운 반면, 돌고래의 체형은 유선형이고 오동통하다. 박쥐는 야외에서 길을 찾는 반면, 돌고래는 넓은 바다에서 길을 찾는다. 그러나 두 그룹 모두 3차원(그리고 종종 어두운) 공간을 이동하며 먹이를 찾는다. 둘 다 반향정위를 진화시킴으로써 그렇게 했다.[61] 그리고 두 그룹 모두 거의 같은 방식으로 과학자들에게 자신들의 비밀을 넘겨주었다. 돌고래 연구자들은 먼저 '돌고래가 눈을 가린 상태에서도 어둠 속에서 장애물을 피할 수 있다'는 것을 알아차렸고, 다음으로 '돌고래가 초음파를 생성하고 들을 수 있다'는 사실을 발견했다.* 그리핀과 다른 사람들의 선구적인 연구 덕분에 '반향정위가 존재한다'

---

* 1950년대에 아서 맥브라이드Arthur McBride는 돌고래, 쇠돌고래, 그 밖의 이빨고래가 동일한 능력을 공유하는지 궁금해했다. 어둠 속에서 어망을 피하는 쇠돌고래를 보고 나서, 그는 박쥐를 떠올렸다.[62] 1959년, 켄 노리스Ken Norris는 캐시라는 큰돌고래를 훈련시켜 라텍스 흡입컵을 눈 위에 착용하도록 만든 다음 (돌고래의 반향정위를 이해하는 데 특히 도움이 되는) 실험을 수행했다.[63] 눈이 보이지 않는 상태에서도, 캐시는 빠른 초음파를 연달아 발사함으로써 떠다니는 물고기 조각을 찾아내거나, (철사로 된 커튼 사이로 날아가는 박쥐처럼) 수직 파이프의 미로를 통과했다. 어느 편이냐 하면, 캐시가 박쥐보다 더 민첩했다. 그리핀의 박쥐들은 종종 날개 끝으로 철사를 건드렸지만, 캐시는 두 달간 테스트를 받는 동안 딱 한 번만 파이프에 부딪쳤다. 사실 그럴 때도 일부러 그러는 것 같았다.

는 사실이 이미 알려져 있었기 때문에, 이러한 관찰은 해석하기가 한결 더 쉬웠다. 돌고래 연구자들은 불과 20년 전만 해도 상상할 수 없었던 기술을 테스트할 수 있었다.

이러한 이점에도 불구하고 돌고래의 소나sonar(수중 음파 탐지기)에 대한 연구는 다소 더디게 진행되어왔는데, 그 이유는 돌고래를 다루기가 쉽지 않기 때문이다. 그들의 덩치만으로도 문제가 된다. 가장 작은 돌고래는 가장 큰 박쥐보다 약 40배 무거우며, 작은 방 대신 대형 해수 탱크를 필요로 한다. 또한 돌고래는 박쥐보다 더 영리하고 훈련시키기가 어려우며 고집이 세다. 예컨대 획기적인 초창기 실험에 참여했던 캐시―큰 돌고래―는 아이컵 착용에 응했지만 턱과 이마를 덮는 방음 마스크 착용을 완강히 거부했다. 그리고 박쥐는 건물과 숲에서 쉽게 발견될 수 있지만, 돌고래는 (대부분의 인간이 표면을 훑어보기만 하고 지나갈 정도로) 접근하기 어려운 서식지에 살고 있다. 따라서 대부분의 돌고래 연구자들은 수족관이나 해군 시설에 사는 돌고래를 연구할 수밖에 없었다.[64]

미국 해군은 1960년대에 실종된 잠수부를 구조하고, 침몰한 장비를 찾고, 매설된 지뢰를 탐지할 요량으로 돌고래 훈련을 시작했다. 1970년대에는 돌고래 자신이 세상을 어떻게 인식하는지를 이해하기보다는, 돌고래의 뛰어난 능력을 역설계함으로써 군사용 음파 탐지기를 개선하기 위해 반향정위 연구에 막대한 자금을 투자했다. 하와이 카네오헤베이의 한 전략무선 감청기지는 심리학자 파울 나흐티갈Paul Nachtigall과 전기공학자 휘틀로 아우Whitlow Au가 이끄는 중요한 연구의 중심지가 되었다.[65] "돌고래는 블랙박스였고, 내 관심사는 그 박스의 매개변수를 정의하는 것이었어요"라고 아우는 나에게 말한다. "나는 내 아이들을 매우 화나게 만들곤 했어요. 왜냐하면 걔네들은 단지 돌고래를 껴안고 싶어

했을 뿐이고, 나는 '그것들은 단지 실험 대상일 뿐이야'라고 말하곤 했기 때문이에요." (나는 그에게, 수십 년 동안 돌고래와 함께 일한 후에도 여전히 그렇게 생각하느냐고 묻는다. 그는 잠시 말을 멈췄다가 이렇게 말한다. "나는 그들을 좀 더 복잡한 실험 대상으로 간주하고 있어요.")

헵투나, 스벤, 에히쿠, 에카히와 같은 큰돌고래들이 넓고 탁 트인 수중 우리에서 헤엄칠 수 있는 카네오헤베이에서, 아우와 그의 동료들은 돌고래의 소나가 어느 누구도 예상할 수 없을 만큼 인상적이라는 사실을 깨달았다.[66] 돌고래는 모양, 크기, 재료에 따라 상이한 물체들을 구별할 수 있었다.[67] 그들은 물, 알코올, 글리세린으로 채워진 실린더들을 구별했고, 하나의 소나 펄스에서 얻은 정보를 바탕으로 멀리 떨어진 목표물을 식별했다. 그들은 몇 미터 두께의 퇴적물 밑에 묻혀 있는 물건도 정확하게 찾아냈고, 그 물건이 놋쇠로 만들어졌는지 강철로 만들어졌는지도 알아낼 수 있었다. 이것은 어떤 기술적 소나도 따라잡을 수 없는 위업이다. "현재까지 해군이 보유하고 있는 소나 중에서, 항구에 매설된 지뢰를 탐지할 수 있는 것은 돌고래뿐이에요"라고 아우는 말한다. 돌고래는 이빨고래류odontocetes로 알려진 고래 그룹에 속한다.* 이 그룹의 다른 구성원들―쇠돌고래porpoise, 흰고래beluga, 일각돌고래narwhal, 향유고래, 범고래―도 반향정위를 하며, 그들 중 상당수가 큰돌고래에 못지않은 묘기를 펼친다. 1987년, 나흐티갈이 이끄는 연구팀은 범고래붙이false

---

* 간단한 용어 설명: 돌고래, 고래, 그리고 그 친척들은 모두 고래류cetaceans―구어체로 고래―로 알려진 그룹에 속한다. 고래류에는 수염고래류와 이빨고래류라는 두 가지 주요 그룹이 있다. 돌고래는 이빨고래류의 한 하위그룹이며, 범고래와 거두고래pilot whale도 이빨고래류에 속한다. 돌고래와 쇠돌고래는 서로 다른 종류의 이빨고래이지만 두 용어는 때때로 혼용된다. 반향정위에 관한 초기 논문 중 일부에는 큰돌고래bottlenose dolphin가 "bottlenose porpoise"로 적혀 있다. 요약하자면, 돌고래는 고래류에 속하고, 범고래는 돌고래와 함께 이빨고래류에 속하며, 쇠돌고래는 (진짜 돌고래인 경우를 제외하고) 돌고래가 아니다.

killer whale—영리하고 사교적인 것으로 알려진 5.5미터 길이의 검은 돌고래—를 연구하기 시작했다. 이 동물—키나—은 소나를 사용해, (인간의 눈에는 똑같아 보이지만, 머리카락의 너비만큼 굵기가 다른) 금속 대롱들을 구별할 수 있었다.[68] 기억에 남는 한 실험에서, 연구팀은 동일한 사양으로 제조된 두 개의 대롱을 이용해 키나를 테스트했다. 그런데 키나는 반복해서 '이 물건들은 달라요'라고 지적해 모든 연구원들을 혼란에 빠지게 했다. 연구팀이 대롱들의 사양을 다시 측정해보니, 그중 하나가 미세하게 경사져 있고, 한쪽 끝이 다른 쪽 끝보다 0.6밀리미터 더 넓은 것으로 밝혀졌다. "믿을 수 없는 일이었어요." 나흐티갈은 이렇게 회상한다. "우리는 동일한 제품을 주문했고 기계공들은 동일한 제품을 납품했는데, 키나는 한사코 '아니에요, 이것들은 달라요'라고 말했어요. 그리고 키나가 옳았어요."

또한 돌고래는 은폐된 물체를 반향정위를 이용해, 마치 TV 화면으로 보는 것처럼 시각적으로 인식할 수 있다.[69] 이것은 명백한 위업처럼 보일 수 있지만, 잠깐 멈추고 그 의미를 곰곰이 생각해보자. 돌고래는 물체의 위치를 파악하는 데 그치지 않고, 다른 감각으로 번역될 수 있는 정신적 표상을 구성한다. 그들은 소리—원래 풍부한 3차원 정보를 전달하지 못하는 자극—로 그렇게 한다. 만약 당신이 색소폰 소리를 듣는다면 악기를 알아보고 그 음악이 어디에서 나오는지 알 수 있지만, 소리 하나만으로 물체의 모양을 예측하려면 요행수를 바라야 한다. 그러나 색소폰을 만져보면, 어떻게 생겼는지에 대해 확실한 감을 잡을 수 있다. 반향정위도 마찬가지다. 이 감각은 종종 '소리로 보는 것'으로 기술되지만, 엄밀히 말하면 '소리로 만지는 것'이다. 그건 마치 돌고래가 '환상의 손'을 뻗어 주변을 더듬는 것과 같다.

나는 소리를 이런 식으로 생각하는 데 익숙하지 않다. 나는 창밖에서 들려오는 개 짖는 소리, 찌르레기 노래하는 소리, 매미 우는 소리를 들을 수 있는데, 그들은 모두 소리를 이용해 청중에게 정보를 전달한다. 그러나 지구의 공기와 물속에는, 동물들이 자신에게 정보를 전달하기 위해 사용하는 소리—의사소통이 아니라 탐색을 위해 생성된 소리—가 풍부하다. 다른 감각들도 이런 식의 탐색에 사용될 수 있지만, 반향정위는 본질적으로 탐색적이다. 그리고 돌고래처럼 호기심 많은 동물의 경우, 반향정위는 분명히 그런 용도로 사용된다. "돌고래가 항상 반향정위를 하는 건 아니지만, 당신이 우리 속에 새로운 물체를 넣을 때마다 이상한 소리를 낼 거예요"라고 브라이언 브랜스테터Brian Branstetter가 나에게 말한다. 그는 1990년대에 오아후에서 돌고래를 연구하기 시작했다. "그리고 그들과 함께 수영할 때, 나는 그들이 내는 소리를 듣고 느낄 수 있어요. 그들은 나를 탐색하고 있는 거예요!"

돌고래의 투시력

돌고래의 소나는, 발성 방식을 포함해 많은 부분이 직관에 어긋난다. 돌고래의 분수공 바로 아래에 있는 비도nasal passage에는, 두 쌍의 발성부 phonator—음순phonic lip이라고 불리며, 과거에는 원숭이 입술monkey lip이라고 불렸다—가 있다.[70] 돌고래는 발성부 사이로 공기를 밀어 넣어 진동시킴으로써 딸깍 소리를 낸다. 그런 다음 그 소리는 앞으로 이동해 멜론 melon이라는 지방질 기관—돌고래의 이마가 불룩한 것은 바로 이 때문이다—에 집중된다. 요컨대 박쥐의 울음소리가 목구멍에서 시작되어 입이나 코를 통해 발사되는 반면, 돌고래의 딸깍 소리는 코에서 시작되

이토록 굉장한 세계

어 이마를 통해 발사된다.

향유고래—가장 큰 이빨고래—는 훨씬 더 이상한 일을 한다.[71] 그들의 거대한 비도는 15미터나 되는 몸통의 3분의 1을 차지할 수 있고, 발성부는 맨 앞에 놓여 있다. 발성부가 진동할 때, 소리의 대부분은 고래의 머리를 통해 뒤로 이동한다. 그것은 경랍spermaceti(고래잡이들이 한때 소중히 여겼던 내용물이다)이라고 불리는 지방이 가득한 기관을 통과해 머리 뒤쪽의 기낭에 부딪쳐 튕겨 나온 다음, 정크junk(고래잡이들이 쓸모없는 것으로 간주한다)라고 불리는 또 다른 지방질 기관을 통해 앞으로 이동한다. 이 어처구니없는 우회로에서 나오는 소리의 크기는 236데시벨로, 동물계에서 가장 크다. 236데시벨이면 기본적으로 폭발이다.[72] 향유고래의 딸깍 소리를 녹음하기 위해 수중 청음기를 영점조정할 때, 과학자들은 체리봄cherry bomb(붉은색 공 모양의 폭죽으로, 긴 도화선이 달렸고 폭발력이 강하다 - 옮긴이)을 물속에 던진다. 또한 향유고래의 딸깍 소리는 너비가 4도쯤 되는 매우 가느다란 빔에 초점을 맞춘다. 그러므로 큰돌고래가 손전등으로 바다를 비춘다면, 향유고래는 레이저를 발사하는 셈이다.*

또한 이빨고래류는 괴상한 방법으로 자신의 메아리를 탐지한다.[73] 1960년대에 켄 노리스는 멕시코 해변에서 돌고래의 골격을 발견했는데, 아래턱의 일부가 너무 얇아서 거의 반투명하다는 것을 알아냈다. 이 휑한 뼈는, 멜론을 구성하는 것과 동일한 지방으로 채워져 있다. 뼛속의 "음향용 지방acoustic fat"은 돌고래가 아무리 굶어도 에너지를 위해 연소되지 않는데, 그 용도는 소리를 내이로 보내는 것이다. 결론적으로 말해

---

* 향유고래의 딸깍 소리는 왜 그렇게 우스꽝스러울 정도로 클까? 먹잇감을 쫓아 잠수할 때 해저를 탐사하기 위한 것일 수도 있다. 시속 15킬로미터의 최고 속도와 40톤의 엄청난 몸무게를 감안할 때, 그들이 멈추는 데는 약간의 시간이 필요할 것이다. 또는 그들의 주요 먹이가 오징어이기 때문일 수도 있다. 알다시피 오징어는 몸이 매끄럽기 때문에 소나를 이용해 탐지하기가 어렵다.

서, 돌고래는 코로 딸깍 소리를 내고 턱으로 듣는 반향정위자라고 할 수 있다.

이러한 이상야릇한 특성에도 불구하고, 이빨고래류는 박쥐와 동일한 반향정위 트릭을 많이 사용한다. 더 많은 정보가 필요할 때, 그들은 ('최후의 비명'에서처럼) 딸깍 소리의 속도를 높이거나 (섬광 그룹에서처럼) 몇 개의 딸깍 소리들을 패킷으로 그룹화할 수 있다.[74] 그들은 귀의 민감도를 조절함으로써 자신의 우렁찬 소음을 감쇄하고, 되돌아오는 메아리를 일정한 음량으로 감지할 수 있다.[75] 그러나 이빨고래류는 박쥐가 넘볼 수 없는 수중 음파 탐지기의 위업을 달성할 수도 있다. 물속의 소리는 공기 중의 소리와 다르게 행동한다. 즉 그것은 물속에서 더 빠르고 멀리 이동하므로, 돌고래의 소나는 어떤 박쥐도 다룰 수 없는 범위에서 작동한다.* 초창기 실험에서, 아우는 눈가리개를 한 돌고래가 100미터 거리에서도 강철 구체를 탐지할 수 있음을 보였다.[76] 그 거리가 얼마나 멀었던지, 연구팀은 쌍안경으로 표적이 올바르게 배치되었는지 확인해야 했다. 돌고래는 그런 도움이 필요하지 않았는데, 나중에 밝혀진 사실이지만 어려운 환경에서 분투하고 있었다. 그 당시에는 아무도 몰랐지만, 카네오헤베이에는 (커다란 집게발을 이용해 물속을 불협화음으로 가득 채우는) 딱총새우snapping shrimp가 넘쳐났다. 쉽게 말해서, 돌고래는 메아리를 이용해 축구장에서 테니스공을 찾고 있었는데, 관중석에서 록밴드가 공연을 하고 있었던 것이다. 최근 연구에 따르면, 반향정위를 하는 돌고래는 690미터 이상 떨어진 곳에서도 표적을 탐지할 수 있다.[77]

또한 소리는 물속의 물체와 다르게 상호작용한다.[78] 일반적으로 음

---

* 돌고래의 소나 펄스는 박쥐보다 더 짧고 크며 집중되는 경향이 있다. 큰돌고래의 딸깍 소리는 큰 갈색박쥐의 울음소리보다 4만 배나 많은 에너지를 포함할 수 있다.

파는 밀도의 변화가 있을 때 반사된다. 그런데 공중에서는 고체의 표면에서 튕겨 나오지만, 물속에서는 살(대부분 물과 비슷한 밀도를 가진다)을 관통하고 뼈와 기낭 같은 내부 구조에서 튕겨 나온다. 따라서 박쥐는 목표물의 외형과 질감만을 감지할 수 있지만, 돌고래는 그 내부를 들여다볼 수 있다. 만약 돌고래가 당신에게 음파를 발사한다면 당신의 폐와 골격을 감지할 것이다.[79] 심지어 참전용사의 총알 파편과 임신부의 태아를 감지할 수도 있을 것이다. 그들은 주요 먹이인 물고기의 부레—부력을 제어하는 기관—를 골라낼 수도 있으며,* 부레의 모양에 따라 상이한 종들을 거의 확실히 구별할 수 있다.[80] 그리고 물고기 안에 금속 갈고리 같은 이물질이 들어 있는지도 알아낼 수 있다. "하와이에서 범고래붙이는 종종 낚싯줄에 걸린 참치를 훔쳐가곤 해요. 그런데 그들은 물고기의 몸속에서 낚싯바늘이 있는 곳을 정확히 알고 있어요"라고 돌고래를 연구하는 아우데 파치니Aude Pacini가 말한다. "우리는 엑스레이 촬영기나 MRI(자기공명영상) 스캐너 같은 장비에 의존해야 하지만, 그들은 그냥 '볼' 수 있어요."

이러한 투시력은 너무 이례적이어서, 과학자들은 어찌어찌 그 의미를 간신히 고려하기 시작했다. 예컨대 부리고래beaked whale는 겉보기에 돌고래처럼 생긴 이빨고래류이지만, 내부를 들여다보면 두개골에 볏, 능선, 돌기 등의 기묘한 구색을 갖추고 있으며, 그중 상당수는 수컷에게서만 발견된다. 파벨 골딘Pavel Gol'din은 이러한 구조가 사슴 뿔—짝을 유혹하는 데 사용되는 화려한 장식품—의 등가물일 수 있다고 제안했

---

* 대부분의 물고기는 매우 높은 주파수를 들을 수 없지만 예외가 있다. 일부 나방이 박쥐의 울음소리를 들을 수 있는 것처럼, 아메리카청어American shad, 걸프 멘헤이든Gulf menhaden, 그리고 몇몇 다른 종들은 돌고래의 소나를 들을 수 있는 귀를 진화시켰다.[81]

다.[82] 이런 장식품은 일반적으로 눈에 잘 띄는 방식으로 몸에서 돌출해 있지만, '살아 있는 의료 스캐너'의 경우에는 굳이 그럴 필요가 없을 것이다. "내부 뿔"을 가진 부리고래는 유선형 실루엣을 망가뜨리지 않고서도 배우자감에게 광고할 수 있을 테니 말이다.

하지만 이 가설은 검증하기가 어려운데, 그 이유는 부리고래를 찾기가 너무 어렵기 때문이다. 그들은 지금껏 생포되어 사육된 적이 없고, 한 번의 호흡으로 몇 시간 동안 잠수할 수 있기 때문에 많은 종들의 모습이 베일에 가려져 있다. 그러나 희귀함에도 불구하고, 그들은 예기치 않게 이빨고래류 소나의 가장 큰 미스터리 중 하나—그것을 야생에서 어떻게 사용하는가?—를 해결하는 데 도움이 되었다.[83] 그들이 강철 구체까지의 거리나 놋쇠 원통의 너비 따위에 신경 쓰지 않는 건 분명하다. 그렇다면 그들은 무엇에 관심을 가질까? 그들은 방향을 찾거나 사냥을 하거나 문제를 해결하는 데 소나를 어떻게 활용할까? 잠수하는 향유고래는 문자 그대로 바닥에 부딪치는 것을 피하기 위해 해저에 음파를 발사할까? 흰고래와 일각돌고래는 북극의 얼음 사이에서 먼 숨구멍을 스캔할까? 돌고래가 정어리 떼를 향해 헤엄칠 때, 그들은 한 마리에게 집중할까, 아니면 그들 모두에게 집중할까? 곤충의 날개가 펄럭이는 것을 탐지하는 CF 박쥐와 유사한 특수 전략을 개발한 종이 있을까?

의문을 해결하는 한 가지 방법은 음향 태그—빨판을 이용해 물고기의 몸에 부착하는 수중 마이크—를 사용하는 것이다.[84] 이빨고래류가 공기를 들이마시기 위해 수면 위로 부상할 때, 과학자들은 소형 선박을 타고 가까이 접근한 다음, 긴 막대기를 이용해 고래의 옆구리에 태그를 부착할 수 있다. 돌고래가 시야에서 벗어나면, 태그는 딸깍 소리와 되돌아오는 메아리를 모조리 녹음한다. 한마디로 그것은 고래의 잠수에 대

이토록 굉장한 세계

한 상세 내역—고래가 '듣는 모든 것'과 '듣고자 하는 모든 것'—을 포착한다. 2003년부터 한 연구팀은 카나리아제도 근처에 서식하는 혹부리고래dense-beaked whale에 음향 태그를 부착했다.[85] 이 고래들은 처음 다이빙을 시작할 때 침묵하는데, 아마도 범고래 같은 '엿듣는 포식자'를 따돌리기 위해서일 것이다. 일단 수심 400미터에 도달하면 딸깍거리기 시작하고, 전형적으로 몇 분 안에 먹을 것을 찾는다. 이 어두운 심해에는 물고기, 갑각류, 오징어가 매우 풍부하므로, 혹부리고래는 알짜배기만 골라 먹는 호사를 누릴 수 있다. 초음파를 이용해 수천 마리의 생물을 탐지할 수도 있지만, 그중 수십 마리만 쫓아가 (아우와 나흐티갈이 수중 우리 속의 범고래붙이에게서 보았던) 정교한 판별 능력을 사용해 최고의 먹잇감만 골라낸다. 그들은 매우 효율적이어서, 매일 약 4시간 동안만 사냥하면 거구를 유지하는 데 아무런 지장이 없다.

혹부리고래의 까다로운 사냥 방식이 가능한 것은 오로지 '사정거리가 매우 긴 소나' 덕분이다. 비행하는 박쥐는 1초 이내에 '사정거리에 들어온 곤충만 한 크기의 표적을 어떻게 할 것인지' 결정해야 하지만, 헤엄치는 이빨고래류는 약 10초 내에 결정하면 된다. 따라서 박쥐는 거의 즉시 반응해야 하지만 고래는 계획을 세울 수 있다. 나는 서론에서, '동물이 물에서 육지로 이주했을 때, 더욱 넓어진 시야로 인해 (계획을 수립할 수 있는) 더욱 세련된 정신의 진화가 가능해졌다'는 맬컴 매키버의 가설을 언급했다. 나는 문득 그 가설이 (육지에서 물로 이주한) 고래의 반향정위에도 적용될 수 있는지 궁금해진다.

소나는 이빨고래류에게 심사숙고할 기회뿐만 아니라 협동할 기회도 제공한다. 스피너돌고래spinner dolphin—작고, 특히 곡예를 잘하는 종—의 경우, 야간에 최대 28마리가 팀을 이루어 먹잇감을 함께 사냥한다. 켈리

베노이트-버드Kelly Benoit-Bird와 휘틀로 아우는 이러한 협동 사냥이 몇 가지 독특한 단계를 거친다는 것을 보여주었다.[86] 먼저 스피너돌고래는 간격을 넓게 벌린 채 한 줄로 늘어서서 사냥터를 순찰한다. 그러다가 물고기나 오징어 떼를 찾으면, 빽빽하게 모여 (마치 불도저처럼) 먹잇감을 밀어붙인다. 그리하여 희생자들이 겹겹이 쌓이면, 스피너는 탈출자를 차단하기 위해 그들을 빙 둘러싼다. 그런 다음, 한 쌍의 돌고래가 반대쪽 끝에서 원 안으로 교대로 돌진해 갇힌 먹잇감들을 골라낸다. 이러한 순차적 과정을 통틀어 모든 스피너들은 대형을 매끄럽게 전환하며, 특히 전환점에서 딸깍 소리를 낼 가능성이 높다.[87] 그들은 서로에게 구호를 외치는 걸까? 동료들의 위치를 추적하기 위해 그들에게 음파를 발사하는 걸까? 서로의 메아리를 이용해 자신들의 인식을 확장할 수 있는 건 아닐까? 어떤 경우든, 그들의 협동적이고 지능적인 행동은 소나—돌고래 한 마리의 길이보다 먼 거리에서 작동하는 감각—에 의해 가능해진다. 고래 무리는 물속에서 40미터 이상의 간격을 유지하지만, 소리로 연결되어 있기 때문에 일사불란하게 행동할 수 있다.

대니얼 키시Daniel Kish는 그들을 부러워한다. "소나는 일종의 부정행위예요"라고 그는 나에게 말한다. "공기는 음파 탐지에 별로 도움이 안 되지만, 음파 탐지기는 공기 중에서도 여전히 작동해요. 그러나 소나는 물속에서 엄청난 이점을 누릴 수 있어요." 갑자기 등장한 인물 때문에 어리둥절하는 독자들을 위해 짧은 힌트를 제공한다. 키시는 박쥐 연구원도 돌고래 연구원도 아니다. 그는 동물의 반향정위를 연구하지 않으며, 그 자신이 반향정위를 한다.

이토록 굉장한 세계

메아리로 세상을 보는 사람

내가 혀로 딸깍 소리를 내면, 그 소리는 작고 둔탁하며 마치 연못에 던져진 돌멩이처럼 흠뻑 젖어 있다는 느낌이 든다. 그러나 대니얼 키시가 딸깍 소리를 내면, 그 소리는 훨씬 더 크고 날카로우며 바삭바삭하다는 느낌이 든다. 그건 누군가가 손가락을 튕기는 듯한 소리로, 당신의 주의를 끌기에 충분하다. 키시는 그 소리를 거의 평생 동안 연마해왔다.

키시는 1966년에 공격적인 형태의 안암에 걸린 채 태어나, 생후 7개월 만에 오른쪽 눈을 잃고 13개월 만에 왼쪽 눈마저 잃었다. 그런데 두 번째 눈을 잃은 직후, 돌고래와 비슷한 딸깍 소리를 내기 시작했다. 두 살 때 그는 침대에서 기어 나와 집 안을 탐색하곤 했다. 어느 날 밤, 그는 침실 창문 밖으로 기어 나와 화단에 떨어지더니, 뒤뜰을 아장아장 걸어 다니며 딸깍딸깍 소리를 냈다. 그의 기억에 따르면, 그는 음향적으로 투명한 철망 울타리와 울타리 너머에 있는 큰 집을 감지했다. 한 이웃이 마침내 경찰에 전화를 걸어 그를 집으로 데려올 때까지 그는 울타리를 기어올랐고, 다른 사람들은 그 장면을 보며 즐거워했다. 키시는 한참 후에야 반향정위가 무엇인지 알게 되었고, 자신이 걸음마를 시작한 이후 줄곧 그것을 해왔다는 사실도 알게 되었다.

이제 50대가 된 키시는 여전히 딸깍 소리를 내고, 여전히 반사된 메아리를 이용해 세상을 감지한다.[88] 나는 그가 혼자 사는 캘리포니아 롱비치의 집에서 그를 만나고 있다. 집 안에서 그는 반향정위를 할 필요가 없다. 뭐가 어디에 있는지 정확히 알고 있기 때문이다. 그러나 나와 함께 산책하러 나가면, 딸깍 소리가 나면서 반향정위가 작동한다. 키시는 활기차고 자신만만하게 걷고, 긴 지팡이로 지면의 장애물을 감지하고,

반향정위를 사용해 다른 모든 것을 감지한다. 주택가를 따라 내려가는 동안, 그는 우리가 지나치는 모든 것을 정확하게 설명한다. 그는 각 집의 시작과 끝을 알 수 있으며, 현관과 관목 숲을 찾을 수 있다. 그는 길의 어느 쪽에 차량이 주차되어 있는지 알고 있다. 무성한 나무가 보도를 가로질러 큰 가지를 뻗고 있는데, 나는 타고난 심성에 따라 그것을 경고하고 싶지만 그럴 필요가 없다. 그는 쉽게 몸을 숙인다. "만약 내가 반향정위를 하지 않았다면 분명히 부딪쳤을 거예요"라고 그는 말한다.

박쥐와 이빨고래류 외에, 여러 동물들이 비교적 단순한 형태의 반향정위를 사용한다. 소형 포유동물들—다양한 땃쥐shrew, 카리브해의 솔레노돈solenodon(땃쥐처럼 생겼다), 마다가스카르의 텐렉tenrec(고슴도치처럼 생겼다)—은 초음파 딸깍 소리를 이용해 길을 찾는다.[89] 반향정위를 하지 않는 것으로 추정되는 특정한 과일박쥐들은 날개로 딸깍 소리를 내고, 이 소리를 이용해 상이한 질감을 구별할 수 있다.[90] 기름쏙독새oilbird— 남아메리카에서 과일을 먹고 사는 대형 조류—는 딸깍 소리를 내는데, 아마도 휴식을 취할 동굴을 탐색하기 위해서일 것이다.[91] 작은 곤충을 잡아먹는 새인 금사연swiftlet도 똑같은 이유로 딸깍 소리를 내는 것 같다.[92] 그리고 키시와 다른 많은 사람들이 보여주듯이, 인간도 메아리를 이용해 길을 찾을 수 있다.[•93]

• 그리핀은 올빼미가 반향정위를 할 수 있을 거라고 예측했지만, 그의 예측은 빗나갔다. 반향정위가 발견된 후, 일부 과학자들은 바다표범이 돌고래와 같은 기술을 보유할 수 있다고 생각했지만, 그들의 생각은 틀렸다. 바다표범은 왜 반향정위를 하지 않을까?[94] 한 가지 이유는, 그들이 수륙양서 동물이라는 것이다. 돌고래는 물을 떠나지 않지만, 바다표범과 바다사자는 육지로 나가야 하기 때문에 두 세계에서 모두 작동하는 음파 탐지 시스템을 개발하기가 매우 어렵다. 그들은 음파 탐지기 대신 눈과 귀, 그리고 우리가 6장에서 살펴본 놀라운 항적 감지 기관wake-sensing organ—수염—에 의존한다. 주목할 것은, 반향정위를 하는 것으로 알려진 종은 모두 온혈동물이라는 점이다. 그리고 수많은 무척추동물 중에서 이 능력을 사용하는 것으로 알려진 종은 하나도 없다. 여기에 무슨 이유가 있을까, 아니면 과학자들이 제대로 살펴보지 않았을 뿐일까?

인간의 반향정위는 박쥐나 돌고래만큼 정교하지 않지만, 키시가 강조하는 것처럼 그들은 수백만 년 전부터 반향정위를 해왔기 때문에 인간과 비교 대상이 될 수 없다. 그리고 키시에게는, 지퍼(박쥐)와 키나(범고래붙이)에게 부족한 언어라는 기술이 있다. 즉 그는 자신의 경험을 말로 표현할 수 있는데, 이것은 네이글의 철학적 딜레마를 깔끔하게 해결해준다. 우리는 '박쥐가 된다는 게 어떤 느낌인지' 절대 모를 수 있지만, 키시는 '키시가 된다는 게 어떤 느낌인지' 설명할 수 있다. 그럼에도 불구하고 그는 자신의 '완전히 비시각적인 경험'을 대부분 시각적인 용어로 기술한다. '본다는 게 어떤 느낌인지'에 대한 기억이 전혀 없는데도 말이다. 그에 따르면 날카로운 메아리를 보내는 유리창과 돌담은 "밝고", 비교적 거친 메아리를 생성하는 단풍과 거친 돌은 "어둡다". 그가 딸깍 소리를 내면, 어둠 속에서 성냥을 반복적으로 긋는 것처럼 일련의 섬광이 연달아 번뜩이며 주변 공간을 잠깐씩 밝힌다. "나는 75억 명의 시력을 가진 사람들로 이루어진 지구에 살고 있어요. 그래서 '지구인들이 경험을 표현하는 방식'을 그대로 원용하는 경향이 있어요"라고 그는 말한다. 엄밀히 말해서, 그는 '본다는 게 어떤 느낌인지' 알지 못하고 나는 그의 반향정위 경험을 제대로 평가할 수 없기 때문에, 우리 사이에는 '언어로 완전히 메울 수 없는 간극'이 여전히 존재한다. 우리는 둘 다 서로의 환경세계를 추측하고 있으며, 우리가 공유하는 어휘를 사용해 우리가 공유하지 않는 경험을 설명하려고 애쓰고 있는 것이다.

가상의 인물들—〈아바타: 라스트 에어벤더〉의 토프 베이퐁, 또는 마블 코믹스의 〈데어데블〉을 생각해보라*—이 반향정위를 할 때, 그들의 능력은 일반적으로 흰색 동심원으로 묘사되며, 검은색 배경 위에 펼쳐져 물체의 가장자리를 나타낸다. 이런 장면 중 일부는 원칙적으로 정확하다. 키시는 주변의 3차원 공간을 감지한다. 그러나 박쥐와 달리 초음파를 사용하지 않으므로, 그의 음파 탐지기는 해상도가 떨어진다. 가장자리가 선명하지 않고, 물체는 경계보다는 밀도와 질감으로 정의된다. "하지만 그런 특징은 반향정위의 색상과 다르지 않아요"라고 키시는 말한다. 그의 감각 세계에 대해 생각할 때, 나는 딸깍 소리가 날 때마다 인식의 캔버스에 그려지는 수채화를 상상한다. 물체는 윤곽선이 불분명한 얼룩으로 표현되며, 얼룩의 "색조"는 상이한 질감과 밀도로 표현된다.** 그가 나와 함께 산책하며 들려준 바에 따르면, 나무는 더 크고 부드러운 덩어리로 덮인 단단한 수직기둥처럼 들린다. 나무 울타리는 연철煉鐵 울타리보다 부드럽게 들리지만, 철망 울타리보다는 견고하게 들린다. 주변의 희미한 소리들(관목 숲) 사이에 끼어 있는 청아한 소리(단단한 나무 문)는, 집에 도착했음을 알려준다. 간혹 예상치 못한 질감의 조합이 그를 혼란스럽게 한다. 우리는 불완전하게 포장된 진입로에 세워져 있는 차를 지나친다. 타이어 아래에는 콘크리트가 깔려 있고, 차대車臺 아래에는 잔디가 깔려 있다. 키시는 잠시 멈춰, 혹시 잔디밭에 차가 서 있냐고 나에게 묻는다.

키시에게 반향정위는 자유다. 반향정위 덕분에, 그는 시내를 돌아다니고 자전거를 타고 혼자 하이킹을 한다. 그러나 그가 이 분야에서 독보

---

* 토프의 기술은 뿔매미의 지반진동 감각에 더 가깝고, 데어데블은 "레이더 감각"을 사용하기 위해 소리를 낼 필요가 없으므로 진정한 반향정위가 아니다. 또한 키시를 비롯한 인간 반향정위자는 종종 "실제 배트맨"으로 묘사되기도 하는데, 이것은 적절한 비교일 수도 있고 아닐 수도 있다. 박쥐는 반향정위를 하지만 배트맨은 그러지 않기 때문이다.
** 넷플릭스에 등장한 〈데어데블〉 시리즈에서는, 캐릭터의 레이더 감각이 마블 코믹스에서와 다르게 묘사된다. 그것은 "불타는 세상world on fire"으로 묘사되며, 등장인물이 차가운 배경에서 붉은 얼룩으로 나타난다. 이 장면을 시청할 때, 나는 인간 반향정위의 질감을 세부적으로 포착하는 데 조금 더 가까이 다가간다.

이토록 굉장한 세계

적인 존재는 아니다. 적어도 1749년 이후, 어느 누구의 도움도 없이 붐비는 거리를 걸을 수 있는 시각장애인들에 대한 일화가 전해져 내려온다.[95] 그 후 수 세기 동안 자전거를 타고 장애물을 우회하거나 스케이트를 타고 붐비는 링크를 누비는 시각장애인들이 나타났다. 누군가가 반향정위라는 개념을 정의하기도 전에, 인간은 수백 년 동안 반향정위를 해온 것이다. 이 능력은 역사적으로 "안면 시각facial vision"또는 "장애물 감각obstacle sense"으로 기술되었다. 연구자들은, 인간 반향정위자들이 박쥐와 마찬가지로 '피부 위 기류의 미묘한 변화'를 감지한다고 믿었다. 한편 대부분의 반향정위자들은 자신의 인식의 본질에 대해 혼란스러워하며 갈팡질팡했다.•

　마이클 수파Michael Supa의 사례를 살펴보자. 심리학과 학생인 수파는 어릴 때부터 눈이 보이지 않았다. 그는 일상생활에서 멀리 떨어져 있는 장애물을 자주 감지했지만, 그 과정을 설명할 수 없었다. 그는 종종 손가락을 튕기거나 발뒤꿈치로 땅바닥을 두드려 길을 찾았기 때문에, 청각이 관련되어 있을 거라고 막연히 생각했다. 1940년대에 그는 자신의 생각을 테스트했다.[96] 커다란 강당에서 수파는 자신과 다른 학생들—한 명은 눈이 보이지 않았고, 두 명은 눈이 보이지만 눈가리개를 한 상태였다—이 청각을 이용해 대형 메이소나이트 판(특수한 펄프로 제조한 섬유판의 일종 - 옮긴이)을 탐지할 수 있음을 보였다. 반향정위는 단단한 나무 바닥 위에서 신발을 신었을 때 가장 잘 작동했고, 카펫 위에서 양말을 신었을 때 그럭저럭 작동했으며, 귀마개를 했을 때 전혀 작동하지 않았다. 더욱 극적인 시연에서, 수파는 눈가리개를 한 참가자에게 '마이크를 들고 판

• 키시는 나에게, 딸깍 소리의 작동 방식을 명확히 설명하는 데 오랜 시간이 걸렸다고 말한다. 마침내 제대로 설명할 수 있을 때까지, 그는 그것의 작동 과정을 막연히 추측할 뿐이었다고 한다.

을 향해 걸어가라'고 요청했다. 방음이 잘되는 근처의 방에 앉아서 이어폰을 통해, 수파는 '판이 어디에 있는지' 알아내어 참가자에게 '언제 멈춰야 하는지' 알릴 수 있었다.

우연의 일치로, 이 실험은 그리핀과 갈람보스의 박쥐 연구와 거의 같은 시기에 수행되었다. 수파는 1944년 초 실험 결과를 발표할 때 박쥐 연구를 언급했으며, 그리핀은 그해 말 반향정위라는 용어를 만들었을 때 수파를 인용하며 박쥐와 시각장애인의 사례를 모두 설명했다.[97] 그러나 박쥐의 음파 탐지기는 대중의 상식으로 자리 잡은 반면, 인간의 반향정위는 그렇지 않았다. "인간의 반향정위를 전혀 모르는 반향정위 연구자들이 아직도 수두룩해요"라고 키시는 말한다. "인간의 바이오소나는 너무 조잡해서 연구할 가치가 없는 것으로 치부되어왔어요." 그 이유가 뭘까? 나는 아직도 실명에 대한 오해가 많기 때문이라고 생각한다. 뭔가를 보지 못한다는 것은 그것을 망각한 것으로 여겨진다. 맹점이 있다는 것은 무지의 영역이 있는 것으로 여겨진다. 시력이 약하다는 것은 창의성이 부족한 것으로 여겨진다. 장애에 대한 차별적인 사고방식은 시각 장애와 인식 부족을 동일시한다. 그러나 시각장애인은 주변 환경을 깊이 인식한다.•

• 키시의 말에 따르면, 대부분의 시각장애인들은 최소한 초보적 형태의 반향정위, 즉 벽을 피하거나 복도를 걸어가기에 충분한 반향정위를 사용한다. 그는 이것을 "단색적monochromatic"—주변의 사물에 대한 기본적 인식—이라고 설명한다. 심지어 시력을 가진 사람들도 이것을 빨리 배울 수 있다. 가장 능숙한 반향정위를 구별하는 것은, '더욱 미세한 것'을 '더 먼 거리'에서 '더 적은 노력'으로 파악하는 능력이다. 다른 모든 감각과 마찬가지로, 우리의 청각은 소음 속의 신호—배경소음에서 연설, 칵테일파티에서 우리의 이름, 거리에서 사이렌 소리—를 추출하도록 만들어졌다. 그 과정에서 우리는 메아리를 포함한 주변의 소리를 과소평가한다. "만약 당신이 반향정위를 하고 싶다면, 청각에 내장된 필터를 거의 제거해야 해요. 왜냐하면 이제부터 주변의 소리와 반향들—일반적으로 배경으로 간주되어 무시되는 소리—을 추출해야 하기 때문이에요"라고 키시는 나에게 말한다. "반향정위에 필요한 신호는 '대부분의 귀에 소음으로 들리는 소리' 속에 파묻혀 있어요. 그래서 많은 연습이 필요해요."

반향정위를 통해, 키시는 시력을 가진 사람들이 할 수 없는 일(예: 자신의 뒤, 모퉁이 너머, 또는 벽 너머에 있는 물체 인식하기)을 할 수 있다. 그러나 시각을 통해 쉽게 할 수 있는 일 중 일부는 음파 탐지기를 통해 하기가 매우 어렵다. 예컨대 배경에 있는 큰 물체는 그 앞에 있는 작은 물체의 메아리를 은폐한다. 박쥐가 나뭇잎에 앉은 곤충을 탐지하기 위해 애쓰는 것처럼, 키시를 비롯한 인간 반향정위자는 탁자 위의 물건을 찾으려고 애쓴다(짜증스럽게도 그들은 종종 이런 일을 해보라는 요청을 받는다). "당신은 책상 위에 있는 티슈 상자, 스테이플러, 그 밖의 작은 물건을 찾느라 애를 먹을 거예요"라고 그는 말한다. "그건 백지에 적힌 하얀 글씨를 읽는 것과 같아요." 이와 마찬가지로 어떤 사람이 벽 바로 앞에 서 있는 경우, 키시가 잘못된 각도에서 딸깍 소리를 내면 완전히 놓칠 수 있다. 그의 앞에 있는 내리막길은 오르막길보다 탐지하기가 어렵다. 각진 물체는 동그란 물체보다 쉽고, 단단한 물체는 물렁물렁한 물체보다 쉽다. 독일의 한 TV 쇼에서 행한 기억에 남는 실험에서, 키시는 자신의 반향정위가 샴페인 병과 봉제인형을 구별할 수 없다는 것을 깨달았다. 동그랗고 경사진 병은 그의 딸깍 소리를 너무 많은 방향으로 반사했고, 푹신푹신한 인형은 그것을 흡수했기 때문이다. "궁극적으로, 어느 쪽도 모양이나 질감에 대한 명확한 감각을 생성하기에 충분한 에너지를 반사하지 않았어요"라고 키시는 말한다. "그래서 내 뇌가 둘을 동일시했고, 나는 그것들을 구별할 수가 없었어요."

그러나 키시는 반향정위에만 의존하는 경우가 거의 없기 때문에, 이런 문제는 실제로 그다지 어렵지 않다. 그는 집 주변을 이동할 때 자신의 물건을 어디에 두었는지 기억하고, 동네를 돌아다닐 때면 거리의 배치를 떠올린다. 그리고 수동적인 청각과 촉각을 비롯한 다른 감각들을 병용한다. 만약 길을 걷고 있다면, 그는 반향정위를 하기 전에 다가오는 차량의 소리를 들을 수 있다. 만약 보도에 서 있다면, 반향정위로는 보도의 가장자리가 어디인지 알 수 없지만 지팡이로는 쉽게 알 수 있다. 조금 더 젊고 대담했던 몇 년 전, 그는 친구들과 함께 산악자전거를 타러 가곤 했다. 비장애인 친구가 앞장서고 다른 친구들이 그 뒤를 따랐다. 그들은 케이블 타이를 자전거 뒤에 고정해, 금속에 부딪히는 플라스틱의 덜컹거림이 동료 바이커들의 위치를 알려주도록 했다. 그들은 지형을 더 잘 느끼기 위해 단단한 서스펜션이 달린 자전거를 선택했다. "그런 다음, 우리는 일제히 딸깍 소리를 내며 산악지대를 누볐어요"라고 그는 말한다.

2000년에 키시는 시각장애인을 위한 월드 액세스World Access for the Blind라는 비영리 단체를 설립해, 다른 시각장애인들에게 반향정위를 가르쳤다. 그는 시각장애인인 동료 강사들과 함께 수십 개 국에서 수천 명의 학생들을 훈련시켰다. 반향정위는 여전히 틈새 기술이며, '사회적으로 부적절하다'거나 '전통에 어긋난다'거나 '극소수를 제외한 모든 이에게 너무 어렵다'는 이유로 일부 시각장애인 커뮤니티에서 눈총을 받는다. 그러나 키시는 동의하지 않는다. '더 많은 인간 반향정위자들에게 교육을 허용한다면, 반향정위가 더욱 일반화될 수 있다'는 것이 그의 지론이다. 키시 자신은 보행 지도사—시각장애인이 보행하는 방법을 배우도록 도와주는 사람—자격증을 취득한 미국 최초의 시각장애인이다. "시각장애인이 다른 시각장애인에게 '시각장애인으로 사는 법'을 가르친다며, 강력하게 반발하는 사람들이 있어요"라고 그는 말한다. "하지만 그건 일종의 '강화된 보호'예요." 키시에 따르면, 많은 시각장애인 어린이들이 자연스럽게 소음을 통해 탐색을 시도한다. 즉 그들은 혀를 사용

이토록 굉장한 세계

하거나 손가락을 튕기거나 발을 구른다. 그러나 부모들은 종종 이러한 행동을 엽기적이거나 반사회적인 것으로 간주함으로써, 정교한 음파 탐지 감각으로 꽃피기 전에 중단시킨다. 키시의 부모는 결코 그렇게 하지 않았다. 그들은 그에게 딸깍거림을 허용하고 자전거를 사주었다. "그분들은 나의 실명을 매우 부차적인 것으로 여겼고, 움직이고 발견하고 '환경과 관계 맺는 법'을 배울 수 있는 자유를 전폭적으로 허용했어요"라고 그는 말한다. 그 자유는 결국 그의 뇌를 변화시켰다.

신경과학자 로어 탈러Lore Thaler는 2009년부터 키시와 함께 일했다.[98] 그녀는 뇌 스캐너를 통해, 그를 비롯한 인간 반향정위자들이 메아리를 들을 때 시각피질—일반적으로 시각을 다루는 영역—의 일부가 매우 활발해지는 것을 발견했다. 시력을 가진 사람들이 동일한 자극을 들을 때, 그 영역은 휴면 상태에 있다. 이것은 키시가 메아리를 "본다"는 것을 의미하지 않는다. 그의 뇌는 메아리에서 얻은 정보를 조직화함으로써 주변 환경에 대한 공간 지도를 작성한다. 이 작업은 본래 시각의 주특기이지만, 뇌는 시각이 없어도 시각피질을 소위 반향 처리 피질로 전용함으로써 유사한 지도를 작성할 수 있다(사실은 그 이상이다).[•][99] 따라서 키시는 '사물의 위치'뿐만 아니라 '사물들 간의 상대적 위치'까지도 알고 있다. 이 능력은 그가 하는 보다 인상적인 일들—하이킹에서 자전거 타기에 이르기까지—을 설명할 수 있다. 그의 기억, 지팡이, 다른 감각은 그에게 관련 정보를 제공할 뿐이지만, 그의 딸깍거림은 입수한 정보를 공간에 배치한다.[100] "그의 공간 이해 능력은 대부분의 선천성 시각장애인

• "시각피질이라는 이름이 정확한가?"라는 의문을 제기하거나, "사실은 공간 매핑 피질spatial mapping cortex로서, 통상적으로 눈에 연결되지만 반드시 그런 건 아니다"라고 주장하는 사람이 있을 수 있다.

들보다 근본적으로 뛰어나요"라고 탈러는 나에게 말한다. "그리고 그 능력은 평생 동안의 연습과 적극적인 탐구를 통해 연마돼요."

이 장의 앞부분에서 돌고래에 대해 이야기할 때, 나는 "반향정위는 엄밀히 말해서 '소리로 만지는 것'이다"라고 썼다. 키시도 대략 그렇게 생각한다. "뭐랄까, 촉각의 연장선 같은 느낌이에요"라고 그는 말한다. 그의 딸깍거림은 합목적적이고 탐색적이다. 마치 박쥐처럼, 키시는 세상에 압력을 가해 모습을 드러내도록 만든다. 어떤 면에서는 모든 감각이 이와 같을 수 있다. 맹금류는 눈으로 주위를 둘러보고, 뱀은 혀를 날름거려 냄새를 수집하고, 별코두더지는 별코로 굴 벽을 누르고, 쥐는 수염을 휘두르고, 침엽수비단벌레는 날개를 펄럭임으로써 적외선 탐지기를 민감하게 만들 수 있다. 박쥐, 돌고래, 인간의 반향정위는 기본적으로 항상 탐색 중이다. 지금까지 우리가 만난 감각 중에서 이처럼 영구적이고 능동적인 방식으로 작동하는 것은 반향정위밖에 없었다. 그러나 그런 감각이 하나 더 있다.

이토록 굉장한 세계

10장

·

전기장

Electric Fields

살아 있는 배터리

나는 뉴저지주 뉴어크에 있는 에릭 포춘Eric Fortune의 연구실에서, 전기를 생산할 수 있는 많은 물고기 중 하나인 전기메기electric catfish가 있는 수족관의 수조를 응시하고 있다. 전기메기는 뚱뚱하고 적갈색이며, 마치 '지느러미 달린 고구마'처럼 생겼다. 포춘은 그 물고기에게 블러비라는 이름을 붙였다. 블러비의 전기충격은 강력하지만, 배터리 핥는 것보다 나쁘지 않을 거라고 그는 장담한다. "만약 감전되고 싶다면, 수조에 손을 넣어보세요"라고 그는 말한다. '방문한 기자들을 괴롭히려고 하는 소리인지도 모른다'는 의구심을 떨쳐버리지 못하면서도, 나는 마지못해 수조에 손을 넣는다. 블러비는 꿈쩍도 하지 않지만 나는 엉겁결에 움찔한다. 물고기의 방전으로 내 근육이 수축되자, 나는 반사적으로 수조에서 팔을 빼내며 내 수첩에 물을 튀긴다. 그 후 한 시간 동안 손가락이 얼얼하다. "약 90볼트예요"라고 포춘은 말한다. "당신이 그런 경험을 해서 기뻐요."

약 350종의 물고기가 스스로 전기를 생산할 수 있으며, 인간은 전기가 무엇인지 알기 훨씬 전부터 그들의 능력에 대해 알고 있었다.[1] 약 5000년 전 이집트인들은 블러비의 조상을 묘사한 글귀를 무덤에 새겼다.[2] 그리스인과 로마인들은 전기가오리torpedo ray의 "마비시키는" 능력—작은 물고기를 죽이고, 낚시하는 사람의 팔에 창을 꽂는 듯한 통증을 유발하고, 두통에서 치질에 이르기까지 모든 병을 치료할 수 있는 이상한 힘—에 대해 기록했다.* 이러한 방전의 진정한 본질은, 과학자들이 전기를 물리적 실체로 정의하고 '동물이 전기를 생산할 수 있다'는 것을 깨달은 17세기와 18세기에 와서야 더욱 분명해졌다.

전기어electric fish에 대한 연구는 그 후 전기 자체에 대한 연구와 뒤엉켰다. 전기어는 최초의 합성 배터리 설계에 영감을 제공했고, '모든 동물의 근육과 신경이 미세한 전류에 의해 움직인다'는 발견에 기름을 부었다. 실제로 전기어는 자신의 근육이나 신경을 특수한 전기기관으로 개조함으로써 독특한 능력을 진화시켰다. 이 기관은 전기세포electrocyte라고 불리는 세포로 구성되며, 모로 누운 팬케이크 탑처럼 차곡차곡 포개져 있다. 전기세포를 통해 이온이라고 불리는 하전荷電된 입자를 제어해, 전기어는 전기세포를 가로지르는 낮은 전압을 생성할 수 있다. 그리고 이러한 세포들을 정렬해 함께 작동시킴으로써, 미세한 전압을 결합해 상당히 높은 전압을 얻을 수 있다.

전기뱀장어보다 이 일을 더 잘하는 전기어는 없다.[4] 그들의 전기기관은 2미터 길이의 몸통 대부분을 차지하며, 5000개에서 1만 개의 전기세포로 구성된 약 100개의 스택stack을 포함한다. 세 가지 전기뱀장어 중에서 가장 강력한 것은 860볼트를 방전할 수 있는데, 이 정도면 말 한 마리를 무력화하는 데 충분하다.** 게다가 그들은 무자비한 힘과 사악한 기

---

* 그리스인들은 전기가오리를 나르케nárkē라고 불렀는데, 현대의 단어인 마약narcotic은 여기서 파생되었다. 전기어의 역사와 과학에 대한 그리스인들의 공헌은 매혹적이며, 내가 그것에 할애한 빈약한 단락보다 훨씬 더 풍부하다. 더 자세한 설명은 스탠리 핑거Stanley Finger와 마르코 피콜리노Marco Piccolino의 《전기어의 충격적인 역사The Shocking History of Electric Fishes》를 참고하라.[3]

교를 병행한다. 작은 물고기와 무척추동물을 사냥할 때, 전기뱀장어는 근육에 경련을 일으키는 펄스를 전달함으로써 그들의 자세를 무너뜨린다. 더욱 강력한 펄스는 근육을 마비시켜 희생자를 옴짝달싹 못하게 한다. 전기기관은 리모컨인 동시에 테이저건이므로, 전기뱀장어는 멀리서도 다른 동물의 몸을 제어할 수 있다.•••

대부분의 전기어는 전기뱀장어보다 온순하다. 그들의 방전은 너무 미약해서 인간이 거의 느낄 수 없다.[7] 약한 전기어로 알려진 그들은 두 가지 주요 그룹—아프리카의 코끼리고기류elephantfishes(mormyroids)와 남아메리카의 칼고기류knifefishes(gymnotiforms)—에 속한다(전기뱀장어는 그 명성에도 불구하고 칼고기류에 속하며, 강한 방전을 일으키는 목order의 유일한 구성원이다). 약한 전기어는 찰스 다윈을 포함한 19세기의 과학자들을 당혹스럽게 했다. 그는 "전기뱀장어와 전기가오리의 강한 전기기관은 '보통 근육'에서 시작해 '약한 중간 단계'를 거쳐 진화했음이 틀림없다"는 정확한 이론을 제시했다. 그러나 약한 전기기관이 쓸모가 없었다면 전혀 진화하지 않았을 것이다. 그리고 누군가를 공격하거나 방어하기에는 너무 약하다면, 도대체 무엇을 위한 것이었을까?

"이 경이로운 기관들이 어떤 단계를 거쳐 만들어졌는지 상상하는 것은 불가능하다."[8] 다윈은 1859년 자신의 획기적인 저서《종의 기원》에

•• 이것은 의심쩍은 과장법이 아니다. 1800년 남아메리카의 차이마족Chayma 어부들은 박물학자 알렉산더 폰 훔볼트를 도와, 30마리의 말과 노새를 물고기로 가득 찬 웅덩이로 몰고 들어갔다.[5] 그러자 뱀장어들이 물에서 튀어나와, 말과 노새에게 바짝 달라붙어 그들을 감전시켰다. 혼돈이 가라앉은 후, 그들은 지친 물고기들을 쉽게 퍼올릴 수 있었다. 그 과정에서 두 마리의 말이 목숨을 잃었다.

••• 전기뱀장어는 수 세기 동안 명성을 날렸지만, 그들에 관한 지식 중 상당 부분은 최근에야 발견되었다. 별코두더지, 지렁이, 악어를 두루 좋아하는 켄 카타니아는, 전기뱀장어가 먹잇감을 원격 제어할 수 있음을 보였다. 그리고 카를로스 다비드 데 산타나Carlos David de Santana가 이끄는 연구팀은, 이 아이콘적인 동물이 사실은 세 가지 별개의 종으로 구성되며, 그중 하나는 종전에 측정한 것보다 훨씬 더 강력한 전압을 생성한다는 것을 증명했다.[6]

이렇게 썼다. "하지만 그럴 만도 하다. 우리는 그것들이 어디에 쓰는 물건인지조차 알지 못하기 때문이다." 그러나 다윈은 이제 발 뻗고 편히 쉴 수 있게 되었다. 160년간의 연구 결과, 전기어가 전기장을 이용해 주변 환경을 감지하고, 심지어 의사소통까지 하는 것으로 명명백백히 밝혀졌기 때문이다. '전기어에게 전기'는 '박쥐에게 메아리', '개에게 냄새', 그리고 '인간에게 빛'과 같은 것이다. 한마디로 이것은 환경세계의 핵심이다.

능동적 전기정위

맬컴 매키버는 나에게 '귀를 쫑긋 세운 채 전극을 작은 수조에 담그라'고 말한다. 이 장치는 초당 900회 진동하는 전기장을 감지해, 근처의 스피커에서 나오는 소리—가온 다보다 약 2옥타브 높은, 잊히지 않는 소프라노 음—로 변환한다. 이것은 수조의 조용한 거주자인 검은유령칼고기black ghost knifefish의 소리를 듣는 유일한 방법이다.•

검은유령은 내 손만 한 길이를 갖고 있다. 피부는 다크초콜릿색이고, 칼날 같은 몸은 넓은 머리에서 뾰족한 꼬리로 갈수록 가늘어진다. 리본 모양의 지느러미 하나가 밑면을 따라 움직이며 끊임없이 물결치고 있다. 기묘한 민첩성을 발휘해, 이 지느러미는 가능한 모든 방향으로 추진력을 제공한다. 처음에 물고기는 수조 바닥에 있는 원통의 한복판에 떠

• 매키버는 언젠가 (각각 다른 수조에 수용된) 상이한 전기어 종 열두 마리로 구성된 설치 음악musical installation을 발명했다. 물고기들은 모두 상이한 주파수의 전기장을 생성했으며, 탱크의 전극은 그 장場을 고른음으로 변환했다. 방문자는 믹싱 보드에 서서, 각 수조의 볼륨을 높이거나 낮추며 일렉트릭 오케스트라를 지휘할 수 있다. "전기어에 관심을 갖지 않는 사람들에게 지쳐가던 중, 이 동물들이 그들에게 경이감을 선사할 수 있는 놀라운 동물임을 강조하고 싶었어요"라고 매키버는 말한다.

있다. 잠시 후 앞으로 돌진하다, 전진할 때와 마찬가지로 별로 힘들이지 않고 후진한다. 그러다가 몸을 뒤집음과 동시에 총알같이 후진하더니, 수조의 뒷벽에 충돌하기 직전에 몸을 비튼다. 그러고는 꼬리를 위로 한 채 벽을 따라 서서히 떠오른다. "한스 리스만Hans Lissmann은 바로 저 과정을 분석해 칼고기의 비밀을 알아냈어요"라고 매키버는 말한다.

한스 리스만은 우크라이나 태생의 동물학자로, 환경세계 개념을 창안한 야콥 폰 윅스퀼과 함께 연구했다.[9] 그는 두 차례의 세계대전에서 살아남은 후 영국에 정착했다. 런던 동물원을 운명적으로 방문하던 중, 그는 수조를 거꾸로 돌면서 능수능란하게 장애물을 피하는 아프리카칼고기African Knifefish를 눈여겨보았다.[10] 이웃 전시관에서 전기뱀장어가 동일한 위업을 수행하는 것을 보고, 그는 '두 물고기가 전기를 이용해 어떻게든 주변의 물체를 감지하는 것 같다'고 추론했다. 때마침 한 친구로부터 결혼 선물로 칼고기를 받아, 이 아이디어를 테스트할 기회를 얻었다.•

1951년 리스만은 전극을 사용해, 칼고기가 꼬리의 기관에서 지속적인 전기장을 생성한다는 것을 확인했다.[11] 그리고 '물보다 전기 전도성이 높거나 낮은 물체가 있으면, 그 물체가 칼고기의 전기장을 왜곡한다'는 것을 깨달았다. 그렇다면 그러한 왜곡을 감지함으로써, 칼고기는 그것을 초래한 모든 것을 탐지할 수 있을 터였다.[12] 리스만과 그의 동료 켄 매친Ken Machin은 이 능력의 한계를 조사해보고 소스라치게 놀랐다. 약간의 훈련을 받은 후, 칼고기는 '단열 유리 막대가 들어 있는 점토'와 '비어 있는 동일한 점토'를 구별할 수 있었다. 심지어 순도가 다른 다양한 혼

• 안타깝게도 리스만이 연구한 종은 '아프리카칼고기'라고 불리지만, 실제로는 칼고기류(모두 남아메리카산이다)보다 코끼리고기류와 더 밀접하게 관련되어 있다. 그러나 매키버가 연구하는 검은유령칼고기는 진짜 칼고기류에 속하고, 확실히 검은색을 띠고 있으며 약간 유령 같은 느낌을 준다.

합액을 구별할 수도 있었다. 그것은 필시 인간이 가진 어떤 감각과도 다른 전기감각일 터였다. 리스만과 매친은 1958년에 연구 결과를 발표했고, 이를 계기로 '이상한 새로운 감각'이 수십 년 만에 두 번째로 공식 문서에 등장했다.[13] 불과 14년 전, 도널드 그리핀은 박쥐의 음파 탐지기를 기술하기 위해 반향정위라는 용어를 만들었다. 적절하게도, 전기어의 '동등하게 이상한 능력'은 능동적 전기정위active electrolocation로 알려지게 되었다(왜 "능동적"이라는 수식어가 붙었을까? 그 이유는 나중에 알아보기로 하자).

물고기의 꼬리에 있는 전기기관은 작은 배터리와 같다. 스위치를 켜면 동물을 에워싸는 전기장이 생성되어, 전기기관의 한쪽 끝에서 다른 쪽 끝으로 (물을 통해) 전류가 흐른다. 근처의 도체conductor—이를테면 동물(동물의 세포는 본질적으로 '소금물 봉지'다)—는 전류의 흐름을 증가시키고, 부도체non-conductor—이를테면 암석—는 그것을 감소시킨다. 이러한 변화는 물고기 피부의 다양한 부분의 전압에 영향을 미친다. 물고기는 전기수용체라는 감각세포를 사용해 이러한 차이를 탐지할 수 있다.[14] 검은 유령칼고기는 1만 4000개의 전기수용체가 전신에 흩어져 있어, 이것들을 이용해 주변 물체의 위치, 크기, 모양, 거리를 알아낸다.[15] 시력을 가진 사람들이 망막에 비치는 빛의 패턴으로 세상의 이미지를 만드는 것처럼, 전기어는 피부를 가로지르며 춤추는 전압의 패턴으로 주변 환경의 전기적인 이미지를 만든다. 도체는 그 위에서 밝게 빛나고, 부도체는 전기적인 그림자를 드리운다.

이미지나 그림자와 같은 시각적 용어는 이처럼 생경하고 낯선 감각을 설명할 때 유용하다. 그러나 전기정위는 시각과 판이하다. 이 감각을 소유한 물고기는 다른 많은 생물들이 결코 알아차리지 못하는 물리적 특성에 신경을 쓰는 반면, (문자 그대로) 눈부시게 명백한 특성은 무시한

　　　　　　　　　　　　　　　이토록 굉장한 세계

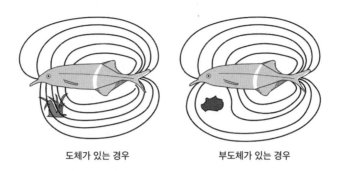

도체가 있는 경우 　　　　　　　　　　부도체가 있는 경우

코끼리고기는 자체적인 전기장을 생성하며,
이는 주변 환경의 전도성 및 비전도성 물체에 의해 왜곡된다.

다. 에릭 포춘이 야생에서 전기어를 수집할 때, 손전등을 비추면 아무런 일도 일어나지 않는다. 하지만 일단 그물을 들고 물에 들어가면 이야기가 달라진다. "만약 노출된 금속이 있다면, 당신은 전기어를 잡을 수가 없어요"라고 그는 나에게 말한다. 그들에게 전도성 금속은 손전등 불빛보다 신호탄에 더 가깝다.

　그들은 또한 염분에 민감하다. 많은 칼고기들이 서식하는 아마존 분지에서는, 파상적인 폭우로 인해 물속의 이온이 물 밖으로 배출된다. 이런 담수화된 배경에서, 전도성 있는 염분으로 가득 찬 다른 동물들의 몸은 '전기정위를 할 수 있는 물고기'에게 도드라져 보일 것이다. 그러나 상대적으로 이온이 많은 북아메리카의 수돗물에서는, 동일한 동물들이 배경과 섞여 드러나지 않을 것이다. 매키버의 연구실은 일리노이주 에번스턴에 있다. "만약 나의 검은유령칼고기를 지역의 강에 풀어놓는다면, 아마도 먹이를 탐지하려고 몸부림치다가 굶어 죽을 거예요"라고 그는 말한다. 그래서 그는 자연환경을 모방하기 위해 (전기어 연구자들 사이에서 대대손손 전해 내려오는 레시피를 이용해) 수조의 이온 농도를 조절한다.* 검

은유령은 아마존에서 멀리 떨어져 있지만, 수조의 물은 적어도 고향처럼 느껴질 것이다.••

능동적 전기정위는 항상 노력을 수반한다는 점에서 반향정위와 유사하다. 다른 감각들의 경우, 능동성은 선택 사항이다. 코는 킁킁거리고, 눈은 바라보고, 손은 쓰다듬을 수 있지만, 이런 감각기관들은 자극이 도착할 때까지 기다릴 수도 있다. 반향정위를 하는 박쥐와 전기정위를 하는 물고기는 기다릴 수가 없다. 둘 다 자신이 탐지하는 자극을 생성해야 한다. 그러나 반향정위와 전기정위 사이에는 한 가지 중요한 차이점이 있으니, 전기장은 이동하지 않는다는 것이다. 거의 모든 감각은 움직이는 자극에 의존한다. 냄새 분자, 음파, 표면 진동, 심지어 빛까지도 예외 없이 원천에서 수신자에게로 이동해야 한다. 그러나 전기장의 경우, 칼고기가 전기기관을 작동할 때마다 그의 주변에 즉시 형성된다. 박쥐는 메아리가 돌아올 때까지 기다려야 하지만, 칼고기는 기다릴 필요가 없다. 전기정위는 즉각적인 감각이다.

전기정위는 또한 전방위적이다.[17] 전기어의 영역은 모든 방향으로 확장되기 때문에, 그들의 인식도 확장된다. 내가 본 검은유령칼고기와 한스 리스만을 사로잡은 아프리카칼고기가 후방의 장애물을 피할 수 있었던 것은 바로 이 때문이다. 이 물고기들은 한 번에 몇 미터씩 뒤로 헤엄칠 수 있다. "뒤로 5미터 걷는다고 상상해보세요." 포춘이 나에게 말한다. "당신은 할 수 없겠지만 전기어는 할 수 있어요."

• 이 레시피는 선구적 연구자인 레너드 말러Leonard Maler의 이름을 따서 말러의 거름Maler's muck이라고 불린다.

•• 전기어의 일부 종은 좁은 염분 범위 내에서 가장 잘 작동하는 전기감각을 진화시킨 것으로 보인다. 칼 홉킨스Carl Hopkins는 2009년에 다음과 같이 썼다. "이 물고기들의 가장 흥미로운 점은, 전도도conductance가 다른 수계水系로 이동하려고 할 때 보이지 않는 장벽에 직면할 수 있다는 것이다."[16]

그들의 광각廣角 감지에는 중요한 애로사항이 있다. 전기장은 전원에서 멀어질수록 빠르게 약화되므로, 전기정위는 매우 좁은 범위에서만 작동한다. 검은유령칼고기는 불과 몇 밀리미터 길이의 물벼룩을 먹는데, 이 작은 조각들이 몸에서 대략 3센티미터 이내의 거리에 있어야만 감지할 수 있다. 그 너머에 있는 물벼룩은 감지되지 않으며, 심지어 더 큰 물체도 또렷하지 않다. "나는 그 물고기가 항상 짙은 안개에 휩싸여 있다고 생각해요"라고 매키버가 나에게 말한다. 검은유령칼고기는 더욱 강한 전기장을 생성함으로써 인식 범위를 확장할 수 있으며, 매일 밤 사냥을 시작할 때 이러한 작업을 수행한다. 그러나 추가적인 노력에는 한계가 있다. 전기감각의 범위를 두 배로 늘리려면 여덟 배나 많은 에너지를 소비해야 하는데, 검은유령칼고기는 이미 총 칼로리의 4분의 1을 전기장을 생성하는 데 소비하기 때문이다.[*18]

이러한 제한은 전기어 중 상당수가 왜 그렇게 민첩한지를 설명하는 데 도움이 된다. 그들의 인식은 대부분 작은 감각 거품에 국한되기 때문에, 그들은 감지하는 모든 것에 신속하게 반응해야 한다. 장애물을 감지했을 때는 급브레이크를 밟거나 재빨리 방향을 틀어야 한다. 먹잇감을 발견했을 때는, 이미 지나쳤을 수 있으므로 후진해야 한다. 매키버가 보여주는 동영상에서, 검은유령칼고기는 정확히 그렇게 행동한다. 처음에는 물벼룩을 지나쳐 헤엄치다가, 머리가 물벼룩을 잡을 수 있을 만큼

---

[*] 물론 전기어는 마음대로 사용할 수 있는 다른 감각들을 가지고 있는데, 그중에는 비교적 먼 거리에서 작동하는 감각(예: 시각)이 포함된다. 코끼리고기의 눈은 먼 거리에서 크고 빠르게 움직이는 물체에 맞춰져 있는 것 같은데, 이는 이론적으로 포식자가 전기감각의 범위 내에 들어오기 전에 그들을 탐지하는 데 도움이 될 수 있다.[19] 다른 한편, 상당수의 전기어는 탁한 물속에 서식하는데, 그런 곳에서는 원거리 시각이 불가능하다. 그리고 야생에서는 많은 칼고기들이 눈에 기생하는 벌레들과 완벽하게 어우러져 살아간다. 이것은 그들이 시각 없이도 생존할 수 있음을 의미하는 소름 끼치는 징후다.

가까워질 때까지 후진한다. 만약 유턴했다면, 물벼룩은 전기감각의 범위를 벗어나 사라졌을 것이다. 그 대신 그는 까다로운 평행주차를 거뜬히 해냄으로써 먹잇감을 감각 거품 안에 가두었다. 이것은 '동물의 몸과 감각계 간의 밀접한 관계'의 또 다른 예다. 검은유령칼고기의 민첩성은 광각 전기감각이 없다면 별로 쓸모가 없을 것이고, 물고기가 그렇게 민첩하지 않다면 그 감각은 거의 쓸모가 없을 것이다.

전기정위의 전방위적 특성은, 우리가 지금까지 살펴본 모든 감각 중에서 촉각과 가장 유사하다.[20] "우리는 우리가 몸 전체에서 촉감을 느낄 수 있다는 것을 이상하게 생각하지 않아요"라고 매키버가 말한다. "이제 그것이 조금 확장되었다고 상상해보세요. 내 생각에 전기감각이란 그런 것 같아요. 하지만 그게 물고기에게 어떤 의미인지 누가 알겠어요?" 전기어를 연구하는 브루스 칼슨Bruce Carlson은 물고기가 피부에 일종의 압력을 느낄 수 있다고 상상한다. '뜨거운 물체와 차가운 물체'나 '거친 물체와 매끄러운 물체'가 우리의 손가락에 다르게 느껴지는 것처럼, 도체와 부도체도 다르게 느껴질 수 있다는 것이다. "내가 금속 공 옆으로 헤엄쳐 지나가면, 마치 얼음 조각이 몸의 한쪽으로 굴러가는 것 같은 서늘함을 느낄 것 같아요"라고 그는 나에게 말한다. 물론 이것은 추측일 뿐이지만, 전기어는 정말로 멀리서 주변 환경을 만지는 것처럼 행동한다. 사람들이 손가락 끝으로 표면을 훑듯이, 전기어는 물체 옆에서 몸을 앞뒤로 흔들며 물체를 조사할 것이다. 우리가 낯선 물건을 손에 쥐는 것처럼, 전기어는 자신의 몸으로 신기한 물체를 감쌈으로써 모양에 대한 단서를 얻을 것이다.[21] 대니얼 키시는 반향정위를 촉각으로 여긴다고 말한 적이 있다. 그는 소리를 사용해 촉각을 확장하고, 의도적으로 자신의 세계를 탐지한다. 전기어도 그런 방식으로 전기장을 사용한다.˙

이토록 굉장한 세계

만약 이 모든 것이 섬뜩하게 들린다면, 헤엄치는 물고기가 어떻게 자신의 몸 주위에 '유수flowing water의 장場'을 만드는지 다시 생각해보라. 주변의 물체들은 이러한 흐름 장을 왜곡하고, 물고기는 측선을 사용해 이러한 왜곡을 감지할 수 있다. 스벤 데이크흐라프는 이것을 "원거리 촉각"이라고 불렀다. 이는 전기어가 하는 일과 정확히 일치하며, 한 가지 차이가 있다면 전기어는 수류 대신 전류를 사용한다는 것이다. 이러한 유사성은 우연의 일치가 아니다. 왜냐하면 전기감각은 측선에서 진화했기 때문이다.[23] 전기수용체와 측선은 동일한 배아 조직에서 성장하며, 두 감각기관 모두 같은 종류의 감각 유모세포(인간의 내이內耳에서도 발견된다)를 포함한다.[**][24] 전기감각은 변형된 형태의 촉각이며, 흐르는 물 대신 전기장을 감지하기 위해 용도가 변경되었다.[***]

그러나 측선이 이미 존재했다면, 왜 그 위에서 전기정위가 진화했을까? 전기장이 다른 어떤 자극보다 더 신뢰할 만한 것일 수도 있다. 그것은 난류亂流에 의해 왜곡되지 않기 때문에, (급류와 소용돌이가 측선을 뒤덮는) 빠르게 흐르는 강물 속에서 유리하다. 전기장은 어둠이나 진흙탕에 의해 가려지지 않으므로, 전기어는 탁한 물과 어두컴컴한 물속에서 활동할 수 있다. 전기장은 빛과 냄새처럼 장벽에 의해 차단되지 않으므로, 전기어는 단단한 물체를 투시함으로써 숨겨진 보물을 탐지할 수 있다.[25] 사실 전기어의 감시망에서 벗어나는 것은 매우 어렵다. 그들은 (물체가

---

* 안젤 카푸티Angel Caputi는 전기어의 경우 전기감각이 측선 및 고유감각—자신의 몸에 대한 동물의 인식—과 결합해 하나의 통합된 촉각을 형성했을 가능성이 있다고 주장했다.[22]
** 동일한 기본 센서인 유모세포가 소리, 물의 흐름, 전기장을 감지하도록 적응했다는 것은 솔직히 믿을 수 없는 일이다.
*** 이것은 보이는 것만큼 크게 과장된 것은 아니다. 측선의 신경소구는 이미 전기적으로 민감하지만, 전기어의 전기수용체는 이보다 100배에서 1000배 더 민감하다.

전류를 전달하는 능력인) 전도도뿐만 아니라 (물체가 전하를 저장하는 능력인) 정전용량capacitance에도 민감하다.[26] "자연환경에서 정전용량은 살아 있는 자의 징표예요"라고 매키버는 말한다. 먹이 동물은 시각과 청각에 의존하는 포식자를 속이기 위해 얼어붙거나 숨거나 침묵할 수 있다. 그러나 고요함, 은폐, 침묵은 전기정위를 피해갈 수 없다. 전기어에게 살아 있는 모든 것은 그렇지 않은 모든 것보다 두드러진다. 그리고 그중에서 가장 두드러지는 것은 '다른 전기어'다.

정보의 손실 없는 완벽한 의사소통

9·11 테러 직후 에릭 포춘은 자신이 재직하는 대학의 학장으로부터 한 통의 전화를 받았다. 그의 동료 중 한 명은 예비역 공군 장교였는데, 임무 수행을 위해 소집된 상태였다. 그 동료는 에콰도르로 현장 연구를 떠날 예정이었으므로, 그의 자리는 공석이 되었다. 포춘이 원한다면 그 건 그의 자리였고, 그는 기회를 놓치지 않았다.

포춘은 아마존의 열대우림 한가운데로 가서, 우각호가 내려다보이는 오두막집에 머무르고 있었다. 어느 날 저녁 박쥐들이 호수 표면에서 곤충을 추격하고 거대한 거미들이 호수 가장자리에서 물고기를 사냥하는 동안, 포춘은 부두로 걸어 내려가 전극을 증폭기에 연결한 후 물속에 넣었다. 그는 즉시 익숙한 소리, 즉 유리칼고기glass knifefish(학명 *Eigenmannia*)의 독특한 윙윙 소리를 들었다. 유리칼고기는 가장 널리 연구된 전기어 중 하나로, 포춘도 이전에 연구한 적이 있었다. 그러나 그는 자신의 연구실에서 고작해야 수십 마리의 소리를 들었을 뿐이다. 그 부두에 서서, 그는 거짓말 보태지 않고 수백 마리의 소리를 들었을 것이다. 그들 중 어느 누구의 모습도 볼 수 없었지만, 그는 자신의 발 아래에 '분주한 전기세계'가 존재한다는 것을 알고 있었다. "지금도 눈을 감으면 그 순간으로 돌아간 듯한 느낌이 들어요"라고 그는 나에게 말한다. "그건 지금까지 내가 겪은 것 중 가장 놀라운 경험이었고, 지금 당장 거기에 갈 수 없다는 게 너무 슬퍼요."

수십 년 동안 과학자들은 실험실에서 전기어를 연구해왔다.[27] 이 동물들의 방전을 기록하고 조작하고 재현하는 것은 매우 쉽기 때문에, 전기어는 자연스레 신경과학 및 동물행동 연구의 중심에 자리 잡았다. 예컨대 연구자들은 '전기어를 향해 움직이는 물체'를 모방하는 신호를 재생하고, 그들이 어떻게 반응하는지 관찰할 수 있다. 그들은 1960년대부터 이런 연구를 통해 전기어를 위한 가상현실 세계를 만들어왔다. 그러나 동물의 세계를 실제 야생에서 연구하는 것은 매우 어렵기 때문에 여전히 신비에 싸여 있다.[28] 아프리카의 코끼리고기와 남아메리카의 칼고기는 모두 울창한 열대우림, 탁한 강물, 얽히고설킨 수서식물 속에 사는 경향이 있다. 어떤 장소에서 그들은 의심할 여지없이 주변에서 가장 흔한 물고기다. 그러나 포춘이 그랬던 것처럼 전극을 물속에 넣고 전기 코러스를 가청음으로 변환하지 않는 한 당신은 그 사실을 결코 알 수 없을 것이다.

시간이 지남에 따라, 이러한 전극은 (현지 상점*에서 구입할 수 있는) 단순한 전극에서 (물고기 떼 사이에서 모든 개체의 위치를 결정할 수 있는) 복잡한 격자로 발전했다.[29] 이런 장치들을 통해, 연구자들은 '전기어가 전기장을 이용해 환경을 감지할 뿐만 아니라 의사소통도 한다'는 것을 밝혀냈다.

---

* "우리 분야에서 일어난 최악의 사건 중 하나는, 한때 세계 최대의 전자부품 체인으로 군림했던 라디오색이 문을 닫은 것이었어요"라고 포춘은 말한다.

다른 동물들이 색깔이나 노래를 사용하는 것과 같은 방식으로, 그들은 전기 신호를 이용해 구애하고 영토를 주장하고 분쟁을 해결한다.[30]

전기장은 소리와 달리 왜곡되지 않기 때문에 의사소통에 안성맞춤이다. 그것은 장애물에 흡수되거나 반사되지 않으며, 심지어 이동하지도 않는다. 그 대신 그것은 '전기장을 생성하는 물고기'와 '전기장을 탐지하는 물고기' 사이의 공간에 즉시 나타난다.* 이것은 전기어가 메시지 손상의 위험 없이 방전의 미세한 특징 내에서 정보를 인코딩할 수 있음을 의미한다. 청각에 관한 장에서, 우리는 금화조가 노래의 시간적 미세구조—음높이가 1000분의 1초 간격으로 어떻게 변하는지—에 주의를 기울인다는 것을 배웠다. 전기어도 전기 방전에 대해 똑같이 반응하지만, 수백만분의 1초에 민감하다. 그들은 심지어 간단한 신호 속에 정보를 입력할 수도 있다.

일부 전기어 종은 장場을 켰다 껐다 함으로써 드럼 비트와 같은 강한 스타카토 펄스를 생성한다. 이러한 펄스의 모양—'얼마나 오래 지속되는지'와 '전압이 시간에 따라 어떻게 변하는지'—에는 동물의 종, 성별, 지위, 때로는 정체성에 대한 정보가 포함되어 있다.[31] 짧은 시간 동안 모든 개체들은 동일한 펄스를 반복해서 생성한다. "나는 그것을 당신의 목소리로 생각하고 싶어요"라고 브루스 칼슨은 말한다. 그러나 펄스의 타이밍은 상당히 다를 수 있다. 펄스의 모양이 정체성을 전달한다면, 펄스의 타이밍은 의미를 전달한다. 어떤 리듬은 새의 노랫소리처럼 매력적일 수 있고, 어떤 리듬은 으르렁거리는 소리처럼 위협적일 수 있다.[32]

---

* 또한 그들은 한 가지 예외를 제외하고 주변 소음에 크게 신경 쓰지 않는다. 먼 곳에서 발생한 번개 폭풍은 수천 킬로미터를 이동하는 전자기파를 발생시키는데, 이로 인한 잡음은 전극에 확실히 탐지될 수 있으며 전기어도 아마 탐지할 수 있을 것이다.

다른 전기어 종(예: 검은유령칼고기, 유리칼고기)은 일련의 펄스를 속사포처럼 생성하므로, 펄스들이 혼합되어 낳이지 않는 바이올린 선율과 같은 하나의 연속적인 파동을 형성한다. 이 파동의 주파수는 종(때로는 성별)에 따라 다르며, 물고기는 믿을 수 없을 정도로 정확하게 타이밍을 제어한다. 신경과학자 테드 불럭Ted Bullock은 검은유령의 전기장이 불과 0.00000014초의 오차로 0.001초마다 한 번씩 진동한다는 것을 보여준 적이 있다.[33] 그것은 자연계에서 가장 정확한 시계 중 하나로, 불럭의 장비로 측정하기에는 버거울 정도였다.* 이처럼 신중하게 제어되는 신호의 주파수를 미세하게 변경함으로써, 파동형wave-type 전기어는 자신만의 메시지를 보낼 수 있다.**[35] 메리 해기돈Mary Hagedorn과 발터 하일리겐베르크Walter Heiligenberg는 언젠가 이렇게 썼다. "그들은 신호의 주파수를 짧고 급격하게 높임으로써 '짹짹' 소리를 낼 수 있다. 이 소리는 공격적인 조우 중에는 짧고 퉁명스럽지만, 구애 중에는 더욱 부드럽고 격정적일 수 있다."[36]

이러한 메시지는 멀리 전달되지 않지만, 전기적 의사소통electrocommunication은 능동적 전기정위보다 범위 제한이 덜하다. 전기정위를 할 때 물고기는 더 강한 전기장을 생성함으로써 감각의 범위를 확장할 수 있지만, 어느 순간 너무 많은 에너지를 소모하게 된다. 하지만 다른 물고기의 전기 신호를 "듣는" 경우에는 전기장을 생성할 필요가 전혀 없다. 이럴 때는 더 민감한 전기수용체만 있으면 되는데, 이것은 전기기관보다

---

* 하워드 휴스Howard Hughes는 《진기한 감각Sensory Exotica》에서, 검은유령칼고기의 전기장으로 시계를 맞추면 1년에 한 시간밖에 틀리지 않는다고 썼다.[34]
** 만약 두 마리의 유리칼고기가 만났는데 전기 방전 주파수가 비슷하다면, 그들은 주파수가 겹치지 않도록 신호의 주파수를 조금씩 바꾼다.[37] 이것을 전파 교란 회피 반응jamming avoidance response이라고 하는데, 모든 척추동물에서 가장 철저하게 연구된 행동 중 하나다.

진화하기가 쉽다. 전기어는 3센티미터 이내의 먹이를 감지할 수 있을 뿐이지만, 몇 미터 이상 떨어진 다른 전기어의 신호를 탐지할 수 있다. 동종同種의 전기어들은 맬컴 매키버가 상상했던 지각의 안개perceptual fog 속에서 반짝인다.

전기적 의사소통은 이 기술을 극한으로 끌어올린 코끼리고기류 중 하나인 모르미린류mormyrins에게 특히 중요하다. 모든 코끼리고기는 크놀렌기관knollenorgan이라는 독특한 유형의 초민감 전기수용체를 가지고 있는데, 이것은 전기정위에 사용되지 않고 오로지 다른 물고기의 전기 신호에만 맞춰져 있다. 모르미린은 이러한 특수 수용체를 더욱 변형해, 다른 코끼리고기들이 포착할 수 없는 전기 신호의 미묘한 특징을 탐지하도록 개조했다.[38] 이러한 차이점을 발견한 브루스 칼슨의 표현을 빌리면, "모르미린이 색각의 전기 버전을 갖고 있는 반면, 다른 코끼리고기는 단색單色에 집착하는 것 같다."

칼슨은 이러한 변화가 물고기의 사회생활 변화에 의해 촉발되었을 거라고 생각한다.[39] 즉 비교적 단순한 크놀렌기관을 가진 코끼리고기는 개방수역에서 큰 무리를 이루어 산다. 그러므로 그들은 '다른 물고기들이 주변에 있는지' 여부와 '그들이 어디에 있는지'만 알면 된다. 그러나 모르미린은 대부분 독립생활을 하고 영토를 주장하며 어두운 강바닥에서 발견된다. "만약 그들이 다른 물고기를 탐지한다면, 그 물고기가 어디에 있고 누구인지 정확히 알고 싶어 할 거예요"라고 칼슨은 말한다. "잠재적 라이벌? 짝? 그들이 신경 쓰지 않는 다른 종?" 다른 물고기들에 대해 알아야 할 필요성이 전기감각을 바꾸어놓았다. 또한 그것은 적어도 두 가지 중요한 방식으로 진화 과정을 변화시켰다.

첫째, 모르미린은 매우 다양하다. 그들은 서로의 전기 신호에서 미세

　　　　　　　　　　　　　　　이토록 굉장한 세계

한 차이를 감지할 수 있기 때문에, 그 미세한 기이함에 대한 성적 취향이 생겨날 수 있다. 이러한 편애偏愛는 단일 개체군을 빠르게 양분하며, 각각의 하위그룹은 고유한 전기적 기호electric penchant와 그에 상응하는 신호를 보유한다. 이러한 과정을 성선택sexual selection이라고 하며, 모르미린 내에서 높은 빈도로 일어난다. 이들은 다른 코끼리고기보다 전기 신호를 열 배 빠르게 다양화했고, 3~5배의 속도로 신종을 탄생시켰다. 그 결과 오늘날 최소한 175종의 모르미린이 존재하는 데 반해, 다른 코끼리고기는 약 30종에 불과하다. 정밀한 감각이 다양한 형태로 귀결된 것이다.

둘째, 모르미린은 더욱 복잡한 뇌를 진화시켰는데, 이는 향상된 크놀렌기관이 탐지하는 정보를 처리하기 위해서였을 것이다. 그중 하나인 우방기 코끼리고기Ubangi elephantfish(또는 피터 코끼리고기Peter's elephantfish)의 뇌는 체중의 3퍼센트를 차지하고 60퍼센트의 산소를 소비한다.[•40] "그런 뇌를 가지고 있으면 성을 짓거나 교향곡을 작곡할 수도 있을 거예요"라고 이 물고기를 연구하는 네이트 소텔Nate Sawtell은 나에게 말한다. "성을 구경하거나 교향곡을 들어본 적은 없지만, 그들을 보면 단순한 금붕어가 아니라는 것을 단박에 알 수 있어요. 그들은 영리하고 눈치가 빠르거든요."

소텔은 나를 자신의 뉴욕 연구실로 데려가, 우방기 코끼리고기를 직접 보여주며 자세히 설명한다. 그들의 갈색 몸은 길고 납작하며, 꼬리는 두 갈래로 갈라졌으며, 얼굴은 슈나우첸기관schnauzenorgan이라고 불리는 기동성 있는 부속기mobile appendage로 끝난다. 그들이 코끼리고기라고 불

• 참고로 인간의 뇌는 체중의 약 2~2.5퍼센트를 차지하고 20퍼센트의 산소를 소비한다. 온혈동물과 냉혈동물, 그리고 다양한 크기의 동물 사이에서 이러한 비율을 직접 비교할 수는 없다. 또한 지능을 뇌의 크기만으로 측정할 수는 없다. 그래도 요점은 여전히 다음과 같다. 코끼리고기는 비정상적으로 큰 뇌를 가지고 있다는 것이다.

리는 것은 바로 이 부속기 때문이다. 그러나 부속기는 코가 아니라 턱이므로, 피노키오가 아니라 파라오를 생각하라. 내가 지금껏 만난 다른 전기어는 하나같이 차분하고 여리지만, 이들은 열광적이고 강인해 보인다.* 그들은 소텔이 물에 담근 전극을 탐색한다. 그들은 특히 전기수용체가 풍부한 슈나우첸기관으로 수조의 모랫바닥을 조사한다.[42] 때때로 두 마리가 한 줄로 서서, 첫 번째 물고기의 꼬리에 있는 전기기관이 두 번째 물고기의 머리에 있는 전기수용체와 맞닿게 한다. 그런 다음 마치 두 사람이 서로의 귀에 대고 이중창을 하는 것처럼 미친 듯이 윙윙거린다. 그들은 숨바꼭질을 하는 것처럼 서로 쫓고 쫓긴다.**

이 물고기들을 지켜보다가, 나는 문득 전기 신호가 지배하는 사회생활은 어떤 느낌일지 궁금해진다. 이 동물들은 서로의 감시망에서 벗어날 수 없다. 환경을 감지하기 위해 전기 방전을 시작할 때, 그들은 불가피하게 사정거리 내의 다른 전기어에게 자신의 존재와 정체성을 알린다. 전기어가 가득한 강은 광란의 칵테일파티―입이 가득 찼는데도, 아무도 입을 다물지 않는 칵테일파티―와 같을 것이다.

그러나 나를 정말 당황하게 만드는 부분은 따로 있다. 이 물고기는 탐색과 의사소통에 동일한 방전을 사용한다는 것이다. 그들이 다른 물고기에게 신호를 보내기 위해 생성하는 전기장은, 전기정위를 할 때 사용

---

* 칼슨은 모르미린 중 하나―코니시잭Cornish jack―가 무리 지어 사냥한다는 것을 보여주었다.[41] "실험실에서 두 마리를 하나의 수조에 넣는다면, 적어도 한 마리는 죽을 것이고 십중팔구 둘 다 죽을 거예요."라고 그가 말한다. "그들은 죽기 살기로 싸울 것이기 때문이에요." 그러나 말라위 호수(물속이 훤히 들여다보일 정도로 맑은, 몇 안 되는 전기어 서식지 중 하나)에서 코니시잭은 야간에 같은 개체군의 동료들과 떼를 지어 작은 물고기를 추적한다. 그들은 재결합할 때 종종 전기 펄스의 폭발을 일으키는데, 이는 상호인정―무리를 하나로 묶어주는 신호―으로 작용할 수 있다.
** 브루스 칼슨은 나에게 큰 코끼리고기들이 수조에서 튜브를 가지고 노는 것을 보았다고 말한다. "그들은 함께 헤엄쳐서 튜브를 수면 위로 들어올리고, 아래로 떨어질 때까지 가능한 한 오랫동안 균형을 잡으려고 노력해요."라고 그는 말한다. "그런 다음 다시 그걸 반복해요."

하는 바로 그 전기장이다. 이 간단한 사실은, 이 물고기가 메시지를 전달하기 위해 전기장을 변경할 때, 탐색하거나 사냥하는 자신의 능력도 변경해야 함을 의미한다. 예컨대 싸움에서 패한 전기어는 종종 항복의 표시로 잠시 펄스를 멈출 것이다. 그러나 이것은 또한 일시적으로 주변 환경에 대한 그들의 인식을 차단한다. 그 결과 의사소통이 인식을 변화시키게 된다. 우리가 어떤 새의 노래를 들을 때, 100퍼센트 알아들을 수는 없지만 '새가 뭔가를 말하고 있다'는 것만은 확신할 수 있다. 그러나 전기어 한 마리가 다른 전기어 근처에서 윙윙거리는 소리를 들을 때, 그게 메시지를 보내려는 건지, 다른 동물이 어디에 있는지 알아내려는 건지, 아니면 이 둘의 조합인지 알 수가 없다. 탐색과 의사소통의 구분이 물고기에게도 중요할까?

"반려견이나 반려묘와 달리, 우리는 물고기 삶의 더욱 풍부한 측면과 인지적 측면을 많이 알지 못해요"라고 소텔이 나에게 말한다. 수십 년간의 연구 끝에 과학자들은 대부분의 다른 동물보다 전기어의 신경계에 대해 더 많이 알게 되었다. 그들은 전기감각을 구동하는 신경회로의 상세한 지도를 그릴 수 있지만, 전기어의 감각은 여전히 딴 세상처럼 보인다. 그럼에도 불구하고 그들의 감각은 놀라울 정도로 흔하다.

로렌치니 팽대부

1678년, 이탈리아의 의사 스테파노 로렌치니Stefano Lorenzini는 전기가오리의 얼굴에서 주근깨처럼 만연한 구멍들을 발견했다. 그것들은 모두 수천 개였고, 각각의 구멍 속에는 젤리로 가득 찬 튜브가 들어 있었다. 다른 가오리들도 이와 비슷한 구멍과 튜브를 가지고 있었으며, 가까운 친척인 상어도 사정은 마찬가지였다. 이 구조는 로렌치니 팽대부 ampullae of Lorenzini로 알려지게 되었지만, 로렌치니는 물론 동시대의 어느 누구도 그 용도를 알지 못했다. 몇 세기에 걸쳐 단서가 서서히 누적되었고, 더 나은 현미경은 각각의 튜브가 단일 신경에 연결된 둥글납작한 방 bulbous chamber(또는 팽대부)으로 끝난다는 것을 보여주었다(밑에서 끈이 나오는 땅콩호박butternut을 상상하라). 그것은 감각기관임에 틀림없었지만, 뭘 감지하는지는 오리무중이었다.

마침내 1960년, 생물학자 머리R. W. Murray는 팽대부가 전기장에 반응한다는 것을 보여주었다.[43] 그리고 몇 년 후 스벤 데이크흐라프와 그의 제자 아드리아누스 칼메인Adrianus Kalmijn은 머리의 아이디어를 재확인했다.[44] 두 사람은 상어가 전기장에 노출되면 반사적으로 눈을 깜박이지만 로렌치니 팽대부 신경이 절단된 경우에는 그렇지 않다는 것을 보여주었다. 이 호박처럼 생긴 구조는 전기수용체였던 것이다.*

그러나 이 3세기에 걸친 수수께끼에 대한 답은 더 많은 의문을 불러일으켰다. 1960년대에 한스 리스만은 약한 전기어가 자신의 전기장을 감지함으로써 항해할 수 있음을 이미 보여주었다. 그러나 전기가오리를 제외하고, 상어와 가오리는 스스로 전기를 생산하지 않기 때문에 전기정위를 할 수가 없다. 그렇다면 그들은 왜 전기수용체를 가지고 있는 걸까?

모든 생물은 물에 잠길 때 전기장을 생성하는 것으로 밝혀졌다.[46] 동물의 세포는 본질적으로 '소금물 봉지'라는 것을 기억하라. 그것들의 염

---

* 로렌치니 팽대부 내부에 있는 젤리는 전도성이 매우 뛰어나다.[45] 그것은 전선과 같은 역할을 하며, 주변 물의 전기장을 팽대부의 바닥으로 전달해 감각세포층에 의해 탐지되게 한다. 감각세포는 이러한 특성을 동물 자신의 신체와 비교하고, 그 정보를 뇌에 전달한다. 수천 개의 팽대부에 걸쳐 감각세포의 신호를 결합함으로써, 상어는 주변의 전기장에 대한 감각을 형성할 수 있다.

분 농도는 주변 물의 염도와 달라, 세포막을 가로지르는 전압을 생성한다. 전하를 띤 이온이 막을 가로질러 이동할 때 전류를 생성하는데, 이것은 배터리와 동일한 기본 설정이다. 즉 하전된 입자가 장벽으로 분리된 두 소금 용액 사이를 이동할 때 전류가 생성된다. 요컨대 동물의 몸은 살아 있는 배터리이며, '존재한다'는 단순한 행동을 통해 생체 전기장bioelectric field을 생성한다. 이 전기장은 약한 전기어가 생성하는 전기장보다 수천 배 희미하며, 피부와 조개껍데기 같은 절연재로 인해 더욱 감쇠한다.[47] 그러나 입, 아가미, 항문, (상어에게 중요한) 상처와 같은 노출된 신체부위에서는 충분히 강하므로 탐지될 수 있다. 상어와 가오리는 다른 감각이 실패하더라도 전기장에 의존해 먹이를 찾을 수 있다.*

칼메인은 1971년에 많은 것을 증명했다.[48] 그의 실험에서 작은점박이괭이상어small-spotted catshark는 (모래 속에 묻히거나, 심지어 냄새와 신호를 차단하는 한천 상자agar chamber에 담긴 후 모래 속에 묻힌 경우에도) 항상 맛있는 도다리를 탐지할 수 있는 것으로 나타났다. 상어가 탐지하지 못한 것은, 전기 절연 플라스틱 시트로 덮인 도다리뿐이었다. "도다리를 완전히 제거한 후 모래 속에 묻힌 전극을 사용해 물고기의 약한 전기장을 모방했을 때, 상어는 전극을 지나칠 때마다 몇 번이고 반응하면서 전기장의 원천에 집요하게 파고들었다"라고 그는 썼다. 야생 상어도 파묻힌 전극을 물어뜯는데,[49] 어떤 상어들은 태어날 때부터 그렇게 한다.[50]

상어의 전기감각은 수동적 전기수용passive electroreception으로 알려져 있으며, 지금까지 살펴본 전기감각과 다르다.[51] 즉 상어와 가오리는 주변의 물체를 찾기 위해 능동적으로 전기장을 생성하는 게 아니라, 다른 동

---

* 상어와 가오리가 '근육의 움직임에 의해 생성되는 전기장'을 감지한다는 설도 있다. 그러한 움직임이 전기장을 생성하는 것은 사실이지만, 일반적으로 전기수용체의 탐지 범위에 미달한다.

물—대부분의 경우 먹이*—의 전기장을 수동적으로 탐지한다. 그들은 다른 동물의 전기장을 유난히 잘 탐지하는데, 아마도 이 분야에서 그들을 능가할 동물 그룹은 없을 것이다.** 스티븐 카지우라Stephen Kajiura는 작은 귀상어hammerhead가 1센티미터의 물을 가로지르는 1나노볼트—10억분의 1볼트—의 전기장을 감지할 수 있음을 보였다.*** 그러나 상어의 전기감각은 단거리에서만 작동하며, 바다 건너편이나 수영장 건너편에 있는 물고기(또는 전극)를 감지할 수는 없다.[54] 목표물은 상어로부터 손을 뻗으면 닿는 거리에 있어야 한다.

요컨대 상어는 네 가지 감각기관을 보유하고 있다. 1.6킬로미터 이상의 거리에서, 상어는 먹이의 냄새를 맡는다.[55] 가까이 접근하면 시각이 바통을 이어받고, 더 가까이 접근하면 측선이 끼어든다. 전기감각은 사냥의 막바지에 개입해, 사냥감의 정확한 위치를 파악하고 공격을 안내한다. 로렌치니 팽대부가 일반적으로 입 주위에 집중되어 있는 것은 바로 이 때문이다.****

수동적 전기수용은 숨어 있는 먹이를 찾는 데 특히 유용하다. 왜냐하면 동물은 자연적인 전기장을 꺼놓을 수 없기 때문이다.***** 하지만 다

---

* 하지만 항상 그런 것은 아니다. 일부 가오리는 전기장을 이용해 숨겨진 짝을 찾는다.[52] 그리고 일부 상어 배아는 지나가는 포식자의 전기장을 감지하면 얼어붙는다.[53] 이것은 캐런 워켄틴의 청개구리를 떠올리게 하는 위업이다.
** 엄밀히 말하면 심지어 사람도 충분히 강한 전기를 감지할 수 있다. 단지 그런 일에 전념하는 감각기관이 없을 뿐이다. 그 대신 강한 전류는 우리의 신경을 무차별적으로 자극함으로써 따끔거림, 통증, 경련을 일으킨다. 심지어 그럴 때도 우리는 센티미터당 0.1~1볼트의 전기장만 느낄 수 있다. 상어는 우리보다 약 10억 배 더 민감하며, 그들에게 전기장의 경험은 해롭거나 불쾌하지 않다.
*** 흔히들 '하나의 AA 배터리로 그렇게 희미한 전기장을 형성하려면, 양쪽 끝을 대서양 반대편에 담근 전극에 각각 연결해야 한다'고 말한다. 비록 주의를 환기시키기는 하지만, 이 메타포는 완전히 부적절한 스케일의 감각을 떠올리게 한다. 실제로 상어는 하나의 배터리보다 훨씬 약한 전기장을 쫓지만, 전기장은 거리가 멀수록 약해지기 때문에 상어의 전기감각은 근거리에서만 작동한다.
**** 이것은 전기장이 (데이크흐라프와 칼메인이 관찰한) 눈 깜박임 반사를 유발하는 이유이기도 하다.[56] 상어는 돌진할 때 눈을 다치는 불상사에 대비해 눈을 깜박인다.

른 감각에 의존할 수 없다면—예컨대 칼메인의 실험에서처럼 먹이가 모래 속에 묻혀 있을 때—상어는 로렌치니 팽대부가 목표물에 충분히 가까워질 때까지 헤엄쳐 가야 한다. 어떤 종들은 머리를 크게 함으로써 수색 작업을 가속화했다. 귀상어—또는 망치상어—는 원뿔형 주둥이 대신 (자동차 스포일러처럼 생긴) 넓고 평평한 머리를 가지고 있다.[58] 그들의 "망치"의 밑면에는 팽대부가 들어 있는데, 귀상어는 망치를 금속 탐지기처럼 휘두르며 해저에 묻힌 먹이를 찾아낸다. 다른 상어들보다 전기적으로 더 민감하지는 않지만, 그들은 큰 머리를 이용해 주어진 시간 안에 더 넓은 지역을 훑어볼 수 있다.

톱가오리sawfish도 이렇게 할 수 있다. 이 물고기는 사실 가오리지만, 몸통은 상어처럼 보이고 머리는 중세의 무기처럼 생겼다. 그들의 주둥이는 길고 납작한 날로 끝나는데, 날(톱)의 양쪽에 악마 같은 이빨(톱니)이 돌출되어 있다. 이 "톱"은 몸길이의 3분의 1을 차지하며, 위아래가 팽대부로 가득 차 있다. 톱은 톱가오리의 전기적 인식을 앞의 공간으로 크게 확장하는데, 이것은 탁한 물속에서 유용한 특성이다.[59] "그들은 보트의 프로펠러조차 보이지 않는 강에서 발견돼요"라고 톱가오리를 연구하는 바버라 뷔링거Barbara Wueringer는 말한다. 그녀는 톱이 센서인 동시에 무기라는 것을 발견했다.[60] 사냥감이 톱 위에서 헤엄칠 때, 톱가오리는 측면의 톱니로 사냥감을 찔러 기절시키고 둘로 쪼갠다. 부상당한 사냥감이 바닥에 떨어지면, 톱가오리는 톱의 밑면을 이용해 그들을 찾아내

●●●●● 하지만 전기장 자체를 끌 수는 없어도 전기장의 세기를 낮출 수는 있다. 갑오징어의 경우, 상어의 어렴풋한 모습을 보면 움직임을 멈추고 숨을 죽인 채 아가미구멍을 가린다.[57] 크리스틴 베도어 Christine Bedore는 이러한 행위가 전기장의 전압을 거의 90퍼센트 감소시켜 잡아먹힐 위험을 절반으로 줄인다는 것을 보여주었다. 그러나 전기장을 감지하지 못하는 게의 위협을 받을 때, 갑오징어는 이런 행동을 하지 않는다.

최후의 일격을 가한다. "그들을 볼 때마다 나는 이렇게 중얼거려요. 이게 도대체 어떻게 된 일이야?"라고 뷔링거가 나에게 말한다.*

전기감각의 복잡한 역사

전기장을 감지하는 능력은 상어와 가오리의 전유물이 아니다.[62] 척추동물의 경우, 여섯 종 가운데 한 종꼴로 이 감각을 보유하고 있다.[63] 이 목록에는 칠성장어lamprey(턱 대신 이빨 달린 빨판이 있는 구불구불한 물고기), 실러캔스coelacanth(1930년대에 살아 있는 상태로 발견될 때까지 멸종된 것으로 여겨졌던 오래된 물고기), 그 밖의 오래된 물고기(길고 전기수용체가 풍부한 주둥이를 사용해 톱가오리와 비슷한 방법으로 먹이를 찾는 주걱철갑상어paddlefish 포함), 칼고기와 코끼리고기(자기 자신은 물론 다른 동물의 전기장을 감지하는 물고기), 수천 종의 메기(이들 중 상당수가 전기어를 사냥한다), 일부 양서류(도롱뇽과, 벌레처럼 생긴 무족영원caecilian)가 포함된다.

심지어 전기감각을 가진 포유류도 있다.** 적어도 한 종의 돌고래—남아메리카의 기아나돌고래Guiana dolphin—는 이 기술을 가지고 있지만, 이미 반향정위를 사용할 수 있는 마당에 8~14개의 전기수용체에서 얻는 이점을 상상하기 어렵다.[64] 이와 마찬가지로 바늘두더지echidna—덩치 큰 고슴도치를 닮은, 호주산 '알 낳는 포유류'—가 주둥이 끝의 전기

---

* 뷔링거는 톱가오리와 그 친척을 구조하기 위해 "호주의 상어와 가오리Sharks and Rays Australia"라는 조직을 설립했다.[61] 그들을 전기수용의 고수로 만든 톱이 그들을 극적인 사냥감으로 만드는 데다, 그물에 쉽게 걸리기 때문이다. 현재 다섯 종이 모두 멸종위기에 처해 있으며, 그중 세 종은 심각한 수준이다.
** 별코두더지가 전기감각을 가지고 있다고 주장하는 논문이 있다. 켄 카타니아에게 문의해보니, 처음 그 동물을 연구할 때 그런 감각을 찾았지만 증거를 발견하지 못했다고 한다.

수용체를 어떻게 사용하는지도 불분명하다.[65] 아마도 그것은 축축한 토양 속에서 움직이는 작은 곤충들을 감지하는 데 사용되는 것 같다. 바늘두더지의 가까운 친척인 오리너구리도 그 유명한 '오리 같은 주둥이'에 5만 개 이상의 전기수용체를 가지고 있다.[66] 먹이를 찾아 잠수할 때, 그들은 (마치 귀상어처럼) 주둥이를 미친 듯 좌우로 휘두른다. 수중에서는 눈, 귀, 콧구멍이 닫혀 있으므로, 그들은 촉각과 전기감각에만 의존할 것이다.

이 광범위한 전기수용 동물들은 우리에게 세 가지 중요한 점을 일깨워준다. 첫째, 전기감각은 오래된 감각이다. 전기수용체는 오래전 측선에서 처음 진화했고, 모든 살아 있는 척추동물의 공통조상은 전기장을 감지했을지도 모른다. 우리는 전기감각을 가지고 있지 않지만, 타임머신을 타고 6억 년 전으로 거슬러 올라간다면 우리의 조상은 거의 확실히 전기감각을 가지고 있을 것이다. 둘째, 척추동물은 진화 과정에서 적어도 네 번 전기감각을 잃었다. 그래서 먹장어hagfish, 개구리, 파충류, 조류, 거의 모든 포유류, 그리고 대다수의 어류는 전기감각을 갖고 있지 않다.* 셋째, 오리너구리와 바늘두더지, 기아나돌고래, 전기어를 포함한 여러 척추동물 그룹은 조상들이 가졌던 능력을 되찾았지만, 그들의 친척들은 그러지 못했다.**[67]

---

* 솔직히 말해서 왜 그렇게 많은 생물들이 전기감각을 상실했는지 아는 사람은 아무도 없다. 물속에 숨어 있는 먹이를 찾는 데 매우 유용한데도 말이다. 브루스 칼슨은 납득할 만한 가설을 들어본 적조차 없다고 한다. "그것은 일종의 미스터리예요"라고 그는 말한다.

** 이 그룹들은 각각 고유한 전기수용체를 갖게 되었다(그리고 상어와 가오리만 로렌치니라는 이름을 얻었다). 그러나 이러한 다양성에도 불구하고, 이 기관들은 동일한 기본 구조를 공유한다. 즉 전기수용체의 표면에는 '젤리로 가득 찬 방'으로 통하는 구멍이 거의 항상 있고, 구멍의 밑바닥에는 감각세포가 자리 잡고 있다. 많은 경우, 이러한 구조는 측선에서 파생된다. 그러나 기아나돌고래는 (털이 없고 전도성 젤리로 가득 찬) 수염 구멍을 변형함으로써 전기수용체를 진화시켰다.

칼고기류와 코끼리고기류는 특별한 경우라고 할 수 있다.[68] 세계의 반대편에서, 그들은 세 종류의 전기수용체를 독립적·연속적으로 진화시켰다. 첫 번째 수용체는 다른 물고기의 전기장을 수동적으로 감지했고, 두 번째 수용체는 자신이 만든 전기장을 능동적으로 감지했으며, 세 번째 수용체는 다른 전기어의 전기장을 탐지했다.* 이 두 그룹의 역사는 수렴진화convergent evolution의 훌륭한 예인데, 수렴진화란 상이한 두 생물 그룹이 우연히 똑같은 옷을 입고 생명의 파티에 나타나는 것을 말한다.

전기감각의 복잡한 역사는 또한 전기수용체의 특별한 점을 암시한다. 뇌의 언어는 전기이므로, 앞에서 살펴본 바와 같이 동물들은 빛, 소리, 방향제, 그 밖의 자극을 전기 신호로 변환하는 기기묘묘한 방법(수용체)을 진화시켜야 했다. 그러나 전기수용체는 전기를 전기로 번역할 뿐이며, 우리의 생각을 작동시키는 실체를 탐지하는 유일한 감각기관이다. 따라서 전기수용체를 진화시키는 것은 비교적 쉬웠을 것이므로, 그것이 척추동물의 진화 계통수에서 나타났다 사라졌다 하기를 여러 차례 반복한 것은 그리 놀랍지 않다.

그런데 전기수용체에는 한 가지 중요한 제한이 있는 것 같다. 그것은 전도성 매질conductive medium에 잠겨 있을 때만 작동한다는 점이다. 물은 확실히 중요한 매질이며, 우리가 지금까지 만난 전기수용 동물들이 거의 예외 없이 수서동물이라는 것은 우연의 일치가 아니다.** 이와 대조적으로 공기는 물보다 200억 배 높은 저항률을 가진 절연체다.[70] 과학자들이 오랫동안 '전기감각은 육지에서 작동할 수 없다'고 가정해온 데는

---

* 이 사건들은 거의 같은 시기에 일어났다.[69] 두 그룹 모두 1억 1000만 년에서 1억 2000만 년 전에 수동적 전기수용체를 진화시켰고, 그로부터 1500만 년에서 2000만 년 후에 능동적 전기수용체를 진화시켰다.
** 바늘두더지는 예외지만, 여전히 전기수용체를 축축한 홈에 담가야 할 것이다.

그럴 만한 이유가 있었다.

그러던 중 대니얼 로버트는 벌을 대상으로 놀라운 실험을 했다.

전기감각은 육지에서도 작동할까?

매일 약 4만 번의 뇌우가 전 세계를 강타한다. 전체적으로 그것은 지구의 대기를 거대한 전기회로로 바꾼다. 번개가 땅을 때릴 때마다 전하가 위쪽으로 이동하므로, 상층 대기는 양전하를, 지표면은 음전하를 띠게 된다. 이처럼 하늘에서 땅으로 뻗어나가는 강한 전기장을 대기 전위 구배atmospheric potential gradient라고 한다.[71] 고요하고 맑은 날에도, 지상의 공기는 미터당 약 100볼트의 전압을 보유한다. 내가 이 말을 할 때마다 누군가가 "당신은 잘못 알고 있어요"라고 시비를 거는데, 장담하건대 나는 제대로 알고 있다. 실제로 당신의 집 밖에는 미터당 최소한 100볼트의 구배가 존재한다.

생명체는 지구의 이 같은 전기장 안에 존재하며 그것으로부터 영향을 받는다. 물로 가득 찬 꽃은 전기적으로 접지되어 있으며, 싹이 트는 토양과 동일한 음전하를 띠고 있다. 한편 벌은 날아다니며 양전하를 축적하는데, 이는 먼지 등의 작은 입자와 충돌할 때 그들의 표면에서 전자가 떨어져 나가기 때문인 듯하다. 양전하를 띤 벌이 음전하를 띤 꽃에 도착하면, 불꽃은 튀지 않지만 꽃가루가 튄다. 꽃가루 알갱이는 반대되는 전하에 이끌려, 벌이 도착하기도 전에 꽃에서 벌로 튀어오를 것이다.[72] 이 현상은 수십 년 전에 설명되었다. 그러나 대니얼 로버트는 관련 문헌을 읽고, 벌과 꽃의 전기 세계에 더 많은 것이 도사리고 있음이 틀림없다고 생각했다(우리는 청각에 관한 장에서, 유명한 '오르미아 파리 연구'에서 그를 만난 적이 있다).

꽃은 음전하를 띠지만 양전하를 띤 공기 속으로 자란다. 꽃들의 존재는 주변의 전기장을 크게 강화하며, 이 효과는 잎 끝, 꽃잎 가장자리, 암술머리, 꽃밥과 같은 끄트머리와 가장자리에서 특히 두드러진다. 모든 꽃은 모양과 크기에 따라 독특한 전기장으로 둘러싸여 있다. "전기장에 대해 곰곰이 생각하던 중, 갑자기 이런 의문이 떠올랐어요. 벌이 이 사실을 알고 있을까?"라고 로버트는 회상한다. "그리고 대답은 '그렇다'였어요."

2013년 로버트와 그의 동료들은 전기장을 제어할 수 있는 인공 꽃(전자꽃)을 이용해 뒤영벌을 테스트했다.[73] 그들은 달콤한 꿀이 담긴 '하전된 전자꽃'과 쓴 액체가 담긴 '하전되지 않은 전자꽃'을 미끼로 던졌다. 가짜꽃들은 전하 외에는 똑같았지만, 벌들은 전하만으로 그것들을 구별하는 법을 재빨리 익혔다. 벌들은 심지어 다른 모양의 전기장을 가진 전자꽃들—전압이 꽃잎에 고르게 퍼져 있는 전자꽃과, 과녁처럼 생긴 전기장을 가진 전자꽃—을 구별할 수도 있었다.* 물론 이러한 패턴은 인공적이지만, 실제 꽃도 이와 비슷한 패턴을 가지고 있다. 로버트 팀은 디기탈리스, 페튜니아, 거베라에 하전된 쇳가루를 뿌림으로써 이를 시각화했다. 쇳가루는 꽃잎의 가장자리 근처에 자리 잡아, 그러지 않으면 보이지 않았을 패턴의 경계를 표시했다. 우리가 볼 수 있는 밝은 색깔(그리고 볼 수 없는 자외선)과 함께, 꽃은 보이지 않는 전기 후광electric halo으로 둘러싸여 있다. 그리고 뒤영벌은 이것을 감지할 수 있다. "벌들이 전기장을 감지하는 것을 보고, 우리는 기절초풍했어요"라고 로버트는 말한다.**

---

* 또한 전기 신호가 있는 경우, 벌들은 비슷한 색깔의 꽃들을 구별하는 법을 더 빨리 배웠다.[74]

상어나 가오리와 달리, 뒤영벌에게는 로렌치니 팽대부가 없다. 그 대신 그들에게는 사랑스러울 정도로 보송보송한 '미세한 털'이 있다.[75] 이 털은 기류에 민감한 전기수용체로, 기류에 밀려 구부러질 때 신경 신호를 유발한다. 그러나 꽃 주변의 전기장도 털을 구부릴 수 있을 만큼 강하다. 전기어나 상어와 매우 다르지만, 벌은 확장된 촉각을 이용해 전기장을 감지하는 것으로 보인다. 그리고 그들은 '전기장을 감지하는 유일한 육상동물'이 아닌 것이 거의 확실하다. 6장에서 보았듯이 많은 곤충, 거미, 기타 절지동물은 촉각에 민감한 털로 덮여 있다. 만약 이 털들이 전기장에 의해 구부러질 수 있다면, 로버트가 생각하는 것처럼, 전기감각은 물보다 육지에서 훨씬 더 흔한 감각일 수 있다.

공기 중의 전기수용이 광범위하다는 것은, 가능성만으로도 엄청난 의미가 있다.[76] 수분pollination에 대해서만 생각해보자. 꽃이 특히 매력적인 전기 패턴을 생성하는 형태를 진화시킨 것은 아닐까? 꿀벌은 유명한 '8자 춤'을 통해 먹이원에 대한 정보를 교환하고, 춤추는 동료가 생성하는 전기장을 감지할 수 있다. 혹시 이 전기장이 춤에 또 한 겹의 의미층을 추가하는 것은 아닐까? 꽃을 방문한 벌은 일시적으로 꽃의 전기장을 바꾼다. 이로써 다른 벌들에게 '최근에 손님이 다녀갔으므로, 꿀이 떨어졌다'는 메시지를 전달할 수 있을까? 꽃이 벌들에게 거짓말이나 과장 광고('다량의 꿀 입하')를 할 요량으로 전기장을 재빨리 재설정할 수 있을

•• 다른 과학자들은 이미 바퀴벌레, 파리, 그 밖의 곤충들이 전기장에 반응한다는 것을 보여주었지만, 그들은 일반적으로 자연적인 것보다 훨씬 강한 전기장을 가지고 실험을 했다. 그런 실험 결과는 그다지 유익하지 않다. 심지어 인간도 극도로 강한 전기장을 감지할 수 있기 때문이다. 우리의 머리카락이 곤두서는 것을 보라. 로버트의 연구가 중요한 것은, 세 가지 사실을 발견했기 때문이다. 첫째, 뒤영벌은 생물학적으로 적절한 강도의 전기장을 탐지한다. 둘째, 그 정보는 실제로 유의미한 행동(예: 꿀이 있는 곳 발견하기)을 안내할 수 있다. 셋째, 그들은 미묘한 단서(예: 전기장의 패턴)를 감지한다.

까? 대기 전위 구배가 맑은 날보다 열 배 더 강할 수 있는 비와 안개 속에서, 꽃들은 어떤 느낌을 받을까? "우리는 무감하지만 그들은 다르게 느낄 수 있어요"라고 로버트는 말한다.

다른 절지동물은 어떨까? 대기의 전기장은 식물의 말단에서 가장 많이 왜곡되지만, 식물에 사는 많은 곤충들은 가시, 털, 이상한 돌기를 가지고 있다. 이것들은 접근하는 포식자의 전하를 탐지하기 위한 안테나일까, 아니면 (긴꼬리산누에나방의 긴 꼬리처럼) 전기적으로 민감한 포식자를 유인하기 위한 미끼일까? 이 질문에 대한 답은 모두 '아니요'일 수 있지만, 그중 몇 가지에 대해서는 '그렇다'라면 어떻게 될까? 지금껏 살펴본 것처럼 곤충 세계는 우리가 상상하는 것보다 근본적으로 풍부하며, 미묘한 기류, 진동 신호, 우리가 인식하지 못하는 그 밖의 자극으로 가득 차 있다. 이제 우리는 이 목록에 전기장을 추가해야 한다. 뒤영벌 실험을 한 지 불과 5년 만에, 로버트는 또 다른 친숙한 절지동물 그룹에서 전기수용의 증거를 발견했다. 그 내용인즉슨, 거미가 지구의 전기장을 감지하며 그 위에 올라탈 수 있다는 것이다.

많은 거미들은 공중부양을 통해 먼 거리를 여행한다. 그들은 발끝으로 선 채 복부를 하늘 높이 치켜 올린 상태에서 거미줄을 뿜어내며 이륙한다. 그리하여 고공에 도달한 다음 수 킬로미터를 거뜬히 떠다닐 수 있다. 일반적으로 '바람을 탄 거미줄이 거미를 끌어당긴다'고 하지만, 거미는 바람이 없는 날에도 여전히 성공적으로 공중부양을 할 수 있다.•
2018년 로버트의 동료 에리카 몰리Erica Morley는 한층 업그레이드된 설명

• '바람설'이 말이 안 되는 또 한 가지 이유는, 대부분의 거미가 복부에서 거미줄을 '발사'하지 않는다는 것이다. 그 대신 그들은 거미줄을 '뽑아내'는데, 일반적으로 다리를 쓰거나 첫 가닥을 표면에 부착한 후 잡아당기는 방법을 사용한다. 그러나 공중부양 거미는 둘 다 하지 않으며, 미풍이 거미줄을 홱 잡아당길 만큼 강력할 가능성은 거의 없다. 정전기력은 그렇게 할 수 있을 만큼 강력하다.

을 제시했다.[77] 거미줄은 거미의 몸을 떠날 때 음전하를 획득하므로, 자신이 앉아 있는 (음전하를 띤) 식물에 의해 밀려난다는 것이다. 그 힘—척력—은 비록 작지만 거미를 공중에 띄우기에 충분하다. 그리고 식물 주변의 전기장은 끄트머리와 가장자리에서 가장 강하기 때문에, 거미는 나뭇가지와 풀잎에서 마치 열기구를 탄 것처럼 힘차게 이륙할 수 있다. 몰리는 자신의 연구실에서 거미들을 풀 대신 판지板紙 조각 위에 올려놓았다. 그런 다음, 외부의 전기장을 모방한 인공 전기장에 거미들을 노출시켰다. 전기장이 다리의 감각모를 헝클어뜨리자, 거미들은 특유의 '발끝으로 서기' 자세를 취하고 일제히 거미줄을 뿜어내기 시작했다. 잠시 후 미풍조차 불지 않는 가운데 몇 마리의 거미가 어렵사리 이륙했다. "나는 거미들이 공중부양하는 것을 볼 수 있었어요"라고 몰리는 말한다. "그리고 내가 전기장을 켜고 끌 때마다 거미들은 위아래로 이동했어요."

이 실험을 통해 몰리는 아주 오래된 아이디어를 증명했다. 1828년에 또 다른 과학자는 '거미가 정전기력을 탄다'고 제안했지만, 그 가설은 '바람설'을 선호하는(그리고 그것에 대해 장황한 글을 쓴) 라이벌에 의해 기각되었다.[78] 그래서 경쟁자가 이겼고, '정전기설'은 향후 2세기 동안 인기를 잃었다.[79] "바람은 가촉적tangible이에요"라고 로버트가 나에게 말한다. "사람들은 바람을 느낄 수 있어요. 그에 반해 전기는 포착하기가 어려워요."

전기는 여전히 그렇다. 로버트가 노력하고 있지만, 전기감각은 여전히 연구하기가 어렵다. 뒤영벌과 거미를 연구한 후, 곤충과 거미류의 세계에 대한 그의 사고방식이 바뀌었다. 그는 자신의 정원에서, 하전된 아크릴 막대를 갖다 대면 무당벌레 유충이 땅에 떨어지는 것을 발견했다. 이 애벌레는 등에 작은 털 뭉치를 가지고 있는데, 로버트는 그것이 접근하는 포식자의 전하를 감지할 수 있는지 궁금해한다. 그가 현재 하고 있는 일은 자신의 뒷마당을 재해석하는 것인데, 새로운 진동 노래를 탐색하는 렉스 코크로프트의 작업을 연상시킨다. 그러나 코크로프트는 진동을 가청 소음으로 쉽게 변환할 수 있지만, 로버트는 전기장에 대해 동일한 작업을 수행할 수 없다. 전기장을 촬영하기 위한 카메라도 없고, 그것을 설명하기 위한 풍부한 어휘도 없다. 전류, 전압, 전위電位에는 달콤함, 빨간색, 부드러움과 같은 연상적 매력이 전혀 없다. "내가 곤충의 탈을 썼다고 가정하고, 무슨 일이 일어나고 있는지 상상하는 것은 매우 어려워요"라고 그는 말한다. "그러나 나는 포기하지 않아요. 이것은 새로운 연구 분야이지만 가능성이 무궁무진하다고 생각해요."

전기감각이 그의 상상력을 지나치게 자극할 수도 있지만, 그는 적어도 몇몇 곤충들이 그것을 가지고 있다는 것을 알고 있다. 그는 다른 곤충들이 그것으로 무엇을 할지 추측하고, 그러한 반응을 테스트하기 위한 실험을 설계할 수 있다. 그리고 가능성 있는 수용체가 무엇이고, 그것이 어떻게 작동할 것인지도 알고 있다. 하지만 이것은 어디까지나 추측이므로 당연하게 여겨서는 안 된다. 전기감각만큼이나 과학자들을 조바심치게 만드는 감각이 또 하나 있다.

눈가리개를 한 상태에서도, 잔점박이물범인 스프라우츠는
수염을 이용하여 물고기가 물속에 남긴 보이지 않는 흔적을
따라감으로써 물고기를 추적할 수 있다.

▲ 구애하는 공작은 기류 패턴을 만들며, 이것은
　관모깃으로 감지할 수 있다.

▼ 민감한 털을 가진 떠돌이호랑거미는 지나가는
　파리가 만들어낸 기류를 탐지할 수 있다.

뿔매미는 자신이 머무는 식물을
통해 진동을 전달함으로써
의사소통한다. 이러한 진동은
일반적으로 들리지 않지만,
소리로 변환할 경우 새, 원숭이,
악기의 소리와 유사할 수 있다.

모래전갈은 사냥감의
발소리를 감지한다.
황금두더지는 흰개미가
많은 모래언덕 위로 부는
바람 소리를 탐지한다.
청개구리의 올챙이는
씹는 뱀의 진동을 느낄 때
부화한다.

무당거미의 원형
거미줄은 그 자신의
감각계와 정신의
연장extension이지만,
작은 더부살이거미에게
해킹당할 수 있다.

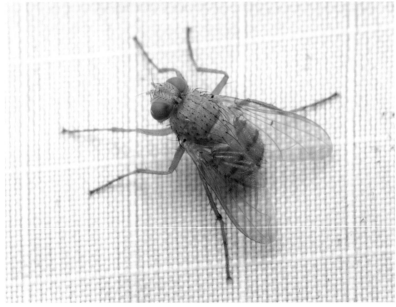

이 청각의 고수들은 소리의 위치를 찾아내는 데 탁월하다.
원숭이올빼미는 기어다니는 설치류 소리에 귀를 기울이고,
기생파리인 오르미아는 구애하는 귀뚜라미 소리에 귀를
기울인다.

▲ 수컷 퉁가라개구리의 울음소리는 암컷 개구리의
　감각 편향에 의해 형성되었다.

▼ 금화조는 (인간이 그들의 노래에서 감지할 수 없는) 빠른
　세부사항에 귀를 기울인다.

대왕고래와 아시아코끼리는 저음의 초저주파 울음소리로
장거리 통신을 할 수 있다. 더 조용한 시대에는 대왕고래의
외침이 바다 전체를 가로지를 수 있었다.

필리핀안경원숭이는
우리에게 들리지
않는 초음파로
의사소통한다.

꿀벌부채명나방은
알려진 어떤 동물보다도
높은 주파수를 듣는다.

이상하게도,
푸른목벌새는 자신이
들을 수 없는 초음파
노래를 부른다.

큰갈색박쥐가 긴꼬리산누에나방을 공격한다. 첨부된
스펙트로그램은 반향정위를 나타낸다. 박쥐가 나방에
가까이 접근할수록 울음소리는 더욱 빠르고 짧아져,
더욱 선명한 세부사항을 제공한다.

돌고래는 수중 음파 탐지기를 사용하여 묻혀 있는
물체를 찾고, 대형을 조정하고, 공기가 채워진 부레의
모양으로 물고기를 구별할 수 있다.

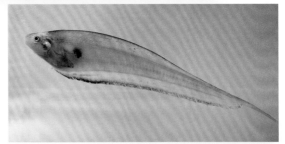

검은유령칼고기,
전기뱀장어, 유리칼고기,
우방기 코끼리고기는
모두 자신의 자기장을
생성하여 주변 세계를
감지하는 데 사용한다.

로렌치니 팽대부라고 불리는 작은 구멍을 통해, 상어와
가오리는 먹잇감이 생성하는 미세한 전기장을 탐지할 수 있다.
이 팽대부는 톱가오리와 귀상어의 머리에 특히 흔하다.

▲ 오리너구리의 부리는 압력과 전기장을 모두 감지할
　수 있는데, 이 둘은 전기촉각이라는 단일 감각으로
　결합될 수도 있다.

▼ 뒤영벌은 꽃의 전기장을 감지할 수 있다.

보공나방, 유럽울새,
붉은바다거북은 모두 지구
자기장을 감지함으로써
장거리를 이동할 수 있다.

문어의 팔은 부분적으로 독립적이다. 그들은 중앙 뇌의
지시 없이 세상을 감지하고 탐험할 수 있다.

11장

·

자기장
Magnetic Fields

**그들은 가야 할 길을
알고 있다**

일몰 후 등산객과 관광객이 모두 하산했을 때, 에릭 워런트와 나는 호주 스노위산맥 내 보호구역인 코지어스코 국립공원으로 차를 몰고 들어간다. 캥거루와 웜뱃이 출몰하지만, 우리는 훨씬 더 작은 동물상을 찾기 위해 그들을 무시한다. 해발 1600미터 지점에서, 우리는 조용한 곳에 차를 세운다. 내가 차 한 잔으로 손을 데우는 동안, 워런트는 두 나무 사이에 흰색 시트를 수직으로 건다. 그러고는 아래에서 거대한 등불―그는 이것을 영화 〈반지의 제왕〉에 등장하는 '사우론의 눈'이라고 부른다―로 시트를 비춘다. 그는 시트의 모서리에 두 개의 작은 램프를 매다는데, 이것들은 곤충을 유인하도록 자외선 색조가 보정되었다. 우리는 이곳에 많은 곤충들이 산다는 것을 직감적으로 안다. 우리의 머리 위에서 사냥하는 박쥐의 반향정위 소리를 들을 수 있기 때문이다. 이윽고 커다란 곤충 한 마리가 시트에 쿵 하고 부딪치는 소리가 들린다. 워런트는 재빨리 몸을 숙이며, 풀밭으로 낙하하는 곤충을 아슬아슬하게 낚아챈다. "와, 이건 확실히 보공나방bogong moth이에요." 그는 플라스틱 병을 나에게 들이밀며 말한다. 병 안에는 몸길이가 2.5센티미터 되는 나방이 들어 있는데, 칙칙한 나무껍질 색의 날개를 가지고 있다. 겉으로 보기에, 이 생물이 워런트를 흥분시킬 만한 이유가 분명하지 않다.

"솔직히 말해서 평범한 나방인 것 같아요." 내가 말한다.

"아니에요." 워런트가 웃으며 말한다. "초라한 외모 속에 재능을 숨기고 있는 거예요." 그 재능을 암시하는 것처럼, 병 속의 나방은 '다른 곳에 가고 싶다'는 강력한 충동에 사로잡힌 듯 광적인 에너지를 발산한다. "얘는 한시도 가만있지 않아요"라고 워런트가 말한다. "사실은 갈 데가 있어서 그래요."

매년 봄, 호주 남동부의 건조한 평원에서 수십억 마리의 보공이 번데기를 뚫고 나온다.[1] 타는 듯한 여름의 도래를 예상하고, 그들은 서늘한 지역을 향해 날아간다. 그리고 어찌된 일인지, 그들은—이주는 고사하고 날아본 경험조차 없는 햇나방임에도 불구하고—어느 길로 가야 할지 훤히 알고 있다. 그들은 1000킬로미터를 날아가 몇 개의 엄선된 고산 동굴에 도착해서는 물고기의 비늘처럼 날개를 겹친 채 제곱미터당 1만 7000마리씩 동굴의 내벽을 빈틈없이 뒤덮는다. 그러고는 휴면 상태에서 안전하고 시원한 여름을 보낸 다음 가을에 고향으로 돌아온다. "어느 날 밤 사우론의 눈을 가지고 그들을 수집하러 나갔을 때, 나는 문자 그대로 수천 마리의 나방에 둘러싸였어요"라고 그는 말한다.

특정한 목적지를 향해 장거리 이동을 하는 것으로 알려진 다른 곤충은 북아메리카의 제왕나비monarch butterfly밖에 없다. 하지만 제왕나비는 낮에 태양을 나침반 삼아 비행하는 데 반해, 보공은 밤에만 난다. 그들은 어떻게 올바른 방향을 알 수 있을까? 스노위산맥에서 자랐고 어렸을 때부터 그 지역의 곤충들을 사랑했던 워런트는 늘 궁금증을 품고 있었다. 처음에는 그들이 민감한 눈을 사용해 별을 관찰할 거라고 생각했다. 그 생각이 옳았지만, 그는 포획한 보공을 관찰한 첫날 밤에 '그들이 하

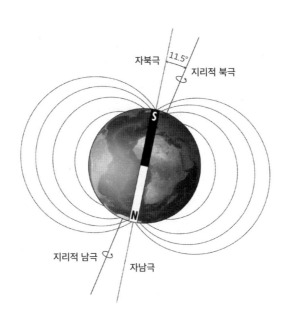

늘을 볼 수 없어도 여전히 올바른 방향으로 날아갈 수 있다'는 것을 알게 되었다. 워런트는 마침내 그들이 지구의 자기장을 감지할 수 있다는 사실을 깨달았다.[2]

　지구의 핵은 용융된 철과 니켈로 둘러싸인 고형 철구solid iron sphere다. 그 액체금속의 휘젓는 움직임은 행성 전체를 거대한 막대자석으로 만든다. 지구의 자기장을 교과서 스타일로 묘사하면 다음과 같다. 자력선은 남극 근처에서 나와 지구 주위를 반 바퀴 돈 다음 북극 근처에서 다시 들어간다. 이 지자기장geomagnetic field은 항상 존재하고, 하루 종일 또는 계절에 따라 변하지 않으며, 날씨나 장애물의 영향을 받지 않는다. 따라서 항상 방향을 설정해야 하는 여행자들에게 도움이 된다. 인간은 나침반을 사용해 1000년 이상 그렇게 해왔지만, 다른 동물들―바다거북, 닭새우spiny lobster, 명금류, 그 밖의 많은 동물들―은 수백만 년 동안 혼자 힘으로 그렇게 해왔다.

자기수용magnetoreception으로 알려진 이 능력 덕분에, 그들은 전천후로—심지어 천체가 구름이나 어둠으로 가려지거나, 커다란 랜드마크가 안개나 어둠에 휩싸이거나, 하늘과 바다에서 숨길 수 없는 냄새가 풍겨나지 않을 때도—길을 찾을 수 있다.[3] 독자들은 이렇게 생각할지도 모른다. 자신의 소중한 보공이 '자기수용 동호회' 회원이라는 사실을 알게 된 후, 워런트는 이런 환상적인 감각을 연구하느라 신바람이 났겠구나. 천만의 말씀. 그 대신 그는 나에게 이런 농담을 건넨다. "자기감각magnetic sense이 보공에게 중요하다는 걸 깨달았을 때, 나는 '아, 안 돼'라고 생각했어요." 그도 그럴 것이 자기수용 연구는 치열한 경쟁과 혼란스러운 오류로 오염되었으며, 자기감각 자체는 연구하고 이해하기가 어려운 것으로 유명하기 때문이다.

모든 감각이 해결되지 않은 숙제를 안고 있지만 시각, 후각, 심지어 전기수용의 경우에는 '작동 메커니즘'과 '관련된 감각기관'이 대략적으로 알려져 있다. 그러나 자기수용은 그렇지 않다. 수십 년 전에 그 존재가 확인되었음에도 불구하고, 자기감각은 지금까지도 가장 불가사의한 감각으로 남아 있다.

동물들의 생물학적 나침반

지자기장은 지구 전체를 감싸고 있으며, 대륙을 가로질러 이주하는 동물들을 안내한다. 그러나 가장 서사적인 여정이라도 몇 가지 잠정적인 단계를 거쳐 시작하기 마련이며, 자기수용이 처음 발견된 것도 그런 단계를 통해서였다.

이주할 때가 된 새들은 눈에 띄게 안절부절못한다. 심지어 새장에 갇혀 있는 새들도 깡충깡충 뛰고 휙휙 날고 날개를 펄럭인다. 이러한 광란의 움직임은 추군루에Zugunruhe라는 용어로 알려져 있는데, 이것은 "이주 불안증"이라는 뜻의 독일어다. 새들은 떠날 때가 되었음을 알고 출발하기를 갈망한다는 것이다. 그리고 독일의 조류학자 프리드리히 메르켈Friedrich Merkel이 1950년대에 깨달은 것처럼, 새들은 이미 길을 알고 있다. 메르켈과 그의 제자 한스 프롬Hans Fromme, 볼프강 빌치코Wolfgang Wiltschko는 가을철에 유럽울새를 잡아 새장에 가둔 후, 새들의 이주 불안증이 무작위적이 아님을 알아차렸다.[*][4] 그들은 밤이 되면 남서쪽으로 뛰어가는 경향이 있었는데, 그쪽은 (새장에 가로막히지만 않았다면) 화창하고 따뜻한 스페인으로 갈 수 있는 방향이었다. 그들은 밤하늘을 볼 수 있는 야외에서 그렇게 했지만, 천체의 랜드마크가 보이지 않는 폐쇄된 방에서도 똑같은 방향을 유지했다. 이것은 반세기 후 워런트가 보공에게서 관찰한 것과 동일한 패턴이었다. 그리하여 메르켈 팀은 1950년대에 이러한 깨달음을 얻었다. '새들은 별 외에 제2의 단서를 사용하는 게 틀림없는데, 그 후보 중 하나는 지자기장이다.'

자기수용이라는 개념은 새로운 것이 아니었다. 1859년 동물학자 알렉산더 폰 미덴도르프Alexander von Middendorff는 "'공중의 선원'인 새들이 '내적인 자기감각'을 가지고 있을 수 있다"고 제안했다.[5] 그러나 한 세기 동안 그를 포함한 어느 누구도 이 괴상한 아이디어를 뒷받침할 데이터를 입수하지 못했다. 증거가 부족하다 보니, 동물의 특이한 감각이 낯설

• 유럽울새European robin는 미국인들이 로빈robin이라고 부르는 개똥지빠귀와 완전히 다른 새다. 둘 다 빨간색 가슴을 가지고 있지만, 개똥지빠귀가 유럽울새보다 약간 크다. 개똥지빠귀는 중간 크기의 지빠귀류thrush인데, 딱새류flycatcher에 속하는 작은 새인 유럽울새의 이름을 따서 그렇게 불렸다.

지 않은 도널드 그리핀조차도 회의적이었다.[6] 자신이 반향정위라는 단어를 만들어낸 해인 1944년, 그리핀은 "자기감각은 전혀 있을 법하지 않은 개념이다"라고 썼다. 그러나 이 개념이 진지하게 고려할 가치가 있었던 것은, '철새가 날아갈 곳을 어떻게 아는지'를 제대로 설명하는 가설이 전무했기 때문이다. 자기수용은 '최선의 것이 없는 상황'에서 살아남은 차선의 아이디어로, 증거가 절실히 요망되는 가설이었다.

메르켈과 빌치코가 그 증거를 제시했다.[*][7] 처음에 그들은 유럽울새를 (각각의 벽에 횃대가 있는) 팔각형 방 안에 집어넣고, 새가 날아가는 방향을 기록했다. 즉 새가 횃대 위로 날아오를 때마다 무게에 민감한 스위치가 작동해, 이동 기록이 종이테이프에 천공되었다. 나중에 연구팀은 더 간단하지만 효과적인 방법을 사용했다. 그들은 바닥에 잉크 패드가 깔리고 측면에 압지가 붙어 있는 깔때기에 새를 집어넣었다. 그런 다음 새들이 뛰어나오려고 할 때 남긴 잉크 자국을 분석했다.[**] 이것은 1년 중 짧은 기간—새들이 추군루에를 경험하는 기간—동안에만 수행할 수 있는 지루한 실험이었다. 그러나 그들은 유럽울새가 가을에 남서쪽으로 이동한다는 분명한 정량적 증거를 제시했다. 새들이 자기감각에 의존한다는 것을 확인하기 위해, 빌치코는 그들 주변의 자기장을 교란했다. 1960년대에 그는 새장을 헬름홀츠 코일—인공 자기장을 생성할 수 있는 두 개의 원형 코일—의 한가운데에 집어넣었다. 빌치코가 코일을 이용해 유럽울새 주변의 자기장을 회전시키자, 새들은 거기에 따라 뛰어

---

* 거의 동시에 다른 연구자들은 편형동물이나 민챙이 같은 단순한 동물도 자기장에 반응할 수 있음을 보였다.[8]
** 이 방법은 창안자 스티브 엠렌Steve Emlen의 이름을 따서 엠렌 깔때기라고 한다. 그것은 저렴하고 사용하기 쉬워, 조류 이주 연구에 혁명을 일으켰다. 엠렌 깔때기는 오늘날에도 여전히 사용되지만, 잉크 패드와 압지가 티펙스 용지나 (가열되면 색깔이 변하는) 감열지로 대체되었다.

가는 방향을 바꿨다. 그들은 내부의 생물학적 나침반을 가지고 있었던 것이다.

이러한 실험들은 여전히 회의론에 부딪혔는데, 그럴 만한 이유가 있었다. 지구의 자기장은 극도로 약하다.[9] 어느 정도냐 하면, 무작위로 움직이는 동물의 분자가 그보다 2000억 배나 많은 에너지를 보유할 수 있다. 그토록 터무니없이 약한 자극을 감지할 수 있는 동물은 이 세상에 없을 것이다. 그러나 유럽울새는 분명히 그럴 수 있었고,* 많은 새들이 그 뒤를 이었다. 빌치코와 그의 아내 로스비타Roswitha를 포함한 많은 과학자들은 정원솔새garden warbler와 피리새indigo bunting, 흰턱딱새whitethroat와 검은머리꾀꼬리blackcap, 상모솔새goldcrest와 동박새silvereye 등을 대상으로 최초의 유럽울새 실험을 반복했다.[10] 그 결과 미덴도르프가 상상한 "내적인 자기감각"은 존재할 뿐만 아니라 일반적인 것으로 밝혀졌다.

메르켈의 유럽울새가 선구적인 발걸음을 내디딘 이후, 과학자들은 동물계 전체에서 자기수용의 증거를 발견했다.[11] 그러나 지금까지 우리가 만난 거의 모든 감각과 달리, 이것은 의사소통에 사용되지 않는다. 동물은 자기장을 생성하지 않으며, 그들이 탐지할 수 있도록 진화한 자기장은 지자기장밖에 없다. 그들은 중장거리를 이동할 때 자기장을 탐지한다. 큰갈색박쥐는 곤충을 잡느라 바쁜 밤을 보낸 후 나침반 감각을 이용해 집으로 돌아간다.[12] 아기 먹테얼게비늘cardinal fish은 탁 트인 바다에서 어린 시절을 보낸 후 나침반 감각을 사용해 자신이 태어난 산호초로 헤엄쳐 돌아간다.[13] 벌거숭이두더지쥐는 어두운 땅굴에서 나침반을 이용해 길을 찾는다.[14] 그리고 워런트가 발견한 것처럼, 보공나방은 호

* 실험실 연구에서, 그들은 자신이 경험하는 자기장의 방향에서 5도의 변화를 탐지할 수 있는 것으로 밝혀졌다. 감금으로 인한 스트레스를 받지 않는 야생에서는 아마 더 정확할 것이다.

주 횡단 비행에서 나침반을 이용해 방향을 잡는다.[15]

이러한 동물 중 대부분은 빌치코의 고전적 실험의 변형판에서 테스트되었다. 과학자들은 동물들을 경기장에 넣은 후, 주변의 자기장을 바꿔 그들이 다른 방향으로 움직이는지 여부를 확인했다. 하지만 그런 실험은 유럽울새나 나방만 한 크기의 동물에서나 가능하다. 고래 같은 초대형 동물의 경우에는 어떨까? "고래는 지구상의 어떤 동물보다도 '미친 이동'을 하고 있어요. 그들 중 일부는 해마다 적도 근방에서 극지방까지 이동하는데, 그 시기와 경로와 목적지가 놀라울 만큼 정확히 일치해요"라고 생물물리학자 제시 그레인저Jesse Granger는 말한다. "하지만 기존의 실험 방법으로 고래를 테스트하는 것은 불가능해요." 그렇다면 고래의 자기감각을 확인하려면 어떻게 해야 할까?

고래가 자기감각을 가졌는지 여부를 판단하기 위해, 그레인저는 태양에 눈을 돌렸다. 태양은 주기적으로 우주적 격변을 초래하고 태양폭풍—지구의 자기장에 영향을 미치는 방사선 및 하전 입자의 흐름—을 일으킨다. 그러한 폭풍은 자기에 민감한 고래의 나침반을 엉망으로 만들 수 있으며, 이 동물이 해안선에 가까이 있을 경우 사소한 항해 오류라도 그들을 좌초시킬 수 있다. 이 가설을 검증하기 위해, 그레인저는 건강하고 다친 데가 없는 쇠고래gray whale들이 알 수 없는 이유로 해변에 좌초한 기록을 수집했다.[16] 그녀는 33년간의 기록을 천문학자 동료 루시앤 워코위치Lucianne Walkowicz가 제시한 태양 활동 데이터와 비교했다. 그랬더니 눈에 띄는 패턴이 발견되었는데, 가장 강력한 태양폭풍이 일어났을 때, 쇠고래는 해변에 좌초할 확률이 네 배 높았다.*

---

* 유럽울새도 태양폭풍의 영향을 시뮬레이션하는 인공 자기장에 의해 경로를 벗어날 수 있다.[17]

이러한 상관관계가 고래가 나침반을 가지고 있다는 것을 증명하는 것은 아니지만, 그럴 가능성을 강력히 암시한다. 더 의미 있는 것은, 자기수용이라는 감각의 놀라운 본질이다. '행성의 용융된 금속 층이 생성한 힘'이 '격렬한 항성이 쏟아낸 힘'과 충돌해 '떠돌아다니는 동물의 마음'을 흔듦으로써, 그들의 성패(성공적으로 길을 찾을 것인지, 아니면 영원히 길을 잃을 것인지)를 결정한다는 것이다.

거북의 놀라운 항해 기술

바다거북의 이주만큼 위험하거나 긴 여정은 거의 없다.[18] 모래사장에 묻힌 알에서 부화한 아기 거북은, 바다를 향해 어설프게 기어가는 동안 '게 집게발'과 '새 부리'의 무자비한 공격을 견뎌내야 한다. 일단 물속에 들어가면, (위로는 바닷새에게, 아래로는 육식 어류에게 쉽게 잡아먹힐 수 있는) 해안의 얕은 물에서 벗어나야 한다. 외견상 안전한 상태를 유지하려면 가능한 한 빨리 먼바다에 도달하는 수밖에 없다. 플로리다에서 부화한 거북에게, 그것은 북대서양 환류—북아메리카와 유럽 사이의 바다를 가로지르는 시계 방향의 해류—에 도달할 때까지 정동쪽으로 무작정 헤엄치는 것을 의미한다. 부화한 새끼는 5~10년 동안 어떻게든 환류 안에 머물며, 떠다니는 해초 덩어리 사이에 숨어 서서히 몸집을 불린다. 대서양 일주를 완전히(그리고 매우 느리게) 마치고 북아메리카 해역으로 돌아오면,* 거북을 해코지할 수 있는 해양동물은 가장 큰 상어밖에 없다.

1990년대까지, 경험 없는 거북이 어떻게 그런 대장정을 해낼 수 있는

---

* 1만 마리의 새끼 거북 중 한 마리만이 이곳으로 돌아오는 데 성공하는 것으로 추정된다.

지 아무도 알아내지 못했다.[19] 고故 아치 카Archie Carr가 "과학에 대한 모욕"이라고 한탄할 정도로 무지한 상태였다. 켄 로만Ken Lohmann은 처음에 이 난맥상을 이해할 수 없었다. 새로 취득한 박사 학위와 젊음의 자만심으로 무장한 그는 해답이 분명하다고 생각했다. 바다거북은 자기 나침반을 사용하는 게 틀림없다는 것이다. 자신만의 자기 코일을 만들어, 고전적인 유럽울새 실험을 통해 새끼 거북을 코일 안에 투입하는 것은 식은 죽 먹기일 터였다. 그래서 그는 2년짜리 프로젝트를 시작했다. "나는 2년 안에 실험을 끝낼 거라고 호언장담했어요"라고 그는 나에게 말한다. "그러던 게 30년이 넘었어요. 내가 알아맞힌 유일한 부분은, 그들이 하나의 자기감각을 가지고 있다는 거였어요." 그는 거북들이 또 하나의 자기감각을 가지고 있다는 것을 미처 깨닫지 못했다.

로만이 생각했고 1991년에 증명한 것처럼, 거북은 하나의 자기감각(나침반)을 가지고 있다.[20] 그러나 그들이 가진 또 하나의 자기감각은 훨씬 더 인상적인 것으로 판명되었다. 그것은 지자기장의 두 가지 속성과 관련되어 있다. 첫 번째 속성은 기울기―지자기장 선線이 지구 표면과 만나는 각도―다. 지자기장 선은 적도에서 지면과 평행을 이루고, 자극magnetic pole에서는 수직을 이룬다. 두 번째 속성은 강도―자기장 강도의 차이―다. 기울기와 강도는 전 세계적으로 다양하며, 바다의 대부분 지점은 둘의 독특한 조합을 가지고 있다. 둘은 함께 위도와 경도처럼 좌표 노릇을 하며, 지자기장이 해양 지도의 역할을 할 수 있게 해준다. 그리고 로만이 나중에 발견한 것처럼, 거북은 그 지도를 읽을 수 있다.

1990년대 중반, 로만과 그의 아내 캐서린Catherine은 대서양으로 떠난 자기 여행에서 붉은바다거북loggerhead 새끼들을 사로잡았다.[21] 두 사람은 그들을 (긴 여정의 다양한 장소에서 경험하게 될 것과 동일한) 기울기와 강도에 노출시켰다. 놀랍게도 거북은 각 지점에서 무엇을 해야 하는지 알고, 환류 내에 머물 수 있는 방향으로 헤엄쳤다. 이것은 '어느 방향으로 가야 하는지' 알려주는 나침반과 '어디에 있는지' 알려주는 지도를 모두 가지고 있어야만 가능할 것이다. 두 가지 감각을 모두 보유해야만 적절한 장소에서 방향을 바꿀 수 있기 때문이다.* 거북의 이 같은 능력은 선천적인 것이기 때문에 특히 인상적이다.[23]

로만 부부는 방금 부화한 개체들을 수집해 하룻밤 동안 보호하며 단한 번만 테스트했다. 이 새끼들은 다른 거북들로부터 자기 신호를 해석하는 법을 배울 수 없었고, 바다에 나가본 적도 없었을 것이다. 그렇다면 그들의 자기 지도magnetic map는 유전적으로 암호화되어 있을 것이다. 로만이 생각하기에, 그들은 대서양 전체에 대한 완전한 정신 지도mental atlas를 가지고 태어났기 때문에 자신이 감지하는 자기 판독 값magnetic reading을 수시로 참조할 가능성은 낮다. 그 대신 그들은 아마도 (자기 표지판 역할을 하는) 특정 기울기와 강도의 조합에 반응하는 몇 가지 본능에 의존할 것이다. 이를테면 이런 식이다. 자기장이 A처럼 느껴지면 동쪽으로 가고, B처럼 느껴지면 남쪽으로 간다. "거북은 자신의 실제 위치에 대한 개념을 가질 필요가 없어요. 많은 정보가 없더라도, 꽤 정교한 이동 경로를 따라 헤엄칠 수 있어요." 로만이 말한다. "하지만 물론 거북의 머릿속에서 무슨 일이 일어나고 있는지 알아낼 방법은 없어요."

북대서양 이동에서 살아남은 바다거북은 결국 플로리다로 돌아와 정착한다.[24] 나이가 들면서 더 많이 배우므로, 그들의 자기 지도는 갈수록

---

* 지난 8300만 년 동안 지자기장은 183번 역전되었다. 자북은 자남이 되고 그 반대도 마찬가지다. 이러한 뒤집기는 아마도 수천 년에 걸쳐 발생할 것이므로 개별 거북이 경로에서 벗어날 가능성은 거의 없다. 그러나 각 거북 종은 진화의 역사를 통해 여러 차례 자기 역전을 경험했음이 틀림없고, 자기 지도도 그에 알맞도록 적응했을 것이다.[22]

풍부해진다. 로만 부부가 나이 많은 거북을 사로잡아 플로리다 해안선의 상이한 부분에 해당하는 자기장에 노출시켰더니, 그들은 항상 집으로 가는 방향으로 헤엄쳤다. 그들은 (부화한 직후에 사용한) 엉성한 이정표에만 의존하지 않았으며, 고향 바다의 자기 지형magnetic topography을 자세히 알고 있는 것 같았다.

자기 지도에는 중요한 한계가 있다. 거북은 현재 위치에서 주변 자기장의 속성을 즉시 감지할 수 있지만, 자기장이 어떤 모양인지는 알 수 없다. 그러기 위해서는 움직여야 하는데, 먼 거리를 이동해야 할 가능성이 높다. 단거리에서는 자기 정보가 별로 정확하지 않기 때문이다. 예컨대 당신은 자기감각을 이용해 유럽에서 아프리카로 여행할 수 있지만, 침실에서 욕실을 찾아갈 수는 없다. 이러한 이유로, 지도 감각을 가지고 있는 것으로 확실시되는 종들 중 대부분은 그것을 장거리 여행에 사용한다.*

일부 명금류는 새끼 거북처럼 이주 경로에 있는 자기 표지판을 인식한다. 매년 겨울, 스러시 나이팅게일thrush nightingale은 유럽에서 남아프리카로 가는 길에 거대한 사하라 사막을 건너야 한다.[26] 일단 이집트 북부의 자기장을 감지하면, 그들은 앞으로 험난한 사막을 건널 것을 예상하고 더 많은 지방을 축적함으로써 반응한다. 다른 이주하는 명금류는 강한 바람으로 인해―또는 호기심 많은 과학자들에 의해―진로를 이탈

---

* 심지어 겉으로 단순해 보이는 동물도 자기 지도를 이용한다. 카리브해의 닭새우는 산호초 안의 굴에서 살지만 먹이를 찾아 멀리 돌아다닌다. 레스토랑의 접시에 올라가지 않는 한 그들은 자신의 굴로 돌아가는 게 일반적인데, 로만은 이것을 증명했다.[25] 플로리다키스에서 닭새우를 포획해 37킬로미터 떨어진 해양연구소로 데려가는 동안, 로만은 그들을 혼란스럽게 하기 위해 이것저것 다 했다. 그는 그들의 눈을 가린 후 어두운 플라스틱 용기에 넣어 밀봉했다. 그러고는 그 위에 흔들리는 자석을 매달았고, 심지어 불규칙하게 운전했다. 그럼에도 불구하고 일단 풀려나면, 닭새우는 정확히 집이 있는 방향으로 기어갔다.

할 경우 자기 지도를 사용해 방향을 조정할 수 있다. 예컨대 유라시아개
개비Eurasian reed warbler는 일반적으로 봄철에 북동쪽으로 이동하지만, 니
키타 체르네초프Nikita Chernetsov가 이들 중 몇 마리를 동쪽으로 수백 킬로
미터 날려 보냈더니, 북동쪽이 아니라 북서쪽으로 향했다.[27]

연어, 거북, 큰흰배슴새Manx shearwater(바닷새의 일종)를 비롯한 많은 동물
들도 출생지의 고유한 자기magnetic 특성이 기억 속 깊이 각인되므로, 성
체가 된 후에도 동일한 장소를 찾을 수 있다.[28] 거북은 이 각인을 이용해
자신이 부화한 해변에 알을 낳는다.[29] 그들의 정확성은 기묘하다. 어센
션섬에 둥지를 틀고 사는 바다거북의 경우, 2000킬로미터를 헤엄쳐 브
라질에 다녀온 후에도 대서양 한복판에 있는 작은 땅 덩어리를 찾아낼
수 있다.[30] 이 귀소본능은 너무나 강해서, 거북은 (설사 바로 옆에 완벽해 보
이는 장소가 있더라도) 때때로 자신이 태어난 해변을 찾아 수백 킬로미터를
헤엄쳐 가는 수고를 마다하지 않는다.* 아마도 그것은 '좋은 둥지'의 조
건이 매우 까다롭기 때문일 것이다. 첫째, 둥지는 물에서 쉽게 접근할 수
있어야 한다. 둘째, 모래 알갱이는 산소가 통과할 수 있을 만큼 커야 한
다. 셋째, 온도가 알맞아야 한다. 알이 얼마나 뜨겁거나 차가운지에 따
라 거북의 암수가 결정되기 때문이다. "거북은 이렇게 말할지도 몰라요.
'이 세상에서 내가 아는 곳은 단 하나, 내가 태어난 해변이에요'"라고 로
만은 말한다. 그리고 바다에서 몇 년 동안 생활한 후에도, 거북은 자기
지도에 의존해 '좋은 둥지'가 있는 곳으로 돌아갈 수 있다.

소위 '2년짜리 프로젝트'가 끝난 지 수십 년이 지났지만, 로만은 지금

---

* 지자기장은 해마다 아주 조금씩 변화하는데, 이것은 거북이 둥지를 트는 해변의 자기 특성에 영향
을 미친다.[31] 로만이 발견한 바에 따르면, 인접한 해변의 자기 특성이 수렴하거나 발산함에 따라 거북
들의 이합집산이 거듭될 수 있다. 그러나 이러한 변화는 미미하므로 동물 개체군의 진로를 크게 교란
하지 않는다.

도 거북을 연구하고 있다.* 그는 거북의 항해 기술에 대해 많은 것을 배웠지만, 아직도 배워야 할 것이 너무 많이 남아 있다. 그들은 자기 좌표 목록을 얼마나 빨리 익힐 수 있을까? 그들의 뇌는 기울기와 강도를 어떻게 나타낼까? 그리고 그들(또는 다른 동물들)은 자기장을 어떻게 감지할까? 나는 로만에게 세 번째 질문—가장 기본적이면서도 당혹스러운 질문—에 대한 답변을 요구한다. 그는 진심 어린 표정으로 웃는다. "생각은 많지만 증거가 부족해요"라고 그가 말한다. "결국 해결되리라 낙관하지만, 내 생전에 해결될지는 미지수예요."

베일에 싸인 자기수용체

일반적으로 감각기관을 찾는 것은 어렵지 않다. 감각기관의 임무는 주변의 자극을 수집하는 것인데, 대부분의 자극은 동물의 신체조직에 의해 왜곡되기 때문에, 감각기관은 거의 항상 환경에 직접 노출되거나 동공이나 콧구멍 같은 개구부를 통해 환경과 연결된다. 이러한 개구부들은 큰 단서를 제공할 수 있다. 방울뱀의 구멍, 상어의 로렌치니 팽대부, 물고기의 측선이 무엇을 감지하는지 알아내기 훨씬 전에, 과학자들은 그것들이 감각기관임을 인식했다. 그러나 자기수용을 연구하는 사람들은 그러한 단서를 가지고 있지 않다. 자기장은 아무런 방해도 받지 않고 생체 물질을 통과할 수 있어서, 자기장을 감지하는 세포—자기수용체magnetoreceptor—는 어디에나 있을 수 있기 때문이다. 게다가 자기수

---

* 나는 언젠가 노스캐롤라이나주 롤리에 있는 로만의 연구실을 방문한 적이 있는데, 그는 9월에 수집해 다음 해 6월에 풀어줄 열여섯 마리의 붉은바다거북 새끼들을 돌보고 있었다. 거북이 무리는 매년 선정된 주제에 따라 명명되는데, 그해의 주제는 파스타였다. 라자냐, 지티, 보타이, 그리고 내가 제일 좋아하는 투르텔리니가 모두 수조 속에서 이리저리 헤엄치고 있었다.

용체는 동공과 구멍 같은 개구부나 렌즈와 귓바퀴 같은 초점 조절 구조가 필요하지 않다. 따라서 그것은 머리, 발가락, 또는 머리부터 발끝까지 어느 부위에든 존재할 수 있다. 그것은 살 속 깊숙이 파묻혀 있을 수 있으며, 심지어 감각기관에 집중되지 않고 다양한 신체부위에 흩어져 있을 수도 있다. 그것은 주변 조직과 구분되지 않을 수도 있다. 손케 욘센의 말을 빌리면, 그것을 찾으려고 노력하는 것은 "바늘 더미 속에서 바늘"을 찾는 것과 같을 수 있다.[32]

내가 이 글을 쓰는 시점에서, 자기수용은 알려진 센서가 없는 유일한 감각으로 남아 있다.[33] "자기수용체는 감각생물학의 성배예요"라고 에릭 워런트는 말한다. "그것을 발견하는 사람은 노벨상을 받을 수도 있어요." 자기수용체의 정체와 행방에 대해, 연구자들은 수많은 중요한 단서뿐만 아니라 몇 가지 잘못된 단서까지도 수집했다. 이러한 수용체가 무엇인지, 심지어 어디에 있는지조차 잘 모르는 상태에서, 그것의 작동 메커니즘을 알아내기는 매우 어렵다. 그럼에도 불구하고 세 가지 설득력 있는 아이디어가 제시되어 있다.

자기수용체의 작동 메커니즘에 관한 첫 번째 아이디어는, 자철석으로 알려진 자성 철광물과 관련되어 있다.[34] 1970년대에 과학자들은 일부 세균이 세포 내부에서 자철석 결정체의 사슬을 성장시킴으로써 '살아 있는 나침반 바늘'로 변한다는 사실을 발견했다.[35] 이 미생물들은 흔들릴 때 북쪽이나 남쪽으로 헤엄치는 경향이 있다. 이론적으로는 동물도 자기 자신의 자철석 나침반을 만들 수 있다. 자철석 바늘이 감각세포에 끈으로 연결되어 있다고 상상해보라. 동물이 몸을 돌리면 바늘이 끈을 잡아당길 것이고, 세포가 그 장력을 인식해 신경 신호를 유발할 것이다. 이런 식으로 세포는 추상적인 자기 자극을 좀 더 실질적인 것, 즉 물리적 당김으로 바꿀 수 있다. "내 생각에, 그건 정말 그럴듯한 아이디어예요. 하지만 그 세포가 어디에 있는지는 아무도 몰라요"라고 워런트는 말한다. 몇 가지 그럴듯한 단서에도 불구하고 아무도 그것을 찾아내지 못했다.*

두 번째 가설은 전자기 유도electromagnetic induction라는 현상과 관련되어 있으며, 주로 상어와 가오리에게 적용된다. 그 내용인즉슨, 상어가 헤엄칠 때 주변의 물에 약한 전류가 유도되고, 그 전류의 세기는 지자기장에 대한 상어의 각도에 따라 달라진다는 것이다.[40] 앞 장에서 살펴본 전기 수용체를 통해 이 작은 변화를 감지한다면 상어는 자신의 방향을 결정할 수 있을지도 모른다. 전자기 유도가 실제로 발생하는지는 알 수 없지만, 이 설은 제법 그럴듯하다. 만약 이게 사실이라면, 상어의 전기감각은 자기감각을 겸할 수 있다는 이야기가 된다.

물과 같은 전도성 유체conductive fluid에 잠기지 않은 동물들—이를테면 새—에게 어떻게 작용될지 상상하기 어렵기 때문에, 전자기 유도에 관한 설명은 종종 무시되는 경향이 있다. 그러나 전자기 유도가 그들에게 적용될 수 있는 방법이 있다. 프랑스의 동물학자 카미유 비귀에Camille Viguier는 자기수용이 확인되기 훨씬 전인 1882년에 그것을 예측했다.[41]

---

* 지난 수십 년 동안 많은 과학자들은 비둘기를 비롯한 새들의 부리에서 자철석이 함유된 뉴런을 발견했다고 확신했다.[36] 데이비드 키스가 자기수용에 대한 연구를 시작했을 때, 그의 계획은 이러한 뉴런을 연구하는 것이었다. "하지만 가능한 방법을 총동원했음에도 불구하고 아무것도 찾을 수 없었어요"라고 그는 나에게 말한다. 2012년, 키스는 (다른 사람들이 발견했다고 주장한) 자철석 뉴런이 가짜임을 보여주는 충격적인 연구 결과를 발표했다.[37] 그것은 백혈구의 일종인 대식세포로, 철을 함유하고 있지만 자철석 형태는 아니었다. 같은 해에 다른 연구팀은 '자철석 기반 수용체magnetite-based receptor를 식별하는 확실한 방법'처럼 보이는 것을 개발했다.[38] 그들은 현미경을 이용해, 송어 코의 일부 세포가 회전하는 자기장에 놓였을 때 회전하는 현상을 관찰했다. 이 회전하는 세포들은 자성을 띠는 게 분명했고, 자철석 퇴적물을 포함하고 있는 것 같았다. 그러나 키스는 이 발견도 사실이 아님을 폭로했다.[39] 그는 '회전하는 세포는 표면에 철 조각이 붙어 있을 뿐, 자기수용체가 아니'라는 사실을 보여주었다. 안타깝게도 지금까지의 연구는 모두 허사였다.

그는 '새의 내이에는 전도성 유체로 가득 찬 세 개의 관쓸이 있다'는 점에 주목했다. 이론적으로 새가 날아갈 때 지자기장은 그 유체에서 탐지 가능한 전압을 유도할 수 있다. 그로부터 거의 130년 후, 데이비드 키스 David Keays는 그가 옳았다는 것을 확인했다.[42] 게다가 그는 새의 내이에 상어와 동일한 단백질(전기장 감지용 단백질)이 있다는 것을 발견했다. "전자기 유도는 새가 자기장을 감지할 수 있는 실질적인 메커니즘인 것 같아요. 그래서 우리는 이것을 더욱 면밀하게 검토하고 있어요"라고 키스가 말한다.*

자기수용에 관한 세 번째 설명은 가장 복잡할 뿐만 아니라 가장 많은 모멘텀을 얻은 설명이기도 하다. 이 설명은 라디칼 쌍radical pair으로 알려진 두 개의 분자를 포함하는데, 이 분자들의 화학반응은 자기장의 영향을 받을 수 있다.[44] 이것을 깊이 이해하려면 양자물리학이라는 까다로운 영역을 탐구해야 하지만, 적당히 이해하려면 두 분자가 춤추고 있다고 상상하면 된다. 빛은 춤을 유도하고, 파트너들에게 서로 붙잡으라는 신호를 보낸다. 일단 이러한 흥분 상태에 빠지면, 자기장이 그들에게 영향을 미쳐 춤의 템포와 마지막 단계를 바꾼다. 파트너들의 최종 위치는 이전 움직임을 형성한 자기장에 대한 기록을 제공한다. 이러한 춤을 통해, 라디칼 쌍은 탐지하기 어려운 자기 자극을 평가하기 쉬운 화학적 자극으로 변환한다.**

1970년대에 화학자들은 주로 시험관에서 라디칼 쌍 반응을 연구하고 있었다. 그러나 1978년에 독일의 화학자 클라우스 슐텐Klaus Schulten은 '이러한 모호한 반응이 새의 세포에도 존재할 수 있으며, 자기장에 대한

---

* 또한 2011년에 러칭 우Le-Qing Wu와 데이비드 딕먼David Dickman이 비둘기의 뇌에서 '자기장에 반응하고 내이에 연결된 뉴런'을 확인했다는 점도 주목할 만하다.[43]

그들의 나침반 같은 반응을 설명할 수 있다'고 제안했다. 그는 이 아이디어를 기술한 논문을 권위 있는 저널 〈사이언스〉에 제출했지만, 두고두고 기억에 남을 게재 거절을 통보받았다.[45] 덜 대담한 과학자라면 이아이디어를 휴지통에 넣었을 것이다. 하지만 이에 굴하지 않고, 그는 어떻게든 그 논문을 출판했다.[46] 그러나 불행하게도 그는 그것을 독일의 무명 저널에 실었고, 양자물리학에 정통하지 않은 생물학자들—즉 거의 모든 생물학자들—이 이해할 수 없는 방식으로 썼다. 그러나 돌이켜보면 슐텐은 시대를 훨씬 앞서갔고, 라디칼 쌍에 대한 그의 통찰력은 몇가지 주요 깨달음 중 첫 번째에 불과했다.***

두 번째 깨달음이 찾아온 순간은, 슐텐이 한 강연에서 자신의 아이디어를 발표하자 강연을 듣고 있던 노벨상 수상자가 다음과 같이 질문했을 때였다. 만약 라디칼 반응이 빛에 의해 유발된다면, 새의 경우 빛은 어디에 있는 거죠? 슐텐은 '만약 자기수용체가 라디칼 쌍에 의존한다면, 자기수용체는 동물의 몸 어디에서도 발견될 수 없다'는 것을 깨달았다. 그 대신 그것은 어쩌면 '빛을 모으는 데 가장 적합한 기관'에 있을지도 몰랐다. 그는 명금류의 나침반이 눈에 있을 거라고 생각했지만, 이아이디어는 그가 새로운 논문을 읽은 1998년까지 보류되었다. 그해에

** 좀 더 긴 버전은 다음과 같다. 빛이 두 개의 파트너 분자에 부딪치면, 한 분자가 다른 분자에게 전자를 제공하고, 둘 다 홀전자를 갖게 된다. 홀전자를 가진 분자를 라디칼이라고 하므로, 라디칼 쌍이 탄생한 것이다. 전자는 스핀이라는 속성을 가지고 있는데, 그 속성의 정확한 성질은 양자물리학자들에게 맡기고, 생물학자들에게 중요한 것은 다음과 같다. 스핀의 방향은 위 또는 아래일 수 있고, 라디칼 쌍은 동일한 스핀 또는 반대 스핀을 가질 수 있으며, 이 두 가지 상태는 초당 수백만 번씩 뒤집히며, 자기장은 이러한 뒤집기의 빈도를 변경할 수 있다. 따라서 두 분자는 자기장에 의해 한 상태 또는 다른 상태로 귀결되고, 이것이 화학적 반응성에 영향을 미친다(https://www.scientificamerican.com/article/how-migrating-birds-use-quantum-effects-to-navigate/).
*** 나는 이 책에 대한 아이디어를 떠올리기 훨씬 전인 2010년에 클라우스 슐텐을 인터뷰했다. 슐텐은 2016년에 세상을 떠났다.

동물의 뇌에만 존재하는 것으로 여겨졌던 크립토크롬cryptochromes이라는 분자군#이 동물의 눈에서도 발견됐다는 논문이 발표되었다. "나는 그 논문을 듣는 순간 깜짝 놀라 의자에서 굴러 떨어질 뻔했어요. 크립토크롬이 플라빈flavin이라는 파트너 분자와 라디칼 쌍을 형성할 수 있다는 것을 기억하고 있었거든요"라고 그는 말했다. 그의 이론에서 누락된 부분이 바로 이것—그가 상상한 춤에 참여할 수 있는 분자—이었는데, 그게 때마침 딱 맞는 장소에 존재하는 것으로 밝혀진 것이다.

2000년, 슐텐과 그의 제자 토르스텐 리츠Thorsten Ritz는 '명금류의 나침반이 크립토크롬에 의존한다'는 주장이 담긴 논문을 발표했다.[47] 그것은 판도를 뒤집은 획기적인 사건이었다. 리츠 덕분에, 마침내 생물학자들이 슐텐의 주장을 이해할 수 있게 되었다. 그는 또한 생물학자들에게 구체적인 연구 대상—그들이 연구할 수 있는 실제 분자—을 제공했다.

실험에 실험을 거듭한 끝에, 연구자들은 슐텐의 예측을 다수 확인했다. 예컨대 빌치코는 명금류의 나침반이 실제로 빛—특히 청색광 또는 녹색광—에 의존한다는 것을 발견했다.•

탐조가에서 생물학자로 전향했고, 현재 자기수용 분야의 최고 권위자 중 하나인 덴마크의 헨리크 모리첸Henrik Mouritsen••도 '자기수용에 있어서 빛의 중요성'을 확인했다. 그는 달빛이 비치는 방에 유럽울새와 정원솔새를 넣고 적외선 카메라로 촬영했다. 새들이 추군루에를 보이기

• 이 파장들은 크립토크롬과 플라빈을 라디칼 쌍으로 전환하기에 딱 맞는 양의 에너지를 가지고 있다. 단, 적색광 아래에서는 새의 나침반이 작동하지 않는다.
•• 모리첸은 열 살 때부터 탐조가였으며 평생 동안 4000종 이상의 조류를 관찰했다. 그는 원래 고등학교 교사가 되고 싶어 했는데, 그 이유는 방학이 길어서 장기간의 들새 관찰 여행을 떠날 수 있기 때문이었다. "결국 생물학 교수가 되었지만, 외출할 시간이 나면 여전히 새를 관찰해요"라고 그는 나에게 말한다. "이 코로나 바이러스 시대에 내가 가장 아쉬워하는 것은 '아무데도 여행을 갈 수 없다'는 거예요." 대륙을 넘나드는 동물을 연구하는 사람에게, 코로나19는 아이러니한 반전이다.

시작했을 때, 모리첸은 특별히 활성화된 영역이 있는지 확인하기 위해 그들의 뇌를 살펴보았다. 그는 하나의 영역을 발견했는데, '클러스터 N'으로 알려진 그것은 뇌의 맨 앞에 위치하며, 이주성 명금류(비非이주성 명금류는 아님)가 여행하는 야간(여행하지 않는 주간에는 아님)에 나침반으로 방향을 잡을 때만 활성화되는 것으로 나타났다.[48] 클러스터 N은 새 뇌의 자기 처리 중추인 것 같다. 그리고 분명히 그것은 뇌의 시각중추의 일부이기도 하다. 클러스터 N은 망막에서 정보를 얻으며, 눈가리개가 제거되고 주변에 약간의 빛이 있는 경우에만 활성화되어 윙윙거린다.[•][49] "이것은 광의존성light-dependent 라디칼 쌍의 개념을 뒷받침하며, 현존하는 가장 강력한 증거 중 하나예요"라고 모리첸이 나에게 말한다.

이러한 일련의 증거들은 놀라운 결론을 암시한다. 명금류는 지구의 자기장을 볼 수 있을지도 모르는데, 자기장은 아마도 통상적인 시야에 부가되는 미묘한 시각 신호라는 것이다. "이것은 광의존성 라디칼 쌍 아이디어를 지지하는 가장 가능성 높은 시나리오이지만, 새에게 물어볼 수 없으니 확인할 길이 없어요"라고 모리첸이 말한다. 아마도 날아다니는 유럽울새는 언제나 북쪽 방향에서 하나의 밝은 점을 볼 것이다. 어쩌면 그들은 풍경 위에 칠해진 음영의 그러데이션을 볼지도 모른다. "우리는 세 장의 그림을 가지고 있어요. 설사 세 장이 모두 틀리더라도, 그것들은 '새들이 무엇을 볼 수 있는지'를 상상하는 데 도움이 돼요." 라디칼 쌍 아이디어가 가장 그럴듯해 보이지만,[••] 세 가지 가설—자철석, 전자기 유도, 라디칼 쌍—모두 타당성이 있다. "하나 이상의 메커니즘이 존

[•] 유럽울새는 야행성 철새라는 점을 감안할 때, 그들이 빛으로 작동되는 나침반에 의존한다는 말이 이상하게 들릴지도 모른다. 그러나 야간에도 주변에는 언제나 약간의 빛이 있기 마련이다. 이론적 계산에 따르면, 달이 없고 약간 흐린 밤에도 나침반을 활성화하기에 충분한 빛이 존재한다.

이토록 굉장한 세계

재할 가능성이 높다고 생각해요"라고 키스는 말한다. 그럼에도 불구하고 많은 과학자들은 마치 하나의 가설만 옳은 것처럼 상이한 가설 주위에 진영을 형성해왔다. 그 결과 자기수용 연구를 욕되게 하는 독소적인 불화가 생겨났다. 다 큰 어른들이 일어서서 고함을 질렀던 한 회의는 불명예스럽게도 웃음거리로 전락했다. "모든 사람이 자기수용체를 가장 먼저 발견하기를 원해요. 사정이 이러하다 보니, 사람들이 훨씬 더 경쟁적이 되고 서로에게 아량을 베풀 가능성이 낮아졌어요"라고 워런트가 나에게 말한다.

지나친 경쟁은 또한 그들을 더욱 허술하게 만들었다.

직관에 어긋나는 세계

이 책 전반에 걸쳐 우리는 궁극적으로 옳다고 판명된 동물의 감각에 대한 아이디어 때문에 한때 조롱받거나 무시당한 과학자들의 이야기를 들었다. 그러나 정반대 현상도 그에 못지않게—그 이상은 아닐지라도—빈번하다. 즉 옳다고 간주된 발견이 나중에 반박되기도 하는데, 특

•• 설사 라디칼 쌍 아이디어가 유일하게 옳다 하더라도, 그것은 많은 '답 없는 질문'을 남긴다. 새들은 몇 가지 크립토크롬을 가지고 있는데, 그중 어떤 것이 나침반에 관여할까? (Cry4라고 불리는 것이 선두주자로 부상했는데, 유럽울새는 이주 철에 특히 망막의 원뿔세포에서 그것을 대량 생산한다.)[50] 라디칼 쌍 춤의 마지막 단계는 어떻게 신경 신호로 변환될까? 새들은 '일반적으로 보는 것'과 '자기 정보'를 어떻게 분리할까? 그리고 모리첸이 보여준 것처럼, 새의 나침반이 (특정 전기 장비에서 생성되거나 AM 라디오에서 사용되는) 극도로 약한 무선 주파수 장에 의해 교란되는 이유가 뭘까?[51] 이러한 장場은 유용한 정보를 전달하지 않으며, 지난 세기의 인간 활동에서 일반화되었다. 그렇다면 새들은 그것을 감지하는 능력을 진화시킬 수 없었을 텐데, 그 영향을 받는 이유가 뭘까? "우리는 뭔가 중요한 것(센서를 우리가 생각하는 것보다 훨씬 더 민감하게 만드는 것)을 놓치고 있는 게 분명해요"라고 물리학자 피터 호어Peter Hore는 말한다. "이것은 우리의 이론이 충분히 발전하지 않았다는 것을 의미해요. 우리는 아직 결정적인 실험을 하지 않았어요." 하지만 그와 모리첸은 노력하고 있다. 그들은 야심찬 프로젝트를 시작했는데, 자세한 내용은 호어와의 약속 때문에 밝힐 수 없다.

히 자기수용의 경우에 이런 사례들이 빈번하다.

1997년의 연구에서, 한 연구팀은 꿀벌이 자기장을 탐지할 수 있다고 주장했다.*[52] 그로부터 20년 후, 두 번째 연구팀은 첫 번째 연구팀이 (벌 대신 난수발생기를 연구하는 것이 나을 정도로) 심각한 통계적 오류를 범했음을 발견했다.[53] 1999년, 미국의 연구팀은 제왕나비가 나침반 감각을 가지고 있다고 주장했다.[54] 그러나 나중에 나비들이 실제로는 연구팀의 옷에서 반사된 빛을 향하고 있었음을 깨닫고 논문을 철회했다. 2002년, 빌치코 부부는 '유럽울새는 오른쪽 눈에만 나침반이 있어서, 왼쪽 눈만으로는 방향을 잡을 수 없다'고 주장한 고전적인 논문을 발표했다.[55] 10년 후, 헨리크 모리첸과 그의 동료들은 신중한 실험을 통해 양쪽 눈 모두에 나침반이 있음을 보였다.[56] 2015년, 한 미국 팀은 선충류 벌레에서 자기수용체를 발견했다고 주장했고, 한 중국 팀은 초파리에서 그것을 발견했다고 보고했다.[57] 두 실험 모두 다른 연구팀에 의해 재현되지 않았고, 초파리 연구는 "물리학의 기본 법칙과 상충된다"라는 논평을 받았다.[58]

어느 정도, 이것은 과학이 작동하는 통상적 방식이다. 과학자들은 서로의 실험을 반복해, 재현할 수 있는 것을 뒷받침하고 재현할 수 없는 것을 기각함으로써 과학을 발전시킨다. 그러나 자기수용의 경우, 비정상적으로 많은 화려한 연구들이 나중에 잘못된 것으로 판명되는 것으로 악명 높다. 자기감각을 가진 것으로 추정되는 동물 중 몇몇은 그렇지 않을 가능성이 높다.** "우리는 다른 사람들의 주장을 확인하는 데 오랜 시간을 보냈고, 그 과정에서 대단한 인내심을 발휘해야 했어요." 데이비드 키스는 피곤한 듯 말한다. "요컨대 너무나 많은 사람들이 오류를 저

---

* 이 결함 있는 실험들은 논외로 하고, 꿀벌이 자기장을 감지할 수 있다는 좋은 증거가 있다.

지르곤 했어요." 과학은 스스로 교정하지만, 자기수용의 과학은 대부분의 경우보다 더 많은 교정이 필요한 것 같다. 자기감각에 대한 주장 중 상당수는 잘못되었다. 이 책을 통틀어, 나는 '동물의 환경세계를 제대로 평가하는 것이 얼마나 어려운지'를 누누이 강조했다. 그도 그럴 것이, 그것은 본질적으로 주관적인 데다, 우리 자신의 감각이 (올바른 평가에 필요한) 상상적 도약을 가로막기 때문이다. 다른 환경세계에 대한 올바른 이해를 가로막는 더 간단한 장벽이 있으니, 동물의 감각은 오해의 소지가 있는 방법으로 연구되기 쉽다는 것이다.

또한 동물의 행동에 관한 연구는 인간의 행동에 의해 오염되기 십상이다. 즉 사람들은 보고 싶은 것을 보는 경향이 있다. 남서쪽 압지에 촘촘하게 찍힌 새 발자국의 경우, 사실일 수도 있지만 '새들이 남서쪽으로 향할 것'이라는 기대에 사로잡힌 해석일 수도 있다.*** 과학자들도 일반인과 마찬가지로 그런 편향에 취약하지만, 그릇된 편견이 연구를 망치

** 심지어 '인간에게 자기감각이 있는지' 여부에 대한 논란도 있다. 1980년대에 영국의 동물학자 로빈 베이커Robin Baker는 눈가리개 한 대학생들을 차에 태우고 구불구불한 길로 데려가, 집으로 가는 길을 찾아보라고 요청했다. 대학생들의 성공률은 예상보다 높았지만, 머리에 자석을 붙인 경우에는 그렇지 않았다. 베이커는 세계 최고의 저널 중 하나인 〈사이언스〉에 그 결과를 발표했다.[59] 그러나 그가 반복적으로 동일한 결론을 얻은 반면, 다른 연구자들은 그렇게 할 수 없었다. "우리는 자기감각의 생태학적 중요성에 대해 궁금해할 수밖에 없다." 한 연구자는 이렇게 썼다. "그러나 자기감각의 존재를 증명하는 것은 매우 어렵다." 베이커의 실험을 한때 목소리 높여 비판했던 지구물리학자 조지프 커슈빙크Joseph Kirschvink는 보다 최근에 '지원자 주변에서 인공 자기장이 회전할 때, 그들의 특정 뇌파가 변한다'는 것을 보여주었다.[60] 커슈빙크는 이것을 '인간이 자기수용을 가지고 있다'는 의미로 받아들였지만, 다른 연구자들은 납득하지 못한다. "나 자신에 한정된 이야기지만, 나는 자기장을 전혀 감지할 수 없어요."라고 키스는 나에게 말한다. "나는 멋진 나침반 앱이 설치된 아이폰을 쓰는데, 그게 바로 내 자기수용체예요." 커슈빙크는 '인간이 자기 자극을 무의식적으로 감지한다'고 주장하지만, 설사 그게 사실이라 하더라도 '자기감각이 어떤 식으로든 인간에게 유용하다'는 것을 보여줄 필요가 있다. 만약 자기감각의 유용성이 증명되지 않는다면, 우리는 다음과 같은 딜레마에 빠지게 된다. 우리가 의식하지 못할 뿐만 아니라 아무 데도 사용하지 않는 감각을 갖는 것이 왜 중요할까?
*** 분명히 해둘 것은, 명금류가 자기 나침반을 가지고 있음을 확인한 1950년대와 1960년대의 초기 명금류 실험은 확고한 것으로 정평이 나 있다는 것이다. 많은 연구실에서 많은 종을 대상으로 실험한 결과, 동일한 결과가 재현되었다.

는 것을 미연에 방지하는 방법이 있다. 예컨대 그들은 "맹검법"을 통해, 연구의 핵심 정보를 마지막 순간까지 (동물은 물론 자거 자신에게까지) 숨길 수 있다. 맹검법은 모든 실험의 표준 관행이어야 하지만, 현실은 그렇지 않다.

설상가상으로 포착하기 어려운 자기수용체를 찾기 위한 탐구는 치열한 경쟁을 부추겼다. 그 결과, 승자에게 돌아가는 영광과 포상은 '신중하고 체계적인 작업'보다는 '빠른 연구와 거창한 주장'에 대한 유인을 창출했다. 연구자들은 몇 마리의 동물만을 대상으로 실험에 착수해, 단지 요행일 수도 있는 결과물을 얻을 수 있다. 그들은 뭔가 흥미로운 것을 찾기 위해 즉석에서 실험 계획을 조정할 수도 있다.[61] 이것이 소위 p-해킹이라고 알려진 관행이다. 그들은 자신의 아이디어에 맞지 않는 결과를 배제하고 최상의 데이터를 선별할 수 있다.

설사 과학자들이 모든 일을 올바르게 수행하더라도, 자기장이 감지되지 않는다면 그들은 여전히 허둥댈 수 있다. 시각이나 청각을 연구하는 사람들의 경우, 자신의 장비가 우연히 밝은 섬광이나 큰 소리를 내더라도 금세 알아차릴 것이다. "그러나 자기수용의 경우, 어리석은 짓을 하고 있다는 것을 결코 알아차리지 못할 거예요"라고 모리첸은 나에게 말한다. 연구자들은 동물을 불규칙하거나 부자연스러운 자기장에 노출시킬 수도 있는데, 최고급 장비를 사용해 지속적으로 점검하지 않는 한 이를 알아차릴 방법이 없다. "전기장의 경우, 현지 상점에서 구입한 전극을 전기어나 뿔매미의 환경세계에 담가도 무방해요. 그러나 자기장의 경우, 저렴한 장비로는 어림도 없어요"라고 모리첸은 말한다. "자기수용을 제대로 측정하려면 많은 돈이 들어요."

또한 자기장은 직관에 매우 어긋난다. 인세인 클라운 파시의 유명한

랩 가사 "망할 자석, 어떻게 작동하는 거야?"처럼, 또는 워런트가 나에게 말했듯이 "자기장을 이해하는 것만도 충분히 어려우므로, '동물이 그것으로부터 무엇을 인식할 수 있는지'를 이해하려고 노력하는 것은 꿈도 꾸지 말아요." 다른 특이한 감각(이를테면 반향정위와 전기수용)의 경우, 청각이나 촉각 같은 더 친숙한 감각과 비교할 수 있다. 그러나 붉은바다거북의 환경세계에 대해서는 어디서부터 생각해야 할지 감이 잡히지 않는다.

여러 가지 이유가 있겠지만, 라디칼 쌍 설명이 그토록 많은 관심을 끌게 된 이유 중 하나는 이것 때문인지도 모른다. 비록 복잡하지만, 라디칼 쌍 설명은 자기수용을 (우리가 쉽게 이해할 수 있는 감각인) 시각의 영역으로 가져왔기 때문이다. 이와 마찬가지로 우리는 나침반을 자주 언급하는데, 그 이유는 추상적인 자기 세계로 들어가는 친숙한 관문을 제공하기 때문이다. 그러나 나침반의 메타포는 오해의 소지가 있다. 나침반은 늘 북쪽을 가리키며 흔들리지 않기 때문에 정확하고 신뢰할 수 있다. 그러나 손케 욘센, 켄 로만, 에릭 워런트에 따르면, 생물학적 나침반은 본질적으로 소란스럽다.[62] 즉 지구의 자기장이 너무 약하기 때문에, 지자기장에 대한 정확하고 즉각적인 판독 값을 얻는 것은 불가능할 수 있다. 동물은 장기간에 걸쳐 자기수용체에서 나오는 신호의 평균을 유지해야 할 수도 있다. 이러한 한계로 인해 자기수용은 느리고 번거롭고 매우 역설적이다. 그것은 지구상에서 가장 만연하고 신뢰할 수 있는 자극 중 하나—지자기장—를 탐지하지만, 본질적으로 신뢰할 수 없는 방식으로 그렇게 한다. 이쯤 되면 그렇게 많은 자기수용 연구 결과가 재현되기 어려운 이유를 짐작할 수 있을 것 같다. "동일한 최우수 연구를 두 번 이상 반복해도 일관된 결과를 얻기가 정말 어려울 수 있어요"라고 워런트는 나에게 말한다.*

불규칙하게 흔들리는 자신의 나침반에서, 한 동물이 올바른 방향을 결정하기에 충분한 정보를 수집하는 데 5분이 걸린다고 가정해보자. 실험자가 그 동물을 자기장에 노출시키고 1분 후 반응을 기록한다면, 그 결과는 중구난방이 될 것이다. 나는 이 시간적 창을 임의로 선택했지만, 내 말의 요점은 '우리가 올바른 창을 모른다'는 것이다. 우리는 거의 즉각적인 정보를 제공하는 시각이나 청각 같은 감각에 익숙하다. 아마도 자기수용은 그렇게 작동하지 않을 텐데, 우리는 그것이 작동하는 시간 범위timescale를 알지 못한다. 그것을 모르거나, 알아내야 한다는 사실조차 깨닫지 못한다면 좋은 실험을 설계하기가 어렵다. 내가 서론에 적었듯이, 과학자의 데이터는 '그가 던진 질문'의 영향을 받고, 그의 질문은 '그의 상상력'에 의해 조종되고, 그의 상상력은 '그의 감각'에 의해 제한된다. 우리 자신의 환경세계의 경계는 다른 동물의 환경세계를 이해하는 우리의 능력을 불투명하게 만든다.

자기수용의 소란스럽고 불규칙한 특성은, 어떤 동물도 자기수용에만 의존하지 않는 이유를 설명할 수도 있다. 즉 그들은 시각과 같이 '보다 신뢰할 수 있는 감각'이 실패할 경우에 대비해 자기수용을 '예비 감각'으로 사용하는 것 같다.[63] "만약 당신이 이주하는 동물이라면, 완전히 길을 잃지 않는 한, 자기수용은 아마도 가장 덜 중요한 감각일 거예요"라고 키스는 말한다. 자기신호가 없을 때, 보공나방은 밤하늘의 별 패턴을 보며 비행할 수 있다. 난생처음 바다에 들어갈 때, 새끼 거북은 자기장을 무시하고 파도의 방향에 의존한다.

---

* 반향정위와 전기수용은 자기수용과 거의 같은 시기에 발견되었지만, 자기수용만큼 재현 불가능하거나 논쟁의 여지가 있는 결과 때문에 괴롭힘을 당하지는 않는다.

이토록 굉장한 세계

동물은 하나의 감각에만 의존하지 않는다. "그들은 모든 가용 정보를 사용해요"라고 워런트는 말한다. "가능한 감각을 총동원한다는 점에서, 그들은 다중감각multisense을 보유하고 있어요."

•

12장

감각 통합
Uniting the Senses

모든 창문을
동시에 들여다보기

나는 '난 정말로 간지럽지 않다'고 나 자신을 납득시키려 무던히 애쓰고 있다. 나는 수만 마리의 모기에 둘러싸여 있는데, 그들은 모두 같은 종인 이집트숲모기*Aedes aegypti*─지카, 뎅기열, 황열병을 퍼뜨리는 곤충─에 속한다. 다행스럽게도 내가 서 있는 밀폐된 작은 방에서 모기들은 모두 흰색 망사 케이지에 갇혀 있다. 신경과학자 크리티카 벤카타라만Krithika Venkataraman은 케이지 하나를 선반에서 꺼내 우리 옆 탁자 위에 올려놓고, 모기가 숙주를 추적하는 방법을 설명한다. 몇 분 동안 그녀와 이야기를 나눈 후 케이지를 내려다보던 나는, 거의 모든 모기들이 우리와 가장 가까운 쪽에 모여 있다는 것을 알아차리고 공포에 휩싸인다. 피를 빠는 주둥이로 그물망을 살살이 훑고 있는 그들의 모습은, 시커먼 털이 빽빽이 들어찬 벌판을 연상시킨다. 나는 문득 심한 가려움증을 느낀다. 벤카타라만에 따르면, 모기들은 우리의 '날숨에 포함된 이산화탄소'와 '피부에서 풍겨 나오는 냄새'에 끌린다.[1] 쉽게 말해서 그들은 사람 냄새를 맡을 수 있다. 이를 증명하기 위해, 그녀는 다른 케이지를 집어들고 나에게 들이밀며 "케이지의 한쪽에 숨을 내쉬어보세요"라고 말한다. 그녀가 시키는 대로 하자, 몇 분 안에 거의 모든 모기가 그쪽으로 모여

들어 새까만 주둥이를 들이댄다.

벤카타라만이 일하는 실험실을 운영하는 레슬리 보셜Leslie Vosshall은, 이집트숲모기의 후각을 교란시킴으로써 사람들을 지카, 뎅기열, 황열병으로부터 보호하려고 다년간 노력해왔다. 먼저 그녀는 모기의 후각을 주관하는 것으로 여겨지는 오르코orco라는 유전자를 불능화한다는 전략을 추진했다. 이 접근법(방향제수용체를 겨냥하는 방법)은, 보셜과 같은 층에서 일하는 대니얼 크로나워가 무성생식 침입자 개미에게 시도해 성공한 것으로 유명하다. 그러나 의기양양했던 보셜은 보기 좋게 실패했다.[2] 오르코가 없는 모기는 사람 냄새를 무시했지만, 여전히 이산화탄소에 끌리는 것으로 밝혀진 것이다. 보셜은 전략을 바꿔, 이산화탄소 냄새를 맡지 못하는 변이 모기를 만들었다.[3] 두 번째 전략도 허사였다. 모기는 여전히 인간에게 쉽게 접근할 수 있었다. "내 예상이 완전히 빗나갔어요"라고 보셜이 말한다.

하나의 전략으로 모기를 유인하는 것은 불가능하다. 그들은 한 가지 감각에 전적으로 의존하지 않기 때문이다. 그 대신 그들은 복잡한 방식으로 상호작용하는 수많은 단서를 사용한다. 모기와 관련된 주요 단서인 열熱만 해도 그렇다. 그들은 온혈 숙주의 체온에 끌리지만, 이산화탄소 냄새를 맡았을 때만 그렇다. 보셜의 제자인 몰리 리우Molly Liu가 모기를 방에 넣고 네 개의 벽 중 하나를 천천히 가열했더니, 대부분의 모기들은 벽의 온도가 사람의 체온에 도달했는데도 감감무소식이었다.[4] 하지만 리우가 이산화탄소 스프레이를 한번 뿌렸더니, 모기들은 뜨거운 벽에 몰려들어 계속 머물렀다. 요컨대 이산화탄소가 없을 때 열은 '역겹고 위험하다'는 신호다. 그에 반해 이산화탄소가 있을 때, 열은 '매력적이고 먹을 만하다'는 신호다.[*] 보셜은 여전히 '인간을 모기로부터 보호하는 방법을 찾을 수 있다'고 믿지만, 그러려면 후각, 시각, 열 감각, 미각 등 여러 가지 감각을 동시에 고려해야 한다.** "이집트숲모기는 모든 상황에서 '플랜 B'를 가지고 있어요"라고 그녀가 말한다.

모기의 감각은 수천 년의 진화를 통해 연마되었다. 이집트숲모기는 원래 사하라 사막 이남의 아프리카 숲 출신으로, 그곳에서 다양한 동물의 피를 빨아먹으며 살았다. 그러다 수천 년 전, 한 특정 혈통이 '최근 인구 밀도가 높아진 정착지에서 살기 시작한 인간'에 대한 취향을 갖게 되었다.[6] 어쩌다 새로운 장소에 날아든 이집트숲모기는 (숲보다 마을을 선호하는) 도시형 동물과 (무엇보다도 인체의 독특한 신호에 맞춰진 환경세계를 가진) 기생충으로 변모했다. 이 모기는 이제 지구상에서 가장 효율적인 '인간 사냥꾼' 중 하나이며, 엄청나게 까다로운 식성을 보유하고 있다. 그래서 벤카타라만 같은 과학자들은 포획된 모기들을 배불리 먹이기 위해 케이지 안에 팔을 집어넣는 경우가 많다. "10분 정도 걸려요"라고 그녀가 말한다. "정기적으로 피를 헌납하지 않다 보니, 모기에게 물리면 여전히 거부 반응이 일어나요. 하지만 긁지만 않으면 괜찮아요." 모기에게 물렸는데도 긁지 않는다는 건 나로서는 상상하기 어렵다.

부질없는 상상일랑 그만두고, 모기가 된다는 건 어떤 기분일지 상상해보자. 당신은 더듬이를 앞세워 고온다습한 열대 공기 속을 비행하며,

---

* 우리의 감각도 이와 비슷한 반전을 겪는다. 누군가에게 더러운 양말 사진을 보여주며 아이소발레르산 냄새를 맡게 하면 역겨워하겠지만, 똑같은 화학물질을 고급 에푸아스 치즈 사진과 짝지으면 향기롭고 맛있는 냄새로 여길 것이다.
** 결국 DEET가 하는 일이 바로 이런 일일 가능성이 높다.[5] 1944년 미국 농무부가 개발한 DEET는 처음에는 열대 국가에서 군대를 보호하고, 그다음에는 전 세계에서 민간인을 보호한 오랜 역사를 가지고 있다. DEET는 효과가 있지만 아무도 그 이유를 모른다. 보셜은 처음엔 'DEET가 오르코를 차단한다'고 생각했지만, 이제는 '더 복잡한 방식으로 모기의 후각(그리고 미각)을 마비시킨다'고 생각한다. 그녀의 바람은, 이 효과를 재현함으로써 DEET보다 더 효과적이고 오래 지속되며 유아에게 더 안전한 물질을 개발하는 것이다.

이산화탄소 냄새를 맡을 때까지 각종 방향제의 구름을 지나친다. 일단 이산화탄소 냄새를 맡으면 그쪽으로 기수를 돌려, 확실한 단서를 찾기 위해 지그재그로 비행한다. 당신은 어두운 실루엣을 발견하고, 면밀히 조사하기 위해 바짝 접근한다. 당신은 인간의 피부에서 방출되는 듯한 젖산, 암모니아, 설카톤sulcatone의 분자 구름 속으로 들어간다. 마침내 결정적 단서인 열기를 포착하고 목표물에 내려앉아, 당신은 발을 이용해 넘쳐나는 소금, 지방, 그 밖의 성분을 맛보며 쾌재를 부른다. 당신은 모든 감각을 총동원해 인간을 찾아내는 데 성공했다. 이제 혈관을 찾아내 빨대를 꽂고 배가 터지도록 피를 빼는 일만 남았다.

우리는 서론에서 환경세계 개념의 선구자인 야콥 폰 윅스퀼을 만났는데, 그는 동물의 몸을 '정원이 내다보이는 여러 개의 감각 창을 가진 집'에 비유했다. 이후 11개 장에 걸쳐, 우리는 '각각의 감각을 고유하게 만드는 것이 무엇인지'를 더 잘 이해하기 위해 그에 상응하는 창문을 하나씩 들여다보았다. 많은 감각생물학자들도 모든 경력을 걸고, 하나의 창문을 통해 우리와 대동소이하게 행동한다. 그러나 동물은 그렇지 않다. 이집트숲모기처럼, 그들은 모든 감각기관에서 동시에 입력되는 정보들을 결합하고 상호 참조한다. 우리는 동물의 선례를 따라야 한다. 그들의 환경세계를 제대로 평가하고 우리의 감각 여행을 마무리 짓기 위해, 우리는 윅스퀼의 '은유적 집'을 총체적으로 고려해야 한다. 동물의 몸 전체가 환경세계의 본질을 어떻게 정의하는지 알아보기 위해, 우리는 집 자체의 구조를 분석해야 한다. 동물들이 '외부 세계의 감각 정보'와 '자신의 몸 안의 감각 정보'를 어떻게 결합하는지 알아보기 위해, 우리는 집 안을 두루 살펴봐야 한다. 그리고 동물들이 자신의 모든 감각을 어떻게 사용하는지 알아보기 위해, 우리는 모든 창문을 동시에 들여다보아야 한다.

하나의 감각에만 의존하는 동물은 없다

각 감각에는 장단점이 있으며, 각 자극은 어떤 상황에서는 유용하고 다른 상황에서는 쓸모가 없다. 그러므로 동물들은 (신경계가 다룰 수 있는 범위 내에서) 가능한 한 많은 정보 흐름을 활용하며, 한 감각의 장점을 사용해 다른 감각의 단점을 보완한다. 다른 감각들을 모두 제쳐놓고 하나의 감각에만 의존하는 종은 없으며, 한 감각 영역의 모범이 되는 동물조차도 여러 가지 감각을 동시에 사용할 수 있다.

개는 후각의 고수이지만 그들의 큰 귀에 주목하라. 올빼미는 청각의 고수이지만 그들의 큰 눈에 주목하라. 깡충거미는 큰 눈에 의존하지만, (발을 통해 전달되는) 표면 진동과 (몸 전체의 민감한 털을 구부러뜨리는) 공기 중의 소리에도 민감하다.[7] 바다표범의 경우 수염을 사용해 물고기의 유체역학적 후류를 추적하지만, 눈과 귀도 사냥에 도움이 된다. 별코두더지는 땅굴 속에서 촉각을 이용해 먹이를 사냥하지만, 물속에서 별코로 거품을 내뿜은 다음 다시 흡입함으로써 먹이의 냄새를 탐지할 수도 있다.[8] 개미의 삶을 지배하는 감각은 후각이지만, 청각도 그에 못지않게 중요하다.[9] 일부 기생충이 여왕개미의 소리를 모방함으로써 개미집에 잠입할 수 있기 때문이다. 또한 상어는 1.6킬로미터 떨어진 곳에서도 후각에 의존해 먹이를 향해 헤엄치지만, 거리가 가까워질수록 시각과 측선에 의존하고, 마지막 순간에 전기감각을 사용한다.[10] 우방기 코끼리고기는 몸 가까이에 있는 작은 물체를 탐지하기 위해 전기장을 만들지만, 전기감각 범위 밖에서 크고 빠르게 움직이는 물체(예: 포식자)를 포착하기 위해 눈을 사용한다.[11] 이주하는 명금류와 보공나방은 지구의 자기장을 이용해 방향을 잡지만, 천체의 광경에 의존해 길을 찾기도 한다.[12] 대니얼 키시는 동네를 돌아다닐 때 반향정위를 사용하지만 긴 지팡이도 이용한다.

서로 보완하는 것을 넘어, 몇 가지 감각이 결합될 수도 있다. 어떤 사람들은 상이한 감각들이 경계를 넘어서는 것을 경험하는데, 이를 공감각synesthesia이라고 한다.[13] 어떤 공감각자에게는 소리에 질감이나 색깔이 있을 수 있고, 어떤 공감각자에게는 단어에 맛이 있을 수 있다. 이 지각적 번짐perceptual blurring은 인간에게는 특별하지만 어떤 생물들에게는 표준이다. 예컨대 오리너구리의 '오리 같은 주둥이'에는 '전기장을 탐지하는 수용체'와 '접촉에 민감한 수용체'가 각각 존재한다.[14] 그러나 뇌에서는 전자의 신호를 받는 뉴런이 후자의 신호도 받는다. 그렇다면 오리너구리는 전기촉각electrotouch이라는 단일감각을 보유하고 있어서, 먹이를 찾아 잠수할 때 가재가 일으키는 수류를 감지하기 전에 전기장을 탐지할 수 있을지도 모른다. 일부 연구자들은 "오리너구리가 두 가지 신호의 시간 차를 이용해 '가재가 얼마나 멀리 떨어져 있는지' 판단한다"고 제안했다. 우리가 번개와 천둥 사이의 간격을 이용해 폭풍우까지의 거리를 측정하는 것처럼 말이다.

한편 모기는 온도와 화학물질 모두에 반응하는 것처럼 보이는 뉴런을 가지고 있다. 나는 레슬리 보셜에게 묻는다. "그렇다면 모기가 체온을 맛볼 수 있다는 뜻인가요?" 그녀는 어깨를 으쓱하며 "세상을 감지하는 가장 간단한 방법은, 촉각과 후각과 시각을 분리하는 거예요"라고 말한다. "그러면 모든 것이 매우 깔끔하겠죠. 하지만 동물계를 더 많이 살펴볼수록, 하나의 세포가 몇 가지 과제를 동시에 수행하는 사례가 더 많

이토록 굉장한 세계

이 발견돼요." 예컨대 개미를 비롯한 곤충들의 더듬이는 후각기관인 동시에 촉각기관이다. 1910년, 곤충학자인 윌리엄 모턴 휠러William Morton Wheeler는 "개미의 뇌에서 후각과 촉각이 융합되어 하나의 감각을 생성하는 것 같다"라고 썼다.[15] 그는 '우리의 손끝에 섬세한 코가 있다고 상상해보라'고 제안하며 다음과 같이 말했다. "만약 우리가 길의 좌우에 있는 물체를 만지며 이동한다면, 우리의 환경은 형상화된 냄새로 구성된 것처럼 보일 것이며, 우리는 '구형 냄새', '삼각형 냄새', '뾰족한 냄새'라는 말을 사용하게 될 것이다. 현재 우리의 정신 과정은 '시각적(즉 색깔) 형태의 세계'에 의해 결정되지만, 그렇게 되면 주로 '화학적 구성chemical configuration의 세계'에 의해 결정될 것이다."

설사 융합되지 않더라도 감각은 수렴할 수 있다. 9장에서 보았듯이, 돌고래는 먼저 반향정위를 사용해 포착한 '숨겨진 물체'를 시각적으로 인식하고, 자신이 보유한 감각 중 하나를 사용해 정신적 표상을 구성한 후 다른 감각으로 그것에 접근할 수 있다. 이러한 위업을 교차 양상 물체 인식cross-modal object recognition이라고 하는데, 돌고래나 인간 같은 '뇌가 큰 종'에 국한되지 않는다. 전기어의 경우, 십자가와 구체球體를 시각적으로 구별하는 법을 학습한 후 전기감각으로 두 물체를 식별할 수 있다 (그 역도 성립한다).[16] 심지어 뒤영벌도 특정한 물체들 간의 시각적 차이를 학습한 후 촉각을 사용해 그 물체들을 구별할 수 있다.[17]

어떤 감각들은 내부를 들여다보며 동물에게 신체 상태를 알려준다. 신체의 위치와 움직임에 대한 인식인 고유감각*이 그렇고, 균형에 대한 감각인 평형감각도 그렇다.[18] 이러한 내부 감각들은 거의 논의되지 않는다. 아리스토텔레스는 자신의 오감 분류에서 그것들을 제외했고, 나는 자연의 환경세계를 둘러보는 이번 여행에서 그것들을 대체로 무시해왔다. 하지만 그건 중요하지 않아서가 아니라, 너무나 중요해서 우리가 그것들을 당연하게 여기기 때문이다. 우리는 시각이나 청각 없이도 그럭저럭 지낼 수 있지만 내부 감각은 협상의 여지가 없다. 그것은 동물에게 그들 자신에 대해 말해줌으로써, 다른 모든 것을 이해하도록 돕는다. 내부 감각이 특히 중요한 것은, 동물의 몸이 윅스퀼의 '은유적 집'과 근본적으로 다르기 때문이다.

단도직입적으로 말해서 동물의 몸은 움직인다.

자아를 타자와 구별하기

동물이 움직일 때 그들의 감각기관은 두 종류의 정보를 제공한다.[20] 하나는 세상에서 일어난 일이 생성한 외부 구심성exafference 신호이고, 다른 하나는 동물 자신의 행동이 생성한 재구심성reafference 신호다. 나는 아직도 이 둘의 차이점을 기억하느라 애를 먹고 있는데, 만약 당신도 그렇다면, 타자의 생성물과 자아의 생성물로 생각할 수 있다. 나는 내 책상에서 바람에 바스락거리는 나뭇가지를 볼 수 있는데, 그것은 외부 구심성 신호이고 타자의 생성물이다. 그러나 나는 그 나뭇가지를 보기 위해 왼쪽을 쳐다봐야 한다. 그 순간 갑자기 거스르는 움직임으로 인한 빛의 패턴이 내 망막을 스쳐 지나가는데, 그것은 재구심성 신호이고 자아의

• 수백만 명의 사람들이 시각, 후각, 청각 없이도 완벽하게 잘 지낸다. 그러나 고유감각을 잃으면 훨씬 더 쇠약해진다. 1971년 이언 워터맨Ian Waterman이라는 이름의 19세 정육점 주인이 감염병으로 쓰러졌고, 이로 인해 자가면역 공격이 발생해 그의 고유감각을 앗아갔다.[19] 팔다리의 피드백이 없으므로 그는 더 이상 자신의 움직임을 조정할 수 없었다. 그는 마비되지 않았지만 서거나 걸을 수 없었다. 자신의 몸을 바라볼 수 없었으니, 자기가 어디에 있는지도 몰랐을 것이다. 17개월 동안 강도 높은 훈련을 받은 후에야, 워터맨은 시각적 제어를 사용해 몸을 움직이는 법을 다시 배울 수 있었다.

생성물이다. 모든 동물은 각각의 감각에 대해 이 두 가지 신호를 구별해야 한다. 그러나 여기에 애로사항이 있다. 감각기관의 관점에서 볼 때 두 가지 신호는 동일하기 때문이다.

단순한 지렁이를 생각해보자.[21] 지렁이가 땅속을 파고들 때, 머리에 있는 촉각수용체가 압력을 감지한다. 하지만 당신이 지렁이의 머리를 찌르면, 똑같은 촉각수용체가 똑같은 종류의 압력을 감지한다. 그렇다면 지렁이는 주어진 감각이 자신의 움직임(재구심성)에서 오는 것인지, 아니면 다른 누군가의 움직임(외부 구심성)에서 오는 것인지 어떻게 알 수 있을까? 자신이 뭔가를 만지고 있는지, 아니면 다른 누군가가 자신을 만졌는지 어떻게 알 수 있을까? 이와 마찬가지로 만약 물고기의 측선이 흐르는 물을 감지했다면 뭔가가 그를 향해 헤엄치고 있기 때문일까, 아니면 그가 스스로 헤엄치고 있기 때문일까? 움직임이 보인다면 주변의 뭔가가 움직여서일까, 아니면 눈이 움직여서일까? '타자가 생성한 신호'와 '자아가 생성한 신호'를 구별할 수 없다면, 동물의 환경세계는 이해할 수 없는 혼란에 빠질 것이다.

이건 너무나 근본적인 문제여서, 매우 다른 생물들이 동일한 방식으로 해결해왔다.* 동물이 움직이기로 결정하면, 동물의 신경계는 운동명령—근육에게 뭘 해야 하는지 알려주는 일련의 신경 신호—을 내린다. 그러나 이 명령은 근육으로 가는 도중에 복제되며, 그 사본은 감각계로 전달되어 '의도된 움직임의 결과'를 시뮬레이션하는 데 사용된다. 움직임이 실제로 일어날 때, 감각은 이미 '동물이 경험하게 될 자아의 생성

---

* 엄밀히 말해서, 이것은 움직이는 동물들만이 공유하는 문제다. 만약 당신이 전혀 움직일 수 없다면, '감각기관에 입력된 정보는 자신의 행동이 아니라 외부 세계의 변화에 의해 생성된 것이다'라고 100퍼센트 확신할 수 있다. 그러나 전혀 움직일 수 없는 동물은 존재하지 않는다.[22] 신경계가 없고 바위에 고정되어 있는 해면조차도 '재채기'를 통해 노폐물을 체외로 배출할 수 있으니 말이다.

물(재구심성 신호)'을 예측하고 있다. 그리고 그 예측을 현실과 비교함으로써, '어떤 신호가 실제로 외부 세계에서 오는지'를 알아내고 그것에 적절하게 반응할 수 있다.* 이 모든 일은 무의식적으로 일어나며, 직관적이지는 않지만 우리가 세상을 경험하는 데 있어서 핵심적인 요소다. 감각에 의해 탐지된 정보는 항상 자아의 생성물(재구심성)과 타자의 생성물(외부 구심성)의 혼합물인데, 동물들은 자신의 신경계가 끊임없이 전자를 시뮬레이션하기 때문에 둘을 구별할 수 있다. 철학자와 과학자들은 수 세기 동안 이 과정에 대해 추측해왔다.[23]

1613년, 벨기에의 물리학자 프랑수아 다귈롱François d'Aguilon은 "영혼의 내적 능력이 눈의 움직임을 감지한다"라고 썼다. 1811년, 독일의 의사 요한 게오르크 슈타인부흐Johann Georg Steinbuch는 베베기딘Bewegideen("움직임의 아이디어")—움직임을 제어하고, 감각 정보와 상호작용하는 신호—에 대해 썼다. 1854년, 또 다른 독일 의사 헤르만 폰 헬름홀츠Hermann von Helmholtz는 베베기딘을 빌렌스안슈트렝궁Willensanstrengung("의지의 노력")이라고 불렀다. 1950년에 이르러, 복제된 운동명령은 원심성 사본efference copy 또는 동반방출corollary discharge—내가 선호하는 용어다—이라고 불렀다.**[24] 용어들 사이에 미묘한 차이가 있지만, 근본적인 생각은 동일하다. 동물은 움직일 때마다 무의식적으로 자신의 의지의 거울 버전을 만들어, 자신의 행동의 감각적 결과를 예측하는 데 사용한다. 모든 행동에

---

* 이런 메커니즘이 작동한다니, 솔직히 말해서 놀랍다. 당신의 왼쪽을 쳐다보라. 당신의 뇌는 안구 주변의 일부 근육에게 수축을 지시하는 간단한 신호를 보낸다. 그러면 당신의 신경계는 그 신호를 사용해 당신 주변의 장면이 어떻게 바뀔지 예측한다. 우리는 이것을 지식으로 알고 있지만, 뇌가 실제로 어떻게 계산하는지는 여전히 미스터리다. "운동명령은 어떻게 감각 구조를 작동시키는 신호로 변환될까요?" 전기어를 연구하는 네이트 소텔이 나에게 묻는다. "그게 핵심 문제예요."

** 이 용어들과 그 이면의 아이디어에 대한 전체 히스토리가 궁금하다면, 오토-요아힘 그뤼서Otto-Joachim Grüsser의 탁월한 논문을 참고하라.[25]

대해, 감각은 '무엇을 기대해야 하는지'에 대해 사전 경고를 받고 그 기대에 맞춰 스스로 준비할 수 있다.

과학자들은 (동반방출을 이용해 전기감각을 조정하는 것으로 알려진) 코끼리고기를 연구함으로써 동반방출에 대해 많은 것을 배웠다.[26] 10장에서 보았듯이, 코끼리고기는 세 종류의 전기수용체를 가지고 있다. 첫 번째 수용체는 코끼리고기 자신의 전기 펄스를 탐지하고, 두 번째 수용체는 다른 코끼리고기의 의사소통 신호를 탐지한다. 그리고 세 번째 수용체는 잠재적인 먹이가 생성하는 약한 전기장을 탐지한다.* 두 번째와 세 번째 수용체는 물고기 자신의 전기 펄스를 무시하는 경우에만 작동하는데, 그들은 동반방출을 통해 그렇게 한다. 동반방출은 전기기관이 작동할 때마다 생성되며, 물고기 자신의 펄스를 무시하기 위해 두 번째와 세 번째 수용체로부터 신호를 받는 뇌 영역을 준비시킨다. 이런 식으로 코끼리고기는 '잠재적인 먹이가 수동적으로 생성하는 신호'와 '다른 전기어가 능동적으로 생성하는 신호'와 '자신이 능동적으로 생성하는 신호'를 구별할 수 있다. "전기어는 예외적인 생물이지만, 거의 모든 동물은 이와 다소 비슷한 메커니즘을 가지고 있어요"라고 브루스 칼슨은 나에게 말한다. 동반방출은 우리가 우리 자신을 간질일 수 없는 이유를 설명한다. 당신은 꿈틀거리는 손가락이 생성하게 될 감각을 자동으로 예측해, 실제로 느끼는 감각을 상쇄한다. 당신의 안구가 끊임없이 왔다 갔다 하지만 시야가 안정적인 것도 동반방출 때문이다.** 우는 귀뚜라미가 자

---

* 팽대부수용체와 크놀렌기관의 경우, 대부분의 다른 감각기관과 마찬가지로 재구심성은 소음이고 원심성은 신호다. 그러나 물고기 자신의 신호를 탐지하는 전기수용체의 경우에는 정반대다.
** 동반방출은 다른 감각에도 적용된다. 횡격막의 움직임을 제어하는 뇌 영역은 뇌의 후각중추인 후각망울에 신호를 보낸다. 후각망울은 당신이 숨을 들이쉬는지 내쉬는지에 따라 신호를 다르게 처리한다.

신의 울음소리를 차단할 수 있는 것도, 물고기가 자신이 만들어낸 흐름과 헷갈리지 않고 다른 물고기가 만들어낸 흐름을 감지할 수 있는 것도, 지렁이가 반사적으로 움츠러들지 않고 앞으로 기어갈 수 있는 것도 모두 동반방출 때문이다.[27]

이러한 특징은 너무나 기본적이어서 전혀 특징처럼 느껴지지 않는다. 우리가 우리의 몸을 소유하고, 우리가 세상 안에 존재하며, 전자와 후자를 구별할 수 있다는 것은 자명하게 느껴진다. 그러나 이것들은 공리적 특징이 아니다. 자아를 타자와 구별하는 것은 타고난 능력이 아니라, 신경계가 해결해야 하는 어려운 문제다. "이건 대부분 지각력sentience에 관한 문제예요."라고 신경과학자 마이클 헨드릭스Michael Hendricks는 나에게 말한다. "지각력이란 지각 경험을 자아의 생성물과 타자의 생성물로 분류하는 과정이에요."

그러한 분류 과정에는 의식이나 어떤 진보된 정신적 능력도 필요하지 않다. "그것은 진화 과정에서 뒤늦게 추가된 복잡한 능력이 아니에요."라고 헨드릭스는 말한다. 그것은 수백~수백억 개의 뉴런을 가진 신경계에 두루 존재한다. 그것은 동물 존재의 기본 조건이며, 가장 단순한 감지 및 이동 행위에서 비롯된다. 먼저 자신을 이해하지 않는다면, 동물은 자기 주변에 있는 것들을 이해할 수 없다. 그리고 이것은 동물의 환경세계가 단지 '감각기관들의 산물'이 아니라 '함께 작용하는 신경계 전체의 산물'이라는 것을 의미한다. 감각기관들이 독자적으로 행동한다

• 일부 과학자들은 조현병이 근본적으로 동반방출 장애라고 제안했다.[28] 이 질환을 가진 사람들은 '자기 내면의 말'과 '주변의 목소리'를 구분할 수 없기 때문에 환각과 망상을 경험할 수 있다. 타인과 자신을 구분하지 못하는 것은, 조현병의 이상한 증상 중 일부(예: 자신을 간질이는 능력)를 설명할 수도 있다. 조현병을 앓는 코끼리고기가 자신의 분비물을 다른 물고기들의 분비물과 구분하지 못할 수도 있지 않을까? "확실히 가능해요."라고 칼슨이 나에게 말한다. "극적으로 혼란스러운 행동이 예상돼요."

　　　　　　　　　　　　　　　　　　　이토록 굉장한 세계

면 아무런 의미가 없을 것이다. 이 책을 통틀어, 우리는 감각을 별개의 부분들로 탐구했다. 그러나 그것들을 진정으로 이해하기 위해서는 '통합된 전체의 일부'로 생각할 필요가 있다.

'팔의 세계'와 '머리의 세계'

2019년 6월에 열린 세계과학축제에서 동물의 지능에 관한 패널 토론이 진행되는 동안, 심리학자 프랭크 그라소Frank Grasso는 콸리아라는 이름의 두점박이문어two-spot octopus를 무대에 올렸다. 그런 다음 콸리아에게 (맛있는 게가 들어 있는) 검은 뚜껑 달린 항아리를 제공했다. 그는 콸리아가 뚜껑을 열고 게를 꺼내기를 바랐다. 그건 많은 문어들이 할 수 있는 파티 트릭으로, 종종 문어의 지능에 대한 증거로 제시된다.

콸리아는 젊었을 때 숱한 항아리를 열었지만, "나이가 들어서는 주둥이를 삐죽 내민 채 구석에서 놀기로 작정한 것 같아요"라고 그라소는 청중에게 경고했다. 아니나 다를까, 콸리아는 정말로 그렇게 했다. 그로부터 한 달 후 내가 그라소의 뉴욕 연구실을 방문했을 때, 콸리아는 여전히 그러고 있었다. 전성기에는 낯선 사람이 들어오면 수조 앞쪽으로 헤엄쳐 나오곤 했지만, 나이가 들면서 구석에서 몸을 웅크리고 있는 빈도가 잦아졌다. 그러자 또 다른 두점박이문어인 '라'가 연구실의 관심을 독차지하며 주전 자리를 꿰찼다. 라는 빨판으로 유리를 밀어붙이며 수조 내부를 활발하게 돌아다닌다. 그라소의 학부생 두 명이 게가 든 항아리를 수조에 떨어뜨리자, 라는 재빨리 항아리 위로 내려온다. 라의 팔이 뚜껑을 감싸고, 피부색이 어두워지고… 그러고 나서 아무 일도 일어나지 않는다. 라는 흥미를 잃고 떠나는 것 같다. 나중에 라는 팔 하나를 뻗어 항아리를 만졌다가 팔을 거둬들인다. 뚜껑이 열려 있지만, 게를 잡아먹지 않는다. "이 두 동물이 열렬히 뚜껑을 열던 시절이 있었어요"라고 그라소가 나에게 말한다. 그러나 이제 그들은 항아리에 신경 쓰지 않는다. 무방비 상태의 게는 쉽게 덮칠 수 있으므로, 마음만 먹으면 언제든지 항아리 속의 게를 잡을 수 있을 것이다. 그들은 그러지 않을 뿐이다. 이제 그라소는 '문어가 항아리 속의 게를 들여다보기나 하는지' 궁금해한다. "우리가 지금껏 보았던 모든 '항아리 열기 묘기'는 새로운 물체에 대한 문어의 호기심 때문인지도 몰라요." 그는 나에게 말한다. "호기심 없이 멀뚱멀뚱 쳐다보기만 한다면, 그 속에 뭐가 들어 있는지 알 턱이 없잖아요."

문어가 항아리 뚜껑을 열거나 그러지 않는 이유를 알아내려면, 그들의 환경세계를 이해해야 한다. 문어의 눈, 빨판, 기타 감각기관을 차례로 탐구하면, 환경세계를 이해하는 데 도움이 될 수도 있다. 그러나 그들의 환경세계를 제대로 이해하려면 '문어의 전체 신경계가 어떻게 작동하는지', '거의 자유로운 유연성을 가진 몸이 어떻게 제어되는지', 그리고 '뇌와 몸이 어떻게 결합해 하나가 아니라 사실상 두 개의 환경세계를 만드는지'를 이해해야 한다.

문어의 중추신경계에는 약 5억 개의 뉴런이 포함되어 있는데, 이는 다른 모든 무척추동물들을 압도하며 작은 포유동물과 비슷한 수준이다.*[29] 그러나 이 뉴런들 중에서 3분의 1만이 문어의 머릿속, 즉 중앙 뇌와 (눈에서 입력된 정보를 받는) 인접한 시신경엽 안에 위치한다. 그리고 나

---

* 인간의 경우, 중추신경계에는 뇌와 척수의 모든 것이 포함되며 말초신경계에는 사지, 기관, 기타 신체부위의 신경이 포함된다. 그러나 문어에서는 이러한 구분이 무너진다. 팔신경절과 빨판신경절의 신경은 팔에 존재하지만 중추신경계의 상당한 부분을 차지한다.

머지 3억 2000만 개의 뉴런은 여덟 개의 팔 안에 있다. "각각의 팔은 크고 비교적 완전한 신경계를 보유하고 있으며, 팔 상호 간의 소통이 거의 없는 것처럼 보인다." 로빈 크룩은 언젠가 이렇게 썼다. "그렇다면 문어는 사실상 아홉 개의 뇌를 가지고 있으며, 각각의 뇌가 독자적인 의제를 가지고 있는 셈이다."[30]

심지어 각 팔에 있는 300개의 빨판도 어느 정도 독립적이다. 일단 뭔가와 접촉하면, 빨판은 흡착기 같은 모양으로 바뀐 다음 흡인력을 발휘해 달라붙는다. 한편 빨판은 가장자리에 있는 1만 개의 기계수용체와 화학수용체를 동원해, 물체에 달라붙음과 동시에 만지고 맛을 본다.[31] 우리의 혀는 풍미flavor와 입맛mouthfeel(음식물을 섭취할 때 입안에서 느껴지는 질감이나 촉감 등을 의미한다 - 옮긴이)을 별개의 특성으로 인식하지만, 빨판의 배선을 감안할 때 문어는 그렇지 않을 가능성이 높다. "문어의 미각과 촉각은 아마도 '불가분의 관계'로 융합되어 있을 거예요. 마치 공감각처럼 말이에요"라고 그라소는 말한다. 느껴지는 맛이나 질감에 따라, 빨판은 물체에 계속 달라붙어 있을 수도 있고 물체에서 떨어져 나갈 수도 있다. 그리고 300개의 빨판은 제각기 독립적으로 결정을 내릴 수 있다. 모든 빨판이 자체적인 미니 뇌―빨판신경절sucker ganglion이라고 불리는 전용 뉴런 군집dedicated cluster of neuron―를 하나씩 보유하고 있기 때문이다. 어부들은 종종 '문어의 몸에서 분리된 팔'들을 목격하는데, 이 팔들이 물고기의 옆구리에 달라붙지만 (동일한 문어의) 다른 팔에는 절대 달라붙지 않는 점으로 미루어 볼 때 빨판의 독립성은 명백해 보인다.[32]

한걸음 더 나아가, 각 빨판의 신경절은 팔신경절brachial ganglion이라고 불리는 팔 중앙의 다른 뉴런 군집에 연결된다. 그런 다음, 모든 팔신경절은 팔을 따라 길게 한 줄로 연결된다. 팔신경절은 장식용 꼬마전구 행렬, 빨판신경절은 개별 전구로 생각하면 이해하기 쉽다. 빨판신경절은 서로 소통하지 않지만 팔신경절은 소통한다.* 팔신경절은 개별 빨판을 조정함으로써 팔 전체가 조직적으로 행동하도록 해준다. 또한 팔신경절은 중앙 뇌를 개입시키지 않고도 스스로 많은 것을 성취할 수 있다. 팔에는 팔을 뻗고 물체를 움켜쥐고 끌어당기는 데 필요한 모든 회로가 포함되어 있다. 예컨대 신경생물학자 비냐민 호크너Binyamin Hochner는 '팔이 물체에 닿을 때 두 개의 신경 신호 파동이 (하나는 접촉점에서, 다른 하나는 기저부에서) 팔을 따라 이동한다'는 것을 발견했다.[34] 두 파동이 만나는 곳에서, 팔은 일시적인 팔꿈치를 형성해 물체를 문어의 입 쪽으로 끌어당기는 것으로 나타났다. "팔에 저장된 정보와 행동이 엄청나게 많아요"라고 그라소는 말한다.**

중앙 뇌는 팔을 제어할 수 있지만, 느긋한 보스다. 그것은 세세한 부분까지 관리하는 것을 좋아하지 않으며, 필요할 때만 여덟 개의 팔로 구성된 팀을 조정한다. 하나의 팔은 미각-촉각을 사용해 까다로운 미로를 헤치고 나아가, 나머지 팔들로부터 아무런 정보도 받지 않고 올바른 길을 찾을 수 있다. 그러나 호크너의 동료인 타마르 구트닉Tamar Gutnick은 문어가 개별 팔을 쩔쩔매게 하는 문제도 해결할 수 있음을 보였다.[35] 그녀는 비교적 손쉬운 미로를 설계했는데, 그 미로에서 올바른 경로는 물 밖으로 나갔다 들어오는 것이었으므로, 팔을 밖으로 내밀 경우 화학적 신호가 차단되는 문제점이 있었다. 문어들은 눈에 의존해 팔을 움직임

---

* 각각의 빨판신경절과 그에 상응하는 팔신경절에는 약 1만 개의 뉴런이 포함되어 있다.[33] 이것은 거머리나 바다민달팽이 한 마리에 버금가는 양이다. 문어의 팔 하나에는 가재만큼이나 많은 뉴런이 포함되어 있다.
** 1950년대와 1960년대에 마틴 웰스는 일부 문어에서 뇌의 많은 부분을 제거해, 이러한 "대뇌 제거 동물"이 여전히 빨판을 사용해 물체를 조작하고 조개껍데기를 열고 먹이를 먹을 수 있음을 보였다.

으로써 여전히 길을 찾을 수 있었지만, 그런 방법이 그들에게 자연스럽게 받아들여지지는 않은 모양이다. 문어들이 그 방법을 배우는 데는 시간이 좀 걸렸고, 일곱 마리 중 한 마리는 결국 배우지 못했다.

호크너 팀의 또 다른 구성원인 레티지아 줄로Letizia Zullo는 중앙 뇌가 조직된 방식을 분석해, '팔의 자율성'에 대한 더 많은 증거를 발견했다.[36] 인간의 뇌에는 대략적인 신체 지도가 포함되어 있어, 상이한 신체부위(예: 각 손가락)의 촉각 감각은 별도의 뉴런 군집에서 처리된다. 마찬가지로 뇌의 특정 부분은 특정한 움직임을 추동한다. 즉 올바른 지점이 자극되면 팔을 올리거나 손을 뻗을 수 있다. 그러나 줄로는 문어에게는 그런 지도가 없다는 것을 발견했다. 그녀가 한 팔을 뻗게 만드는 뇌의 일부를 자극할 때마다 다른 팔도 뻗곤 했다. 내 오른쪽 집게손가락이 방금 Y 키를 누른 것을 내가 아는 것처럼, 자신의 첫 번째 팔의 스무 번째 빨판이 게에 닿은 것을 문어는 인식할까? 아마도 모를 것이다! 문어는 1번 팔이 먹이를 찾았다는 사실만 알고 있을 뿐, 구체적인 사항은 팔 자체에 위임할 가능성이 있다. 내가 내 몸을 보지 않고도 내 몸을 시각화할 수 있는 것처럼, 문어도 자신의 다리가 어디에 있는지 알고 있을까? 다시 말하지만, 모를 가능성이 높다! 팔은 확실히 고유수용체proprioceptor를 포함하고 있어서 움직임을 조정하는 데 도움이 되지만, 그 조정은 전적으로 국소적일 수 있다. 문어 연구의 선구자인 고故 마틴 웰스Martin Wells는, 문어가 '자신의 팔다리 위치'에 대한 감각을 가지고 있지 않다고 확신했다. 즉 문어는 자신의 형태에 대한 내적 이미지를 가지고 있지 않다는 것이다.

어쩌면 웰스의 말이 맞을지도 모른다. 뼈와 관절이 우리의 움직임을 제한하기 때문에, 뇌의 입장에서 볼 때 인체는 비교적 단순하다. 예컨대 당신이 머그잔을 집을 수 있는 방법은 그리 많지 않다. 그러나 문어의 경우에는 이야기가 달라진다. 철학자 피터 고프리스미스Peter Godfrey-Smith가《아더 마인즈》에 썼듯이, 문어의 몸은 "무궁무진한 가능성"을 지니고 있다.[37] 단단한 부리를 제외하고, 문어는 부드럽고 유연하므로 몸을 자유롭게 비틀 수 있다. 그들의 피부는 색깔과 질감을 제멋대로 바꿀 수 있다. 그들의 팔은 어느 부분에서나 늘어나고 줄어들고 구부러지고 회전할 수 있으며, 간단한 동작조차 거의 무한한 방법으로 수행할 수 있다. 동물의 뇌가 아무리 크더라도, 그렇게 무한한 선택지를 보유하는 게 가능할까? 이 질문은 부적절하다. '문어의 뇌가 하는 일'을 설명할 때 선택지를 들먹이는 것은 난센스다. 여덟 개의 팔이 각자 알아서 하도록 내버려두는 게 대부분이고, 어쩌다 한 번씩 거중조정 차원에서 넛지nudge(넛지는 원래 '팔꿈치로 슬쩍 찌르다', '주의를 환기시키다'라는 뜻이다. 미국의 행동경제학자 리처드 탈러와 법학자 캐스 선스타인은《넛지》에서, '사람들의 선택을 유도하는 부드러운 개입'이라고 넛지를 새롭게 정의했다 – 옮긴이)를 행사할 뿐이기 때문이다.•

그렇다면 문어는 두 개의 독특한 환경세계—'팔의 세계'와 '머리의 세계'—를 가지고 있음이 틀림없다.[39] 팔은 미각과 촉각에 의존하고, 머리는 시각에 의해 지배된다. 의심할 여지없이 두 세계 사이에 약간의 혼선이 있겠지만, 그라소는 '머리와 팔 사이에서 교환되는 정보'가 단순할 거라고 생각한다. 동물의 몸을 '감각 창이 있는 집'에 비유한 윅스퀼의 은유를 확장하면, 문어의 몸은 두 부분으로 구성된다고 볼 수 있다. 즉 건축 양식이 완전히 다른 '두 채의 연립주택'과, 그 사이에 자리 잡은 '작

• 놀랍게도 고프리스미스는 중앙 뇌를 "지휘자"에, 팔을 "즉흥 연주에 관심이 많고, 약간의 지시만 받아들이는 재즈 연주자"에 비유한다.[38]

은 쪽문'으로 이루어져 있다. 네이글이 제기한 '박쥐가 된다는 건 어떤 기분일까?'라는 의문에 대해서는 신경 쓰지 말자. 문어가 된다는 게 어떤 기분일지 우리가 어찌 알겠는가? 문어의 특이한 감각들은 우리의 상상력을 초월하며, 그들이 그런 감각들을 통합하는 방식도 마찬가지다. 씨실과 날실은 익숙하지 않고, 태피스트리는 이국적이며, 결과는 거의 외계적이다.

환상과 착각 속에 사는 인간

아이러니하게도, 감지sensing 행위는 환상을 낳음으로써 감각의 작동 방식을 이해하기 어렵게 만든다. 콸리아와 라를 보았을 때 나는 내 눈에서 광수용체가 발화하는 것을 의식하지 못했다. 나는 그저 보기만 했다. 그들의 수조를 만졌을 때, 나는 내 손가락의 기계수용체가 압력에 반응하는 것을 느끼지 못했다. 나는 그저 만지기만 했다. 세상에 대한 우리의 경험은 그것을 생성하는 감각기관과 단절되어 있다고 느껴지기 때문에, 우리는 그것이 물리적 현실과 동떨어진 순전히 정신적인 구성물이라고 쉽사리 믿게 된다. 우리의 이야기와 신화가, 자신의 의식을 동물의 몸에 이입할 수 있는 캐릭터—예컨대 노르웨이의 신 오딘이나 한때 인기 있었던 〈왕좌의 게임〉 시리즈의 브랜—로 가득 찬 것은 바로 이 때문이다. 인간이 문자 그대로 '다른 동물의 감각 세계에 발을 들여놓는다'는 위업은, 환경세계 평가Umwelt-appreciation의 궁극적 형태처럼 느껴진다. 그러나 우리는 그 위업의 개념을 근본적으로 오해하고 있다. 동물의 감각 세계는 고형 조직solid tissue의 결과물이며, 그 조직은 실제 자극을 탐지해 전기 신호의 폭포를 생성한다. 그것은 몸과 분리된 것이 아니라

'몸의 일부'다. 박쥐나 문어의 몸에 이입된 인간의 마음이 어떻게 작용할지 상상하는 것은 불가능하다. 왜냐하면 작동하지 않을 게 뻔하기 때문이다.

콸리아와 라가 게로 가득 찬 항아리를 열기 시작했을 때, 그들은 목표를 추구하기 위해 의도적으로 문제를 해결하고 있는 것처럼 보였다. 그러나 그들의 중앙 뇌가 관여하고 있었을까, 아니면 팔이 스스로 새로운 물체를 탐색하고 있었을 뿐일까? 만약 후자가 사실이라면, 그들의 행동은 보기보다 덜 지능적일까, 아니면 문어의 지능이란 게 본래 팔의 자율적 호기심을 통해 나타나는 것일까? (문어의 팔이 호기심을 과연 느낄 수 있을까?) 콸리아와 라가 더 이상 항아리를 열지 않았을 때, 지루해진 것은 그들 자신이었을까, 아니면 팔이었을까? (문어의 팔이 과연 지루함을 느낄 수 있을까?) 혹시 그들의 이중적 환경세계—'눈이 보는 것'과 '팔이 만지고 맛보는 것'—사이에 모종의 갈등이 있었던 것은 아닐까?

이러한 질문에 대답하기는 매우 어렵지만, 문어의 각 부분을 개별적으로 살펴본다면 불가능할 정도로 어려워질 것이다. 빨판이나 눈의 움직임만 갖고서 동물이 무엇을 인지하는지 판단하려는 시도는 무모하다. 신경계의 구조를 알지 못하면 몸의 움직임은 잘못 해석되기 쉽다. 다른 생물의 의식적 경험을 상상하는 것에 대한 네이글의 도전이 그토록 까다로운 것은 바로 이 때문이다. 다른 동물이 된다는 게 어떤 기분일지 알 수 있는 기회를 얻으려면 우리는 그 동물에 대해 거의 모든 것을 알아야 한다. 우리는 동물의 모든 감각, 신경계와 신체의 나머지 부분, 욕구와 환경, 진화적 과거와 생태적 현재에 대해 알아야 한다. 우리는 우리의 직관이 얼마나 쉽게 우리를 오도할 수 있는지 인식하고, 겸손하게 이 작업에 접근해야 한다. 부분적으로 성공한 시도조차 지금껏 우리가 몰랐던 경이로움을 드러낼 것임을 알기에, 희망을 갖고 앞으로 나아가야 한다. 그리고 시간이 촉박하다는 것을 알고 신속하게 행동해야 한다.

13장

감각풍경의
위기

Threatened Sensescapes

고요함을 되찾고
어둠을 보존하라

인간이 만든 가장 큰 인프라인 12만 5000헥타르의 와이오밍주 그랜드티턴 국립공원 내에, 콜터베이 마을의 주차장이 있다. 그 가장자리 너머에는, 몇 그루의 나무들 사이에 제시 바버가 시터레이터Shiterator(배설물처리기 – 옮긴이)라고 부르는 악취 나는 하수 처리 건물이 자리 잡고 있다. 금속 차양 아래, 바버의 손전등 불빛이 비추는 틈새 안에 작은갈색박쥐한 마리가 조용히 앉아 있다. 그 박쥐의 등에는 쌀알만 한 크기의 흰색 장치가 부착되어 있다. "그건 무선 태그예요"라고 바버가 나에게 말한다. 그는 이전에 박쥐의 움직임을 추적할 요량으로 박쥐의 등에 무선 태그를 부착했다. 오늘 밤 그는 몇 개의 태그를 더 붙이기 위해 이곳을 다시 찾았다.

시터레이터 안에서 휴식을 취하는 다른 박쥐들의 울음소리가 들린다. 해가 지자 박쥐들이 모습을 드러내기 시작한다. 반향정위보다는 기억을 통해 더 많은 것을 탐색하므로, 박쥐들은 바버가 두 나무 사이에 쳐놓은 커다란 새그물을 알아차리지 못한다. 몇 마리가 그물에 걸려든다. 바버는 그들을 풀어주고, 그의 제자인 헌터 콜Hunter Cole과 애비 크랄링Abby Krahling은 태그를 달 수 있을 만큼 건강하고 무거운지 확인하기 위해 각각을 주의 깊게 살펴본다. 한 마리가 입을 벌려, 내가 들을 수 없는 초음파 펄스의 흐름으로 공기를 채운다. 콜은 박쥐의 어깨뼈 사이에 외과용 접착제를 바른다. 그는 작은 태그를 붙이고, 접착제가 굳을 때까지 기다린다. "박쥐에게 태그를 붙이는 것은 일종의 예술 프로젝트예요"라고 바버가 나에게 말한다. 몇 분 후 콜은 가장 가까운 나무의 줄기에 박쥐들을 놓아준다. 그들은 위로 기어 올라간 후 이륙해, 175달러 상당의 무선장비를 짊어지고 숲속으로 돌아간다.

시간이 지날수록 어둠이 짙어지지만, 반향정위를 하는 박쥐들은 개의치 않는다. (머리 위를 날아다니는) 뾰족귀 올빼미도, (셔츠 틈으로 나를 무자비하게 물어뜯는) 이산화탄소 추적 모기도 마찬가지다. 그러나 바버와 그의 제자들은 구름 같은 곤충 떼를 유인하는 헤드램프를 사용해야만 작업을 계속할 수 있다. 아이러니하게도 바버가 여기에 온 것은 '어둠을 보존하기 위해서'다. 그는 '인간이 너무 많은 빛으로 세상을 오염시킴으로써 다른 종들에게 해를 끼치고 있다'고 우려하는 감각생물학자 중 한 명이며, 뜻을 같이하는 과학자들의 수는 점점 더 불어나고 있다. 여기 국립공원 한가운데에서도 빛이 어둠을 침범한다. 지나가는 차량의 전조등, 방문자 센터의 형광등, 주차된 차량을 둘러싼 가로등이 빛을 사정없이 뿜어낸다. "야생동물에게 미치는 영향을 아무도 생각하지 않는 바람에, 주차장이 월마트처럼 환하게 밝아졌어요"라고 바버가 말한다.

수 세기에 걸친 노력을 통해 사람들은 다른 종의 감각 세계에 대해 많은 것을 배웠다. 하지만 아주 짧은 기간 동안 우리는 그 세계를 뒤엎었다. 우리는 지금 인류세Anthropocene—인류의 행위에 의해 정의되고 지배되는 지질시대—에 살고 있다. 우리는 엄청난 양의 온실가스를 배출함으로써 기후 변화를 야기하고 바다를 산성화했으며, 대륙을 넘나들며 야생동물을 뒤섞고 토착종을 침입종으로 대체했다. 우리는 일부 과학자들이 "생물학적 절멸"의 시대라고 부르는 것을 촉발했는데, 이는 선사시대의 5대 대멸종 사건에 필적한다.[1] 그에 더해, 뜻있는 사람들을 낙담하게 만드는 생태적 죄악의 치부책을 들여다보면, 쉽게 평가할 수 있음에도 종종 간과되는 죄명이 눈길을 끈다. 그것은 바로 감각 오염이다. 다른 동물의 환경세계에 발을 들여놓으며 그것을 이해하는 대신, 우리는 인위적인 자극으로 동물들을 괴롭히며 우리의 환경세계 안에 살도록 강요했다.[2] 우리는 밤을 빛으로, 고요함을 소음으로, 토양과 물을 낯선 분자로 가득 채웠다. 우리는 동물들의 주의를 '실제로 감지해야 하는 대상'으로부터 분산시키고, 그들이 의존하는 신호를 익사시키고, 나방을 불길 속으로 유인하듯 그들을 감각 덫으로 유인했다.

많은 날곤충들은 가로등에 치명적으로 이끌려, 가로등을 천체의 빛으로 착각한 나머지 그 아래에 몰려들어 탈진할 때까지 맴돈다. 일부 날쌘 박쥐들은 이러한 혼란을 이용해, 방향감각을 잃은 곤충 무리를 포식한다. 그에 반해 동작이 느린 박쥐들—예컨대 바버가 태그를 붙인 작은 갈색박쥐—은 올빼미의 먹이가 되기 십상이기 때문에 빛을 멀리한다.[3] 빛은 주변의 동물 개체군을 재형성함으로써 일부는 끌어들이고 다른 일부는 밀어내는데, 그 결과를 예측하기는 쉽지 않다. 빛을 싫어하는 박쥐들의 경우, 서식 가능한 지역이 줄어들고 곤충 먹이가 사라질 테니 불리하지 않을까? 빛에 끌리는 박쥐들의 경우, 일시적으로 이익을 얻지만 궁극적으로 지역 곤충의 개체 수가 급감하면서 고통을 겪게 되지 않을까? 궁금증을 해결하기 위해, 바버는 국립공원관리청을 설득해 특이한 실험을 시도했다.

2019년, 바버는 콜터베이 주차장에 있는 32개의 가로등을 모두 특수한 변색 전구로 교체했다. 새로운 전구는 (곤충과 박쥐의 행동에 큰 영향을 미치는) 백색광이나 (곤충과 박쥐의 행동에 영향을 미치지 않는 것으로 보이는) 적색광을 생성할 수 있는데,* 바버의 팀은 3일에 한 번씩 가로등의 색깔을 바꾼다. 가로등 불 아래에 매달린 깔때기 모양의 덫은 모여든 곤충을 수집하고, 무선 수신기는 태그가 달린 박쥐로부터 신호를 받는다. 수신기에 수집된 데이터를 분석하면 '일반적인 백색광이 지역 동물에 어떤 영향을 미치는지'와 '적색광이 밤하늘을 원상 복구하는 데 도움이 될 수 있는지' 여부를 밝혀낼 수 있을 것이다.

나에게 약간의 시범을 보이기 위해, 콜은 조명을 붉은색으로 전환한다. 처음에는 주차장이 (마치 공포영화의 한 장면을 보는 것처럼) 불안할 정도로 끔찍해 보인다. 그러나 눈이 적응함에 따라 붉은 색조는 덜 극적으로 느껴지고, 심지어 쾌적한 느낌이 들 정도다. 우리가 아직도 이렇게 많은 것들을 볼 수 있다니 그저 놀랍기만 하다. 주차된 자동차와 주변의 나뭇잎들이 모두 보이고, 위를 올려다보니 가로등 불빛 아래에 몰려든 곤충의 수가 줄어든 것 같다. 더 멀리 올려다보니 하늘을 가로지르는 은하수의 줄무늬가 보인다. 지금껏 북반구에서 한 번도 본 적이 없는, 눈이 시리도록 아름다운 광경이다.

2001년 세계 최초의 빛 공해 지도를 작성했을 때, 천문학자 피에란토니오 친차노Pierantonio Cinzano와 그의 동료들은 '전 세계 인구의 3분의 2가 빛으로 오염된 지역—밤이 자연적인 어둠보다 최소한 10퍼센트 더 밝은 지역—에 살고 있다'고 계산했다.[5] 인류의 약 40퍼센트는 영원한 달

• 카밀 스폴스트라Kamiel Spoelstra가 이끄는 네덜란드의 과학자 팀은 2017년에 적색광의 이점을 발견했다.[4] 이에 고무되어 자연보호구역 옆에 위치한 니우코프 마을의 한 동네는 가로등을 박쥐 친화적인 적색 LED로 바꿨다.

이토록 굉장한 세계

빛과 다름없는 빛에 항상 몸을 담그고, 약 25퍼센트는 보름달을 초과하는 인공 황혼을 지속적으로 경험한다는 것이다. "그들에게 '밤'은 결코 오지 않는다"라고 연구자들은 썼다. 15년 후인 2016년에 빛 공해 지도를 업데이트했을 때, 그들은 문제가 더 심각하다는 것을 발견했다.[6] 그 즈음 약 83퍼센트의 사람들─그리고 미국인과 유럽인의 99퍼센트 이상─이 빛으로 오염된 하늘 아래에 살고 있었던 것이다. 인공광으로 덮인 지구의 비율은 매년 2퍼센트씩 늘어나고 2퍼센트씩 더 밝아진다.[7] 오늘날 반짝이는 안개luminous fog가 지구 표면의 4분의 1을 덮고 있으며, 많은 곳에서 별빛을 가리기에 충분할 정도로 두껍다. 인류의 3분의 1 이상, 북아메리카 인구의 거의 80퍼센트가 더 이상 은하수를 볼 수 없다. 시각을 연구하는 손케 욘젠은 언젠가 이렇게 썼다. "먼 은하에서 수십억 년 동안 날아온 빛이, 마지막 10억분의 1초 동안 가장 가까운 스트립 몰 strip mall(번화가에 상점과 식당들이 한 줄로 늘어서 있는 곳─옮긴이)에서 쏟아져 나온 빛에 휩싸여 사라진다는 생각이 나를 끊임없이 우울하게 만든다."[8]

콜이 콜터베이 주차장의 조명을 다시 흰색으로 바꾸자 나는 움찔한다. 휘황찬란한 빛은 가혹하고 불쾌하게 느껴진다. 이제 은하수는 희미하게 보이고, 결과적으로 세상은 더 작게 느껴진다. 감각 공해는 단절의 공해로, 우리를 우주로부터 떼어놓는다. 그것은 동물을 주변 환경과 연결하는 자극을 집어삼킨다. 지구를 더 밝고 더 시끄럽게 만들면서, 우리는 또한 그것을 단편화하는 우를 범했다. 열대우림을 파괴하고 산호초를 백화하는 동안, 우리는 또한 감각 환경을 위험에 빠뜨렸다. 이제는 바뀌어야 한다. 우리는 고요함을 되찾고 어둠을 보존해야 한다.

'빛'이 세계를 오염시킨다

매년 9월 11일, 두 개의 강렬한 푸른 빛기둥이 뉴욕시의 상공을 관통한다. 빛의 공물Tribute in Light로 알려진 이 연례 설치미술품은 2001년의 테러 공격을 추모하는 것으로, 두 개의 빛기둥은 무너진 트윈타워를 상징한다. 각각의 빛기둥은 7000와트짜리 크세논 전구 44개에서 생성되며, 100킬로미터 떨어진 곳에서도 볼 수 있다. 가까운 곳에 있는 구경꾼들은 종종 (빛기둥 속에서 마치 부드러운 눈송이처럼 춤추는) 작은 부스러기들을 발견한다. 그것들은 다름 아닌 새로, 무려 수천 마리에 달한다.

불행하게도 이 연례행사는 수십억 마리의 작은 명금류가 북아메리카의 하늘을 경유해 장거리 비행을 감행하는 이주 철인 가을에 발생한다. 어둠 속에서 비행하는 동안, 그들은 레이더에 포착될 정도의 큰 무리를 지어 날아간다. 그리고 레이더 영상을 분석함으로써, 베냐민 반 도렌Benjamin van Doren은 '빛의 공물'이 7일 밤 동안 약 110만 마리의 새를 습격했다는 사실을 밝혀냈다.[9] 빛기둥이 워낙 높아, 심지어 해발 수 킬로미터의 고공을 비행하는 새들까지도 이끌린다. 울새를 비롯한 작은 종들은 정상 수준의 최대 150배에 달하는 밀도로 빛 속에 모여든다. 그들은 마치 무형의 새장 안에 갇힌 것처럼 천천히 원을 그리며 맴돈다. 그들은 자주 그리고 격렬하게 울부짖는다. 그들은 때때로 근처 건물에 충돌한다.

이주는 작은 새를 생리학적 한계까지 몰아붙이는 힘든 일이다. 밤새 맴도는 것만으로도 에너지 비축량을 조기에 고갈시켜 치명적인 결과를 초래할 수 있다. 따라서 1000마리 이상의 새들이 빛의 공물 안에 갇힐 때마다, 전구는 그들이 방향을 되찾을 수 있도록 20분 동안 꺼진다. 그러나 그것은 단지 하나의 광원일 뿐이고, 강렬하고 수직적이지만 1년에 한 번밖에 켜지지 않는다. 다른 시기에는 스포츠 경기장과 관광 명소, 석유 굴착 장치, 사무용 건물에서 빛이 쏟아져 나온다. 그것은 어둠을 밀어내고 철새들을 끌어들인다. 에디슨이 전구를 상용화한 직후인 1886년, 거의 1000마리의 새가 일리노이주 디케이터의 전기 조명탑에 충돌해 죽었다.[10] 그로부터 1세기 후 환경과학자 트래비스 롱코어Travis Longcore와 그의 동료들은 '미국과 캐나다에서 매년 거의 700만 마리의 새가 통신탑에 부딪쳐 죽는다'고 계산했다.*[11] 탑에 켜진 빨간 불은 항공기 조종사에게 경고하기 위한 것이지만, 야행성 비행자인 조류의 방향감각을 교란함으로써 전선이나 서로를 향해 방향을 돌리게 한다. 이로 인한 새들의 죽음은 대부분 지속등을 점멸등으로 교체하는 것만으로도 피할 수 있다.[12]

"우리는 '동물들이 우리와 다른 방식으로 세상을 인식한다'는 사실을 너무나 빨리 망각하고, 결과적으로 간과하지 말아야 할 영향을 간과하는 경향이 있어요"라고 롱코어는 나에게 말한다. 우리의 눈은 동물계에서 가장 예리하지만, '높은 해상도'는 필연적으로 '낮은 민감도'라는 비용을 수반한다. 대부분의 다른 포유류와 달리, 우리의 시각은 야간에 실망스럽고 우리의 문화는 환경세계의 주행성晝行性을 반영한다. 빛은 안전·진보·지식·희망·선을 상징하고, 어둠은 위험·정체停滯·무지·절망·악의 전형이다. 모닥불에서 컴퓨터 화면에 이르기까지, 우리는 더 많은 빛을 갈망하게 되었다.** 빛을 오염원으로 간주하는 사고방식은 왠지 신경에 거슬리지만, 있어서는 안 될 시간(밤)과 장소(어둠)에 스며들어

---

* 지금까지 살펴본 것처럼, 철새들은 다양한 감각을 이용해 길을 찾는다. 그럼에도 불구하고 모든 감각이 한꺼번에 혼란에 빠졌을 때—이를테면 악천후로 인해 시각적 랜드마크가 보이지 않거나, 빨간 불이 나침반을 불능화할 때—통신탑과의 충돌이 발생하는 것으로 보인다.

누적된 빛은 오염원이 된다.

지금껏 지구에 일어난 변화 중에는 인간이 일으킨 것도 있고, 자연적으로 발생한 것도 있다. 현대의 기후 변화는 의심할 여지없이 인간 영향력의 결과물이지만, 지구의 기후는 훨씬 더 느린 시간 범위에 걸쳐 자연스럽게 변화한다. 그러나 '밤의 빛'은 독특한 인위적 힘이다.[13] 밝음과 어두움의 일별 및 계절별 리듬은 40억 년의 진화 기간 내내 불가침의 영역으로 남아 있다가, 19세기에 들어와 흔들리기 시작했다. 빛 공해를 최초로 언급한 사람들은 (빛 공해 때문에 별을 관측하는 시야가 흐려지는 것을 경험한) 천문학자와 물리학자들이었다. 롱코어에 따르면, 생물학자들은 2000년에 와서야 진지하게 주의를 기울이기 시작했다고 한다.••• 그 이유가 뭘까? 부분적으로, 생물학자들 자신이 주행성이기 때문이다.[14] 그들이 잠들어 있는 밤에, 그들 주변에서 일어난 극적인 변화는 연구되지 않는다. "그러나 일단 눈을 뜨고 둘러보면, 문제는 바로 눈앞에 있어요"라고 롱코어는 말한다.

갓 부화해 둥지에서 나온 새끼 바다거북은 어두운 사구 식생대에서 벗어나 더 밝은 수평선을 향해 기어간다.[15] 그러나 불 켜진 도로와 해변의 리조트 때문에 잘못된 방향으로 유도되어, 포식자의 먹이나 로드킬의 희생자로 생을 마감하기 쉽다. 인공광은 플로리다주에서만 매년 수

•• 빛 공해를 연구하는 과학자들은 야간의 인공광artificial light at night을 지칭하기 위해 ALAN이라는 이니셜을 사용하는 경향이 있다. 불행하게도 이것은 많은 논문들이 (야생동물을 혼자서 보살핀답시고 일을 망치는) 앨런ALAN이라는 남자에게 냉소적·공격적으로 외치는 것처럼 읽힌다는 것을 의미한다. 예컨대 한 논문에는 "앨런은 다양한 야행성 동물에게 영향을 미칠 수 있다"라고 적혀 있고, 다른 논문에는 "심지어 게으른 앨런조차도 생물학적 영향력을 행사할 수 있다"라고 적혀 있다.
••• '새들이 불 켜진 건물에 충돌하고, 갓 부화한 거북이 도시로 향한다'는 내용의 초기 보고서가 발표된 적이 있다. 그러나 롱코어에 따르면, 2002년 개최된 한 국제회의를 계기로 관심 있는 연구자들의 산발적인 연구들이 하나의 일관된 분야를 형성하기 시작했다고 한다.

친 마리의 아기 거북을 죽인다. 그들은 휘황찬란한 야구장으로 향하고, 더욱 끔찍하게도 화재가 난 해변에서 방황한다. 어느 건물의 관리인은 한 수은등 밑에 쌓여 있는 수백 마리의 새끼 거북의 사체를 발견했다.

인공광은 또한 곤충을 유인해 치명상을 입힐 수 있으며,[16] 전 세계를 놀라게 하는 곤충의 감소에 기여하고 있는지도 모른다. 가로등은 25미터 떨어진 곳에 있는 나방을 유인할 수 있고,[17] 가로등이 환히 밝혀진 길은 감옥이나 다름없다. 가로등 주변에 모여든 많은 곤충들은 해가 뜰 때까지 잡아먹히거나 탈진해 죽을 것이다. 자동차 전조등을 향해 날아가는 곤충들의 목숨은 아침까지 지속되지 않을 것이다. 이러한 손실의 결과는 밤과 아침에 그치지 않고 낮으로 파급될 수 있다. 2014년, 생태학자 에바 크노프Eva Knop는 실험의 일환으로 스위스의 일곱 개 초원에 가로등을 설치했다.[18] 해가 진 후 그녀는 야간 투시경을 착용하고 초원을 돌아다니며 나방과 다른 꽃가루 매개자들을 찾기 위해 꽃을 들여다보았다. 이 장소들을 어둡게 유지된 다른 장소들과 비교함으로써, 크노프는 '꽃가루 매개자들이 가로등 켜진 곳의 꽃을 62퍼센트 덜 방문했다'는 것을 보여주었다. 한 식물은 벌과 나비의 주간 교대근무에도 불구하고 열매 생산이 13퍼센트 감소했다.

빛의 존재뿐만 아니라 그 성질도 중요하다. 빛이 비칠 경우, 하루살이나 잠자리와 같이 수서 유충aquatic larvae이 있는 곤충은 축축한 도로, 창문, 자동차 지붕에 알을 낳지 못한다.[19] 이런 표면들은 물줄기와 마찬가지로 수평편광horizontally polarized light을 반사하기 때문이다(자연광은 모든 방향으로 진동하지만, 물에 반사되면 수평 방향으로 진동하는 편광이 된다. 햇빛이 강한 날 물이 일렁이는 호수, 눈이 쌓인 지면, 아스팔트 표면 등을 보면 눈이 부셔 앞이 잘 보이지 않는다. 지면, 수면 등 경계면에서 수평편광이 반사되어 눈으로 들어오기 때문이다 - 옮긴이). 깜박이는 전구의 경우, 인간의 눈이 일반적으로 너무 느려서 변화를 감지하지 못하더라도 인간에게 두통 및 기타 신경학적 문제를 일으킬 수 있다.[20] 그렇다면 곤충이나 작은 새처럼 더 빠른 시각을 가진 동물에게, 그것은 어떤 문제를 일으킬까?

색깔도 중요하다. 적색광은 철새를 방해할 수 있지만 박쥐와 곤충에게는 유익하다.* 황색광은 곤충과 거북을 괴롭히지 않지만 도롱뇽을 방해할 수 있다. 롱코어에 따르면, 어떤 파장도 완벽하지 않지만 그중에서도 청색광과 백색광은 최악이다. 청색광은 생체시계를 방해하고 곤충을 강력하게 유인한다. 또한 쉽게 산란되기 때문에 빛 공해의 확산을 촉진한다. 그러나 그것은 가격이 저렴하고 효율적으로 생산될 수 있다. 에너지 효율이 우수한 차세대 백색 LED에는 많은 청색광이 포함되어 있으며, 세상이 기존의 황색-주황색 나트륨 조명에서 백색 LED로 전환하면 전 세계의 빛 공해가 두세 배 증가할 것이다.[21] "우리는 의도적으로 조명을 조정함으로써 더 나은 선택을 할 수 있어요"라고 롱코어는 말한다. "밤에 광범위 스펙트럼을 사용하지 말아야 해요. 모든 생물에게 '항상 낮이다'라는 신호를 보내면 안 돼요."

로스앤젤레스에 있는 롱코어의 사무실에서 이야기를 나눈 후, 나는 야간 비행편으로 집으로 돌아온다. 비행기가 이륙하는 동안, 나는 창밖으로 환하게 빛나는 도시를 내다본다. 반짝이는 빛의 격자는 여전히 '별이 빛나는 하늘'이나 '달빛이 비치는 바다'를 바라볼 때와 같은 원초적인 경외감을 불러일으킨다. 인간은 빛을 지식과 동일시한다. 우리는 전구를 '아이디어를 상징하는 아이콘'으로 사용하고, 지적인 사람을 밝은

---

* 바버가 그랜드티턴에서 사용한 빨간 등불은 철새를 방해할 만큼 높지 않기 때문에 문제가 되지 않는다.

514   이토록 굉장한 세계

불꽃과 발광체로 묘사한다. 우리는 암흑기에서 벗어나기 위해 길을 밝혀왔다. 그러나 로스앤젤레스가 뒤로 물러나면서, 익숙한 경외감은 어느덧 불안감으로 물든다. 빛 공해는 더 이상 도시만의 문제가 아니다. 빛은 이동하며, 지금껏 인간의 영향권 밖에 있었던 보호지역으로 침투한다. 로스앤젤레스에서 나온 빛은 320킬로미터 떨어진 미국 최대의 국립공원인 데스밸리에 도달한다. 진정한 어둠을 찾기가 점점 더 어려워지고 있다.

진정한 고요함도 마찬가지다.

더 시끄럽게 울어야만 하는 새들

화창한 4월의 어느 날 아침, 나는 콜로라도주 볼더에서 해발 1800미터의 바위투성이 산비탈을 하이킹한다. 이곳에서 세상이 더 넓게 느껴지는 것은 침엽수림 너머의 탁 트인 전망 때문만이 아니라, 행복할 정도로 조용하기 때문이기도 하다. 도시의 소동에서 벗어나 있으므로, 더 조용한 소리가 은폐되지 않고 더 먼 거리에서도 들린다. 산비탈에서 다람쥐 한 마리가 바스락거리고 있다. 날아가는 메뚜기의 날개에서 따다닥 소리가 난다. 딱따구리 한 마리가 근처의 나무줄기를 부리로 두드린다. 바람이 휙 소리를 내며 지나간다. 오래 앉아 있을수록 더 많은 소리가 들리는 것 같다.

두 남자가 평온함을 깬다. 나는 그들을 볼 수 없지만, 그들은 아래쪽 오솔길 어딘가에서 자신들의 의견을 콜로라도 전체에 방송하려고 작정한 듯하다. 더 멀리, 나무 너머에서 고속도로를 질주하는 차량들의 소리가 들린다. 멀리 덴버에서 윙윙거리는 소리가 들리는데, 그것은 내가 하이킹하는 동안 거의 의식하지 않았던 배경소음이다. 내 머리 위로 비행기가 날아오며 엔진이 굉음을 낸다. "나는 60년대 중반부터 배낭여행을 해왔는데, 그동안 항공기의 수가 6~7배로 증가했어요." 하이킹을 마치고 만난 커트 프리스트럽Kurt Fristrup이 말한다. "친구들이 방문할 때 내가 가장 즐기는 우스갯소리 중 하나는, 하이킹이 끝날 때까지 비행기 소리를 들었는지 물어보는 거예요. 사람들이 한두 대를 기억한다고 말하면, 나는 스물세 대의 제트기와 두 대의 헬리콥터가 지나갔다고 말하곤 해요."

프리스트럽은 (무엇보다도) 미국의 자연적 음향풍경을 보호하기 위해 노력하는 단체인 국립공원관리청Natural Park Service(NPS)의 자연음 및 밤하늘 부서에서 일하고 있다. 자연음을 보호하기 위해서는 먼저 지도를 작성해야 하는데,[22] 소리는 빛과 달리 위성으로 탐지할 수 없다. 프리스트럽과 그의 동료들은 수년간 녹음 장비를 가지고 전국 방방곡곡을 누비며, 약 500개 보호지역에서 거의 150만 시간 분량의 소리를 녹음했다. 그 결과 인간의 활동으로 인해 63퍼센트의 보호지역에서 배경소음 수준이 두 배로 증가했고 21퍼센트의 보호지역에서는 열 배로 증가한 것으로 밝혀졌다. "후자의 경우, 과거에는 30미터 떨어진 곳에서 뭔가를 들을 수 있었다면 지금은 3미터 떨어진 곳에서만 들을 수 있어요"라고 NPS의 레이첼 벅스턴Rachel Buxton은 말한다. 항공기와 도로가 주요 원인이지만, 석유 및 가스 채굴, 광업, 임업과 같은 산업도 마찬가지다. 심지어 가장 철저하게 보호되는 지역에서도 자연음은 소음에 완전히 포위되어 있다.[23]

도심과 번화가에서는 문제가 더 심각하며, 이는 비단 미국만의 문제가 아니다. 유럽인의 3분의 2는 끊임없는 강우에 해당하는 배경소음에 노출되어 있다.[24] 이러한 상황은 울음소리와 노래로 의사소통하는 많은 동물들에게 어려움을 준다. 2003년 네덜란드의 한스 슬라베코른Hans Slabbekoorn과 마르흐리트 페트Margriet Peet는 "레이던의 시끄러운 동네에서, 박새들은 도시의 저주파 소음을 압도하기 위해 더 높은 주파수로 노래한다"고 보고했다.[25] 그로부터 1년 후, 독일의 헨리크 브룸Henrik Brumm은 "베를린의 나이팅게일이 도시의 소음을 극복하기 위해 더 우렁차게 노래한다"고 보고했다.[26] 이러한 영향력 있는 연구는 소음 공해에 대한 연구에 박차를 가해, 연구자들은 "도시 및 산업의 소음이 새 노래의 타이밍을 변경하고 복잡성을 억제하며, 짝짓기를 방해할 수 있다"고 보고했다.[27] 도시 생활에 단련된 새들에게도 소음은 고통스럽다.

"소음 공해는 동물의 '의도적인 소리'뿐만 아니라, 공동체를 하나로 묶는 '의도치 않은 소리의 망網'까지도 은폐해요"라고 프리스트럽은 나에게 말한다. 그가 말하는 '소리의 망'은 (올빼미에게 먹이가 있는 곳을 알려주는) 부드러운 바스락거림이나 (생쥐에게 임박한 운명을 경고하는) 희미한 펄떡거림 등을 의미한다. "소리의 망은 음향풍경에서 침입에 가장 취약한 부분인데, 우리는 그것들을 차단하고 있어요"라고 프리스트럽은 말한다. 소음 수준은 데시벨로 측정되는데, 부드러운 속삭임은 일반적으로 30데시벨, 통상적인 대화는 약 60데시벨, 록 콘서트는 약 110데시벨이다. 3데시벨이 증가할 때마다 자연음이 들리는 범위가 절반으로 줄어들 수 있다.[28] 소음은 동물의 지각 세계를 축소시킨다. 박새나 나이팅게일 같은 종들은 자리를 지키면서 소음을 최대한 활용하는 반면, 다른 종들은 미련 없이 자리를 뜬다.

2012년 제시 바버, 하이디 웨어Heidi Ware, 크리스토퍼 매클루어Christopher McClure는 '유령 도로'를 건설했다.[29] 그들은 철새들의 중간 기착지 역할을 하는 아이다호의 산등성이에 길이 800미터의 스피커 회랑을 설치하고, 지나가는 자동차 소리를 반복적으로 재생했다. 이 실체 없는 소리에, 평소 그곳에 머물던 새들 중 3분의 1이 자리를 떴다. 남아 있는 새들 중 상당수는 그에 대한 대가를 치러야 했다. 타이어와 경적 소리가 포식자들의 소리를 집어삼킴에 따라, 새들은 위험을 찾는 데 더 많은 시간을 보내는 반면 먹이를 찾는 데 더 적은 시간을 보냈다. 그들은 힘든 이주를 계속함에 따라 체중이 감소하고 체력이 약해졌다. 유령 도로 실험은 '차량이나 배기가스가 없더라도, 소음만으로 야생동물을 괴롭히는 데 충분하다'는 것을 보여주는 데 중추적인 역할을 했다. 수백 건의 후속연구도 비슷한 결론을 내렸다.* 시끄러운 환경에서, 프레리도그(북아메리카의 대초원 지대에 사는 다람쥣과 동물 – 옮긴이)는 지하에서 더 많은 시간을 보내고,[31] 올빼미는 공격에 번번이 실패하고,[32] 귀뚜라미에 기생하는 오르미아 파리는 숙주를 찾는 데 어려움을 겪고,[33] 뇌조는 번식지를 포기한다(남아 있는 뇌조는 더 많은 스트레스에 시달린다).[34]

소리는 하루 종일 먼 거리를 이동할 수 있으며, 단단한 장애물을 통과할 수 있다. 이러한 특성으로 인해, 소리는 동물에게 탁월한 자극이지만 특출한 공해 물질이기도 하다. 일반적인 공해의 개념은 굴뚝, 쓰레기로 뒤덮인 강, 기타 쇠퇴의 가시적 징후에서 뿜어져 나오는 화학물질의 이미지를 떠올리게 한다. 그러나 소음 공해는 목가적으로 보이는 서식지를 악화시키고 살기 좋은 곳을 살 수 없는 곳으로 만들 수 있다. 그것은 (동물을 정상적인 범위 밖으로 밀어내는) 보이지 않는 불도저 역할을 할 수 있다.** 이제 그들은 어디로 가야 할까? 미국 대륙의 83퍼센트 이상이 도

---

* 한 실험에서, 무당벌레는 도시의 소리나 록밴드 AC/DC의 음악에 노출되었을 때 진딧물을 더 적게 먹는 것으로 나타났다.[30] 이는 "로큰롤은 소음 공해가 아니다"라는 밴드의 가설에 대한 반증이다.

로에서 1킬로미터 이내에 있으니 말이다.[36]

심지어 바다에도 그 나름의 소리가 있다.[37] 자크 쿠스토Jacques Cousteau
는 한때 바다를 '고요한 세계'로 묘사했지만 결코 그렇지 않다. 그것은
자연적으로 부서지는 파도 소리, 부는 바람 소리, 부글부글 끓는 열수
분출구 소리, 갈라지는 빙산 소리로 가득 차 있는데, 이 모든 소리는 공
기 중에서보다 수중에서 더 멀리 운반되고 더 빠르게 이동한다. 해양동
물도 이에 가세한다. 고래는 노래하고, 두꺼비는 웅웅거리고, 대구는 으
르렁거리고, 턱수염바다물범bearded seal은 떨리는 소리를 낸다. (커다란 집게
발이 만들어내는 충격파로 지나가는 물고기를 기절시키는) 수천 마리의 딱총새우
snapping shrimp들이 산호초를 '지글거리는 베이컨' 소리나 '우유를 튀기는
라이스 크리스피' 소리로 가득 채운다. 이러한 음향풍경 중 일부는 인간
이 바다의 거주자들을 그물로 잡고, 갈고리로 낚아채고, 작살로 찌름에
따라 소거되었다. 다른 자연적 소음들은 우리가 추가한 소음에 파묻혔
다. 해저를 훑는 그물이 만든 긁힌 자국, 석유와 가스를 탐사하는 시추
기의 스타카토 진동, 군사용 수중 음파 탐지기의 초음파, 그리고 이 모
든 소동에 대한 보편적 반주backing track로서 선박 소리.•••

•• 2017년 여름, 생태학자 저스틴 수라시Justin Suraci는 바버의 실험을 각색해, 산타크루스 산맥에 설
치된 스피커를 통해 인간의 말소리를 재생했다.[35] 수라시가 시를 읽든 러시 림보가 '야호'를 외치든 퓨
마, 살쾡이, 그 밖의 포식자들은 그 소리를 듣자마자 꼬리를 내리고 자리를 옮겼다. 하지만 이것은 고
전적인 의미의 소음 공해가 아니다. 우리는 인간이 무서운 슈퍼포식자라는 사실에 주목해야 한다. 인
간은 목소리만으로도 다른 포식자들을 불안하게 만들기에 충분하다.
••• 부리고래는 해군의 소나(수중 음파 탐지기)에 노출된 후 반복적으로 집단 좌초하여, 연구와 소송
의 물결을 일으켰다. 조슈아 호위츠Joshua Horwitz의 《고래들의 전쟁 War of the Whales》은 '고래의 좌초
로 이어진 해군의 소나'와 '그에 따른 법적 투쟁'에 대해 훌륭한 설명을 제공한다.[38] "논란의 여지없이,
당신은 소나를 이용해 부리고래를 좌초시킬 수 있어요"라고 존 힐데브란트는 나에게 말한다. "그들이
왜 그렇게 되는지는 여전히 미스터리예요." 초음파가 고래에게 물리적 손상을 입히는지, 아니면 불규
칙한 수영을 통해 진로를 바꾸게 하는지는 불분명하다. 어느 쪽이 맞든 소나는 분명히 그들을 방해한
다.[39]

"당신의 신발이 어디에서 왔는지 생각해보세요"라고 해양 포유동물 전문가 존 힐데브란트John Hildebrand가 말한다. 내 신발을 살펴보니, 당연한 이야기이지만 메이드 인 차이나다. 어떤 유조선이 그 신발을 싣고 태평양을 가로지르며, 수 킬로미터 밖으로 퍼져나가는 굉음을 내뿜었을 것이다. 제2차 세계대전과 2008년 사이에 전 세계의 운송 선단은 세 배 이상 증가했고, 열 배나 많은 화물을 더 빠른 속도로 운반하기 시작했다.[40] 이 모든 것은 바다의 저주파 소음 수준을 32배로 높였다. 이는 힐데브란트가 추정했던 수치를 15데시벨 초과하는데, 그의 추정치는 이미 원시적인 프로펠러 이전 바다의 소음보다 약 15데시벨 높았다. 거대한 고래는 100년 이상 살 수 있으므로, 수중 소음의 엄청난 증가를 목격하고 오늘날까지 살아 있는 개체가 존재할 가능성이 높다.[41] 그 고래의 가청 범위는 소싯적의 10분의 1쯤으로 감소했을 것이다. 야간에 배가 지나갈 때, 혹등고래는 노래를 멈추고 범고래는 먹이 찾기를 멈추고 참고래는 스트레스를 받는다.[42] 게는 섭식을 멈추고,[43] 갑오징어는 색깔이 변하고, 자리돔은 더 쉽게 잡힌다. "만약 내가 당신 사무실의 소음 수준을 30데시벨 높이겠다고 말하면, OSHA(직업안전위생국) 직원들이 달려와 귀마개를 착용해야 한다고 말할 거예요"라고 힐데브란트가 말한다. "우리는 해양동물을 이처럼 높은 수준의 소음에 노출시킨 채 실험을 하고 있어요. 우리라면 이런 실험을 감당할 수 없을 거예요."[44]

납작해진 감각풍경

이 책의 1장부터 12장까지는, 우리가 수 세기 동안 힘들여 얻은 다른 종의 감각 세계에 대한 지식이 담겨 있다. 그러나 그 지식을 축적하는 동안, 우리는 그 세계를 근본적으로 리모델링했다. 우리는 '다른 동물이 된다는 게 어떤 기분일지'를 이해하는 데 그 어느 때보다도 가까워졌지만, 그들의 삶을 그 어느 때보다도 힘들게 만들었다.

수백만 년 동안 주인에게 성실히 봉사해온 감각은 이제 부채가 되었다. 자연계에 존재하지 않는 매끄러운 수직 표면은 '탁 트인 야외'인 것처럼 들리는 메아리를 되돌려준다.[45] 박쥐들이 종종 창문에 부딪히는 것은 바로 이 때문일 수 있다. 한때 바닷새들을 먹이로 확실히 인도했던 해조류 화학물질인 DMS는, 이제 인간이 바다에 내버린 수백만 톤의 플라스틱 쓰레기로 그들을 안내한다.[46] 바닷새의 약 90퍼센트가 플라스틱을 삼키는 궁극적 이유는 아마도 이 때문인 것 같다. 물속에서 움직이는 물체가 생성한 흐름은 매너티의 전신에 분포한 털에 의해 탐지될 수 있지만,[47] 빠르게 움직이는 쾌속정을 피할 만한 시간 여유를 주지 않는다. 플로리다에 서식하는 매너티들이 죽는 원인의 최소한 4분의 1은 보트와의 충돌이다. 강물 속의 방향제는 연어를 모천으로 다시 안내할 수 있지만,[48] 그 속의 살충제가 후각을 약화하는 경우에는 그렇지 않다. 해저의 약한 전기장은 상어를 파묻힌 먹이뿐만 아니라 고압선으로 안내할 수도 있다.[49]

어떤 동물은 현대의 풍경과 소리를 견뎌내도록 진화했고, 심지어 어떤 동물은 그 와중에서 번성하기도 한다. 어떤 도시 나방은 빛에 덜 끌리도록 진화한 반면,[50] 어떤 도시 거미는 빛에 이끌린 곤충을 포식하기 위해 가로등 아래에 거미줄을 쳤다.[51] 파나마의 한 마을에서는 야간 조명이 (개구리를 잡아먹는) 박쥐를 몰아내는 바람에, 수컷 퉁가라개구리가 포식자를 끌어들일 위험 없이 자신의 노래에 더욱 섹시한 척을 추가할 수 있게 되었다.[52] 동물은 일생 동안 행동을 바꾸거나 여러 세대에 걸쳐 새로운 행동을 진화시킴으로써 적응할 수 있다.

그러나 적응이 항상 가능한 것은 아니다. 수명이 길고 삶의 진행이 더 딘 종은 수십 년마다 두 배로 증가하는 빛과 소음 공해 수준을 따라잡을 만큼 빠르게 진화할 수 없다. 이미 줄어들고 있는 서식지의 좁은 구석에 국한되어 있던 생물이 툭툭 털고 일어나 떠날 수는 없다. 전문화된 감각에 의존하는 생물들이 환경세계 전체를 재조정할 수도 없는 노릇이다. 감각 공해에 대처하는 것은 단순한 습관화의 문제가 아니다. "뭔가를 들을 수 없게 되었을 때, 신속한 대응이 불가능하다는 것을 사람들은 잘 이해하지 못하는 것 같아요"라고 클린턴 프랜시스Clinton Francis가 나에게 말한다. "당신의 감각기관이 어떤 신호를 감지하지 못한다면, 당신은 새로운 상황에 익숙해질 수 없을 거예요."

우리의 영향력이 본질적으로 파괴적인 건 아니지만 종종 주변 환경을 균일화homogenizing하는 경향이 있다. 우리의 감각 공습을 견디지 못하는 '민감한 종'을 몰아냄으로써, 우리는 '더 작고' '덜 다양한' 개체군만을 남겨둔다. 우리는 (경이로울 만큼 다양한 동물의 환경세계를 탄생시킨) 굴곡진 감각풍경을 평평하게 만든다. 동아프리카의 빅토리아 호수를 생각해보자. 한때 이곳은 500종이 넘는 시클리드cichlid 물고기의 고향이었고, 거의 모두가 다른 곳에서는 발견되지 않는 종이었다. 그 비범한 다양성은 부분적으로 빛 때문에 생겨났다.[53] 호수의 깊은 곳에는 황색광이나 주황색광이 풍부한 반면, 얕은 곳에는 청색광이 풍부했다. 이러한 차이는 토종 시클리드의 눈에 영향을 미쳤고, 결과적으로 짝 선택을 좌우했다. 진화생물학자 올레 시하우젠Ole Seehausen은 '깊은 물에 사는 암컷 시클리드는 더 붉은 수컷을 선호하는 반면, 얕은 물에 사는 암컷은 더 푸른 수컷에 시선을 고정한다'는 사실을 발견했다.

이러한 발산된 기호diverging penchant가 물리적 장벽처럼 작용해, 시클리드를 다양한 색깔과 형태의 스펙트럼으로 나눴다. 빛의 다양성이 시각, 색상, 그리고 종의 다양성을 이끌어낸 것이다. 그러나 지난 세기 동안 농장, 광산, 하수에서 흘러나온 유거수流去水(지표면을 따라 흐르는 물 – 옮긴이)가 호수를 가득 채워, 부영양화된 호수에서는 물을 흐리고 숨 막히게 하는 조류藻類의 성장이 급증했다. 이전의 빛 기울기light gradient가 일부 지역에서 소실되자, 시클리드의 색상과 시각적 성향은 더 이상 중요하지 않게 되어 종의 수가 감소했다. 인간이 '호수의 등불'을 끄자 다양성을 추동하는 '감각의 엔진'도 꺼져, 시하우젠이 "지금껏 관찰된 것 중 가장 빠른 대규모 멸종"이라고 부른 사건이 일어난 것이다."[●54]

어떤 냉소주의자는 "호수에 유사한 물고기 종의 수가 적다는 게 무슨 문제죠?"라고 물을 수 있다. 32종 대신 21종이 서식하는 숲을 걱정하는 이유가 뭘까? 2020년, 과학 저술가 마야 카푸어Maya Kapoor는 미국 서부의 멸종위기종인 야키메기Yaqui catfish의 사례를 검토하며 이 문제를 곰곰이 생각해보았다.[56] 참고로 야키메기는 매우 흔한 찬넬동자개channel catfish와 비슷한 종이다. "나는 '지구상에서 가장 흔한 어종 중 하나와 꼭 닮은 종의 손실이 정말 중요할까?'라는 의구심이 들었다"라고 그는 썼다. "나중에야 이런 생각이 들었다. (…) 나의 제한된 이해가 그들의 겉보기 호환성seeming interchangeability에 현혹된 나머지, 제한된 차이limited distinction를 간과하는 우를 범했다." 그녀의 깨달음은 시클리드뿐만 아니라, 밀접하게 관련된 구성원들이 완전히 다른 감각을 가질 수 있는 수많은 동물 그

● 빛이라는 조건은 빅토리아호 시클리드의 놀라운 다양성을 설명하는 몇 가지 요인 중 하나일 뿐이라는 점에 유의하라. 어류 남획과 침입종인 나일농어Nile perch의 개체 수 폭발도 빅토리아호 시클리드에게 피해를 입혔다.[55] 그러나 농어가 쇠퇴해 시클리드의 개체 수가 회복됐을 때도, 혼탁한 물에서는 시클리드의 종 다양성이 훨씬 더 낮게 유지되었다.

룹에도 적용된다. 구성원들이 하나둘씩 멸종함에 따라 그룹의 환경세계도 차츰 사라진다. 하나의 종이 사라질 때마다, 우리는 세상을 이해하는 방법을 하나씩 잃어버리게 될 것이다. 우리의 감각 거품은 이러한 손실에 대한 지식을 은폐하지만, 그 결과까지 은폐할 수는 없다.

뉴멕시코의 삼림 지대에서, 클린턴 프랜시스와 캐서린 오르테가Catherine Ortega는 우드하우스 덤불어치Woodhouse's scrub-jay가 천연가스를 채굴하는 데 사용되는 압축기의 소음을 피해 달아난다는 것을 발견했다.[57] 덤불어치는 피논 소나무pinyon pine tree의 씨앗을 퍼뜨리는데, 한 마리의 새가 1년에 3000~4000개의 소나무 씨앗을 심을 수 있다. 그들은 숲에 매우 중요하므로, (그들이 여전히 번성하는) 조용한 지역에는 (그들이 포기한) 시끄러운 지역보다 소나무 묘목이 네 배나 많다. 피논 소나무는 주변 생태계의 기초로, 다른 수백 가지 종(아메리카 원주민 포함)에게 식량과 은신처를 제공한다. 그들을 잃으면 재앙을 면치 못할 것이다. "설상가상으로 소음에 찌든 소나무는 천천히 자라기 때문에, 소음은 생태계 전체에 100가지 이상의 결과를 초래할 거예요"라고 프랜시스가 나에게 말한다.

'인간이 추가한 자극' 제거하기

감각을 더 잘 이해하면 우리가 자연계를 어떻게 더럽히고 있는지 알 수 있고, 그것을 보존하는 방법을 강구할 수 있다. 2016년 해양생물학자 팀 고든Tim Gordon은 박사 과정 연구를 시작하기 위해 호주의 그레이트배리어리프로 여행을 떠났다.[58] 그는 산호의 선명한 화려함 속에서 몇 달 동안 헤엄칠 수 있을 거라고 생각했다. "그러나 웬걸, 나는 연구 장소가 완전히 사라지는 것을 공포 속에서 지켜봤어요"라고 그는 나에게 말한다. 폭염으로 인해 산호는 자신에게 영양분과 색상을 제공하는 공생 조류藻類를 쫓아내야 했다. 파트너를 잃은 산호는 사상 최악의 백화bleaching 사태로 굶주리고 탈색되었는데, 그것은 앞으로 닥쳐올 여러 재앙의 시작일 뿐이었다. 산호의 잔해 사이에서 스노클링을 하던 고든은 산호초가 탈색되었을 뿐만 아니라 조용해졌음을 발견했다. 딱총새우는 더 이상 딱총을 쏘지 않았고, 파랑비늘돔parrotfish은 더 이상 산호 갉아먹는 소리를 내지 않았다. 그들의 소리는, 바다에서 취약한 첫 달을 보낸 치어들이 산호초로 귀환하도록 안내하는 역할을 한다. 소리 없는 암초는 훨씬 덜 매력적이었다. 고든은 '만약 물고기가 쇠락한 산호초를 외면한다면, 그들이 평소에 먹던 해초가 무성하게 자라나 백화한 산호의 부활을 가로막을 것'이라고 우려했다. "그러나 2017년, 우리는 그곳에 돌아가 이렇게 생각했어요. '그 과정을 역전시킬 수 있지 않을까?'"라고 그는 말한다.

고든과 그의 동료들은 산호 잔해의 파편 위에 확성기를 설치하고, 녹음해온 '건강한 산호초 소리'를 지속적으로 재생했다. 그러고는 며칠에 한 번씩 잠수해 그 지역의 동물들을 조사했다. "그리고 30일째 되던 날," 고든이 말한다. "나는 옆에서 유영하던 동료들이 이렇게 말하는 것을 들었어요. '여기에 커다란 패턴이 형성되었어, 그렇지 않아?'" 40일 후 상황을 파악해본 결과, 음향적으로 풍부한 산호초는 조용한 산호초보다 '두 배 많은 치어'와 '50퍼센트 증가한 종'을 보유한 것으로 나타났다. 물고기들은 소리에 끌릴 뿐만 아니라, 산호초 주변에 머물며 공동체를 형성했다. "그것은 멋진 실험이었어요"라고 고든은 말한다. "그것은 환경보호론자들에게, 가시적인 성과를 거두려면 (그들이 보호하려는) 동물의 인식을 통해 세상을 바라봐야 한다는 것을 보여주었어요."*

현실적으로 이것은 소규모 솔루션이다. 확성기는 가격이 비싸고 산호초는 규모가 크다. 아무리 매력적으로 들리더라도, 탄소 배출을 줄이고 기후 변화를 미연에 방지하지 않으면 산호초는 암울한 미래를 맞이하게 될 것이다. 하지만 그레이트배리어리프의 절반이 이미 죽은 상황에서, 우리는 산호에게 가능한 모든 도움을 제공할 필요가 있다. 자연적인 소리를 복원하면 그들에게 싸울 기회를 줄 수 있을 테니, 그들을 구조하는 일이 조금 더 쉬워지지 않을까?

고든의 실험이 가능했던 것은, 소리를 녹음할 수 있는 '건강하고 탈색되지 않은 산호초'를 여전히 찾을 수 있었기 때문이다. 자연적 감각풍경은 여전히 존재한다. 마지막 산호초의 마지막 메아리가 기억 속으로 사라지기 전에 그것들을 보존하고 복원할 시간은 아직 남아 있다. 대부분의 성공 사례를 보면 '인간이 제거한 자극'을 추가하는 대신 '인간이 추가한 자극'을 제거할 수 있을 뿐인데, 이것마저도 대부분의 오염물질에는 적용되지 않는 사치다. 방사성 폐기물은 분해되는 데 수천 년이 걸릴 수 있고, 살충제인 DDT 같은 잔류성 화학물질은 금지된 후에도 오랫동안 동물의 몸에 침투할 수 있다. 설사 내일 당장 모든 플라스틱 생산이 중단되더라도, 플라스틱은 수 세기 동안 계속해서 바다를 파괴할 것이다. 하지만 빛 공해는 불을 끄자마자 멈추고, 소음 공해는 엔진과 프로펠러가 멎으면 줄어든다. 감각 오염 해소하기는 생태학적 식은 죽 먹기로, 즉각적이고 효과적으로 해결할 수 있는 지구적 문제의 드문 예다. 그리고 2020년 봄, 세상은 뜻하지 않은 사건에 휘말려 그것을 증명했다.

---

* 반대로, 다른 환경세계를 설명하지 못할 경우 보존 시도가 되레 역효과를 낼 수 있다. 너구리와 여우로부터 거북이 둥지를 보호하기 위해 때때로 설치되는 철망은, 둥지 주변의 자기장을 왜곡하고 부화한 새끼들이 고향 해변의 고유한 자기 특성magnetic signature을 학습하는 능력을 방해할 수 있다.[59]

코로나19 팬데믹이 확산되면서 공공장소가 폐쇄되었다. 비행기는 이륙하지 못하고, 자동차는 계속 주차되어 있고, 유람선은 정박해 있었다. 약 45억 명—전 세계 인구의 거의 5분의 3—이 집에 머물라는 권고를 받았다. 그 결과 많은 장소들이 상당히 어둡고 조용해졌다. 비행기와 자동차의 이동이 줄어들자 베를린 주변의 밤하늘 밝기는 평소의 절반 수준으로 감소했다.[60] 전 세계의 지반진동은 몇 달 동안 절반으로 감소했는데,[61] 이는 역사상 가장 오래 지속된 감소로 기록되었다. 혹등고래 보호구역인 알래스카 글레이셔베이의 소음은 예년의 절반 수준으로 감소했고,[62] 캘리포니아, 뉴욕, 플로리다, 텍사스의 도시들도 사정은 마찬가지였다.* 평소에는 잘 들리지 않던 소리들이 좀 더 분명해져, 전 세계의 도시 거주자들은 갑자기 노래하는 새들을 발견하기도 했다. "사람들은 자신의 주변에 종전에 감지하지 못한 동물들이 있다는 것을 깨달았어요"라고 프랜시스는 나에게 말한다. "뒤뜰을 거니는 사람들의 감각 세계는 코로나19 이전에 비해 엄청나게 확장됐어요."**

팬데믹은 '사회가 감내할 수 있는 문제'와 '실제로 이룰 수 있는 변화'를 여러 가지 면에서 드러냈다. 동기부여가 충분하다면 감각 오염을 줄일 수 있고, 이러한 감소는 세계적인 봉쇄 조치의 부작용 없이도 가능한 것으로 밝혀졌다. 2007년 여름, 커트 프리스트럽과 그의 동료들은 캘리포니아의 뮤어우즈 국립공원에서 간단한 실험을 했다.[64] 그들은 임의의

---

* 행동생태학자 엘리자베스 데리베리Elizabeth Derryberry에 따르면, 2020년 봄 봉쇄 기간 동안 글레이셔베이 지역의 흰정수리북미멧새white-crowned sparrow의 노랫소리 볼륨이 3분의 1 감소했다.[63] 이는 그들과 경쟁하는 도시의 소음이 감소했기 때문이다.
** 최근의 다른 재난에 뒤이어 비슷한 수준의 소음 공해 감소가 일어났다. '2008년 금융 위기 이후의 캘리포니아 근해'와 '2001년 9월 11일 테러 공격 이후의 캐나다 펀디만'에서 해양 소음이 감소했다. 후자의 변화는 참고래들의 스트레스를 줄인 것으로 보였다.

기간을 선택해 공원에서 가장 인기 있는 장소 중 하나를 '조용한 지역'으로 지정하고, 방문객들에게 '전화기를 끄고 목소리를 낮추라'는 표지판을 내걸었다. 단속을 수반하지 않는 이 간단한 조치로 공원의 소음 수준이 3데시벨 감소했는데, 이는 1200명의 방문객 감소와 동등한 효과다.

그러나 개인적 책임이 사회적 무책임을 보상할 수는 없다. 감각 오염을 진정으로 감소시키려면 대대적인 조치가 필요하다.[65] 건물과 거리를 사용하지 않을 때, 조명을 약하게 하거나 끌 수 있다. 지평선 위를 환히 비추는 등불을 차폐할 수 있다. LED는 파란색이나 흰색에서 붉은색으로 바꿀 수 있다. 다공성 표면이 있는 조용한 포장도로는 지나가는 차량의 소음을 흡수할 수 있다. 흡음장벽(육지의 둔덕과 물속의 거품망 포함)은 교통과 산업의 소음을 낮출 수 있다. 생태계의 요충지에서 차량의 우회와 감속을 의무화해야 한다. 2007년 지중해에서 선박들이 12퍼센트 감속하기 시작했을 때 소음이 절반으로 줄어드는 기적이 일어났다. 선박에 더욱 조용한 선체船體와 프로펠러를 장착할 수도 있는데, 이 방법은 이미 군함의 소음을 줄이는 데 사용되고 있다(이는 상업용 선박의 연료 효율을 높일 수도 있다). 많은 유용한 기술이 이미 존재하지만, 가격 인하나 대량 보급을 촉진할 경제적 인센티브가 부족하다. 감각 오염을 초래하는 산업을 규제할 수는 있지만 아직 사회적 의지가 부족하다. "바다의 플라스틱 오염은 끔찍해 보여서 모두가 걱정하지만, 바다의 소음 공해는 우리가 경험하지 않는 것이기 때문에 아무도 관심을 갖지 않아요"라고 고든이 나에게 말한다.

우리는 비정상을 정상으로 여기고 용인할 수 없는 것을 용인한다. 80퍼센트 이상의 사람들이 인공광으로 오염된 하늘 아래 살고 있으며, 유럽인의 3분의 2가 끊임없는 강우에 해당하는 소음에 노출되어 있음을 기억하라. 많은 사람들은 진정한 어둠이나 고요함이 어떤 느낌인지 전혀 모른다. 그런 미숙함 속에서 악순환의 고리가 형성된다. 감각 환경을 오염시킬 때 우리는 그 결과에 익숙해진다. 우리는 동물을 밀어내면서 그들의 부재에 익숙해진다. 감각 오염 문제가 심각하게 대두됨에 따라 그것을 해결하려는 우리의 의향은 되레 감소한다. 있는 줄도 모르는 문제를 어떻게 해결한단 말인가?

경이로움은 가까이에 있다

1995년, 환경사학자 윌리엄 크로논William Cronon은 "광야를 다시 생각할 때가 왔다"라고 썼다.[66] 그는 한 신랄한 에세이에서, 특히 미국에서 '광야'라는 개념이 웅장함과 동의어로 인식되는 것은 부당하다고 주장했다. 18세기의 사상가들은 '광활하고 장엄한 풍경이 사람들에게 자신의 죽음을 상기시키고 신을 마주하는 것에 가깝게 한다'고 믿었다. "신은 산꼭대기, 협곡, 폭포, 뇌운, 무지개, 일몰에 존재했다"라고 크로논은 썼다. "미국인들이 최초의 국립공원으로 지정한 장소들—옐로스톤, 요세미티, 그랜드캐니언, 레이니어, 자이언—을 생각해보면, 사실상 모든 곳이 이러한 조건 중 하나 이상을 충족한다는 것을 알 수 있다. 덜 숭고한 풍경은 보존할 만한 가치가 없어 보였다. 예컨대 1940년대에 와서야 에버글레이즈 국립공원의 늪지가 최초로 보존 가치를 인정받은 이후, 오늘날까지 국립공원으로 지정된 초원은 하나도 없다."

광야를 세속을 초탈한 웅장함과 동일시하면, 그곳을 '여행하고 탐험할 수 있는 특권을 가진 사람들만 접근할 수 있는 오지'로 취급하게 된다. 그러면 사람들은 자연을 '우리가 그 안에 존재하는 것'이 아니라 '인간과 동떨어진 것'이라고 상상하게 된다. "까마득히 먼 광야를 너무 자주 이상화하면, 우리가 실제로 살고 있는 환경—좋든 나쁘든, 우리가 보금자리라고 부르는 풍경—을 도외시하게 된다"라고 크로논은 썼다.

나는 크로논의 생각에 전적으로 동의한다. 자연의 장엄함은 협곡과 산에만 국한되지 않는다. 그것은 지각의 야생지—'우리의 환경세계 외부'와 '다른 동물의 환경세계 내부'에 존재하는 감각 공간—에서도 찾을 수 있다. 다른 감각을 통해 세상을 인식하는 것은 '친숙함 속의 화려함'과 '평범함 속의 신성함'을 찾는 것이다. 경이로움은 뒤뜰 정원—벌이 꽃의 전기장을 측정하고, 매미충이 식물의 줄기를 통해 진동 멜로디를 보내고, 새가 적자주색과 녹자주색의 숨겨진 팔레트를 보는 곳—에 존재한다. 팬데믹 때문에 집에 갇혀 이 책을 쓰는 동안, 나는 창밖의 나무에 모이는 사색형 색각자인 찌르레기들을 보기도 하고 나의 반려견 타이포와 함께 코를 쿵쿵거리고 놀기도 하며 숭고함을 발견했다. 광야는 멀리에 있지 않다. 우리는 계속해서 그것에 몸을 담그고 있다. 그것은 우리가 상상하고, 음미하고, 보호하기 위해 거기에 존재한다.

1934년 야콥 폰 윅스퀼은 진드기, 개, 갈까마귀, 벌의 감각을 고려한 후 천문학자들의 환경세계에 눈을 돌렸다.[67] 그는 이렇게 썼다. "거대한 광학 보조 장치를 통해 이 독특한 생물들은 '가장 먼 별'까지 우주 공간을 관통할 수 있는 눈을 가지고 있다. 그들의 환경세계에서, 태양과 행성은 엄숙한 속도로 회전한다." 천문학 도구는 어떤 동물도 자연적으로 감지할 수 없는 자극—엑스레이, 전파, (충돌하는 블랙홀에서 나오는) 중력파—을 포착할 수 있다. 그것은 인간의 환경세계를 우주 너머로 확장하며, 궁극적으로 태초로 되돌아간다.

규모 면에서 보잘것없지만, 생물학자들의 도구도 무한을 엿볼 수 있는 기회를 제공한다. 예컨대 엘리자베스 제이콥은 시선 추적기(검안경)를 사용해 깡충거미의 시선을 관찰했다. 알무트 켈버는 야간 투시경으로 어둠 속에서 꽃의 꿀을 빨아 먹는 주홍박각시를 관찰했다. 팔로마 곤살레스-벨리도는 고속 카메라를 이용해 킬러 파리가 얼마나 빨리 보는지 알아냈고, 켄 카타니아는 고속 카메라로 별코두더지가 촉각으로 사냥하는 방법을 알아냈다. 커트 슈웽크는 레이저를 이용해 뱀이 혀를 날름거릴 때 생성되는 와류를 시각화했다. 도널드 그리핀은 초음파 탐지기를 사용해 박쥐의 음파 탐지기를 발견했다. 렉스 코크로프트는 레이저 진동계와 클립온 마이크를 사용해 매미충을 도청할 수 있다. 크리스 클라크는 미국 해군의 SOSUS 수중 청음기를 사용해 대왕고래의 울음소리가 얼마나 멀리 갈 수 있는지 확인했다. 에릭 포춘을 비롯한 전기어 연구자들은 간단한 전극을 사용해 칼고기와 코끼리고기의 펄스를 들을 수 있다. 현미경, 카메라, 스피커, 인공위성, 녹음기, 심지어 바닥에 스탬프를 깔고 벽에 종이를 두른 새장을 이용해, 사람들은 다른 감각 세계를 탐험했다. 우리는 다양한 기술을 사용해 보이지 않는 것을 보이게 하고 들리지 않는 것을 들리게 해왔다.

다른 환경세계를 탐험하는 능력은 우리의 가장 위대한 감각 기술이다. 이 책의 도입부에서 상상했던 코끼리, 방울뱀 등의 동물들이 있는 가상의 방을 다시 생각해보라. 그 상상 속의 방에서, 인간—리베카—은 자외선 시각, 자기수용, 반향정위, 적외선 감각이 결여되어 있었다. 그러나 그녀는 다른 동물들이 무엇을 감지하는지 알 수 있는 유일한 생물이었고, 아마도 관심을 가질 수 있는 유일한 존재일 것이다.

보공나방은 금화조가 자신의 노래에서 무엇을 듣는지 결코 알지 못하고, 금화조는 검은유령칼고기의 전기적 윙윙거림을 결코 느끼지 못하고, 칼고기는 갯가재의 눈을 통해 볼 수 없고, 갯가재는 개와 같은 방식으로 냄새 맡지 못하고, 개는 박쥐가 된다는 게 어떤 기분인지 결코 이해하지 못할 것이다. 우리는 이런 일 중 어느 것도 제대로 할 수 없지만, 나름 근접할 수 있는 유일한 동물이다. 우리는 문어가 된다는 게 어떤 기분인지 결코 모를 수 있지만 적어도 문어가 존재하고 그들의 경험이 우리와 다르다는 것은 알고 있다.

참을성 있는 관찰을 통해, 우리가 사용할 수 있는 기술을 통해, 과학적 방법을 통해, 그리고 무엇보다도 호기심과 상상력을 통해, 우리는 그들의 세계에 발을 들여놓으려고 노력할 수 있다. 우리는 그렇게 하기로 결정해야 하며, 그런 결정을 내리는 것은 선물이다. 그 선물은 우리가 '얻어낸' 게 아니라 자연이 '거저 준' 것으로, 우리가 소중히 간직해야 할 축복이다.

이토록 굉장한 세계

감사의 말

2018년 말 나는 리즈 닐리와 함께 런던의 한 카페에 앉아, 그녀에게 '두 번째 책을 꼭 쓰고 싶지만 아이디어가 고갈되었다'고 말했다. 리즈는 참을성 있게 듣고 나서, '동물이 세상을 인식하는 방법에 대해 글을 쓸 수 있다'고 부드럽게 제안했다. 이런 종류의 일은 내 생활에서 자주 일어난다.

그 아이디어는 자연에 대한 우리의 공통된 관심에서 비롯되었다. 그것은 우리의 모든 경력에서 자연스럽게 흘러나왔다. 리즈는 '산호초 물고기의 시각계'에 대한 해양생물학 박사 학위 연구를 시작한 상태였고, 나는 10여 년 동안 감각생물학에 대해 글을 써온 터였다. 그것은 종종 간과되거나 듣도 보도 못한 생물들의 이야기를 들려주고 싶어 하는 우리의 열망을 반영했다. 이 책의 아이디어를 제안하고 집필 기간 내내 뒷받침했을 뿐만 아니라, 그 가치를 구체화하고 나에게 고취한 리즈에게 진심으로 감사한다. 그녀는 늘 명랑하고 호기심 많고 공감 능력이 뛰어나, 그녀를 아는 특권을 누린 사람들에게 동일한 자질을 전염시킨다. 리즈와 함께 시간을 보내면 세상과 그 거주자들을 새로운 방식으로 바라보게 되는데, 그 과정에서 내가 받는 느낌은 내가 이 책에서 사랑하는 독자들에게 주고 싶어 한 느낌과 전혀 다르지 않다.

콘셉트에서 완제품에 이르기까지 이 책을 이끌어준 사람들에게 감사드린다. 영국의 에이전트이자 친구인 윌 프랜시스는 처음부터 이 아이디어의 가능성을 간파하고, 그것을 책으로 탄생시키는 데 도움을 주었다. 미국 측 대리인 PJ 마크와 발행인 힐러리 레드몬은 초고를 편집해 형태를 갖추게 해준 지적 공모자다. 영국 측 발행인 스튜어트 윌리엄스는 원고를 예리하게 지적해주었다. 네 명 모두 내 첫 번째 책인《내 속엔 미생물이 너무도 많아》에도 참여했으며, 그들과 다시 작업하는 것은 마치 고향에 돌아온 듯한 느낌이었다.

〈디애틀랜틱〉의 편집자인 세라 래스코와 로스 앤더슨은 지난 몇 년 동안 나에게 글쓰기 방법을 가르치느라 큰 공을 들였다. 그들은 이 책에 직접 개입하지는 않았지만 깊은 영향력을 행사했다. 또한 그들은 로버트 브레너, 미한 크리스트, 톰 쿤리프, 로즈 에벨레스, 내털리 오문센, 세라 레이미, 리베카 스클루트, 벡 스미스, 매디 소피아, 마리암 자링할람과 함께 ('동물의 감각'이라는 즐거운 영역에서 '고단하고 비극적인 세계'로 관심을 돌리게 한) 코로나19 팬데믹 기간 동안 나를 지탱해주었다.

나는 이 책을 쓰는 과정에서 일일이 열거할 수 없을 정도로 많은 과학자들과 이야기를 나누었는데, 그들 중 상당수는 바쁜 와중에도 믿을 수 없을 정도로 관대했다. 다양한 장章에 대한 중요한 피드백과 심도 있는 토론을 제공해준 제시 바버, 브루스 칼슨, 렉스 코크로프트, 로빈 크룩, 헤더 아이스턴, 켄 로만, 콜린 라이히무스, 캐시 스토더드, 에릭 워런트에게 깊은 감사를 드린다. 방금 언급한 과학자들 중 대부분과 휘틀로 아우, 고든 바우어, 아드리아나 브리스코, 아스트라 브라이언트, 룰론 클라크, 톰 크로닌, 몰리 커밍스, 엘레나 그라체바, 프랭크 그라소, 알렉산드라 호로비츠, 마틴 하우, 엘리자베스 제이콥, 손케 욘센, 수잰 아마도르 케인, 대니얼 키시, 대니얼 크로나워, 트래비스 롱코어, 맬컴 매키버, 저스틴 마셜, 베스 모티머, 신디 모스, 파울 나흐티갈, 단-에릭 닐손, 토머스 파크, 대니얼 로버트, 니컬러스 로버츠, 마이크 라이언, 네이트 소텔, 커트 슈웽크, 짐 시먼스, 다프네 소아레스, 에이미 스트리츠, 레슬리 보셜, 캐런 워켄틴, 조지 위트마이어는 실험실, 동물 또는 자신의 삶을 다양하게 보여주었다. 초기에 격려와 매우 유용한 슬라이드 세트를 제공한 매슈 콥, 통증에 대한 장을 집필하는 동안 생각할 수 있도록 도와준 캐서린 윌리엄스, 감각 통합에 대한 장을 구성하는 데 도움을 준 마이클 헨드릭스, 자신의 시력 연구에 기반하여 맞춤형 그림(104쪽)을 만들어준 엘리너 케이브스에게 특별한 감사를 드린다. 그리고 특별히 도움이 된 토론에 함께한 브라이언 브랜스테터, 켄 카타니아, 커트 프리스트럽, 어맨다 멜린, 네이트 모어하우스, 아우데 파치니에게도 감사드린다.

또한 '기술과 장애의 교차점'에 대한 뛰어난 사상가인 애슐리 슈에게 깊이 감사한다. 원고를 꼼꼼하고 세심하게 읽은 후, 감각에 대한 많은 글의 특징인 교묘한 장애인 차별적 언어와 발상을 피할 수 있도록 도와주었기 때문이다(그래도 남아 있는 오류는 전적으로 나의 부주의 탓이다). 반려견 핀, 방울뱀 마거릿, 잔점박이물범 스프라우츠, 매너티 휴와 버핏, 큰갈색박쥐 지퍼, 전기메기 블러비, 문어 콸리아와 라, 그리고 내 손가락을 강타한 이름 없는 갯가재를 만나서 반가웠다.

마지막으로 모로, 엘러스, 아테나, 루비, 미지, 에즈라, 빙고, 넬리, 베넷, 마고, 카넬라, 돌리, 팀, 재닛, 클래런스, 자코, 위스키, 케일럽, 포시, 테슬라, 크로스비, 빙, 베어, 버디, 미키, 그리고 특히 '내 머릿속뿐만 아니라 내 마음과 가정에도 동물을 간직하는 법'을 가르쳐준 나의 소중한 타이포에게 감사한다. 내가 깜빡 잊은 게 분명한 다른 훌륭한 반려견과 반려묘들에게 정말 미안하다. 그들이 이 글을 읽을 수 없어서 천만다행이다.

이토록 굉장한 세계

미주

들어가며 지구를 이해하는 새로운 방식

1 Uexküll, 1909.

2 윅스퀼의 주요 저술의 현대적 번역: Uexküll (2010).

3 Uexküll, 2010, p. 200.

4 Beston, 2003, p. 25.

5 감각생물학의 기초에 관한 고전적 저술: Dusenberg (1992).

6 Mugan and MacIver, 2019.

7 Niven and Laughlin, 2008; Moran, Softley, and Warrant, 2015.

8 Wehner, 1987.

9 Uexküll, 2010, p. 51.

10 Pyenson et al., 2012.

11 Johnsen, 2017.

12 Macpherson, 2011.

13 Macpherson, 2011, p. 36.

14 Nagel, 1974, pp. 438–439.

15 Griffin, 1974.

16 Horowitz, 2010, p. 243.

17 Proust, 1993, p. 343.

1장 냄새와 맛 예외 없이 모두가 느낄 수 있는

1 개와 개의 후각에 대한 상세한 정보: Alexandra Horowitz (2010, 2016).

2 Kaminski et al., 2019.

3 Craven, Paterson, and Settles, 2010.

4 Quignon et al., 2012.

5 Craven, Paterson, and Settles, 2010.

6 Steen et al., 1996.

7 Krestel et al., 1984; Walker et al., 2006; Wackermannová, Pinc, and Jebavý, 2016.

8 Krestel et al., 1984.

9 Hepper, 1988.

10 Hepper and Wells, 2005.

11 King, Becker, and Markee, 1964.

12 Smith et al., 2004.

13 Miller, Maritz, et al., 2015.

14 Horowitz and Franks, 2020.

15 Duranton and Horowitz, 2019.

16 Pihlström et al., 2005.

17 Laska, 2017.

18 McGann, 2017.

19 Weiss et al., 2020.

20 Darwin, 1871, volume 1, p. 24.

21 Kant, 2007, p. 270.

22 Majid, 2015.

23 Ackerman, 1991, p. 6.

24 Majid et al., 2017; Majid and Kruspe, 2018.

25 Porter et al., 2007.

26 Silpe and Bassler, 2019.

27 Dusenbery, 1992

28 후각의 기초에 대한 탁월한 검토: Keller and Vosshall (2004b).

29 Keller and Vosshall, 2004b.

30 Ravia et al., 2020.

31 냄새에 대한 검토: Eisten (2002); Ache and Young (2005); Bargmann (2006).

32 Firestein, 2005.

33 Keller and Vosshall, 2004a.

34 Keller et al., 2007.

35 Vogt and Riddiford, 1981.

36 Kalberer, Reisenman, and Hildebrand, 2010.

37 Atema, 2018.

38 Haynes et al., 2002.

39 동물의 페로몬에 대한 검토: Wyatt (2015a).

40 Wyatt, 2015b.

41 Wyatt, 2015b.

42 Leonhardt et al., 2016.

43 Tumlinson et al., 1971.

44 Sharma et al., 2015.

45 Monnin et al., 2002.

46 Lenoir et al., 2001.

47 Schneirla, 1944.

48 Yong, 2020.

49 Wilson, Durlach, and Roth, 1958.

50 Treisman, 2010.

51 D'Ettorre, 2016.

52 Moreau et al., 2006.

53 McKenzie and Kronauer, 2018.

54 McKenzie and Kronauer, 2018.

55 Trible et al., 2017.

56 Forel, 1874.

57 Atema, 2018.

58 Roberts et al., 2010.

59 Schiestl et al., 2000.

60 Wilson, 2015.

61 Niimura, Matsui, and Touhara, 2014.

62 McArthur et al., 2019.

63 Miller, Hensman, et al., 2015.

64 von Dürckheim et al., 2018.

65 Plotnik et al., 2019.

66 Bates et al., 2007.

67 Moss, 2000.

68 Hurst et al., 2008.

69 Rasmussen et al., 1996.

70 Rasmussen and Schulte, 1998.

71 Hurst et al., 2008.

72 Bates et al., 2008.

73 Miller, Hensman, et al., 2015.

74 Ramey et al., 2013.

75 Rasmussen and Krishnamurthy, 2000.

76 Wisby and Hasler, 1954.

77 Bingman et al., 2017.

78 Owen et al., 2015.

79 Jacobs, 2012.

80 Stager, 1964; Birkhead, 2013; Eaton, 2014.

81 Audubon, 1826.

82 Stager, 1964.

83 뱅과 웬젤의 영향에 관한 역사적 고찰: Nevitt and Hagelin (2009).

84 Bang, 1960; Bang and Cobb, 1968.

85 Nevitt and Hagelin, 2009.

86 Zelenitsky, Therrien, and Kobayashi, 2009.

87 Sieck and Wenzel, 1969.

88 Wenzel and Sieck, 1972.

89 Nevitt and Hagelin, 2009.

90 Nevitt, 2000.

91 Nevitt, Veit, and Kareiva, 1995.

92 Nevitt and Bonadonna, 2005.

93 Bonadonna et al., 2006; Van Buskirk and Nevitt, 2008.

94 Nevitt, Losekoot, and Weimerskirch, 2008.

95 Nevitt, 2008; Nevitt, Losekoot, and Weimerskirch, 2008.

96 Gagliardo et al., 2013.

97 Nicolson, 2018, p. 230.

98 Sobel et al., 1999.

99 Schwenk, 1994.

100 Shine et al., 2003.

101 Ford and Low, 1984.

102 Schwenk, 1994.

103 Clark, 2004; Clark and Ramirez, 2011.

104 Durso, 2013.

105 Chiszar et al., 1983, 1999; Chiszar, Walters, and Smith, 2008.

106 Smith et al., 2009.

107 Ryerson, 2014.

108 Baxi, Dorries, and Eisthen, 2006.

109 Kardong and Berkhoudt, 1999.

110 Baxi, Dorries, and Eisthen, 2006.

111 Pain, 2001.

112 Yarmolinsky, Zuker, and Ryba, 2009.

113 Secor, 2008.

114 de Brito Sanchez et al., 2014.

115 Thoma et al., 2016.

116 Van Lenteren et al., 2007.

117 Dennis, Goldman, and Vosshall, 2019.

118 Raad et al., 2016.

119 Yanagawa, Guigue, and Marion-Poll, 2014.

120 Atema, 1971; Caprio et al., 1993.

121 Kasumyan, 2019.

122 Caprio, 1975.

123 Caprio et al., 1993.

124 Jiang et al., 2012.

125 Shan et al., 2018.

126 Johnson et al., 2018.

127 Toda et al., 2021.

128 Baldwin et al., 2014.

129 Nilsson, 2009.

2장 빛 각각의 눈이 바라보는 수백 개의 우주

1 Cross et al., 2020.

2 Morehouse, 2020.

3 자신의 연구에 대한 저자의 훌륭한 설명: Land (2018).

4 Land, 1969a, 1969b.

5 Land, 2018, p. 107.

6 Jakob et al., 2018.

7 Nilsson et al., 2012; Polilov, 2012.

8 동물의 눈에 대한 검토: Nilsson (2009).

9 Stowasser et al., 2010; Thomas, Robison, and Johnsen, 2017.

10 Li et al., 2015.

11 Goté et al., 2019.

12 Johnsen, 2012, p. 2.

13 Porter et al., 2012.

14 Porter et al., 2012.

15 시각과 그 다양한 용도에 대한 환상적이고 매우 읽기 쉬운 입문서: *Visual Ecology* (Cronin et al., 2014).

16 Nilsson, 2009.

17 Plachetzki, Fong, and Oakley, 2012.

18 Crowe-Riddell, Simões, et al., 2019.

19 Kingston et al., 2015.

20 Arikawa, 2001.

21 Parker, 2004.

22 Darwin, 1958, p. 171.

23 Picciani et al., 2018.

24 Nilsson and Pelger, 1994.

25 Garm and Nilsson, 2014.

26 Schuergers et al., 2016.

27 Gavelis et al., 2015.

28 Caro, 2016.

29 Melin et al., 2016.

30 Caro et al., 2019.

31 동물의 시력에 대한 탁월한 검토: Caves, Brandley, and Johnsen (2018).

32 Reymond, 1985; Mitkus et al., 2018.

33 Fox, Lehmkuhle, and Westendorf, 1976.

34 Caves, Brandley, and Johnsen, 2018.

35 Veilleux and Kirk, 2014; Caves, Brandley, and Johnsen, 2018.

36 Feller et al., 2021.

37 Kirschfeld, 1976.

38 Mitkus et al., 2018.

39 Land, 1966.

40 Speiser and Johnsen, 2008a.

41 Speiser and Johnsen, 2008b.

42 Land, 2018.

43 Palmer et al., 2017.

44 Li et al., 2015.

45 Bok, Capa, and Nilsson, 2016.

46 Land, 2003.

47 Sumner-Rooney et al., 2018.

48 Ullrich-Luter et al., 2011.

49 Sumner-Rooney et al., 2020.

50 Carrete et al., 2012.

51 Martin, Portugal, and Murn, 2012.

52 Martin (2012). (조류의 시야에 대한 자신의 많은 논문을 검토하고 인용함).

53 Martin, 2012.

54 Moore et al., 2017; Baden, Euler, and Berens, 2020.

55 Stamp Dawkins, 2002.

56 Mitkus et al., 2018.

57 Potier et al., 2017.

58 광범위한 실험 검토: Rogers (2012).

59 Hanke, Römer, and Dehnhardt, 2006.

60 Hughes, 1977.

61 동물 망막의 분할에 대한 탁월한 검토: Baden, Euler, and Berens (2020).

62 Mass and Supin, 1995; Baden, Euler, and Berens, 2020.

63 Mass and Supin, 2007.

64 Katz et al., 2015.

65 Perry and Desplan, 2016.

66 Owens et al., 2012.

67 Partridge et al., 2014.

68 Thomas, Robison, and Johnsen, 2017.

69 Meyer-Rochow, 1978.

70 Simons, 2020.

71 Wardill et al., 2013.

72 Gonzalez-Bellido, Wardill, and Juusola, 2011.

73 Gonzalez-Bellido, Wardill, and Juusola, 2011.

74 Masland, 2017.

75 Laughlin and Weckström, 1993.

76 여러 동물의 CF 값: Healy et al. (2013); Inger et al. (2014).

77 Fritsches, Brill, and Warrant, 2005.

78 Boström et al., 2016.

이토록 굉장한 세계

79   Evans et al., 2012.

80   Ruck, 1958.

81   Warrant et al., 2004.

82   O'Carroll and Warrant, 2017.

83   O'Carroll and Warrant, 2017.

84   Niven and Laughlin, 2008; Moran, Softley, and Warrant, 2015.

85   Porter and Sumner-Rooney, 2018.

86   Porter and Sumner-Rooney, 2018.

87   Warrant, 2017.

88   Stokkan et al., 2013.

89   Collins, Hendrickson, and Kaas, 2005.

90   Warrant and Locket, 2004.

91   바다에서의 시각에 대한 두 가지 훌륭한 검토: Warrant and Locket (2004); Johnsen (2014).

92   Widder, 2019.

93   Johnsen and Widder, 2019.

94   Nilsson et al., 2012.

95   Nilsson et al., 2012.

96   Schrope, 2013.

97   Kelber, Balkenius, and Warrant, 2002.

3장 색깔 빨강, 초록, 파랑으로 표현할 수 없는 세계

1   Tansley, 1965.

2   Neitz, Geist, and Jacobs, 1989.

3   Neitz, Geist, and Jacobs, 1989.

4   색각에 대한 탁월한 입문서: Osorio and Vorobyev (2008); Cuthill et al. (2017); Cronin et al. (2014)의 7장.

5   특이한 색각에 대한 검토: Marshall and Arikawa (2014).

6   Sacks and Wasserman, 1987.

7   Emerling and Springer, 2015.

8   Peichl, 2005; Hart et al., 2011.

9   Peichl, Behrmann, and Kröger, 2001.

10   Hanke and Kelber, 2020.

11   Seidou et al., 1990.

12   Maximov, 2000.

13   Neitz, Geist, and Jacobs, 1989.

14   Paul and Stevens, 2020.

15   Colour Blind Awareness, n.d.

16   Carvalho et al., 2017.

17   Carvalho et al., 2017.

18   Pointer and Attridge, 1998; Neitz, Carroll, and Neitz, 2001.

19 Mollon, 1989; Osorio and Vorobyev, 1996; Smith et al., 2003.

20 Dominy and Lucas, 2001; Dominy, Svenning, and Li, 2003.

21 Jacobs, 1984.

22 Jacobs and Neitz, 1987.

23 Saito et al., 2004.

24 Jacobs and Neitz, 1987.

25 Fedigan et al., 2014.

26 Melin et al., 2007, 2017.

27 Mancuso et al., 2009.

28 Lubbock, 1881.

29 Dusenbery, 1992.

30 UV 시각과 그 역사에 대한 탁월한 개요: Cronin and Bok (2016).

31 Goldsmith, 1980.

32 Jacobs, Neitz, and Deegan, 1991.

33 Douglas and Jeffery, 2014.

34 Zimmer, 2012.

35 Tedore and Nilsson, 2019.

36 Marshall, Carleton, and Cronin, 2015.

37 Tyler et al., 2014.

38 Primack, 1982.

39 Herberstein, Heiling, and Cheng, 2009.

40 Andersson, Ornborg, and Andersson, 1998; Hunt et al., 1998.

41 Eaton, 2005.

42 Cummings, Rosenthal, and Ryan, 2003.

43 Siebeck et al., 2010.

44 Stevens and Cuthill, 2007.

45 Viitala et al., 1995.

46 Lind et al., 2013.

47 Stoddard et al., 2020.

48 색각의 등장에 대한 고전적인 논문: Kelber, Vorobyev, and Osorio (2003).

49 Stoddard et al., 2020.

50 Stoddard et al., 2019.

51 Neumeyer, 1992.

52 Collin et al., 2009.

53 Hines et al., 2011.

54 Briscoe et al., 2010.

55 Finkbeiner et al., 2017.

56 McCulloch, Osorio, and Briscoe, 2016.

57 Jordan et al., 2010.

58 Greenwood, 2012; Jordan and Mollon, 2019.

59 Zimmermann et al., 2018.

60 Koshitaka et al., 2008; Chen et al., 2016; Arikawa, 2017.

61 Patek, Korff, and Caldwell, 2004.

62 Marshall, 1988.

63 Cronin and Marshall, 1989a, 1989b.

64 갯가재의 시각에 대한 탁월한 검토: Cronin, Marshall, and Caldwell (2017).

65 Marshall and Oberwinkler, 1999; Bok et al., 2014.

66 Inman, 2013.

67 Thoen et al., 2014.

68 Daly et al., 2018.

69 Marshall, Land, and Cronin, 2014.

70 Land et al., 1990.

71 Marshall et al., 2019b.

72 Temple et al., 2012.

73 Chiou et al., 2008.

74 Daly et al., 2016.

75 Gagnon et al., 2015.

76 Cronin, 2018.

77 Hiramatsu et al., 2017; Moreira et al., 2019.

78 Marshall et al., 2019a.

79 Maan and Cummings, 2012.

80 Chittka and Menzel, 1992.

81 Chittka, 1997.

4장 통증 아픔이 고통이기만 할까?

1 Braude et al., 2021.

2 Park, Lewin, and Buffenstein, 2010; Braude et al., 2021.

3 Catania and Remple, 2002.

4 Van der Horst et al., 2011.

5 Park et al., 2017.

6 Zions et al., 2020.

7 Park et al., 2017.

8 LaVinka and Park, 2012.

9 Park et al., 2008.

10 Poulson et al., 2020.

11 통각의 기본에 대한 검토: Kavaliers (1988); Lewin, Lu, and Park(2004); Tracey (2017).

12 Smith, Park, and Lewin, 2020.

13 Smith et al., 2011.

14 Liu et al., 2014.

15 Jordt and Julius, 2002.

16   Melo et al., 2021.

17   Rowe et al., 2013.

18   Sherrington, 1903.

19   통각과 통증에 대한 탁월한 검토: Sneddon (2018); Williams et al. (2019).

20   Cox et al., 2006; Goldberg et al., 2012.

21   Cox et al., 2006.

22   Cowart, 2021.

23   이 주제에 관한 훌륭한 책: *The Lady's Handbook for Her Mysterious Illness* by Sarah Ramey (2020) and *Doing Harm* by Maya Dusenbery (2018).

24   동물의 통증에 대한 검토: Sneddon (2018).

25   Bateson, 1991.

26   Sullivan, 2013.

27   Sneddon et al., 2014.

28   Anand, Sippell, and Aynsley-Green, 1987.

29   Broom, 2001.

30   Li, 2013; Lu et al., 2017.

31   Sneddon, Braithwaite, and Gentle, 2003a, 2003b.

32   Dunlop and Laming, 2005; Reilly et al., 2008.

33   Bjørge et al., 2011; Mettam et al., 2011.

34   Sneddon, 2013.

35   Millsopp and Laming, 2008.

36   Braithwaite, 2010.

37   Rose et al., 2014; Key, 2016.

38   Rose et al., 2014; Key, 2016; Sneddon, 2019.

39   Rose et al., 2014.

40   Braithwaite and Droege, 2016.

41   Dinets, 2016.

42   Marder and Bucher, 2007.

43   Garcia-Larrea and Bastuji, 2018.

44   Adamo, 2016, 2019.

45   Appel and Elwood, 2009; Elwood and Appel, 2009.

46   Elwood, 2019.

47   Sneddon et al., 2014.

48   Chittka and Niven, 2009.

49   Bateson, 1991; Elwood, 2011.

50   Stiehl, Lalla, and Breazeal, 2004; Lee-Johnson and Carnegie, 2010; Ikinamo, 2011.

51   Hochner, 2012.

52   European Parliament, Council of the European Union, 2010.

53   Crook et al., 2011.

54   Crook, Hanlon, and Walters, 2013.

55 Crook et al., 2014.

56 Alupay, Hadjisolomou, and Crook, 2014.

57 Alupay, Hadjisolomou, and Crook, 2014.

58 Crook, 2021.

59 Chatigny, 2019.

60 Eisemann et al., 1984.

61 Eisemann et al., 1984.

5장 열 걱정 마세요, 춥지 않습니다

1 Geiser, 2013

2 Daan, Barnes, and Strijkstra, 1991.

3 Andrews, 2019.

4 Matos-Cruz et al., 2017.

5 Matos-Cruz et al., 2017.

6 동물이 견딜 수 있는 온도의 범위 검토: McKemy (2007); Sengupta and Garrity (2013).

7 Matos-Cruz et al., 2017; Hoffstaetter, Bagriantsev, and Gracheva, 2018.

8 Hoffstaetter, Bagriantsev, and Gracheva, 2018.

9 Gracheva and Bagriantsev, 2015.

10 Matos-Cruz et al., 2017.

11 Key et al., 2018.

12 Hoffstaetter, Bagriantsev, and Gracheva, 2018.

13 Laursen et al., 2016.

14 Gehring and Wehner, 1995; Ravaux et al., 2013.

15 Hartzell et al., 2011.

16 Corfas and Vosshall, 2015.

17 Heinrich, 1993.

18 Simóes et al., 2021.

19 Wurtsbaugh and Neverman, 1988; Thums et al., 2013.

20 Bates et al., 2010.

21 Tsai et al., 2020.

22 Du et al., 2011.

23 Schmitz and Bousack, 2012.

24 Linsley, 1943.

25 Linsley and Hurd, 1957.

26 Schmitz, Schmitz, and Schneider, 2016.

27 Schütz et al., 1999.

28 Dusenbery, 1992; Schmitz, Schmitz, and Schneider, 2016.

29 Schmitz and Bleckmann, 1998.

30 Schmitz and Bousack, 2012.

31 Schneider, Schmitz, and Schmitz, 2015.

32 Schmitz, Schmitz, and Schneider, 2016.

33 Bisoffi et al., 2013.

34 Bryant and Hallem, 2018; Bryant et al., 2018.

35 Windsor, 1998; Forbes et al., 2018.

36 Lazzari, 2009; Chappuis et al., 2013; Corfas and Vosshall, 2015.

37 Kürten and Schmidt, 1982.

38 Gracheva et al., 2011.

39 Carr and Salgado, 2019.

40 Goris, 2011.

41 Gracheva et al., 2010.

42 Ros, 1935.

43 Noble and Schmidt, 1937.

44 Kardong and Mackessy, 1991.

45 Bullock and Diecke, 1956.

46 Ebert and Westhoff, 2006.

47 Hartline, Kass, and Loop, 1978; Newman and Hartline, 1982.

48 Goris, 2011.

49 Rundus et al., 2007.

50 Bakken and Krochmal, 2007.

51 Schraft, Bakken, and Clark, 2019.

52 Shine et al., 2002.

53 Chen et al., 2012.

54 Goris, 2011.

55 Bleicher et al., 2018; Embar et al., 2018.

56 Schraft and Clark, 2019.

57 Schraft, Goodman, and Clark, 2018.

58 Cadena et al., 2013.

59 Bakken et al., 2018.

60 Gläser and Kröger, 2017; Kröger and Goiricelaya, 2017.

61 Bálint et al., 2020.

6장 촉감과 흐름 이보다 민감할 순 없다

1 Monterey Bay Aquarium, 2016.

2 Kuhn et al., 2010.

3 Costa and Kooyman, 2011.

4 Yeates, Williams, and Fink, 2007.

5 Radinsky, 1968.

6 Wilson and Moore, 2015.

7 Strobel et al., 2018.

8 Strobel et al., 2018.

9 Thometz et al., 2016.

10 촉각에 대한 검토: Prescott and Dürr (2015).

11 다양한 종류의 촉각 센서 검토: Zimmerman, Bai, and Ginty (2014); Moayedi, Nakatani, and Lumpkin (2015).

12 Walsh, Bautista, and Lumpkin, 2015.

13 Carpenter et al., 2018.

14 Skedung et al., 2013.

15 Prescott, Diamond, and Wing, 2011.

16 Skedung et al., 2013.

17 별코두더지에 대한 카타니아의 설명: Catania (2011).

18 Catania, 1995b.

19 Catania, Northcutt, and Kaas, 1999.

20 Catania et al., 1993.

21 Catania and Kaas, 1997b.

22 Catania, 1995a.

23 Catania and Kaas, 1997a.

24 Catania and Remple, 2004, 2005.

25 Gentle and Breward, 1986.

26 Schneider et al., 2014, 2017.

27 Birkhead, 2013, p. 78.

28 Schneider et al., 2019.

29 Piersma et al., 1995.

30 Piersma et al., 1998.

31 Cunningham, Castro, and Alley, 2007; Cunningham et al., 2010.

32 Gal et al., 2014.

33 Cohen et al., 2020.

34 Hardy and Hale, 2020.

35 Seneviratne and Jones, 2008.

36 Seneviratne and Jones, 2008.

37 Cunningham, Alley, and Castro, 2011.

38 Persons and Currie, 2015.

39 Prescott and Dürr, 2015.

40 포유류의 코털에 대한 검토: Prescott, Mitchinson, and Grant (2011).

41 Bush, Solla, and Hartmann, 2016.

42 Grant, Breakell, and Prescott, 2018.

43 Grant, Sperber, and Prescott, 2012.

44 Arkley et al., 2014.

45 Mitchinson et al., 2011.

46 Mitchinson et al., 2011.

47 Marshall, Clark, and Reep, 1998.

48 매너티의 코털에 대한 검토: Reep and Sarko (2009); Bauer, Reep, and Marshall (2018).

49 Marshall et al., 1998.

50 Bauer et al., 2012.

51 Crish, Crish, and Comer, 2015; Sarko, Rice, and Reep, 2015.

52 Reep, Marshall, and Stoll, 2002.

53 Gaspard et al., 2017.

54 Hanke and Dehnhardt, 2015.

55 Murphy, Reichmuth, and Mann, 2015.

56 Dehnhardt, Mauck, and Hyvärinen, 1998.

57 Dehnhardt et al., 2001.

58 Hanke et al., 2010.

59 Wieskotten et al., 2010.

60 Wieskotten et al., 2011.

61 Niesterok et al., 2017.

62 측선에 대한 검토: Montgomery, Bleckmann, and Coombs (2013).

63 Dijkgraaf, 1989.

64 Dijkgraaf, 1989.

65 Hofer, 1908.

66 Dijkgraaf, 1963.

67 Dijkgraaf, 1963.

68 Webb, 2013; Mogdans, 2019.

69 Partridge and Pitcher, 1980.

70 Pitcher, Partridge, and Wardle, 1976.

71 Webb, 2013.

72 Mogdans, 2019.

73 Montgomery and Saunders, 1985.

74 Yoshizawa et al., 2014; Lloyd et al., 2018.

75 Patton, Windsor, and Coombs, 2010.

76   Haspel et al., 2012.

77 Haspel et al., 2012.

78 Soares, 2002.

79 Soares, 2002.

80 Leitch and Catania, 2012.

81 Crowe-Riddell, Williams, et al., 2019.

82 Ibrahim et al., 2014.

83 Carr et al., 2017.

84 Kane, Van Beveren, and Dakin, 2018.

85 Kane, Van Beveren, and Dakin, 2018.

86 Necker, 1985; Clark and de Cruz, 1989.

87 Brown and Fedde, 1993.

ᅟ

88 Sterbing-D'Angelo et al., 2017.

89 Sterbing-D'Angelo and Moss, 2014.

90 떠돌이호랑거미 연구에 대한 저자의 설명: Barth (2002).

91 Barth, 2015.

92 Seyfarth, 2002.

93 Barth and Höller, 1999.

94 Klopsch, Kuhlmann, and Barth, 2012, 2013.

95 Casas and Dangles, 2010.

96 Dangles, Casas, and Coolen, 2006; Casas and Steinmann, 2014.

97 Di Silvestro, 2012.

98 Shimozawa, Murakami, and Kumagai, 2003.

99 Tautz and Markl, 1978.

100 Tautz and Rostás, 2008.

7장 표면 진동 땅이 속삭이는 이야기

1 Warkentin, 1995.

2 Cohen, Seid, and Warkentin, 2016.

3 Warkentin, 2005; Caldwell, McDaniel, and Warkentin, 2010.

4 환경에서 신호를 받아 부화하는 배아에 대한 검토: Warkentin (2011).

5 Jung et al., 2019.

6 Jung et al., 2019.

7 Caldwell, McDaniel, and Warkentin, 2010.

8 Takeshita and Murai, 2016.

9 Hager and Kirchner, 2013.

10 Han and Jablonski, 2010.

11 Hill, 2009; Hill and Wessel, 2016; Mortimer, 2017.

12 Hill, 2014.

13 진동을 이용한 의사소통에 관한 페기 힐의 중요한 진술: Hill (2008)의 2쪽에서 인용됨.

14 곤충의 진동을 이용한 의사소통 검토: Cocroft and Rodríguez (2005); Cocroft (2011).

15 Cokl and Virant-Doberlet, 2003.

16 treehoppers.insectmuseum.org.

17 Cocroft and Rodríguez, 2005.

18 Cocroft, 1999.

19 Hamel and Cocroft, 2012.

20 Legendre, Marting, and Cocroft, 2012.

21 Eriksson et al., 2012; Polajnar et al., 2015.

22 Yadav, 2017.

23 Hager and Krausa, 2019.

24 Ossiannilsson, 1949.

25 모래전갈 연구에 저자의 설명: Brownell (1984).

26 Brownell and Farley, 1979c.

27 Brownell and Farley, 1979a.

28 Brownell and Farley, 1979b.

29 Woith et al., 2018.

30 Fertin and Casas, 2007; Martinez et al., 2020.

31 Mencinger-Vračko and Devetak, 2008.

32 Catania, 2008; Mitra et al., 2009.

33 Darwin, 1890.

34 Mason, 2003.

35 Lewis et al., 2006.

36 Narins and Lewis, 1984; Mason and Narins, 2002.

37 Mason, 2003.

38 Hill, 2008, p. 120.

39 코끼리 연구에 대한 저자의 설명: O'Connell (2008).

40 O'Connell-Rodwell, Hart, and Arnason, 2001.

41 O'Connell-Rodwell et al., 2006.

42 O'Connell, 2008, p. 180.

43 O'Connell-Rodwell et al., 2007.

44 O'Connell, Arnason, and Hart, 1997; Günther, O'Connell-Rodwell, and Klemperer, 2004.

45 Smith et al., 2018.

46 Phippen, 2016.

47 Standing Bear, 2006, p. 192.

48 거미줄과 그 진화에 관한 탁월한 책: Brunetta and Craig (2012).

49 Agnarsson, Kuntner, and Blackledge, 2010.

50 Blackledge, Kuntner, and Agnarsson, 2011.

51 Masters, 1984.

52 Landolfa and Barth, 1996.

53 Robinson and Mirick, 1971; Suter, 1978.

54 Klärner and Barth, 1982.

55 Vollrath, 1979a, 1979b.

56 Wignall and Taylor, 2011.

57 Wilcox, Jackson, and Gentile, 1996.

58 Barth, 2002, p. 19.

59 Mortimer et al., 2014.

60 Mortimer et al., 2016.

61 Watanabe, 1999, 2000.

62 Nakata, 2010, 2013.

63 확장된 인지의 예(例)로서 거미줄에 대한 훌륭한 검토: Japyassú and Laland (2017)

64 Mhatre, Sivalinghem, and Mason, 2018.

8장 소리 세상의 모든 귀를 찾아서

1   원숭이올빼미 연구에 대한 저자의 설명: Payne (1971).

2   Payne, 1971.

3   Dusenbery, 1992.

4   Konishi, 1973, 2012.

5   Krumm et al., 2017.

6   Knudsen, Blasdel, and Konishi, 1979.

7   Payne, 1971.

8   Carr and Christensen-Dalsgaard, 2015, 2016.

9   오래되었지만 훌륭한, 동물의 청각에 대한 검토: Stebbins (1983) (인용문은 1쪽에서).

10 Weger and Wagner, 2016; Clark, LePiane, and Liu, 2020.

11 Konishi, 2012.

12 Webster and Webster, 1980.

13 Webster, 1962; Stangl et al., 2005.

14 Webster and Webster, 1971.

15 곤충의 귀에 대한 검토: Fullard and Yack (1993); Göpfert and Hennig (2016).

16 Göpfert and Hennig, 2016.

17 Robert, Mhatre, and McDonagh, 2010.

18 Göpfert, Surlykke, and Wasserthal, 2002; Montealegre-Z et al., 2012.

19 Menda et al., 2019.

20 Taylor and Yack, 2019.

21 Yager and Hoy, 1986; Van Staaden et al., 2003.

22 Pye, 2004.

23 Fullard and Yack, 1993.

24 Strauß and Stumpner, 2015.

25 Lane, Lucas, and Yack, 2008.

26 Fournier et al., 2013.

27 Gu et al., 2012.

28 Robert, Amoroso, and Hoy, 1992.

29 Mason, Oshinsky, and Hoy, 2001; Müller and Robert, 2002.

30 Miles, Robert, and Hoy, 1995.

31 Webb, 1996.

32 Webb, 1996.

33 Zuk, Rotenberry, and Tinghitella, 2006; Schneider et al., 2018.

34 Ryan, 1980.

35 Ryan, 1980.

36 Ryan et al., 1990.

37 Ryan and Rand, 1993.

38 Ryan and Rand, 1993.

39 Ryan and Rand, 1993.

40 통가라개구리 연구에 대한 저자의 설명: Ryan (2018).

41 Basolo, 1990.

42 Tuttle and Ryan, 1981.

43 Page and Ryan, 2008.

44 Bernal, Rand, and Ryan, 2006.

45 새의 청각에 대한 검토: Dooling and Prior (2017).

46 Birkhead, 2013.

47 Konishi, 1969.

48 Dooling, Lohr, and Dent, 2000.

49 Dooling et al., 2002.

50 Vernaleo and Dooling, 2011.

51 Lawson et al., 2018.

52 Dooling and Prior, 2017.

53 Fishbein et al., 2020.

54 Prior et al., 2018.

55 Lucas et al., 2002.

56 Henry et al., 2011.

57 Lucas et al., 2007.

58 Lucas et al., 2007.

59 Noirot et al., 2009.

60 Gall, Salameh, and Lucas, 2013.

61 Caras, 2013.

62 Sisneros, 2009.

63 Gall and Wilczynski, 2015.

64 Kwon, 2019.

65 Payne and McVay, 1971.

66 Payne and Webb, 1971.

67 Schevill, Watkins, and Backus, 1964.

68 Narins, Stoeger, and O'Connell-Rodwell, 2016.

69 Payne and Webb, 1971.

70 Clark and Gagnon, 2004.

71 Costa, 1993.

72 Kuna and Nábělek, 2021.

73 Tyack and Clark, 2000.

74 Goldbogen et al., 2019.

75 Mourlam and Orliac, 2017.

76 Shadwick, Potvin, and Goldbogen, 2019.

77 코끼리 연구에 대한 저자의 설명: Payne (1999).

78 Payne, 1999, p. 20.

79 Payne, Langbauer, and Thomas, 1986.

80 Poole et al., 1988.

81 Poole et al., 1988.

82 Garstang et al., 1995.

83 Ketten, 1997.

84 Miles, Robert, and Hoy, 1995.

85 Sidebotham, 1877.

86 Noirot, 1966; Zippelius, 1974; Sales, 2010.

87 Sewell, 1970.

88 Panksepp and Burgdorf, 2000.

89 Wilson and Hare, 2004.

90 Holy and Guo, 2005.

91 Neunuebel et al., 2015.

92 초음파를 이용한 의사소통에 대한 검토: Arch and Narins (2008).

93 Heffner, 1983; Heffner and Heffner, 1985, 2018; Kojima, 1990; Ridgway and Au, 2009; Reynolds et al., 2010.

94 Heffner and Heffner, 2018.

95 Heffner and Heffner, 2018.

96 Arch and Narins, 2008.

97 Aflitto and DeGomez, 2014.

98 Ramsier et al., 2012.

99 Pytte, Ficken, and Moiseff, 2004.

100 Olson et al., 2018.

101 Goutte et al., 2017.

102 곤충과 박쥐 사이의 전투에 대한 검토: Conner and Corcoran (2012).

103 Moir, Jackson, and Windmill, 2013.

104 Nakano et al., 2009, 2010.

105 Kawahara et al., 2019.

106 Kawahara et al., 2019

9장 메아리 고요하던 세상의 맞장구

1 반향정위에 대한 철저한 검토: Surlykke et al. (2014).

2 Boonman et al., 2013.

3 Kalka, Smith, and Kalko, 2008.

4 반향정위 연구의 역사에 대한 검토: Griffin (1974); Grinnell, Gould, and Fenton (2016).

5 반향정위에 대한 도널드 그리핀의 고전적인 연구와 저술: Griffin (1974).

6 Griffin, 1974.

7 Griffin, 1974, p. 67.

8 Griffin and Galambos, 1941; Galambos and Griffin, 1942.

9 Griffin, 1944a.

10 Griffin, 1953.

11 Griffin, Webster, and Michael, 1960.

12 Griffin, 2001.

13 Jones and Teeling, 2006.

14 Schnitzler and Kalko, 2001; Fenton et al., 2016; Moss, 2018.

15 Surlykke and Kalko, 2008.

16 Holderied and von Helversen, 2003.

17 Jakobsen, Ratcliffe, and Surlykke, 2013.

18 Ghose, Moss, and Horiuchi, 2007.

19 Hulgard et al., 2016.

20 Brinkløv, Kalko, and Surlykke, 2009.

21 Henson, 1965; Suga and Schlegel, 1972.

22 Kick and Simmons, 1984.

23 Elemans et al., 2011; Ratcliffe et al., 2013.

24 Simmons, Ferragamo, and Moss, 1998.

25 Simmons and Stein, 1980; Moss and Schnitzler, 1995.

26 Zagaeski and Moss, 1994.

27 Moss and Surlykke, 2010; Moss, Chiu, and Surlykke, 2011.

28 Grinnell and Griffin, 1958.

29 Surlykke, Simmons, and Moss, 2016.

30 Chiu, Xian, and Moss, 2009.

31 Moss et al., 2006; Kothari et al., 2014.

32 Jung, Kalko, and von Helversen, 2007.

33 Geipel, Jung, and Kalko, 2013; Geipel et al., 2019.

34 Chiu and Moss, 2008; Chiu, Xian, and Moss, 2008.

35 Yovel et al., 2009.

36 Suthers, 1967.

37 Ulanovsky and Moss, 2008; Corcoran and Moss, 2017.

38 Griffin, 1974.

39 Griffin, 1974, p. 160.

40 Zagaeski and Moss, 1994.

41 Schnitzler and Denzinger, 2011; Fenton, Faure, and Ratcliffe, 2012.

42 Kober and Schnitzler, 1990; von der Emde and Schnitzler, 1990; Koselj, Schnitzler, and Siemers, 2011.

43 Schuller and Pollak, 1979; Schnitzler and Denzinger, 2011.

44 Grinnell, 1966; Schuller and Pollak, 1979.

45 Schnitzler, 1967.

46 Schnitzler, 1973.

47 Hiryu et al., 2005.

48 Ntelezos, Guarato, and Windmill, 2016; Neil et al., 2020.

49 Conner and Corcoran, 2012.

50 Surlykke and Kalko, 2008.

51 Dunning and Roeder, 1965.

52   Dunning and Roeder, 1965.

53 Barber and Conner, 2007.

54 Corcoran, Barber, and Conner, 2009.

55 Corcoran et al., 2011.

56 Barber and Kawahara, 2013.

57 Goerlitz et al., 2010; ter Hofstede and Ratcliffe, 2016.

58 Barber et al., 2015.

59 Rubin et al., 2018.

60 Griffin, 2001.

61 고래와 박쥐의 반향정위 비교: Au and Simmons (2007); Surlykke et al. (2014).

62 Schevill and McBride, 1956.

63 Norris et al., 1961.

64 돌고래의 반향정위 연구에 대한 검토: Au (2011); Nachtigall (2016).

65 돌고래의 수중 음파 탐지기에 대한 휘틀로 아우의 주요 저술: Au (1993).

66 Au, 1993.

67 Au and Turl, 1983.

68 Brill et al., 1992.

69 Pack and Herman, 1995; Harley, Roitblat, and Nachtigall, 1996.

70 Cranford, Amundin, and Norris, 1996.

71 Madsen et al., 2002.

72 Møhl et al., 2003.

73 Mooney, Yamato, and Branstetter, 2012.

74 Finneran, 2013.

75 Nachtigall and Supin, 2008.

76 Au, 1993.

77 Ivanov, 2004; Finneran, 2013.

78 Madsen and Surlykke, 2014.

79 Au, 1996.

80 Au et al., 2009.

81 Popper et al., 2004.

82 Gol'din, 2004.

83 Tyack, 1997; Tyack and Clark, 2000.

84 Johnson, Aguilar de Soto, and Madsen, 2009.

85 Johnson et al., 2004; Arranz et al., 2011; Madsen et al., 2013.

86 Benoit-Bird and Au, 2009a, 2009b.

87 Thaler et al., 2017.

88 Kish, 2015.

89 Gould, 1965; Eisenberg and Gould, 1966; Siemers et al., 2009.

90 Boonman, Bumrungsri, and Yovel, 2014.

91 Brinkløv and Warrant, 2017; Brinkløv, Elemans, and Ratcliffe, 2017.

92 Brinkløv, Fenton, and Ratcliffe, 2013.

93 Thaler and Goodale, 2016.

94 Schusterman et al., 2000.

95 Diderot, 1749; Supa, Cotzin, and Dallenbach, 1944; Kish, 1995.

96 Supa, Cotzin, and Dallenbach, 1944.

97 Griffin, 1944a.

98 Thaler, Arnott, and Goodale, 2011.

99 Norman and Thaler, 2019.

100 Thaler et al., 2020.

10장 전기장 살아 있는 배터리

1   전기어에 대한 입문서: Hopkins (2009); Carlsonet al. (2019).

2   전기어의 역사: Wu (1984); Zupanc and Bullock (2005); Carlson and Sisneros (2019).

3   Finger and Piccolino, 2011.

4   Catania, 2019.

5   Catania, 2016.

6   de Santana et al., 2019.

7   Hopkins, 2009.

8   Darwin, 1958, p. 178.

9   리스만의 다사다난한 삶: Alexander (1996).

10 Turkel, 2013.

11 Lissmann, 1951.

12 Lissmann, 1958.

13 Lissmann and Machin, 1958.

14 능동적 전기정위에 대한 훌륭한 검토: Lewis (2014); Caputi (2017).

15 von der Emde, 1990, 1999; von der Emde et al., 1998; Snyder et al., 2007.

16 Hopkins, 2009.

17 Snyder et al., 2007.

18 Salazar, Krahe, and Lewis, 2013.

19 von der Emde and Ruhl, 2016.

20 Caputi et al., 2013.

21 Caputi, Aguilera, and Pereira, 2011.

22 Caputi et al., 2013.

23 Baker, 2019.

24 Modrell et al., 2011; Baker, Modrell, and Gillis, 2013.

25 Lewis, 2014.

26 von der Emde, 1990.

27 Carlson and Sisneros, 2019.

28 현장 연구의 과제: Hagedorn (2004).

29 Henninger et al., 2018; Madhav et al., 2018.

30 전기를 이용한 의사소통에 대한 자세한 내용: Zupanc and Bullock (2005); Baker and Carlson (2019).

31 Hopkins, 1981; McGregor and Westby, 1992; Carlson, 2002.

32 Hopkins and Bass, 1981.

33 Bullock, Behrend, and Heiligenberg, 1975.

34 Hughes, 2001.

35 Bullock, 1969.

36 Hagedorn and Heiligenberg, 1985.

37 Bullock, Behrend, and Heiligenberg, 1975.

38 Carlson and Arnegard, 2011; Vélez, Ryoo, and Carlson, 2018.

39 Baker, Huck, and Carlson, 2015.

40 Nilsson, 1996; Sukhum et al., 2016.

41 Arnegard and Carlson, 2005.

42 Amey-Özel et al., 2015.

43 Murray, 1960.

44 Dijkgraaf and Kalmijn, 1962.

45 Josberger et al., 2016.

46 Kalmijn, 1974.

47 Kalmijn, 1974; Bedore and Kajiura, 2013.

48 Kalmijn, 1971.

49 Kalmijn, 1982.

50 Kajiura, 2003.

51 수동적 전기수용에 대한 검토, Hopkins (2005, 2009).

52 Tricas, Michael, and Sisneros, 1995.

53 Kempster, Hart, and Collin, 2013.

54 Kajiura and Holland, 2002.

55 Gardiner et al., 2014.

56 Dijkgraaf and Kalmijn, 1962.

57 Bedore, Kajiura, and Johnsen, 2015.

58 Kajiura, 2001.

59 Wueringer, Squire, et al., 2012a.

60 Wueringer, Squire, et al., 2012b.

61 Wueringer, 2012.

62 전기수용에 대한 검토: Collin (2019); Crampton (2019).

63 Albert and Crampton, 2006.

64 Czech-Damal et al., 2012.

65 Gregory et al., 1989.

66 Pettigrew, Manger, and Fine, 1998; Proske and Gregory, 2003.

67 Baker, Modrell, and Gillis, 2013.

68 Lavoué et al., 2012.

69 Lavoué et al., 2012.

70 Czech-Damal et al., 2013.

71 Feynman, 1964.

72 Corbet, Beament, and Eisikowitch, 1982; Vaknin et al., 2000.

73 Clarke et al., 2013.

74 Clarke et al., 2013.

75 Sutton et al., 2016.

76 공기 중에서의 전기수용에 대한 검토: Clarke, Morley, and Robert (2017).

77 Morley and Robert, 2018.

78 Blackwall, 1830.

79 정전기설의 부활: Gorham (2013).

11장 자기장 그들은 가야 할 길을 알고 있다

1 Warrant et al., 2016.

2 Dreyer et al., 2018.

3 자기수용에 대한 검토: Johnsen and Lohmann (2005); Mouritsen (2018).

4 Merkel and Fromme, 1958; Pollack, 2012.

5 Middendorff, 1855.

6 Griffin, 1944b.

7 Wiltschko and Merkel, 1965; Wiltschko, 1968.

8 Brown, 1962; Brown, Webb, and Barnwell, 1964.

9 Johnsen and Lohmann, 2005.

10 Wiltschko and Wiltschko, 2019.

11 Lohmann et al., 1995; Deutschlander, Borland, and Phillips, 1999; Sumner-Rooney et al., 2014; Scanlan et al., 2018.

12 Holland et al., 2006.

13 Bottesch et al., 2016.

14 Kimchi, Etienne, and Terkel, 2004.

15 Dreyer et al., 2018.

16 Granger et al., 2020.

17 Bianco, Ilieva, and Åkesson, 2019.

18 바다거북의 이주에 대한 검토: Lohmann and Lohmann (2019).

19 Carr, 1995.

20 Lohmann, 1991.

21 Lohmann and Lohmann, 1994, 1996.

22 Lohmann, Putman, and Lohmann, 2008.

23 Lohmann et al., 2001.

24 Lohmann et al., 2004.

25 Boles and Lohmann, 2003.

26 Fransson et al., 2001.

27 Chernetsov, Kishkinev, and Mouritsen, 2008.

28 Putman et al., 2013; Wynn et al., 2020.

29 Lohmann, Putman, and Lohmann, 2008.

30 Mortimer and Portier, 1989.

31 Brothers and Lohmann, 2018.

32 Johnsen, 2017.

33 Nordmann, Hochstoeger, and Keays, 2017.

34 Wiltschko and Wiltschko, 2013; Shaw et al., 2015.

35 Blakemore, 1975.

36 Fleissner et al., 2003, 2007.

37 Treiber et al., 2012.

38 Eder et al., 2012.

39 Edelman et al., 2015.

40 Paulin, 1995.

41 Viguier, 1882.

42 Nimpf et al., 2019.

43 Wu and Dickman, 2012.

44 라디칼 쌍 가설에 대한 훌륭한 검토: Hore and Mouritsen (2016).

45 Schulten, personal communication, 2010.

46 Schulten, Swenberg, and Weller, 1978.

47 Ritz, Adem, and Schulten, 2000.

48 Mouritsen et al., 2005.

49 Heyers et al., 2007; Zapka et al., 2009.

50 Einwich et al., 2020; Hochstoeger et al., 2020.

51 Engels et al., 2014.

52 Kirschvink et al., 1997.

53 Baltzley and Nabity, 2018.

54 Etheredge et al., 1999.

55 Wiltschko et al., 2002.

56 Hein et al., 2011; Engels et al., 2012.

57 Vidal-Gadea et al., 2015; Qin et al., 2016.

58 Meister, 2016; Winklhofer and Mouritsen, 2016; Friis, Sjulstok, and Solov'yov, 2017; Landler et al., 2018.

59 Baker, 1980.

60 Wang et al., 2019.

61 재현 불가능한 과학의 문제점에 대한 검토: Aschwanden (2015).

62 Johnsen, Lohmann, and Warrant, 2020.

63 동물의 자기수용과 그 밖의 탐색 수단에 대한 검토: Mouritsen (2018).

미주

12장 감각 통합 모든 창문을 동시에 들여다보기

1   모기가 숙주를 찾기 위해 사용하는 감각 신호에 대한 검토: Wolff and Riffell (2018).

2   DeGennaro et al., 2013.

3   McMeniman et al., 2014.

4   Liu and Vosshall, 2019.

5   Dennis, Goldman, and Vosshall, 2019.

6   McBride et al., 2014; McBride, 2016.

7   Shamble et al., 2016.

8   Catania, 2006.

9   Barbero et al., 2009.

10 Gardiner et al., 2014.

11 von der Emde and Ruhl, 2016.

12 Dreyer et al., 2018; Mouritsen, 2018.

13 Ward, 2013.

14 Pettigrew, Manger, and Fine, 1998.

15 Wheeler, 1910, p. 510.

16 Schumacher et al., 2016.

17 Solvi, Gutierrez Al-Khudhairy, and Chittka, 2020.

18 고유감각에 대한 검토: Tuthill and Azim (2018).

19 Cole, 2016.

20 외부 구심성, 재구심성, 동반방출의 개념에 대한 검토: Cullen(2004); Crapse and Sommer (2008).

21 Merker, 2005.

22 Ludeman et al., 2014.

23 철학자와 과학자들이 수 세기 동안 추측을 통해 내놓은 아이디어 총정리: Grüsser (1994).

24 von Holst and Mittelstaedt, 1950; Sperry, 1950.

25 Grüsser, 1994.

26 전기어의 동반방출에 대한 검토: Sawtell (2017); Fukutomi and Carlson (2020).

27 Poulet and Hedwig, 2003.

28 Pynn and DeSouza, 2013.

29 문어의 신경생물학에 대한 검토: Grasso (2014); Levy and Hochner (2017).

30 Crook and Walters, 2014.

31 Graziadei and Gagne, 1976.

32 Nesher et al., 2014.

33 Grasso, 2014.

34 Sumbre et al., 2006.

35 Gutnick et al., 2011.

36 Zullo et al., 2009; Hochner, 2013.

37 Godfrey-Smith, 2016, p. 48.

38 Godfrey-Smith, 2016, p. 105.

39   Grasso, 2014.

13장 감각풍경의 위기 고요함을 되찾고 어둠을 보존하라

1   Kolbert, 2014; Ceballos, Ehrlich, and Dirzo, 2017.

2   감각 오염에 대한 검토: Swaddle et al. (2015); Dominoniet al. (2020).

3   Spoelstra et al., 2017.

4   D'Estries, 2019.

5   Cinzano, Falchi, and Elvidge, 2001.

6   Falchi et al., 2016.

7   Kyba et al., 2017.

8   Johnsen, 2012, p. 57.

9   Van Doren et al., 2017.

10   Longcore and Rich, 2016.

11   Longcore et al., 2012.

12   Gehring, Kerlinger, and Manville, 2009.

13   빛 공해와 그것이 야생동물에게 미치는 영향에 대한 검토: Sanders et al. (2021).

14   Gaston, 2019.

15   Witherington and Martin, 2003.

16   Owens et al., 2020.

17   Degen et al., 2016.

18   Knop et al., 2017.

19   Horváth et al., 2009.

20   Inger et al., 2014.

21   Falchi et al., 2016; Longcore, 2018.

22   Buxton et al., 2017.

23   Barber, Crooks, and Fristrup, 2010; Shannon et al., 2016.

24   Swaddle et al., 2015.

25   Slabbekoorn and Peet, 2003.

26   Brumm, 2004.

27   Leonard and Horn, 2008; Gross, Pasinelli, and Kunc, 2010; Montague, Danek-Gontard, and Kunc, 2013; Gil et al., 2015.

28   Francis et al., 2017.

29   Ware et al., 2015.

30   Barton et al., 2018.

31   Shannon et al., 2014.

32   Senzaki et al., 2016.

33   Phillips et al., 2019.

34   Blickley et al., 2012.

35   Suraci et al., 2019.

36   Riitters and Wickham, 2003.

37　바다의 자연적 및 인위적 소음에 대한 검토: Duarte et al. (2021).

38　Horwitz, 2015.

39　DeRuiter et al., 2013; Miller, Kvadsheim, et al., 2015.

40　Frisk, 2012.

41　Payne and Webb, 1971.

42　Rolland et al., 2012; Erbe, Dunlop, and Dolman, 2018; Tsujii et al., 2018; Erbe et al., 2019.

43　Kunc et al., 2014; Simpson et al., 2016; Murchy et al., 2019.

44　선박 소음에 대한 자세한 내용: Hildebrand (2005); Malakoff (2010).

45　Greif et al., 2017.

46　Wilcox, Van Sebille, and Hardesty, 2015; Savoca et al., 2016.

47　Rycyk et al., 2018.

48　Tierney et al., 2008.

49　Gill et al., 2014.

50　Altermatt and Ebert, 2016.

51　Czaczkes et al., 2018.

52　Halfwerk et al., 2019.

53　Seehausen et al., 2008.

54　Seehausen, van Alphen, and Witte, 1997.

55　Witte et al., 2013.

56　Kapoor, 2020.

57　Francis et al., 2012.

58　Gordon et al., 2018, 2019.

59　Irwin, Horner, and Lohmann, 2004.

60　Jechow and Hölker, 2020.

61　Lecocq et al., 2020.

62　Calma, 2020; Smith et al., 2020.

63　Derryberry et al., 2020.

64　Stack et al., 2011.

65　감각 오염을 줄이는 방법에 대한 검토: Longcore and Rich (2016); Duarteet al. (2021).

66　Cronon, 1996.

67　Uexküll, 2010, p. 133.

참고 문헌

Ache, B. W., and Young, J. M. (2005) Olfaction: Diverse species, conserved principles, *Neuron*, 48(3), 417–430.

Ackerman, D. (1991) *A natural history of the senses*. New York: Vintage Books.

Adamo, S. A. (2016) Do insects feel pain? A question at the intersection of animal behaviour, philosophy and robotics, *Animal Behaviour*, 118, 75–79.

Adamo, S. A. (2019) Is it pain if it does not hurt? On the unlikelihood of insect pain, *The Canadian Entomologist*, 151(6), 685–695.

Aflitto, N., and DeGomez, T. (2014) Sonic pest repellents, College of Agriculture, University of Arizona (Tucson, AZ). Available at: repository.arizona.edu/handle/10150/333139.

Agnarsson, I., Kuntner, M., and Blackledge, T. A. (2010) Bioprospecting finds the toughest biological material: Extraordinary silk from a giant riverine orb spider, *PLOS One*, 5(9), e11234.

Albert, J. S., and Crampton, W. G. R. (2006) Electroreception and electrogenesis, in Evans, D. H., and Claiborne, J. B. (eds), *The physiology of fishes*, 3rd ed., 431–472. Boca Raton, FL: CRC Press.

Alexander, R. M. (1996) Hans Werner Lissmann, 30 April 1909–21 April 1995, *Biographical Memoirs of Fellows of the Royal Society*, 42, 235–245.

Altermatt, F., and Ebert, D. (2016) Reduced flight-to-light behaviour of moth populations exposed to long-term urban light pollution, *Biology Letters*, 12(4), 20160111.

Alupay, J. S., Hadjisolomou, S. P., and Crook, R. J. (2014) Arm injury produces long-term behavioral and neural hypersensitivity in octopus, *Neuroscience Letters*, 558, 137–142.

Amey-Özel, M., et al. (2015) More a finger than a nose: The trigeminal motor and sensory innervation of the Schnauzenorgan in the elephant-nose fish Gnathonemus petersii, *Journal of Comparative Neurology*, 523(5), 769–789.

Anand, K. J. S., Sippell, W. G., and Aynsley-Green, A. (1987) Randomised trial of fentanyl anaesthesia in preterm babies undergoing surgery: Effects on the stress response, *The Lancet*, 329(8527), 243–248.

Andersson, S., Ornborg, J., and Andersson, M. (1998) Ultraviolet sexual dimorphism and assortative mating in blue tits, *Proceedings of the Royal Society B: Biological Sciences*, 265(1395), 445–450.

Andrews, M. T. (2019) Molecular interactions underpinning the phenotype of hibernation in mammals, *Journal of Experimental Biology*, 222(Pt 2), jeb160606.

Appel, M., and Elwood, R. W. (2009) Motivational trade-offs and potential pain experience in hermit crabs, *Applied Animal Behaviour Science*, 119(1), 120–124.

Arch, V. S., and Narins, P. M. (2008) "Silent" signals: Selective forces acting on ultrasonic communication systems in terrestrial vertebrates, *Animal Behaviour*, 76(4), 1423–1428.

Arikawa, K. (2001) Hindsight of butterflies: The *Papilio* butterfly has light sensitivity in the genitalia, which appears to be crucial for reproductive behavior, *BioScience*, 51(3), 219–225.

Arikawa, K. (2017) The eyes and vision of butterflies, *Journal of Physiology*, 595(16), 5457–5464.

Arkley, K., et al. (2014) Strategy change in vibrissal active sensing during rat locomotion, *Current Biology*, 24(13), 1507–1512.

Arnegard, M. E., and Carlson, B. A. (2005) Electric organ discharge patterns during group hunting by a mormyrid fish, *Proceedings of the Royal Society B: Biological Sciences*, 272(1570), 1305–1314.

Arranz, P., et al. (2011) Following a foraging fish-finder: Diel habitat use of Blainville's beaked whales revealed by echolocation, *PLOS One*, 6(12), e28353.

Aschwanden, C. (2015) Science isn't broken, *FiveThirtyEight*. Available at: fivethirtyeight.com/features/science-isnt-broken/.

Atema, J. (1971) Structures and functions of the sense of taste in the catfish (*Ictalurus natalis*), *Brain, Behavior and Evolution*, 4(4), 273–294.

Atema, J. (2018) Opening the chemosensory world of the lobster, Homarus americanus, *Bulletin of Marine Science*, 94(3), 479–516.

Au, W. W. L. (1993) *The sonar of dolphins*. New York: Springer-Verlag.

Au, W. W. L. (1996) Acoustic reflectivity of a dolphin, *Journal of the Acoustical Society of America*, 99(6), 3844–3848.

Au, W. W. L. (2011) History of dolphin biosonar research, *Acoustics Today*, 11(4), 10–17.

Au, W. W. L., et al. (2009) Acoustic basis for fish prey discrimination by echolocating dolphins and porpoises, *Journal of the Acoustical Society of America*, 126(1), 460–467.

Au, W. W. L., and Simmons, J. A. (2007) Echolocation in dolphins and bats, *Physics Today*, 60(9), 40–45.

Au, W. W., and Turl, C. W. (1983) Target detection in reverberation by an echolocating Atlantic bottlenose dolphin (*Tursiops truncatus*), *Journal of the Acoustical Society of America*, 73(5), 1676–1681.

Audubon, J. J. (1826) Account of the habits of the turkey buzzard (*Vultur aura*), particularly with the view of exploding the opinion generally entertained of its extraordinary power of smelling, *Edinburgh New Philosophical Journal*, 2, 172–184.

Baden, T., Euler, T., and Berens, P. (2020) Understanding the retinal basis of vision across species, *Nature Reviews Neuroscience*, 21(1), 5–20.

Baker, C. A., and Carlson, B. A. (2019) Electric signals, in Choe, J. C. (ed), *Encyclopedia of animal behavior*, 2nd ed., 474–486. Amsterdam: Elsevier.

Baker, C. A., Huck, K. R., and Carlson, B. A. (2015) Peripheral sensory coding through oscillatory synchrony in weakly electric fish, *eLife*, 4, e08163.

Baker, C. V. H. (2019) The development and evolution of lateral line electroreceptors: Insights from comparative molecular approaches, in Carlson, B. A., et al. (eds), *Electroreception: Fundamental insights from comparative approaches*, 25–62. Cham: Springer.

Baker, C. V. H., Modrell, M. S., and Gillis, J. A. (2013) The evolution and development of vertebrate lateral line electroreceptors, *Journal of Experimental Biology*, 216(13), 2515–2522.

Baker, R. R. (1980) Goal orientation by blindfolded humans after long-distance displacement: Possible involvement of a magnetic sense, *Science*, 210(4469), 555–557.

Bakken, G. S., et al. (2018) Cooler snakes respond more strongly to infrared stimuli, but we have no idea why, *Journal of Experimental Biology*, 221(17), jeb182121.

Bakken, G. S., and Krochmal, A. R. (2007) The imaging properties and sensitivity of the facial pits of pitvipers as determined by optical and heat-transfer analysis, *Journal of Experimental Biology*, 210(16), 2801–2810.

Baldwin, M. W., et al. (2014) Evolution of sweet taste perception in hummingbirds by transformation of the ancestral umami receptor, *Science*, 345(6199), 929–933.

Bálint, A., et al. (2020) Dogs can sense weak thermal radiation, *Scientific Reports*, 10(1), 3736.

Baltzley, M. J., and Nabity, M. W. (2018) Reanalysis of an oft-cited paper on honeybee magnetoreception reveals random behavior, *Journal of Experimental Biology*, 221(Pt 22), jeb185454.

Bang, B. G. (1960) Anatomical evidence for olfactory function in some species of birds, *Nature*, 188(4750), 547–549.

Bang, B. G., and Cobb, S. (1968) The size of the olfactory bulb in 108 species of birds, *The Auk*, 85(1), 55–61.

Barber, J. R., et al. (2015) Moth tails divert bat attack: Evolution of acoustic deflection, *Proceedings of the National Academy of Sciences*, 112(9), 2812–2816.

Barber, J. R., and Conner, W. E. (2007) Acoustic mimicry in a predator-prey interaction, *Proceedings of the National Academy of Sciences*, 104(22), 9331–9334.

Barber, J. R., Crooks, K. R., and Fristrup, K. M. (2010) The costs of chronic noise exposure for terrestrial organisms, *Trends in Ecology & Evolution*, 25(3), 180–189.

Barber, J. R., and Kawahara, A. Y. (2013) Hawkmoths produce anti-bat ultrasound, *Biology Letters*, 9(4), 20130161.

Barbero, F., et al. (2009) Queen ants make distinctive sounds that are mimicked by a butterfly social parasite, *Science*, 323(5915), 782–785.

Bargmann, C. I. (2006) Comparative chemosensation from receptors to ecology, *Nature*, 444(7117), 295–301.

Barth, F. G. (2002) *A spider's world: Senses and behavior*. Berlin: Springer.

Barth, F. (2015) A spider's tactile hairs, *Scholarpedia*, 10(3), 7267.

Barth, F. G., and Höller, A. (1999) Dynamics of arthropod filiform hairs. V. The response of spider trichobothria to natural stimuli, *Philosophical Transactions of the Royal Society B: Biological Sciences*, 354(1380), 183–192.

Barton, B. T., et al. (2018) Testing the AC/DC hypothesis: Rock and roll is noise pollution and weakens a trophic cascade, *Ecology and Evolution*, 8(15), 7649–7656.

Basolo, A. L. (1990) Female preference predates the evolution of the sword in swordtail fish, *Science*, 250(4982), 808–810.

Bates, A. E., et al. (2010) Deep-sea hydrothermal vent animals seek cool fluids in a highly variable thermal environment, *Nature Communications*, 1(1), 14.

Bates, L. A., et al. (2007) Elephants classify human ethnic groups by odor and garment color, *Current Biology*, 17(22), 1938–1942.

Bates, L. A., et al. (2008) African elephants have expectations about the locations of out-of-sight family members, *Biology Letters*, 4(1), 34–36.

Bateson, P. (1991) Assessment of pain in animals, *Animal Behaviour*, 42(5), 827–839.

Bauer, G. B., et al. (2012) Tactile discrimination of textures by Florida manatees (*Trichechus manatus latirostris*), *Marine Mammal Science*, 28(4), E456–E471.

Bauer, G. B., Reep, R. L., and Marshall, C. D. (2018) The tactile senses of marine mammals, *International Journal of Comparative Psychology*, 31.

Baxi, K. N., Dorries, K. M., and Eisthen, H. L. (2006) Is the vomeronasal system really specialized for detecting pheromones?, *Trends in Neurosciences*, 29(1), 1–7.

Bedore, C. N., and Kajiura, S. M. (2013) Bioelectric fields of marine organisms: Voltage and frequency contributions to detectability by electroreceptive predators, *Physiological and Biochemical Zoology*, 86(3), 298–311.

Bedore, C. N., Kajiura, S. M., and Johnsen, S. (2015) Freezing behaviour facilitates bioelectric crypsis in cuttlefish faced with predation risk, *Proceedings of the Royal Society B: Biological Sciences*, 282(1820), 20151886.

Benoit-Bird, K. J., and Au, W. W. L. (2009a) Cooperative prey herding by the pelagic dolphin, Stenella longirostris, *Journal of the Acoustical Society of America*, 125(1), 125–137.

Benoit-Bird, K. J., and Au, W. W. L. (2009b) Phonation behavior of cooperatively foraging spinner dolphins, *Journal of the Acoustical Society of America*, 125(1), 539–546.

Bernal, X. E., Rand, A. S., and Ryan, M. J. (2006) Acoustic preferences and localization performance of blood-sucking flies (*Corethrella Coquillett*) to túngara frog calls, *Behavioral Ecology*, 17(5), 709–715.

Beston, H. (2003) *The outermost house: A year of life on the great beach of Cape Cod*. New York: Holt Paperbacks.

Bianco, G., Ilieva, M., and Åkesson, S. (2019) Magnetic storms disrupt nocturnal migratory activity in songbirds, *Biology Letters*, 15(3), 20180918.

Bingman, V. P., et al. (2017) Importance of the antenniform legs, but not vision, for homing by the neotropical whip spider *Paraphrynus laevifrons*, *Journal of Experimental Biology*, 220(Pt 5), 885–890.

Birkhead, T. (2013) *Bird sense: What it's like to be a bird*. New York: Bloomsbury.

Bisoffi, Z., et al. (2013) *Strongyloides stercoralis*: A plea for action, *PLOS Neglected Tropical Diseases*, 7(5), e2214.

Bjørge, M. H., et al. (2011) Behavioural changes following intraperitoneal vaccination in Atlantic salmon (*Salmo salar*), *Applied Animal Behaviour Science*, 133(1), 127–135.

Blackledge, T. A., Kuntner, M., and Agnarsson, I. (2011) The form and function of spider orb webs, in Casas, J. (ed), *Advances in insect physiology*, 175–262. Amsterdam: Elsevier.

Blackwall, J. (1830) Mr Murray's paper on the aerial spider, *Magazine of Natural History and Journal of Zoology, Botany, Mineralogy, Geology, and Meteorology*, 2, 116–413.

Blakemore, R. (1975) Magnetotactic bacteria, *Science*, 190(4212), 377–379.

Bleicher, S. S., et al. (2018) Divergent behavior amid convergent evolution: A case of four desert rodents learning to respond to known and novel vipers, *PLOS One*, 13(8), e0200672.

Blickley, J. L., et al. (2012) Experimental chronic noise is related to elevated fecal corticosteroid metabolites in lekking male greater sage-grouse (*Centrocercus urophasianus*), *PLOS One*, 7(11), e50462.

Bok, M. J., et al. (2014) Biological sunscreens tune polychromatic ultraviolet vision in mantis shrimp, *Current Biology*, 24(14), 1636–1642.

Bok, M. J., Capa, M., and Nilsson, D.-E. (2016) Here, there and everywhere: The radiolar eyes of fan worms (Annelida, Sabellidae), *Integrative and Comparative Biology*, 56(5), 784–795.

Boles, L. C., and Lohmann, K. J. (2003) True navigation and magnetic maps in spiny lobsters, *Nature*, 421(6918), 60–63.

Bonadonna, F., et al. (2006) Evidence that blue petrel, Halobaena caerulea, fledglings can detect and orient to dimethyl sulfide, *Journal of Experimental Biology*, 209(11), 2165–2169.

Boonman, A., et al. (2013) It's not black or white: On the range of vision and echolocation in echolocating bats, *Frontiers in Physiology*, 4, 248.

Boonman, A., Bumrungsri, S., and Yovel, Y. (2014) Nonecholocating fruit bats produce biosonar clicks with their wings, *Current Biology*, 24(24), 2962–2967.

Boström, J. E., et al. (2016) Ultra-rapid vision in birds, *PLOS One*, 11(3), e0151099.

Bottesch, M., et al. (2016) A magnetic compass that might help coral reef fish larvae return to their natal reef, *Current Biology*, 26(24), R1266–R1267.

Braithwaite, V. (2010) *Do fish feel pain?* New York: Oxford University Press.

Braithwaite, V., and Droege, P. (2016) Why human pain can't tell us whether fish feel pain, *Animal Sentience*, 3(3).

Braude, S., et al. (2021) Surprisingly long survival of premature conclusions about naked mole-rat biology, *Biological Reviews*, 96(2), 376–393.

Brill, R. L., et al. (1992) Target detection, shape discrimination, and signal characteristics of an echolocating false killer whale (*Pseudorca crassidens*), *Journal of the Acoustical Society of America*, 92(3), 1324–1330.

Brinkløv, S., Elemans, C. P. H., and Ratcliffe, J. M. (2017) Oilbirds produce echolocation signals beyond their best hearing range and adjust signal design to natural light conditions, *Royal Society Open Science*, 4(5), 170255.

Brinkløv, S., Fenton, M. B., and Ratcliffe, J. M. (2013) Echolocation in oilbirds and swiftlets, *Frontiers in Physiology*, 4, 123.

Brinkløv, S., Kalko, E. K. V., and Surlykke, A. (2009) Intense echolocation calls from two "whispering" bats, *Artibeus jamaicensis* and *Macrophyllum macrophyllum* (Phyllostomidae), *Journal of Experimental Biology*, 212(Pt 1), 11–20.

Brinkløv, S., and Warrant, E. (2017) Oilbirds, *Current Biology*, 27(21), R1145–R1147.

Briscoe, A. D., et al. (2010) Positive selection of a duplicated UV-sensitive visual pigment coincides with wing pigment evolution in *Heliconius* butterflies, *Proceedings of the National Academy of Sciences*, 107(8), 3628–3633.

Broom, D. (2001) Evolution of pain, *Vlaams Diergeneeskundig Tijdschrift*, 70, 17–21.

Brothers, J. R., and Lohmann, K. J. (2018) Evidence that magnetic navigation and geomagnetic imprinting shape spatial genetic variation in sea turtles, *Current Biology*, 28(8), 1325–1329. e2.

Brown, F. A. (1962) Responses of the planarian, dugesia, and the protozoan, paramecium, to very weak horizontal magnetic fields, *Biological Bulletin*, 123(2), 264–281.

Brown, F. A., Webb, H. M., and Barnwell, F. H. (1964) A compass directional phenomenon in mud-snails and its relation to magnetism, *Biological Bulletin*, 127(2), 206–220.

Brown, R. E., and Fedde, M. R. (1993) Airflow sensors in the avian wing, *Journal of Experimental Biology*, 179(1), 13–30.

Brownell, P., and Farley, R. D. (1979a) Detection of vibrations in sand by tarsal sense organs of the nocturnal scorpion, *Paruroctonus mesaensis*, *Journal of Comparative Physiology A*, 131(1), 23–30.

Brownell, P., and Farley, R. D. (1979b) Orientation to vibrations in sand by the nocturnal scorpion, *Paruroctonus mesaensis*: Mechanism of target localization, *Journal of Comparative Physiology A*, 131(1), 31–38.

Brownell, P., and Farley, R. D. (1979c) Prey-localizing behaviour of the nocturnal desert scorpion, *Paruroctonus mesaensis*: Orientation to substrate vibrations, *Animal Behaviour*, 27(Pt 1), 185–193.

Brownell, P. H. (1984) Prey detection by the sand scorpion, *Scientific American*, 251(6), 86–97.

Brumm, H. (2004) The impact of environmental noise on song amplitude in a territorial bird, *Journal of Animal Ecology*, 73(3), 434–440.

Brunetta, L., and Craig, C. L. (2012) *Spider silk: Evolution and 400 million years of spinning, waiting, snagging, and mating.* New Haven, CT: Yale University Press.

Bryant, A. S., et al. (2018) A critical role for thermosensation in host seeking by skin-penetrating nematodes, *Current Biology*, 28(14), 2338–2347. e6.

Bryant, A. S., and Hallem, E. A. (2018) Temperature-dependent behaviors of parasitic helminths, *Neuroscience Letters*, 687, 290–303.

Bullock, T. H. (1969) Species differences in effect of electroreceptor input on electric organ pacemakers and other aspects of behavior in electric fish, *Brain, Behavior and Evolution*, 2(2), 102–118.

Bullock, T. H., Behrend, K., and Heiligenberg, W. (1975) Comparison of the jamming avoidance responses in Gymnotoid and Gymnarchid electric fish: A case of convergent evolution of behavior and its sensory basis, *Journal of Comparative Physiology*, 103(1), 97–121.

Bullock, T. H., and Diecke, F. P. J. (1956) Properties of an infra-red receptor, *Journal of Physiology*,

134(1), 47–87.

Bush, N. E., Solla, S. A., and Hartmann, M. J. (2016) Whisking mechanics and active sensing, *Current Opinion in Neurobiology*, 40, 178–188.

Buxton, R. T., et al. (2017) Noise pollution is pervasive in U.S. protected areas, *Science*, 356(6337), 531–533.

Cadena, V., et al. (2013) Evaporative respiratory cooling augments pit organ thermal detection in rattlesnakes, *Journal of Comparative Physiology A*, 199(12), 1093–1104.

Caldwell, M. S., McDaniel, J. G., and Warkentin, K. M. (2010) Is it safe? Red-eyed treefrog embryos assessing predation risk use two features of rain vibrations to avoid false alarms, *Animal Behaviour*, 79(2), 255–260.

Calma, J. (2020) The pandemic turned the volume down on ocean noise pollution, *The Verge*. Available at: www.theverge.com/22166314/covid-19-pandemic-ocean-noise-pollution.

Caprio, J. (1975) High sensitivity of catfish taste receptors to amino acids, *Comparative Biochemistry and Physiology Part A: Physiology*, 52(1), 247–251.

Caprio, J., et al. (1993) The taste system of the channel catfish: From biophysics to behavior, *Trends in Neurosciences*, 16(5), 192–197.

Caputi, A. A. (2017) Active electroreception in weakly electric fish, in Sherman, S. M. (ed), *Oxford research encyclopedia of neuroscience*. New York: Oxford University Press. Available at: DOI: 10.1093/acrefore/9780190264086.013.106.

Caputi, A. A., et al. (2013) On the haptic nature of the active electric sense of fish, *Brain Research*, 1536, 27–43.

Caputi, Á. A., Aguilera, P. A., and Pereira, A. C. (2011) Active electric imaging: Body-object interplay and object's "electric texture," *PLOS One*, 6(8), e22793.

Caras, M. L. (2013) Estrogenic modulation of auditory processing: A vertebrate comparison, *Frontiers in Neuroendocrinology*, 34(4), 285–299.

Carlson, B. A. (2002) Electric signaling behavior and the mechanisms of electric organ discharge production in mormyrid fish, *Journal of Physiology-Paris*, 96(5), 405–419.

Carlson, B. A., et al. (eds), (2019) *Electroreception: Fundamental insights from comparative approaches*. Cham: Springer.

Carlson, B. A., and Arnegard, M. E. (2011) Neural innovations and the diversification of African weakly electric fishes, *Communicative & Integrative Biology*, 4(6), 720–725.

Carlson, B. A., and Sisneros, J. A. (2019) A brief history of electrogenesis and electroreception in fishes, in Carlson, B. A., et al. (eds), *Electroreception: Fundamental insights from comparative approaches*, 1–23. Cham: Springer.

Caro, T. M. (2016) *Zebra stripes*. Chicago: University of Chicago Press.

Caro, T., et al. (2019) Benefits of zebra stripes: Behaviour of tabanid flies around zebras and horses, *PLOS One*, 14(2), e0210831.

Carpenter, C. W., et al. (2018) Human ability to discriminate surface chemistry by touch, *Materials Horizons*, 5(1), 70–77.

Carr, A. (1995) Notes on the behavioral ecology of sea turtles, in Bjorndal, K. A. (ed), *Biology and conservation of sea turtles*, rev. ed., 19–26. Washington, DC: Smithsonian Institution Press.

Carr, A. L., and Salgado, V. L. (2019) Ticks home in on body heat: A new understanding of Haller's organ and repellent action, *PLOS One*, 14(8), e0221659.

Carr, C. E., and Christensen-Dalsgaard, J. (2015) Sound localization strategies in three predators, *Brain, Behavior and Evolution*, 86(1), 17–27.

Carr, C. E., and Christensen-Dalsgaard, J. (2016) Evolutionary trends in directional hearing, *Current Opinion in Neurobiology*, 40, 111–117.

Carr, T. D., et al. (2017) A new tyrannosaur with evidence for anagenesis and crocodile-like facial sensory system, *Scientific Reports*, 7(1), 44942.

Carrete, M., et al. (2012) Mortality at wind-farms is positively related to large-scale distribution and aggregation in griffon vultures, *Biological Conservation*, 145(1), 102–108.

Carvalho, L. S., et al. (2017) The genetic and evolutionary drives behind primate color vision, *Frontiers in Ecology and Evolution*, 5, 34.

Casas, J., and Dangles, O. (2010) Physical ecology of fluid flow sensing in arthropods, *Annual Review of Entomology*, 55(1), 505–520.

Casas, J., and Steinmann, T. (2014) Predator-induced flow disturbances alert prey, from the onset of an attack, *Proceedings of the Royal Society B: Biological Sciences*, 281(1790), 20141083.

Catania, K. C. (1995a) Magnified cortex in star-nosed moles, *Nature*, 375(6531), 453–454.

Catania, K. C. (1995b) Structure and innervation of the sensory organs on the snout of the star-nosed mole, *Journal of Comparative Neurology*, 351(4), 536–548.

Catania, K. C. (2006) Olfaction: Underwater "sniffing" by semi-aquatic mammals, *Nature*, 444(7122), 1024–1025.

Catania, K. C. (2008) Worm grunting, fiddling, and charming—Humans unknowingly mimic a predator to harvest bait, *PLOS One*, 3(10), e3472.

Catania, K. C. (2011) The sense of touch in the star-nosed mole: From mechanoreceptors to the brain, *Philosophical Transactions of the Royal Society B: Biological Sciences*, 366(1581), 3016–3025.

Catania, K. C. (2016) Leaping eels electrify threats, supporting Humboldt's account of a battle with horses, *Proceedings of the National Academy of Sciences*, 113(25), 6979–6984.

Catania, K. C. (2019) The astonishing behavior of electric eels, *Frontiers in Integrative Neuroscience*, 13, 23.

Catania, K. C., et al. (1993) Nose stars and brain stripes, *Nature*, 364(6437), 493.

Catania, K. C., and Kaas, J. H. (1997a) Somatosensory fovea in the star-nosed mole: Behavioral use of the star in relation to innervation patterns and cortical representation, *Journal of Comparative Neurology*, 387(2), 215–233.

Catania, K. C., and Kaas, J. H. (1997b) The mole nose instructs the brain, *Somatosensory & Motor Research*, 14(1), 56–58.

Catania, K. C., Northcutt, R. G., and Kaas, J. H. (1999) The development of a biological novelty: A different way to make appendages as revealed in the snout of the star-nosed mole *Condylura cristata, Journal of Experimental Biology*, 202(Pt 20), 2719–2726.

Catania, K. C., and Remple, F. E. (2004) Tactile foveation in the star-nosed mole, *Brain, Behavior and Evolution*, 63(1), 1–12.

Catania, K. C., and Remple, F. E. (2005) Asymptotic prey profitability drives star-nosed moles to the foraging speed limit, *Nature*, 433(7025), 519–522.

Catania, K. C., and Remple, M. S. (2002) Somatosensory cortex dominated by the representation of teeth in the naked mole-rat brain, *Proceedings of the National Academy of Sciences*, 99(8), 5692–5697.

Caves, E. M., Brandley, N. C., and Johnsen, S. (2018) Visual acuity and the evolution of signals, *Trends in Ecology & Evolution*, 33(5), 358–372.

Ceballos, G., Ehrlich, P. R., and Dirzo, R. (2017) Biological annihilation via the ongoing sixth mass extinction signaled by vertebrate population losses and declines, *Proceedings of the National Academy of Sciences*, 114(30), E6089–E6096.

Chappuis, C. J., et al. (2013) Water vapour and heat combine to elicit biting and biting persistence in tsetse, *Parasites & Vectors*, 6(1), 240.

Chatigny, F. (2019) The controversy on fish pain: A veterinarian's perspective, *Journal of Applied Animal Welfare Science*, 22(4), 400–410.

Chen, P.-J., et al. (2016) Extreme spectral richness in the eye of the common bluebottle butterfly, *Graphium sarpedon, Frontiers in Ecology and Evolution*, 4, 12.

Chen, Q., et al. (2012) Reduced performance of prey targeting in pit vipers with contralaterally occluded infrared and visual senses, *PLOS One*, 7(5), e34989.

Chernetsov, N., Kishkinev, D., and Mouritsen, H. (2008) A long-distance avian migrant compensates for longitudinal displacement during spring migration, *Current Biology*, 18(3), 188–190.

Chiou, T.-H., et al. (2008) Circular polarization vision in a stomatopod crustacean, *Current Biology*, 18(6), 429–434.

Chiszar, D., et al. (1983) Strike-induced chemosensory searching by rattlesnakes: The role of envenomation-related chemical cues in the post-strike environment, in Müller-Schwarze, D., and Silverstein, R. M. (eds), *Chemical signals in vertebrates*, 3:1–24. Boston: Springer.

Chiszar, D., et al. (1999) Discrimination between envenomated and nonenvenomated prey by western diamondback rattlesnakes (*Crotalus atrox*): Chemosensory consequences of venom, *Copeia*, 1999(3), 640–648.

Chiszar, D., Walters, A., and Smith, H. M. (2008) Rattlesnake preference for envenomated prey: Species specificity, *Journal of Herpetology*, 42(4), 764–767.

Chittka, L. (1997) Bee color vision is optimal for coding flower color, but flower colors are not optimal for being coded—why?, *Israel Journal of Plant Sciences*, 45(2–3), 115–127.

Chittka, L., and Menzel, R. (1992) The evolutionary adaptation of flower colours and the insect pollinators' colour vision, *Journal of Comparative Physiology A*, 171(2), 171–181.

Chittka, L., and Niven, J. (2009) Are bigger brains better?, *Current Biology*, 19(21), R995–R1008.

Chiu, C., and Moss, C. F. (2008) When echolocating bats do not echolocate, *Communicative & Integrative Biology*, 1(2), 161–162.

Chiu, C., Xian, W., and Moss, C. F. (2008) Flying in silence: Echolocating bats cease vocalizing to avoid sonar jamming, *Proceedings of the National Academy of Sciences*, 105(35), 13116–13121.

Chiu, C., Xian, W., and Moss, C. F. (2009) Adaptive echolocation behavior in bats for the analysis of auditory scenes, *Journal of Experimental Biology*, 212(9), 1392–1404.

Cinzano, P., Falchi, F., and Elvidge, C. D. (2001) The first world atlas of the artificial night sky brightness, *Monthly Notices of the Royal Astronomical Society*, 328(3), 689–707.

Clark, C. J., LePiane, K., and Liu, L. (2020) Evolution and ecology of silent flight in owls and other flying vertebrates, *Integrative Organismal Biology*, 2(1), obaa001.

Clark, C. W., and Gagnon, G. C. (2004) Low-frequency vocal behaviors of baleen whales in the North Atlantic: Insights from IUSS detections, locations and tracking from 1992 to 1996, *Journal of Underwater Acoustics*, 52, 609–640.

Clark, G. A., and de Cruz, J. B. (1989) Functional interpretation of protruding filoplumes in oscines, *The Condor*, 91(4), 962–965.

Clark, R. (2004) Timber rattlesnakes (*Crotalus horridus*) use chemical cues to select ambush sites, *Journal of Chemical Ecology*, 30(3), 607–617.

Clark, R., and Ramirez, G. (2011) Rosy boas (*Lichanura trivirgata*) use chemical cues to identify female mice (*Mus musculus*) with litters of dependent young, *Herpetological Journal*, 21(3), 187–191.

Clarke, D., et al. (2013) Detection and learning of floral electric fields by bumblebees, *Science*, 340(6128), 66–69.

Clarke, D., Morley, E., and Robert, D. (2017) The bee, the flower, and the electric field: Electric ecology and aerial electroreception, *Journal of Comparative Physiology A*, 203(9), 737–748.

Cocroft, R. (1999) Offspring-parent communication in a subsocial treehopper (Hemiptera: Membracidae: *Umbonia crassicornis*), *Behaviour*, 136(1), 1–21.

Cocroft, R. B. (2011) The public world of insect vibrational communication, *Molecular Ecology*, 20(10), 2041–2043.

Cocroft, R. B., and Rodríguez, R. L. (2005) The behavioral ecology of insect vibrational communication, *BioScience*, 55(4), 323–334.

Cohen, K. E., et al. (2020) Knowing when to stick: Touch receptors found in the remora adhesive disc, *Royal Society Open Science*, 7(1), 190990.

Cohen, K. L., Seid, M. A., and Warkentin, K. M. (2016) How embryos escape from danger: The mechanism of rapid, plastic hatching in red-eyed treefrogs, *Journal of Experimental Biology*, 219(12), 1875–1883.

Cokl, A., and Virant-Doberlet, M. (2003) Communication with substrate-borne signals in small plant-dwelling insects, *Annual Review of Entomology*, 48, 29–50.

Cole, J. (2016) *Losing touch: A man without his body*. Oxford: Oxford University Press.

Collin, S. P. (2019) Electroreception in vertebrates and invertebrates, in Choe, J. C. (ed), *Encyclopedia of animal behavior*, 2nd ed., 120–131. Amsterdam: Elsevier.

Collin, S. P., et al. (2009) The evolution of early vertebrate photoreceptors, *Philosophical Transactions of the Royal Society B: Biological Sciences*, 364(1531), 2925–2940.

Collins, C. E., Hendrickson, A., and Kaas, J. H. (2005) Overview of the visual system of Tarsius,

The Anatomical Record: Part A, Discoveries in Molecular, Cellular, and Evolutionary Biology, 287(1), 1013–1025.

Colour Blind Awareness (n.d.) Living with Colour Vision Deficiency, Colour Blind Awareness. Available at: www.colourblindawareness.org/colour-blindness/living-with-colour-vision-deficiency/.

Conner, W. E., and Corcoran, A. J. (2012) Sound strategies: The 65-million-year-old battle between bats and insects, *Annual Review of Entomology*, 57(1), 21–39.

Corbet, S. A., Beament, J., and Eisikowitch, D. (1982) Are electrostatic forces involved in pollen transfer?, *Plant, Cell & Environment*, 5(2), 125–129.

Corcoran, A. J., et al. (2011) How do tiger moths jam bat sonar?, *Journal of Experimental Biology*, 214(14), 2416–2425.

Corcoran, A. J., Barber, J. R., and Conner, W. E. (2009) Tiger moth jams bat sonar, *Science*, 325(5938), 325–327.

Corcoran, A. J., and Moss, C. F. (2017) Sensing in a noisy world: Lessons from auditory specialists, echolocating bats, *Journal of Experimental Biology*, 220(24), 4554–4566.

Corfas, R. A., and Vosshall, L. B. (2015) The cation channel TRPA1 tunes mosquito thermotaxis to host temperatures, *eLife*, 4, e11750.

Costa, D. (1993) The secret life of marine mammals: Novel tools for studying their behavior and biology at sea, *Oceanography*, 6(3), 120–128.

Costa, D., and Kooyman, G. (2011) Oxygen consumption, thermoregulation, and the effect of fur oiling and washing on the sea otter, *Enhydra lutris, Canadian Journal of Zoology*, 60(11), 2761–2767.

Cowart, L. (2021) *Hurts so good: The science and culture of pain on purpose*. New York: PublicAffairs.

Cox, J. J., et al. (2006) An SCN9A channelopathy causes congenital inability to experience pain, *Nature*, 444(7121), 894–898.

Crampton, W. G. R. (2019) Electroreception, electrogenesis and electric signal evolution, *Journal of Fish Biology*, 95(1), 92–134.

Cranford, T. W., Amundin, M., and Norris, K. S. (1996) Functional morphology and homology in the odontocete nasal complex: Implications for sound generation, *Journal of Morphology*, 228(3), 223–285.

Crapse, T. B., and Sommer, M. A. (2008) Corollary discharge across the animal kingdom, *Nature Reviews Neuroscience*, 9(8), 587–600.

Craven, B. A., Paterson, E. G., and Settles, G. S. (2010) The fluid dynamics of canine olfaction: Unique nasal airflow patterns as an explanation of macrosmia, *Journal of the Royal Society Interface*, 7(47), 933–943.

Crish, C., Crish, S., and Comer, C. (2015) Tactile sensing in the naked mole rat, *Scholarpedia*, 10(3), 7164.

Cronin, T. W. (2018) A different view: Sensory drive in the polarized-light realm, *Current Zoology*, 64(4), 513–523.

Cronin, T. W., et al. (2014) *Visual Ecology*. Princeton, NJ: Princeton University Press.

Cronin, T. W., and Bok, M. J. (2016) Photoreception and vision in the ultraviolet, *Journal of Experimental Biology*, 219(18), 2790–2801.

Cronin, T. W., and Marshall, N. J. (1989a) A retina with at least ten spectral types of photoreceptors in a mantis shrimp, *Nature*, 339(6220), 137–140.

Cronin, T. W., and Marshall, N. J. (1989b) Multiple spectral classes of photoreceptors in the retinas of gonodactyloid stomatopod crustaceans, *Journal of Comparative Physiology A*, 166(2), 261–275.

Cronin, T. W., Marshall, N. J., and Caldwell, R. L. (2017) Stomatopod vision, in Sherman, S. M. (ed), *Oxford research encyclopedia of neuroscience*. New York: Oxford University Press. Available at: oxfordre.com/neuroscience/view/10.1093/acrefore/9780190264086.001.0001/acrefore-9780190264086-e-157.

Cronon, W. (1996) The trouble with wilderness; Or, getting back to the wrong nature, *Environmental History*, 1(1), 7–28.

Crook, R. J. (2021) Behavioral and neurophysiological evidence suggests affective pain experience in octopus, *iScience*, 24(3), 102229.

Crook, R. J., et al. (2011) Peripheral injury induces long-term sensitization of defensive responses to visual and tactile stimuli in the squid Loligo pealeii, Lesueur 1821, *Journal of Experimental Biology*, 214(19), 3173–3185.

Crook, R. J., et al. (2014) Nociceptive sensitization reduces predation risk, *Current Biology*, 24(10), 1121–1125.

Crook, R. J., Hanlon, R. T., and Walters, E. T. (2013) Squid have nociceptors that display widespread long-term sensitization and spontaneous activity after bodily injury, *Journal of Neuroscience*, 33(24), 10021–10026.

Crook, R. J., and Walters, E. T. (2014) Neuroethology: Self-recognition helps octopuses avoid entanglement, *Current Biology*, 24(11), R520–R521.

Cross, F. R., et al. (2020) Arthropod intelligence? The case for Portia, *Frontiers in Psychology*, 11.

Crowe-Riddell, J. M., Simões, B. F., et al. (2019) Phototactic tails: Evolution and molecular basis of a novel sensory trait in sea snakes, *Molecular Ecology*, 28(8), 2013–2028.

Crowe-Riddell, J. M., Williams, R., et al. (2019) Ultrastructural evidence of a mechanosensory function of scale organs (sensilla) in sea snakes (Hydrophiinae), *Royal Society Open Science*, 6(4), 182022.

Cullen, K. E. (2004) Sensory signals during active versus passive movement, *Current Opinion in Neurobiology*, 14(6), 698–706.

Cummings, M. E., Rosenthal, G. G., and Ryan, M. J. (2003) A private ultraviolet channel in visual communication, *Proceedings of the Royal Society B: Biological Sciences*, 270(1518), 897–904.

Cunningham, S., et al. (2010) Bill morphology of ibises suggests a remote-tactile sensory system for prey detection, *The Auk*, 127(2), 308–316.

Cunningham, S., Castro, I., and Alley, M. (2007) A new prey-detection mechanism for kiwi (*Apteryx* spp.) suggests convergent evolution between paleognathous and neognathous birds, *Journal of Anatomy*, 211(4), 493–502.

Cunningham, S. J., Alley, M. R., and Castro, I. (2011) Facial bristle feather histology and morphology in New Zealand birds: Implications for function, *Journal of Morphology*, 272(1), 118–128.

Cuthill, I. C., et al. (2017) The biology of color, *Science*, 357(6350), eaan0221.

Czaczkes, T. J., et al. (2018) Reduced light avoidance in spiders from populations in light-polluted urban environments, *Naturwissenschaften*, 105(11–12), 64.

Czech-Damal, N. U., et al. (2012) Electroreception in the Guiana dolphin (*Sotalia guianensis*), *Proceedings of the Royal Society B: Biological Sciences*, 279(1729), 663–668.

Czech-Damal, N. U., et al. (2013) Passive electroreception in aquatic mammals, *Journal of Comparative Physiology A*, 199(6), 555–563.

Daan, S., Barnes, B. M., and Strijkstra, A. M. (1991) Warming up for sleep? Ground squirrels sleep during arousals from hibernation, *Neuroscience Letters*, 128(2), 265–268.

Daly, I., et al. (2016) Dynamic polarization vision in mantis shrimps, *Nature Communications*, 7, 12140.

Daly, I. M., et al. (2018) Complex gaze stabilization in mantis shrimp, *Proceedings of the Royal Society B: Biological Sciences*, 285(1878), 20180594.

Dangles, O., Casas, J., and Coolen, I. (2006) Textbook cricket goes to the field: The ecological scene of the neuroethological play, *Journal of Experimental Biology*, 209(3), 393–398.

Darwin, C. (1871) *The descent of man, and selection in relation to sex*. London: J. Murray.

Darwin, C. (1890) *The formation of vegetable mould, through the action of worms, with observations on their habits*. New York: D. Appleton and Company.

Darwin, C. (1958) *The origin of species by means of natural selection*. New York: Signet.

De Brito Sanchez, M. G., et al. (2014) The tarsal taste of honey bees: Behavioral and electrophysiological analyses, *Frontiers in Behavioral Neuroscience*, 8.

Degen, T., et al. (2016) Street lighting: Sex-independent impacts on moth movement, *Journal of Animal Ecology*, 85(5), 1352–1360.

DeGennaro, M., et al. (2013) Orco mutant mosquitoes lose strong preference for humans and are not repelled by volatile DEET, *Nature*, 498(7455), 487–491.

Dehnhardt, G., et al. (2001) Hydrodynamic trail-following in harbor seals (*Phoca vitulina*), *Science*, 293(5527), 102–104.

Dehnhardt, G., Mauck, B., and Hyvärinen, H. (1998) Ambient temperature does not affect the tactile sensitivity of mystacial vibrissae in harbour seals, *Journal of Experimental Biology*, 201(22), 3023–3029.

Dennis, E. J., Goldman, O. V., and Vosshall, L. B. (2019) Aedes aegypti mosquitoes use their legs to sense DEET on contact, *Current Biology*, 29(9), 1551–1556. e5.

Derryberry, E. P., et al. (2020) Singing in a silent spring: Birds respond to a half-century soundscape reversion during the COVID-19 shutdown, *Science*, 370(6516), 575–579.

DeRuiter, S. L., et al. (2013) First direct measurements of behavioural responses by Cuvier's beaked whales to mid-frequency active sonar, *Biology Letters*, 9(4), 20130223.

De Santana, C. D., et al. (2019) Unexpected species diversity in electric eels with a description of the strongest living bioelectricity generator, *Nature Communications*, 10(1), 4000.

D'Estries, M. (2019) This bat-friendly town turned the night red, *Treehugger*. Available at: www. treehugger.com/worlds-first-bat-friendly-town-turns-night-red-4868381.

D'Ettorre, P. (2016) Genomic and brain expansion provide ants with refined sense of smell, *Proceedings of the National Academy of Sciences*, 113(49), 13947–13949.

Deutschlander, M. E., Borland, S. C., and Phillips, J. B. (1999) Extraocular magnetic compass in newts, *Nature*, 400(6742), 324–325.

Diderot, D. (1749) Lettre sur les aveugles à l'usage de ceux qui voient. Available at: www .google. com/books/edition/Lettre_sur_les_aveugles/W3oHAAAAQAAJ?hl=en&gbpv=1.

Dijkgraaf, S. (1963) The functioning and significance of the lateral-line organs, *Biological Reviews*, 38(1), 51–105.

Dijkgraaf, S. (1989) A short personal review of the history of lateral line research, in Coombs, S., Görner, P., and Münz, H. (eds), *The mechanosensory lateral line*, 7–14. New York: Springer.

Dijkgraaf, S., and Kalmijn, A. J. (1962) Verhaltensversuche zur Funktion der Lorenzinischen Ampullen, *Naturwissenschaften*, 49, 400.

Dinets, V. (2016) No cortex, no cry, *Animal Sentience*, 1(3).

Di Silvestro, R. (2012) Spider-Man vs the real deal: Spider powers, National Wildlife Foundation blog. Available at: blog.nwf.org/2012/06/spiderman-vs-the-real-deal-spider -powers/.

Dominoni, D. M., et al. (2020) Why conservation biology can benefit from sensory ecology, *Nature Ecology & Evolution*, 4(4), 502–511.

Dominy, N. J., and Lucas, P. W. (2001) Ecological importance of trichromatic vision to primates, *Nature*, 410(6826), 363–366.

Dominy, N. J., Svenning, J.-C., and Li, W.-H. (2003) Historical contingency in the evolution of primate color vision, *Journal of Human Evolution*, 44(1), 25–45.

Dooling, R. J., et al. (2002) Auditory temporal resolution in birds: Discrimination of harmonic complexes, *Journal of the Acoustical Society of America*, 112(2), 748–759.

Dooling, R. J., Lohr, B., and Dent, M. L. (2000) Hearing in birds and reptiles, in Dooling, R. J., Fay, R. R., and Popper, A. N. (eds), *Comparative hearing: Birds and reptiles*, 308–359. New York: Springer.

Dooling, R. J., and Prior, N. H. (2017) Do we hear what birds hear in birdsong?, *Animal Behaviour*, 124, 283–289.

Douglas, R. H., and Jeffery, G. (2014) The spectral transmission of ocular media suggests ultraviolet sensitivity is widespread among mammals, *Proceedings of the Royal Society B: Biological Sciences*, 281(1780), 20132995.

Dreyer, D., et al. (2018) The Earth's magnetic field and visual landmarks steer migratory flight behavior in the nocturnal Australian bogong moth, *Current Biology*, 28(13), 2160–2166. e5.

Du, W.-G., et al. (2011) Behavioral thermoregulation by turtle embryos, *Proceedings of the National Academy of Sciences*, 108(23), 9513–9515.

Duarte, C. M., et al. (2021) The soundscape of the Anthropocene ocean, *Science*, 371(6529), eaba4658.

Dunlop, R., and Laming, P. (2005) Mechanoreceptive and nociceptive responses in the central nervous system of goldfish (*Carassius auratus*) and trout (*Oncorhynchus mykiss*), *Journal of Pain*, 6(9), 561–568.

Dunning, D. C., and Roeder, K. D. (1965) Moth sounds and the insect-catching behavior of bats, *Science*, 147(3654), 173–174.

Duranton, C., and Horowitz, A. (2019) Let me sniff! Nosework induces positive judgment bias in pet dogs, *Applied Animal Behaviour Science*, 211, 61–66.

Durso, A. (2013) Non-toxic venoms?, *Life is short, but snakes are long* (blog). Available at: snakesarelong. blogspot.com/2013/03/non-toxic-venoms. html.

Dusenbery, D. B. (1992) *Sensory ecology: How organisms acquire and respond to information.* New York: W. H. Freeman.

Dusenbery, M. (2018) *Doing harm: The truth about how bad medicine and lazy science leave women dismissed, misdiagnosed, and sick.* New York: HarperOne.

Eaton, J. (2014) When it comes to smell, the turkey vulture stands (nearly) alone, *Bay Nature*. Available at: baynature.org/article/comes-smell-turkey-vulture-stands-nearly-alone/.

Eaton, M. D. (2005) Human vision fails to distinguish widespread sexual dichromatism among sexually "monochromatic" birds, *Proceedings of the National Academy of Sciences*, 102(31), 10942–10946.

Ebert, J., and Westhoff, G. (2006) Behavioural examination of the infrared sensitivity of rattlesnakes (*Crotalus atrox*), *Journal of Comparative Physiology A*, 192(9), 941–947.

Edelman, N. B., et al. (2015) No evidence for intracellular magnetite in putative vertebrate magnetoreceptors identified by magnetic screening, *Proceedings of the National Academy of Sciences*, 112(1), 262–267.

Eder, S. H. K., et al. (2012) Magnetic characterization of isolated candidate vertebrate magnetoreceptor cells, *Proceedings of the National Academy of Sciences*, 109(30), 12022–12027.

Einwich, A., et al. (2020) A novel isoform of cryptochrome 4 (Cry4b) is expressed in the retina of a night-migratory songbird, *Scientific Reports*, 10(1), 15794.

Eisemann, C. H., et al. (1984) Do insects feel pain? A biological view, *Experientia*, 40(2), 164–167.

Eisenberg, J. F., and Gould, E. (1966) The behavior of Solenodon paradoxus in captivity with comments on the behavior of other insectivora, *Zoologica*, 51(4), 49–60.

Eisthen, H. L. (2002) Why are olfactory systems of different animals so similar?, *Brain, Behavior and Evolution*, 59(5–6), 273–293.

Elemans, C. P. H., et al. (2011) Superfast muscles set maximum call rate in echolocating bats, *Science*, 333(6051), 1885–1888.

Elwood, R. W. (2011) Pain and suffering in invertebrates?, *ILAR Journal*, 52(2), 175–184.

Elwood, R. W. (2019) Discrimination between nociceptive reflexes and more complex responses consistent with pain in crustaceans, *Philosophical Transactions of the Royal Society B: Biological Sciences*, 374(1785), 20190368.

Elwood, R. W., and Appel, M. (2009) Pain experience in hermit crabs?, *Animal Behaviour*, 77(5), 1243–1246.

Embar, K., et al. (2018) Pit fights: Predators in evolutionarily independent communities, *Journal of*

Mammalogy, 99(5), 1183–1188.

Emerling, C. A., and Springer, M. S. (2015) Genomic evidence for rod monochromacy in sloths and armadillos suggests early subterranean history for Xenarthra, *Proceedings of the Royal Society B: Biological Sciences*, 282(1800), 20142192.

Engels, S., et al. (2012) Night-migratory songbirds possess a magnetic compass in both eyes, *PLOS One*, 7(9), e43271.

Engels, S., et al. (2014) Anthropogenic electromagnetic noise disrupts magnetic compass orientation in a migratory bird, *Nature*, 509(7500), 353–356.

Erbe, C., et al. (2019) The effects of ship noise on marine mammals—A review, *Frontiers in Marine Science*, 6, 606.

Erbe, C., Dunlop, R., and Dolman, S. (2018) Effects of noise on marine mammals, in Slabbekoorn, H., et al. (eds), *Effects of anthropogenic noise on animals*, 277–309. New York: Springer.

Eriksson, A., et al. (2012) Exploitation of insect vibrational signals reveals a new method of pest management, *PLOS One*, 7(3), e32954.

Etheredge, J. A., et al. (1999) Monarch butterflies (*Danaus plexippus* L.) use a magnetic compass for navigation, *Proceedings of the National Academy of Sciences*, 96(24), 13845–13846.

European Parliament, Council of the European Union (2010) Directive 2010/63/EU of the European Parliament and of the Council of 22 September 2010 on the protection of animals used for scientific purposes: Text with EEA relevance, L 276(20.10.2010), 33–79.

Evans, J. E., et al. (2012) Short-term physiological and behavioural effects of high-versus low-frequency fluorescent light on captive birds, *Animal Behaviour*, 83(1), 25–33.

Falchi, F., et al. (2016) The new world atlas of artificial night sky brightness, *Science Advances*, 2(6), e1600377.

Fedigan, L. M., et al. (2014) The heterozygote superiority hypothesis for polymorphic color vision is not supported by long-term fitness data from wild neotropical monkeys, *PLOS One*, 9(1), e84872.

Feller, K. D., et al. (2021) Surf and turf vision: Patterns and predictors of visual acuity in compound eye evolution, *Arthropod Structure & Development*, 60, 101002.

Fenton, M. B., et al. (eds), (2016) *Bat bioacoustics*. New York: Springer.

Fenton, M. B., Faure, P. A., and Ratcliffe, J. M. (2012) Evolution of high duty cycle echolocation in bats, *Journal of Experimental Biology*, 215(17), 2935–2944.

Fertin, A., and Casas, J. (2007) Orientation towards prey in antlions: Efficient use of wave propagation in sand, *Journal of Experimental Biology*, 210(19), 3337–3343.

Feynman, R. (1964) *The Feynman Lectures on Physics*, vol. II, ch. 9, *Electricity in the Atmosphere*. Available at: www.feynmanlectures.caltech.edu/II_09.html.

Finger, S., and Piccolino, M. (2011) *The shocking history of electric fishes: From ancient epochs to the birth of modern neurophysiology*. New York: Oxford University Press.

Finkbeiner, S. D., et al. (2017) Ultraviolet and yellow reflectance but not fluorescence is important for visual discrimination of conspecifics by *Heliconius erato*, *Journal of Experimental Biology*, 220(7), 1267–1276.

Finneran, J. J. (2013) Dolphin "packet" use during long-range echolocation tasks, *Journal of the Acoustical Society of America*, 133(3), 1796–1810.

Firestein, S. (2005) A Nobel nose: The 2004 Nobel Prize in Physiology and Medicine, *Neuron*, 45(3), 333–338.

Fishbein, A. R., et al. (2020) Sound sequences in birdsong: How much do birds really care?, *Philosophical Transactions of the Royal Society B: Biological Sciences*, 375(1789), 20190044.

Fleissner, G., et al. (2003) Ultrastructural analysis of a putative magnetoreceptor in the beak of homing pigeons, *Journal of Comparative Neurology*, 458(4), 350–360.

Fleissner, G., et al. (2007) A novel concept of Fe-mineral-based magnetoreception: Histological and physicochemical data from the upper beak of homing pigeons, *Naturwissenschaften*, 94(8), 631–642.

Forbes, A. A., et al. (2018) Quantifying the unquantifiable: Why Hymenoptera, not Coleoptera, is the most speciose animal order, *BMC Ecology*, 18(1), 21.

Ford, N. B., and Low, J. R. (1984) Sex pheromone source location by garter snakes, *Journal of Chemical Ecology*, 10(8), 1193–1199.

Forel, A. (1874) *Les fourmis de la Suisse: Systématique, notices anatomiques et physiologiques, architecture, distribution géographique, nouvelles expériences et observations de moeurs.* Zurich: Druck von Zürcher & Furrer.

Fournier, J. P., et al. (2013) If a bird flies in the forest, does an insect hear it?, *Biology Letters*, 9(5), 20130319.

Fox, R., Lehmkuhle, S. W., and Westendorf, D. H. (1976) Falcon visual acuity, *Science*, 192(4236), 263–265.

Francis, C. D., et al. (2012) Noise pollution alters ecological services: Enhanced pollination and disrupted seed dispersal, *Proceedings of the Royal Society B: Biological Sciences*, 279(1739), 2727–2735.

Francis, C. D., et al. (2017) Acoustic environments matter: Synergistic benefits to humans and ecological communities, *Journal of Environmental Management*, 203(Pt 1), 245–254.

Fransson, T., et al. (2001) Magnetic cues trigger extensive refuelling, *Nature*, 414(6859), 35–36.

Friis, I., Sjulstok, E., and Solov'yov, I. A. (2017) Computational reconstruction reveals a candidate magnetic biocompass to be likely irrelevant for magnetoreception, *Scientific Reports*, 7(1), 13908.

Frisk, G. V. (2012) Noiseonomics: The relationship between ambient noise levels in the sea and global economic trends, *Scientific Reports*, 2(1), 437.

Fritsches, K. A., Brill, R. W., and Warrant, E. J. (2005) Warm eyes provide superior vision in swordfishes, *Current Biology*, 15(1), 55–58.

Fukutomi, M., and Carlson, B. A. (2020) A history of corollary discharge: Contributions of mormyrid weakly electric fish, *Frontiers in Integrative Neuroscience*, 14, 42.

Fullard, J. H., and Yack, J. E. (1993) The evolutionary biology of insect hearing, *Trends in Ecology & Evolution*, 8(7), 248–252.

Gagliardo, A., et al. (2013) Oceanic navigation in Cory's shearwaters: Evidence for a crucial role of olfactory cues for homing after displacement, *Journal of Experimental Biology*, 216(15), 2798–2805.

Gagnon, Y. L., et al. (2015) Circularly polarized light as a communication signal in mantis shrimps, *Current Biology*, 25(23), 3074–3078.

Gal, R., et al. (2014) Sensory arsenal on the stinger of the parasitoid jewel wasp and its possible role in identifying cockroach brains, *PLOS One*, 9(2), e89683.

Galambos, R., and Griffin, D. R. (1942) Obstacle avoidance by flying bats: The cries of bats, *Journal of Experimental Zoology*, 89(3), 475–490.

Gall, M. D., Salameh, T. S., and Lucas, J. R. (2013) Songbird frequency selectivity and temporal resolution vary with sex and season, *Proceedings of the Royal Society B: Biological Sciences*, 280(1751), 20122296.

Gall, M. D., and Wilczynski, W. (2015) Hearing conspecific vocal signals alters peripheral auditory sensitivity, *Proceedings of the Royal Society B: Biological Sciences*, 282(1808), 20150749.

Garcia-Larrea, L., and Bastuji, H. (2018) Pain and consciousness, *Progress in Neuro-Psychopharmacology and Biological Psychiatry*, 87(Pt B), 193–199.

Gardiner, J. M., et al. (2014) Multisensory integration and behavioral plasticity in sharks from different ecological niches, *PLOS One*, 9(4), e93036.

Garm, A., and Nilsson, D.-E. (2014) Visual navigation in starfish: First evidence for the use of vision and eyes in starfish, *Proceedings of the Royal Society B: Biological Sciences*, 281(1777), 20133011.

Garstang, M., et al. (1995) Atmospheric controls on elephant communication, *Journal of Experimental Biology*, 198(Pt 4), 939–951.

Gaspard, J. C., et al. (2017) Detection of hydrodynamic stimuli by the postcranial body of Florida manatees (*Trichechus manatus latirostris*), *Journal of Comparative Physiology A*, 203(2), 111–120.

Gaston, K. J. (2019) Nighttime ecology: The "nocturnal problem" revisited, *The American Naturalist*, 193(4), 481–502.

Gavelis, G. S., et al. (2015) Eye-like ocelloids are built from different endosymbiotically acquired components, *Nature*, 523(7559), 204–207.

Gehring, J., Kerlinger, P., and Manville, A. (2009) Communication towers, lights, and birds: Successful methods of reducing the frequency of avian collisions, *Ecological Applications*, 19(2), 505–514.

Gehring, W. J., and Wehner, R. (1995) Heat shock protein synthesis and thermotolerance in *Cataglyphis*, an ant from the Sahara desert, *Proceedings of the National Academy of Sciences*, 92(7), 2994–2998.

Geipel, I., et al. (2019) Bats actively use leaves as specular reflectors to detect acoustically camouflaged prey, *Current Biology*, 29(16), 2731–2736. e3.

Geipel, I., Jung, K., and Kalko, E. K. V. (2013) Perception of silent and motionless prey on vegetation by echolocation in the gleaning bat *Micronycteris microtis*, *Proceedings of the Royal Society B: Biological Sciences*, 280(1754), 20122830.

Geiser, F. (2013) Hibernation, *Current Biology*, 23(5), R188–R193.

Gentle, M. J., and Breward, J. (1986) The bill tip organ of the chicken (*Gallus gallus var. domesticus*), *Journal of Anatomy*, 145, 79–85.

Ghose, K., Moss, C. F., and Horiuchi, T. K. (2007) Flying big brown bats emit a beam with two lobes in the vertical plane, *Journal of the Acoustical Society of America*, 122(6), 3717–3724.

Gil, D., et al. (2015) Birds living near airports advance their dawn chorus and reduce overlap with aircraft noise, *Behavioral Ecology*, 26(2), 435–443.

Gill, A. B., et al. (2014) Marine renewable energy, electromagnetic (EM) fields and EM-sensitive animals, in Shields, M. A., and Payne, A. I. L. (eds), *Marine renewable energy technology and environmental interactions*, 61–79. Dordrecht: Springer.

Gläser, N., and Kröger, R. H. H. (2017) Variation in rhinarium temperature indicates sensory specializations in placental mammals, *Journal of Thermal Biology*, 67, 30–34.

Godfrey-Smith, P. (2016) *Other minds: The octopus, the sea, and the deep origins of consciousness*. New York: Farrar, Straus and Giroux.

Goerlitz, H. R., et al. (2010) An aerial-hawking bat uses stealth echolocation to counter moth hearing, *Current Biology*, 20(17), 1568–1572.

Goldberg, Y. P., et al. (2012) Human Mendelian pain disorders: A key to discovery and validation of novel analgesics, *Clinical Genetics*, 82(4), 367–373.

Goldbogen, J. A., et al. (2019) Extreme bradycardia and tachycardia in the world's largest animal, *Proceedings of the National Academy of Sciences*, 116(50), 25329–25332.

Gol'din, P. (2014) "Antlers inside": Are the skull structures of beaked whales (Cetacea: Ziphiidae) used for echoic imaging and visual display?, *Biological Journal of the Linnean Society*, 113(2), 510–515.

Goldsmith, T. H. (1980) Hummingbirds see near ultraviolet light, *Science*, 207(4432), 786–788.

Gonzalez-Bellido, P. T., Wardill, T. J., and Juusola, M. (2011) Compound eyes and retinal information processing in miniature dipteran species match their specific ecological demands, *Proceedings of the National Academy of Sciences*, 108(10), 4224–4229.

Göpfert, M. C., and Hennig, R. M. (2016) Hearing in insects, *Annual Review of Entomology*, 61, 257–276.

Göpfert, M. C., Surlykke, A., and Wasserthal, L. T. (2002) Tympanal and atympanal "mouth-ears" in hawkmoths (Sphingidae), *Proceedings of the Royal Academy B: Biological Sciences*, 269(1486), 89–95.

Gordon, T. A. C., et al. (2018) Habitat degradation negatively affects auditory settlement behavior of coral reef fishes, *Proceedings of the National Academy of Sciences*, 115(20), 5193–5198.

Gordon, T. A. C., et al. (2019) Acoustic enrichment can enhance fish community development on degraded coral reef habitat, *Nature Communications*, 10(1), 5414.

Gorham, P. W. (2013) Ballooning spiders: The case for electrostatic flight, arXiv:1309.4731.

Goris, R. C. (2011) Infrared organs of snakes: An integral part of vision, *Journal of Herpetology*, 45(1), 2–14.

Goté, J. T., et al. (2019) Growing tiny eyes: How juvenile jumping spiders retain high visual performance in the face of size limitations and developmental constraints, *Vision Research*, 160,

24–36.

Gould, E. (1965) Evidence for echolocation in the Tenrecidae of Madagascar, *Proceedings of the American Philosophical Society*, 109(6), 352–360.

Goutte, S., et al. (2017) Evidence of auditory insensitivity to vocalization frequencies in two frogs, *Scientific Reports*, 7(1), 12121.

Gracheva, E. O., et al. (2010) Molecular basis of infrared detection by snakes, *Nature*, 464(7291), 1006–1011.

Gracheva, E. O., et al. (2011) Ganglion-specific splicing of TRPV1 underlies infrared sensation in vampire bats, *Nature*, 476(7358), 88–91.

Gracheva, E. O., and Bagriantsev, S. N. (2015) Evolutionary adaptation to thermosensation, *Current Opinion in Neurobiology*, 34, 67–73.

Granger, J., et al. (2020) Gray whales strand more often on days with increased levels of atmospheric radio-frequency noise, *Current Biology*, 30(4), R155–R156.

Grant, R. A., Breakell, V., and Prescott, T. J. (2018) Whisker touch sensing guides locomotion in small, quadrupedal mammals, *Proceedings of the Royal Society B: Biological Sciences*, 285(1880), 20180592.

Grant, R. A., Sperber, A. L., and Prescott, T. J. (2012) The role of orienting in vibrissal touch sensing, *Frontiers in Behavioral Neuroscience*, 6, 39.

Grasso, F. W. (2014) The octopus with two brains: How are distributed and central representations integrated in the octopus central nervous system?, in Darmaillacq, A.-S., Dickel, L., and Mather, J. (eds), *Cephalopod cognition*, 94–122. Cambridge: Cambridge University Press.

Graziadei, P. P., and Gagne, H. T. (1976) Sensory innervation in the rim of the octopus sucker, *Journal of Morphology*, 150(3), 639–679.

Greenwood, V. (2012) The humans with super human vision, *Discover Magazine*. Available at: www.discovermagazine.com/mind/the-humans-with-super-human-vision.

Gregory, J. E., et al. (1989) Responses of electroreceptors in the snout of the echidna, *Journal of Physiology*, 414, 521–538.

Greif, S., et al. (2017) Acoustic mirrors as sensory traps for bats, *Science*, 357(6355), 1045–1047.

Griffin, D. R. (1944a) Echolocation by blind men, bats and radar, *Science*, 100(2609), 589–590.

Griffin, D. R. (1944b) The sensory basis of bird navigation, *The Quarterly Review of Biology*, 19(1), 15–31.

Griffin, D. R. (1953) Bat sounds under natural conditions, with evidence for echolocation of insect prey, *Journal of Experimental Zoology*, 123(3), 435–465.

Griffin, D. R. (1974) *Listening in the dark: The acoustic orientation of bats and men*. New York: Dover Publications.

Griffin, D. R. (2001) Return to the magic well: Echolocation behavior of bats and responses of insect prey, *BioScience*, 51(7), 555–556.

Griffin, D. R., and Galambos, R. (1941) The sensory basis of obstacle avoidance by flying bats, *Journal of Experimental Zoology*, 86(3), 481–506.

Griffin, D. R., Webster, F. A., and Michael, C. R. (1960) The echolocation of flying insects by bats,

Animal Behaviour, 8(3), 141–154.

Grinnell, A. D. (1966) Mechanisms of overcoming interference in echolocating animals, in Busnel, R.-G. (ed), *Animal Sonar Systems: Biology and Bionics*, 1, 451–480.

Grinnell, A .D., Gould, E., and Fenton, M. B. (2016) A history of the study of echolocation, in Fenton, M. B., et al. (eds), *Bat bioacoustics*, 1–24. New York: Springer.

Grinnell, A. D., and Griffin, D. R. (1958) The sensitivity of echolocation in bats, *Biological Bulletin*, 114(1), 10–22.

Gross, K., Pasinelli, G., and Kunc, H. P. (2010) Behavioral plasticity allows short-term adjustment to a novel environment, *The American Naturalist*, 176(4), 456–464.

Grüsser, O.-J. (1994) Early concepts on efference copy and reafference, *Behavioral and Brain Sciences*, 17(2), 262–265.

Gu, J.-J., et al. (2012) Wing stridulation in a Jurassic katydid (Insecta, Orthoptera) produced low-pitched musical calls to attract females, *Proceedings of the National Academy of Sciences*, 109(10), 3868–3873.

Günther, R. H., O'Connell-Rodwell, C. E., and Klemperer, S. L. (2004) Seismic waves from elephant vocalizations: A possible communication mode?, *Geophysical Research Letters*, 31(11).

Gutnick, T., et al. (2011) *Octopus vulgaris* uses visual information to determine the location of its arm, *Current Biology*, 21(6), 460–462.

Hagedorn, M. (2004) Essay: The lure of field research on electric fish, in von der Emde, G., Mogdans, J., and Kapoor, B. G. (eds), *The senses of fish: Adaptations for the reception of natural stimuli*, 362–368. Dordrecht: Springer.

Hagedorn, M., and Heiligenberg, W. (1985) Court and spark: Electric signals in the courtship and mating of gymnotoid fish, *Animal Behaviour*, 33(1), 254–265.

Hager, F. A., and Kirchner, W. H. (2013) Vibrational long-distance communication in the termites *Macrotermes natalensis* and *Odontotermes* sp., *Journal of Experimental Biology*, 216(17), 3249–3256.

Hager, F. A., and Krausa, K. (2019) Acacia ants respond to plant-borne vibrations caused by mammalian browsers, *Current Biology*, 29(5), 717–725. e3.

Halfwerk, W., et al. (2019) Adaptive changes in sexual signalling in response to urbanization, *Nature Ecology & Evolution*, 3(3), 374–380.

Hamel, J. A., and Cocroft, R. B. (2012) Negative feedback from maternal signals reduces false alarms by collectively signalling offspring, *Proceedings of the Royal Society B: Biological Sciences*, 279(1743), 3820–3826.

Han, C. S., and Jablonski, P. G. (2010) Male water striders attract predators to intimidate females into copulation, *Nature Communications*, 1(1), 52.

Hanke, F. D., and Kelber, A. (2020) The eye of the common octopus (*Octopus vulgaris*), *Frontiers in Physiology*, 10, 1637.

Hanke, W., et al. (2010) Harbor seal vibrissa morphology suppresses vortex-induced vibrations, *Journal of Experimental Biology*, 213(15), 2665–2672.

Hanke, W., and Dehnhardt, G. (2015) Vibrissal touch in pinnipeds, *Scholarpedia*, 10(3), 6828.

Hanke, W., Römer, R., and Dehnhardt, G. (2006) Visual fields and eye movements in a harbor seal (*Phoca vitulina*), *Vision Research*, 46(17), 2804–2814.

Hardy, A. R., and Hale, M. E. (2020) Sensing the structural characteristics of surfaces: Texture encoding by a bottom-dwelling fish, *Journal of Experimental Biology*, 223(21), jeb227280.

Harley, H. E., Roitblat, H. L., and Nachtigall, P. E. (1996) Object representation in the bottlenose dolphin (*Tursiops truncatus*): Integration of visual and echoic information, *Journal of Experimental Psychology: Animal Behavior Processes*, 22(2), 164–174.

Hart, N. S., et al. (2011) Microspectrophotometric evidence for cone monochromacy in sharks, *Naturwissenschaften*, 98(3), 193–201.

Hartline, P. H., Kass, L., and Loop, M. S. (1978) Merging of modalities in the optic tectum: Infrared and visual integration in rattlesnakes, *Science*, 199(4334), 1225–1229.

Hartzell, P. L., et al. (2011) Distribution and phylogeny of glacier ice worms (*Mesenchytraeus solifugus* and *Mesenchytraeus solifugus rainierensis*), *Canadian Journal of Zoology*, 83(9), 1206–1213.

Haspel, G., et al. (2012) By the teeth of their skin, cavefish find their way, *Current Biology*, 22(16), R629–R630.

Haynes, K. F., et al. (2002) Aggressive chemical mimicry of moth pheromones by a bolas spider: How does this specialist predator attract more than one species of prey?, *Chemoecology*, 12(2), 99–105.

Healy, K., et al. (2013) Metabolic rate and body size are linked with perception of temporal information, *Animal Behaviour*, 86(4), 685–696.

Heffner, H. E. (1983) Hearing in large and small dogs: Absolute thresholds and size of the tympanic membrane, *Behavioral Neuroscience*, 97(2), 310–318.

Heffner, H. E., and Heffner, R. S. (2018) The evolution of mammalian hearing, in *To the ear and back again—Advances in auditory biophysics: Proceedings of the 13th Mechanics of Hearing Workshop*, St. Catharines, Canada, 130001. Available at: aip.scitation.org/doi/abs/10.1063/1.5038516.

Heffner, R. S., and Heffner, H. E. (1985) Hearing range of the domestic cat, *Hearing Research*, 19(1), 85–88.

Hein, C. M., et al. (2011) Robins have a magnetic compass in both eyes, *Nature*, 471(7340), E1.

Heinrich, B. (1993) *The hot-blooded insects: Strategies and mechanisms of thermoregulation*. Berlin: Springer.

Henninger, J., et al. (2018) Statistics of natural communication signals observed in the wild identify important yet neglected stimulus regimes in weakly electric fish, *Journal of Neuroscience*, 38(24), 5456–5465.

Henry, K. S., et al. (2011) Songbirds tradeoff auditory frequency resolution and temporal resolution, *Journal of Comparative Physiology A*, 197(4), 351–359.

Henson, O. W. (1965) The activity and function of the middle-ear muscles in echo-locating bats, *Journal of Physiology*, 180(4), 871–887.

Hepper, P. G. (1988) The discrimination of human odour by the dog, *Perception*, 17(4), 549–554.

Hepper, P. G., and Wells, D. L. (2005) How many footsteps do dogs need to determine the direction of an odour trail?, *Chemical Senses*, 30(4), 291–298.

Herberstein, M. E., Heiling, A. M., and Cheng, K. (2009) Evidence for UV-based sensory exploitation in Australian but not European crab spiders, *Evolutionary Ecology*, 23(4), 621–634.

Heyers, D., et al. (2007) A visual pathway links brain structures active during magnetic compass orientation in migratory birds, *PLOS One*, 2(9), e937.

Hildebrand, J. (2005) Impacts of anthropogenic sound, in Reynolds, J. E., et al. (eds), *Marine mammal research: Conservation beyond crisis*, 101–124. Baltimore: Johns Hopkins University Press.

Hill, P. S. M. (2008) *Vibrational communication in animals*. Cambridge, MA: Harvard University Press.

Hill, P. S. M. (2009) How do animals use substrate-borne vibrations as an information source?, *Naturwissenschaften*, 96(12), 1355–1371.

Hill, P. S. M. (2014) Stretching the paradigm or building a new? Development of a cohesive language for vibrational communication, in Cocroft, R. B., et al. (eds), *Studying vibrational communication*, 13–30. Berlin: Springer.

Hill, P. S. M., and Wessel, A. (2016) Biotremology, *Current Biology*, 26(5), R187–R191.

Hines, H. M., et al. (2011) Wing patterning gene redefines the mimetic history of *Heliconius* butterflies, *Proceedings of the National Academy of Sciences*, 108(49), 19666–19671.

Hiramatsu, C., et al. (2017) Experimental evidence that primate trichromacy is well suited for detecting primate social colour signals, *Proceedings of the Royal Society B: Biological Sciences*, 284(1856), 20162458.

Hiryu, S., et al. (2005) Doppler-shift compensation in the Taiwanese leaf-nosed bat (*Hipposideros terasensis*) recorded with a telemetry microphone system during flight, *Journal of the Acoustical Society of America*, 118(6), 3927–3933.

Hochner, B. (2012) An embodied view of octopus neurobiology, *Current Biology*, 22(20), R887–R892.

Hochner, B. (2013) How nervous systems evolve in relation to their embodiment: What we can learn from octopuses and other molluscs, *Brain, Behavior and Evolution*, 82(1), 19–30.

Hochstoeger, T., et al. (2020) The biophysical, molecular, and anatomical landscape of pigeon CRY4: A candidate light-based quantal magnetosensor, *Science Advances*, 6(33), eabb9110.

Hofer, B. (1908) Studien über die Hautsinnesorgane der Fische. I. Die Funktion der Seitenorgane bei den Fischen, *Berichte aus der Kgl. Bayerischen Biologischen Versuchsstation in München*, 1, 115–164.

Hoffstaetter, L. J., Bagriantsev, S. N., and Gracheva, E. O. (2018) TRPs et al.: A molecular toolkit for thermosensory adaptations, *Pflügers Archiv—European Journal of Physiology*, 470(5), 745–759.

Holderied, M. W., and von Helversen, O. (2003) Echolocation range and wingbeat period match in aerial-hawking bats, *Proceedings of the Royal Society B: Biological Sciences*, 270(1530), 2293–2299.

Holland, R. A., et al. (2006) Navigation: Bat orientation using Earth's magnetic field, *Nature*,

444(7120), 702.

Holy, T. E., and Guo, Z. (2005) Ultrasonic songs of male mice, *PLOS Biology*, 3(12), e386.

Hopkins, C., and Bass, A. (1981) Temporal coding of species recognition signals in an electric fish, *Science*, 212(4490), 85–87.

Hopkins, C. D. (1981) On the diversity of electric signals in a community of mormyrid electric fish in West Africa, *American Zoologist*, 21(1), 211–222.

Hopkins, C. D. (2005) Passive electrolocation and the sensory guidance of oriented behavior, in Bullock, T. H., et al. (eds), *Electroreception*, 264–289. New York: Springer.

Hopkins, C. D. (2009) Electrical perception and communication, in Squire, L. R. (ed), *Encyclopedia of neuroscience*, 813–831. Amsterdam: Elsevier.

Hore, P. J., and Mouritsen, H. (2016) The radical-pair mechanism of magnetoreception, *Annual Review of Biophysics*, 45(1), 299–344.

Horowitz, A. (2010) *Inside of a dog: What dogs see, smell, and know*. London: Simon & Schuster UK.

Horowitz, A. (2016) *Being a dog: Following the dog into a world of smell*. New York: Scribner.

Horowitz, A., and Franks, B. (2020) What smells? Gauging attention to olfaction in canine cognition research, *Animal Cognition*, 23(1), 11–18.

Horváth, G., et al. (2009) Polarized light pollution: A new kind of ecological photopollution, *Frontiers in Ecology and the Environment*, 7(6), 317–325.

Horwitz, J. (2015) *War of the whales: A true story*. New York: Simon & Schuster.

Hughes, A. (1977) The topography of vision in mammals of contrasting life style: Comparative optics and retinal organisation, in Crescitelli, F. (ed), *The visual system in vertebrates*, 613–756. New York: Springer.

Hughes, H. C. (2001) *Sensory exotica: A world beyond human experience*. Cambridge, MA: MIT Press.

Hulgard, K., et al. (2016) Big brown bats (*Eptesicus fuscus*) emit intense search calls and fly in stereotyped flight paths as they forage in the wild, *Journal of Experimental Biology*, 219(3), 334–340.

Hunt, S., et al. (1998) Blue tits are ultraviolet tits, *Proceedings of the Royal Society B: Biological Sciences*, 265(1395), 451–455.

Hurst, J., et al. (eds), (2008) *Chemical signals in vertebrates 11*. New York: Springer.

Ibrahim, N., et al. (2014) Semiaquatic adaptations in a giant predatory dinosaur, *Science*, 345(6204), 1613–1616.

Ikinamo (2011) Simroid dental training humanoid robot communicates with trainee dentists #DigInfo. [Video] Available at: www.youtube.com/watch?v=C47NHADFQSo.

Inger, R., et al. (2014) Potential biological and ecological effects of flickering artificial light, *PLOS One*, 9(5), e98631.

Inman, M. (2013) Why the mantis shrimp is my new favorite animal, *The Oatmeal*. Available at: theoatmeal.com/comics/mantis_shrimp.

Irwin, W. P., Horner, A. J., and Lohmann, K. J. (2004) Magnetic field distortions produced by protective cages around sea turtle nests: Unintended consequences for orientation and navigation?, *Biological Conservation*, 118(1), 117–120.

Ivanov, M. P. (2004) Dolphin's echolocation signals in a complicated acoustic environment, *Acoustical Physics*, 50(4), 469–479.

Jacobs, G. H. (1984) Within-species variations in visual capacity among squirrel monkeys (*Saimiri sciureus*): Color vision, *Vision Research*, 24(10), 1267–1277.

Jacobs, G. H., and Neitz, J. (1987) Inheritance of color vision in a New World monkey (*Saimiri sciureus*), *Proceedings of the National Academy of Sciences*, 84(8), 2545–2549.

Jacobs, G. H., Neitz, J., and Deegan, J. F. (1991) Retinal receptors in rodents maximally sensitive to ultraviolet light, *Nature*, 353(6345), 655–656.

Jacobs, L. F. (2012) From chemotaxis to the cognitive map: The function of olfaction, *Proceedings of the National Academy of Sciences*, 109(Suppl. 1), 10693–10700.

Jakob, E. M., et al. (2018) Lateral eyes direct principal eyes as jumping spiders track objects, *Current Biology*, 28(18), R1092–R1093.

Jakobsen, L., Ratcliffe, J. M., and Surlykke, A. (2013) Convergent acoustic field of view in echolocating bats, *Nature*, 493(7430), 93–96.

Japyassú, H. F., and Laland, K. N. (2017) Extended spider cognition, *Animal Cognition*, 20(3), 375–395.

Jechow, A., and Hölker, F. (2020) Evidence that reduced air and road traffic decreased artificial night-time skyglow during COVID-19 lockdown in Berlin, Germany, *Remote Sensing*, 12(20), 3412.

Jiang, P., et al. (2012) Major taste loss in carnivorous mammals, *Proceedings of the National Academy of Sciences*, 109(13), 4956–4961.

Johnsen, S. (2012) *The optics of life: A biologist's guide to light in nature*. Princeton, NJ: Princeton University Press.

Johnsen, S. (2014) Hide and seek in the open sea: Pelagic camouflage and visual countermeasures, *Annual Review of Marine Science*, 6(1), 369–392.

Johnsen, S. (2017) Open questions: We don't really know anything, do we? Open questions in sensory biology, *BMC Biology*, 15, art. 43.

Johnsen, S., and Lohmann, K. J. (2005) The physics and neurobiology of magnetoreception, *Nature Reviews Neuroscience*, 6(9), 703–712.

Johnsen, S., Lohmann, K. J., and Warrant, E. J. (2020) Animal navigation: A noisy magnetic sense?, *Journal of Experimental Biology*, 223(18), jeb164921.

Johnsen, S., and Widder, E. (2019) Mission logs: June 20, Here be monsters: We filmed a giant squid in America's backyard, *NOAA Ocean Exploration*. Available at: oceanexplorer.noaa.gov/explorations/19biolum/logs/jun20/jun20.html.

Johnson, M., et al. (2004) Beaked whales echolocate on prey, *Proceedings of the Royal Society B: Biological Sciences*, 271(Suppl. 6), S383–S386.

Johnson, M., Aguilar de Soto, N., and Madsen, P. (2009) Studying the behaviour and sensory ecology of marine mammals using acoustic recording tags: A review, *Marine Ecology Progress*

Series, 395, 55–73.

Johnson, R. N., et al. (2018) Adaptation and conservation insights from the koala genome, *Nature Genetics*, 50(8), 1102–1111.

Jones, G., and Teeling, E. (2006) The evolution of echolocation in bats, *Trends in Ecology & Evolution*, 21(3), 149–156.

Jordan, G., et al. (2010) The dimensionality of color vision in carriers of anomalous trichromacy, *Journal of Vision*, 10(8), 12.

Jordan, G., and Mollon, J. (2019) Tetrachromacy: The mysterious case of extra-ordinary color vision, *Current Opinion in Behavioral Sciences*, 30, 130–134.

Jordt, S.-E., and Julius, D. (2002) Molecular basis for species-specific sensitivity to "hot" chili peppers, *Cell*, 108(3), 421–430.

Josberger, E. E., et al. (2016) Proton conductivity in ampullae of Lorenzini jelly, *Science Advances*, 2(5), e1600112.

Jung, J., et al. (2019) How do red-eyed treefrog embryos sense motion in predator attacks? Assessing the role of vestibular mechanoreception, *Journal of Experimental Biology*, 222(21), jeb206052.

Jung, K., Kalko, E. K. V., and von Helversen, O. (2007) Echolocation calls in Central American emballonurid bats: Signal design and call frequency alternation, *Journal of Zoology*, 272(2), 125–137.

Kajiura, S. M. (2001) Head morphology and electrosensory pore distribution of carcharhinid and sphyrnid sharks, *Environmental Biology of Fishes*, 61(2), 125–133.

Kajiura, S. M. (2003) Electroreception in neonatal bonnethead sharks, *Sphyrna tiburo*, *Marine Biology*, 143(3), 603–611.

Kajiura, S. M., and Holland, K. N. (2002) Electroreception in juvenile scalloped hammerhead and sandbar sharks, *Journal of Experimental Biology*, 205(23), 3609–3621.

Kalberer, N. M., Reisenman, C. E., and Hildebrand, J. G. (2010) Male moths bearing transplanted female antennae express characteristically female behaviour and central neural activity, *Journal of Experimental Biology*, 213(8), 1272–1280.

Kalka, M. B., Smith, A. R., and Kalko, E. K. V. (2008) Bats limit arthropods and herbivory in a tropical forest, *Science*, 320(5872), 71.

Kalmijn, A. J. (1971) The electric sense of sharks and rays, *Journal of Experimental Biology*, 55(2), 371–383.

Kalmijn, A. J. (1974) The detection of electric fields from inanimate and animate sources other than electric organs, in Fessard, A. (ed), *Electroreceptors and other specialized receptors in lower vertebrates*, 147–200. Berlin: Springer.

Kalmijn, A. J. (1982) Electric and magnetic field detection in elasmobranch fishes, *Science*, 218(4575), 916–918.

Kaminski, J., et al. (2019) Evolution of facial muscle anatomy in dogs, *Proceedings of the National Academy of Sciences*, 116(29), 14677–14681.

Kane, S. A., Van Beveren, D., and Dakin, R. (2018) Biomechanics of the peafowl's crest reveals frequencies tuned to social displays, *PLOS One*, 13(11), e0207247.

이토록 굉장한 세계

Kant, I. (2007) *Anthropology, history, and education*. Cambridge: Cambridge University Press.

Kapoor, M. (2020) The only catfish native to the western U.S. is running out of water, *High Country News*. Available at: www.hcn.org/issues/52.7/fish-the-only-catfish-native-to-the-western-u-s-is-running-out-of-water.

Kardong, K. V., and Berkhoudt, H. (1999) Rattlesnake hunting behavior: Correlations between plasticity of predatory performance and neuroanatomy, *Brain, Behavior and Evolution*, 53(1), 20–28.

Kardong, K. V., and Mackessy, S. P. (1991) The strike behavior of a congenitally blind rattlesnake, *Journal of Herpetology*, 25(2), 208–211.

Kasumyan, A. O. (2019) The taste system in fishes and the effects of environmental variables, *Journal of Fish Biology*, 95(1), 155–178.

Katz, H. K., et al. (2015) Eye movements in chameleons are not truly independent—Evidence from simultaneous monocular tracking of two targets, *Journal of Experimental Biology*, 218(13), 2097–2105.

Kavaliers, M. (1988) Evolutionary and comparative aspects of nociception, *Brain Research Bulletin*, 21(6), 923–931.

Kawahara, A. Y., et al. (2019) Phylogenomics reveals the evolutionary timing and pattern of butterflies and moths, *Proceedings of the National Academy of Sciences*, 116(45), 22657–22663.

Kelber, A., Balkenius, A., and Warrant, E. J. (2002) Scotopic colour vision in nocturnal hawkmoths, *Nature*, 419(6910), 922–925.

Kelber, A., Vorobyev, M., and Osorio, D. (2003) Animal colour vision—Behavioural tests and physiological concepts, *Biological Reviews of the Cambridge Philosophical Society*, 78(1), 81–118.

Keller, A., et al. (2007) Genetic variation in a human odorant receptor alters odour perception, *Nature*, 449(7161), 468–472.

Keller, A., and Vosshall, L. B. (2004a) A psychophysical test of the vibration theory of olfaction, *Nature Neuroscience*, 7(4), 337–338.

Keller, A., and Vosshall, L. B. (2004b) Human olfactory psychophysics, *Current Biology*, 14(20), R875–R878.

Kempster, R. M., Hart, N. S., and Collin, S. P. (2013) Survival of the stillest: Predator avoidance in shark embryos, *PLOS One*, 8(1), e52551.

Ketten, D. R. (1997) Structure and function in whale ears, *Bioacoustics*, 8(1–2), 103–135.

Key, B. (2016) Why fish do not feel pain, *Animal Sentience*, 1(3).

Key, F. M., et al. (2018) Human local adaptation of the TRPM8 cold receptor along a latitudinal cline, *PLOS Genetics*, 14(5), e1007298.

Kick, S., and Simmons, J. (1984) Automatic gain control in the bat's sonar receiver and the neuroethology of echolocation, *Journal of Neuroscience*, 4(11), 2725–2737.

Kimchi, T., Etienne, A. S., and Terkel, J. (2004) A subterranean mammal uses the magnetic compass for path integration, *Proceedings of the National Academy of Sciences*, 101(4), 1105–1109.

King, J. E., Becker, R. F., and Markee, J. E. (1964) Studies on olfactory discrimination in dogs: (3)

Ability to detect human odour trace, *Animal Behaviour*, 12(2), 311–315.

Kingston, A. C. N., et al. (2015) Visual phototransduction components in cephalopod chromatophores suggest dermal photoreception, *Journal of Experimental Biology*, 218(10), 1596–1602.

Kirschfeld, K. (1976) The resolution of lens and compound eyes, in Zettler, F., and Weiler, R. (eds), *Neural principles in vision*, 354–370. Berlin: Springer.

Kirschvink, J., et al. (1997) Measurement of the threshold sensitivity of honeybees to weak, extremely low-frequency magnetic fields, *Journal of Experimental Biology*, 200(Pt 9), 1363–1368.

Kish, D. (1995) Echolocation: How humans can "see" without sight. Unpublished master's thesis, California State University.

Kish, D. (2015) How I use sonar to navigate the world. TED Talk. Available at: www.ted .com/talks/daniel_kish_how_i_use_sonar_to_navigate_the_world.

Klärner, D., and Barth, F. G. (1982) Vibratory signals and prey capture in orb-weaving spiders (*Zygiella x-notata, Nephila clavipes*; Araneidae), *Journal of Comparative Physiology*, 148(4), 445–455.

Klopsch, C., Kuhlmann, H. C., and Barth, F. G. (2012) Airflow elicits a spider's jump towards airborne prey. I. Airflow around a flying blowfly, *Journal of the Royal Society Interface*, 9(75), 2591–2602.

Klopsch, C., Kuhlmann, H. C., and Barth, F. G. (2013) Airflow elicits a spider's jump towards airborne prey. II. Flow characteristics guiding behaviour, *Journal of the Royal Society Interface*, 10(82), 20120820.

Knop, E., et al. (2017) Artificial light at night as a new threat to pollination, *Nature*, 548(7666), 206–209.

Knudsen, E. I., Blasdel, G. G., and Konishi, M. (1979) Sound localization by the barn owl (*Tyto alba*) measured with the search coil technique, *Journal of Comparative Physiology A*, 133(1), 1–11.

Kober, R., and Schnitzler, H. (1990) Information in sonar echoes of fluttering insects available for echolocating bats, *Journal of the Acoustical Society of America*, 87(2), 882–896.

Kojima, S. (1990) Comparison of auditory functions in the chimpanzee and human, *Folia Primatologica*, 55(2), 62–72.

Kolbert, E. (2014) *The sixth extinction: An unnatural history*. New York: Henry Holt.

Konishi, M. (1969) Time resolution by single auditory neurones in birds, *Nature*, 222(5193), 566–567.

Konishi, M. (1973) Locatable and nonlocatable acoustic signals for barn owls, *The American Naturalist*, 107(958), 775–785.

Konishi, M. (2012) How the owl tracks its prey, *American Scientist*, 100(6), 494.

Koselj, K., Schnitzler, H.-U., and Siemers, B. M. (2011) Horseshoe bats make adaptive prey-selection decisions, informed by echo cues, *Proceedings of the Royal Society B: Biological Sciences*, 278(1721), 3034–3041.

Koshitaka, H., et al. (2008) Tetrachromacy in a butterfly that has eight varieties of spectral receptors,

Proceedings of the Royal Society B: Biological Sciences, 275(1637), 947–954.

Kothari, N. B., et al. (2014) Timing matters: Sonar call groups facilitate target localization in bats, Frontiers in Physiology, 5, 168.

Krestel, D., et al. (1984) Behavioral determination of olfactory thresholds to amyl acetate in dogs, Neuroscience and Biobehavioral Reviews, 8(2), 169–174.

Kröger, R. H. H., and Goiricelaya, A. B. (2017) Rhinarium temperature dynamics in domestic dogs, Journal of Thermal Biology, 70, 15–19.

Krumm, B., et al. (2017) Barn owls have ageless ears, Proceedings of the Royal Society B: Biological Sciences, 284(1863), 20171584.

Kuhn, R. A., et al. (2010) Hair density in the Eurasian otter Lutra lutra and the sea otter Enhydra lutris, Acta Theriologica, 55(3), 211–222.

Kuna, V. M., and Nábělek, J. L. (2021) Seismic crustal imaging using fin whale songs, Science, 371(6530), 731–735.

Kunc, H., et al. (2014) Anthropogenic noise affects behavior across sensory modalities, The American Naturalist, 184 (4), E93–E100.

Kürten, L., and Schmidt, U. (1982) Thermoperception in the common vampire bat (Desmodus rotundus), Journal of Comparative Physiology A, 146(2), 223–228.

Kwon, D. (2019) Watcher of whales: A profile of Roger Payne. The Scientist. Available at: www.the-scientist.com/profile/watcher-of-whales—a-profile-of-roger-payne-66610.

Kyba, C. C. M., et al. (2017) Artificially lit surface of Earth at night increasing in radiance and extent, Science Advances, 3(11), e1701528.

Land, M. F. (1966) A multilayer interference reflector in the eye of the scallop, Pecten maximus, Journal of Experimental Biology, 45(3), 433–447.

Land, M. F. (1969a) Movements of the retinae of jumping spiders (Salticidae: Dendryphantinae) in response to visual stimuli, Journal of Experimental Biology, 51(2), 471–493.

Land, M. F. (1969b) Structure of the retinae of the principal eyes of jumping spiders (Salticidae: Dendryphantinae) in relation to visual optics, Journal of Experimental Biology, 51(2), 443–470.

Land, M. F. (2003) The spatial resolution of the pinhole eyes of giant clams (Tridacna maxima), Proceedings of the Royal Society B: Biological Sciences, 270(1511), 185–188.

Land, M. F. (2018) Eyes to see: The astonishing variety of vision in nature. Oxford: Oxford University Press.

Land, M. F., et al. (1990) The eye-movements of the mantis shrimp Odontodactylus scyllarus (Crustacea: Stomatopoda), Journal of Comparative Physiology A, 167(2), 155–166.

Landler, L., et al. (2018) Comment on "Magnetosensitive neurons mediate geomagnetic orientation in Caenorhabditis elegans," eLife, 7, e30187.

Landolfa, M. A., and Barth, F. G. (1996) Vibrations in the orb web of the spider Nephila clavipes: Cues for discrimination and orientation, Journal of Comparative Physiology A, 179(4), 493–508.

Lane, K. A., Lucas, K. M., and Yack, J. E. (2008) Hearing in a diurnal, mute butterfly, Morpho peleides (Papilionoidea, Nymphalidae), Journal of Comparative Neurology, 508(5), 677–686.

Laska, M. (2017) Human and animal olfactory capabilities compared, in Buettner, A. (ed), Springer *handbook of odor*, 81–82. New York: Springer.

Laughlin, S. B., and Weckström, M. (1993) Fast and slow photoreceptors—A comparative study of the functional diversity of coding and conductances in the Diptera, *Journal of Comparative Physiology A*, 172(5), 593–609.

Laursen, W. J., et al. (2016) Low-cost functional plasticity of TRPV1 supports heat tolerance in squirrels and camels, *Proceedings of the National Academy of Sciences*, 113(40), 11342–11347.

LaVinka, P. C., and Park, T. J. (2012) Blunted behavioral and C Fos responses to acidic fumes in the African naked mole-rat, *PLOS One*, 7(9), e45060.

Lavoué, S., et al. (2012) Comparable ages for the independent origins of electrogenesis in African and South American weakly electric fishes, *PLOS One*, 7(5), e36287.

Lawson, S. L., et al. (2018) Relative salience of syllable structure and syllable order in zebra finch song, *Animal Cognition*, 21(4), 467–480.

Lazzari, C. R. (2009) Orientation towards hosts in haematophagous insects, in Simpson, S., and Casas, J. (eds), *Advances in insect physiology*, vol. 37, 1–58. Amsterdam: Elsevier.

Lecocq, T., et al. (2020) Global quieting of high-frequency seismic noise due to COVID-19 pandemic lockdown measures, *Science*, 369(6509), 1338–1343.

Lee-Johnson, C. P., and Carnegie, D. A. (2010) Mobile robot navigation modulated by artificial emotions, *IEEE Transactions on Systems, Man, and Cybernetics, Part B (Cybernetics)*, 40(2), 469–480.

Legendre, F., Marting, P. R., and Cocroft, R. B. (2012) Competitive masking of vibrational signals during mate searching in a treehopper, *Animal Behaviour*, 83(2), 361–368.

Leitch, D. B., and Catania, K. C. (2012) Structure, innervation and response properties of integumentary sensory organs in crocodilians, *Journal of Experimental Biology*, 215(23), 4217–4230.

Lenoir, A., et al. (2001) Chemical ecology and social parasitism in ants, *Annual Review of Entomology*, 46(1), 573–599.

Leonard, M. L., and Horn, A. G. (2008) Does ambient noise affect growth and begging call structure in nestling birds?, *Behavioral Ecology*, 19(3), 502–507.

Leonhardt, S. D., et al. (2016) Ecology and evolution of communication in social insects, *Cell*, 164(6), 1277–1287.

Levy, G., and Hochner, B. (2017) Embodied organization of Octopus vulgaris morphology, vision, and locomotion, *Frontiers in Physiology*, 8, 164.

Lewin, G., Lu, Y., and Park, T. (2004) A plethora of painful molecules, *Current Opinion in Neurobiology*, 14(4), 443–449.

Lewis, E. R., et al. (2006) Preliminary evidence for the use of microseismic cues for navigation by the Namib golden mole, *Journal of the Acoustical Society of America*, 119(2), 1260–1268.

Lewis, J. (2014) Active electroreception: Signals, sensing, and behavior, in Evans, D. H., Claiborne, J. B., and Currie, S. (eds), *The physiology of fishes*, 4th ed., 373–388. Boca Raton, FL: CRC Press.

Li, F. (2013) Taste perception: From the tongue to the testis, *Molecular Human Reproduction*, 19(6), 349–360.

Li, L., et al. (2015) Multifunctionality of chiton biomineralized armor with an integrated visual system, *Science*, 350(6263), 952–956.

Lind, O., et al. (2013) Ultraviolet sensitivity and colour vision in raptor foraging, *Journal of Experimental Biology*, 216(Pt 10), 1819–1826.

Linsley, E. G. (1943) Attraction of *Melanophila* beetles by fire and smoke, *Journal of Economic Entomology*, 36(2), 341–342.

Linsley, E. G., and Hurd, P. D. (1957) *Melanophila* beetles at cement plants in Southern California (Coleoptera, Buprestidae), *Coleopterists Bulletin*, 11(1/2), 9–11.

Lissmann, H. W. (1951) Continuous electrical signals from the tail of a fish, *Gymnarchus niloticus* Cuv., *Nature*, 167(4240), 201–202.

Lissmann, H. W. (1958) On the function and evolution of electric organs in fish, *Journal of Experimental Biology*, 35(1), 156–191.

Lissmann, H. W., and Machin, K. E. (1958) The mechanism of object location in *Gymnarchus niloticus* and similar fish, *Journal of Experimental Biology*, 35(2), 451–486.

Liu, M. Z., and Vosshall, L. B. (2019) General visual and contingent thermal cues interact to elicit attraction in female *Aedes aegypti* mosquitoes, *Current Biology*, 29(13), 2250–2257. e4.

Liu, Z., et al. (2014) Repeated functional convergent effects of NaV1.7 on acid insensitivity in hibernating mammals, *Proceedings of the Royal Society B: Biological Sciences*, 281(1776), 20132950.

Lloyd, E., et al. (2018) Evolutionary shift towards lateral line dependent prey capture behavior in the blind Mexican cavefish, *Developmental Biology*, 441(2), 328–337.

Lohmann, K. J. (1991) Magnetic orientation by hatchling loggerhead sea turtles (*Caretta caretta*), *Journal of Experimental Biology*, 155, 37–49.

Lohmann, K., et al. (1995) Magnetic orientation of spiny lobsters in the ocean: Experiments with undersea coil systems, *Journal of Experimental Biology*, 198(Pt 10), 2041–2048.

Lohmann, K. J., et al. (2001) Regional magnetic fields as navigational markers for sea turtles, *Science*, 294(5541), 364–366.

Lohmann, K. J., et al. (2004) Geomagnetic map used in sea-turtle navigation, *Nature*, 428(6986), 909–910.

Lohmann, K., and Lohmann, C. (1994) Detection of magnetic inclination angle by sea turtles: A possible mechanism for determining latitude, *Journal of Experimental Biology*, 194(1), 23–32.

Lohmann, K. J., and Lohmann, C. M. F. (1996) Detection of magnetic field intensity by sea turtles, *Nature*, 380(6569), 59–61.

Lohmann, K. J., and Lohmann, C. M. F. (2019) There and back again: Natal homing by magnetic navigation in sea turtles and salmon, *Journal of Experimental Biology*, 222(Suppl. 1), jeb184077.

Lohmann, K. J., Putman, N. F., and Lohmann, C. M. F. (2008) Geomagnetic imprinting: A unifying hypothesis of long-distance natal homing in salmon and sea turtles, *Proceedings of the National Academy of Sciences*, 105(49), 19096–19101.

Longcore, T. (2018) Hazard or hope? LEDs and wildlife, *LED Professional Review*, 70, 52–57.

Longcore, T., et al. (2012) An estimate of avian mortality at communication towers in the United

States and Canada, *PLOS One*, 7(4), e34025.

Longcore, T., and Rich, C. (2016) *Artificial night lighting and protected lands: Ecological effects and management approaches*. Natural Resource Report 2017/1493.

Lu, P., et al. (2017) Extraoral bitter taste receptors in health and disease, *Journal of General Physiology*, 149(2), 181–197.

Lubbock, J. (1881) Observations on ants, bees, and wasps.—Part VIII, *Journal of the Linnean Society of London, Zoology*, 15(87), 362–387.

Lucas, J., et al. (2002) A comparative study of avian auditory brainstem responses: Correlations with phylogeny and vocal complexity, and seasonal effects, *Journal of Comparative Physiology A*, 188(11–12), 981–992.

Lucas, J. R., et al. (2007) Seasonal variation in avian auditory evoked responses to tones: A comparative analysis of Carolina chickadees, tufted titmice, and white-breasted nuthatches, *Journal of Comparative Physiology A*, 193(2), 201–215.

Ludeman, D. A., et al. (2014) Evolutionary origins of sensation in metazoans: Functional evidence for a new sensory organ in sponges, *BMC Evolutionary Biology*, 14(1), 3.

Maan, M. E., and Cummings, M. E. (2012) Poison frog colors are honest signals of toxicity, particularly for bird predators, *The American Naturalist*, 179(1), E1–E14.

Macpherson, F. (2011) Individuating the senses, in Macpherson, F. (ed), *The senses: Classic and contemporary philosophical perspectives*, 3–43. Oxford: Oxford University Press.

Madhav, M. S., et al. (2018) High-resolution behavioral mapping of electric fishes in Amazonian habitats, *Scientific Reports*, 8(1), 5830.

Madsen, P. T., et al. (2002) Sperm whale sound production studied with ultrasound time/depth-recording tags, *Journal of Experimental Biology*, 205(Pt 13), 1899–1906.

Madsen, P. T., et al. (2013) Echolocation in Blainville's beaked whales (*Mesoplodon densirostris*), *Journal of Comparative Physiology A*, 199(6), 451–469.

Madsen, P. T., and Surlykke, A. (2014) Echolocation in air and water, in Surlykke, A., et al. (eds), *Biosonar*, 257–304. New York: Springer.

Majid, A. (2015) Cultural factors shape olfactory language, *Trends in Cognitive Sciences*, 19(11), 629–630.

Majid, A., et al. (2017) What makes a better smeller?, *Perception*, 46(3–4), 406–430.

Majid, A., and Kruspe, N. (2018) Hunter-gatherer olfaction is special, *Current Biology*, 28(3), 409–413. e2.

Malakoff, D. (2010) A push for quieter ships, *Science*, 328(5985), 1502–1503.

Mancuso, K., et al. (2009) Gene therapy for red-green colour blindness in adult primates, *Nature*, 461(7625), 784–787.

Marder, E., and Bucher, D. (2007) Understanding circuit dynamics using the stomatogastric nervous system of lobsters and crabs, *Annual Review of Physiology*, 69(1), 291–316.

Marshall, C. D., et al. (1998) Prehensile use of perioral bristles during feeding and associated behaviors of the Florida manatee (*Trichechus manatus latirostris*), *Marine Mammal Science*, 14(2), 274–289.

Marshall, C. D., Clark, L. A., and Recp, R. L. (1998) The muscular hydrostat of the Florida manatee (*Trichechus manatus latirostris*): A functional morphological model of perioral bristle use, *Marine Mammal Science*, 14(2), 290–303.

Marshall, J., and Arikawa, K. (2014) Unconventional colour vision, *Current Biology*, 24(24), R1150–R1154.

Marshall, J., Carleton, K. L., and Cronin, T. (2015) Colour vision in marine organisms, *Current Opinions in Neurobiology*, 34, 86–94.

Marshall, J., and Oberwinkler, J. (1999) The colourful world of the mantis shrimp, *Nature*, 401(6756), 873–874.

Marshall, N. J. (1988) A unique colour and polarization vision system in mantis shrimps, *Nature*, 333(6173), 557–560.

Marshall, N. J., et al. (2019a) Colours and colour vision in reef fishes: Past, present and future research directions, *Journal of Fish Biology*, 95(1), 5–38.

Marshall, N. J., et al. (2019b) Polarisation signals: A new currency for communication, *Journal of Experimental Biology*, 222(3), jeb134213.

Marshall, N. J., Land, M. F., and Cronin, T. W. (2014) Shrimps that pay attention: Saccadic eye movements in stomatopod crustaceans, *Philosophical Transactions of the Royal Society B: Biological Sciences*, 369(1636), 20130042.

Martin, G. R. (2012) Through birds' eyes: Insights into avian sensory ecology, *Journal of Ornithology*, 153(Suppl. 1), 23–48.

Martin, G. R., Portugal, S. J., and Murn, C. P. (2012) Visual fields, foraging and collision vulnerability in *Gyps* vultures, *Ibis*, 154(3), 626–631.

Martinez, V., et al. (2020) Antlions are sensitive to subnanometer amplitude vibrations carried by sand substrates, *Journal of Comparative Physiology A*, 206(5), 783–791.

Masland, R. H. (2017) Vision: Two speeds in the retina, *Current Biology*, 27(8), R303–R305.

Mason, A. C., Oshinsky, M. L., and Hoy, R. R. (2001) Hyperacute directional hearing in a microscale auditory system, *Nature*, 410(6829), 686–690.

Mason, M. J. (2003) Bone conduction and seismic sensitivity in golden moles (Chrysochloridae), *Journal of Zoology*, 260(4), 405–413.

Mason, M. J., and Narins, P. M. (2002) Seismic sensitivity in the desert golden mole (*Eremitalpa granti*): A review, *Journal of Comparative Psychology*, 116(2), 158–163.

Mass, A. M., and Supin, A. Y. (1995) Ganglion cell topography of the retina in the bottlenosed dolphin, *Tursiops truncatus*, *Brain, Behavior and Evolution*, 45(5), 257–265.

Mass, A. M., and Supin, A. Y. (2007) Adaptive features of aquatic mammals' eye, *The Anatomical Record*, 290(6), 701–715.

Masters, W. M. (1984) Vibrations in the orbwebs of *Nuctenea sclopetaria* (Araneidae). I. Transmission through the web, *Behavioral Ecology and Sociobiology*, 15(3), 207–215.

Matos-Cruz, V., et al. (2017) Molecular prerequisites for diminished cold sensitivity in ground squirrels and hamsters, *Cell Reports*, 21(12), 3329–3337.

Maximov, V. V. (2000) Environmental factors which may have led to the appearance of colour vision, *Philosophical Transactions of the Royal Society B: Biological Sciences*, 355(1401), 1239–1242.

McArthur, C., et al. (2019) Plant volatiles are a salient cue for foraging mammals: Elephants target preferred plants despite background plant odour, *Animal Behaviour*, 155, 199–216.

McBride, C. S. (2016) Genes and odors underlying the recent evolution of mosquito preference for humans, *Current Biology*, 26(1), R41–R46.

McBride, C. S., et al. (2014) Evolution of mosquito preference for humans linked to an odorant receptor, *Nature*, 515(7526), 222–227.

McCulloch, K. J., Osorio, D., and Briscoe, A. D. (2016) Sexual dimorphism in the compound eye of *Heliconius erato*: A nymphalid butterfly with at least five spectral classes of photoreceptor, *Journal of Experimental Biology*, 219(15), 2377–2387.

McGann, J. P. (2017) Poor human olfaction is a 19th-century myth, *Science*, 356(6338), eaam7263.

McGregor, P. K., and Westby, G. M. (1992) Discrimination of individually characteristic electric organ discharges by a weakly electric fish, *Animal Behaviour*, 43(6), 977–986.

McKemy, D. D. (2007) Temperature sensing across species, *Pflügers Archiv—European Journal of Physiology*, 454(5), 777–791.

McKenzie, S. K., and Kronauer, D. J. C. (2018) The genomic architecture and molecular evolution of ant odorant receptors, *Genome Research*, 28(11), 1757–1765.

McMeniman, C. J., et al. (2014) Multimodal integration of carbon dioxide and other sensory cues drives mosquito attraction to humans, *Cell*, 156(5), 1060–1071.

Meister, M. (2016) Physical limits to magnetogenetics, *eLife*, 5, e17210.

Melin, A. D., et al. (2007) Effects of colour vision phenotype on insect capture by a free-ranging population of white-faced capuchins, *Cebus capucinus*, *Animal Behaviour*, 73(1), 205–214.

Melin, A. D., et al. (2016) Zebra stripes through the eyes of their predators, zebras, and humans, *PLOS One*, 11(1), e0145679.

Melin, A. D., et al. (2017) Trichromacy increases fruit intake rates of wild capuchins (*Cebus capucinus imitator*), *Proceedings of the National Academy of Sciences*, 114(39), 10402–10407.

Melo, N., et al. (2021) The irritant receptor TRPA1 mediates the mosquito repellent effect of catnip, *Current Biology*, 31(9), 1988–1994. e5.

Mencinger-Vračko, B., and Devetak, D. (2008) Orientation of the pit-building antlion larva *Euroleon* (Neuroptera, Myrmeleontidae) to the direction of substrate vibrations caused by prey, *Zoology*, 111(1), 2–8.

Menda, G., et al. (2019) The long and short of hearing in the mosquito *Aedes aegypti*, *Current Biology*, 29(4), 709–714. e4.

Merkel, F. W., and Fromme, H. G. (1958) Untersuchungen über das Orientierungsvermögen nächtlich ziehender Rotkehlchen, *Naturwissenschaften*, 45(2), 499–500.

Merker, B. (2005) The liabilities of mobility: A selection pressure for the transition to consciousness in animal evolution, *Consciousness and Cognition*, 14(1), 89–114.

Mettam, J. J., et al. (2011) The efficacy of three types of analgesic drugs in reducing pain in the rainbow trout, *Oncorhynchus mykiss*, *Applied Animal Behaviour Science*, 133(3), 265–274.

Meyer-Rochow, V. B. (1978) The eyes of mesopelagic crustaceans. II. *Streetsia challengeri* (amphipoda), *Cell and Tissue Research*, 186(2), 337–349.

Mhatre, N., Sivalinghem, S., and Mason, A. C. (2018) Posture controls mechanical tuning in the black widow spider mechanosensory system, bioRxiv. Available at: biorxiv.org/lookup/doi/10.1101/484238.

Middendorff, A. T. (1855) *Die Isepiptesen Russlands: Grundlagen zur Erforschung der Zugzeiten und Zugrichtungen der Vögel Russlands*. St. Petersburg: Academie impériale des Sciences.

Miles, R. N., Robert, D., and Hoy, R. R. (1995) Mechanically coupled ears for directional hearing in the parasitoid fly *Ormia ochracea*, *Journal of the Acoustical Society of America*, 98(6), 3059–3070.

Miller, A. K., Hensman, M. C., et al. (2015) African elephants (*Loxodonta africana*) can detect TNT using olfaction: Implications for biosensor application, *Applied Animal Behaviour Science*, 171, 177–183.

Miller, A. K., Maritz, B., et al. (2015) An ambusher's arsenal: Chemical crypsis in the puff adder (*Bitis arietans*), *Proceedings of the Royal Society B: Biological Sciences*, 282(1821), 20152182.

Miller, P. J. O., Kvadsheim, P. H., et al. (2015) First indications that northern bottlenose whales are sensitive to behavioural disturbance from anthropogenic noise, *Royal Society Open Science*, 2(6), 140484.

Millsopp, S., and Laming, P. (2008) Trade-offs between feeding and shock avoidance in goldfish (*Carassius auratus*), *Applied Animal Behaviour Science*, 113(1), 247–254.

Mitchinson, B., et al. (2011) Active vibrissal sensing in rodents and marsupials, *Philosophical Transactions of the Royal Society B: Biological Sciences*, 366(1581), 3037–3048.

Mitkus, M., et al. (2018) Raptor vision, in Sherman, S. M. (ed), *Oxford research encyclopedia of neuroscience*. Oxford: Oxford University Press.

Mitra, O., et al. (2009) Grunting for worms: Seismic vibrations cause *Diplocardia* earthworms to emerge from the soil, *Biology Letters*, 5(1), 16–19.

Moayedi, Y., Nakatani, M., and Lumpkin, E. (2015) Mammalian mechanoreception, *Scholarpedia*, 10(3), 7265.

Modrell, M. S., et al. (2011) Electrosensory ampullary organs are derived from lateral line placodes in bony fishes, *Nature Communications*, 2(1), 496.

Mogdans, J. (2019) Sensory ecology of the fish lateral-line system: Morphological and physiological adaptations for the perception of hydrodynamic stimuli, *Journal of Fish Biology*, 95(1), 53–72.

Møhl, B., et al. (2003) The monopulsed nature of sperm whale clicks, *Journal of the Acoustical Society of America*, 114(2), 1143–1154.

Moir, H. M., Jackson, J. C., and Windmill, J. F. C. (2013) Extremely high frequency sensitivity in a "simple" ear, *Biology Letters*, 9(4), 20130241.

Mollon, J. D. (1989) "Tho' she kneel'd in that place where they grew": The uses and origins of primate colour vision, *Journal of Experimental Biology*, 146, 21–38.

Monnin, T., et al. (2002) Pretender punishment induced by chemical signalling in a queenless ant,

Nature, 419(6902), 61–65.

Montague, M. J., Danek-Gontard, M., and Kunc, H. P. (2013) Phenotypic plasticity affects the response of a sexually selected trait to anthropogenic noise, *Behavioral Ecology*, 24(2), 343–348.

Montealegre-Z, F., et al. (2012) Convergent evolution between insect and mammalian audition, *Science*, 338(6109), 968–971.

Monterey Bay Aquarium (2016) Say hello to Selka!, Monterey Bay Aquarium. Available at: montereybayaquarium.tumblr.com/post/149326681398/say-hello-to-selka.

Montgomery, J., Bleckmann, H., and Coombs, S. (2013) Sensory ecology and neuroethology of the lateral line, in Coombs, S., et al. (eds), *The lateral line system*, 121–150. New York: Springer.

Montgomery, J. C., and Saunders, A. J. (1985) Functional morphology of the piper Hyporhamphus ihi with reference to the role of the lateral line in feeding, *Proceedings of the Royal Society B: Biological Sciences*, 224(1235), 197–208.

Mooney, T. A., Yamato, M., and Branstetter, B. K. (2012) Hearing in cetaceans: From natural history to experimental biology, *Advances in marine biology*, 63, 197–246.

Moore, B., et al. (2017) Structure and function of regional specializations in the vertebrate retina, in Kaas, J. H., and Streidter, G. (eds), *Evolution of nervous systems*, 351–372. Oxford, UK: Academic Press.

Moran, D., Softley, R., and Warrant, E. J. (2015) The energetic cost of vision and the evolution of eyeless Mexican cavefish, *Science Advances*, 1(8), e1500363.

Moreau, C. S., et al. (2006) Phylogeny of the ants: Diversification in the age of angiosperms, *Science*, 312(5770), 101–104.

Morehouse, N. (2020) Spider vision, *Current Biology*, 30(17), R975–R980.

Moreira, L. A. A., et al. (2019) Platyrrhine color signals: New horizons to pursue, *Evolutionary Anthropology: Issues, News, and Reviews*, 28(5), 236–248.

Morley, E. L., and Robert, D. (2018) Electric fields elicit ballooning in spiders, *Current Biology*, 28(14), 2324–2330. e2.

Mortimer, B. (2017) Biotremology: Do physical constraints limit the propagation of vibrational information?, *Animal Behaviour*, 130, 165–174.

Mortimer, B., et al. (2014) The speed of sound in silk: Linking material performance to biological function, *Advanced Materials*, 26(30), 5179–5183.

Mortimer, B., et al. (2016) Tuning the instrument: Sonic properties in the spider's web, *Journal of the Royal Society Interface*, 13(122), 20160341.

Mortimer, J. A., and Portier, K. M. (1989) Reproductive homing and internesting behavior of the green turtle (*Chelonia mydas*) at Ascension Island, South Atlantic Ocean, *Copeia*, 1989(4), 962–977.

Moss, C. F. (2018) Auditory mechanisms of echolocation in bats, in Sherman, S. M. (ed), *Oxford research encyclopedia of neuroscience*. Oxford: Oxford University Press.

Moss, C. F., et al. (2006) Active listening for spatial orientation in a complex auditory scene, *PLOS Biology*, 4(4), e79.

Moss, C. F., Chiu, C., and Surlykke, A. (2011) Adaptive vocal behavior drives perception by echolocation in bats, *Current Opinion in Neurobiology*, 21(4), 645–652.

Moss, C. F., and Schnitzler, H.-U. (1995) Behavioral studies of auditory information processing, in Popper, A. N., and Fay, R. R. (eds), *Hearing by bats*, 87–145. New York: Springer.

Moss, C. F., and Surlykke, A. (2010) Probing the natural scene by echolocation in bats, *Frontiers in Behavioral Neuroscience*, 4, 33.

Moss, C. J. (2000) *Elephant memories: Thirteen years in the life of an elephant family*. Chicago: University of Chicago Press.

Mouritsen, H. (2018) Long-distance navigation and magnetoreception in migratory animals, *Nature*, 558(7708), 50–59.

Mouritsen, H., et al. (2005) Night-vision brain area in migratory songbirds, *Proceedings of the National Academy of Sciences*, 102(23), 8339–8344.

Mourlam, M. J., and Orliac, M. J. (2017) Infrasonic and ultrasonic hearing evolved after the emergence of modern whales, *Current Biology*, 27(12), 1776–1781. e9.

Mugan, U., and MacIver, M. A. (2019) The shift from life in water to life on land advantaged planning in visually-guided behavior, bioRxiv, 585760.

Müller, P., and Robert, D. (2002) Death comes suddenly to the unprepared: Singing crickets, call fragmentation, and parasitoid flies, *Behavioral Ecology*, 13(5), 598–606.

Murchy, K. A., et al. (2019) Impacts of noise on the behavior and physiology of marine invertebrates: A meta-analysis, *Proceedings of Meetings on Acoustics*, 37(1), 040002.

Murphy, C. T., Reichmuth, C., and Mann, D. (2015) Vibrissal sensitivity in a harbor seal (*Phoca vitulina*), *Journal of Experimental Biology*, 218(15), 2463–2471.

Murray, R. W. (1960) Electrical sensitivity of the ampullæ of Lorenzini, *Nature*, 187(4741), 957.

Nachtigall, P. E. (2016) Biosonar and sound localization in dolphins, in Sherman, S. M. (ed), *Oxford research encyclopedia of neuroscience*. New York: Oxford University Press.

Nachtigall, P. E., and Supin, A. Y. (2008) A false killer whale adjusts its hearing when it echolocates, *Journal of Experimental Biology*, 211(11), 1714–1718.

Nagel, T. (1974) What is it like to be a bat?, *The Philosophical Review*, 83(4), 435–450.

Nakano, R., et al. (2009) Moths are not silent, but whisper ultrasonic courtship songs, *Journal of Experimental Biology*, 212(24), 4072–4078.

Nakano, R., et al. (2010) To females of a noctuid moth, male courtship songs are nothing more than bat echolocation calls, *Biology Letters*, 6(5), 582–584.

Nakata, K. (2010) Attention focusing in a sit-and-wait forager: A spider controls its prey-detection ability in different web sectors by adjusting thread tension, *Proceedings of the Royal Society B: Biological Sciences*, 277(1678), 29–33.

Nakata, K. (2013) Spatial learning affects thread tension control in orb-web spiders, *Biology Letters*, 9(4), 20130052.

Narins, P. M., and Lewis, E. R. (1984) The vertebrate ear as an exquisite seismic sensor, *Journal of the Acoustical Society of America*, 76(5), 1384–1387.

Narins, P. M., Stoeger, A. S., and O'Connell-Rodwell, C. (2016) Infrasonic and seismic communication in the vertebrates with special emphasis on the Afrotheria: An update and future directions, in Suthers, R. A., et al. (eds), *Vertebrate sound production and acoustic communication*, 191–227. Cham: Springer.

Necker, R. (1985) Observations on the function of a slowly-adapting mechanoreceptor associated with filoplumes in the feathered skin of pigeons, *Journal of Comparative Physiology A*, 156(3), 391–394.

Neil, T. R., et al. (2020) Moth wings are acoustic metamaterials, *Proceedings of the National Academy of Sciences*, 117(49), 31134–31141.

Neitz, J., Carroll, J., and Neitz, M. (2001) Color vision: Almost reason enough for having eyes, *Optics & Photonics News*, 12(1), 26–33.

Neitz, J., Geist, T., and Jacobs, G. H. (1989) Color vision in the dog, *Visual Neuroscience*, 3(2), 119–125.

Nesher, N., et al. (2014) Self-recognition mechanism between skin and suckers prevents octopus arms from interfering with each other, *Current Biology*, 24(11), 1271–1275.

Neumeyer, C. (1992) Tetrachromatic color vision in goldfish: Evidence from color mixture experiments, *Journal of Comparative Physiology A*, 171(5), 639–649.

Neunuebel, J. P., et al. (2015) Female mice ultrasonically interact with males during courtship displays, *eLife*, 4, e06203.

Nevitt, G. (2000) Olfactory foraging by Antarctic procellariiform seabirds: Life at high Reynolds numbers, *Biological Bulletin*, 198(2), 245–253.

Nevitt, G. A. (2008) Sensory ecology on the high seas: The odor world of the procellariiform seabirds, *Journal of Experimental Biology*, 211(11), 1706–1713.

Nevitt, G. A., and Bonadonna, F. (2005) Sensitivity to dimethyl sulphide suggests a mechanism for olfactory navigation by seabirds, *Biology Letters*, 1(3), 303–305.

Nevitt, G. A., and Hagelin, J. C. (2009) Symposium overview: Olfaction in birds: A dedicationto the pioneering spirit of Bernice Wenzel and Betsy Bang, *Annals of the New York Academy of Sciences*, 1170(1), 424–427.

Nevitt, G. A., Losekoot, M., and Weimerskirch, H. (2008) Evidence for olfactory search in wandering albatross, *Diomedea exulans, Proceedings of the National Academy of Sciences*, 105(12), 4576–4581.

Nevitt, G. A., Veit, R. R., and Kareiva, P. (1995) Dimethyl sulphide as a foraging cue for Antarctic procellariiform seabirds, *Nature*, 376(6542), 680–682.

Newman, E. A., and Hartline, P. H. (1982) The infrared "vision" of snakes, *Scientific American*, 246(3), 116–127.

Nicolson, A. (2018) *The seabird's cry*. New York: Henry Holt.

Niesterok, B., et al. (2017) Hydrodynamic detection and localization of artificial flatfish breathing currents by harbour seals (*Phoca vitulina*), *Journal of Experimental Biology*, 220(2), 174–185.

Niimura, Y., Matsui, A., and Touhara, K. (2014) Extreme expansion of the olfactory receptor gene repertoire in African elephants and evolutionary dynamics of orthologous gene groups in 13 placental mammals, *Genome Research*, 24(9), 1485–1496.

Nilsson, D.-E. (2009) The evolution of eyes and visually guided behaviour, *Philosophical Transactions* of the Royal Society B: Biological Sciences, 364(1531), 2833–2847.

Nilsson, D.-E., et al. (2012) A unique advantage for giant eyes in giant squid, Current Biology, 22(8), 683–688.

Nilsson, D.-E., and Pelger, S. (1994) A pessimistic estimate of the time required for an eye to evolve, Proceedings of the Royal Society B: Biological Sciences, 256(1345), 53–58.

Nilsson, G. (1996) Brain and body oxygen requirements of Gnathonemus petersii, a fish with an exceptionally large brain, Journal of Experimental Biology, 199(3), 603–607.

Nimpf, S., et al. (2019) A putative mechanism for magnetoreception by electromagnetic induction in the pigeon inner ear, Current Biology, 29(23), 4052–4059. e4.

Niven, J. E., and Laughlin, S. B. (2008) Energy limitation as a selective pressure on the evolution of sensory systems, Journal of Experimental Biology, 211(Pt 11), 1792–1804.

Noble, G. K., and Schmidt, A. (1937) The structure and function of the facial and labial pits of snakes, Proceedings of the American Philosophical Society, 77(3), 263–288.

Noirot, E. (1966) Ultra-sounds in young rodents. I. Changes with age in albino mice, Animal Behaviour, 14(4), 459–462.

Noirot, I. C., et al. (2009) Presence of aromatase and estrogen receptor alpha in the inner ear of zebra finches, Hearing Research, 252(1–2), 49–55.

Nordmann, G. C., Hochstoeger, T., and Keays, D. A. (2017) Magnetoreception—A sense without a receptor, PLOS Biology, 15(10), e2003234.

Norman, L. J., and Thaler, L. (2019) Retinotopic-like maps of spatial sound in primary "visual" cortex of blind human echolocators, Proceedings of the Royal Society B: Biological Sciences, 286(1912), 20191910.

Norris, K. S., et al. (1961) An experimental demonstration of echolocation behavior in the porpoise, Tursiops truncatus (Montagu), Biological Bulletin, 120(2), 163–176.

Ntelezos, A., Guarato, F., and Windmill, J. F. C. (2016) The anti-bat strategy of ultrasound absorption: The wings of nocturnal moths (Bombycoidea: Saturniidae) absorb more ultrasound than the wings of diurnal moths (Chalcosiinae: Zygaenoidea: Zygaenidae), Biology Open, 6(1), 109–117.

O'Carroll, D. C., and Warrant, E. J. (2017) Vision in dim light: Highlights and challenges, Philosophical Transactions of the Royal Society B: Biological Sciences, 372(1717), 20160062.

O'Connell, C. (2008) The elephant's secret sense: The hidden life of the wild herds of Africa. Chicago: University of Chicago Press.

O'Connell, C. E., Arnason, B. T., and Hart, L. A. (1997) Seismic transmission of elephant vocalizations and movement, Journal of the Acoustical Society of America, 102(5), 3124.

O'Connell-Rodwell, C. E., et al. (2006) Wild elephant (Loxodonta africana) breeding herds respond to artificially transmitted seismic stimuli, Behavioral Ecology and Sociobiology, 59(6), 842–850.

O'Connell-Rodwell, C. E., et al. (2007) Wild African elephants (Loxodonta africana) discriminate between familiar and unfamiliar conspecific seismic alarm calls, Journal of the Acoustical Society of America, 122(2), 823–830.

O'Connell-Rodwell, C. E., Hart, L. A., and Arnason, B. T. (2001) Exploring the potential use of seismic waves as a communication channel by elephants and other large mammals, *American Zoologist*, 41(5), 1157–1170.

Olson, C. R., et al. (2018) Black Jacobin hummingbirds vocalize above the known hearing range of birds, *Current Biology*, 28(5), R204–R205.

Osorio, D., and Vorobyev, M. (1996) Colour vision as an adaptation to frugivory in primates, *Proceedings of the Royal Society B: Biological Sciences*, 263(1370), 593–599.

Osorio, D., and Vorobyev, M. (2008) A review of the evolution of animal colour vision and visual communication signals, *Vision Research*, 48(20), 2042–2051.

Ossiannilsson, F. (1949) Insect drummers, a study on the morphology and function of the sound-producing organ of Swedish *Homoptera auchenorrhyncha*, with notes on their soundproduction. Dissertation, Entomologika sällskapet i Lund.

Owen, M. A., et al. (2015) An experimental investigation of chemical communication in the polar bear: Scent communication in polar bears, *Journal of Zoology*, 295(1), 36–43.

Owens, A. C. S., et al. (2020) Light pollution is a driver of insect declines, *Biological Conservation*, 241, 108259.

Owens, G. L., et al. (2012) In the four-eyed fish (*Anableps anableps*), the regions of the retina exposed to aquatic and aerial light do not express the same set of opsin genes, *Biology Letters*, 8(1), 86–89.

Pack, A., and Herman, L. (1995) Sensory integration in the bottlenosed dolphin: Immediate recognition of complex shapes across the senses of echolocation and vision, *Journal of the Acoustical Society of America*, 98, 722–33.

Page, R. A., and Ryan, M. J. (2008) The effect of signal complexity on localization performance in bats that localize frog calls, *Animal Behaviour*, 76(3), 761–769.

Pain, S. (2001) Stench warfare, *New Scientist*. Available at: www.newscientist.com/article/mg17122984-600-stench-warfare/.

Palmer, B. A., et al. (2017) The image-forming mirror in the eye of the scallop, *Science*, 358(6367), 1172–1175.

Panksepp, J., and Burgdorf, J. (2000) 50-kHz chirping (laughter?) in response to conditioned and unconditioned tickle-induced reward in rats: Effects of social housing and genetic variables, *Behavioural Brain Research*, 115(1), 25–38.

Park, T. J., et al. (2008) Selective inflammatory pain insensitivity in the African naked mole-rat (*Heterocephalus glaber*), *PLOS Biology*, 6(1), e13.

Park, T. J., et al. (2017) Fructose-driven glycolysis supports anoxia resistance in the naked mole-rat, *Science*, 356(6335), 307–311.

Park, T. J., Lewin, G. R., and Buffenstein, R. (2010) Naked mole rats: Their extraordinary sensory world, in Breed, M., and Moore, J. (eds), *Encyclopedia of animal behavior*, 505–512. Amsterdam: Elsevier.

Parker, A. (2004) *In the blink of an eye: How vision sparked the big bang of evolution*. New York: Basic Books.

Partridge, B. L., and Pitcher, T. J. (1980) The sensory basis of fish schools: Relative roles of lateral

이토록 굉장한 세계

line and vision, *Journal of Comparative Physiology*, 135(4), 315–325.

Partridge, J. C., et al. (2014) Reflecting optics in the diverticular eye of a deep-sea barreleye fish (*Rhynchohyalus natalensis*), *Proceedings of the Royal Society B: Biological Sciences*, 281(1782), 20133223.

Patek, S. N., Korff, W. L., and Caldwell, R. L. (2004) Deadly strike mechanism of a mantis shrimp, *Nature*, 428(6985), 819–820.

Patton, P., Windsor, S., and Coombs, S. (2010) Active wall following by Mexican blind cavefish (*Astyanax mexicanus*), *Journal of Comparative Physiology A*, 196(11), 853–867.

Paul, S. C., and Stevens, M. (2020) Horse vision and obstacle visibility in horseracing, *Applied Animal Behaviour Science*, 222, 104882.

Paulin, M. G. (1995) Electroreception and the compass sense of sharks, *Journal of Theoretical Biology*, 174(3), 325–339.

Payne, K. (1999) *Silent thunder: In the presence of elephants*. London: Penguin.

Payne, K. B., Langbauer, W. R., and Thomas, E. M. (1986) Infrasonic calls of the Asian elephant (*Elephas maximus*), *Behavioral Ecology and Sociobiology*, 18(4), 297–301.

Payne, R. S. (1971) Acoustic location of prey by barn owls (*Tyto alba*), *Journal of Experimental Biology*, 54(3), 535–573.

Payne, R. S., and McVay, S. (1971) Songs of humpback whales, *Science*, 173(3997), 585–597.

Payne, R., and Webb, D. (1971) Orientation by means of long range acoustic signaling in baleen whales, *Annals of the New York Academy of Sciences*, 188(1 Orientation), 110–141.

Peichl, L. (2005) Diversity of mammalian photoreceptor properties: Adaptations to habitat and lifestyle?, *The Anatomical Record Part A: Discoveries in Molecular, Cellular, and Evolutionary Biology*, 287A(1), 1001–1012.

Peichl, L., Behrmann, G., and Kröger, R. H. (2001) For whales and seals the ocean is not blue: A visual pigment loss in marine mammals, *The European Journal of Neuroscience*, 13(8), 1520–1528.

Perry, M. W., and Desplan, C. (2016) Love spots, *Current Biology*, 26(12), R484–R485.

Persons, W. S., and Currie, P. J. (2015) Bristles before down: A new perspective on the functional origin of feathers, *Evolution: International Journal of Organic Evolution*, 69(4), 857–862.

Pettigrew, J. D., Manger, P. R., and Fine, S. L. B. (1998) The sensory world of the platypus, *Philosophical Transactions of the Royal Society B: Biological Sciences*, 353(1372), 1199–1210.

Phillips, J. N., et al. (2019) Background noise disrupts host-parasitoid interactions, *Royal Society Open Science*, 6(9), 190867.

Phippen, J. W. (2016) "Kill every buffalo you can! Every buffalo dead is an Indian gone," *The Atlantic*. Available at: www.theatlantic.com/national/archive/2016/05/the-buffalo-killers/482349/.

Picciani, N., et al. (2018) Prolific origination of eyes in Cnidaria with co-option of non-visual opsins, *Current Biology*, 28(15), 2413–2419. e4.

Piersma, T., et al. (1995) Holling's functional response model as a tool to link the food-finding mechanism of a probing shorebird with its spatial distribution, *Journal of Animal Ecology*, 64(4),

493–504.

Piersma, T., et al. (1998) A new pressure sensory mechanism for prey detection in birds: The use of principles of seabed dynamics?, *Proceedings of the Royal Society B: Biological Sciences*, 265(1404), 1377–1383.

Pihlström, H., et al. (2005) Scaling of mammalian ethmoid bones can predict olfactory organ size and performance, *Proceedings of the Royal Society B: Biological Sciences*, 272(1566), 957–962.

Pitcher, T. J., Partridge, B. L., and Wardle, C. S. (1976) A blind fish can school, *Science*, 194(4268), 963–965.

Plachetzki, D. C., Fong, C. R., and Oakley, T. H. (2012) Cnidocyte discharge is regulated by light and opsin-mediated phototransduction, *BMC Biology*, 10(1), 17.

Plotnik, J. M., et al. (2019) Elephants have a nose for quantity, *Proceedings of the National Academy of Sciences*, 116(25), 12566–12571.

Pointer, M. R., and Attridge, G. G. (1998) The number of discernible colours, *Color Research & Application*, 23(1), 52–54.

Polajnar, J., et al. (2015) Manipulating behaviour with substrate-borne vibrations—Potential for insect pest control, *Pest Management Science*, 71(1), 15–23.

Polilov, A. A. (2012) The smallest insects evolve anucleate neurons, *Arthropod Structure & Development*, 41(1), 29–34.

Pollack, L. (2012) Historical series: Magnetic sense of birds. Available at: www.ks.uiuc.edu/History/magnetoreception/.

Poole, J. H., et al. (1988) The social contexts of some very low frequency calls of African elephants, *Behavioral Ecology and Sociobiology*, 22(6), 385–392.

Popper, A. N., et al. (2004) Response of clupeid fish to ultrasound: A review, *ICES Journal of Marine Science*, 61(7), 1057–1061.

Porter, J., et al. (2007) Mechanisms of scent-tracking in humans, *Nature Neuroscience*, 10(1), 27–29.

Porter, M. L., et al. (2012) Shedding new light on opsin evolution, *Proceedings of the Royal Society B: Biological Sciences*, 279(1726), 3–14.

Porter, M. L., and Sumner-Rooney, L. (2018) Evolution in the dark: Unifying our understanding of eye loss, *Integrative and Comparative Biology*, 58(3), 367–371.

Potier, S., et al. (2017) Eye size, fovea, and foraging ecology in accipitriform raptors, *Brain, Behavior and Evolution*, 90(3), 232–242.

Poulet, J. F. A., and Hedwig, B. (2003) A corollary discharge mechanism modulates central auditory processing in singing crickets, *Journal of Neurophysiology*, 89(3), 1528–1540.

Poulson, S. J., et al. (2020) Naked mole-rats lack cold sensitivity before and after nerve injury, *Molecular Pain*, 16, 1744806920955103.

Prescott, T. J., Diamond, M. E., and Wing, A. M. (2011) Active touch sensing, *Philosophical Transactions of the Royal Society B: Biological Sciences*, 366(1581), 2989–2995.

Prescott, T. J., and Dürr, V. (2015) The world of touch, *Scholarpedia*, 10(4), 32688.

Prescott, T. J., Mitchinson, B., and Grant, R. (2011) Vibrissal behavior and function, *Scholarpedia*,

이토록 굉장한 세계

6(10), 6642.

Primack, R. B. (1982) Ultraviolet patterns in flowers, or flowers as viewed by insects, *Arnoldia*, 42(3), 139–146.

Prior, N. H., et al. (2018) Acoustic fine structure may encode biologically relevant information for zebra finches, *Scientific Reports*, 8(1), 6212.

Proske, U., and Gregory, E. (2003) Electrolocation in the platypus—Some speculations, *Comparative Biochemistry and Physiology Part A: Molecular & Integrative Physiology*, 136(4), 821–825.

Proust, M. (1993) *In search of lost time*, volume 5. Translated by C. K. Scott Moncrieff and Terence Kilmartin. New York: Modern Library.

Putman, N. F., et al. (2013) Evidence for geomagnetic imprinting as a homing mechanism in Pacific salmon, *Current Biology*, 23(4), 312–316.

Pye, D. (2004) Poem by David Pye: On the variety of hearing organs in insects, *Microscopic Research Techniques*, 63, 313–314.

Pyenson, N. D., et al. (2012) Discovery of a sensory organ that coordinates lunge feeding in rorqual whales, *Nature*, 485(7399), 498–501.

Pynn, L. K., and DeSouza, J. F. X. (2013) The function of efference copy signals: Implications for symptoms of schizophrenia, *Vision Research*, 76, 124–133.

Pytte, C. L., Ficken, M. S., Moiseff, A. (2004) Ultrasonic singing by the blue-throated hummingbird: A comparison between production and perception, *Journal of Comparative Physiology A*, 190(8), 665–673.

Qin, S., et al. (2016) A magnetic protein biocompass, *Nature Materials*, 15(2), 217–226.

Quignon, P., et al. (2012) Genetics of canine olfaction and receptor diversity, *Mammalian Genome*, 23(1–2), 132–143.

Raad, H., et al. (2016) Functional gustatory role of chemoreceptors in *Drosophila* wings, *Cell Reports*, 15(7), 1442–1454.

Radinsky, L. B. (1968) Evolution of somatic sensory specialization in otter brains, *Journal of Comparative Neurology*, 134(4), 495–505.

Ramey, E., et al. (2013) Desert-dwelling African elephants (*Loxodonta africana*) in Namibia dig wells to purify drinking water, *Pachyderm*, 53, 66–72.

Ramey, S. (2020) *The lady's handbook for her mysterious illness*. London: Fleet.

Ramsier, M. A., et al. (2012) Primate communication in the pure ultrasound, *Biology Letters*, 8(4), 508–511.

Rasmussen, L. E. L., et al. (1996) Insect pheromone in elephants, *Nature*, 379(6567), 684.

Rasmussen, L. E. L., and Krishnamurthy, V. (2000) How chemical signals integrate Asian elephant society: The known and the unknown, *Zoo Biology*, 19(5), 405–423.

Rasmussen, L. E. L., and Schulte, B. A. (1998) Chemical signals in the reproduction of Asian (*Elephas maximus*) and African (*Loxodonta africana*) elephants, *Animal Reproduction Science*, 53(1–4), 19–34.

Ratcliffe, J. M., et al. (2013) How the bat got its buzz, *Biology Letters*, 9(2), 20121031.

Ravaux, J., et al. (2013) Thermal limit for Metazoan life in question: In vivo heat tolerance of the Pompeii worm, *PLOS One*, 8(5), e64074.

Ravia, A., et al. (2020) A measure of smell enables the creation of olfactory metamers, *Nature*, 588(7836), 118–123.

Reep, R. L., Marshall, C. D., and Stoll, M. L. (2002) Tactile hairs on the postcranial body in Florida manatees: A mammalian lateral line?, *Brain, Behavior and Evolution*, 59(3), 141–154.

Reep, R., and Sarko, D. (2009) Tactile hair in manatees, *Scholarpedia*, 4(4), 6831.

Reilly, S. C., et al. (2008) Novel candidate genes identified in the brain during nociception in common carp (*Cyprinus carpio*) and rainbow trout (*Oncorhynchus mykiss*), *Neuroscience Letters*, 437(2), 135–138.

Reymond, L. (1985) Spatial visual acuity of the eagle *Aquila audax*: A behavioural, optical and anatomical investigation, *Vision Research*, 25(10), 1477–1491.

Reynolds, R. P., et al. (2010) Noise in a laboratory animal facility from the human and mouse perspectives, *Journal of the American Association for Laboratory Animal Science*, 49(5), 592–597.

Ridgway, S. H., and Au, W. W. L. (2009) Hearing and echolocation in dolphins, in Squire, L. R. (ed), *Encyclopedia of neuroscience*, 1031–1039. Amsterdam: Elsevier.

Riitters, K. H., and Wickham, J. D. (2003) How far to the nearest road?, *Frontiers in Ecology and the Environment*, 1(3), 125–129.

Ritz, T., Adem, S., and Schulten, K. (2000) A model for photoreceptor-based magnetoreception in birds, *Biophysical Journal*, 78(2), 707–718.

Robert, D., Amoroso, J., and Hoy, R. (1992) The evolutionary convergence of hearing in a parasitoid fly and its cricket host, *Science*, 258(5085), 1135–1137.

Robert, D., Mhatre, N., and McDonagh, T. (2010) The small and smart sensors of insect auditory systems, in *2010 Ninth IEEE Sensors Conference (SENSORS 2010)*, 2208–2211. Kona, HI: IEEE. Available at: ieeexplore.ieee.org/document/5690624/.

Roberts, S. A., et al. (2010) Darcin: A male pheromone that stimulates female memory and sexual attraction to an individual male's odour, *BMC Biology*, 8(1), 75.

Robinson, M. H., and Mirick, H. (1971) The predatory behavior of the golden-web spider *Nephila clavipes* (Araneae: Araneidae), *Psyche*, 78(3), 123–139.

Rogers, L. J. (2012) The two hemispheres of the avian brain: Their differing roles in perceptual processing and the expression of behavior, *Journal of Ornithology*, 153(1), 61–74.

Rolland, R. M., et al. (2012) Evidence that ship noise increases stress in right whales, *Proceedings of the Royal Society B: Biological Sciences*, 279(1737), 2363–2368.

Ros, M. (1935) Die Lippengruben der Pythonen als Temperaturorgane, *Jenaische Zeitschrift für Naturwissenschaft*, 70, 1–32.

Rose, J. D., et al. (2014) Can fish really feel pain?, *Fish and Fisheries*, 15(1), 97–133.

Rowe, A. H., et al. (2013) Voltage-gated sodium channel in grasshopper mice defends against bark scorpion toxin, *Science*, 342(6157), 441–446.

Rubin, J. J., et al. (2018) The evolution of anti-bat sensory illusions in moths, *Science Advances*, 4(7), eaar7428.

Ruck, P. (1958) A comparison of the electrical responses of compound eyes and dorsal ocelli in four insect species, *Journal of Insect Physiology*, 2(4), 261–274.

Rundus, A. S., et al. (2007) Ground squirrels use an infrared signal to deter rattlesnake predation, *Proceedings of the National Academy of Sciences*, 104(36), 14372–14376.

Ryan, M. J. (1980) Female mate choice in a neotropical frog, *Science*, 209(4455), 523–525.

Ryan, M. J. (2018) *A taste for the beautiful: The evolution of attraction*. Princeton, NJ: Princeton University Press.

Ryan, M. J., et al. (1990) Sexual selection for sensory exploitation in the frog *Physalaemus pustulosus*, *Nature*, 343(6253), 66–67.

Ryan, M. J., and Rand, A. S. (1993) Sexual selection and signal evolution: The ghost of biases past, *Philosophical Transactions of the Royal Society B: Biological Sciences*, 340(1292), 187–195.

Rycyk, A. M., et al. (2018) Manatee behavioral response to boats, *Marine Mammal Science*, 34(4), 924–962.

Ryerson, W. (2014) Why snakes flick their tongues: A fluid dynamics approach. Unpublished dissertation, University of Connecticut.

Sacks, O., and Wasserman, R. (1987) The case of the colorblind painter, *The New York Review of Books*, November 19. Available at: www.nybooks.com/articles/1987/11/19/the-case-of-the-colorblind-painter/.

Saito, C. A., et al. (2004) Alouatta trichromatic color vision—single-unit recording from retinal ganglion cells and microspectrophotometry, *Investigative Ophthalmology & Visual Science*, 45, 4276.

Salazar, V. L., Krahe, R., and Lewis, J. E. (2013) The energetics of electric organ discharge generation in gymnotiform weakly electric fish, *Journal of Experimental Biology*, 216(13), 2459–2468.

Sales, G. D. (2010) Ultrasonic calls of wild and wild-type rodents, in Brudzynski, S. (ed), *Handbook of behavioral neuroscience*, vol. 19, 77–88. Amsterdam: Elsevier.

Sanders, D., et al. (2021) A meta-analysis of biological impacts of artificial light at night, *Nature Ecology & Evolution*, 5(1), 74–81.

Sarko, D. K., Rice, F. L., and Reep, R. L. (2015) Elaboration and innervation of the vibrissal system in the rock hyrax (*Procavia capensis*), *Brain, Behavior and Evolution*, 85(3), 170–188.

Savoca, M. S., et al. (2016) Marine plastic debris emits a keystone infochemical for olfactory foraging seabirds, *Science Advances*, 2(11), e1600395.

Sawtell, N. B. (2017) Neural mechanisms for predicting the sensory consequences of behavior: Insights from electrosensory systems, *Annual Review of Physiology*, 79(1), 381–399.

Scanlan, M. M., et al. (2018) Magnetic map in nonanadromous Atlantic salmon, *Proceedings of the National Academy of Sciences*, 115(43), 10995–10999.

Schevill, W. E., and McBride, A. F. (1956) Evidence for echolocation by cetaceans, *Deep Sea Research*, 3(2), 153–154.

Schevill, W. E., Watkins, W. A., and Backus, R. H. (1964) The 20-cycle signals and *Balaenoptera* (fin whales), in Tavolga, W. N. (ed), *Marine bio-acoustics*, 147–152. Oxford: Pergamon Press.

Schiestl, F. P., et al. (2000) Sex pheromone mimicry in the early spider orchid (*Ophrys sphegodes*): Patterns of hydrocarbons as the key mechanism for pollination by sexual deception, *Journal of Comparative Physiology A*, 186(6), 567–574.

Schmitz, H., and Bleckmann, H. (1998) The photomechanic infrared receptor for the detection of forest fires in the beetle *Melanophila acuminata* (Coleoptera: Buprestidae), *Journal of Comparative Physiology A*, 182(5), 647–657.

Schmitz, H., and Bousack, H. (2012) Modelling a historic oil-tank fire allows an estimation of the sensitivity of the infrared receptors in pyrophilous *Melanophila* beetles, *PLOS One*, 7(5), e37627.

Schmitz, H., Schmitz, A., and Schneider, E. S. (2016) Matched filter properties of infrared receptors used for fire and heat detection in insects, in von der Emde, G., and Warrant, E. (eds), *The ecology of animal senses*, 207–234. Cham: Springer.

Schneider, E. R., et al. (2014) Neuronal mechanism for acute mechanosensitivity in tactile-foraging waterfowl, *Proceedings of the National Academy of Sciences*, 111(41), 14941–14946.

Schneider, E. R., et al. (2017) Molecular basis of tactile specialization in the duck bill, *Proceedings of the National Academy of Sciences*, 114(49), 13036–13041.

Schneider, E. R., et al. (2019) A cross-species analysis reveals a general role for Piezo2 in mechanosensory specialization of trigeminal ganglia from tactile specialist birds, *Cell Reports*, 26(8), 1979–1987. e3.

Schneider, E. S., Schmitz, A., and Schmitz, H. (2015) Concept of an active amplification mechanism in the infrared organ of pyrophilous *Melanophila* beetles, *Frontiers in Physiology*, 6, 391.

Schneider, W. T., et al. (2018) Vestigial singing behaviour persists after the evolutionary loss of song in crickets, *Biology Letters*, 14(2), 20170654.

Schneirla, T. C. (1944) A unique case of circular milling in ants, considered in relation to trail following and the general problem of orientation, *American Museum Novitates*, no. 1253.

Schnitzler, H.-U. (1967) Kompensation von Dopplereffekten bei Hufeisen-Fledermäusen, *Naturwissenschaften*, 54(19), 523.

Schnitzler, H.-U. (1973) Control of Doppler shift compensation in the greater horseshoe bat, *Rhinolophus ferrumequinum, Journal of Comparative Physiology*, 82(1), 79–92.

Schnitzler, H.-U., and Denzinger, A. (2011) Auditory fovea and Doppler shift compensation: Adaptations for flutter detection in echolocating bats using CF-FM signals, *Journal of Comparative Physiology A*, 197(5), 541–559.

Schnitzler, H.-U., and Kalko, E. K. V. (2001) Echolocation by insect-eating bats, *BioScience*, 51(7), 557–569.

Schraft, H. A., Bakken, G. S., and Clark, R. W. (2019) Infrared-sensing snakes select ambush orientation based on thermal backgrounds, *Scientific Reports*, 9(1), 3950.

Schraft, H. A., and Clark, R. W. (2019) Sensory basis of navigation in snakes: The relative importance of eyes and pit organs, *Animal Behaviour*, 147, 77–82.

Schraft, H. A., Goodman, C., and Clark, R. W. (2018) Do free-ranging rattlesnakes use thermal cues to evaluate prey?, *Journal of Comparative Physiology A*, 204(3), 295–303.

Schrope, M. (2013) Giant squid filmed in its natural environment, *Nature*, doi.org/10.1038/nature.2013.12202.

Schuergers, N., et al. (2016) Cyanobacteria use micro-optics to sense light direction, *eLife*, 5, e12620.

Schuller, G., and Pollak, G. (1979) Disproportionate frequency representation in the inferior colliculus of Doppler-compensating greater horseshoe bats: Evidence for an acoustic fovea, *Journal of Comparative Physiology*, 132(1), 47–54.

Schulten, K., Swenberg, C. E., and Weller, A. (1978) A biomagnetic sensory mechanism based on magnetic field modulated coherent electron spin motion, *Zeitschrift für Physikalische Chemie*, 111(1), 1–5.

Schumacher, S., et al. (2016) Cross-modal object recognition and dynamic weighting of sensory inputs in a fish, *Proceedings of the National Academy of Sciences*, 113(27), 7638–7643.

Schusterman, R. J., et al. (2000) Why pinnipeds don't echolocate, *Journal of the Acoustical Society of America*, 107(4), 2256–2264.

Schütz, S., et al. (1999) Insect antenna as a smoke detector, *Nature*, 398(6725), 298–299.

Schwenk, K. (1994) Why snakes have forked tongues, *Science*, 263(5153), 1573–1577.

Secor, S. M. (2008) Digestive physiology of the Burmese python: Broad regulation of integrated performance, *Journal of Experimental Biology*, 211(24), 3767–3774.

Seehausen, O., et al. (2008) Speciation through sensory drive in cichlid fish, *Nature*, 455(7213), 620–626.

Seehausen, O., van Alphen, J. J. M., and Witte, F. (1997) Cichlid fish diversity threatened by eutrophication that curbs sexual selection, *Science*, 277(5333), 1808–1811.

Seidou, M., et al. (1990) On the three visual pigments in the retina of the firefly squid, *Watasenia scintillans*, *Journal of Comparative Physiology A*, 166, 769–773.

Seneviratne, S. S., and Jones, I. L. (2008) Mechanosensory function for facial ornamentation in the whiskered auklet, a crevice-dwelling seabird, *Behavioral Ecology*, 19(4), 784–790.

Sengupta, P., and Garrity, P. (2013) Sensing temperature, *Current Biology*, 23(8), R304–R307.

Senzaki, M., et al. (2016) Traffic noise reduces foraging efficiency in wild owls, *Scientific Reports*, 6(1), 30602.

Sewell, G. D. (1970) Ultrasonic communication in rodents, *Nature*, 227(5256), 410.

Seyfarth, E.-A. (2002) Tactile body raising: Neuronal correlates of a "simple" behavior in spiders, in Toft, S., and Scharff, N. (eds), *European Arachnology 2000: Proceedings of the 19th European College of Arachnology*, 19–32. Aarhus: Aarhus University Press.

Shadwick, R. E., Potvin, J., and Goldbogen, J. A. (2019) Lunge feeding in rorqual whales, *Physiology*, 34(6), 409–418.

Shamble, P. S., et al. (2016) Airborne acoustic perception by a jumping spider, *Current Biology*, 26(21), 2913–2920.

Shan, L., et al. (2018) Lineage-specific evolution of bitter taste receptor genes in the giant and red pandas implies dietary adaptation, *Integrative Zoology*, 13(2), 152–159.

Shannon, G., et al. (2014) Road traffic noise modifies behaviour of a keystone species, *Animal*

Behaviour, 94, 135–141.

Shannon, G., et al. (2016) A synthesis of two decades of research documenting the effects of noise on wildlife: Effects of anthropogenic noise on wildlife, *Biological Reviews*, 91(4), 982–1005.

Sharma, K. R., et al. (2015) Cuticular hydrocarbon pheromones for social behavior and their coding in the ant antenna, *Cell Reports*, 12(8), 1261–1271.

Shaw, J., et al. (2015) Magnetic particle-mediated magnetoreception, *Journal of the Royal Society Interface*, 12(110), 20150499.

Sherrington, C. S. (1903) Qualitative difference of spinal reflex corresponding with qualitative difference of cutaneous stimulus, *Journal of Physiology*, 30(1), 39–46.

Shimozawa, T., Murakami, J., and Kumagai, T. (2003) Cricket wind receptors: Thermal noise for the highest sensitivity known, in Barth, F. G., Humphrey, J. A. C., and Secomb, T. W. (eds), *Sensors and sensing in biology and engineering*, 145–157. Vienna: Springer.

Shine, R., et al. (2002) Antipredator responses of free-ranging pit vipers (*Gloydius shedaoensis*, Viperidae), *Copeia*, 2002(3), 843–850.

Shine, R., et al. (2003) Chemosensory cues allow courting male garter snakes to assess body length and body condition of potential mates, *Behavioral Ecology and Sociobiology*, 54(2), 162–166.

Sidebotham, J. (1877) Singing mice, *Nature*, 17(419), 29.

Siebeck, U. E., et al. (2010) A species of reef fish that uses ultraviolet patterns for covert face recognition, *Current Biology*, 20(5), 407–410.

Sieck, M. H., and Wenzel, B. M. (1969) Electrical activity of the olfactory bulb of the pigeon, *Electroencephalography and Clinical Neurophysiology*, 26(1), 62–69.

Siemers, B. M., et al. (2009) Why do shrews twitter? Communication or simple echo-based orientation, *Biology Letters*, 5(5), 593–596.

Silpe, J. E., and Bassler, B. L. (2019) A host-produced quorum-sensing autoinducer controls a phage lysis-lysogeny decision, *Cell*, 176(1–2), 268–280. e13.

Simmons, J. A., Ferragamo, M. J., and Moss, C. F. (1998) Echo-delay resolution in sonar images of the big brown bat, *Eptesicus fuscus*, *Proceedings of the National Academy of Sciences*, 95(21), 12647–12652.

Simmons, J. A., and Stein, R. A. (1980) Acoustic imaging in bat sonar: Echolocation signals and the evolution of echolocation, *Journal of Comparative Physiology*, 135(1), 61–84.

Simões, J. M., et al. (2021) Robustness and plasticity in *Drosophila* heat avoidance, *Nature Communications*, 12(1), 2044.

Simons, E. (2020) Backyard fly training and you, *Bay Nature*. Available at: baynature.org/article/lord-of-the-flies/.

Simpson, S. D., et al. (2016) Anthropogenic noise increases fish mortality by predation, *Nature Communications*, 7(1), 10544.

Sisneros, J. A. (2009) Adaptive hearing in the vocal plainfin midshipman fish: Getting in tune for the breeding season and implications for acoustic communication, *Integrative Zoology*, 4(1), 33–42.

Skedung, L., et al. (2013) Feeling small: Exploring the tactile perception limits, *Scientific Reports*,

3(1), 2617.

Slabbekoorn, H., and Peet, M. (2003) Birds sing at a higher pitch in urban noise, *Nature*, 424(6946), 267.

Smith, A. C., et al. (2003) The effect of colour vision status on the detection and selection of fruits by tamarins (*Saguinus* spp.), *Journal of Experimental Biology*, 206(18), 3159–3165.

Smith, B., et al. (2004) A survey of frog odorous secretions, their possible functions and phylogenetic significance, *Applied Herpetology*, 2, 47–82.

Smith, C. F., et al. (2009) The spatial and reproductive ecology of the copperhead (*Agkistrodon contortrix*) at the northeastern extreme of its range, *Herpetological Monographs*, 23(1), 45–73.

Smith, E. St. J., et al. (2011) The molecular basis of acid insensitivity in the African naked mole-rat, *Science*, 334(6062), 1557–1560.

Smith, E. St. J., Park, T. J., and Lewin, G. R. (2020) Independent evolution of pain insensitivity in African mole-rats: Origins and mechanisms, *Journal of Comparative Physiology A*, 206(3), 313–325.

Smith, F. A., et al. (2018) Body size downgrading of mammals over the late Quaternary, *Science*, 360(6386), 310–313.

Smith, L. M., et al. (2020) Impacts of COVID-19-related social distancing measures on personal environmental sound exposures, *Environmental Research Letters*, 15(10), 104094.

Sneddon, L. (2013) Do painful sensations and fear exist in fish?, in van der Kemp, T., and Lachance, M. (eds), *Animal suffering: From science to law*, 93–112. Toronto: Carswell.

Sneddon, L. U. (2018) Comparative physiology of nociception and pain, *Physiology*, 33(1), 63–73.

Sneddon, L. U. (2019) Evolution of nociception and pain: Evidence from fish models, *Philosophical Transactions of the Royal Society B: Biological Sciences*, 374(1785), 20190290.

Sneddon, L. U., et al. (2014) Defining and assessing animal pain, *Animal Behaviour*, 97, 201–212.

Sneddon, L. U., Braithwaite, V. A., and Gentle, M. J. (2003a) Do fishes have nociceptors? Evidence for the evolution of a vertebrate sensory system, *Proceedings of the Royal Society B: Biological Sciences*, 270(1520), 1115–1121.

Sneddon, L. U., Braithwaite, V. A., and Gentle, M. J. (2003b) Novel object test: Examining nociception and fear in the rainbow trout, *Journal of Pain*, 4(8), 431–440.

Snyder, J. B., et al. (2007) Omnidirectional sensory and motor volumes in electric fish, *PLOS Biology*, 5(11), e301.

Soares, D. (2002) An ancient sensory organ in crocodilians, *Nature*, 417(6886), 241–242.

Sobel, N., et al. (1999) The world smells different to each nostril, *Nature*, 402(6757), 35.

Solvi, C., Gutierrez Al-Khudhairy, S., and Chittka, L. (2020) Bumble bees display cross-modal object recognition between visual and tactile senses, *Science*, 367(6480), 910–912.

Speiser, D. I., and Johnsen, S. (2008a) Comparative morphology of the concave mirror eyes of scallops (Pectinoidea), *American Malacological Bulletin*, 26(1–2), 27–33.

Speiser, D. I., and Johnsen, S. (2008b) Scallops visually respond to the size and speed of virtual particles, *Journal of Experimental Biology*, 211(Pt 13), 2066–2070.

Sperry, R. W. (1950) Neural basis of the spontaneous optokinetic response produced by visual inversion, *Journal of Comparative and Physiological Psychology*, 43(6), 482–489.

Spoelstra, K., et al. (2017) Response of bats to light with different spectra: Light-shy and agile bat presence is affected by white and green, but not red light, *Proceedings of the Royal Society B: Biological Sciences*, 284(1855), 20170075.

Stack, D. W., et al. (2011) Reducing visitor noise levels at Muir Woods National Monument using experimental management, *Journal of the Acoustical Society of America*, 129(3), 1375–1380.

Stager, K. E. (1964) The role of olfaction in food location by the turkey vulture (*Cathartes aura*), *Contributions in Science*, 81, 1–63.

Stamp Dawkins, M. (2002) What are birds looking at? Head movements and eye use in chickens, *Animal Behaviour*, 63(5), 991–998.

Standing Bear, L. (2006) *Land of the spotted eagle*. Lincoln: Bison Books.

Stangl, F. B., et al. (2005) Comments on the predator-prey relationship of the Texas kangaroo rat (*Dipodomys elator*) and barn owl (*Tyto alba*), *The American Midland Naturalist*, 153(1), 135–141.

Stebbins, W. C. (1983) *The acoustic sense of animals*. Cambridge, MA: Harvard University Press.

Steen, J. B., et al. (1996) Olfaction in bird dogs during hunting, *Acta Physiologica Scandinavica*, 157(1), 115–119.

Sterbing-D'Angelo, S. J., et al. (2017) Functional role of airflow-sensing hairs on the bat wing, *Journal of Neurophysiology*, 117(2), 705–712.

Sterbing-D'Angelo, S. J., and Moss, C. F. (2014) Air flow sensing in bats, in Bleckmann, H., Mogdans, J., and Coombs, S. L. (eds), *Flow sensing in air and water*, 197–213. Berlin: Springer.

Stevens, M., and Cuthill, I. C. (2007) Hidden messages: Are ultraviolet signals a special channel in avian communication?, *BioScience*, 57(6), 501–507.

Stiehl, W. D., Lalla, L., and Breazeal, C. (2004) A "somatic alphabet" approach to "sensitive skin," in *Proceedings, ICRA '04, IEEE International Conference on Robotics and Automation*, 2004, 3, 2865–2870. New Orleans: IEEE.

Stoddard, M. C., et al. (2019) I see your false colours: How artificial stimuli appear to different animal viewers, *Interface Focus*, 9(1), 20180053.

Stoddard, M. C., et al. (2020) Wild hummingbirds discriminate nonspectral colors, *Proceedings of the National Academy of Sciences*, 117(26), 15112–15122.

Stokkan, K.-A., et al. (2013) Shifting mirrors: Adaptive changes in retinal reflections to winter darkness in Arctic reindeer, *Proceedings of the Royal Society B: Biological Sciences*, 280(1773), 20132451.

Stowasser, A., et al. (2010) Biological bifocal lenses with image separation, *Current Biology*, 20(16), 1482–1486.

Strauß, J., and Stumpner, A. (2015) Selective forces on origin, adaptation and reduction of tympanal ears in insects, *Journal of Comparative Physiology A*, 201(1), 155–169.

Strobel, S. M., et al. (2018) Active touch in sea otters: In-air and underwater texture discrimination thresholds and behavioral strategies for paws and vibrissae, *Journal of Experimental Biology*, 221(18), jeb181347.

Suga, N., and Schlegel, P. (1972) Neural attenuation of responses to emitted sounds in echolocating bats, *Science*, 177(4043), 82–84.

Sukhum, K. V., et al. (2016) The costs of a big brain: Extreme encephalization results in higher energetic demand and reduced hypoxia tolerance in weakly electric African fishes, *Proceedings of the Royal Society B: Biological Sciences*, 283(1845), 20162157.

Sullivan, J. J. (2013) One of us, *Lapham's Quarterly*. Available at: www.laphamsquarterly.org/animals/one-us.

Sumbre, G., et al. (2006) Octopuses use a human-like strategy to control precise point-to-point arm movements, *Current Biology*, 16(8), 767–772.

Sumner-Rooney, L., et al. (2018) Whole-body photoreceptor networks are independent of "lenses" in brittle stars, *Proceedings of the Royal Society B: Biological Sciences*, 285(1871), 20172590.

Sumner-Rooney, L. H., et al. (2014) Do chitons have a compass? Evidence for magnetic sensitivity in *Polyplacophora*, *Journal of Natural History*, 48(45–48), 3033–3045.

Sumner-Rooney, L. H., et al. (2020) Extraocular vision in a brittle star is mediated by chromatophore movement in response to ambient light, *Current Biology*, 30(2), 319–327. e4.

Supa, M., Cotzin, M., and Dallenbach, K. M. (1944) "Facial vision": The perception of obstacles by the blind, *The American Journal of Psychology*, 57(2), 133–183.

Suraci, J. P., et al. (2019) Fear of humans as apex predators has landscape-scale impacts from mountain lions to mice, *Ecology Letters*, 22(10), 1578–1586.

Surlykke, A., et al. (eds), (2014) *Biosonar*. New York: Springer.

Surlykke, A., and Kalko, E. K. V. (2008) Echolocating bats cry out loud to detect their prey, *PLOS One*, 3(4), e2036.

Surlykke, A., Simmons, J. A., and Moss, C. F. (2016) Perceiving the world through echolocation and vision, in Fenton, M. B., et al. (eds), *Bat bioacoustics*, 265–288. New York: Springer.

Suter, R. B. (1978) *Cyclosa turbinata* (Araneae, Araneidae): Prey discrimination via web-borne vibrations, *Behavioral Ecology and Sociobiology*, 3(3), 283–296.

Suthers, R. A. (1967) Comparative echolocation by fishing bats, *Journal of Mammalogy*, 48(1), 79–87.

Sutton, G. P., et al. (2016) Mechanosensory hairs in bumblebees (*Bombus terrestris*) detect weak electric fields, *Proceedings of the National Academy of Sciences*, 113(26), 7261–7265.

Swaddle, J. P., et al. (2015) A framework to assess evolutionary responses to anthropogenic light and sound, *Trends in Ecology & Evolution*, 30(9), 550–560.

Takeshita, F., and Murai, M. (2016) The vibrational signals that male fiddler crabs (*Uca lactea*) use to attract females into their burrows, *The Science of Nature*, 103, 49.

Tansley, K. (1965) *Vision in vertebrates*. London: Chapman and Hall.

Tautz, J., and Markl, H. (1978) Caterpillars detect flying wasps by hairs sensitive to airborne vibration, *Behavioral Ecology and Sociobiology*, 4(1), 101–110.

Tautz, J., and Rostás, M. (2008) Honeybee buzz attenuates plant damage by caterpillars, *Current Biology*, 18(24), R1125–R1126.

Taylor, C. J., and Yack, J. E. (2019) Hearing in caterpillars of the monarch butterfly (Danaus plexippus), *Journal of Experimental Biology*, 222(22), jeb211862.

Tedore, C., and Nilsson, D.-E. (2019) Avian UV vision enhances leaf surface contrasts in forest environments, *Nature Communications*, 10(1), 238.

Temple, S., et al. (2012) High-resolution polarisation vision in a cuttlefish, *Current Biology*, 22(4), R121–R122.

Ter Hofstede, H. M., and Ratcliffe, J. M. (2016) Evolutionary escalation: The bat-moth arms race, *Journal of Experimental Biology*, 219(11), 1589–1602.

Thaler, L., et al. (2017) Mouth-clicks used by blind expert human echolocators—Signal description and model based signal synthesis, *PLOS Computational Biology*, 13(8), e1005670.

Thaler, L., et al. (2020) The flexible action system: Click-based echolocation may replace certain visual functionality for adaptive walking, *Journal of Experimental Psychology: Human Perception and Performance*, 46(1), 21–35.

Thaler, L., Arnott, S. R., and Goodale, M. A. (2011) Neural correlates of natural human echolocation in early and late blind echolocation experts, *PLOS One*, 6(5), e20162.

Thaler, L., and Goodale, M. A. (2016) Echolocation in humans: An overview, *Wiley Interdisciplinary Reviews: Cognitive Science*, 7(6), 382–393.

Thoen, H. H., et al. (2014) A different form of color vision in mantis shrimp, *Science*, 343(6169), 411–413.

Thoma, V., et al. (2016) Functional dissociation in sweet taste receptor neurons between and within taste organs of *Drosophila*, *Nature Communications*, 7(1), 10678.

Thomas, K. N., Robison, B. H., and Johnsen, S. (2017) Two eyes for two purposes: In situ evidence for asymmetric vision in the cockeyed squids *Histioteuthis heteropsis* and *Stigmatoteuthis dofleini*, *Philosophical Transactions of the Royal Society B: Biological Sciences*, 372(1717), 20160069.

Thometz, N. M., et al. (2016) Trade-offs between energy maximization and parental care in a central place forager, the sea otter, *Behavioral Ecology*, 27(5), 1552–1566.

Thums, M., et al. (2013) Evidence for behavioural thermoregulation by the world's largest fish, *Journal of the Royal Society Interface*, 10(78), 20120477.

Tierney, K. B., et al. (2008) Salmon olfaction is impaired by an environmentally realistic pesticide mixture, *Environmental Science & Technology*, 42(13), 4996–5001.

Toda, Y., et al. (2021) Early origin of sweet perception in the songbird radiation, *Science*, 373(6551), 226–231.

Tracey, W. D. (2017) Nociception, *Current Biology*, 27(4), R129–R133.

Treiber, C. D., et al. (2012) Clusters of iron-rich cells in the upper beak of pigeons are macrophages not magnetosensitive neurons, *Nature*, 484(7394), 367–370.

Treisman, D. (2010) Ants and answers: A conversation with E. O. Wilson, *The New Yorker*. Available at: www.newyorker.com/books/page-turner/ants-and-answers-a-conversation-with-e-o-wilson.

Trible, W., et al. (2017) Orco mutagenesis causes loss of antennal lobe glomeruli and impaired social behavior in ants, *Cell*, 170(4), 727–735. e10.

Tricas, T. C., Michael, S. W., and Sisneros, J. A. (1995) Electrosensory optimization to conspecific phasic signals for mating, *Neuroscience Letters*, 202(1), 129–132.

Tsai, C.-C., et al. (2020) Physical and behavioral adaptations to prevent overheating of the living wings of butterflies, *Nature Communications*, 11(1), 551.

Tsujii, K., et al. (2018) Change in singing behavior of humpback whales caused by shipping noise, *PLOS One*, 13(10), e0204112.

Tumlinson, J. H., et al. (1971) Identification of the trail pheromone of a leaf-cutting ant, *Atta texana*, *Nature*, 234(5328), 348–349.

Turkel, W. J. (2013) *Spark from the deep: How shocking experiments with strongly electric fish powered scientific discovery*. Baltimore: Johns Hopkins University Press.

Tuthill, J. C., and Azim, E. (2018) Proprioception, *Current Biology*, 28(5), R194–R203.

Tuttle, M. D., and Ryan, M. J. (1981) Bat predation and the evolution of frog vocalizations in the neotropics, *Science*, 214(4521), 677–678.

Tyack, P. L. (1997) Studying how cetaceans use sound to explore their environment, in Owings, D. H., Beecher, M. D., and Thompson, N. S. (eds), *Perspectives in ethology*, vol. 12, 251–297. New York: Plenum Press.

Tyack, P. L., and Clark, C. W. (2000) Communication and acoustic behavior of dolphins and whales, in Au, W. W. L., Fay, R. R., and Popper, A. N. (eds), *Hearing by whales and dolphins*, 156–224. New York: Springer.

Tyler, N. J. C., et al. (2014) Ultraviolet vision may enhance the ability of reindeer to discriminate plants in snow, *Arctic*, 67(2), 159–166.

Uexküll, J. von (1909) *Umwelt und Innenwelt der Tiere*. Berlin: J. Springer.

Uexküll, J. von (2010) *A foray into the worlds of animals and humans: With a theory of meaning* (trans. J. D. O'Neil). Minneapolis: University of Minnesota Press.

Ulanovsky, N., and Moss, C. F. (2008) What the bat's voice tells the bat's brain, *Proceedings of the National Academy of Sciences*, 105(25), 8491–8498.

Ullrich-Luter, E. M., et al. (2011) Unique system of photoreceptors in sea urchin tube feet, *Proceedings of the National Academy of Sciences*, 108(20), 8367–8372.

Vaknin, Y., et al. (2000) The role of electrostatic forces in pollination, *Plant Systematics and Evolution*, 222(1), 133–142.

Van Buskirk, R. W., and Nevitt, G. A. (2008) The influence of developmental environment on the evolution of olfactory foraging behaviour in procellariiform seabirds, *Journal of Evolutionary Biology*, 21(1), 67–76.

Van der Horst, G., et al. (2011) Sperm structure and motility in the eusocial naked mole-rat, Heterocephalus glaber: A case of degenerative orthogenesis in the absence of sperm competition?, *BMC Evolutionary Biology*, 11(1), 351.

Van Doren, B. M., et al. (2017) High-intensity urban light installation dramatically alters nocturnal bird migration, *Proceedings of the National Academy of Sciences*, 114(42), 11175–11180.

Van Lenteren, J. C., et al. (2007) Structure and electrophysiological responses of gustatory organs on the ovipositor of the parasitoid *Leptopilina heterotoma*, *Arthropod Structure & Development*, 36(3), 271–276.

Van Staaden, M. J., et al. (2003) Serial hearing organs in the atympanate grasshopper *Bullacris membracioides* (Orthoptera, Pneumoridae), *Journal of Comparative Neurology*, 465(4), 579–592.

Veilleux, C. C., and Kirk, E. C. (2014) Visual acuity in mammals: Effects of eye size and ecology, *Brain, Behavior and Evolution*, 83(1), 43–53.

Vélez, A., Ryoo, D. Y., and Carlson, B. A. (2018) Sensory specializations of mormyrid fish are associated with species differences in electric signal localization behavior, *Brain, Behavior and Evolution*, 92(3–4), 125–141.

Vernaleo, B. A., and Dooling, R. J. (2011) Relative salience of envelope and fine structure cues in zebra finch song, *Journal of the Acoustical Society of America*, 129(5), 3373–3383.

Vidal-Gadea, A., et al. (2015) Magnetosensitive neurons mediate geomagnetic orientation in *Caenorhabditis elegans, eLife*, 4, e07493.

Viguier, C. (1882) Le sens de l'orientation et ses organes chez les animaux et chez l'homme, *Revue philosophique de la France et de l'étranger*, 14, 1–36.

Viitala, J., et al. (1995) Attraction of kestrels to vole scent marks visible in ultraviolet light, *Nature*, 373(6513), 425–427.

Vogt, R. G., and Riddiford, L. M. (1981) Pheromone binding and inactivation by moth antennae, *Nature*, 293(5828), 161–163.

Vollrath, F. (1979a) Behaviour of the kleptoparasitic spider Argyrodes elevatus (Araneae, theridiidae), *Animal Behaviour*, 27(Pt 2), 515–521.

Vollrath, F. (1979b) Vibrations: Their signal function for a spider kleptoparasite, *Science*, 205(4411), 1149–1151.

Von der Emde, G. (1990) Discrimination of objects through electrolocation in the weakly electric fish, *Gnathonemus petersii, Journal of Comparative Physiology A*, 167, 413–421.

Von der Emde, G. (1999) Active electrolocation of objects in weakly electric fish, *Journal of Experimental Biology*, 202, 1205–1215.

Von der Emde, G., et al. (1998) Electric fish measure distance in the dark, *Nature*, 395(6705), 890–894.

Von der Emde, G., and Ruhl, T. (2016) Matched filtering in African weakly electric fish: Two senses with complementary filters, in von der Emde, G., and Warrant, E. (eds), *The ecology of animal senses*, 237–263. Cham: Springer.

Von der Emde, G., and Schnitzler, H.-U. (1990) Classification of insects by echolocating greater horseshoe bats, *Journal of Comparative Physiology A*, 167(3), 423–430.

Von Dürckheim, K. E. M., et al. (2018) African elephants (*Loxodonta africana*) display remarkable olfactory acuity in human scent matching to sample performance, *Applied Animal Behaviour Science*, 200, 123–129.

Von Holst, E., and Mittelstaedt, H. (1950) Das reafferenzprinzip, *Naturwissenschaften*, 37(20), 464–476.

Wackermannová, M., Pinc, L., and Jebavý, L. (2016) Olfactory sensitivity in mammalian species, *Physiological Research*, 65(3), 369–390.

Walker, D. B., et al. (2006) Naturalistic quantification of canine olfactory sensitivity, *Applied Animal*

Behaviour Science, 97(2–4), 241–254.

Walsh, C. M., Bautista, D. M., and Lumpkin, E. A. (2015) Mammalian touch catches up, *Current Opinion in Neurobiology*, 34, 133–139.

Wang, C. X., et al. (2019) Transduction of the geomagnetic field as evidenced from alpha-band activity in the human brain, *eNeuro*, 6(2), ENEURO.0483-18.2019.

Ward, J. (2013) Synesthesia, *Annual Review of Psychology*, 64(1), 49–75.

Wardill, T., et al. (2013) The miniature dipteran killer fly Coenosia attenuata exhibits adaptable aerial prey capture strategies, *Frontiers of Physiology Conference Abstract: International Conference on Invertebrate Vision*, doi:10.3389/conf.fphys.2013.25.00057.

Ware, H. E., et al. (2015) A phantom road experiment reveals traffic noise is an invisible source of habitat degradation, *Proceedings of the National Academy of Sciences*, 112(39), 12105–12109.

Warkentin, K. M. (1995) Adaptive plasticity in hatching age: A response to predation risk trade-offs, *Proceedings of the National Academy of Sciences*, 92(8), 3507–3510.

Warkentin, K. M. (2005) How do embryos assess risk? Vibrational cues in predator-induced hatching of red-eyed treefrogs, *Animal Behaviour*, 70(1), 59–71.

Warkentin, K. M. (2011) Environmentally cued hatching across taxa: Embryos respond to risk and opportunity, *Integrative and Comparative Biology*, 51(1), 14–25.

Warrant, E. J. (2017) The remarkable visual capacities of nocturnal insects: Vision at the limits with small eyes and tiny brains, *Philosophical Transactions of the Royal Society B: Biological Sciences*, 372(1717), 20160063.

Warrant, E. J., et al. (2004) Nocturnal vision and landmark orientation in a tropical halictid bee, *Current Biology*, 14(15), 1309–1318.

Warrant, E., et al. (2016) The Australian bogong moth Agrotis infusa: A long-distance nocturnal navigator, *Frontiers in Behavioral Neuroscience*, 10, 77.

Warrant, E. J., and Locket, N. A. (2004) Vision in the deep sea, *Biological Reviews of the Cambridge Philosophical Society*, 79(3), 671–712.

Watanabe, T. (1999) The influence of energetic state on the form of stabilimentum built by *Octonoba sybotides* (Araneae: Uloboridae), *Ethology*, 105(8), 719–725.

Watanabe, T. (2000) Web tuning of an orb-web spider, Octonoba sybotides, regulates prey-catching behaviour, *Proceedings of the Royal Society B: Biological Sciences*, 267(1443), 565–569.

Webb, B. (1996) A cricket robot, *Scientific American*. Available at: www.scientificamerican.com/article/a-cricket-robot/.

Webb, J. F. (2013) Morphological diversity, development, and evolution of the mechanosensory lateral line system, in Coombs, S., et al. (eds), *The lateral line system*, 17–72. New York: Springer.

Webster, D. B. (1962) A function of the enlarged middle-ear cavities of the kangaroo rat, *Dipodomys, Physiological Zoology*, 35(3), 248–255.

Webster, D. B., and Webster, M. (1971) Adaptive value of hearing and vision in kangaroo rat predator avoidance, *Brain, Behavior and Evolution*, 4(4), 310–322.

Webster, D. B., and Webster, M. (1980) Morphological adaptations of the ear in the rodent family heteromyidae, *American Zoologist*, 20(1), 247–254.

Weger, M., and Wagner, H. (2016) Morphological variations of leading-edge serrations in owls(*Strigiformes*), *PLOS One*, 11(3), e0149236.

Wehner, R. (1987) "Matched filters"—Neural models of the external world, *Journal of Comparative Physiology A*, 161(4), 511–531.

Weiss, T., et al. (2020) Human olfaction without apparent olfactory bulbs, *Neuron*, 105(1), 35–45. e5.

Wenzel, B. M., and Sieck, M. H. (1972) Olfactory perception and bulbar electrical activity in several avian species, *Physiology & Behavior*, 9(3), 287–293.

Wheeler, W. M. (1910) *Ants: Their structure, development and behavior*. New York: Columbia University Press.

Widder, E. (2019) The Medusa, NOAA Ocean Exploration. Available at: oceanexplorer.noaa .gov/ explorations/19biolum/background/medusa/medusa.html.

Wieskotten, S., et al. (2010) Hydrodynamic determination of the moving direction of an artificial fin by a harbour seal (*Phoca vitulina*), *Journal of Experimental Biology*, 213(13), 2194–2200.

Wieskotten, S., et al. (2011) Hydrodynamic discrimination of wakes caused by objects of different size or shape in a harbour seal (*Phoca vitulina*), *Journal of Experimental Biology*, 214(11), 1922–1930.

Wignall, A. E., and Taylor, P. W. (2011) Assassin bug uses aggressive mimicry to lure spider prey, *Proceedings of the Royal Society B: Biological Sciences*, 278(1710), 1427–1433.

Wilcox, C., Van Sebille, E., and Hardesty, B. D. (2015) Threat of plastic pollution to seabirds is global, pervasive, and increasing, *Proceedings of the National Academy of Sciences*, 112(38), 11899–11904.

Wilcox, S. R., Jackson, R. R., and Gentile, K. (1996) Spiderweb smokescreens: Spider trickster uses background noise to mask stalking movements, *Animal Behaviour*, 51(2), 313–326.

Williams, C. J., et al. (2019) Analgesia for non-mammalian vertebrates, *Current Opinion in Physiology*, 11, 75–84.

Wilson, D. R., and Hare, J. F. (2004) Ground squirrel uses ultrasonic alarms, *Nature*, 430(6999), 523.

Wilson, E. O. (2015) Pheromones and other stimuli we humans don't get, with E. O. Wilson, *Big Think*. Available at: bigthink.com/videos/eo-wilson-on-the-world-of-pheromones.

Wilson, E. O., Durlach, N. I., and Roth, L. M. (1958) Chemical releasers of necrophoric behavior in ants, *Psyche*, 65(4), 108–114.

Wilson, S., and Moore, C. (2015) S1 somatotopic maps, *Scholarpedia*, 10(4), 8574.

Wiltschko, R., and Wiltschko, W. (2013) The magnetite-based receptors in the beak of birds and their role in avian navigation, *Journal of Comparative Physiology A*, 199(2), 89–98.

Wiltschko, R., and Wiltschko, W. (2019) Magnetoreception in birds, *Journal of the Royal Society Interface*, 16(158), 20190295.

Wiltschko, W. (1968) Über den Einfluß statischer Magnetfelder auf die Zugorientierung der Rotkehlchen (*Erithacus rubecula*), *Zeitschrift für Tierpsychologie*, 25(5), 537–558.

Wiltschko, W., et al. (2002) Lateralization of magnetic compass orientation in a migratory bird,

Nature, 419(6906), 467–470.

Wiltschko, W., and Merkel, F. W. (1965) Orientierung zugunruhiger Rotkehlchen im statischen Magnetfeld, *Verhandlungen der Deutschen Zoologischen Gesellschaft in Jena*, 59, 362–367.

Windsor, D. A. (1998) Controversies in parasitology: Most of the species on Earth are parasites, *International Journal for Parasitology*, 28(12), 1939–1941.

Winklhofer, M., and Mouritsen, H. (2016) A room-temperature ferrimagnet made of metallo-proteins?, bioRxiv, 094607.

Wisby, W. J., and Hasler, A. D. (1954) Effect of olfactory occlusion on migrating silver salmon (*O. kisutch*), *Journal of the Fisheries Research Board of Canada*, 11(4), 472–478.

Witherington, B., and Martin, R. E. (2003) Understanding, assessing, and resolving light-pollution problems on sea turtle nesting beaches, Florida Marine Research Institute Technical Report TR-2.

Witte, F., et al. (2013) Cichlid species diversity in naturally and anthropogenically turbid habitats of Lake Victoria, East Africa, *Aquatic Sciences*, 75(2), 169–183.

Woith, H., et al. (2018) Review: Can animals predict earthquakes?, *Bulletin of the Seismological Society of America*, 108(3A), 1031–1045.

Wolff, G. H., and Riffell, J. A. (2018) Olfaction, experience and neural mechanisms underlying mosquito host preference, *Journal of Experimental Biology*, 221(4), jeb157131.

Wu, C. H. (1984) Electric fish and the discovery of animal electricity, *American Scientist*, 72(6), 598–607.

Wu, L.-Q., and Dickman, J. D. (2012) Neural correlates of a magnetic sense, *Science*, 336(6084), 1054–1057.

Wueringer, B. E. (2012) Electroreception in elasmobranchs: Sawfish as a case study, *Brain, Behavior and Evolution*, 80(2), 97–107.

Wueringer, B. E., Squire, L., et al. (2012a) Electric field detection in sawfish and shovelnose rays, *PLOS One*, 7(7), e41605.

Wueringer, B. E., Squire, L., et al. (2012b) The function of the sawfish's saw, *Current Biology*, 22(5), R150–R151.

Wurtsbaugh, W. A., and Neverman, D. (1988) Post-feeding thermotaxis and daily vertical migration in a larval fish, *Nature*, 333(6176), 846–848.

Wyatt, T. (2015a) How animals communicate via pheromones, *American Scientist*, 103(2), 114.

Wyatt, T. D. (2015b) The search for human pheromones: The lost decades and the necessity of returning to first principles, *Proceedings of the Royal Society B: Biological Sciences*, 282(1804), 20142994.

Wynn, J., et al. (2020) Natal imprinting to the Earth's magnetic field in a pelagic seabird, *Current Biology*, 30(14), 2869–2873. e2.

Yadav, C. (2017) Invitation by vibration: Recruitment to feeding shelters in social caterpillars, *Behavioral Ecology and Sociobiology*, 71(3), 51.

Yager, D. D., and Hoy, R. R. (1986) The cyclopean ear: A new sense for the praying mantis, *Science*, 231(4739), 727–729.

Yanagawa, A., Guigue, A. M. A., and Marion-Poll, F. (2014) Hygienic grooming is induced by contact chemicals in *Drosophila melanogaster*, *Frontiers in Behavioral Neuroscience*, 8, 254.

Yarmolinsky, D. A., Zuker, C. S., and Ryba, N. J. P. (2009) Common sense about taste: From mammals to insects, *Cell*, 139(2), 234–244.

Yeates, L. C., Williams, T. M., and Fink, T. L. (2007) Diving and foraging energetics of the smallest marine mammal, the sea otter (*Enhydra lutris*), *Journal of Experimental Biology*, 210(11), 1960–1970.

Yong, E. (2020) America is trapped in a pandemic spiral, *The Atlantic*. Available at: www.theatlantic.com/health/archive/2020/09/pandemic-intuition-nightmare-spiral-winter/616204/.

Yoshizawa, M., et al. (2014) The sensitivity of lateral line receptors and their role in the behavior of Mexican blind cavefish (*Astyanax mexicanus*), *Journal of Experimental Biology*, 217(6), 886–895.

Yovel, Y., et al. (2009) The voice of bats: How greater mouse-eared bats recognize individuals based on their echolocation calls, *PLOS Computational Biology*, 5(6), e1000400.

Zagaeski, M., and Moss, C. F. (1994) Target surface texture discrimination by the echolocating bat, *Eptesicus fuscus*, *Journal of the Acoustical Society of America*, 95(5), 2881–2882.

Zapka, M., et al. (2009) Visual but not trigeminal mediation of magnetic compass information in a migratory bird, *Nature*, 461(7268), 1274–1277.

Zelenitsky, D. K., Therrien, F., and Kobayashi, Y. (2009) Olfactory acuity in theropods: Palaeobiological and evolutionary implications, *Proceedings of the Royal Society B: Biological Sciences*, 276(1657), 667–673.

Zimmer, C. (2012) Monet's ultraviolet eye, *Download the Universe*. Available at: www.downloadtheuniverse.com/dtu/2012/04/monets-ultraviolet-eye.html.

Zimmerman, A., Bai, L., and Ginty, D. D. (2014) The gentle touch receptors of mammalian skin, *Science*, 346(6212), 950–954.

Zimmermann, M. J. Y., et al. (2018) Zebrafish differentially process color across visual space to match natural scenes, *Current Biology*, 28(13), 2018–2032.e5.

Zions, M., et al. (2020) Nest carbon dioxide masks GABA-dependent seizure susceptibility in the naked mole-rat, *Current Biology*, 30(11), 2068–2077. e4.

Zippelius, H.-M. (1974) Ultraschall-Laute nestjunger Mäuse, *Behaviour*, 49(3–4), 197–204.

Zuk, M., Rotenberry, J. T., and Tinghitella, R. M. (2006) Silent night: Adaptive disappearance of a sexual signal in a parasitized population of field crickets, *Biology Letters*, 2(4), 521–524.

Zullo, L., et al. (2009) Nonsomatotopic organization of the higher motor centers in octopus, *Current Biology*, 19(19), 1632–1636.

Zupanc, G. K. H., and Bullock, T. H. (2005) From electrogenesis to electroreception: An overview, in Bullock, T. H., et al. (eds), *Electroreception*, 5–46. New York: Springer.

화보사진 출처

p1 위 Gunn Shots! 아래 ⓒDaniel Kronauer p2 위 sheilapic76 중간 Seabird NZ 아래 ⓒLisa Zins p3 위 Tambako the Jaguar 아래 ⓒMathias Appel p4 위 ⓒArtur Rydzewski 아래 janetgraham84 p5 위 ⓒSonke Johnsen 아래 ⓒKent Miller p6 위 treegrow 중간 VVillamon 아래 ⓒE. A. Lazo-Wasem, Yale Peabody Museum p7 위 ⓒEric Warrant 아래 ⓒNick Goodrum p8 ⓒEd Yong(András Péter에 의해 개의 시각으로 보정됨) p9 위 adrian davies 아래 ⓒUlrike Siebeck p10 위 ⓒLarry Lamsa 아래 berniedup p11 prilfish p12 위 ⓒJohn Brighenti 아래 ⓒEd Yong p13 위 ⓒHelmut Schmitz 중간 ⓒAcatenazzi at English Wikipedia 아래 bamyers4az p14 위 ⓒColleen Reichmuth 아래 U. S. Fish and Wildlife Service—Northeast Region p15 위 gordonramsaysubmissions 왼쪽 중간 USFWS Headquarters 오른쪽 중간 JohannPiber 아래 ⓒKen Catania p16 위 USFWS Endangered Species 아래 JustinJensen p17 위 ⓒColleen Reichmuth 아래 ⓒEd Yong p18 위 onecog2many 아래 ⓒHakan Soderholm p19 USGS Bee Inventory and Monitoring Lab p20 위 Xbuzzi 중간 ⓒGalen Rathbun, courtesy of California Academy of Sciences 아래 ⓒ Karen Warkentin p21 위 srikaanth.srikar p22 위 AHisgett 아래 treegrow p23 위 brian.gratwicke 아래 archer10 p24 위 greyloch 아래 Kumaravel p25 위 berniedup 중간 ⓒAndy Reago & Chrissy McClarren 아래 ⓒBettina Arrigoni p26 ⓒJesse Barber p27 ⓒJ. D. Ebberly p28 위 blickwinkel 오른쪽 중간 chrisbb@prodigy.net 왼쪽 중간 Charles & Clint 아래 Imagebroker p29 위 ⓒAlbert kok 중간 ⓒSimon Fraser University 아래 Numinosity by Gary J. Wood p30 위 ⓒKlaus 아래 ⓒwwarby p31 위 CSIRO 중간 tallpomlin 아래 Dionysisa303 p32 ⓒJoe Parks

이토록 굉장한 세계

초판 1쇄 발행 2023년 4월 11일
초판 7쇄 발행 2024년 6월 17일

지은이 에드 용
옮긴이 양병찬
발행인 김형보
편집 최윤경, 강태영, 임재희, 홍민기, 강민영, 송현주
마케팅 이연실, 이다영, 송신아 **디자인** 송은비 **경영지원** 최윤영

발행처 어크로스출판그룹(주)
출판신고 2018년 12월 20일 제 2018-000339호
주소 서울시 마포구 동교로 109-6
전화 070-8724-0876(편집) 070-8724-5877(영업) **팩스** 02-6085-7676
이메일 across@acrossbook.com **홈페이지** www.acrossbook.com

한국어판 출판권 ⓒ 어크로스출판그룹(주) 2023

ISBN 979-11-6774-094-6 03490

만든 사람들
편집 임재희 **교정** 오효순 **디자인** 송은비 **조판** 박은진